Schriften des Adam-Ries-Bundes Annaberg-Buchholz - Band 14

Rainer Gebhardt (Hrsg.)

Verfasser und Herausgeber mathematischer Texte der frühen Neuzeit

Tagungsband
zum wissenschaftlichen Kolloquium

„Verfasser und Herausgeber mathematischer Texte
der frühen Neuzeit“

aus Anlass des 510. Geburtstages von Adam Ries
vom 19.-21. April 2002
in der Berg- und Adam-Ries-Stadt Annaberg-Buchholz

Veranstalter:

- Adam-Ries-Bund e.V.
- Stadtverwaltung Annaberg-Buchholz
- Landratsamt Annaberg
- Fakultät für Mathematik der TU Chemnitz

Die Deutsche Bibliothek - CIP-Einheitsaufnahme

Verfasser und Herausgeber mathematischer Texte der frühen Neuzeit :
Tagungsband zum wissenschaftlichen Kolloquium vom 19. - 21. April 2002 in Annaberg-Buchholz / Hrsg. Rainer Gebhardt - Annaberg-Buchholz : Adam-Ries-Bund, 2002.
(Schriften des Adam-Ries-Bundes Annaberg-Buchholz ; Bd. 14)
ISBN 3-930430-50-9

Die Verantwortung für den Inhalt der einzelnen Beiträge wird von jeweiligen Verfasser getragen, nicht vom Herausgeber.

Herausgeber:
Dr. Rainer Gebhardt
Vorsitzender des Adam-Ries-Bundes e.V. Annaberg-Buchholz

Umschlaggestaltung: Harry Scheuner, Chemnitz BDG
Zusammenstellung und Satz: Dr. Rainer Gebhardt, Chemnitz
Druck: Medienzentrum der TU Bergakademie Freiberg

Adam-Ries-Bund e.V.
Postfach 100 102
09441 Annaberg-Buchholz

Vorwort

Nach der erfolgreichen Durchführung der Kolloquien "Rechenmeister und Cossisten der frühen Neuzeit" (1996) sowie "Rechenbücher und mathematische Texte der frühen Neuzeit" (1999) folgt nun mit "Verfasser und Herausgeber mathematischer Texte der frühen Neuzeit" das dritte große Kolloquium zur Mathematik der frühen Neuzeit in der Berg- und Adam-Ries-Stadt Annaberg-Buchholz. Für die Veranstalter, den Adam-Ries-Bund e.V., die Berg- und Adam-Ries-Stadt Annaberg-Buchholz, das Landratsamt Annaberg und die Fakultät für Mathematik an der Technischen Universität Chemnitz, ist es außerordentlich erfreulich, dass das Interesse an der Thematik noch nicht erloschen ist. Dies zeigt auch die Zahl der eingereichten Vorträge, die wieder eine Veranstaltung an drei Tagen notwendig machte, da bewusst auf parallele Sektionen verzichtet wurde und die eingereichten Vorträge so interessante Themenstellungen behandeln, dass der Verzicht auf einen der Beiträge unverzeihlich gewesen wäre.
Da wir in diesem Jahr den 510. Geburtstag des Rechenmeisters Adam Ries feiern können, begehen wir mit dem Kolloquium den ersten Höhepunkt im Festjahr. Weitere Feierlichkeiten folgen in den Adam-Ries-Städten Erfurt und Staffelstein.

Die Zielsetzung des Kolloquiums besteht - wie auch bei den vorhergehenden Veranstaltungen - darin, bisher wenig bekannte Rechenmeister und Verfasser von mathematischen Schriften und deren Werke einem größeren Interessentenkreis vorzustellen. Gleichzeitig soll ein Forum geschaffen werden, um über neue Erkenntnisse zu diskutieren und Anregungen für weitere Untersuchungen und Forschungen zu geben.
Wie bei den Kolloquien in Annaberg-Buchholz bereits Tradition, liegt der Tagungsband zum Kolloquium in gedruckter Form vor. Mit 430 Seiten ist ein Umfang erreicht, der viele neue und interessante Informationen enthält. Er setzt aber auch für den Herausgeber Maßstäbe und Grenzen. So wurde erstmals eine digitale Erstellung von Text und Abbildung in diesem Umfang praktiziert.

Die Entscheidung, an den Schluss des Tagungsbandes noch gemeinsame Personen-, Orts- und Sachwortregister zu stellen, war zwar leicht gefällt, aber nur unter Schwierigkeiten zu realisieren. Zu unterschiedlich sind die Auffassungen der Autoren über notwendige und sinnvolle Einträge. Die Register für Personen und Orte sind dabei noch relativ unkompliziert. Jedoch bei der Erstellung des Sachregisters prallen die Auffassungen hinsichtlich Umfang und Art aufeinander. Es wurde vom Herausgeber versucht, jedem Autor soweit wie möglich entgegen zu kommen, was sicher nicht in jedem Fall realisiert werden konnte. Verstehen Sie daher bitte die Register als kleine Hilfe, um in der Vielzahl der Beiträge, Rechenmeister und dargebotenen Sachverhalte eine kleine Orientierung zu erhalten. Besonderer Dank gebührt an dieser Stelle Herrn Prof. Dr. Menso Folkerts, der bei der Korrektur der Register eine unkomplizierte und schnelle Hilfestellung gegeben hat.

Dass dieser Tagungsband in der vorliegenden Form gedruckt werden konnte, ist natürlich in erster Linie den Autoren zu danken, die ihre Manuskripte rechtzeitig zur Verfügung gestellt haben, so dass auch eine nochmalige Korrekturlesung möglich wurde.
Der Tagungsband ist zugleich die 50. Publikation des Adam-Ries-Bundes e.V. seit seiner Gründung am 3.10.1991.

Außerordentlicher Dank gilt neben den Veranstaltern besonders dem Kulturraum Erzgebirge und der Berg- und Adam-Ries-Stadt Annaberg-Buchholz, ohne deren finanzielle Unterstützung der vorliegende Druck nicht zu realisieren gewesen wäre.
Dank gilt Herrn Harry Scheuner, Chemnitz, für die Umschlaggestaltung sowie dem Medienzentrum der TU Bergakademie für den Druck und die Herstellung des Tagungsbandes.
Nicht zuletzt gilt besonderer Dank meiner Familie, die doch in den letzten Monaten gewisse Einschränkungen in Kauf nehmen musste.

Chemnitz im März 2002

Dr. Rainer Gebhardt

Inhaltsverzeichnis

Ausbildung und fachliche Kontrolle der deutschen Rechenmeister vor dem Hintergrund ihrer Herkunft und ihres sozialen Status

Ivo Schneider

1. Rechenmeister und Nicht-Rechenmeister als Verfasser deutscher Rechenbücher

Die, soweit bekannt, Lebensumstände der bei den beiden vorhergehenden Annaberger Tagungen behandelten Personen, lassen es auf den ersten Blick als wenig aussichtsreich erscheinen, Gemeinsamkeiten der Herkunft, Ausbildung und des sozialen Status zu finden. Denkt man nur an die so unterschiedlichen Tätigkeitsbereiche und sozialen Einbettungen von Männern wie dem Maler Albrecht Dürer, dem für den Landgrafen von Hessen-Kassel und später für den Kaiser tätigen Instrumentenmacher Jost Bürgi, den Jesuiten Paul Guldin und Athanasius Kircher, dem Universitätsprofessor Peter Apian oder dem Rechenmeister Peter Roth, erscheint ein solcher Versuch ziemlich sinnlos. Beschränkt man die Untersuchung auf die Gruppe der Rechenmeister, der unter den obigen nur Peter Roth angehört, steigen die Aussichten auf die Entdeckung von sozialen Gemeinsamkeiten.
Wenn von Rechenmeistern, vor allem im 16. und 17. Jahrhundert, die Rede ist, ist ein Personenkreis gemeint, der an Schulen, i. A. deutschen Schreib- und Rechenschulen, elementare Rechenfertigkeiten und je nach Ausbildungsstand und Können auch anspruchsvollere mathematische Kenntnisse vermittelte. Unabhängig davon, daß sie zumindest z. T. ihr mathematisches Wissen aus denselben Quellen speisten und dieselben mathematischen Kenntnisse vermittelten, gehören von ihrem sozialen Selbstverständnis her die für die Mathematik zuständigen Lehrer an Lateinschulen und Vertreter der Artistenfakultät an deutschen Universitäten, die den zum Quadrivium gehörigen mathematischen Stoff auf der Grundlage lateinischer Texte vermittelten, nicht zur Gruppe der Rechenmeister[1].
Wichtigste und oft einzige Quelle für Leben und Werk eines Rechenmeisters sind die deutschen Rechenbücher, die im 16. Jahrhundert für den Übergang vom so-

[1] Siehe Abschnitt 3.

genannten Linienrechnen zum schriftlichen Rechnen mit den indisch-arabischen Ziffern instrumental waren. Da sowohl Vertreter der Gymnasial- und Universitätslehrer der Mathematik als auch anderer Berufsgruppen als Verfasser von deutschen Rechenbüchern in Erscheinung treten konnten, kann umgekehrt aus der Autorschaft eines solchen i. A. für die Bedürfnisse des Kaufmanns, des gemeinen Mannes, der Liebhaber oder der jugendlichen Anfänger deklarierten deutschen Rechenbuchs nicht notwendig auf eine Tätigkeit als Rechenmeister geschlossen werden. So gehört nur ein verhältnismäßig kleiner Teil der bei den beiden vorhergehenden Tagungen von 1996 und 1999 behandelten 54 Autoren von Rechenbüchern, Darstellungen der cossistischen Algebra und verwandten mathematischen Texten zur Gruppe der Rechenmeister. Selbst die Bezeichnung „Rechenmeister" für eine Person in älteren Texten muß nicht bedeuten, daß es sich hier um einen Lehrer oder den Inhaber einer deutschen Rechenschule handelt, sondern wie im Fall des Schneeberger Notars Andreas Reinhard um einen für das Rechnungswesen der Kommunalverwaltung zuständigen Mann, wie die Begründung für die mehr als ein Jahrhundert nach Reinhards Tod angegebene Charakterisierung als „guter Rechenmeister" ausweist[2]. Diese Bedeutung der Bezeichnung Rechenmeister entspricht im übrigen der ersten von drei im Grimmschen Wörterbuch angegebenen Bedeutungen von Rechenmeister[3].
Daß neben Rechenmeistern im obigen Sinn auch andere als Autoren von deutschen Rechenbüchern auftraten, deren Inhalt sich im Aufbau wenig bis gar nicht von dem der von Rechenmeistern verfaßten unterschied, hat wohl zwei Gründe. Einmal waren das in solchen Rechenbüchern vermittelte mathematische Wissen und die zu dessen Einübung gewählten Aufgaben über verschiedene Kanäle auch Nicht-Rechenmeistern zugänglich. Zum anderen gab es einen nicht unbeträchtlichen wirtschaftlichen Anreiz, sich mit der Veröffentlichung eines Rechenbuchs wenn nicht sein Glück, so doch ein reizvolles Nebeneinkommen zu sichern. Daß man sich, anders als vor allem bei Autoren theologischer Schriften, die noch bis Ende des 16. Jahrhunderts keine Vergütung für ihre geistige Arbeit in irgendeiner Form kannten, der wirtschaftlichen Nutzungsmöglichkeiten nichttheologischer Literatur, insbesondere von Rechenbüchern, durchaus bewußt war, zeigen hunderte von aus dem 16. Jahrhundert erhaltene Anträge auf Erteilung eines Druckprivilegs[4]. In Hinblick auf die für den deutschen Sprachbereich und den Absatz der Buchproduktion zentralen Buchmessen in Frankfurt am Main und in Leipzig spielten dabei die kaiserlichen und kursächsischen Buchprivilegien die wichtigste Rolle. Das vom Drucker- bzw. Verleger-Privileg zu unterscheidende Autor-Privileg bedeutete bereits im 16. Jahrhundert Schutz der wirtschaftlichen Nutzung des im gedruckten Buch manifestierten geistigen Eigentums für den Autor im Machtbereich des für die Privilegerteilung Zuständigen für einen bestimmten Zeitraum, i. A. von sechs Jahren ab Drucklegung[5]. Schutz bedeutete, daß Verletzungen des Privilegs etwa durch Raubdrucke von dritter Seite durch

[2]Bernd Elsner 1996, S. 214.
[3]Jacob Grimm und Wilhelm Grimm, Wilhelm 1893, Sp. 343.
[4]Hansjörg Pohlmann 1961 und 1964.
[5]Ivo Schneider 1974.

hohe Geldstrafen und/oder Konfiszierung der Auflage bestraft wurden, wobei z.B. dem Autor als Entschädigung für den ihm entstandenen Schaden die konfiszierten Exemplare zur Verfügung gestellt wurden.
Autorenhonorare im heutigen Sinn waren zwar noch weitgehend unüblich. Sie setzen ohnehin die Existenz eines Verlegers voraus, der für den Autor den Druck und den Verkauf des Werks organisiert. Vor 1518 ist im deutschen Sprachbereich explizit kein Verleger nachweisbar[6]. Sehr oft waren in der frühen Neuzeit die Funktionen von Drucker und Verleger bzw. Autor und Verleger, gelegentlich wie im Fall von Jakob Köbel oder Peter Apian von Autor, Drucker und Verleger in einer Person vereint. War der Autor sein eigener Verleger, so mußte er zunächst die Kosten für das damals relativ teure Papier und den Druck investieren, um dann den erhofften Gewinn nach Verkauf der Auflage alleine zu vereinnahmen. Bediente sich der Autor eines Verlegers war die üblichste Form der Vergütung für die Autorleistung durch den Verleger die Abgabe eines Teils der Auflage, die der Autor dann selbst oder durch Dritte wie Buchführer und Buchhändler verkaufen konnte[7]. Andere Formen der wirtschaftlichen Nutzung ihres im Rechenbuch realisierten Produkts waren Dedikationen und Verehrungen des Werks. Sie richteten sich an einflußreiche Bürger, den Rat einer Stadt oder einen Fürsten. Die Adressaten solcher Dedikationen und Verehrungen, also der Übersendung von einem oder mehreren Exemplaren des Werks, sahen sich im Regelfall zu einer Gegenleistung aufgerufen, die u. a. die Gestalt eines Geldgeschenks oder aber auch die Bestallung in einem angestrebten Amt annehmen konnte.
Die Vergütungsform der Übernahme eines Teils der Auflage bot sich besonders für deutsche Rechenbücher an, die von Rechenmeistern als Begleitmaterial für den Unterricht ihrer Schüler konzipiert waren, weil ihnen die Rechenschule als idealer Verkaufsort, wie Beispiele zeigen, nicht nur für das eigene Rechenbuch zur Verfügung stand.
Insofern waren aktive Rechenmeister i. Allg. nicht daran interessiert, ihre Rechenbücher für den Selbstunterricht geeignet abzufassen, während sich Nicht-Rechenmeister als Autoren von deutschen Rechenbüchern hauptsächlich an ein Lesepublikum wandten, das sich Rechenfertigkeiten aneignen wollte, ohne die zusätzlichen Kosten für den mündlichen Unterricht bei einem Rechenmeister aufwenden zu müssen.
Auch wenn man gut daran tut, die auf den Titelblättern von deutschen Rechenbüchern vorgebrachten Erklärungen und Versprechungen, vor allem ab der zweiten Hälfte des 16. Jahrhunderts, in Hinblick auf ihre Werbefunktion nicht unbesehen als Quelle für die damalige Unterrichts- und Lernwirklichkeit anzusehen, ist die dort oft zu findende Kennzeichnung, als Begleitmaterial für den Rechenschulunterricht oder als für das Selbststudium geeignet, sinnvolle Grundlage für die Unterscheidung von zwei Typen solcher Rechenbücher. Die von Rechenmeistern verfaßten tendieren dazu, den Aufgabenteil zur Einübung der Rechenregeln, die ohne Erklärung in knappster Form präsentiert werden oder gar völlig fehlen, besonders umfangreich zu gestalten, wobei der Lösungsweg zum oft angegebe-

[6] Wolfgang Meretz 1996, S. 83.
[7] Ivo Schneider 1969.

nen „facit“ fehlt. Umgekehrt wird den Regeln, auch wenn sie dort nicht immer erklärt oder gar bewiesen werden, und dem Lösungsweg für Aufgaben in den als für den Selbstunterricht geeignet erklärten und i. A. von Nicht-Rechenmeistern verfaßten Rechenbüchern weit größere Aufmerksamkeit geschenkt[8].
Hintergrund für den Absatz einer bis ins 17. Jahrhundert wachsenden Anzahl von deutschen und in Deutschland gedruckten oder verlegten lateinischen Rechenbüchern[9], deren erfolgreichste eine Vielzahl von Auflagen erlebten[10], die von einigen hundert bis zu einigen tausend Exemplaren reichten[11], war ein nach der Intensivierung des Italienhandels oberdeutscher Städte des Spätmittelalters im Gefolge des Zeitalters der Entdeckungen einsetzender Globalisierungsschub des europäischen Handels. Mit ihm stieg das Bedürfnis nach zunächst für den Kaufmann geeigneten Rechenfertigkeiten und im Gefolge davon allmählich die soziale Bewertung von mathematischen Kenntnissen schließlich unabhängig von irgendwelchen Anwendungsmöglichkeiten erheblich an[12].

---

[8] Ivo Schneider 1991 und 1992.

[9] Das zeigt z. B. eine Statistik über die kaufmännisches Rechnen vermittelnden Rechenbücher im 16. Jahrhundert, deren Anzahl von 6 im ersten Jahrzehnt auf 83 zwischen 1560 und 1569 veröffentlichte Titel anstieg, in den nächsten beiden Jahrzehnten auf 58 bzw. 52 abfiel, um zwischen 1590 und 1599 wieder 81 Titel zu erreichen. Siehe Jochen Hoock und Pierre Jeannin 1991, Bd. 1, S. 364.

[10] Mindestens 10 Auflagen erlebten die Rechenbücher von Johann Albert, Franz Brasser, Simon Jacob, Jakob Köbel, Adam Ries und Christoff Rudolff, wobei das zweite Rechenbuch für die „Rechenung auf der linihen vnd federn“ von Adam Ries mit mehr als 70 Auflagen im 16. Jahrhundert und insgesamt weit mehr als 100 Auflagen den Vogel abschoß; aber auch die Rechenbücher von Johann Albert und Franz Brasser mit jeweils mindestens 40 bibliographierten und 32 bzw. 26 in Bibliotheken nachgewiesenen Auflagen zeugen eindrucksvoll von ihrer Beliebtheit und ihrem Einfluß.

[11] Nach Willy Roch 1959, S. 56 f. wurden im Lager der Druckerei Hermann Gülfferich beim Tode seiner Witwe mehr als 2000 Exemplare des kleinen Rechenbuchs von Adam Ries, 1385 des Rechenbuchs ihres Mannes und 403 des Rechenbuchs von Johann Albert registriert. 1548 finden sich im Lager des Buchhändlers Peter Schürer noch 250 Rechenbüchleins von Adam Ries und 1558 im Lager des Buchführers Rolf Günther noch 358 Exemplare des Rechenbuchs von Scheubel. In den beiden letzten Fällen handelt es sich um die Lagerbestände eines Buchhändlers bzw. eines Buchführers, von denen es jeweils eine ganze Reihe gab, die gleichzeitig die Produktion eines Verlegers bzw. einer Druckerei vertrieben. Als Auflagenhöhe seiner „Selbst Lehrende Rechne-Schuel“ von 1654 und des kurze Zeit später erschienenen kleinen Rechenbuchs hat der Hannoversche Schreibmeister Johann Hemeling 1500 bzw. 600 Exemplare angegeben. Siehe Helmut Eckelmann 1971, S. 17.

[12] Für den Bedarf und die daraus resultierende Nachfrage nach im Handel erforderlichen Rechenfertigkeiten sprechen u. a. die vielen Rechenbücher, die einen solchen Bedarf zu befriedigen versprechen; abhängig von einem solchen „boom“ der an den Bedürfnissen des Handels orientierten Rechenfertigkeiten und von dem durch die Druckausgaben lateinischer Übersetzungen der wichtigsten griechischen Mathematiker des 16. Jahrhunderts stark angewachsenem Interesse an den Inhalten der griechischen Mathematik stieg das Prestige von mathematischen Kenntnissen und Fertigkeiten unabhängig von konkreten Anwendungsmöglichkeiten auch bei Adligen bis in die höchsten Kreise mächtig an. Siehe Mario Biagioli 1989 und Ivo Schneider 2000.

2. Die Ausbildung der Rechenmeister und die Kontrolle ihrer Lehrtätigkeit

Der durch die expansive Entwicklung des Handels stark gewachsene Bedarf an geeigneten Rechenfertigkeiten wurde in Deutschland ab dem 15. Jahrhundert durch an deutschen Rechen- und Schreibschulen tätige Rechenmeister befriedigt. Dabei orientierte man sich vor allem an italienischen Vorbildern, über die man durch die Verbindungen oberdeutscher Handelshäuser nach Italien informiert war. Die oberdeutschen Kaufherren hatten ihre Söhne bis zur Etablierung der ersten geeigneten deutschen Schulen z. T. in oberitalienische Schulen und Handelshäuser zur Ausbildung geschickt. Als sich die ersten Schreib- und Rechenschulen in Deutschland etablierten – in Nürnberg sind seit der Mitte des 15. Jahrhunderts drei Rechenmeister nachweisbar, in Ulm wird bereits 1455 ein „Maister Jacob, Rechenmaister" erwähnt[13] – fehlten noch weitgehend Kriterien zur Festlegung der Mindestanforderungen an einen Mann, der in einer Stadt als Rechenmeister und Schreiblehrer, Modist, tätig werden wollte. Obwohl die Funktion eines Modisten unauflöslich mit der eines Rechenmeisters an den deutschen Schreib- und Rechenschulen verbunden war, sollen im Folgenden hauptsächlich die die Vermittlung von Rechenfertigkeiten betreffenden Aspekte im Vordergrund stehen. Eine gewisse Rechtfertigung dafür ist u. a. durch die wenn auch relativ späte, nämlich seit 1613, in Nürnberg übliche strenge Unterscheidung zwischen einem Rechenmeister und einem „gemeinen Schulhaltern" gegeben[14]. Dabei kann Nürnberg für das Berufsbild des Rechenmeisters im deutschsprachigen Raum eine gewisse Vorbildfunktion beanspruchen[15].
Nach der Etablierung der ersten Schreib- und Rechenschulen stellte sich bald heraus, daß die Konkurrenz zwischen den von einer Stadt zur Führung einer Rechenschule oder deutschen Schreib- und Rechenschule autorisierten Rechenmeistern ein gewisses Regulativ bildete, vor allem wenn sie wie in Nürnberg ihre Schulen als von der Stadt zugelassene Privatunternehmen führten. Geringerer Unterrichtserfolg äußerte sich letztlich in einer Minderung des Einkommens, während sich die als bessere Lehrer geltenden Kollegen über einen größeren Zulauf zahlungskräftiger Schüler freuen konnten. Allerdings bot eine solche Konkurrenzsituation auch eine Quelle für vielfältige, aus den erhaltenen Ratsverlässen ersichtliche Auseinandersetzungen zwischen am selben Ort ansässigen Rechenmeistern etwa wegen versuchter Abwerbung von Schülern eines Konkurrenten oder Anwerbung von nicht aus dem eigenen Einzugsgebiet stammenden Schülern. Gab es in der Stadt nur einen Rechenmeister oder besoldete die Stadt wie im Schweinfurt der zweiten Hälfte des 16. Jahrhunderts alle in ihr zugelassenen Rechenmeister für ihre Tätigkeit in der Schule mit einem festen Betrag pro Jahr, so fiel dieses Regulativ weitgehend weg. Damit wuchs das Bedürfnis des für die Zulassung bzw. Einstellung eines Rechenmeisters zuständigen Magistrats

[13] Hermann Keefer 1915, S. 137.
[14] Rudolf Endres 1989, S. 145.
[15] Siehe z. B. Barbara Gärtner 1999, S. 13 und 18 f.

nach brauchbaren Qualifikationskriterien. So ist im Ratsprotokoll vom 20. Februar 1558 in Ulm vermerkt, daß man an Stelle des alten Schul- und Rechenmeisters Lamprecht Baumgartner einen im Rechnen und Schreiben tauglichen Schulmeister in Augsburg, Nürnberg und beim kaiserlichen Gesandtschaftspersonal auf dem Reichstag[16] suchen sollte, „der schlechten vnd gemeinen seyen zuuor gnuog allhie“[17]. Darüber hinaus mußte der Rat an einer ständigen Kontrolle des Unterrichtsbetriebes bzw. der Versorgungsverhältnisse der im Haus des Rechenmeisters untergebrachten Schüler interessiert sein, um ein gewisses Ausbildungsniveau und zuträgliche Verhältnisse für die dem Rechenmeister anvertrauten Schüler zu gewährleisten. Außerdem befürchteten Rat und Kirchenbehörde, daß Mangel an Zucht und Ordnung in den Schulen den Keim für spätere Störungen der sozialen Ordnung bilden konnten. Für den täglichen Betrieb mußte berücksichtigt werden, daß niemand in seinem Haus oder unmittelbarer Umgebung eine solche Schule mit der damit verbundenen Lärm- und Geruchsbelästigung haben wollte. Man legte deshalb Wert darauf, daß die Schulen in eigenen Häusern untergebracht waren, die im Fall von mehreren Schulen am Ort genügend großen Abstand voneinander haben sollten. Ein Rechenmeister, der eine Schreib- und Rechenschule übernehmen wollte, sollte dabei nicht nur über einen bestimmten Wissensstand verfügen, sondern auch verheiratet sein, um für die Verköstigung vor allem der bei ihm wohnenden Schüler sorgen zu können.
Waren die ersten als Rechenmeister zugelassenen Lehrer an deutschen Schreib- und Rechenschulen noch auf einen nicht organisierten, oft autodidakten Erwerb der dafür erforderlichen Kenntnisse angewiesen, so bildete sich ziemlich bald als Ausbildungsform wie bei einem Handwerk die Lehre bei einem zugelassenen Rechenmeister heraus. Besonders gerne entschied man sich in deutschen Städten für Bewerber, die bei einem Nürnberger Rechenmeister in die Lehre gegangen waren. Nicht zuletzt aufgrund seiner guten Handelsbeziehungen nach Italien und seiner überragenden Bedeutung unter den freien deutschen Reichsstädten sind in Nürnberg Kenntnisse über das kaufmännische Rechnen in Italien vergleichsweise viel früher nachweisbar als etwa in einer Hansestadt wie Hamburg, die hinsichtlich ihrer Rechenfertigkeiten zunächst auf aus den Niederlanden einströmende Informationen angewiesen war[18]. Die hohe Anzahl der Schreib- und Rechenschulen in Nürnberg ist verantwortlich für die Ausbildung eines vergleichsweise zu anderen Städten hohen Niveaus der deutschen Schreib- und Rechenschulen. So konnten eine Reihe von Leuten, die nach ihrer Lehre bei einem Nürnberger Rechenmeister in Nürnberg keine freie Stelle fanden, andernorts als Rechenmeister oder auch in anderen Funktionen tätig werden. Gabriel Doppelmayer erwähnt in seiner „Historischen Nachricht von den Nürnbergischen Mathematicis und Künstlern“ von 1730 die folgenden Namen und Orte, die die Ausstrahlung allein der Schule von Johann Neudörffer dem Älteren auf den deutschsprachigen Raum

[16]Der Reichstag wurde zu einem Kurfürstentag gewandelt. Er fand im Februar und März 1558 in Frankfurt am Main statt, wo Ferdinand I. an Stelle seines amtsmüden Bruders Karl V. die Kaiserwürde nach der Zustimmung durch die Kurfürsten übernahm.

[17]Hermann Keefer 1915, S. 138.

[18]Alwin Schönfeld 1926, S. 23.

und gleichzeitig etwas von der berufsbedingten Mobilität der Rechenmeister erahnen läßt: Caspar Brunner in Augsburg, Caspar Schleupner in Breslau, Adam Lempt in Eger, Johann Weber in Erfurt, Simon Jacob in Frankfurt am Main, Jeremias Stotz in Heilbrunn, Johann Jung in Lübeck und Wolff Hobel in Schweinfurt[19]. Ein Beispiel für die auch im 17. Jahrhundert ungebrochene Ausstrahlung von Nürnberg bietet Georg Wendler (1619-1688), der in Nürnberg bei Ulrich Hofmann (1610-1682) in die Lehre ging und auch in Nürnberg sein Examen als Schreib- und Rechenlehrer ablegte[20].
Um eine Lehrstelle bei einem Rechenmeister zu bekommen, mußte man allerdings schon Grundkenntnisse und, wenn möglich, Fähigkeit im Umgang mit Schülern vorweisen. Soweit sich solche Kandidaten nicht direkt aus den Schülern von Rechen- und Schreibschulen rekrutierten, fanden eine ganze Reihe von später als Rechenmeister Tätigen während oder nach einer handwerklichen Ausbildung, nach dem Besuch einer Lateinschule oder sogar der Universität, an der sie ihr Studium aus wirtschaftlichen oder anderen Gründen nicht abschließen konnten, den Weg zu einem angesehenen Rechenmeister, bei dem sie in die Lehre gingen. Üblicherweise begann die sechsjährige Lehre, die bei Lehrerssöhnen auf vier verkürzt wurde, mit etwa 15 oder 16 Jahren, wobei wie in Handwerksberufen ein Lehrgeld zu entrichten war[21]. Die Ausbildung des Ulmers Johannes Faulhaber, der sich bereits mit 20 Jahren erfolgreich beim Rat der Stadt Ulm um die Erlaubnis, eine eigene deutsche Schreib- und Rechenschule zu eröffnen, beworben hatte, entspricht diesem Ausbildungsgang recht gut. Faulhaber war, nachdem er, wenn auch nicht zünftig, das Weberhandwerk erlernt hatte, mit etwa 15 Jahren zu dem Ulmer Rechenmeister David Selzlin für etwa vier Jahre in die Lehre gegangen, um dann weitere eineinhalb Jahre an der Schule des Ulmer Modisten Johann Krafft als sogenannter Provisor tätig zu sein. Der Ulmer Rat stimmte Faulhabers Ersuchen um die Erlaubnis zur Eröffnung einer deutschen Schule nach einer „Examinierung“ von Faulhaber durch die Baupfleger trotz der Einwände von Krafft zu. Faulhaber konnte noch im selben Jahr ein schon vorher als Schulhaus verwendetes Haus erwerben, dessen Kaufpreis er in den folgenden vier Jahren restlos abbezahlte, und erfüllte mit seiner Eheschließung auch die letzte Voraussetzung für die Führung einer deutschen Schreib- und Rechenschule[22]. Später hat Faulhaber mit seinen Empfehlungen verschiedentlich jungen Männern aus seinem Schüler- und Bekanntenkreis zu Lehrstellen bei anderen Rechenmeistern verholfen.
Die mit der Ausbildung von Rechenmeistern und deren Bestallung verbundenen Regelungen wurden sicherlich schon lange praktiziert, bevor sie durch schriftlich niedergelegte Schulordnungen kodifiziert wurden. Solche Schulordnungen sind allerdings nicht als Zeugnis für die tatsächlichen Ausbildungs- und Unterrichtsverhältnisse anzusehen, sondern als zum jeweiligen Zeitpunkt ihres Erlasses an-

[19]Doppelmayer, S. 201, Fußnote f. Zitiert nach Rainer Gebhardt 1999, S. 151 f.
[20]Menso Folkerts 1999, S. 336.
[21]Rudolf Endres 1989, S. 147.
[22]Ivo Schneider 1993, S. 1 f.

gestrebtes Ideal, dem die Wirklichkeit, wie die erhaltenen Visitationsberichte zeigen, nur unvollkommen entsprach.
In Nürnberg, das seine Rechenmeister und Schulhalter von Anfang an dem freien Wettbewerb überlassen hatte, griff der Rat erst mit entsprechenden Regelungen und Ordnungen ein, als sich die Folgen eines allzu freien Wildwuchses bemerkbar machten. In Ratsverlässen vom Juni 1612 und vom November 1613 wurde die Anzahl der Nürnberger Schreib- und Rechenschulen von 78 auf 48 reduziert. Dabei ist zu berücksichtigen, daß ein Teil dieser Schulen gar nicht zugelassen war und von nicht oder nicht ausreichend qualifizierten Lehrern betrieben wurde. Außerdem wurde festgelegt, daß aus den verbleibenden zugelassenen Lehrern deutscher Schreib- und Rechenschulen jeweils drei oder vier als Vorgeher bestimmt wurden, die als Visitatoren der bestehenden Schulen und als Prüfer der zuzulassenden Lehrer tätig werden sollten[23]. Anders als die Nürnberger Handwerkerinnungen, die dem sogenannten Rugamt unterstanden, war bei der Stadt für die durch diesen Ratsverlaß von 1613 offiziell geschaffene Standesorganisation der Schreib- und Rechenmeister in Nürnberg eine eigene aus zwei Ratsherren und einem Schreiber bestehende Deputation zuständig. Sebastian Kurz war wohl der bekannteste unter den ersten vier 1614 in Nürnberg gewählten Visitatoren. Solche Visitationen waren allerdings anderswo wie in Lübeck, wo man 1585 für die 12 zugelassenen Schreib- und Rechenmeister eine eigene Zunft mit entsprechenden Inspektoren für die deutschen Schulen gegründet hatte, schon länger üblich[24]. Die aus den Ratsprotokollen ersichtlichen Ergebnisse solcher Visitationen hielten neben den Anzahlen der Schüler deren Unterbringung und die Qualität des Unterrichts in allgemeiner Form fest. So heißt es in einem Bericht über die Visitation der Ulmer Schulen vom Januar 1626: „Johannes Bentz und David Bronner seind in der Information die beste ... Johannes Sorg im Schreiben und in der Correctur der geringste." Berücksichtigt man, daß Sorg die mit 200 Schülern bei weitem größte Schule in Ulm betrieb, so wird deutlich, daß der gute Ruf einer Schule allein keinen Zulauf garantierte. Geringere Anforderungen im Unterricht und auch an den Geldbeutel der Eltern sicherten sogar nicht zugelassenen Schulhaltern und Rechenmeistern in sogenannten Winkelschulen ein ausreichendes Einkommen. Im selben Ulmer Visitationsbericht wurde festgestellt, „daß in ettlichen Schulen die Rechnung schlecht" sei und deshalb der Rechenunterricht ausschließlich von einem mathematisch besonders ausgewiesenen Rechenmeister bestritten werden sollte, auch um die Stadt nach dem Ausscheiden von Johannes Faulhaber aus dem Schulbetrieb für von auswärts kommende Schüler wieder attraktiv zu machen[25].
Die Visitationsberichte in Nürnberg zeigen, daß es sehr schwer war, die das deutsche Schulwesen betreffenden Ratsbeschlüsse durchzusetzen, weil nicht oder nach den neuen Bestimmungen nicht mehr qualifizierte Schulhalter trotz des Verbots der Führung einer Schule weiterhin unterrichteten. So werden in einem nicht datierten, etwa um 1634 anzusetzenden Bericht der Vorgeher an den Rat die drei

[23] Wolfgang Konrad Schultheiß 1853, S. 28.
[24] Ulrich Reich 1996, S. 239 und Jürgen Kühl 1999, S. 211.
[25] Kurt Hawlitschek 1995, S. 196 f.

gravierendsten Fälle von Verstößen gegen die 1614 erlassene deutsche Schulordnung geschildert, unter denen sich Joseph Lang, der die Visitatoren schwer beleidigte und sogar physisch bedrohte, offenbar am widerspenstigsten zeigte. Lang, der eine Lateinschule besucht hatte, an einer Lateinschule unterrichtete und nebenher eine offenbar nicht zugelassene deutsche Schule betrieb, hielt es für überflüssig und unter der Würde von seinesgleichen, „daß sie sich von den Teutschen Micheln sollten Vexiren vnd Regulirn lassen." Der Bericht erinnerte auch daran, daß bei der ersten Prüfung vom 26. November 1614 unter den 16 Kandidaten, die offenbar bis dahin Rechenunterricht gehalten hatten, einige nicht wußten, „wievil 4 mal 4 sey, oder ein orts Fl. Pfennig habe"[26].
In einem Bericht vom Juni 1638 über die Prüfung eines von auswärts kommenden Kandidaten, dessen Kenntnisse als nicht ausreichend bewertet wurden, weisen die Vorgeher darauf hin, daß die Stadt „mit vielen dergleichen übelfundirten Schulhaltern vnnd Schulhalterin" sowie mit Nichtbürgern und „Vaganten" überlaufen sei, die es den qualifizierten Rechenmeistern und Schulhaltern schwer machen, ihren Lebensunterhalt zu verdienen[27]. Unter solchen „Vaganten" sind wohl Wanderlehrer, darunter auch Universitätsstudenten zu verstehen, die ihre aus welchen Quellen auch immer stammenden mathematischen Kenntnisse an den nicht zugelassenen Winkelschulen weiterzugeben versuchten und die Voraussetzungen zum Erwerb des Bürgerrechts und damit zu einem dauernden Aufenthalt nicht erfüllten[28].
Im Laufe der Jahre formalisierte man die Ausbildung durch ein Abschlußexamen. Offensichtlich sah man aufgrund der dabei angewandten unterschiedlichen Maßstäbe ein mehr oder minder allgemein gehaltenes Zeugnis des Lehrherrn nicht mehr als ausreichend an, in der dem Auszubildenden die Fähigkeit bestätigt wurde, Jugendliche vor allem im Katechismus, Lesen, Schreiben und Rechnen zu unterrichten. Voraussetzung für die Zulassung zur Abschlußprüfung durch die Vorgeher bzw. Visitatoren war eine abgeschlossene Lehre, wobei im Verlauf des 17. Jahrhunderts in Nürnberg die Vorschriften für das Mindestalter beim Eintritt in die Lehre und deren Dauer verschärft wurden[29]. Der Prüfung ging die erfolgreiche schriftliche Beantwortung von Fragen voraus[30], die dem Kandidaten von einem der Vorgeher nach Hause mitgegeben wurden. Erst dann wurde er im Haus eines der Vorgeher im Beisein eines Protokollanten sechs Stunden lang mündlich geprüft. Für die Prüfung mußte nicht nur eine beträchtliche Gebühr bezahlt werden; die Prüfer erwarteten darüber hinaus nach Abschluß der Prüfung eine opulente Bewirtung durch den Prüfling. Aber selbst nach bestandener, durch ein

[26]Wolfgang Konrad Schultheiß 1853, Beilage C, S. 98-103.
[27]Ibidem, Beilage B, S. 96 f.
[28]Mit den von Christoph Schöner 1994, S. 111 so genannten humanistischen „Wandermathematikern", die am Ende des 15. Jahrhunderts ein zeitweiliges Auskommen an einer Universität oder an einem Hof suchten, dürften die „Vaganten" im Nürnberg des 17. Jahrhunderts nichts gemein haben.
[29]Siehe die Schulordnungen von 1665 und 1676 in Wolfgang Konrad Schultheiß 1853, S.105-107.
[30]Ibidem, S. 107-111

einem Meisterbrief vergleichbares Zeugnis bestätigter Prüfung konnte der Kandidat nicht sofort mit der Zulassung zur Führung einer Schreib- und Rechenschule rechnen. Voraussetzung dafür war eine durch Tod, Wegzug oder altersbedingte Aufgabe frei gewordene Stelle. Da man den Witwen von Rechenmeistern, um deren Absturz ins Elend zu vermeiden, i. Allg. erlaubte, die Schule ihres verstorbenen Mannes mit entsprechend qualifizierten Gehilfen zumindest einige Zeit weiterzuführen, bot sich hier Anwärtern auf eine Rechenmeisterstelle eine Möglichkeit, die Wartezeit auch finanziell zu überbrücken, die in vielen Fällen durch Heirat der Witwe verkürzt wurde. Allerdings sicherte, wie das Beispiel des Gabriel Götsch von 1665 zeigt, auch die Heirat einer Rechenmeisterswitwe nicht immer die gewünschte Zulassung, weil Götsch seines „geführten ergerlichen Lebens halber" nicht über die erwartete sittliche Reife verfügte[31].
War für den Kandidaten endlich eine Stelle verfügbar, wurde er vom ältesten Vorgeher angewiesen, sein Meisterstück als Modist zu liefern. Dazu mußte er im Haus des ältesten Vorgehers zu einem bestimmten Termin gegen Gebühr auf einem großen Bogen weißen Papiers seine kalligraphischen Fähigkeiten demonstrieren. Fiel die Schreibprobe befriedigend aus, wurde ihm erlaubt, seine Tafel, die als sein Aushängeschild diente, mit einem Wahlspruch oder einem Bibelzitat und dem Namen seiner Schule zu beschreiben[32]. Dabei war es lange Zeit nur den Rechenmeistern gestattet, ihren Wahlspruch mit goldenen Buchstaben auf eine Tafel mit schwarzem Grund zu schreiben, während „gemeine Schulhalter" ihre Werbung auf eine mit schwarzer Tinte beschriebene Pergamenttafel einschränken mußten[33]. Erst nach der wohl nur als Formalität anzusehenden, aber nur gegen Gebühr erfolgenden Beschauung und Genehmigung der Tafel durch einen der Vorgeher wurde der Kandidat bei der zuständigen Ratsdeputation angemeldet und auf die geltende Schulordnung vereidigt. Mit diesem letzten Schritt gehörte er offiziell in die Gilde der zugelassenen Schreib- und Rechenmeister.
Inwieweit diese für die Rechenmeister in Nürnberg im 17. Jahrhundert erlassenen Ausbildungs-, Prüfungs- und Zulassungsregelungen andernorts ihre Entsprechung fanden, muß gesonderten Untersuchungen vorbehalten werden[34]. Drei Prüfungsfragen, die dem Rat der Stadt von den Vertretern der Hamburger Rechenmeister zur Examinierung eines aus Rostock stammenden und offenbar von seinen Fähigkeit sehr überzeugten Neuankömmlings vorgeschlagen wurden, gehen über die zur selben Zeit in Nürnberg üblichen Anforderungen keineswegs hinaus[35]. Die Standards von Rechenbüchern wurden in Lübeck, das hinsichtlich der

[31]Hans Heisinger 1927, S. 13.

[32]Wolfgang Konrad Schultheiß 1853, 32 f.

[33]Ratsverlaß Nürnberg vom 13. Juni 1648.

[34]Den sehr detailreichen Untersuchungen über die Rechenmeister in Nürnberg wie in den Dissertationen von Adolf Jäger und Hans Heisinger oder den schon bis ins 18. Jahrhundert zurückgehenden Arbeiten über die Situation in Ulm steht nichts vergleichbares über so wichtige Städte wie Augsburg, Frankfurt am Main, Köln oder die großen Hansestädte gegenüber; ebenso fehlen entsprechende Untersuchungen über die Verhältnisse in größeren Städten der deutschen Territorialfürsten.

[35]Umlauf, K. 1915, S. 6 f. Außer daß es sich um einen Vorgang aus dem 17. Jahrhundert handelt, gibt es dort wie bei der angegebenen Quelle keine Jahresangabe.

Zahl seiner Rechenmeister und der Anzahl dort verfaßter deutscher Rechenbücher im 16. Jahrhundert noch deutlich vor Hamburg lag, von den Rechenbüchern des gebürtigen Nürnbergers Kaspar Hützler und des in Nürnberg ausgebildeten Rechenmeisters Johann Jung nachhaltig beeinflußt[36].
Der von Georg Wendler, der seine Rechenmeisterprüfung in Nürnberg 1646 ablegte, erhaltene Katalog der schriftlich zu beantwortenden Fragen deutet den im 17. Jahrhundert erfolgten Anstieg der Anforderungen an einen künftigen Rechenmeister an. Der insgesamt 320 Fragen umfassende Katalog beginnt mit allgemeinen Fragen, um dann zur Schreibkunst, Arithmetik, cossistischen Algebra einschließlich der Terminologie und Berechnung von Polygonalzahlen allgemein und einiger Körperzahlen, Geometrie, Stereometrie, Visierkunst, Buchhaltung und Wortrechnung überzugehen[37]. Die selbe Tendenz zeigt ein Nürnberger Katalog der „Fragen für diejenigen, so sich in das Schreib- und Rechen-Examen begeben wollen", der allerdings, weil bei ihm die Fragen zur Geometrie oder zu Anwendungsgebieten wie Visierkunst und Buchhalten fehlen, viel kürzer ist[38].
Interessant ist dabei ein Anforderungskatalog für die Aufnahme der Mitglieder in die 1690 in Hamburg von den Rechenmeistern Heinrich Meißner und Valentin Heins gegründete „Kunstrechnungsliebende Societät", die offenbar zunächst als eine Art Zunft das Niveau der Kenntnisse der ihr angehörenden Rechenmeister festlegte. Dort heißt es:
„Es wird keiner in diese Societät ein- oder angenommen, der nicht zum allerwenigsten Cossam quadratam & cubicam verstehe, dabey aber auch die vornehmsten und nöhtigsten Fundamenta Euclidéa, nebst sattem Verstande numerorum irrationalium & binomiorum &c: (ohn welcher gründliche Wissenschafft keiner ein guter Rechner oder Mäß-Künstler seyn kann) wohl gefasset habe"[39].
Am Beispiel der cossistischen Algebra wird deutlich, in welchen Zeiten sich der Übergang zwischen den von mir unterschiedenen Bereichen von mathematischem Privat- und Allgemeinwissen bei den Rechenmeistern vollzog. Wurde die Lösung quadratischer Gleichungen noch im 16. Jahrhundert in der Coß von Adam Ries als geheimes Privatwissen an seine Söhne vererbt, war dieses Wissen schon früh im 17. Jahrhundert Prüfungswissen, über das jeder künftige Rechenmeister verfügen mußte. Dazu gehörte auch die Berechnung und griechische Benennung der für die Praxis völlig irrelevanten Polygonalzahlen. Wie die Satzung der Hamburger „Kunstrechnungsliebende Societät" von 1690 zeigt, konnte man Ende des 17. Jahrhunderts von einem Rechenmeister auch die Lösung kubischer Gleichungen erwarten, mit denen sich im 16. Jahrhundert neben Michael Stifel in Deutschland nur der Lübecker Rechenmeister Johann Jung befaßt hatte; die allgemeine Lösung kubischer Gleichungen im Sinn von Cardano war erst durch Peter Roths

---

[36]Jürgen Kühl 1999, S. 213.
[37]Menso Folkerts 1999, S. 341-345.
[38]Wolfgang Konrad Schultheiß 1853, Beilage G, S. 107-111; der Katalog von 7 Fragen zur „Orthographie", 17 Fragen „Von der Calligraphie- oder Zier-Schreibung" und 35 Fragen „Von Rechnen" ist nicht datiert, scheint aber zu der ersten gedruckten Ordnung für die Nürnberger Schreib- und Rechenschulen von 1665 zu gehören.
[39]Umlauf, K. 1915, S. 12 f.

1608 in deutscher Sprache veröffentlichter „Arithmetica philosophica" jedermann zum Selbststudium zugänglich geworden[40].
Solche Erweiterungen der Prüfungsvoraussetzungen bzw. der Kenntnisse der Rechenmeister im Verlauf des 16. und 17. Jahrhunderts waren wesentliche Voraussetzung für die Unterrichtung mathematikinteressierter Amateure im Privatunterricht, den Rechenmeister, wie zunehmende Klagen bei den Visitationsberichten im 17. Jahrhundert deutlich machen, zunehmend zu Lasten ihrer Schulhaltungsverpflichtung ausdehnten.
Andererseits waren die Rechenmeister trotz solcher Fortschritte vor allem aufgrund ihres starren Festhaltens an den in ihren Standesorganisationen, wie Zünften und Gilden der Schreib- und Rechenmeister, tradierten Formen immer weniger in der Lage, das seit der Mitte des 16. Jahrhunderts zunehmend von Amateuren der Mathematik produzierte neue mathematische Wissen zu übernehmen oder gar zu seiner Weiterproduktion beizutragen[41].
Immerhin war den Vorgehern der Schulhalter und Rechenmeister durchaus klar, daß auch eine erfolgreiche Prüfung das Vergessen des in der Ausbildung erworbenen Wissens nicht verhindern kann. Man machte deshalb in Nürnberg wiederholt den Vorschlag, vor allem diejenigen, deren Unterricht bei den Visitationen zu Beanstandungen Anlaß gegeben hatte, durch halbjährlich von den Vorgehern durchgeführte Übungen, „Exercitia", wieder auf einen angemessenen Wissensstand zu bringen. Offenbar scheiterte die Durchführung solcher Überholungslehrgänge, die auch von den Deputierten des Rats nachdrücklich gefordert wurden, oft am Widerstand der zu ihrem Besuch Aufgeforderten[42]. Deren im selben Bericht enthaltene Charakterisierung als „liderliche aigenwillige Gesellen, die lieber nach verrichtung Ihrer Schulen, müssig gehen, als sich üben oder etwas lernen wollen" macht deutlich, daß man die Ausbildung der Rechenmeister keineswegs als mit der Lehre abgeschlossen ansah. Vielmehr müssen wir von einem breiten Ausbildungsspektrum der Rechenmeister ausgehen, das von sich ständig autodidakt weiterbildenden Männern bis zu Leuten reicht, die nicht einmal den elementaren Lehrstoff für Anfänger beherrschten. Solange aber gut ausgebildete Rechenmeister in der Lage waren, im Privatunterricht Amateurmathematikern Kenntnisse zu vermitteln, die über die sonst angebotenen Grundkenntnisse hinausgingen und gleichzeitig nicht wohlfeil anderswo erworben werden konnten, lohnte es sich für sie, in einem u. U. lebenslangen Lernprozeß zusätzliche Kenntnisse zu sammeln. Diese gingen oft weit über das hinaus, was sie in ihrer an einer Handwerkerlehre orientierten, in Schulordnungen festgeschriebenen Ausbildung erfahren hatten. Aufgrund der sehr kargen biographischen Informationen über deutsche Rechenmeister gewinnt dabei das von mir 1984 in der Bibliothèque Nationale in Paris entdeckte Briefkonvolut von etwa 400 Briefen an den Nürnberger Rechenmeister Sebastian Kurz, von denen etwa zwei Drittel von dem Ulmer Rechenmeister Johannes Faulhaber stammen, besondere Bedeutung, weil dort u. a. auch ausführlich über die Informationsbeschaffungsmethoden von Faul-

---

[40]Ivo Schneider 1993, S. 59-68.
[41]Ivo Schneider 2000.
[42]Wolfgang Konrad Schultheiß 1853, Beilage C, S. 101f.

haber und Kurz die Rede ist. Daraus ersieht man, daß Rechenmeister wie Kurz, Faulhaber oder dessen schärfster Konkurrent Peter Roth nicht nur den Inhalt der am Markt angebotenen deutschen Rechenbücher kannten, sondern sich darüber hinaus über den Stand des mathematischen Wissens ihrer Zeit informierten. So beschäftigten sie sich z. T. mit Hilfe von anderen, die ihnen die Texte übersetzten, mit der griechischen Mathematik oder der von zeitgenössischen Autoren wie Cardano, Viète, Galilei, Kepler und Napier. Sie verschafften sich Kenntnis über die Lehrmethoden, Aufgabensammlungen und die als Schatz gehüteten Entdeckungen verstorbener Mitglieder ihrer Zunft, deren schriftliche Nachlässe sie den Witwen abzukaufen versuchten[43]. Diese Art der mathematischen Informationsbeschaffung ist der Ausbildung zumindest der erfolgreicheren Rechenmeister mindestens ebenso zuzurechnen wie deren Lehre, weil sie sich erst dadurch ihre Konkurrenzfähigkeit und den Zugang zu zusätzlichen Einkünften sicherten.

Daß sich Rechenmeister durch den Erwerb von Spezialkenntnissen, die u. U. außerhalb des geprüften Lehrstoffes lagen, auch eine besondere Klientel zu sichern wußten, zeigt der Hamburger Rechenmeister Magnus Kumann, der darauf hinwies, daß er „nicht nur Kindern, sondern auch Handelsdienern“ Unterricht erteilte[44]. Er brachte dazu 1639 seine „Gülden Schul von der Instruction und Verrichtung des italiänischen Buchhaltens“ heraus, deren erster Teil allerdings nur eine Abschrift eines von dem Nürnberger Rechenmeister Johann Neudörffer dem Älteren stammenden Manuskripts ist[45]. Der zweite Teil beantwortete 100 Fragen aus dem Gesamtbereich der Buchhaltung und kann als eine Art Nachschlagewerk zur Praxis der Buchhaltung für den Kaufmann angesehen werden. Schon früher war in Hamburg eine Buchhaltungslehre von dem Niederländer Passchier Goessens erschienen[46], die sehr praxisnah an über 300 Fällen die verschiedenen Buchungsmöglichkeiten einzuüben erlaubte.

Neben der Buchhaltungslehre, die natürlich in allen Handelsstädten auf große Nachfrage bei der Kaufmannschaft stieß, gab es eine Reihe anderer Spezialgebiete, die wie die Visierkunst, der die Buchgattung der Visierbücher ihre Existenz verdankt[47], zum größten Teil der so genannten mathematischen Praxis zuzuordnen sind. Wie der Nürnberger Fragenkatalog von Georg Wendler zeigt, wurden in der Mitte des 17. Jahrhunderts solche Spezialkenntnisse teilweise als bereits in der Ausbildung vermittelt vorausgesetzt.

---

[43]Ivo Schneider 1991.

[44]Alwin Schönfeld 1926, S. 23.

[45]Ibidem, S. 35; als Titel des Neudörfferschen Manuskripts wird dort angegeben: „Unterricht über d. Buchhaltung u. die Handlungswissenschaften mit einem Nürnberger Handlungsbuche v. 1548/70“.

[46]Ibidem, S. 23; als Titel ist angegeben: Buchhalten fein kurtz zusammengefaßt und begriffen nach Art und Weise der Italiener mit allerhand verständlichen guten Exempeln, Hamburg 1594.

[47]Menso Folkerts 1974.

Zur Art der Ausbildung in der Lehre fehlen Quellen. Wahrscheinlich wirkten hier das Beispiel des Lehrherrn im Unterricht ebenso wie gezielte Aufgabenstellungen mit Korrekturen sowie die selbständige Lektüre einschlägiger Lehrbücher.
Bessere Informationen stehen für den Erwerb der sowohl für den gewöhnlichen Schulunterricht wie für den Privatunterricht wichtigen Aufgabensammlungen zur Verfügung. Neben einer interessanten Einkleidung schon bekannter Aufgaben und deren Anpassung an die lokalen Maß-, Gewichts- oder Münzeinheiten sowie Produkte des örtlichen Marktes spielten vor allem für höhere Anforderungen neue, besonders schwierige Probleme eine Rolle, die man im privaten Austausch mit befreundeten Rechenmeistern und anderen Interessenten der Mathematik löste, oder aber als öffentliche Herausforderung an Konkurrenten meist in der Absicht richtete, deren Ruf zu untergraben. So hatte Faulhaber dem Nürnberger Rechenmeister Walter über einen früheren Schüler, der zu Walter gewechselt war und dort erneut das „numerieren" lernen mußte, was Faulhaber als eine bewußte Herabsetzung seiner Fähigkeiten als Lehrer verstand, gedroht, „zuo Nürnberg auff offentlichem Markht, etliche Propositiones wider ihne anzuschlagen, und ein scharpffe disputation mit ihme zuhalten"[48].

3. Soziale Herkunft und sozialer Status der Rechenmeister

Bei der überwiegenden Mehrheit der namentlich bekannten Rechenmeister fehlen biographische Angaben wie der Beruf des Vaters. Die meisten Schreib- und Rechenmeister dürften aber derselben sozialen Gruppe entstammen, der sie durch ihre Berufswahl angehörten, dem Handwerkermilieu. So war der Vater eines der bekanntesten Nürnberger Modisten und Rechenmeister, Johann Neudörffer, ein Kürschner; Beutler, Zimmerleute, Nagler, Schlosser, Schuster, Weißgerber und Goldschmiede finden sich unter den Vätern Nürnberger Rechenmeister[49]; Johannes Faulhaber war wie sein zehn Jahre jüngerer Kollege in Ulm, Johannes Benz, der Sohn eines Webers; Faulhabers größter Konkurrent Peter Roth war wie der in Lüneburg tätige Michael Schiller Sohn eines Rechenmeisters. Die Söhne von Ulrich Wagner und Adam Ries übernahmen ebenfalls den Beruf ihres Vaters. Daß die Schreib- und Rechenmeister gesellschaftlich den Handwerkern gleichgestellt wurden, findet sich explizit in einer sozialen Rangordnung der Stadt Schweinfurt von 1760[50] und entspricht deren Einstufung und Behandlung in den deutschen Städten im 16. und 17. Jahrhundert.
Welches soziale Gefälle zwischen einem deutschen Schreib- und Rechenmeister sowie den Absolventen einer Universität bestand, die oft weit bescheidenere Kenntnisse aufwiesen, hatte bereits der Bericht der Nürnberger Schulvisitatoren von 1634 schlaglichtartig klar gemacht. Danach fand es der auch an einer Lateinschule tätige Joseph Lang als weit unter seiner Würde, sich von „Teutschen Micheln" irgendetwas fachlich vorschreiben zu lassen. Auch an den lebenslangen

[48]Brief Faulhaber an Wolf Bernhard Rohner, seinen früheren Schüler, vom 3. Dezember 1609 und an Sebastian Kurz vom selben Tag.
[49]Adolf Jäger 1925, S. 13.
[50]Rudolf Endres 1989, S. 152.

Bemühungen Faulhabers, seine Unkenntnisse des Lateinischen zu kaschieren wird deutlich, daß die Beherrschung der lateinischen Sprache eine soziale Wasserscheide bedeutete.

Was der soziale Status eines Handwerkers bedeutete, kann man vor allem den Polizeiordnungen des Reichs von 1530, 1548 und 1577 sowie den ihnen folgenden Ordnungen der Reichsstädte und auch großer Territorialfürsten des ausgehenden 16. und des 17. Jahrhunderts entnehmen, deren ständig zahl- und detailreicher werdende Vorschriften das gesamte gesellschaftliche Leben regulieren sollten. Beispielhaft sei hier die Einteilung der Stände nach einer auf dem Vorbild von 1598 beruhenden Polizeiordnung der Stadt Frankfurt am Main von 1621 aufgeführt, in der für deren Bewohner z. T. genau festgelegt wird, wie man es „hinfüro mit Kleidungen, Hochzeiten, Kind Tauffen, Gevatterschaften vnd dergleichen“ halten soll[51].

Zum ersten der hier unterschiedenen fünf Stände zählen „deß heil. Reichs Gerichts Schöffen allhie vnnd die Erbarn von Geschlechtern“, zum zweiten die Mitglieder des Rats und „die vornembste namhaffte Bürger vnd Handelsleute“, zum dritten „vorneme Kramer wie im gleichen Notarij, Procuratores“ und andere sozial Gleichgestellte, zum vierten die „gemeinen schlechten Kramer wie auch alle Handwercksleute“ und schließlich zum fünften alle, „so eygentlich keine Handwercker auch rechte Kramer seynd, wie nit weniger Gutschern, Fuhrleuten, Heintzlern, Taglöhner vnd dergleichen Personen.“

Noch etwas differenzierter, weil über den rein städtischen Bereich hinausgehend, ist die Einteilung in sieben Stände in einer von Kurfürst Maximilian I. von Bayern 1626 erlassenen Kleiderordnung[52]. Danach werden von unten nach oben unterschieden:

1. Bauern, Tagelöhner, Amtsdiener
2. Einfache Stadtbürger und Handwerker
3. Kaufleute, Gerichtsschreiber und andere Beamte „so dergleichen chur- und fuerstliche Dienst bedienen“
4. Die als Geschlechter bezeichneten städtischen Patrizierfamilien
5. Ritterschaft und niederer Adel
6. Als „Doctorn und Licentiaten“ angesprochene Rechtsgelehrte und Universitätsprofessoren
7. Grafen und Freiherrn.

Beiden Einteilungen gemeinsam ist der nur noch von Bauern, Tagelöhnern und Fuhrleuten besetzte letzte Stand unterhalb des Stands der Handwerker. Darunter findet man nur noch die in einer ständischen Gesellschaftsordnung als nicht ehrbar nicht mehr berücksichtigten Berufe wie Abdecker und Henker oder Gruppen wie das sogenannte fahrende Volk. Nicht Ehrbaren war der Zugang zu einer handwerklichen Ausbildung von vorneherein verwehrt. Daß Bauernsöhne oder die Söhne von Tagelöhnern und Fuhrleuten Schreib- und Rechenmeister werden

[51]Eines Ehrnvesten Raths der Stadt Franckfurt am Mayn Ernewerte Policey Ordnung, Frankfurt/ Main 1621.

[52]Auffgerichte Satz: vnd Ordnungen von vnnothwandiger Köstligkeit der Kleyder, München 1626.

konnten, ist in Zeiten wie dem 30-jährigen Krieg nicht auszuschließen, aber nicht sehr wahrscheinlich. Beispiele dafür sind mir nicht bekannt.
Umgekehrt ist auch verständlich, daß die Söhne aus Familien höherer Stände kein Motiv hatten, ohne Not durch eine Ausbildung und schließlich Zulassung als Rechenmeister einen niedrigeren sozialen Status anzunehmen. Allerdings gab es z. T. solche Not, die z. B. protestantische Geistliche dazu veranlaßte, ihre Söhne bei Schreib- und Rechenmeistern in die Lehre zu schicken, oft weil die finanziellen Mittel wie beim siebten Sohn des Pfarrers Erhard Bezzel aus Feucht fehlten[53], ihm ein Universitätsstudium zu ermöglichen. In anderen Fällen mögen die Leistungen in der Lateinschule die Aussichten auf einen erfolgreichen Abschluß eines Universitätsstudiums gering erscheinen haben lassen, so daß man den Filius in eine Lehre schickte, deren Abschluß eine vergleichsweise anspruchsvolle Tätigkeit als Schreib- und Rechenmeisters eröffnete. Der in Nürnberg ausgebildete und später u. a. in Breslau als Rechenmeister tätige Caspar Schleupner stammt aus einem Pfarrhaus[54].
Die Lateinschüler und Studenten, die ihre Ausbildung bzw. ihr Studium abbrachen und deutsche Schulmeister wurden, weil sie ihre Studien „aus Armuth nit fortsetzen" konnten und sich deshalb „auf das Rechnen und Schreiben gelegt", wie es in einigen Autobiographien heißt[55], könnten von ihrer Geburt her auch den höheren Ständen angehören. Allerdings dürfte bei den aus höheren Ständen stammenden Studienabbrechern das Armutsargument, wenn es nicht eine reine Alibifunktion erfüllte, im Regelfall nicht zutreffen.
Die bayerischen Kleiderordnung von 1626 verdeutlicht die hohe gesellschaftliche Bewertung akademischer Bildung in der folgenden Bestimmung:
„die doctores und licentiaten welche unsere raeth seynd, sie seynd gleich zuß muenchen oder bey den regierungen, wie auch die professores der universitet zu ingolstatt sambt ihren haußfrawen unnd kindern moegen sich ihren privilegien gemeß mit ketten, ring und andern dergleichen denen vom adl, die andern doctores und licentiaten aber, welche nit raeth oder professores, sonder advocaten, pflegsverwalter, stattschreiber unnd in dergleichen nidern diensten und aempter seynd, denn geschlechtern gleich halten".
Ein solcher sozialer Status akademischer Bildung ließ es auch den Söhnen aus Familien der unteren Stände erstrebenswert erscheinen, ein Universitätsstudium zu absolvieren. Ein solcher Weg realisierte eine der wenigen Möglichkeiten zu sozialer Mobilität in einer weitgehend statischen, ständisch geordneten Gesellschaft. So bedeutete der Erwerb der höchsten damals erreichbaren Qualifikation an einer Universität, des Doktortitels, im 16. und teilweise noch bis zur Mitte des 17. Jahrhunderts Gleichstellung etwa hinsichtlich der Kleidung oder der Rangordnung bei offiziellen Anlässen mit Adligen. Wie erbittert um solche Statussymbole auch im akademischen Bereich gestritten wurde, gerade wenn es um die Gleichstellung der Mathematik mit den Fächern der höheren Fakultäten ging, zeigen die beiden bereits aus der zweiten Hälfte des 15. Jahrhunderts stammenden

---

[53] Rudolf Endres 1989, S. 151.
[54] Ibidem.
[55] Ibidem.

Fälle von Johannes Großnickel in Wien und Johannes Tolkopf in Ingolstadt, die als Mathematiker an der Artistenfakultät in Wien bzw. Ingolstadt tätig waren. Großnickel hatte nur ein Bakkalaureat vorzuweisen, Tolkopf nur einen Magister. Beide beanspruchten 1475 für sich das Tragen eines Biretts, das im Fall von Großnickel nur den Magistern, im Fall von Tolkopf nur den Doctores der höheren Fakultäten zustand. Während Großnickel von der Fakultät zur Ordnung gerufen wurde[56], setzte Tolkopf die Berechtigung, das rote Birett tragen zu dürfen, zunächst bei Herzog Ludwig dem Reichen und schließlich beim Papst durch[57]. Die folgende Entwicklung zumindest an der Universität Ingolstadt zeigte, überspitzt ausgedrückt, daß die soziale der Kleiderordnung folgte. Mit anderen Worten: den Lektoren der Artistenfakultät mit der Qualifikation eines Magisters wurde 1562 von den anderen, jetzt nicht mehr höheren Fakultäten völlige Gleichstellung hinsichtlich ihres sozialen Status mit den Professoren der Theologie, Jurisprudenz und Medizin zugestanden, die für ihre Professur jeweils den Doktortitel erworben haben mußten[58].
Ein Universitätsstudium stand gewöhnlich nur den Söhnen besonders angesehener und i. Allg. zu einigem Vermögen gekommenen Handwerker offen, die für sich selbst den Übergang zu einem höheren Stand noch nicht vollziehen konnten. Dabei verschwiegen Handwerkerssöhne, die ein Universitätsstudium erfolgreich abgeschlossen hatten, in ihrer neuen sozialen Umgebung gewöhnlich ihren sozialen Hintergrund. Ein aufschlußreiches Beispiel dafür bietet der am Ulmer Gymnasium als Lehrer tätige „Präceptor" Zimbertus Wehe. Wehe, der sich als einer der beiden Hauptkritiker von Faulhabers Kometenschrift „Fama siderea nova" von 1619 hinter einem Pseudonym zu verstecken suchte, angeblich um sich gegen die Verletzung seiner Ehre durch den direkten Umgang mit dem intellektuell und auch sozial weit unter seinem Niveau stehenden Faulhaber, den Sohn eines Webers, zu schützen[59], war, wie die Verteidiger Faulhabers öffentlich machten, selbst der Sohn eines Drechslers.
Vor dem Hintergrund ihrer niedrigen gesellschaftlichen Verortung und des im 16. und 17. Jahrhunderts stetig wachsenden Prestiges der Mathematik wird verständlich, daß vor allem die führenden Rechenmeister ihren sozialen Status verbessern wollten. Ein Weg dazu war, sich durch herausragende Leistungen etwa als Modist für die Tätigkeit eines Kanzleischreibers oder durch praktische Anwendungen mathematischer Fertigkeiten für neue Aufgabenbereiche zu qualifizieren, deren Vertreter neben einem gewöhnlich höheren Einkommen auch einen höheren sozialen Status beanspruchen konnten.
Das bedeutete aber auch, daß manche in ihrer Lebensplanung die Tätigkeit als Schreib- und Rechenlehrer von vorneherein nur als eine Durchgangsstation für höhere Aufgaben ansahen. So nutzten in späterer Zeit bereits fertige Theologen eine Tätigkeit an einer deutschen Schreib- und Rechenschule, um die Zeit, bis sie

[56]Christoph Schöner 1994, S. 111.
[57]Ibidem, S. 165.
[58]Ibidem, S. 400.
[59]Ivo Schneider 1993, S. 22.

eine Präzeptoren- oder Pfarrstelle erhielten, wirtschaftlich zu überbrücken[60]. Ähnliches gilt für Studenten, die, um ihr Studium zu finanzieren, zeitweilig an deutschen Schulen unterrichteten.
Einige der erfolgreichsten Rechenmeister übten, ob nun geplant oder nicht, ihren Beruf nur für eine bestimmte Zeit aus, weil sie sich durch ihren Erfolg für andere Aufgabenbereiche qualifizierten. Wenn ihre Rechenbücher dabei, ablesbar an einer großen Anzahl von Auflagen, großes Käuferinteresse beanspruchten, hatten sie keinen Grund, die Berufsangabe Rechenmeister durch die für ihren neuen, oft sozial höher bewerteten Tätigkeitsbereich zu ersetzen. Naheliegende Beispiele für eine solche Karriere bieten Adam Ries und sein Sohn Abraham, die offenbar die aufgrund ihres Rufs und des der Rechenbücher von Adam Ries gut gehende Rechenschule in Annaberg weiterführten, obwohl die ihnen allmählich zugewachsenen Aufgaben kaum noch Zeit gelassen haben dürften, an ihrer Schule selbst zu unterrichten. Spätestens mit der Ernennung zum kursächsischen Hofarithmeticus hatten Adam Ries und später sein Sohn Abraham den sozialen Status eines Rechenmeisters weit überschritten. Abraham Ries hatte im übrigen eine für einen gewöhnlichen Rechenmeister untypische Erziehung bis zur Immatrikulation und möglicherweise Studium an der Universität Leipzig genossen[61].
Die auch bei verschiedenen anderen Rechenmeistern feststellbare Übernahme von Ämtern und Funktionen in einer Stadt konnte auf zwei Weisen geschehen. Einmal ging es um die Erledigung einer zeitlich begrenzten Aufgabe wie die Vermessung bestimmter Liegenschaften oder die Herstellung bestimmter Instrumente oder Gefäße etwa für Hohlmaße; für solche Leistungen wurden den betreffenden Rechenmeistern i. Allg. durch den Rat eine „Verehrung“ in Form eines Geldbetrages zugestanden. Handelte es sich aber um die zusätzliche Übernahme eines zeitlich nicht befristeten Amts, wurde der Rechenmeister dafür mit einem Jahresgehalt entlohnt, dessen Höhe der Rat jeweils festlegte. Sehr gerne wurden Rechenmeister für die Funktion eines Visierers oder Eichmeisters herangezogen. Die beiden Möglichkeiten der Übernahme von Tätigkeiten eines Visierers unter Beibehaltung des Status eines Rechenmeister und der Übernahme des Amts eines Eichmeisters der Stadt nach Aufgabe der Schultätigkeit konnten wirtschaftlich und hinsichtlich des sozialen Status durchaus unterschiedlich bewertet werden. Auch wenn eine höhere Besoldung eines Rechenmeisters im Vergleich zu seinen Kollegen am selben Ort keinerlei Anspruch auf einen vergleichsweise höheren sozialen Status bedeutete, können beträchtliche Unterschiede in der Honorierung von Mitgliedern verschiedener Berufsgruppen durchaus als Hinweise auf einen unterschiedlichen sozialen Status verstanden werden. Wenn der (unwesentlich) jüngere Georg Wendler 1657 in Regensburg als „Teutscher Schuelhalter vnnd Rechenmeister“ jährlich mit 50 Talern und der ältere Georg Wendler in der selben Stadt als Visierer jährlich mit 150 Talern besoldet wurde[62], ist dies ein Hin-

[60]Rudolf Endres, 1989, S. 151.
[61]Für die Entwicklung von Adam und Abraham Ries vergleiche die Beiträge von Peter Rochhaus, 1996 und Hans Wussing 1999.
[62]Menso Folkerts 1999, S. 337.

weis auch auf eine soziale Höherbewertung des Visierers gegenüber dem Rechenmeister zumindest im Regensburg der Mitte des 17. Jahrhunderts.
Ein deutliches Beispiel für den sozialen Aufstieg eines ursprünglich als Rechenmeister Tätigen bietet Johannes Faulhaber. Faulhaber war schon mit den Vermessungsarbeiten zum Bau der nach niederländischen Vorbild zwischen 1617 und 1622 errichteten Wehranlagen der Stadt Ulm betraut worden. Als er Ulm 1622 verlassen hatte, um seiner Gefangensetzung wegen des von ihm immer wieder mißachteten Verbots der Verbreitung seiner Spekulationen über die „biblischen" Zahlen zu entgehen, fand er eine neue Beschäftigung als Festungsbaumeister der Stadt Basel. Während seiner Tätigkeit in Basel wurde er offenbar auch zur weiteren Ausbildung in die Niederlande zu Prinz Moritz von Nassau-Oranien geschickt, der Faulhaber seine neue Qualifikation als „Ingenieur" nach einer Prüfung bestätigte. Faulhaber erhielt vom Prinzen, als er dessen Angebot einer Dauerstellung in den Niederlanden für das dreifache des Salärs, das Faulhaber in Basel ausgehandelt hatte, ausgeschlagen hatte, zum Abschied eine goldene Medaille mit dem Brustbild des Prinzen[63]. Nach seiner Aussöhnung mit den Vertretern der Ulmer Kirchenbehörde wurde er vom Rat der Stadt Ulm, wie er Sebastian Kurz mitteilte[64], 1624 „für einen *Ingenieur* bestelt, und ist mein Pact mit demselben besigelt worden." Der mit Ulm ausgehandelte Vertrag sicherte Faulhaber, der sich auf seinen Veröffentlichungen nach 1624 nicht mehr wie früher als „Rechenmeister und Modist in Ulm„ sondern als „Ingenieur der Stadt Ulm„ bezeichnete, zeitweilig das zehnfache seiner früheren Besoldung als Rechenmeister[65]. Nicht zufrieden mit dem dadurch erreichten höheren gesellschaftlichen Rang in der Stadt, beanspruchte Faulhaber, wie der Begleittext zu einem 1630 angefertigten Portrait Faulhabers, das dem Tafelband zur *Ingenieurs-Schul* beilag, eine soziale Gleichstellung zumindest mit dem niederen Adel. Insbesondere gilt dies für den Hinweis auf die im 16. Jahrhundert nach der Erstausgabe von 1544 vielmals aufgelegte Kosmographie von Sebastian Münster in der die Faulhaber erwähnt werden, „daß Sie mehr als vor 400. Jahren sich im Turnieren Ritterlich gehalten"[66]. Auch wenn während des 30-jährigen Krieges weit mehr Chancen für einen sozialen Aufstieg bestanden und die Ansprüche einer Person auf einen höheren Stand vergleichsweise weniger rigoros geprüft wurden, ist der Aufstieg des Rechenmeisters Faulhaber ein Sonder-, aber beileibe kein Einzelfall. Im ersten Satz des 1668 erschienenen Schelmenromans „Der Abenteuerliche Simplicissimus Teutsch" wird berichtet über „eine Sucht" „unter geringen Leuten", „daß sie neben ein Paar Hellern im Beutel ein närrisches Kleid auf die neue Mode mit tausenderlei seidenen Bändern antragen können, oder sonst etwa durch Glücksfall mannhaft und bekannt worden, gleich rittermäßige Herren und adelige Personen von uraltem Geschlecht sein wollen".
Daß auch andere Schreib- und Rechenmeister den ihnen in der Gesellschaft zugewiesenen verhältnismäßig niedrigen Rang überschreiten konnten, zeigt z. B.

[63] Faulhaber an Sebastian Kurz vom 30. April 1624.
[64] Ibidem
[65] Ivo Schneider 1993, S. 32.
[66] Sebastian Münster 1574.

Faulhabers langjähriger Korrespondent Sebastian Kurz, der vom Kaiser 1654 auf dem Reichstag zu Regensburg u. a. mit einer goldenen Kette bedacht wurde. Was eine solche Auszeichnung bedeutete, zeigen die zeitgenössischen Polizei- und Kleiderordnungen, in denen das Tragen solcher Ketten und auch die Portraitierung mit einer Goldkette bei hohen Geldstrafen nur den oberen Ständen, niemals aber Handwerkern erlaubt war. Kurz war allerdings schon früher Nutznießer von durch den Nürnberger Rat gewährten Auszeichnungen und gesellschaftlichen Privilegien. So wurde er wie einige der Vorgeher der Nürnberger Schreib- und Rechenmeister nach ihm in das Genannten-Kollegium des Größeren Rates berufen; der Genannten-Status bedeutete u. a. die Zulassung zum Besuch der Herrentrinkstube und damit zum direkten gesellschaftlichen Kontakt mit den Patriziern. Ein solcher Status war im 16. Jahrhundert auch den durch ihre Schreib- und Rechenschulen in Nürnberg bekannten Familien Neudörffer und Brechtel zugestanden worden, deren männliche Vertreter ebenfalls dem großen Rat angehörten. Im Fall dieser beiden Familien veranlaßte eine Anzeige gegen die Frau von Stephan Brechtel, die bei einer Hochzeit eine goldene Kette getragen hatte, den Rat zu der expliziten Feststellung, daß Brechtels Zugehörigkeit zum großen Rat ihn über den Handwerkerstand erhebe und deshalb seine Frau zum Tragen einer goldenen Kette berechtige[67].
Durch diese wenigen gesellschaftlich herausgehobenen Ausnahmen eher bestätigt, wurden den deutschen Schreib- und Rechenmeistern in den Städten nur der soziale Status eines Handwerkers zugebilligt, gesellschaftlich deutlich unterschieden von den Lehrern an Lateinschulen, deren Rektoren und Konrektoren hauptsächlich in kleineren Städten gelegentlich sogar der höchste soziale Rang eingeräumt wurde. Viele Schreib- und Rechenmeister waren mit dem ihnen zugewiesenen Platz in der Gesellschaft nicht zufrieden. Ein Weg solche Unzufriedenheit zu kompensieren war der Kontakt zu Mitgliedern der höheren Stände bis zu den großen Fürstenhäusern, den manche Rechenmeister mit Erfolg beschritten, ohne deswegen aber unmittelbar ihren Sozialstatus verändern zu können. Allerdings konnten solche Kontakte das Ansehen bei den Kollegen beträchtlich steigern.
In manchen Fällen bedeutete auch die Lage des Schulhauses etwa in dem den Juden zugewiesenen Stadtteil einen weiteren negativen sozialen Parameter. Viele Rechenmeister entwickelten deshalb ein nur in Einzelfällen berechtigtes Selbstwertgefühl einer großen Überlegenheit gegenüber den einfachen Bürgern und Handwerkern. Für die nur selten erfolgte soziale Anerkennung einer solchen Überlegenheit mußten sich die Rechenmeister sehr oft fachlich und geographisch verändern. Viele Beispiele zeigen aber, daß geographische Mobilität in Zeiten einer stärkeren Kontrolle der deutschen Schreib- und Rechenschulen und der damit verbundenen Beschränkung der Anzahl zugelassener Schulen bereits unerläßliche Voraussetzung zur Zulassung als ein den „Schulhandwerkern“ zugerechneter Rechenmeister war.

[67]Rudolf Endres 1989, S. 153.

Literatur:

Mario BIAGIOLI, The social status of Italian mathematicians, 1450-1600. In: *History of Science* **27**, 1989, S. 41-95.

Helmut ECKELMANN, *Johann Hemeling - Schreib- und Rechenmeister, der hochlöblichen Stadt Hannover kaiserlicher gekrönter Poet*, Hamburg 1971.

Bernd ELSNER, Das Rechenbuch des Andreas Reinhard, Notarius Publicus, Organist und Rechenmeister in Schneeberg. In: Freiberger Forschungshefte D 201 *Rechenmeister und Cossisten der frühen Neuzeit*, Freiberg 1996, S. 211-220.

Rudolf ENDRES, Ausbildung und gesellschaftliche Stellung der Schreib- und Rechenmeister in den fränkischen Reichsstädten. In: Georg Prinz von HOHENZOLLERN und Max LIEDTKE (Hrsg.), *Schreiber, Magister, Lehrer*, Bad Heilbrunn/Obb. 1989, S. 144-159.

Menso FOLKERTS, Die Entwicklung und Bedeutung der Visierkunst als Beispiel der praktischen Mathematik der frühen Neuzeit. In: *Humanismus und Technik* **18**, 1974, S. 1-41.

Menso FOLKERTS, Georg Wendler (1619-1688). In: Schriften des Adam-Ries-Bundes Annaberg-Buchholz, Bd. 11, *Rechenbücher und mathematische Texte der frühen Neuzeit* (hrsg. v. Rainer GEBHARDT), Annaberg-Buchholz 1999, S. 335-345.

Barbara GÄRTNER, Balthasar Licht (vor 1490-nach 1509). In: Schriften des Adam-Ries-Bundes Annaberg-Buchholz, Bd. 11, *Rechenbücher und mathematische Texte der frühen Neuzeit* (hrsg. v. Rainer GEBHARDT), Annaberg-Buchholz 1999, S. 13-20.

Rainer GEBHARDT, Simon Jacob (1510-1564). In: Schriften des Adam-Ries-Bundes Annaberg-Buchholz, Bd. 11, *Rechenbücher und mathematische Texte der frühen Neuzeit* (hrsg. v. Rainer GEBHARDT), Annaberg-Buchholz 1999, S. 151-166.

Jacob GRIMM und Wilhelm GRIMM, *Deutsches Wörterbuch*, Bd. VIII, Berlin 1893.

Kurt HAWLITSCHEK, *Johann Faulhaber 1580-1635*, Ulm 1995.

Hans HEISINGER, *Die Schreib- und Rechenmeister des 17. Und 18. Jahrhunderts in Nürnberg*. Inaugural-Dissertation der Universität Erlangen, Nürnberg 1927.

Jochen HOOCK und Pierre JEANNIN (Hrsg.), *Ars Mercatoria – Eine analytische Bibliographie*, Bd. 1: 1470-1600, Schöningh Paderborn 1991.

Adolf JÄGER, *Stellung und Tätigkeit der Schreib- und Rechenmeister in Nürnberg im ausgehenden Mittelalter und zur Zeit der Renaissance*. Dissertation in Form eines maschinengeschriebenen Manuskripts, Erlangen 1925.

Hermann KEEFER, Die ersten Ulmer Rechenmeister und ihre Leistungen. In: *Mathematisch-Naturwissenschaftliche Blätter* **12**, 1915, S. 137-140.

Jürgen KÜHL, Der Lübecker Schreib- und Rechenmeister Arnold Möller. In: Schriften des Adam-Ries-Bundes Annaberg-Buchholz, Bd. 11, *Rechenbücher und mathematische Texte der frühen Neuzeit* (hrsg. v. Rainer GEBHARDT), Annaberg-Buchholz 1999, S. 211-220.

Wolfgang MERETZ, Johannes Böschenstain zu Esslingen, erster deutscher Gymnasiallehrer für Mathematik und Verfasser des ersten Lehrbuchs für Hebräisch. In: Freiberger Forschungshefte D 201 *Rechenmeister und Cossisten der frühen Neuzeit*, Freiberg 1996, S. 83-94.

Sebastian MÜNSTER, *Cosmographey. Oder beschreibung Aller Länder herrschafften vnd fürnemesten Stetten des gantzen Erdbodens/ sampt jhren Gelegenheiten/ Eygenschafften/ Religion/ Gebreuchen/ Geschichten vnnd Handthierungen/ etc.* Basel 1588.

Hansjörg POHLMANN, Neue Materialien zum deutschen Urheberschutz im 16. Jahrhundert. In: *Börsenblatt für den Deutschen Buchhandel* **17**, 1961, S. 761-802

Hansjörg POHLMANN, Weitere Archivfunde zum kaiserlichen Autorenschutz im 16. und 17. Jahrhundert. In: *Börsenblatt für den Deutschen Buchhandel* **20**, 1964, S. 1513-1532.

Ulrich REICH, Der Lübecker Schul- und Rechenmeister Franz Brasser, Lehrer von ganz Sachsen und allen deutschen Seestädten. In: Freiberger Forschungshefte D 201 *Rechenmeister und Cossisten der frühen Neuzeit*, Freiberg 1996, S. 239-248.

Nach Willy ROCH, *Adam Ries*, Frankfurt/M 1959.

Peter ROCHHAUS, Adam Ries und die Annaberger Rechenmeister zwischen 1500 und 1604. In: Freiberger Forschungshefte D 201 *Rechenmeister und Cossisten der frühen Neuzeit*, Freiberg 1996, S. 95-106.

Ivo SCHNEIDER, Verbreitung und Bedeutung der gedruckten deutschen Rechenbücher des 16. und 17. Jahrhunderts. In: *Technikgeschichte in Einzeldarstellungen* **17**, 1969, S. 289-314.

Ivo SCHNEIDER, Urheberrechtliche Sicherung im naturwissenschaftlichen Schrifttum des 16. Jahrhunderts: Buchprivilegien bei Gemma Frisius (1508-1555). In: *Börsenblatt für den Deutschen Buchhandel* **30**, 1974, Beilage *Aus dem Antiquariat*, S. A 145-A 151

Ivo SCHNEIDER, Die Rechenmeister Johannes Faulhaber und Peter Roth als Konkurrenten auf dem Buchmarkt des beginnenden 17. Jahrhunderts. In: *Börsenblatt des Deutschen Buchhandels* **47**, 1991, Beilage *Aus dem Antiquariat*, S. A33-A42

Ivo SCHNEIDER, Textbooks of German Reckoningmasters in the Early 17th Century. In: *Journal of the Cultural History of Mathematics* **2**, 1992, S. 47-52.

Ivo SCHNEIDER, *Johannes Faulhaber 1580-1635 Rechenmeister in einer Welt des Umbruchs*, Birkhäuser Verlag Basel 1993.

Ivo SCHNEIDER, Der Einfluß der griechischen Mathematik auf Inhalt und Entwicklung der mathematischen Produktion deutscher Rechenmeister im 16. und 17. Jahrhundert. In: *Berichte zur Wissenschaftsgeschichte* **23**, Heft 2, 2000, S. 203-217.

Christoph SCHÖNER, *Mathematik und Astronomie an der Universität Ingolstadt im 15. und 16. Jahrhundert*, Berlin 1994.

Alwin SCHÖNFELD, *Der Stand der kaufmännischen Bildung und die Hamburger Rechenmeister*, Hamburg 1926.

Wolfgang Konrad SCHULTHEIß, *Geschichte der Schulen in Nürnberg* Bd. 2, *Schreib- und Rechenschulen*, Nürnberg 1853.

K. UMLAUF, *Der mathematische Unterricht an den Seminaren und Volksschulen der Hansestädte*. Leipzig u. Berlin 1915 (= Imuk Band V, Heft 5).

Hans WUSSING, Abraham Ries (1533-1604) und seine Coß von 1578. In: Schriften des Adam-Ries-Bundes Annaberg-Buchholz, Bd. 11, *Rechenbücher und mathematische Texte der frühen Neuzeit* (hrsg. v. Rainer GEBHARDT), Annaberg-Buchholz 1999, S. 281 f.

Die Bedeutung der Rechenmeister für die Professionalisierung in der oberdeutschen Kaufmannschaft des 15./16. Jahrhunderts*

Markus A. Denzel

Einleitung: Zum Begriff der kaufmännischen „Professionalisierung"

Wenn wir innerhalb der oberdeutschen Kaufmannschaft des 15. und 16. Jahrhunderts eine Tendenz zur Professionalisierung feststellen, so bedarf dies einer Erläuterung: „Professionalisierung" bezeichnet dabei die zunehmende Formalisierung wirtschaftlicher – hier: kaufmännischer – Tätigkeit hin auf ein mehr oder weniger spezialisiertes Beruf(sbild)[1] unter Kanonisierung von einschlägigen Kenntnissen und zugleich die zunehmende Rationalisierung der ausgeübten Tätigkeit.[2] Die These, daß eine so verstandene Professionalisierung im kaufmännischen Bereich zu einem grundlegenden, vielfach entscheidenden, gleichsam katalysatorischen Element für sozialen Aufstieg in der oberdeutschen Kaufmannschaft im 16. Jahrhundert wurde, konnte in einem früheren Beitrag bereits ausführlich erörtert und belegt werden. Diese Professionalisierung zeigte sich vorrangig in einer seit dem ausgehenden 15. Jahrhundert gegenüber früheren Zeiten in Oberdeutschland annähernd flächendeckend verbesserten Ausbildung des kaufmännischen Nachwuchses und in einer neuen Form des Wissensmanagements[3] innerhalb kaufmännischer Unternehmungen, wobei unter letzterer der

---

* Dieser Beitrag stellt einen überarbeiteten Auszug aus einem umfangreicheren Aufsatz des Verf.s dar: Markus A. DENZEL, Professionalisierung und sozialer Aufstieg bei oberdeutschen Kaufleuten und Faktoren im 16. Jahrhundert, in: Günther SCHULZ (Hg.): Sozialer Aufstieg. Funktionseliten im Spätmittelalter und in der Frühen Neuzeit. München 2002 (*im Druck*).

[1] Vgl. Erich MASCHKE: Das Berufsbewußtsein des mittelalterlichen Fernkaufmanns [1964]. In: Ders. (Hg.): Städte und Menschen. Beiträge zur Geschichte der Stadt, der Wirtschaft und Gesellschaft 1959–1977. Wiesbaden 1980, S. 380-419.

[2] Vgl. u.a. Dietrich RÜSCHEMEYER: Professionalisierung. Theoretische Probleme für die vergleichende Geschichtsforschung. In: Geschichte und Gesellschaft 6/3 (= Hans-Ulrich WEHLER [Hg.], Professionalisierung in historischer Perspektive) (1980), S. 311-325.

[3] Vgl. Markus A. DENZEL, „Wissensmanagement" und „Wissensnetzwerke" der Kaufleute: Aspekte kaufmännischer Kommunikation im späten Mittelalter, in: Das Mittelalter.

planmäßige, rationale Einsatz von Wissensbeständen innerhalb einer Unternehmung verstanden wird. Ziel des hier vorgelegten Beitrags ist es, die Bedeutung der Rechenmeister für diese Professionalisierung der Kaufmannschaft herauszustellen und an einigen Beispielen zu erläutern. Denn den Rechenmeistern kam in diesem Prozeß der Professionalisierung eine gewichtige Rolle in doppelter Hinsicht zu:

1. Die Bedeutung der Rechenmeister in der kaufmännischen Ausbildung

Eine kaufmännische Ausbildung – nicht mehr nur das *learning by doing* oder das Lernen durch Mitarbeit in einer kaufmännischen Unternehmung – war seit der Kommerziellen Revolution des 13./14. Jahrhunderts zu einer unverzichtbaren Grundlage dafür geworden, wollte man Erfolg haben und die Möglichkeit zu einem sozialen Aufstieg erlangen. Seit dem ausgehenden Mittelalter setzte jedoch wie schon zuvor in Italien jetzt auch in Oberdeutschland die Formalisierung und Institutionalisierung von Qualifizierungsprozessen im kaufmännischen Bereich ein, die der kaufmännischen Ausbildung eine neue Qualität und damit eine höhere Professionalität verliehen:[4] Als Kaufmann – gleich ob selbständig oder angestellt – wurde nicht mehr jeder betrachtet, der Handelsgeschäfte irgendwelcher Art trieb, sondern nur der, der ein bestimmtes, wenn auch keinesfalls noch festgefügtes Ausbildungscurriculum erfolgreich durchlaufen hatte. Hierzu gehörten neben der eigentlichen kaufmännischen Lehre eine fundierende, praxisbezogene schulische Ausbildung und ein Auslandsaufenthalt, der sich mit der eigentlichen kaufmännischen Lehre zu einer Auslandslehre vereinigen konnte. Zweifelsohne finden sich derartige Elemente auch schon bei Kaufleuten des Mittelalters, doch waren sie im oberdeutschen Raum noch nicht gleichsam ‚allgemeinverbindlich'. Erst mit der Schaffung der institutionellen Voraussetzungen in Oberdeutschland, der Einrichtung der sogenannten „teutschen Schulen" in den oberdeutschen Handelsstädten seit dem beginnenden 15. Jahrhundert, zunehmend allerdings erst gegen dessen Ende, wurden die Grundlagen für die Formalisierung des Qualifikationsprozesses gelegt.

Kaufmannssöhne hatten auch schon in früheren Jahrhunderten oftmals eine solide Ausbildung für ihre spätere Tätigkeit erhalten. Lesen, Schreiben und die Grundzüge des Rechnens ließ man ihnen oft in Klöstern beibringen, wie dies etwa noch für Jakob Fuggerden Reichen belegt ist, der im mittelfränkischen Kloster Herrieden seine schulische Elementarausbildung genoß.[5] Spätestens seit dem ausgehenden 15. Jahrhundert wurde die Ausbildung von Kaufmanns- und nunehr

Perspektiven mediävistischer Forschung (Themenheft „Kommunikation") 6/1, 2001, S. 73-90.

[4] Hierzu ausführlich Hanns-Peter BRUCHHÄUSER: Kaufmannsbildung im Mittelalter. Determinanten des Curriculums deutscher Kaufleute im Spiegel der Formalisierung von Qualifizierungsprozessen. Köln – Wien 1989.

[5] Gabriele VON TRAUCHBURG: Von der ökonomischen zur intellektuellen Elite – Akademiker in der oberdeutschen Familie Hoechstetter. In: Zeitschrift des Historischen Vereins für Schwaben 90 (1997), S. 103-123, hier S. 104.

auch Handwerkersöhnen an den sogenannten „teutschen Schulen“ üblich. Sie vermittelten praxisbezogene Lese-, Schreib- und Rechenfähigkeiten durch Schreib- und Rechenmeister, die selbst eine handwerkliche oder kaufmännische Ausbildung genossen hatten und/oder in Kaufmannskontoren tätig gewesen waren. Daher bezeichnete man die „teutschen Schulen“ auch als „Schreib- und Rechenmeisterschulen“.[6] Die vor allem am Handel orientierte Ausbildung wurde sehr wahrscheinlich aus Italien, speziell aus Venedig, nach Oberdeutschland übernommen, um dem Bedarf nach (relativ) gut ausgebildeten jungen Nachwuchskräften für die kaufmännische Lehre entgegenzukommen. Der älteste Beleg für eine derartige Schule stammt aus Rothenburg ob der Tauber von 1403, gefolgt von Nürnberg, das zu einem Zentrum der kaufmännischen Ausbildung in Oberdeutschland avancierte, aus dem Jahr 1424.[7] Neben das muttersprachliche Schreiben und Lesen trat in diesen Schulen das berufsbezogene, kaufmännische Rechnen und zunehmend seit der Mitte des 16. Jahrhunderts die Vermittlung der doppelten Buchführung, die bis dahin annähernd ausschließlich im Ausland, d.h. konkret in Italien, gelernt worden war (s.u.) und nunmehr verstärkt in den Lehrkanon der Rechenmeister übernommen wurde.[8] Innovativ war dabei die Verbreitung der Methoden des Rechnens etwa aus Nürnberg durch gedruckte Rechenbücher. Erstmals zeigt der Nürnberger Rechenmeister Ulrich Wagner in seinem Rechenbuch von 1482 die Inhalte des Rechenunterrichts auf, welcher Grundrechenarten, Bruchrechnen, Gewichts-, Maß- und Münzumrechnungen, Berechnungen von Preisen und Transportkosten, d.h. angewandtes kaufmännisches Rechnen, umfaßte.[9] Die Rechenbücher von Cardanus[10] und Michael Stifel[11] aus der Mitte des 16. Jahrhunderts lehren neben Arithmetik und Geometrie aber auch „teutsche Practick“, „welsche Practick“ und die „Regula Drey“. Der Begriff „Practick“ bezeichnet dabei die Praxis der Buchhaltung, die nach deutscher Art als einfache Buchführung oder nach italienischer („welscher“) Art als doppelte Buchführung erfolgen konnte. Noch bevor der Franziskaner Luca Pacioli (1445–1509) 1494 in Venedig seine *Summa de Arithmetica, Geometria, Proportioni et Proportionalità* als erste, systematische, gedruckte Zusammenfassung seines Wissens über die im 14. Jahrhundert in verschiedenen oberitalienischen Städten parallel entwickelte doppelte Buchführung oder – in italienischer Sprache – *partita doppia* veröffentlicht hatte, war die doppelte Buchführung in Ober-

---

[6] Rudolf ENDRES: Nürnberger Bildungswesen zur Zeit der Reformation. In: Mitteilungen des Vereins für Geschichte der Stadt Nürnberg 71 (1984), S. 109-128. Hierzu und zum Folgenden auch BRUCHHÄUSER: Kaufmannsbildung, S. 298-345.

[7] ENDRES: Nürnberger Bildungswesen, S. 121 Anm. 72; BRUCHHÄUSER: Kaufmannsbildung, S. 299; vgl. auch Wolfgang VON STROMER: Das Schriftwesen der Nürnberger Wirtschaft vom 14. bis zum 16. Jahrhundert. In: Beiträge zur Wirtschaftsgeschichte Nürnbergs 2 (1967) S. 751-799.

[8] BRUCHHÄUSER: Kaufmannsbildung, S. 309-336.

[9] ENDRES: Nürnberger Bildungswesen, S. 120f., 126f.

[10] Hieronymus CARDANUS: Artis Magnae, sive De regulis algebraicis liber unus. Nürnberg 1545.

[11] Michael STIFEL: Rechenbuch von der Welschen und Deutschen Practick [...]. Nürnberg 1546.

deutschland erstmals in Nürnberg bei den Praun 1474 und den Tucher 1484 eingeführt worden. Als um die Mitte des 16. Jahrhunderts Anleitungen zur doppelten Buchführung einschließlich der Bilanzierung von Wolfgang Schweicker (1549)[12] und Nikolaus Werner (1561)[13] als die ersten auf die doppelte Buchführung spezialisierten Handbücher in deutscher Sprache in Nürnberg erschienen, hatte Nürnberg die Führung im kaufmännischen Schriftwesen im Reich übernommen.[14]

2. Die Bedeutung der Rechenmeister in der Erstellung von Kaufmannshandbüchern oder „Handelspraktiken"

Über die Formalisierung von Qualifikationsprozessen hinaus übernahmen die oberdeutschen Kaufleute seit dem ausgehenden 15. Jahrhundert aus Italien eine zweite Innovation, die die Weitergabe von vertraulichem kaufmännischem Wissen innerhalb eines Handelshauses einerseits wesentlich erleichterte, andererseits über Generationen hinweg sicherte: Während seiner Auslandslehre in Italien lernte der angehende Kaufmann nämlich nicht nur die ‚klassischen' Kaufmannsdisziplinen von der Warenkunde bis zur doppelten Buchführung, sondern auch die Zusammenfassung des für ihn notwendig oder ihm wichtig erscheinenden Wissens in einem Notiz- oder Handbuch, die in Italien spätestens seit dem ausgehenden 15. Jahrhundert fester Bestandteil des Curriculums an den dortigen Schulen für angehende Kaufleute war. Die Anlage eines solchen Kaufmannsnotiz- oder -handbuches erlaubte es dem einzelnen Kaufmann, sein im Ausland wie zu Hause erworbenes Wissen über die mündliche Tradierung hinaus schriftlich zu fixieren, damit zu speichern[15] und an spätere Generationen weiterzugeben; Wissen sollte und konnte, ja durfte nicht mehr verlorengehen, zumal die Menge an zu verarbeitender Information sowohl technischer – erinnert sei an den bargeldlosen Wechselverkehr – als auch inhaltlicher Art – insbesondere durch die Ausdehnung des Handelsrayons der Oberdeutschen – seit dem 15. Jahrhunderts drastisch angewachsen war. Ein solches Kaufmannsnotiz- oder -handbuch faßt das Wissen eines Kaufmanns über Münzen, Maße und Gewichte aller Art, Handelsusancen, den Wechselverkehr, Preise, Frachtraten und -routen, letztendlich alles, was einen Kaufmann interessieren konnte und mußte, in kompakter, (relativ) systematischer, auf die kaufmännische Praxis hin orientiert zusammen, und zwar aus dem speziellen, d.h. mehr oder minder weiten Blickwinkel des jeweiligen Verfassers.

---

12 Wolfgang Schweicker: Zwiefach Buchhalten, sampt seinen Giornal, des selben Beschlus, auch Rechnung zuthun etc. [...]. Nürnberg 1549.

13 Nikolaus WERNER: Von der welschen practick auff allerley Kauffmans hendel und sonderlich soviel der nürnbergischen Landsart und gebrauch belangt [...]. Nürnberg 1561.

14 ENDRES: Nürnberger Bildungswesen, S. 121 Anm. 72.

15 Zur herausragenden Bedeutung der Schriftlichkeit für die Speicherbarkeit von Wissen unabhängig vom menschlichen Gedächtnis Knut HICKETHIER: Vom weisen Seher zum Fernseher. Kommunikationsformen in Europa. In: Wulf KÖPKE / Bernd SCHMELZ (Hg.): Das gemeinsame Haus Europa. Handbuch zur europäischen Kulturgeschichte. München 1999, S. 1229-1235, hier S. 1229-1231.

Angelehnt an die erste bedeutende Schrift dieser Art, Francesco Balducci Pegolottis *Pratica della Mercatura* (um 1340)[16], werden derartige Kaufmannsnotiz- und -handbücher im Folgenden als Handelspraktiken bezeichnet.[17] Als Grundlage für die Erstellung einer eigenen, individuellen Handelspraktik konnte *El Libro di Mercatantie et Usanze de' Paesi*[18], nach Peter Spufford „das Standardhandbuch für junge Geschäftsleute im 15. Jahrhundert"[19], dienen, das noch vor dem 16. Jahrhundert dreimal gedruckt wurde (Florenz 1481, Florenz ca. 1490, Parma 1498).[20] Als älteste (erhaltene) deutsche Handelspraktik ist nach Wolfgang von Stromer Ulman Stromeirs *Püchel von meim geslecht und von abenteur* (1360–ca. 1410) anzusehen.[21] Im frühen 16. Jahrhundert erreichte die Zusammenstellung von Handelspraktiken in Oberdeutschland mit den Aufzeichnungen aus dem Paumgartner-Archiv[22], aus dem Hause Fugger[23] und dem Meder'schen

---

16 Francesco Balducci Pegolotti: La Pratica della Mercatura, ed. by Allan Evans. Cambridge (Mass.) 1936 (ND. New York 1970).

17 Diese und die folgenden Ausführungen dieses Abschnitts geben – zum Teil wortwörtlich – Ergebnisse wieder, die in der Sektion des Internationalen Komitees für Historische Metrologie auf dem 19th International Congress of Historical Sciences in Oslo 2000 vom Verf. im Rahmen seines bedeutend breiter angelegten Einleitungsreferates zu dieser Sektion vorgestellt worden sind: Markus A. DENZEL: Handelspraktiken als wirtschaftshistorische Quellengattung vom Mittelalter bis in das frühe 20. Jahrhundert. Eine Einführung. In: Markus A. DENZEL / Jean-Claude HOCQUET / Harald WITTHÖFT (Hg.): Kaufmannsbücher und Handelspraktiken als wirtschaftshistorische Quellengattung vom Mittelalter bis in das frühe 20. Jahrhundert. Stuttgart 2002 (*im Druck*). – Auch die Bezeichnung der Handelspraktiken als ‚Geheimbücher' wäre naheliegend, da in diesen Schriften vorrangig vertrauliches, internes Firmenwissen wiedergegeben wurde. Doch wären dann Verwechslungen mit anderen ‚Geheimbüchern' nicht ausgeschlossen, die etwa die mittel- und langfristigen Verbindlichkeiten einer Unternehmung verzeichneten; vgl. Reinhard HILDEBRANDT: Diener und Herren. Zur Anatomie großer Unternehmer im Zeitalter der Fugger. In: Johannes BURKHARDT (Hg.) unter Mitarb. v. Thomas NIEDING / Christine WERKSTETTER: Augsburger Handelshäuser im Wandel des historischen Urteils. Berlin 1996, S. 149-174, hier: S. 149 Anm. 3.

18 Franco BORLANDI: El Libro di Mercatantie et Usanze de' Paesi. Torino 1936. Nach Kellenbenz war sein Verfasser Giovanni Chiarini; dies ist aber ungesichert; Hermann KELLENBENZ (Hg.): Handelsbräuche des 16. Jahrhunderts. Das Meder'sche Handelsbuch und die Welser'schen Nachträge. Wiesbaden 1974, S. 6.

19 Peter SPUFFORD: Spätmittelalterliche Kaufmannsnotizbücher als Quelle zur Bankengeschichte. Ein Projektbericht. In: Michael NORTH (Hrsg.): Kredit im spätmittelalterlichen und frühneuzeitlichen Europa. Köln – Wien 1991, S. 103-120, hier S. 110.

20 Nach ebd., S. 111.

21 Wolfgang VON STROMER: Nuremberg as Epicentre of Invention and Innovation towards the End of the Middle Ages. In: History of Technology 19 (1997), S. 19-45, hier S. 26. Das Original von Stromeirs *Püchel* in: Germanisches Nationalmuseum Nürnberg, Cod. 6164, Papierhandschrift 4°; veröffentlicht: Ulman Stromer's ‚Püchel von meim geslechet und von abentewr' (1349 bis 1407). In: Die Chroniken der fränkischen Städte. Nürnberg, 1. Bd. (= Karl Hegal [Hg.]: Die Chroniken der deutschen Städte vom 14. bis ins 16. Jahrhundert, 1. Bd.). Leipzig 1862, S. 1-312, insbesondere S. 99-106.

22 Karl Otto MÜLLER: Welthandelsbräuche (1480–1540). Stuttgart – Berlin 1934 (ND. Wiesbaden 1962).

Handel[s]buch[24] sowie mit dem auf den oberdeutschen Venedighandel spezialisierten *Büchlein von der Kauffmanschaft*[25] ihren Höhepunkt.
Der Technik des Buchdrucks mit beweglichen Lettern kam dabei besondere Bedeutung für die schnelle und relativ ‚massenhafte' Verbreitung zu:[26] Im Gegensatz zur italienischen Standard-Handelspraktik, dem *Libro di Mercatantie*, war schon das *Büchlein von der Kauffmanschaft* von 1511 für den Druck konzipiert worden, obwohl dieser nie erfolgte. Auch das Meder'sche Handel[s]buch wurde für die Drucklegung zusammengestellt. Nicht zuletzt deshalb, aber auch wegen seiner breiten und tiefen Informationsdichte ist davon auszugehen, daß diese Handelspraktik als eine Art Standardwerk für den oberdeutschen Kaufmann konzipiert wurde. Daß der Nürnberger Rechenmeister Lorenz Meder (†1561) hiermit eine ‚Pionierleistung' vollbracht hatte, zeigt sich vor allem auch darin, daß er mit der Veröffentlichung der bislang „verborgenen Künste" der Kaufleute in seinem Buch 1558 zumindest für den oberdeutschen Raum einen Tabubruch – die Offenlegung streng gehüteter kaufmännischer Geheimnisse – begangen hatte, und er war sich dessen bewußt.[27]
Lorenz Meder informiert in seiner Handelspraktik schwerpunktmäßig über italienische, französische, niederländische (einschließlich der Beziehungen in den Ostseeraum, das sogenannte „Ostland"), iberische, englische und oberdeutsche Handelsplätze, hingegen nur in wenigen Bruchstücken über die Ostmittel- und Nordosteuropas. Er erfaßt damit nicht den gesamten Rayon des Nürnberger oder gar des oberdeutschen Handels, doch war eine derartige Vollständigkeit wohl auch nicht seine Absicht[28]. Somit zeigt sich zum einen die traditionell überragende Bedeutung, die der Venedighandel für die oberdeutschen Kaufleute besaß, zum andern aber auch das im 16. Jahrhundert stark angewachsene Interesse an den atlantischen Märkten, über die nicht nur englische Textilprodukte, sondern nunmehr auch Kostbarkeiten aller Art aus den Neuen Welten bezogen werden

---

23 Österreichische Nationalbibliothek Wien, Handschriften- und Inkunabelnsammlung CVP 10720. Vgl. Markus A. DENZEL, Eine Handelspraktik aus dem Hause Fugger (erste Hälfte des 16. Jahrhunderts). Ein Werkstattbericht, in: DENZEL / HOCQUET / WITTHÖFT (Hg.): Kaufmannsbücher und Handelspraktiken.

24 KELLENBENZ (Hg.), Handelsbräuche.

25 Herzog August-Bibliothek Wolfenbüttel, Cod. Guelf. 18.4 Aug. 4°: *Ein Büchlein von der Kauffmanschaft*; dieser Titel stammt nicht aus dem Werk selbst, das über keinerlei Titel verfügt, sondern aus: Otto VON HEINEMANN: Die Handschriften der Herzoglichen Bibliothek zu Wolfenbüttel, 2. Abth.: Die Augusteischen Handschriften IV. Wolfenbüttel 1900, S. 238.

26 Vgl. Jochen HOOCK / Pierre JEANNIN: La contribution de l'imprimé à la diffusion du savoir commercial en Europe au 16e siècle. In: Bernard LEPETIT / Jochen HOOCK (éds): La ville et l'innovation. Relais et réseaux de diffusion en Europe 14e–19e siècles. Paris 1987, S. 45-58.

27 KELLENBENZ (Hg.), Handelsbräuche, S. 125 sowie S. 72.

28 KELLENBENZ (Hrsg.), Handelsbräuche, S. 71.

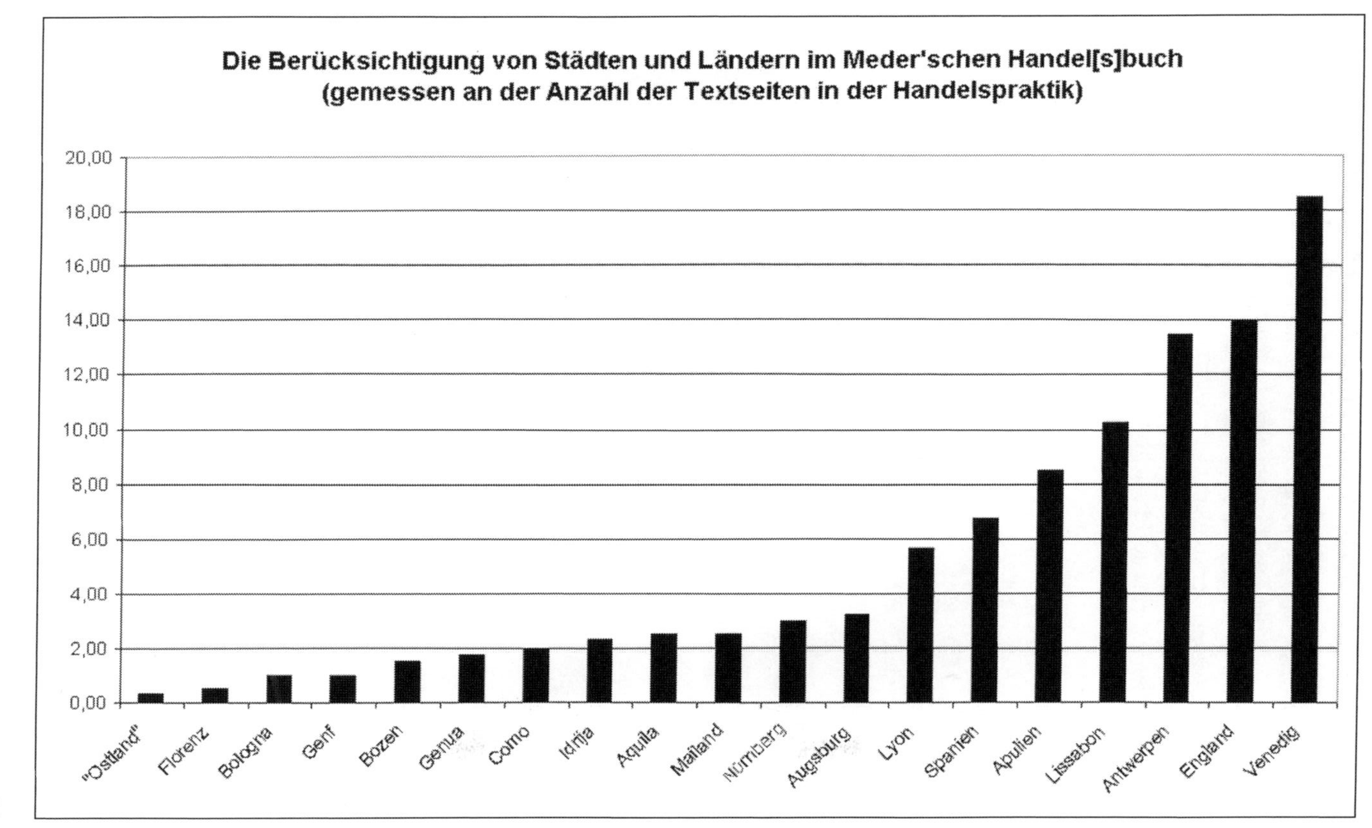
Die Berücksichtigung von Städten und Ländern im Meder'schen Handel[s]buch
(gemessen an der Anzahl der Textseiten in der Handelspraktik)
20,00
18,00
16,00
14,00
12,00
10,00
8,00
6,00
4,00
2,00
0,00
"Ostland"
Florenz
Bologna
Genf
Bozen
Genua
Como
Idrija
Aquila
Mailand
Nürnberg
Augsburg
Lyon
Spanien
Apulien
Lissabon
Antwerpen
England
Venedig

konnten. Demgegenüber nimmt sich die Relevanz der übrigen Handelsplätze eher bescheiden aus; einzig Apulien mit seinem Safran, Öl, Mandeln und Gallus und die als Handels- wie als Finanzzentren herausragenden Lyoner Messen, die bereits Genf in dieser Funktion abgelöst hatten, waren noch von größerem Interesse. Daß die oberdeutschen Plätze in vergleichsweise bescheidenem Umfang repräsentiert waren, verwundert nicht, wenn man berücksichtigt, daß der oberdeutsche Kaufmann über denen Usancen sicher sehr gut Bescheid wußte, so daß in diesen Fällen auf eine ausführlichere Darlegung verzichtet werden konnte.

Resümee

Die knappen Ausführungen zeigen, welch gewichtige Bedeutung Rechenmeister für die Aus- und Weiterbildung von Kaufleuten im 15. und 16. Jahrhundert erlangten. Sie vermittelten im Rahmen der „teutschen" oder Schreib- und Rechenmeisterschulen nicht nur die traditionellen Rechentechniken, sondern – und dies war für den Kaufmann von höchster Relevanz – auch die Innovation der doppelten Buchführung. Daß sie dabei ihren Lehrstoff zum Teil auch in Buchform niederschrieben, schuf für den bereits „ausgelernten" Kaufmann noch die Möglichkeit, sich weiterzubilden und sich ebenfalls Neuerungen im Bereich des Rechnens und der Buchführung anzueignen. Schließlich beschäftigten sich einzelne Rechenmeister wie etwa der Nürnberger Lorenz Meder mit einer weiteren, aus Italien übernommenen Innovation, der Anlage und Veröffentlichung eines Kaufmannshandbuches oder einer Handelspraktik. Damit wurde kaufmännisches „Geheimwissen" auch im oberdeutschen Raum erstmals „popularisiert", d.h. jeder Kaufmann, der in einen neuen Handels- oder Geschäftszweig einsteigen wollte, konnte sich umfassend über den darüber verfügbaren Wissensstand seiner Zeit informieren. In diesem Sinne leisteten die Rechenmeister – wenn auch je nach Person in sehr unterschiedlicher Weise –einen bedeutenden Beitrag zur eingangs beschriebenen Professionalisierung in der oberdeutschen Kaufmannschaft im ausgehenden Mittelalter und in der beginnenden Frühen Neuzeit.

Isaak Ries und andere im 16. und 17. Jahrhundert in Leipzig tätige Rechenmeister
(Neue Quellenfunde im Stadtarchiv Leipzig)

Bernd Rüdiger

Die Erforschung der Tätigkeit von Rechenmeistern, die ja oft genug nicht nur Lehrende, sondern auch wichtige städtische oder landesherrliche Beamte auf wirtschaftlichem Gebiet waren, hat selbst für eine große Handelsstadt wie Leipzig bisher kaum nennenswerte Ergebnisse hervorgebracht.[1] Eine Ursache für die Forschungsdesiderate besteht darin, dass die Quellen in kaum vermuteten Zusammenhängen lagern und so gut wie nicht erschlossen sind. Tatsächlich fand sich bei archivwissenschaftlichen Arbeiten, speziell bei der Neuverzeichnung von Kontraktenbüchern bzw. Kontrakten- und Urfriedensbüchern,[2] Strafakten sowie Testamenten aus dem 16. und 17. Jahrhundert des Bestands Richterstube im Rahmen des von der Deutschen Forschungsgemeinschaft geförderten Projektes „Ausgewählte Quellen zur Rechtsgeschichte im Stadtarchiv Leipzig vom ausgehenden Mittelalter bis um 1850", daneben bei Erschließungsarbeiten zu den Ratsbüchern,[3] auch eine ganze Reihe bisher wohl kaum bekannter Quellen zu Rechenmeistern in Leipzig (und in anderen Orten), darunter zu Adam Ries' Sohn Isaak, über deren Wirken hier zu berichten ist.

---

[1] Vgl. Gustav Wustmann: Geschichte der Stadt Leipzig, 1. Bd., Leipzig 1905, S. 313 ff.; C. F. Eduard Manger: Geschichte der Leipziger Winkelschulen, Leipzig 1906. = Schriften des Vereins für die Geschichte Leipzigs, Bd. VII; Otto Kaemmel: Geschichte des Leipziger Schulwesens vom Anfange des 13. bis gegen die Mitte des 19. Jahrhunderts 1214 – 1846, Leipzig 1909.

[2] Deren Überlieferung setzt 1509 ein und reicht bis ins 18. Jahrhundert. Zu Inhalt und Auswertung vgl. Bernd Rüdiger: Quellenfunde zu Adam Ries' Sohn Isaak und dessen Schwiegereltern Wolf und Gertraude Stürmer im Stadtarchiv Leipzig, in: Familie und Geschichte. Hefte für Familiengeschichtsforschung im sächsisch-thüringischen Raum, Bd. IV (2001), H. 4, S. 152.

[3] Hinweise auf Stellen in den Ratsbüchern werden Jörg Hertling und Siegrun Haupt, auf Testamente Dr. Karsten Hommel und auf das Inventar Ries' Carla Calov, sämtlich Stadtarchiv Leipzig, verdankt.

1. Anfänge des Schulwesen und der Unterrichtstätigkeit von Rechenmeistern

Als Einrichtungen Leipzigs, bei denen zunächst Schulen entstanden, kommen ausschließlich Klöster in Betracht; von diesen wiederum unterhielt wohl nur das Thomaskloster von Anfang an, spätestens seit 1214, eine Schule. Da deren Hauptzweck die Heranbildung von Schülern als Gestalter des Kirchengesangs beim Gottesdienst, bei Seelmessen und Begräbnissen war, so stand der musikalische Unterricht durch den Kantor im Vordergrund; daneben wurden das Trivium (Grammatik, Dialektik, Rhetorik), also das notwendigste Latein mit den Elementarfächern getrieben.[4] Doch müssen (die) Schüler durchaus den Umgang mit Zahlen gelernt bzw. beherrscht haben, denn sie wurden zur Unterstützung der Tätigkeit von des Rechnens unkundigen städtischen Beamten herangezogen, wozu die Stadtkassenrechnungen (Abb. 1) vermerken: „viii d. [Pfennige] den schulern geben, dy mit den zcirckelern noch geschoß vmbgangen vnd dy zcedeln vm geschoß vnde schulde gelesen."[5] Die Thomasschule genügte trotz ihres geringen Lehrumfangs offenbar dem Bildungsbedürfnis der Bürgerschaft (nicht nur Leipzigs, denn die Schüler kamen auch von auswärts), soweit deren Söhne einen akademischen Beruf anstrebten, über längere Zeit.[6]

Dass man aber zu jener Zeit das Rechnen noch wenig achtete, geht z. B. aus folgender Eintragung im Leipziger Urfehdenbuch zu 1463 hervor: „Am fritage noch exaudi [4. Juni] hat man einen gehangen, Wenczlaw gnant, der ein student was, doch nicht gewyhet, er hat auch nichts gestudirt, er konnde auch nichts, wedder schryben noch leßen. Er hat in der stat gar vehl gestolen..."[7] Vom Rechnen als Wissen eines jungen Menschen, der vor der Immatrikulation an der Universität stand (das ist wohl mit der Weihe gemeint), ist also keine Rede.

Zur Befriedigung elementarer profaner Ansprüche besonders von Angehörigen aus Kaufleute- und Handwerkerkreisen hinsichtlich praxisorientierten Lesens, Schreibens und Rechnens sorgten vielerorts, und so auch in Leipzig, „Deutschenschreiber", die gewöhnlich zugleich Rechenmeister waren, in Privatschulen, sogenannten „Winkelschulen".[8] Für Nürnberg ist nachgewiesen, dass mit wachsendem Bedürfnis nach anwendungsbereitem Wissen in der Muttersprache um 1400 erste private Einrichtungen unter Leitung von Schreibern, Klerikern oder Handwerkern entstanden, die gegen Bezahlung haupt- oder nebenberuflich Kindern,

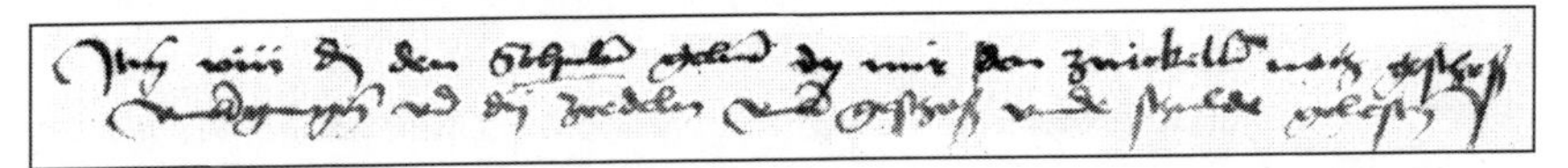

Abb. 1: Eintrag zur Bezahlung von für die Stadtverwaltung tätigen Schülern (Stadtarchiv Leipzig, Stadtkassenrechnung des Rats, Bd. 2, 1473-75, Bl.83 a)

---

[4] Vgl. O. Kaemmel: Geschichte, a. a. O., S. 4 f.

[5] Stadtarchiv Leipzig, Stadtkassenrechnungen, Bd. 2, 1473 – 1475, Bl. 83 a.

[6] Vgl. O. Kaemmel: Geschichte, a. a. O., S. 6.

[7] Das älteste Leipziger Urfehdenbuch. 1390-1480, m. ei. Einl. v. Gustav Wustmann, in: Quellen zur Geschichte Leipzigs. Veröffentlichungen aus dem Archiv und der Bibliothek der Stadt Leipzig, hrsg. v. G. Wustmann, 2. Bd., Leipzig 1895, S. 24.

[8] Vgl. G. Wustmann: Geschichte, a. a. O., S. 325.

Jugendlichen, aber auch Erwachsenen je nach Wunsch Lesen, Schreiben, Kalligraphie, Schriftverkehr sowie Rechnen, Eichen, Messen und Buchhaltung in ihren Privaträumen, denen z. T. ein „Internat" angeschlossen war, beibrachten. Der Nürnberger Rat betrachtete diese sich immer mehr zu einer gesellschaftlichen Institution entwickelnden Deutschen Schulen als Unternehmungen der Freien Künste und verzichtete lange Zeit darauf, städtische Schulen zu gründen.[9]
In Leipzig besaß die seit dem 14. Jahrhundert zahlreiche Judenschaft, die in der „Judeburg" in der Nähe der Barfüßermühle wohnte, eine Schule, die zugleich als Synagoge diente. 1352 belehnte Markgraf Friedrich den Marschall Tymo von Colditz mit der Judenschule in Leipzig („scolam Judaeorum in Lipczk").[10] Ein jüdischer Schulmeister, Eliazar, wurde 1364 genannt; noch 1441 war diese Schule vorhanden. Damals ging sie aus dem Besitz des Juden Abraham an einen Fleischer über, denn zu jener Zeit wurden die Juden aus Leipzig vertrieben.[11] Jüdische Schulen verdienen – gerade wegen darin erteilten Rechenunterrichts – besondere Aufmerksamkeit in zweierlei Hinsicht: Vorbereitung der Schüler auf Geldgeschäfte und Handel sowie mögliche arabische Traditionen in der Mathematik.
Eine Privatschule wird der 1490 erwähnte Leipziger „ludi moderator Scholae Nicolaitanae" geleitet haben,[12] ebenso der „schulhemeister" im Petersgraben, dem der Rat 1509 einen Ofen setzen ließ.[13] Sogar die kleine Jakobsgemeinde unmittelbar vor der Stadt (bei der Jacobsgasse) besaß eine eigene Schule, die erst 1543 – zusammen mit der Jakobsparochie – einging.[14] Diese frühen Schulen, für die nicht festzustellen ist, ob in ihnen nur Schreiben oder nur Rechnen oder vielleicht auch beides unterrichtet worden ist,[15] hat der Rat wohl nur gelegentlich unterstützt. Sie unterlagen vermutlich nicht seiner Aufsicht.[16]
Dass in solchen Schulen gerechnet wurde, ist deswegen zu folgern, weil damals Rechenmeister erwähnt wurden,[17] die vielleicht auch durch Unterrichtung von Kindern ihren Lebensunterhalt verdienten. Dazu gehörte der aus Schwäbisch-Hall zugezogene Johannes Rappolt, ein „deutzschenschreyber" und Rechenmeister,

---

[9] Vgl. Reinhard Jacob: Deutsche Schulen, in: Stadtlexikon Nürnberg, hrsg. v. Michael Diefenbacher und Rudolf Endres ..., Nürnberg 1999, S. 207, mit weiteren Literaturangaben.
[10] Urkundenbuch der Stadt Leipzig, hrsg. v. K. Fr. von Posern-Klett, 1. Bd., Leipzig 1868, S. 29, Nr. 44.
[11] Vgl. O. Kaemmel: Geschichte, a. a. O., S. 7.
[12] Vgl. ebenda, S. 6.
[13] Vgl. G. Wustmann: Geschichte, a. a. O., S. 326. Die Angabe bei O. Kaemmel, Geschichte, a. a. O., S. 6, ist falsch.
[14] Vgl. G. Wustmann: Geschichte, a. a. O., S. 325, 505.
[15] Für Nürnberg ist bekannt, dass der zunächst in getrennten Schulen erteilte Schreib- und Rechenunterricht im 16. Jahrhundert in den Deutschen Schulen zusammengefasst worden ist, wobei der Unterschied zwischen Rechenmeistern und gemeinen Schulhaltern bis 1701 blieb. Vgl. Horst-Dieter Beyerstedt: Schreib- und Rechenmeister, in: Stadtlexikon Nürnberg, a. a. O., S. 951.
[16] Vgl. G. Wustmann: Geschichte, a. a. O., S. 325; O. Kaemmel, Geschichte, a. a. O., S. 144.
[17] Bis 1530 gibt es in den Neubürgerlisten keine Erwähnung eines Rechenmeisters.

der 1531 das Leipziger Bürgerrecht erwarb.[18] Womöglich sind in diesen Kreis auch einzubeziehen der 1529 bei Schuldanerkenntnis und Zahlungskonditionen des Sattlers Symon Schuman genannte Rechenmeister Cristoff Lintenßberger als Gläubiger,[19] der aber 1534 schon verstorben war,[20] dann Schreiber und Rechenmeister Leonhard Sehofer, der im Jahre 1536 Bürgerrecht erwarb,[21] sowie der 1537 wegen Schulden des Schneidergesellen Samson Kranich bei ihm erwähnte Rechenmeister Bastian Guntzler,[22] der 1547 Bürgerrecht erwarb[23] und 1559 noch am Leben war.[24]

Es hat jedoch den Anschein, dass die genannten Rechenmeister auch, vielleicht sogar primär, durch Geldgeschäfte ihren Unterhalt verdienten.

Gerade der lebhafte Aufschwung des Leipziger Handels infolge der Messen, die Ausbildung städtischer Autonomie und fortgesetzte Spannungen zwischen Thomasstift und Rat mussten immer stärker der Wunsch befördern, nach dem Beispiel anderer Städte eine Stadtschule unter dessen selbständigem Patronat ins Leben zu rufen. In einer Urkunde vom 11. März 1395 erwirkte der Rat von Papst Bonifaz IX. die Erlaubnis, auf dem Nikolaikirchhof oder sonst im Nikolaikirchspiel eine lateinische Stadtschule unter eignem Patronat ohne Zustimmung und Erlaubnis des Thomasstifts zu errichten, wobei es allerdings wegen vieler Widerstände – und vielleicht auch wegen des Funktionierens der Privatschulen – mehr als ein Jahrhundert lang zu keinen praktischen Maßnahmen und erst 1512 zur Eröffnung kam.[25]

Es folgte vielmehr 1409 die Gründung der Universität, die in ihrer artistischen Fakultät über das Trivium hinaus das Quadrivium (Arithmetik, Geometrie, Musik[-theorie] Astronomie [Sphärik]) lehrte und damit das Bedürfnis nach höherer

---

[18] Vgl. Ernst Müller: Leipziger Neubürgerliste 1502 – 1556, N – Z, Leipzig 1982, S. 17; auch G. Wustmann: Geschichte, a. a. O., S. 326.

[19] Vgl. Stadtarchiv Leipzig, Richterstube, Kontraktenbuch 1527 – 1536, Bl. 61 a.

[20] Vgl. ebenda, Ratsbuch VI, Bl. 196/196b, wonach der Rat zu Leipzig am 15. Juli 1534 verkündet, dass Ulrich Rauscher auf Bekenntnis und Bürgschaftsschrift des Rates zu Frankfurt a. O. 168 Taler und 23 Gulden, die vor einiger Zeit Christoff Lindersberger, vormals Rechenmeister, bei ihm zu treuen Händen versiegelt hinterlegte, aufs Rathaus gebracht und an Melchior Lotter, Bevollmächtigten des Rates zu Frankfurt, für Lindersbergers Witwe übergeben hat.

[21] Vgl. Stadtarchiv Leipzig, Bürgerbücher, 1: 1501 – 1608, Bl. 318 a: „Leonhardus Sehöffer, schreiber vnd rechenmeister ... anno XV c XXXVI...“; vgl. auch unten.

[22] Vgl. Stadtarchiv Leipzig, Richterstube, Kontraktenbuch 1536 – 1539, Bl. 44 a, ferner Ratsbuch VII, Bl. 284 b, wonach Rechenmeister Bastian Guntzlein am 12. August 1541 anstelle Nickel Kufners zum Vormund der Kinder Caspar Zwirners eingesetzt wurde.

[23] Zu (Se)Bastian Guntzleyn, Rechenmeister, vgl. Ernst Müller: Leipziger Neubürgerliste 1502 – 1556, N – Z, a. a. O., S. 51.

[24] Erwähnung des Rechenmeisters Sebastian Göntzler (Guntzlein) unter dem 4.3.1557 als Vormund (Stadtarchiv Leipzig, Ratsbuch XIII, Bl. 20b, 21), am 26.7.1557 als Vermittler in einem Streit, vermutlich um Bücher (Ratsbuch 13, Bl. 113b), des wohl damit identischen Rechenmeisters Bastian Gortzler am 20.10.1558 als Vormund einer Witwe (Stadtarchiv Leipzig, Ratsbuch XIV, Bl. 11b) und des Rechenmeisters Bastian Gontzler am 18.5.1559 wegen eines Baustreits in der Nikolaistraße (Stadtarchiv Leipzig, Ratsbuch XV, Bl. 53b/54).

[25] Vgl. O. Kaemmel: Geschichte, a. a. O., S. 7 – 9, 16.

Bildung für akademische Berufe durchaus befriedigte.[26] Der Verfasser des im Jahre 1489 in Leipzig bei Kachelofen erschienenen zweiten[27] deutschen Rechenbuchs „Behende vnd hubsche Rechenung auff allen kauffmanschafft“, war kein Geringerer als „Iohannes Weidemann de Egra“ (Johannes Widmann Eger), Angehöriger der Leipziger alma mater. 1480 daselbst immatrikuliert,[28] wurde er 1482 zum Baccalaureus[29] und 1485 zum Magister promoviert[30] und war dann an der Universität mit Beifall („non sine auditorum summo applausu“) als Lehrer der Mathematik tätig, jedoch verließ er später Leipzig wieder.[31]
Widmanns Buch war aber keineswegs, wie der Titel vermuten lässt, eine Anleitung zum kaufmännischen Rechnen. Von den drei Teilen handelt der erste „von Kunst und Art der Zahl an ihr selbst“, d. h. von der Rechnung mit bloßen Zahlen, der zweite „von der Ordenung der Zahl“, d. h. von Verhältnissen und Proportionen und den Aufgaben, die sich mit ihrer Hilfe lösen lassen, und der dritte „von der Art des Messens, die da Geometria genannt ist“. Das Ganze ist entweder unmittelbar aus indischen und arabischen Quellen oder handschriftlich vorhandenen Lehrbüchern, die auf solche Quellen zurückgingen, abgeleitet. Bemerkenswert an dem Buch ist, dass darin erstmals die Zeichen für Plus und Minus (+ und -) vorkommen. Doch hat sie der Verfasser nicht erfunden, sie waren vielmehr im kaufmännischen Verkehr schon üblich. Zum Elementarunterricht war aber das Buch nicht geeignet. Denn es gibt nirgends eine Anleitung zur Lösung der gestellten Aufgaben und ist in seiner Ausdrucksweise oft sehr schwer verständlich.[32] Dazu ein Beispiel: „Es schickt einer seinen Knecht von Leipzig gen Zwickau, und die erste Nacht bleibt er zu Altenburg über Nacht zu einem Wirt, der tut ihm gütlich, und er beuts ihm ganz wohl, und des Morgens, da er bezahlen wollt, da schenkt ihm der Wirt die Zehrung und gab ihm so viel Gelds dazu, als er von Leipzig ausgeführt hat, und also schenkt der Knecht der Köchin 12 Pf. zulezt und ging weiter. Nu, des andern Nachts kam er gen Zwickau, da tut ihm der Wirt gleich als der erst, da ließ der Knecht der Köchin aber[mals] 12 Pf. oder 1 Gr. zulezt. Und ging denselbigen Tag wieder heim gen Leipzig und verzehrt nichts. Nu wollt [ihr] wissen, was der Herr dem Knecht zu Zehrung gegeben hat. Machs, und kommen 9 Pf., und [so] ist recht.“
Mit welch bescheidenen Rechenkenntnissen sich damals selbst Studierte begnügten, zeigt das lateinische Rechenbüchlein „Algorithmus linealis“ (gedruckt bei Martin Landsberg), das 1504 der spätere Arzt D. Heinrich Stromer von Auerbach seinem Schüler an der Universität, Baccalaureus Andreas Hummelshein, widmete

---

[26] Vgl. ebenda, S. 8.

[27] Das erste war Johann Petzensteiners „Rechnung in aller Weis“, 1473 in Bamberg gedruckt.

[28] Vgl. Die Matrikel der Universität Leipzig, ... hrsg. v. Georg Erler, I. Bd., Leipzig 1895, S. 323.

[29] Vgl. ebenda, II. Bd., Leipzig 1897, S. 278 („Iohannes de Egra“).

[30] Vgl. ebenda, II. Bd., S. 289 („Iohannes de Egra“).

[31] Vgl. G. Wustmann: Geschichte, a. a. O., S. 328.

[32] Vgl. ebenda, a. a. O., S. 326 ff. Zu prüfen bleibt ob Widmanns ausländische Quellen durch jüdische vermittelt sind.

und welches nur die Anfangsgründe der Arithmetik, die acht „Spezies" von der Numeration bis zur Progression, sowie die Regeldetri enthält.[33]
Selbst nach der Einführung der Reformation im Herzogtum Sachsen (1539) und deren Folgen für das Schulwesen bezeichnete es die kursächsische Kirchen- und Schulordnung von 1580 als Hauptaufgabe der Schulen, dass sie „fürnemlich zu der ehre gottes und zu unterweisung der jugend in der einigen wahrhafftigen und seligmachenden erkäntnüß gottes des vaters, unsers herrn Jesu Christi und heiligen geistes angestellet" seien.[34] Doch gibt es um diese Zeit auch einen Hinweis auf Rechenunterricht – allerdings in Privatschulen: Etwa 1543 sagte Ulrich Groß, „seindt viel deuzscher schulen, do die knaben rechnen und fein reiniglich schreiben lernen".[35] Eine Konzession zum Schulehalten gab der Rat nach einem Beschluss von 1550 nur an Bürger und deren Söhne.[36] Zu den Lehrern könnte der Ende der 50er Jahre als Deutschenschreiber und wenig später als Rechenmeister bezeugte Jacob Faber gehört haben.[37] Im Jahre 1563 verglichen sich die Vormünder des Matthes Olsener über den Unterhalt dieses Knaben sowie über seine Versorgung und Ausbildung, wobei ausdrücklich der Besuch einer Rechenschule erwähnt wurde.[38] Obwohl die Schulordnung von 1580 die Unterdrückung der Winkelschulen befahl, lebten sie auch im 17. Jahrhundert trotz der Existenz der städtischen Thomas- und Nikolaischule in Leipzig fort.[39] So sind 1610 ein Rechenmeister in der Fleischergasse, der Schule hält,[40] und 1624 ff. Schul- oder Rechenmeister Friedrich Bothe in der Nikolaistraße (als Gläubiger) erwähnt.[41] Und in dem 1622 aufgesetzten Testament des Ratsherrn und Handelsmanns Peter Heintz, geboren in Breslau, werden 500 Gulden einer künftigen Schreib- und Rechenschule vermacht.[42] Einmal wird sogar erwähnt, nach wessen Methode unterrichtet wurde, vermerkt doch ein Ausgabenbetrag in Rechnungen des Georgenhospitals für die Findel- und Waisenkinder: „den 5. juli 1563 zu einem [Rechenbuch von] Adam Rybßen vnd boppier [Papier] den jungen [Kindern] 3 groschen."[43]
Auch hat es damals in Leipzig mehrere Privatschulen für Mädchen gegeben, „darinnen die mägdlein beten, singen, schreiben, nähen und wirken, auch feine höflichkeit und züchtige geberde von ihrer schulmeisterin gelehret werden".[44]

[33] Vgl. G. Wustmann: Geschichte, a. a. O., S. 328.
[34] Zit. nach O. Kaemmel: Geschichte, a. a. O., S. 57 f. Vgl. S. 116 ff.
[35] Zit. nach ebenda, S. 47.
[36] Vgl. ebenda, S. 144 f.
[37] Vgl. Stadtarchiv Leipzig, Ratsbuch XV, 1559, Bl. 209 b, und Ratsbuch XVIII, 1562, Bl. 41 b.
[38] Vgl. ebenda, Ratsbücher, Bd. XIX, 1563, Bl. 22b – 23b.
[39] Vgl. O. Kaemmel: Geschichte, a. a. O., S. 144. Vgl. Stadtarchiv Leipzig, Stadtkassenrechnungen 1550/51, Bl. 182 b, zu mangelhaftem Schulbesuch an der Nikolaischule!
[40] Vgl. Stadtarchiv Leipzig, Richterstube, Strafakten, vorl. Nr. 188.
[41] Vgl. ebenda, Richterstube, Akten Teil 1, vorl. Nr. 483.
[42] Vgl. ebenda, Richterstube, Akten Teil 1, vorl. Nr. 696.
[43] Zit. nach Georg Grebenstein: Adam Ries in Leipzig, in: Junge Mathematiker, 1961, H. 17, S. 14.
[44] Zit. nach O. Kaemmel: Geschichte, a. a. O., S. 46.

1592 wurden „vier deutsche schreiber und schulmeister der jungfrauen“ auf die Visitationsartikel verpflichtet.[45] Das genannte Testament Heintz’ vermachte auch 300 Gulden einer künftigen Mädchenschule.[46]
All’ dies zeugt auch von einer gewissen Kontrolle und Förderung der dringend benötigten Privatschulen durch den Leipziger Rat. Eine wirksamere dauernde Aufsicht über sie ordnete er durch das Patent vom 5. Juni 1711 an, das die Winkelschulen grundsätzlich als berechtigt anerkannte.[47]
Doch scheinen auch Lehrer an den beiden Leipziger Lateinschulen Interesse für Mathematik besessen zu haben. Von A. Olearius (gest. 1671 in Gottorp), Konrektor der Nikolaischule, der sich 1631 um eine Stelle an der Thomasschule bewarb, ist sein umfassendstes Interesse für Geographie, Naturwissenschaften (er hatte schon am 31. Mai 1630 eine Sonnenfinsternis in Leipzig beobachtet), Mathematik und Sprachkunde bekannt.[48] Doch war dies vielleicht auch nur eine Ausnahme; was die Lehrer ihren Schülern an Unterricht boten, das hatten sie auf der Universität gelernt, das waren auch Mathemata, aber im Sinn als Teil des überlieferten Wissens der Antike, nicht etwa anwendungsbereit. An diesen Kreis des Wissens und an die Methode seiner Vermittlung waren auch die Lehrer durch Tradition und Vorschriften gebunden.[49]

2. Tätigkeiten der im 16. und 17. Jahrhundert erwähnten Rechenmeister

Für jene Zeit lässt sich eine ganze Anzahl in Leipzig erwähnter Rechenmeister mit deren Beschäftigungen auflisten.
Auf mehrere, ausdrücklich Rechenunterricht Erteilende und Rechenmeister Genannte wurde bereits hingewiesen.
Daneben wurden nicht wenige als Rechenmeister Bezeichnete durch Geldgeschäfte aktenkundig, z. B. die bereits genannten Cristoff Lintenßberger und Bastian Guntzler, auch der als Schul- und Rechenmeister erwähnte Friedrich Bothe und der 1562 wegen eines Geldverleihs genannte Deutschenschreiber und Re-

[45] Zit. nach ebenda, S. 46.
[46] Vgl. Stadtarchiv Leipzig, Richterstube, Akten Teil 1, vorl. Nr. 696.
[47] Vgl. O. Kaemmel: Geschichte, a. a. O., S. 301 f. In Nürnberg wachte über Deutsche Schulen, Schreib- und Rechenmeister bis 1800 eine Deputation des Rates. 1613 begrenzte man die Zahl der Schulen auf 48 und führte Vorgeher (Inspektoren) ein, 1613 auch einen Ausbildungsgang mit Examen. Die Lehrzeit betrug sechs Jahre, der die Expektanzzeit als Gehilfe bis zum Freiwerden einer Schulmeisterstelle folgte. 1665 wurde die Zahl der Schreib- und Rechenmeister auf 20 Rechenmeister und 8 gemeine Schulhalter vermindert. Ihre Schüler stammten aus allen sozialen Schichten und zahlten Schulgeld; in vielen Schulen gab es ein Internat für Externe. Vgl. Horst-Dieter Beyerstedt: Schreib- und Rechenmeister, a. a. O., S. 951.
[48] Vgl. O. Kaemmel: Geschichte, a. a. O., S. 104 f.
[49] Vgl. ebenda, S. 116.

chenmeister Jacob Faber,[50] nicht zuletzt der 1628 nachgewiesene Rechenmeister Hans Ledin.[51]
Womöglich als Sachverständiger bzw. Notar finden Erwähnung: Sebastian Göntzler am 26. Juli 1557 als Vermittler in einem Streit, vermutlich um Bücher,[52] oder 1607/08 Rechenmeister und Deutschenschreiber Peter Stoy in Leipzig als Zeuge bei der Klage der Witwe und Erben Kilian Kohls gegen Magister Johann Hartung als Vormund der Witwe Margaretha Gommel und Erben Antonius Gommels wegen eines in Grabo gelegenen Lehnguts.[53] Am 8. November 1695 wurde der kaiserliche Offenbarschreiber (Notarius publicus Caesareus) und Rechenmeister Tobias Eckstein, gebürtig aus Annaberg, Leipziger Bürger und am gleichen Tag mit dem Haus, das zuvor Christian Schmidt und davor Christoph Kriebitzsch gehört hatte, belehnt.[54] Leider gibt es keinen Hinweis darauf, ob sich mit der Notartätigkeit Ecksteins auch das Erteilen von Rechenunterricht vereinbarte oder nicht.
Was städtische Funktionsträger angeht, so ist als (Bei-) Visierer 1559 der genannte Jacob Faber aufgenommen worden.[55] Als Visierer ist 1625 in einem Testament auch Rechenmeister Michael Schwiner erwähnt.[56]
Daneben sind für jene Zeit weitere Rechenmeister nachweisbar, ohne dass ihre Tätigkeit näher bezeichnet ist, so 1544 Rechenmeister Meister Lenhart,[57] 1562 der am Barfüßertor ein Haus kaufende Rechenmeister Jacob Grolant,[58] 1570 Rechenmeister Lorentz Hoch,[59] 1608 mit seinem Testament der Rechenmeister und Atituus der Thomaskirche Georgius Nicolai aus Lausick,[60] 1610 Rechenmeister Andreas Habermehl im Brühl,[61] 1619 ein nicht näher bezeichneter Rechenmeister

---

[50] Vgl. Stadtarchiv Leipzig, Ratsbuch XVIII, Bl. 41 b.

[51] Vgl. ebenda, Richterstube, Kontrakten- und Urfriedensbuch 1628 (Reinschrift); es nennt eine Quittung der Ehefrau von Rechenmeister Hanß Ledin für Urban Poelich.

[52] Vgl. ebenda, Ratsbuch XIII, Bl. 113b.

[53] Vgl. ebenda, Richterstube, Akten Teil 1, vorl. Nr. 730. Zur gleichen Zeit siegelt Caspar Stoy; vgl. ebenda, Akten Teil 1, vorl. Nr. 698, Bd. 9.

[54] Vgl. ebenda, Ratsbuch 1695, Bl. 93 ff. Am 2. 12. 1700 erhielt Eckstein das Haus Johann Christoph Schmidts (neben Haus Nr. 135) in Lehen (Ratsbuch 1700, Bl. 81). Dieses Haus übernahm 1737 sein Sohn Friedrich Christian Eckstein; vgl. Ernst Müller: Häuserbuch zum Nienborgschen Atlas, bearb. v. Beate Berger u. a., o. O. 1997, S. 19.

[55] Vgl. Stadtarchiv Leipzig, Ratsbuch XV, 1559, Bl. 158, Bl. 1 – 5 b; ferner Ratsbuch XV, Bl. 204 und 207 b, von 1560. Faber besaß vermutlich ein Haus am Barfüßerkirchhof (Ratsbuch XVI, 1560, Bl. 125); er lebte noch 1564 (Ratsbuch XIX, Bl. 95).

[56] Vgl. Stadtarchiv Leipzig, Richterstube, Testamente, Rep. V, Paket 49, Nr. 6.

[57] Vgl. ebenda, Ratsbuch VIII, Bl. 156, 156b.

[58] Vgl. ebenda, Ratsbuch XVIII, Bl. 1 a – b.

[59] Vgl. ebenda, Richterstube, Kontrakten- und Urfriedensbuch 1570.

[60] Vgl. ebenda, Richterstube, Testamente, Rep. V, Paket 31, Nr. 1.

[61] Vgl. ebenda, Richterstube Strafakten, vorl. Nr. 194. Weiterer Beleg zu Habermehl im Brühl: Strafakten, vorl. Nr. 178, 1609. 1630 ist Christian Habermehl in Akten Teil 1, vorl. Nr. 1429, erwähnt.

in Leipzig[62] und 1657, Rechenmeister Davidt Bot als die nachgelassenen Kinder in einem Testament bedacht werden.[63]
Rechenmeister waren also Lehrende und auf wirtschaftlichem Gebiet Tätige (Geldverleih, Gutachter- und Visierertätigkeit). Doch scheint die Bezeichnung „Rechenmeister" damals durchaus einen ambivalenten Charakter besessen zu haben.[64] Um zu genaueren Aussagen zu gelangen, werden die hier noch nicht ausgewerteten Quellen über Isaak Ries' Tätigkeit in Leipzig herangezogen.

3. Isaak Ries

In seinem kenntnisreichen Aufsatz über die Kinder Adam Ries' hat Willy Roch wichtige Quellen und Aspekte auch zum Leben und Wirken Isaak Ries' zusammengetragen.[65] Manche Aussagen sind jedoch korrekturbedürftig und können durch neu aufgefundene Quellen ergänzt werden.
Roch vermutete, dass der am 27. August 1537 in Annaberg geborene Isaak[66] zunächst eine Ausbildung zum Rechenmeister und Visierer beim Vater erfahren habe und ihn danach in der Rechenschule und bei anderen Geschäften unterstützte;[67] dafür gibt es mehrere Hinweise: So bemerkte Adam Ries in seiner Widmung zur Umarbeitung der „Coß", dass er „seinen lieben sohnen nichts besseres geben vnd [hinter]lassen" könne als seine Rechenkunst.[68] Auch ist Isaak 1558 für seine Tätigkeit bei der Teilung des Erbes von Bürgermeister Jobst Köttwig entlohnt worden.[69]

---

[62] Vgl. Stadtarchiv Leipzig, Richterstube Strafakten, vorl. Nr. 301.

[63] Vgl. ebenda, Richterstube, Testamente, Rcp. V, Paket 98, Nr. 2.

[64] Für Nürnberg gilt: Um den Zugang zum sich herausbildenden geachteten Handwerksberuf des Schreib- und Rechenmeisters zu regeln, erstrebten die Schulhalter eine Handwerksordnung, die sie zu Beginn des 17. Jahrhunderts erhielten. Spätestens seitdem bildeten Schreib- und Rechenmeister ein eigenes Kollegium, wählten Vorgeher, hielten Konvente ab, besaßen eine feste Ausbildungsordnung und hierarchische Binnenstruktur. Mit der Schulordnung von 1698 griff der Rat erstmals in den Unterricht ein, verordnete das Fach Religion und machte die Deutschen Schulen, die nun von Geistlichen beaufsichtigt wurden, zur öffentlichen Institution mit christlichem Erziehungsauftrag. Vgl. R. Jacob: Deutsche Schulen, a. a. O., S. 207.

[65] Vgl. Willy Roch: Die Kinder des Rechenmeisters Adam Ries [1. Teil] und (1. Fortsetzung), in: Familie und Geschichte, 1992, H. 1, S. 2 ff., H. 2, S. 54 ff.

[66] Vgl. Christliche Leichpredigt / Beym Begräbniß Deß Erbarn vnnd Wolgeachten Herrn Isaac Riesens / gewesenen Bürgers vnd Visirers zu Leipzig. Welcher den 8. Januarii dieses instehenden 1601. Jahres in Christo selig entschlaffen / vnd den 10. hernach Christlich zur Erden bestattet. Gethan durch Georgium Weinrich / der heiligen Schrifft Doctorem vnd Professorem, Superintendenten zu Leipzig. Gedruckt zu Leipzig durch Jacobum Gaubisch: Typis haeredum Zachariae Berwaldi ANNO MDCI, S. D i[b] (Exemplar der Universitätsbibliothek Leipzig).

[67] Vgl. W. Roch: Kinder (1. Fortsetzung), a. a. O., S. 55.

[68] Zit. nach W. Roch: Kinder [1. Teil], a. a. O., S. 2. Vgl. Adam Ries: Coß. Faksimile und Kommentar, hrsg. u. komment. v. Wolfgang Kaunzner u. Hans Wußing, Stuttgart / Leipzig 1992.

[69] Vgl. W. Roch: Kinder (1. Fortsetzung), a. a. O., S. 55.

Bald darauf, um 1559, vermutlich nach des Vaters Tod, sei Isaak nach Leipzig gezogen. Bei seinem im Jahre 1601 erfolgten Tode sprach nämlich der Leipziger Superintendent Georg Weinrich in der als Quelle freilich recht unsicheren Leichenpredigt davon, dass Isaak über 40 Jahre hier gewohnt habe.[70] Wie es darin weiter hieß, habe dieser sich nach dem Willen der Eltern und Verwandten auf die Leipziger Universität begeben;[71] doch ist er in deren Matrikel nicht erwähnt.[72] Es erscheint freilich verwunderlich, dass ein Mann wie Weinrich, den das Titelblatt der Predigt „der heiligen schrifft doctorem vnd professorem" nennt, sich derart geirrt haben soll.

Leipzig bot nicht nur als aufstrebende Handelsstadt für einen jungen Rechenmeister günstige Arbeits- und Lebensbedingungen – durch Beziehungen von Vater Adam Ries gab es hier einen Bekanntenkreis: 1536 druckte die Buchdruckerei Melchior Lotter sein „Gerechnet Büchlein." Georg Grebenstein vermutete sogar, dass der Verfasser bei der Gelegenheit selbst in der Stadt gewesen sei. Hier besaß er zwei Freunde, mit denen er Rechenaufgaben austauschte, Waagmeister Bernecker und den bereits erwähnten Rechenmeister Sehofer.[73] Nachweislich war Adam Ries wegen seines großen Rechenbuches 1550 in Leipzig. Kurfürst Moritz hatte die Druckkosten vorgeschossen, während Kaiser Karl V. auf dem Reichstag zu Augsburg Adam Ries ein Privileg (zum Schutz vor Nachdrucken) für das Buch gewährt hatte, nachdem Fachgelehrte der hiesigen Universität das Werk geprüft und zur Annahme empfohlen hatten. Bei diesem Besuch hatte Ries „dem rath „etzlichen rechenbuchleyn verehrt", wofür jener als Anerkennung 2 Schock 48 gr. erhielt (Abb.2).[74] Es existierten also gute Beziehungen zu Rat wie Universität. Mehr noch: in Begleitung des alten Ries befand sich mit Sicherheit sein Sohn Abraham, der im Sommersemester 1550 an der Leipziger alma mater als „Abraham Riss Annaemontanus" immatrikuliert worden ist.[75] Das legt nahe, dass es sich bei Weinrichs Ausführungen über Isaaks

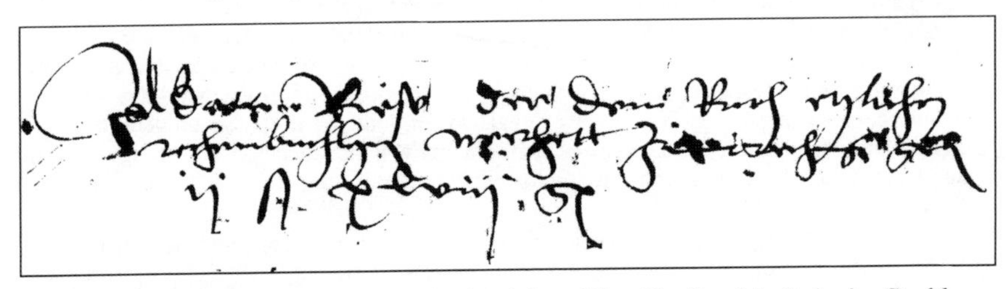

Abb.2: Geschenk des Rats zu Leipzig für Adam Ries (Stadtarchiv Leipzig, Stadtkassenrechnungen 1550/51, Bl. 217 b)

[70] Vgl. Leichpredigt, a. a. O., S. C iiii[a].

[71] Vgl. ebenda, Bl. D i[a].

[72] Durchgesehen wurde entsprechend der Altersumstände: Die Matrikel der Universität Leipzig, ... hrsg. v. Georg Erler, I. Bd., Leipzig 1895, ab Wintersemester 1556 bis Sommersemester 1559.

[73] Vgl. G. Grebenstein: Ries, a. a. O., S. 14.

[74] Vgl. Stadtarchiv Leipzig, Stadtkassenrechnungen 1550 / 51, Bl. 217 b.

[75] Vgl. Die Matrikel der Universität Leipzig, ... hrsg. v. G. Erler, I. Bd., S. 683.

Studium nicht um einen Irrtum, sondern um eine Verwechslung der beiden Brüder gehandelt hat. 1557 nahm dann der Leipziger Rat Adam Ries' Hilfe zur Aufstellung der Leipziger Brotordnung in Anspruch,[76] wofür er am 2. Oktober 1557 mit 50 Gulden entlohnt worden ist.[77] Zweckmäßige Brotordnungen, die wechselnde Ernteerträge und die Lohnverhältnisse sinnvoll berücksichtigten, waren ein wichtiger Beitrag zur reibungslosen Versorgung mit dem Grundnahrungsmittel und damit zum konfliktärmeren Zusammenleben der Menschen in den Städten.

Als Isaak Ries nach Leipzig kam, konnte er – wenigstens dem Namen nach – kein Unbekannter gewesen sein. Doch gibt es zur ersten Zeit seiner hiesigen Tätigkeit nur ein ungenaues Zeugnis; folgt man der Leichenpredigt, ist Isaak Ries um 1562/63 als Hofvisierer (Eichmeister) beim kurfürstlichen Keller angestellt worden (er habe bei seinem Tod das Amt „ins 38. Jahr verwaltet").[78]

Durch neu aufgefundene Quellen ist Isaak Ries mit Sicherheit um 1564 als Rechenmeister in Leipzig nachweisbar; zu dieser Zeit machte er Schulden beim bereits erwähnten Johann Rappolt d. Ä.: „Isaac Riese, rechenmeister alhier, hat bekandt, das ehr dem Johann Rappolt dem eltern 3 fl. ist vor leder schuldigk worden. Hat angelobet bei eines erbarn raths gehorsam vnnd eigener cost, ime solches gelt auf den nechstkunftigen ostermarck zu erlegen. Actum den 10. martii [1564]."[79] Es ist zu vermuten, dass Isaak Ries das Leder erwarb, um ungebundene Exemplare aus dem Faß mit gedruckten Rechenbüchern Adam Ries' (s. u.) für den weiteren Verkauf binden zu lassen. Der genannte Hans Rappolt senior ist wiederholt als Gläubiger gegenüber Dritten[80] erwähnt und gehörte wohl zu den Begüterten in der Stadt.[81]

Wenig später begab sich Ries auf Reisen, ohne dass ein Grund dafür genannt wurde. Bei der Gelegenheit erfolgte eine Aufstellung ihm gehörender Gegenstände: „Isaack Riese, demnach ehr bei m.[eister] Balthasar Franckenhuebern, schneidern, alhier zur miette gewesen vnnd etlich wochen verreiset, Franckenhueber aber nicht gewust, wann ehr wiederumb kommen mochte, vnnd gleichwol wegen des vorstehenden michaelismarckes derselbigen stuebe vnnd kammer benotiget gewesen, als hat ehr das geretlein in des gedachten Isaack Riesens stuebe vnnd kammer gerichtlich inuentiren lassen, wie volget, 3 schreibeproben, 4 schwartze deffelein, 2 lange dische, 2 lange bencke, 6 gemalte brieffe, in der kammer 2 fedterbedten, ein pfuel, ein kuessen, 2 leilacher, ein reitschwert, ein

[76] Vgl. Stadtarchiv Leipzig, Tit. LXIV, Nr. 15, Bd. 2, Bl. 39 b f., 41 a ff.

[77] Vgl. ebenda, Stadtkassenrechnung 1557, Bl. 318 b.

[78] Vgl. Leichpredigt, a. a. O., S. C ii[b]; W. Roch: Kinder (1. Fortsetzung), a. a. O., S. 55. Die Angabe von G. Grebenstein: Ries, a. a. O., S. 15, unter Bezugnahme auf das angebliche Leipziger Schuldbuch, dass Ries 1561 wegen Schulden aus der Stadt floh, nachdem er eine Rechenschule betrieben hatte, beruht auf einem Lesefehler: 1561 statt 1567; auf den Vorgang ist noch zurückzukommen.

[79] Stadtarchiv Leipzig, Richterstube, Kontrakten- und Urfriedensbuch 1564, Bl. 287 b.

[80] Z. B. ebenda, Richterstube, Kontraktenbuch 1536-39, Bl. 61, Kontraktenbuch 1566, Bl. 64b und im Kontrakten- und Urfriedensbuch 1570, Bl. 79a, 88a, 97a, 246b.

[81] Dessen Frau hat aber auch Schulden: Stadtarchiv Leipzig, Richterstube, Kontrakten- und Urfriedensbuch 1571, Bl. 174a.

zinen koppigen, ein baar reitstieffeln, ein schlahe vaß, ein kasten in der cammer, 2 messinge leuchter. Das ander aber, so neben der kammer in einem studorio verwart gewesen, ist nicht inuentiret noch das studorium geoffnet worden, Actum den 30 septembris [1564].“[82] Die nunmehr sicher bezeugten „3 schreibeproben, 4 schwartze deffelein, 2 lange dische, 2 lange bencke, 6 gemalte brieffe“ lassen sich wiederum als Inventar und Lehrmittel einer Schreib- und Rechenschule identifizieren; Ries hat also spätestens zu dieser Zeit Unterricht erteilt. – Vermutlich gehörte die folgende Abwesenheit von Leipzig zu einem Aufenthalt 1565/66 in Annaberg.[83]

Von Wichtigkeit für die Beurteilung nicht nur der Tätigkeit, sondern auch der vielfältigen Interessen Isaak Ries’ in den 60er Jahren ist eine bisher nur in Auszügen ausgewertete und mitgeteilte, teils auch falsch datierte Quelle, die beim Rat zu Leipzig entstanden ist; sie lautet: „Isaac Rysens inventarium. Zu wyssen, nachdem Isaac Rißе ein zeitlang alhir gewesen vnd Balthasar Frankenhubers erben vnd Michael Behmen etlich gelt schuldigk worden, aber ane ir vorwissen weggetzogen vnd sie nicht betzalhlet, derwegen beide gebeten, Rißens vorlaßene habe zu inuentiren, welchs irer bitte halben geschehen, vnd ist befunden worden, wie stuckweis volget. Actum den 25. januarii anno 1567. Erstlich in der stuben: zwo schwartze lange taffeln, 1 schwartze vorbanck, 1 alt bredt, dorauf man bucher setzt, ein faß mit gedruckten rechenbuchern des alten Adam Risens, seint 146 exemplar. In eim kasten: 6 bucher in 4to in pergamein gebunden, 1 kirchpostill in folio weis leder gebunden, corpus doctrin... [?] deutzsch in weis leder gebunden | architectur deutzsch in fol. in weis leder

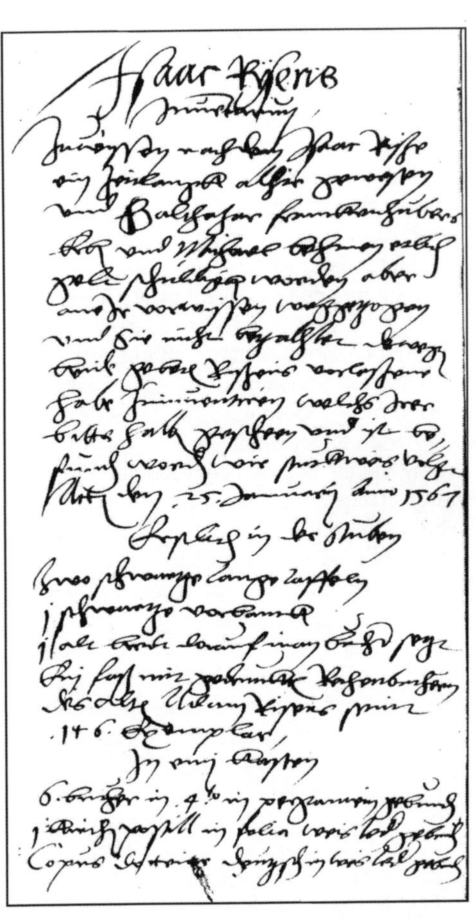

Abb.3: Isaak Ries´ Inventar 1567 (Stadtarchiv Leipzig, Hilfs- und Inventarienbuch 1564-67, Bl. 165 a (165 b s. folgende S.)

[82] Stadtarchiv Leipzig, Richterstube, Kontrakten- und Urfriedensbuch 1564, Bl. 161a.

[83] Vgl. W. Roch: Kinder (1. Fortsetzung), a. a. O., S. 55.

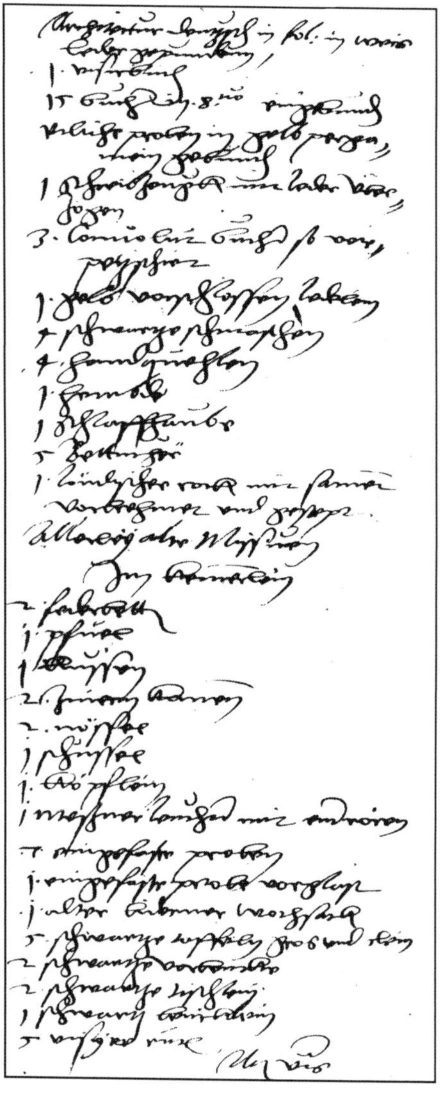

gepunden, 1 visirbuch, 15 bucher in 8^{uo} eingebunden, etliche proben in gelb pergamein gebunden, 1 schreibzeugk mit leder vberzogen, 3 conuolut bucher so vorpetzschirt, ... [Kleidung] allerley alte missiuen. Im kemmerlein: ... [Gebrauchsgegenstände] 1 meßner leuchter mit einer roren, 7 eingefaste proben, 1 eingefaste probe vorglast, 1 alter liderner wochsack, 5 schwartze taffeln gros vnd klein, 2 schwartze vorbencke, 2 schwartze tischlein, 1 schwartz bencklein, 5 visyre rute. A[ctum] u[t] s[upra].“[84]
Sicher ist danach, dass Ries als Rechenlehrer und Visierer tätig war, aber vermutlich auch als Schreiblehrer („proben in ... pergamein“), Buchhändler (u. a. der Werke seines Vaters?), Lehrer im Visieren (unter den Proben sind Schreib- oder sonstige Vorlagen zur Übung in der Mess- und Reißkunst,[85] vielleicht auch Anschauungsmaterialien zum Visieren zu verstehen), und Geometer (falls dem das „Architekturbuch“ diente). Keine Indizien gibt es jedoch anzunehmen, dass Ries damals auch eigene literarische Arbeiten verlegte.[86]
Wenn auch die Umstände des Weggangs Ries’ und der Ausgang dieser Angelegenheit unklar bleiben, auf Dauer gesehen hat er in Leipzig Fuß gefasst. 1568 erwarb er das hiesige Bürgerrecht.[87] In den Leipziger Ratsbüchern gibt es aber bis 1591 keine

[84] Stadtarchiv Leipzig, Richterstube, Hilfs- und Inventarienbuch 1564 – 1567, Bl. 165 a|b.

[85] Vgl. W. Roch: Kinder (1. Fortsetzung), a. a. O., S. 56, unter Bezug auf Albrecht Kirchhoff: Leipziger Sortimentsbuchhändler im 16. Jahrhundert und ihre Lagervorräte, in: Archiv für Geschichte des deutschen Buchhandels, Bd. XI, 1888, S. 204 – 282.

[86] Vgl. Albrecht Kirchhoff: Christoph Birck. Buchbinder und Buchführer in Leipzig 1534 – 1578, in: Archiv für Geschichte des Deutschen Buchhandels, Bd. XV (1892), S. 53; W. Roch: Kinder (1. Fortsetzung), a. a. O., S. 55.

[87] Vgl. Stadtarchiv Leipzig, Bürgerbücher, 1: 1501 – 1608, Bl. 294 a: „Isaac Riese von s. Annabergk rechmeister ... 16 nouembris anno 1568“.

Hinweise auf eine Beziehung des Mannes zum hiesigen Rat. Auch heiratete er - nach Roch am 6. November 1568, nach der Leichenpredigt jedoch erst „anno LXIX“[88] - Anna Stürmer, die Tochter Wolfgang Stürmers, „burger vnnd formschneider alhier“, und seiner Ehefrau Gertrud.[89] (Deren finanziellen Verhältnisse sind durch wiederholte Kreditaufnahmen über Jahrzehnte hinweg,[90] aber auch einen zwischendurch erfolgten Hauskauf[91] gekennzeichnet.) Der Rat zu Annaberg verehrte Ries, um sich für geleistete Dienste erkenntlich zu zeigen, 20 Gulden zu seiner Wirtschaft. Der Ehe entsprossen drei Kinder.[92]

Doch auch später war Ries gezwungen, Schulden zu machen, ohne dass die Anlässe dafür zu erkennen sind: „Isaac Riese hat vor gerichten gestanden vnd bekannt, das er Valten Müllern acht gülden schuldigk, vnd angelobt, ime den halben theil vfn ostermarckt vnd den andern halben theil vfn michaelismarckt beide negst kunftigk zu tzalen. Actum den 22. februarii [1570].[93] Dann heißt es noch einmal: „Isaac Rieß gestehet Christoff Rauchen 31 fl. vnd ist ihm in 14 tagen ... die zahlung auferleget.“ [17. Oktober 1597][94] Danach – bis zu dem 1601 erfolgten Tode - gibt es keine weitere Erwähnung Isaak Ries’ in den Kontrakten- und Urfriedensbüchern Leipzigs.

1572 wandten sich die erzbischöflich Magdeburgischen Räte zu Halle an den „Churfürstl.[ich] Sächs.[ischen] Arithmeticus Isaac Ries“ wegen des Valvationsdruckes des großen Münzbuches, auf das dessen Schwiegervater Wolf Stürmer, später dessen Witwe, ein Privileg besaß. Bekannt ist ferner, dass Abraham Ries im Auftrag des Kurfürsten wegen der Veröffentlichung des Buchs verhandelt hatte.[95]

Noch einmal wenigstens hat Isaak Ries seine Vaterstadt wieder aufgesucht, nämlich 1575.[96]

Wie in anderen Städten die Rechenmeister, so wurde auch in Leipzig Isaak Ries zum Visieren herangezogen. Am 6. Februar 1577 erhielt er 10 Gulden zur Ver-

---

[88] Vgl. W. Roch: Kinder (1. Fortsetzung), a. a. O., S. 56; Leichpredigt, a. a. O., S. D i[b].

[89] Zu W. Stürmer: Stadtarchiv Leipzig, Kontrakten- und Urfriedensbuch 1584, Bl. 54 a. Vgl. auch Leichpredigt, a. a. O., S. C ii[b].

[90] Vgl. B. Rüdiger: Quellenfunde, a. a. O, S. 154 – 156. Die dort gegebenen Belege können ergänzt werden, zunächst aus den Leipziger Ratsbüchern: Bereits 1538 ist eine Schuldenaufnahme Wolffgang Stürmers bei Hans Guldenmund aus Nürnberg mit Rückzahlungsvereinbarungen erwähnt. 1540 zahlte Stürmer die Schuld zurück. Stadtarchiv Leipzig, Ratsbuch, Bd. VII (1538), Bl. 45 b. Hier auch der Nachtrag von 1540. 1548 wurde er im Zusammenhang mit einer Manngeldzahlung erwähnt; Ebenda, Bd. IX (1548), Bl. 142 b, und 1554 zum Vormund der Anna Hoffmannin bestellt. Ebenda, Bd. XI (1554), Bl. 170 b, 171 b. .

[91] Zu Wolf Stürmers Hauskaufgeboten vgl. B. Rüdiger: Quellenfunde, a. a. O., S. 155 f. – Im Ratsbuch XXXV, Bl. 80 a – b, ist unter dem 21. Oktober 1579 vermerkt der Hauskauf Wolf Sturmers und seiner Ehefrau Gertrud im Brühl.

[92] Vgl. Leichpredigt, a. a. O., S. C ii[b].

[93] Stadtarchiv Leipzig, Kontrakten- und Urfriedensbuch, 1570, Bl. 5b.

[94] Ebenda, Kontrakten- und Urfriedensbuch, 1597, Bl. 99a.

[95] Vgl. W. Roch: Kinder (1. Fortsetzung), a. a. O., S. 56, unter Bezug auf das Niedersächsische Münzarchiv.

[96] Vgl. W. Roch: Kinder (1. Fortsetzung), a. a. O., S. 55.

ehrung „von des Ebolt Steins rechnungen zu machen“, d. h. dafür, dass er des genannten Schenken Rechnung in Ordnung gebracht hatte. 1579 wurde Ries dann als Ratsvisierer mit einem Jahressold von 14 Gulden 6 Groschen angestellt.[97] Der Eid (Abb.4), den er bei Antritt seines Amtes zu leisten hatte, lautet:

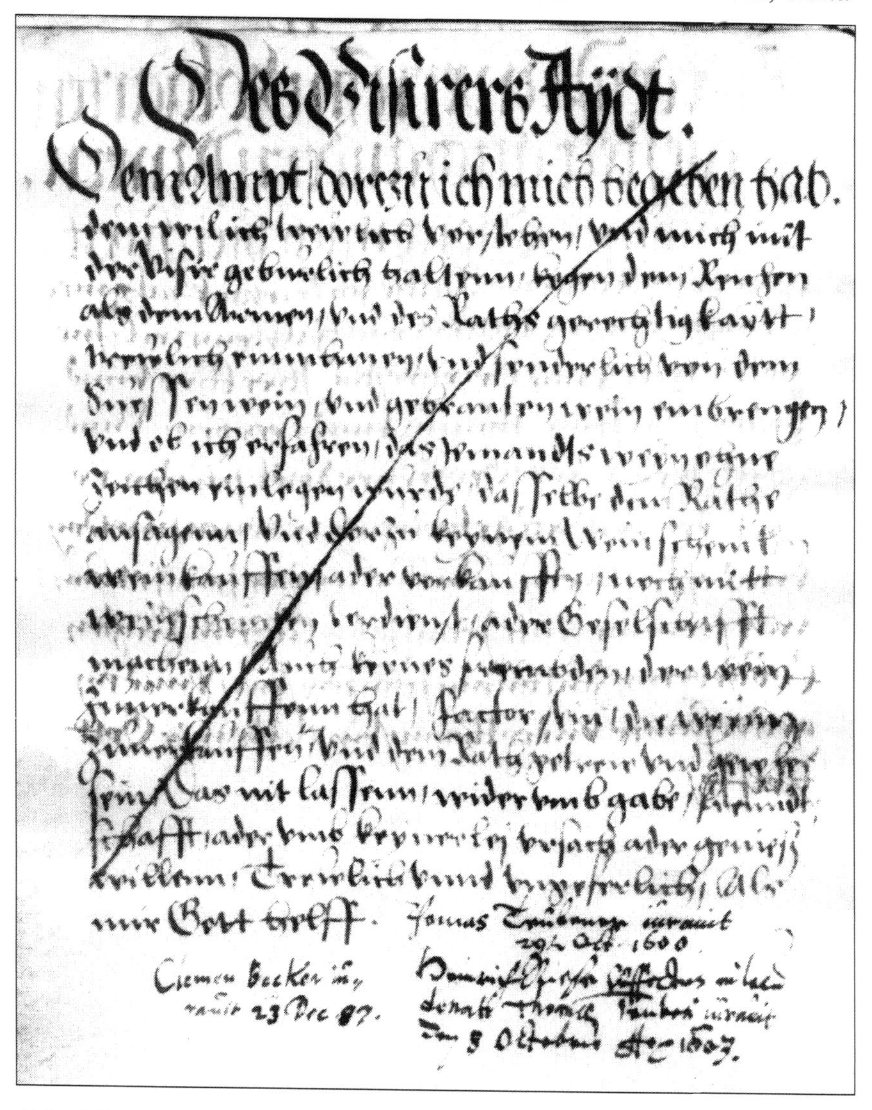
Des Visirers Aydt.

Abb. 4: Der ältere Visierereid (durch Streichung ungültig gemacht) im sog. Eidbuch 1590 (1543ff.), Bl. 26 b (Stadtarchiv Leipzig)

[97] Vgl. ebenda, S. 56.

„Dem ampt, dorczu ich mich begeben hab, dem wil ich trewlich vorstehen vnd mich mit der visir geburlich halten kegen dem reichen als dem armen vnd des raths gerechtigkayt trewlich einmhanen vnd sonderlich von dem suessen wein vnd gebranten wein einbrengen, vnd ob ich erfahren, das jemandts weyn ohne zeichen einlegen wurde, dasselbe dem rathe ansagen vnd dorzu keynem weinschencken wein kauffen ader vorkauffen, noch mit weinschencken vordienst ader geselschafft machen, auch keynes frembden, der wein zu uerkauffen hat, factor sein, die wein zu uerkauffen, vnd dem rath getrew vnd gewher sein, das nit lassen, wider vmb gabe, freundtschafft ader vmb keynerlei vrsach ader genieß willen, trewlich vnnd vngeferlich, als mir gott helf."[98]

Beide Ämter, die des Hof- und des Ratsvisierers, verwaltete Ries bis zu seinem Lebensende.[99] 1580 erhielt er für die mit seinen Bruder Abraham im Jahr zuvor vorgenommene Berechnung der Dresdner Brotordnung 20 Taler aus der Dresdner Stadtkämmerei.[100]

Zu dieser Zeit arbeitete Isaak Ries „mit fleiß und großer mühe etliche jahre" auch am Manuskript eines Rechenbuchs. Ratsuchenden gab er vorab schon Abschriften. Nachdem am 9. April 1579 der Leipziger Rat auf Ries' Bitte hin die Erteilung eines Privilegs gegen Raubdruck beim Kurfürsten befürwortet und am 15. bzw. 26. Mai der Landesherr einen Schutz von 10 Jahren gewährt hatte, damit das Buch nicht „nachgedruckt und in den ziefern, wie leichtlich geschehen könnte, geirret oder dieselben transponieret und vorsetzt würden",[101] veröffentlichte der Verfasser im März 1580 „auf dringendes verlangen vieler ansehnlicher leute"[102] das Werk. Es trägt den Titel: „Ein neues nuzbar gerechnetes Rechenbuch auf allerlei Hantierung nach dem Centner und Pfundtgewicht durch Isaac Riesen, Bürger und Visierer zu Leipzig." Selbstbewusst fügte der Autor hinzu: „Vormahls der Gestalt in Druck nie außgangen, Dem Bürgermeister u. Rat zu Leipzig zugeeignet".[103]

Der Band enthält 396 ausgerechnete und durch Beispiele erläuterte Tabellen, „tarife für das praktische leben", wie Isaak Ries sich äußerte. Der erste Teil (S. 1 - 202) handelt von allen Waren, die nach Zentner- und Pfundgewicht gehandelt werden, beginnend mit einem Gulden, dann immer um je ein Ort (= ¼ rhein. Goldgulden) steigend bis 50 Gulden, darüber hinaus in größeren Schritten. Der andere Teil (S. 215 – 279) ist auf Maß, Ellen und Gewicht berechnet, die 1 Pfen-

---

98 Zit. nach: Das Leipziger Eidbuch von 1590, hrsg. u. bearb. v. Horst Thieme unt. Mitarb. v. Sigrid Gerlach, m. ei. histor. Einf. v. Bernd Rüdiger, Leipzig 1986, S. 88. Ein Vermerk zur Eidleistung Isaak Ries ist weder unter dem alten (der hier zitiert ist, Bl. 26 b) noch unter dem neuen Eid (Bl. 84b – 85a) zu erkennen. Vielmehr findet sich Bl. 26 b die Eidesleistung „Heinrich Riese ... den 8. octobris ao 1603" . Zu den Visierern vgl. Eidbuch, S. 36 f.

99 Vgl. Leichpredigt, a. a. O., S. C ii[b]; W. Roch: Kinder (1. Fortsetzung), a. a. O., S. 56.

100 Vgl. Otto Richter: Verwaltungsgeschichte der Stadt Dresden, Dresden 1891, I. Abt., S. 239. Diesen Fakt führt G. Grebenstein: Ries, a. a.O., S. 15, allerdings ohne Quellenangabe, für Leipzig 1579 an.

101 Zit. nach W. Roch: Kinder (1. Fortsetzung), a. a. O., S. 56 f., mit Verweis auf Hauptstaatsarchiv Dresden, Loc. 14275. Confirmatis privilegiorum. Vol. I., Bl. 127 – 129.

102 Zit. nach W. Roch: Kinder (1. Fortsetzung), a. a. O., S. 56.

103 Gedruckt zu Leipzig bey Hans Rhambaw im Jan. MDLXXX. 40. XXXVI und 366 S..

nig bis 20 Groschen kosten. Der „Materialischen Specerei“ nach dem Guldenkauf dient schließlich der dritte Teil, endend mit einer Vergleichung der verschiedenen Münzen und Gewichte mit den in Leipzig gangbaren (S. 337 – 365).
Für die Widmung zeigte sich der Rat erkenntlich: „Nachdem Isaac Rieß einem erbaren rathe ein rechenbuch dedicirt, so seind ihm uf befelch des herrn bürgermeisters 10 taler, dabei 5 taler strafgeld gegeben worden.“[104] Doch bald darauf beschwerte sich Ries beim Kurfürsten, denn der Rat habe ihm untersagt, „sein new verfertigt rechenbuch feil zu haben vnd verkauffen zu laßen“. Kurfürst August entschied unter dem 31. Mai 1580, dass man dem „visierer Isaac Adam Riese [!]“ den Vertrieb seines Buches ungehindert zu gestatten habe.[105] Damit war zugleich der Buchhandel als freies Gewerbe anerkannt.[106] Entrüstet antwortete der Rat am 21. Juni: „Welchergestalt sich Isaac Riese bei euer churfürstlichen gnaden über uns zu beklagen unterstanden, als ob wir ihm sein vorfertigt rechenbuch feilzuhalten und vorkauffen zu lassen nicht gestatten wollten, do doch nichts minder von uns geschehen, aldieweil wir kurz verschienen aus gutwilligkeit 50 fl. vor ihn dem buchdrucker ausgezahlt, die wir noch nicht wieder bekommen, daß er die exemplaria aus der druckerei gelöset und seines abwesens nicht schaden dazu nehmen mochte. Wie wir ihm nun in solchem gedienet, also können wir gar wohl leiden, daß er seinen darüber gehabten fleiß und aufgewendete unkosten mit großem seinem nutz und frommen genieße. Allein daß er von den ihm erzeigten guten willen noch bei e. churf. g. zu beklagen sich unterstanden, dessen hat er nicht ursach, haben derwegen solches e. churf. g. hinwieder unberichtet lassen sein.“[107]
Eine weitere Arbeit Ries’ ging nicht in Druck.[108]
Nach dem Tod seiner ersten Frau heiratete Isaak Ries 1586 Magdalena, Tochter David Eschkes aus Meißen; dieser Kinder entstammten ebenfalls drei Kinder.[109]
Am 21. Oktober 1591 nahm Ries mit Einwilligung seiner Ehefrau Magdalena „von dem einkommen der kirchen s. Thomas“ einen Kredit in Höhe von 100 Gulden zur Bezahlung für „sein haus in der Fleischergassen“ auf.[110]

---

[104] Zit nach W. Roch: Kinder (1. Fortsetzung), a. a. O., S. 57.

[105] Vgl. W. Roch: Kinder (1. Fortsetzung), a. a. O., S. 57 unter Verweis auf Hauptstaatsarchiv Dresden, Cop. 456, Bl.112.

[106] Vgl. A. Kirchhoff: Birck, a. a. O., S. 53.

[107] Zit. nach W. Roch: Kinder (1. Fortsetzung), a. a. O., S. 57.

[108] Vgl. ebenda, S. 57 f.

[109] Vgl. Leichpredigt, a. a. O., S. C iii [a], D 2 [b]; W. Roch: Kinder (1. Fortsetzung), a. a. O., S. 58.

[110] Vgl. Stadtarchiv Leipzig, Ratsbuch XLIII, 1591-92, Bl. 193b - 194a; Geldgeschäft im Zusammenhang mit der Bezahlung des Hauses auch in Ratsbuch XLVI, 1594-95, Bl. 184a (alte Zählung). - Unter dem 6. November 1599 leiht Magdalena Ries, Ehefrau Isaak Ries, der Witwe Gedraut des Wolf Stürmer 40 fl. auf zwei Jahre „zu beforderung ihrer nahrung“. Ratsbuch LI, 1599-1600, B. 195 b – 196 a (alte Zählung). Unter dem 24. April 1601 leiht Magdalena, nun Isaak Ries’ Witwe weiteres Geld an Gerdraut, Witwe Wolf Stürmers. Ratsbuch LIII, 1601-02, Bl. 83 a-b.

Am 8. Januar 1601 starb Isaak Ries in Leipzig.[111] Zwei Tage später wurde er beerdigt.[112]

4. Gesellschaftliche Leistung der Rechenmeister

Leider lässt sich aus den genannten Quellen so gut wie nichts entnehmen zu den Kernfragen des Themas, nämlich: Wieviel Rechenkenntnisse – abgesehen von Zahlenmystik - benötigten eigentlich die Menschen in bestimmten Perioden für welche Vorgänge,[113] wie entwickelte sich der Bedarf dafür, und welche Möglichkeiten gab es zu dessen Befriedigung? Dann erst könnte man genauer bestimmen, welche gesellschaftliche Leistung die Rechenmeister in ihrer Zeit vollbrachten.
Einige Andeutungen seien gestattet: Rechnen wurde dann notwendig, wo Geschäfte mit Mengen ungleicher, d. h. sich nicht wiederholender Art auftraten.
Der bäuerliche Alltag dürfte solche Geschäfte lange Zeit nicht gekannt haben, nämlich solange sich Abgaben in gleicher Höhe alljährlich wiederholten. Das war für den einzelnen Bauern überschaubar. Die Herren dagegen mussten sich wegen der Vielzahl der „Partner" durchaus Abgabenverzeichnisse anlegen, deren Einträge im allgemeinen für längere Zeit gültig waren. Sogenannte Urbarien (auch Salbücher, Lagerbücher, französisch censiers, polyptiques) wurden angelegt für die Wirtschaftsführung und Verwaltung, seit dem 9. Jahrhundert vor allem von Klöstern und Bistümern, seit dem 12. / 13. Jahrhundert auch von weltlichen Landesherren, denen sie zum Ausbau und zur Festigung der Herrschaft dienten.[114]
Erst als der Bauer auf den Markt ging, seine Erzeugnisse verkaufte und die Abgaben in Geld entrichtete, traten für ihn Fragen der Umrechnung von Münzsorten und von Abgaben auf. Doch waren die Vorgänge quantitativ überschaubar: Die Kenntnisse zu ihrer Beherrschung konnten sich die Menschen im Alltag aneignen, sie wurden im Generationendialog weitergegeben.
Für die Stadtverwaltung, die Kaufleute und die einzelnen Handwerker (-vereinigungen) stellten sich ebenfalls solche Fragen, wenn über Einzelvorgänge, die z. B. in Urkunden festgehalten waren, Datenmengen anfielen.
Datenmengen des Rates konnten sich entweder auf einzeln[115] oder massenhaft auftretende einzelne Vorgänge (z. B. Festlegung von Beträgen im einzelnen Ge-

[111] Vgl. Leichpredigt, a. a. O., S. C iii [a]; Stadtarchiv Leipzig, Leichenbücher der Leichenschreiberei, 2: 1599 – 1604 unter dem 10. (!) Januar 1601: „1 mann Issaac Riese visirer, fleschergassen".

[112] Vgl. Stadtarchiv Leipzig, Ratsleichenbuch Register Bd. II, 1599 – 1604. - Am 14. Januar 1603 erscheint Magdalena, Isaak Ries' Witwe, als Ehefrau Wolf Stürmers, wohl Sohn der ersten Schwiegereltern Isaak Ries, und verkauft das Haus in der Fleischergasse, wobei deutlich wird, dass der Kredit der Thomaskirche nicht getilgt ist. Ratsbuch LIV, 1602 – 03, Bl. 332 b – 333a.

[113] Zum Zahlengebrauch in älterer Zeit vgl. Jacob Grimm: Deutsche Rechtsaltertümer, Bd. I, Berlin 1956, S. 285 ff.

[114] Urbarien zählen deshalb zu den wichtigsten Quellen der Rechts-, Verfassungs-, Wirtschafts- Sozial- und Siedlungsgeschichte; vgl. R. Fossier: Polyptiques et censiers, Turnhout 1978; G. Richter: Lagerbücher- oder Urbarlehre, 1979.

[115] Vgl. Stadtarchiv Leipzig, Tit. LXIV, Nr. 15, Bd. 2, Bl. 1 ff., 23 (von 1468), 37 b ff. (1557).

schäfts- oder Straffall wie in Kontrakten- und Urfriedensbüchern), auf Fallsituationen (Festlegung wiederkehrender Abgaben und Verpflichtungen, z. B. im ältesten überlieferten Geschäftsbuch des Stadtgerichts Leipzig, dem Urfehdenbuch [1390 – 1480], in Steuerbüchern des Rates wie dem Harnischbuch [1466] und mit zunehmend mehr Angaben in anderen Steuerbüchern: im Türkensteuerbuch [1481], in den Landsteuerbüchern [1499, 1502, 1506], in einem weiteren Türkensteuerbuch [1529] usw.)[116] und schließlich auf die Kombination solcher Einzeldaten (z. B. bei der Aufstellung von Brotordnungen, die ja eine Kombination von in Zahlen ausgedrückten Sachverhalten waren) beziehen. Ferner sind in der Liste der Amtsinhaber und städtischen Bediensteten zum Geschäftsjahr 1557 Ratsherren u. a. als Rechnungsherren (Merten Mertens, Valten Leise sowie der Mühlherr Jheronymus Scheibe festgehalten.[117]
Verkleinert traf das auch für Kaufleute mit der Ausweitung der Handelsgeschäfte und dem Fallen des kononischen Zinsverbotes und selbst Handwerker zu, für Führung ihrer Bücher oder Papiere, für die Berechnung einzelner Posten (z. B. Lohn und Kost eines Bäckerknechts 1556[118]). Viele Leipziger Innungsbücher und Handwerkerrechnungen vom Ende des Mittelalters zeigen, dass die Leute, wenn auch etwas unbeholfen, doch ganz erträglich zu schreiben vermochten; dass sie etwas rechnen konnten, forderte schon das tägliche Leben.[119]
Trotz der Existenz von Latein- und Winkelschulen gab es am Ausgang des Mittelalters sicher noch genug Menschen in Leipzig, die weder lesen und schreiben noch rechnen konnten. Es gab solche sogar unter den Ratsbeamten. Wenn städtische Steuern eingetrieben, Schulden eingemahnt oder Zählungen veranstaltet werden sollten, wurden untere Ratsbeamte in der Stadt herumgeschickt. Denen gab man aber „Schüler“ mit, Thomasschüler oder junge Studenten, die ihnen für einen kleinen Lohn bei der Arbeit helfen mussten. So heißt es auch in den Stadtkassenrechnungen 1487: „iiij [4] schulern mit den thorwartn vmbgangen, die schoßzedeln gelesen, 1 g.[roschen] 3 d. [Pfennige]“.[120] Andere Male wurden Schüler dafür bezahlt, dass sie „die Bier und alte Malz beschrieben“, den gebrannten Wein beschrieben“, „die bösen Feuermäuern und Hausgenossen beschrieben“, „die Bäckerschwein beschrieben“. Das alles zeigt, dass die Beamten, mit denen sie gingen, entweder überhaupt nicht lesen, schreiben und rechnen konnten, oder doch so schwer, dass sie ohne fremde Hilfe nicht vom Flecke gekommen wären.[121]
Bezeichnend ist es auch, dass auf Tafeln, die zur Anleitung des Volkes dienen sollten, vielfach statt der Schrift Bilder angebracht waren. So forderte „bei der Koburg im Stocke“ 1478 ein Bild zur Zahlung des Brückenzolls auf, auf dem

[116] Die genannten Quellen sind sämtlich ediert in: Quellen zur Geschichte Leipzigs. Veröffentlichungen aus dem Archiv und der Bibliothek der Stadt Leipzig, hrsg. v. Gustav Wustmann, 1. Bd., Leipzig 1889, 2. Bd., Leipzig 1895, mit wertvollen Erläuterungen Wustmanns.
[117] Vgl. Stadtarchiv Leipzig, Ratsbuch XIII, Bl. 25, 26b.
[118] Vgl. ebenda, Tit. LXIV, Nr. 15, Bd. 2, Bl. 27 b.
[119] Vgl. G. Wustmann: Geschichte Leipzigs, a. a. O., S. 326.
[120] Stadtarchiv Leipzig, Stadtkassenrechnungen 1487 – 89, Bl. 79 b.
[121] Vgl. G. Wustmann: Geschichte Leipzigs, a. a. O., S. 325 f.

Markte waren bei den Fleischern „Finnige Säu“ auf Tafeln gemalt, auch die Kindermütter (Hebammen) scheinen an ihrer Haustür keinen Namen, sondern ein Bild gehabt zu haben.[122]
An solche richtete sich gewiss der Appell im Vorwort der „Coß“ von Abraham Ries (1578): „Das vornehmste, das ein mensch lernen soll. Ist diß das ehr aller dingen zal, gewichtt, vnd maße, wisse. Dan in diesen dreyen eines ieden dinges volkommenheit stehet. ... Die zal aber ist vnder den dreyen, das erste, den die andern zwey, gewicht vnd maß, von dieser ihre nahmen haben. ... Darumb den auch ein gar altter weißer, der solches gemerckt recht vnd warhafftig gesaget. Wer tzelen kann, der kann vnd weiß alles, zehlen aber hatt ehr geheißen, nicht allein konnen die materiales oder augenscheinliche leibliche numerorum caracteres kennen vnnd außsprechen wie sie den gemeinen mann, handelsleutten vnnd haus wirtten gebreuchlich sondern eines jeden dinges formalem et essentialem ideam in mente uel scribo archetypi vnd in desselben crafft vnd wirckunge warnehmen vnd verstehen, vnd solche homines mentales konnen aus gottlicher biltnus alles zehlen vnd wissen. Dauon aber will wenig geschrieben sein wehme es gegeben der empfindets allein ... “[123]
Die offensichtlich zunehmende Zahl der Rechenmeister, die im 16. und 17. Jahrhundert im Vergleich zur vorhergehenden Zeit auch in Leipzig zu beobachten ist, hat zweifellos dazu beigetragen, dass städtische Beamte, die ja hauptsächlich schrieben, eine gewisse Rechenvorbildung mitbrachten, die sie ebenso wie Kaufleute und Handwerker nicht nur durch den Generationendialog (Vater – Sohn, erfahrener Beamter – Neuling) erworben hatten, sondern eben auch irgendwann bei „Spezialisten“, den Rechenmeistern. Es zeigte sich aber auch, dass auf bestimmten Gebieten eine derartige Ausbildung nicht ausreichte, sondern die Rechenmeister selbst hinzugezogen bzw. als Beamte in die landesherrliche bzw. städtische Verwaltung einbezogen worden sind. Was Isaak Ries geleistet hat und von den Zeitgenossen auch anerkannt worden ist, zeigte sich gewiss auch im raschen Einlenken des Rats im Streit mit Ries 1580 und das drückte Georg Weinrich in der Leichenpredigt wie folgt aus: „So ist bey gemeiner stadt mennig-lich bekandt / was er mit seiner rechenkunst beydes bey einheimischen vnd außlendischen für nutz geschaffet...“[124]

[122] Vgl. ebenda, S. 326.

[123] Die Coß von Abraham Ries, hrsg. v. Hans Wußing, München 1999, S. 27. = Algorismus ... H. 30. Münchener Universitätsschriften.

[124] Leichpredigt, a. a. O., S. C ii [b].

Medieval monastic ciphers in Renaissance printed texts

David A . King

Zusammenfassung:

Eine Zahlennotation für die ganzen Zahlen 1-99, die ursprünglich auf die altgriechische Stenographie des 4. Jhs. v. Chr. zurückgeht, wurde im frühen 13. Jh. aus Athen nach England gebracht. Diese Notation, durch welche jede Zahl mittels eines graphischen Symboles dargestellt werden kann, wurde noch im 13. Jh. von Zisterzienzern für Zahlen 1-9999 genial erweitert. Bis zum 16. Jh. wurde sie in Klöstern von England nach Italien und von Spanien nach Schweden benutzt, wenn nur von wenigen, aber dennoch für all die Zwecke, denen Zahlen damals dienten. Die Einführung des Druckes hat diese Zahlennotation zu einer Kuriosität gemacht, und in diesem Beitrag werden die Bücher der Renaissance-Zeit identifiziert, in denen die Notation erwähnt wird. Als eine Notation für die Darstellung von Zahlen ist sie nur für die Markierung von Weinfässern in Brügge bis ins 18. Jh. weiterbenutzt worden. Sie gilt nichtdestotrotz als die einzige Zahlennotation in der Geschichte für die alle bekannten Quellen – etwa 25 mittelalterliche Handschriften und ein mittelalterliches Astrolab, und etwa 15 frühe Druckwerke – historisch bewertet worden sind.

Introduction

In the Middle Ages, in addition to the Roman and Hindu-Arabic notations, there was a third, now virtually forgotten, numeral notation in which each integral number could be represented by a single symbol or cipher. This notation has its origins in an alphabetical shorthand from Ancient Greece. In one system introduced into England from Athens in the early 13th century by the monk John of Basingstoke, any number from 1 to 99 can be represented by a cipher (see Fig. 1). In a more sophisticated notation apparently developed in the same century by Cistercian monks in the border country between what is now Belgium and France, any integer between 1 and 9999 could be represented by a more complex cipher (see Fig. 2). The ciphers were used in the Middle Ages for all of the purposes for which numbers were used: from numbering folios of manuscripts, sermons, items in lists, as well as staves in musical notation, to representing year-numbers and marking scales on astronomical instruments. They provided as useful and viable alternative to the cumbersome Roman numerals and to the Hindu-

Arabic numerals, the other alternative which, after a very slow start, eventually took over in Europe. The ciphers were also used in the Middle Ages for shorthands and secret codes. They were admittedly not widely known, but it has been shown that before *ca.* 1500 they were used by a select few from England to Italy, and from Normandy to Sweden, and also in Spain.

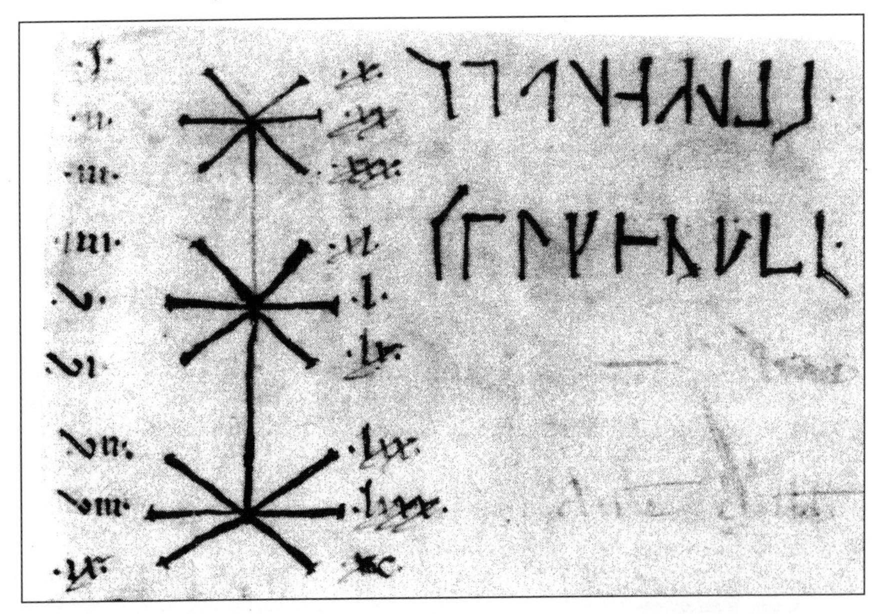

Fig. 1: The Basingstoke ciphers, derived from an ancient Greek alphabetical shorthand. The ciphers on the upper right are for 1-9 and those below are for the tens 10-90. They are to be combined according to the key on the left. [From MS Cambridge CCCL 468, fol. 1b, courtesy of Corpus Christi College Library.]

In this paper I consider only the fate and very occasional fortunes of the monastic ciphers in the Renaissance and thereafter. Certain scholars of the new era were, as we shall see, aware of our ciphers, but not one of them shows that he had any inkling of their origins, their development, or the way in which they had been used. The way in which the ciphers were interpreted by these scholars and used anew by others – if more in theory than in practice – constitutes another remarkable chapter in their history, virtually unrelated to the first. Yet not quite, for with Agrippa of Nettesheim we jump out of the world of manuscripts, in which Agrippa was immersed and in which he encountered the ciphers, into the world of the printed book, through which medium he was able to present the ciphers to a far greater public than had known them until then. He was just the first of a series of scholars to publish the ciphers in print, but that in itself did not secure their future, rather it more or less tolled their death-knell.

LIB. II. CAP. XIX. 211

que alphabeti sui literis numeros, Hebræorũ more signant: eorum alphabetum in fine primi libri adnotauimus. Inueni præterea in duobus antiquissimis libris astrologicis & magicis, quasdam elegantissimas numerorũ notas, quas huc etiam subiungere decreui: erant autem in vtroq; volumine tales:

1 2 3 4 5 6 7 8 9

Istis autem notis in sinistrum latus conuersis, constituuntur denarij, hoc modo:

10 20 30 40 50 60 70 80 90

Rursusq; notis illis deorsum conuersis, in dextro latere, centenarios: in sinistro, millenarios dabunt, ita videlicet:

100 200 300 400 500 600 700 800 900

1000 2000 3000 4000 5000 6000 7000 8000 9000

Atque ex harum notarum compositione & mixtione, cæteri quoque mixti & compositi numeri elegantissime exeũt, sicvt hoc in his paucis facile deprehendi potest:

1501 1511. 1471 1486. 3421

Ad quorũ exemplum & in reliquis compositis procedendum

O 2

Fig. 2: The Cistercian ciphers in their vertical manifestation. (Similar ciphers with a horizontal stem are attested.) They are here shown as they appear in *De occulta philosophia* of Agrippa of Nettesheim. [From his in Agrippa's *Opera*, Lyons edn., *ca*. 1560, p. 211.]

The ciphers as presented by Agrippa of Nettesheim

Henricus Cornelius Agrippa provides our first Renaissance source for the ciphers, the first printed work in which they are featured. In 1531-33 he published his *De occulta philosophia*, a *summa* of the occult sciences, which had probably been written around 1510-1515. The chapter in which Agrippa treats the ciphers is entitled *De notis Hebræorum et Chaldæorum et quibusdam aliis Magorum notis*, that is, “On the numbers of the Hebrews and the Chaldeans and on certain other numbers of the magicians”. It contains an account of the Hebrew alphanumerical notation, then the Roman numerals (this section is attributed to the 1st-century Roman grammarian Valerius Probus), followed by a discussion of the ciphers (see Fig. 2). So he is simply referring to them as “numbers” or “signs” (*notæ*) of the magicians. He states that he found them in two very ancient books of astrology and magic (*in duobus antiquissimis libris astrologicis et magicis*). Since two medieval manuscripts are known in which ciphers are indeed used in magical context, although only in one is there a statement of their numerical equivalents, and since we have one manuscript in which they are used in serious astronomical tables designed for serious astrological purposes, I cannot question Agrippa’s veracity on this point. He gives five examples of year-numbers, including his date of birth and the date of the first version of his book. Three of these are incorrectly printed. As we shall see, Agrippa was the first of a series of Renaissance authors to have his ciphers messed up by a printer.

Agrippa’s work was widely read. An English translation appeared in London in 1651. But even after the introduction of printing, scholars copied by hand materials they had found in printed books: a Dutch manuscript from a fraternity house in Deventer contains an extract from Agrippa on the ciphers. When ciphers appear in later printed works up to the 19th century, they are invariably associated with Agrippa or Noviomagus (see below). And when they are labelled ‘Chaldean’ this goes back to Noviomagus’ misinterpretation of Agrippa’s text; Agrippa himself did not call them ‘Chaldean’, an appellation that was used in the Middle Ages to denote the exotic. Agrippa’s account of the ciphers was used by various later writers concerned with history of numerical notations or the development of shorthands and coded scripts. Only one later writer on magic who knew of them has come to my attention. In 1801, Francis Barrett published in London his book entitled *The Magus*, a “complete system of occult philosophy”. Sections of this work rely heavily on Agrippa, notably where Barrett illustrates the vertical ciphers.

The year 1518 saw the posthumous publication of the *Polygraphiæ* of the monk Johannes Trithemius, written in 1507. In the 1561 French translation of Trithemius’ *Polygraphiæ* by Gabriel de Collange there is additional material apparently added by the translator. Here our ciphers feature twice, first as an “*alphabet selon la supputation & nombre des Arabes magiciens*”, and then as an “*algarithme* [*sic*] *des antiques Arabes, & Ethiopes magiciens*”. Needless to say, the graphics bear no relation to the alphanumerical notations of either the Arabs or the Ethiopians. The author of these schemes, no doubt de Collange himself, certainly knew how to combine the basic forms of the ciphers, and he was clearly much taken by the system. He concluded his work with a date (5.3.1561) in which the day- and year-numbers are printed in ciphers.

The next author known to have mentioned the ciphers is the Italian Girolamo Cardano (1501-1576), best known as a mathematician although he actually wrote more than 200 works on medicine, mathematics, physics, philosophy, religion and music. Our ciphers are mentioned in the first of Cardano's two encyclopaedic works on natural science, the *De subtilitate libri XXI* (1550), of which I have used a facsimile of the edition published in Basle in 1553 (see Fig. 3). Cardano states that if one wants to make remarks or additions to a book that one is working with on several different occasions, one can number the places to which the remarks apply in the text and record the remarks themselves in a note-book. The numeration used for the notes on successive readings should be, for example, 1, 2, 3, ... , for the first reading, 1001, 1002, ... , for the second, and 2001, 2002, ... , for the third. For the numeration the Hindu-Arabic numerals are more suitable than the Roman numerals, but there is an even better system, which he attributes to Agrippa, of whom he was no admirer. However, the system used by Cardano is not that of Agrippa, and in attributing it to Agrippa him-

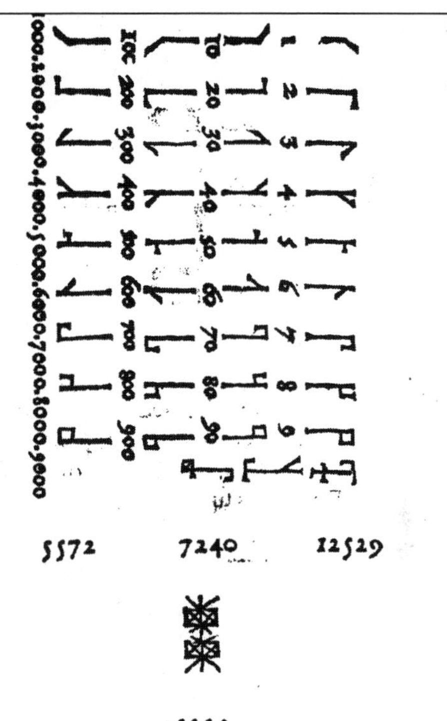
1000.2000.3000.4000.5000.6000.7000.8000.9000

5572 7240 12529

15553

Licebit & facilius productis figuris ex tranſuerſa linea ſic totidem adiicere numerorum incrementa, vt vltima figura, quæ eſt ſignificet 9000000.

Et rurſus per tranſuerſas ad dextram quidem.

9000000000.

Et ad ſiniſtram ſic

9000000000000.

Et ita quemlibet maximum numerum aſque confuſione ſolo vngue declarare poſſum, rectiſque lineis.

Sed Agrippa vix decem aut viginti millia attingit, atque hos numeros, & laborioſè, & confuſè ſatis. Id tamen ei debemus.

Fig. 3: The mixed ciphers of Cardano in his *De subtilitate*. [From his *Omnia opera*, 1663 edn., p. 627.]

self Cardano has overlooked his predecessor's remarks that he had seen it in two old manuscripts. Furthermore, however, the system bears some resemblance to that of John of Basingstoke (the forms 1-6 are identical). So it is not clear precisely where Cardano found these ciphers. He also advocates turning the basic figures counter-clockwise into the horizontal position to indicate millions, or through 135° counter-clockwise for thousands of millions, or clockwise for millions of millions.

The only pre-modern writer known to me who quoted Cardano on the ciphers was Alphonse Costadau (see below). But, citing no-one other than Cardano, Costadau actually reproduces the ciphers of Bolzanius (see also below), who reproduced the ciphers of Agrippa without mentioning his source. In other words, Cardano's treatment of the ciphers apparently bore no fruit whatsoever.

The ciphers in other early printed works on the history of numerical notations

With the introduction of printing, any practical use of a bookish nature that the ciphers may have had ceased. Whilst they are ideal for numeral representation in writing or engraving, printing is another matter, and in the first attempts to print them (Agrippa and Cardano), printers either mixed up the appendages or printed individual ciphers the wrong way round. Even later printing attempts (Hostus and Vaerman – see below) messed up significant examples of the ciphers. Indeed, this is surely one of the reasons why the ciphers were rarely used in the Renaissance: ideally one needs a separate die or stamp for each cipher. Another was that there were at least two major varieties of ciphers, with vertical and horizontal stems, as well as, for example, the mixed kind proposed by Cardano.

The ciphers are nevertheless mentioned in a variety of early printed works, of whose authors none apparently had the vaguest idea of their origins or of the way in which they had been used from the 13th to the 15th century. It is not insignificant that apart from the text of Agrippa, most printed works that mention the ciphers as numerals from the 16th century onwards are studies of historical number-notations; in the rest the interest is more along the lines of developing the ciphers into a secret code.

Johannes Noviomagus (Jan Bronckhorst) was born in Nijmegen in 1494, and taught mathematics in Rostock and then philosophy in Cologne, where he died in 1570. In his *De numeris*, published at Cologne and Paris in 1539, Noviomagus included a chapter entitled *De quibusdam astrologicis sive Chaldaicis numerorum notis* dealing with the ciphers. He stated that he learned of them from Rodolfus Paludanus (Rudolf van den Broeck) of Nijmegen, an individual whom I have not been able to identify. Noviomagus' system of horizontal ciphers is essentially identical to that of Agrippa, but with a horizontal stem. However, he made no mention of Agrippa and his attribution of them to the Chaldeans was surely based on a misreading of Agrippa's text by someone, perhaps Paludanus. In any case, Noviomagus is apparently the first to introduce this error in the literature.

The later history of the ciphers would have been very different if they had been featured, even in passing, in the influential Dutch arithmetic entitled *Die maniere om te leeren cyffren na die rechte consten Algorismi* (Brussels, 1508, Antwerp, *ca.* 1510 and 1569). This was the first arithmetic printed in Dutch and a French translation also appeared (Antwerp, 1529). The first arithmetic printed in English (St. Albans, 1537, London, 1539, *etc.*), entitled *An introduction for to lerne to recken with the pen*, was based partly on this French translation and partly on another French work. But because the ciphers were omitted from such didactic treatises they already belonged to the history of arithmetic and numerical notations, and it is in such works, as well as in works on shorthand and secret codes, that they continue to appear.

Matthæus Hostus (b. Wilhelmsdorf near Berlin in 1509) was professor of Greek at the Academia Francofurtana in Frankfurt an der Oder until his death in 1587. In his *De numeratione logistica emendata, veteribus Latinis et Græcis usitata*, published in the same city in 1580 and again in Antwerp in 1586, he presented a chapter *De notis numerorum astronomicis quibusdam usitatis*. In this he quoted Noviomagus on the ciphers. However, he then proceeded to illustrate both the horizontal and the vertical ciphers, the former no doubt from Noviomagus and the latter possibly from Agrippa, whom, however, he does not cite. Hostus gives examples of the vertical ciphers for:

5543, 2454, 3970, 1581 (Frankfurt/O., 1580 edn.)
5548, 2454, 3970, and 1586 (Antwerp, 1586 edn.),

these being the number of years from Creation to the years 1581 and 1586; the year reckoned from Creation in which Moses proclaimed the Law; the year reckoned from Creation to the year of the birth of Christ; and the date *anni domini* of the publication of his book. Not all of the ciphers are correctly printed.

Georg Henisch (1549-1618) was for over 40 years teacher of mathematics, logic and rhetoric in the Stadtschule in Augsburg. In his *De numeratione multiplici, vetere et recenti*, published in that city in 1605, he reproduced what he called the numbers (*notæ*) of the "Chaldeans and astronomers". His discussion is clearly based on that of Noviomagus. It is also clear that either he did not understand how they were to be used or his printer let him down. The date 1604 is represented in horizontal ciphers but incorrectly; in the Schweinfurt copy of this work that I have consulted the correct cipher has been added in ink.

The horizontal ciphers are featured still as a numerical notation in the *Hieroglyphica* of Ioannes Pierius Valerianus Bolzanius (b. Belluno, 1477, d. Padua, 1558), a work first published in Lyons in 1579, of which I have consulted the 1602 edition. Here the ciphers are featured as "Chaldean" together with finger-arithmetic, also claimed to be of Chaldean origin! No mention is made of Agrippa.

In 1717 the French Dominican scholar Alphonse Costadau (b. Allan (Drôme), *ca.* 1665, d. Lyons, 1725) published in Lyons his *Traité historique et critique des principaux signes dont nous nous servons pour manifester nos pensées ...* , comprising four substantial volumes. Costadau is the only pre-modern author known to me to have quoted Cardano on the ciphers. In his discussion of number notations, he presented the horizontal ciphers without any extensions beyond 9999 and indeed without even any examples less than that limit. These are identical to those of Bolzanius. However, he does not mention Bolzanius. Rather he states that he learned of the ciphers from Cardano, and he also corrects Cardano's assertion that they were invented by Agrippa, citing Agrippa's source for the ciphers. In addition he suggests that they are of considerable antiquity, and that some people attribute them to the Chaldeans. He is clearly familiar with at least three sources: Agrippa, Cardano and Bolzanius, each of which had been published in Lyons.

Johann Christoph Heilbronner (b. Ulm *ca.* 1706, d. Leipzig *ca.* 1747) lectured on mathematics in Leipzig and is best known for his writings on the history of that subject. In his *Historia matheseos universæ a mundo condito ad seculum P.C.N. XVI*, published in Leipzig in 1742, he presents a rather awkward-looking set of horizontal ciphers and a more reasonable-looking set of vertical ones (Fig. 4). These he calls the numbers of the "astronomers" and states that he learned of them from Noviomagus. Four significant numbers are then represented in vertical ciphers; each one of them is wrong. The equivalents in Greek and Hebrew alphanumerical notation are likewise wrong. His representations of ciphers for one million are unhappy (compare Noviomagus and Henisch), and in a footnote he attributes them to Henisch. Since Heilbronner was a competent mathematician and one of the first real historians of mathematics, albeit on the antiquarian level, these errors are surprising.

Heilbronner is cited as the source for the vertical ciphers and four examples (now correctly displayed) presented by G. H. F. Nesselmann in his book *Die Algebra der Griechen*, published in Berlin in 1842. Nesselmann included them in his book not because he thought they were Greek, but because he thought that they "did not differ essentially from the standard Greek notation" (!). Nesselmann stated that he was unable to find these in the works of Noviomagus and Henisch cited without title by Heilbronner that were available to him in Berlin. The only writer to mention the ciphers in the context of Greek mathematics was James Gow in his *Short History of Greek Mathematics*, published in Cambridge in 1884. G. Friedlein in his book *Die Zahlzeichen und das elementare Rechnen der Griechen und Römer ...* , published in Erlangen in 1869, was able, thanks to the researches of Moritz Cantor and his own investigations, to ascertain the sources of the ciphers, but suggested they were taken from medieval horoscopes.

The above-mentioned sources show that the vertical numerical ciphers were known (but not necessarily used) in limited circles in Germany, France and Italy in the 16th century. Sometimes they are presented with equivalent horizontal ciphers, but there is no indication whatsoever in any of the sources where the idea behind presenting these came from. In 1651 they also became available in England to readers of the new English translation of Agrippa's work.

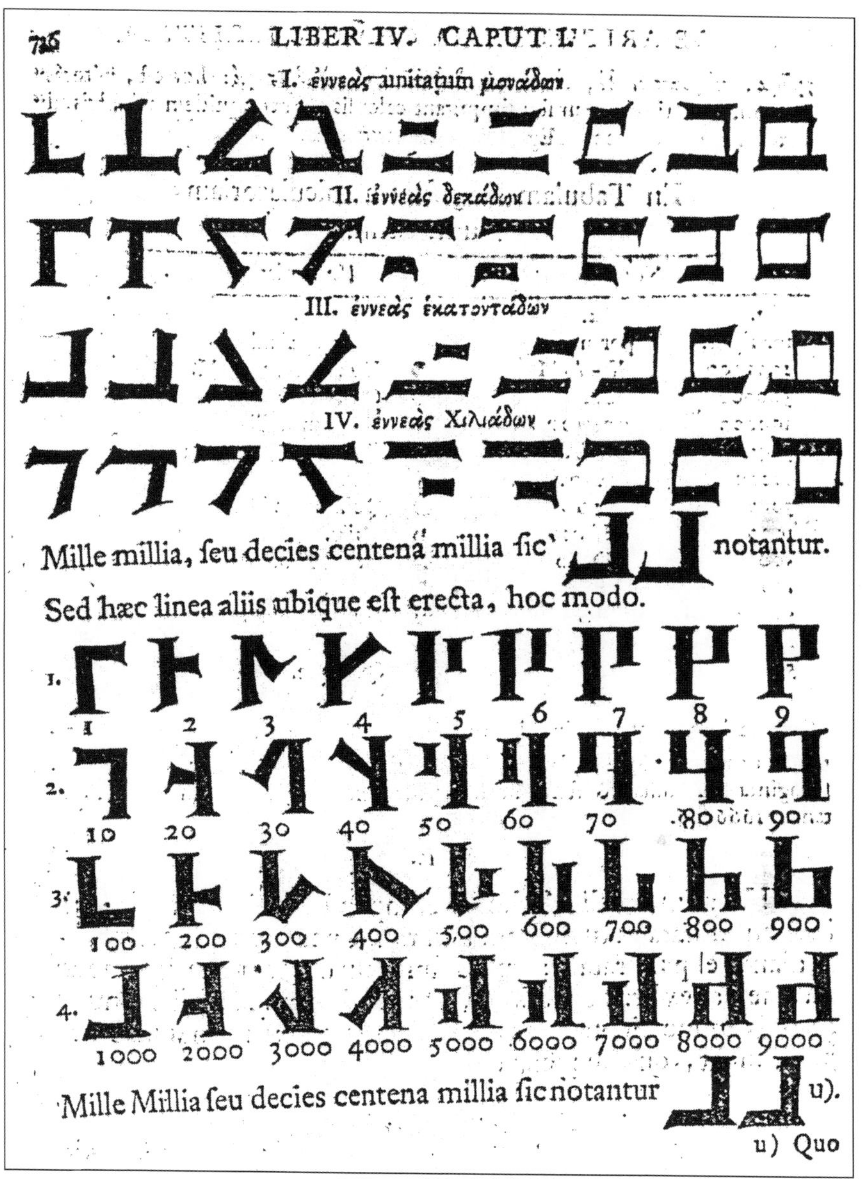
726 LIBER IV. CAPUT ...

I. ἐννεὰς unitatum μονάδων

II. ἐννεὰς δεκάδων

III. ἐννεὰς ἑκατοντάδων

IV. ἐννεὰς Χιλιάδων

Mille millia, ſeu decies centena millia ſic notantur.

Sed hæc linea aliis ubique eſt erecta, hoc modo.

1.

1 2 3 4 5 6 7 8 9

2.

10 20 30 40 50 60 70 80 90

3.

100 200 300 400 500 600 700 800 900

4.

1000 2000 3000 4000 5000 6000 7000 8000 9000

Mille Millia ſeu decies centena millia ſic notantur u).

u) Quo

Fig. 4: The ciphers as (misre)presented by J. C. Heilbronner in 1742. [From his *Historia matheseos*, p. 726.]

Some shorthand scripts and codes from the early Renaissance based on the ciphers

At least two of the shorthand and code scripts devised in the late 16th and early 17th centuries employed signs strongly reminiscent of the Basingstoke ciphers and of the French vertical ciphers. It is surely not insignificant that these were devised in England and Germany, respectively, and it is highly probable that there are other works of this kind which I have overlooked.

Timothy Bright was an Englishman who had studied at Oxford, continuing with medicine in Paris, and who was from 1585 doctor in a London hospital and from 1591 minister in Yorkshire. In 1588 he published his *Characterie, an arte of shorte, swifte and secrete writing by character*, dedicated to Queen Elizabeth I. In this he proposed a set of 18 basic signs for the letters of the alphabet, developed from the vertical Basingstoke ciphers. His shorthand vocabulary of 538 symbols for individual words was based on this.

About the year 1620 the Nuremberg Professor of Mathematics and Oriental Languages Daniel Schwenter (1585-1636) published a book on codes entitled *Steganologia et steganographia*. In this he proposed an alphabetical scheme which seems to show the influence of Agrippa's ciphers with a few additions.

Whereas there can be little doubt that the shorthand or code notations of Bright and Schwenter owe their ultimate origin respectively to the 'English' and 'French' ciphers, any connection with the ciphers is not so obvious as in the following case.

Giovanni Battista Porta of Naples (b. *ca*. 1535, d. 1615), in his *De furtivis literarum notis vulgo de ziferis* (Naples, 1558), and in his *De occultis literarum notis* (Montbéliard, 1593), recommended the vertical ciphers as a secret alphabetical code. Although he mentioned Agrippa's ciphers as a means of representing numbers, the 22 ciphers which he presented are different from those of his predecessor. Porta did, however, state that *rustici, mulierculæ & pueri* could use these ciphers.

In 1668 John Wilkins published in London his *Essay towards a Real Character, and a Philosophical Language*. This was one of a series of attempts in the Middle Ages and more especially in the Renaissance and thereafter to develop a universal 'perfect language'. Wilkins set out to construct a language based on 'real characters' that would be readable by the people of any linguistic origin in their own language. The fact that these characters bear some similarity to the Basingstoke ciphers is probably to be considered sheer coincidence.

The universal language of mathematics was also provided with symbols resembling our ciphers. The English mathematician William Oughtred (b. at Eton in 1575, d. near Guildford in 1660) in his *Clavis mathematicæ* (1631) proposed, in addition to signs such as "**x**" for multiplication and "**::**" for proportionality, symbols virtually identical with some of the Cistercian horizontal ciphers for 7, *etc*., and 9, *etc*. Coincidence?

That these early printed books on the history of number-systems aroused some interest in ciphers amongst their readers already quite early is proven by various documents penned by the German mystic Abraham von Franckenberg (1593-

1652), who lived on his family estate Ludwigsdorf near Oels in the vicinity of Breslau (now Wroclaw) in Silesia. He wrote the year-numbers in the dates on three of his surviving letters in "*notæ Chaldæorum*". Three examples of von Franckenberg's use of the ciphers between 1640 and 1647 are letters to Andreas Tscherning in Breslau, Johannes Thomae A. Bureus in Uppsala, and the well-known polymath Athanasius Kircher in Rome.

There are two manuscripts in Damme and Bruges that attest to the use of ciphers by wine-gaugers from as early as the late 14th century to at least as late as the early 16th centuries, respectively. Now, whereas I have found nothing of consequence on the ciphers being used for wine-gauging the Rhineland there is evidence that in the 16th and early 18th centuries the vertical ciphers were still in use amongst the wine-gaugers of the Sint-Janshospitaal in Bruges. First, an unclassified manuscript in the "*Het Brugse Vrije*" ("*Franc de Bruges*") collection of the Rijksarchief in Bruges, dating from the 16th century, contains a didactic presentation of the ciphers. The text is written in medieval Flemish in a Renaissance hand. In the larger of two tables the writer presents the vertical ciphers from 1 to 100, then in the smaller one those for the thousands, followed by some 13 examples of four-digit numbers. The ciphers are introduced as '*compotes*', a term whose meaning becomes clearer in a second, later textual source. Second, Around the year 1720 the Flemish mathematician Jan Vaerman published in Bruges his *Academia mathematica*, a compendium of practical mathematics. In this he treats the same vertical ciphers, and writes that they are still in use, if only in limited local circles. The accompanying illustration is a model of clarity. I have searched in vain in museums in Bruges for more evidence, be it in the form of gauging-rods or barrels or whatever, attesting to the use of the ciphers. We now have at least written evidence that the ciphers were used in Damme in the 15th century and in Bruges at least from the early 16th to the early 18th century, if not thereafter.

The ciphers also feature in the history of freemasonry. The French vertical ciphers were adopted by the Chapitre Métropolitain at the Grand Orient de France, the leading masonic lodge in Paris, as is apparent from a one-page pamphlet dated 1780. They were also adopted, probably about the same time, by the Chevaliers de la Rose-Croix, as shown by an undated pamphlet in the library of the Grand Orient de Paris which also appears in an 1806 discussion of the "croix philosophique". And, according to A. L. G. Tamain, they were adopted at about the same time by the Maître Maçon de la Marque. Although the masonic ciphers were not necessarily directly of monastic provenance it is interesting to note that there were considerable contacts between the Freemasons and clerics and monks in 18th-century France.

Various German writers of the first half of the 20th century could not resist the temptation to feature the ciphers in their studies of 'Germanic symbols', thereby adding a twist of fantasy to our subject: first, Guido List, *Bilderschrift der Ario-Germanen* (1910): "*die armanisch-runischen Zahlzeichen*", based on Agrippa; then List was reverently quoted by H. A. Waldner in a guidebook to old Rheinland folk customs (*Heimatkunst*) published in 1917; then F. Hildebrand of Leipzig mentioned the ciphers again in 1918 in an article on symbolism entitled

"Sinnbild und Zierbild" that appeared in a curious periodical called *Die Arbeitsschule* published by himself, as well as various *kitsch*-objects featuring ciphers; and finally, Walther Blachetta, *Das Buch der deutschen Sinnzeichen*, published in Berlin in 1941, illustrated the ciphers, again mentioning Agrippa.
Thus the monastic ciphers survived even into the 20th century, by which time they had also caught the attention of a series of historians of science, including the German Julius Ruska, the Swiss Jacques Sesiano and the Frenchman Guy Beaujouan. But there is a sense in which they do not belong to the history of mathematics anyway, and for that reason it was fortunate that they were also studied by the German palaeographer Bernard Bischoff, who identified most of the manuscripts in which they occur. It was only thanks to the labours of these colleagues past and present and the appearance in 1991 of a 14th-century Picard astrolabe marked with ciphers that I was able to put together a viable history of the ciphers.

Bibliography: This article is culled from a more extensive study entitled *The Ciphers of the Monks – A Forgotten Number-Notation of the Middle Ages*, (Boethius, vol. 44), Stuttgart: Franz Steiner, 2001. A summary dealing with the early history of the ciphers is in "A Forgotten Cistercian System of Numerical Notation", *Cîteaux – Commentarii Cistercienses* 46 (1995), pp. 183-217. A German summary is in "Ein vergessenes Zahlensystem des mittelalterlichen Mönchtums", in A. von Gotstedter, ed., *Ad radices – Festband zum 50jährigen Bestehen des Instituts für Geschichte der Naturwissenschaften Frankfurt am Main*, Stuttgart: Franz Steiner, 1994, pp. 405-420.

Über die Arithmetik und Geometrie in Johannes Foeniseca's „Opera", Augsburg 1515

Wolfgang Kaunzner

Dem Andenken von Herrn Bibliotheksdirektor Dr. Josef Bellot, Augsburg, gewidmet

Einleitung

Es gibt nur wenige Nachweise für Drucke, die im frühen 16. Jahrhundert in Südbayern herausgebracht wurden und auch mathematische Anteile enthalten, und so stellen die in der Staatlichen Bibliothek Regensburg unter der Signatur *4 Artes 23* vorhandenen, im Mai 1515 in Augsburg erschienenen „Opera" des Johannes Foeniseca (15./16.Jh.), bestehend aus den sechsblättrigen Lagen aa, bb und der achtblättrigen Lage cc, eine Besonderheit dar; auf der vorderen Innenseite steht: „Zur Königlichen Bibliothek in Regensburg. 1844." Die Bayerische Staatsbibliothek München besitzt dieses Werk unter den Signaturen *Rar.1518* und *Res/4 Var.18*; in letzterem liegt ein maschinenschriftlicher Zettel:

> Der Augsburger Humanist und die 7 Freien Künste
> Foeniseca (eigentl. Mader) Joh. Opera. Augsb. impensis Joa. Miller atque Joannis foeniseca (!) 1515 20 Bl. mit zahlr. Figuren u. Musiknoten. Pgt.Mskrbd.4°.
> Von größter Seltenheit ist dies Werk des Augsburger Lehrers u. Humanisten Joh. Mader, latinisiert Foeniseca. 'It seems totally unknown to Lalande, Morgan and other writers of mathematics' (Rosen).
> Das Werk ist eine Einführung in die wichtigsten Wissenschaften - die 7 freien Künste - vor allem die Mathematik, die Musik (mit praktischen Figuren u. Notenbeispielen), die Grammatik (wobei auch Noten die hebräische Aussprache klären!), Geometrie, Astronomie, Geographie, Physik (einschließlich Metaphysik). Der Titel nennt die Begründer der Disziplinen: Boetius, Petrus Jakobus, Ptolemaeus, Dioskorides u. die Bibel. Sehr gutes Expl. nur 2 Bll. etw. gebräunt. Wie stets ohne die gr. Falttafel.

Auch im zweiten Münchener Exemplar *Rar.1518* und in dem in Regensburg vorhandenen *4 Artes 23* fehlen die erwähnte Falttafel. Der Titel des genannten Buches wird, ohne daß er irgendwie durch Schriftgröße oder sonst hervorgehoben

wäre, auf f.aa i^{r} in der ersten Zeile mit „Opera Ioannis Foenisecae Augn. // haec in se habent“ angegeben; anschließend erfolgt die Einteilung, und zwar in:
„Quadratum sapientiae: continens in se septem artes liberales veterum.
Circulos bibliae. iiii. in quibus metaphysica mosaica.
Commentaria horum.“
Um die Mannigfaltigkeit des Dargebotenen übersichtlich zu gestalten (Abb.1), trifft Johannes Foeniseca unter der Überschrift „Ad haec / libri rubrica inferius signati: necessarii sunt“ eine Grobeinteilung der zu behandelnden Disziplinen: „sermo; εθοσ .i. mos; mathematica; philosophia; theologia“ mit der zugehörigen Feingliederung: „Grammatica, Logica, Rhetorica; Monastica, Oeconomica, Politica; Alcarithmus subalternus, Arithmetica, Geometria, Perspectiua subalterna, Musica, Astronomia, Geographia; Physica, Medicina subalterna; Metaphysica.“ Für die beiden erstgenannten dieser Fächergruppen werden - ob es sich um Quellen handeln soll? - genannt: „don.alex.gua.lasca.Poetae“; für die *Mathematica* er-

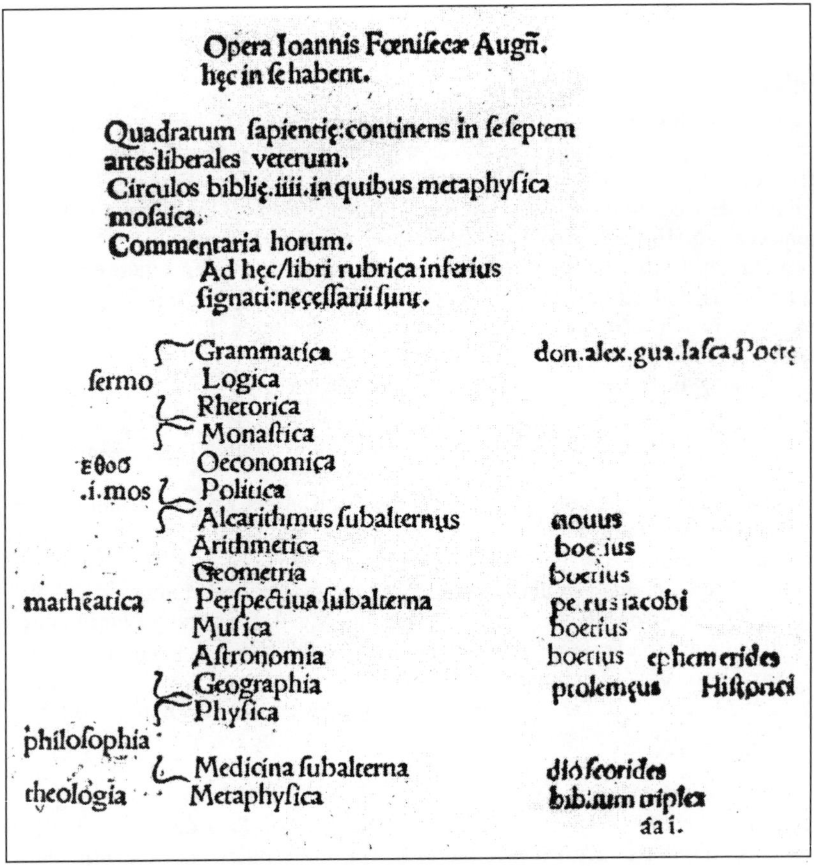

Opera Ioannis Fœniſecæ Augn.
hęc in ſe habent.

Quadratum ſapientię: continens in ſe ſeptem
artes liberales veterum.
Circulos biblię. iiii. in quibus metaphyſica
moſaica.
Commentaria horum.
Ad hęc/libri rubrica inferius
ſignati: neceſſarii ſunt.

ſermo — Grammatica — don.alex.gua.laſca.Poetę
Logica
Rhetorica
Monaſtica
εθοσ .i. mos — Oeconomica
Politica
Alcarithmus ſubalternus — nouus
Arithmetica — boetius
Geometria — boetius
mathēatica — Perſpectiua ſubalterna — petrus iacobi
Muſica — boetius
Aſtronomia — boetius ephemerides
Geographia — ptolemęus Hiſtorici
Phyſica
philoſophia
Medicina ſubalterna — dioſcorides
theologia — Metaphyſica — biblium triplex

ſa i.

Abb.1 Johannes Foeniseca: Opera, Augsburg 1515; Titelblatt.

scheinen der Reihe nach: „nouus, boetius, boetius, petrus iacobi,[1] boetius, boetius ephemerides, ptolemaeus Historici"; für die Physik wird anscheinend keine Be-

---

[1] Conrad Gesner: Bibliotheca Vniuersalis, siue Catalogus omnium scriptorum locupletissimus [...], Zürich 1545, f.550ʳ: „Petrvs Iacobus iurisperitus, scripsit Practicam, & librum de arbitris"; Iosias Simler: Bibliotheca institvta et collecta primvm a Conrado Gesnero, Zürich 1574, S.559a: „Petrus Iacobus iurisperitus, scripsit practicam, & librum de arbitris. Eiusdem tractatus De actionibus & libellis formandis, manuscriptus apud M. Dresserum." - Johannes Spies: Disputatio philosophica de anima / praeside Joanne Specio [...] Respondentibus [...] Iacobo Petro et Gregorio Reybi [...], Dilllingen 1597. - Von den vielen, als *Jacobus Petri* im Repertorium Germanicum (Bearb. Karl August Fink), Band 4, Teilband 2, Berlin 1957, Sp.1538-1542, aufgeführten Personen, ist anscheinend keine relevant. - Im Karlsruher virtuellen Katalog findet man im Bibliotheksverbund Bayern Petrus Jacobus als Verfasser von: Aurea et famosissima practica, Lyon 1511; Tractatus de arbitris et arbitratoribus, s.l. 1505; es handelt sich hierbei um zwei Werke, die vom Datum her Johannes Foeniseca zugänglich gewesen wären. - Alle diese Angaben scheinen aber bezüglich einer Perspektive eines Petrus Jacobus nicht relevant zu sein.

Im Karlsruher virtuellen Katalog stößt man bei Titeleingabe „Perspectiva artificialis" unter COPAC 6: „De artificiali perspectiva: pinceaux, burins, acuilles, lices, pierres, bois, metaulx, artifices" auf: „Pèlerin, Jean, d. 1524. De artificiali perspectiva. ... Cover title Facsimile reprint of Pierre Jacobi's edition of Toul, 1509, followed by facsim. t. p. of Toul, 1521 ed Latin and French ... [par] Anatole de Montaiglon"; es ist vermutlich das nämliche wie unter COPAC 8: „Anatole de Montaiglon: Notice historique et bibliographique sur Jean Pèlerin [...] et sur son livre, De artificiali perspectiva", Paris 1861; Reprint 1978. Demnach war offensichtlich Jean Pèlerin, genannt Viator, der Verfasser; S.2: „En 1505, date de la première édition de la Perspective, Pèlerin avait plus de soixante ans." Auf die mögliche Autorschaft des Petrus Jacobus deutet anscheinend nur das Kolophon hin: „Impressum Tulli Anno Catholice veritatis Quingentesimo nono ad Millesimum iiii$_o$ Jdus Marcias. Solerti opera Petri iacobi pbri Jncole pagi Sancti Nicolai [= Werke des kunstfertigen Priesters Petrus Iacobus, Einwohners des Bezirks Sankt Nikolaus]." S.4: „La première édition de *la Perspective artificielle* est de 1505. Elle est de beaucoup la plus rare." S.5: Am Titelblatt der zweiten Auflage, Toul 1509, finden sich die Wörter: Pinceaux [= Pinsel], burins [= Radiernadeln, Grabstichel], acuilles [= ?], lices [= lisse oder lissoir, aus hartem und glattem Stein verfertigtes Werkzeug; Eisen zum Glätten], pierres [= Steine], bois [= Holz], métaulx [= Metalle], artifices [= Kunstfertigkeiten].

Bei dem von Johannes Foeniseca als Autor einer ihm 1515 zugänglichen „artificialis perspectiua" benannten Petrus Jacobus oder Petrus Jacobi handelt es sich offensichtlich um den Verleger, während Jean Pèlerin, genannt Viator, „De artificialis perspectiva", Toul 1505 und 1509, verfaßte. Dies geht hervor aus:

Liliane Brion-Guerry: Jean Pélerin Viator, Paris 1962, S.153, 347-370, [445]-[493] Konkordanztafel der von Jacobi edierten Drucke, 503: „Jacobi (Pierre), éditeur";

William M. Ivins, Jr.: On the Rationalization of Sight. Viator. De artificiali perspectiva (Toul, 1505), (Toul, 1509), New York 1975; Kolophon der Ausgabe 1505: „Impressum Tulli Anno catholice veritatis Quingentesimo quinto supra Milesimum: Ad nonum Calendas Julias. Solerti opera petri iacobi pbri Jncole pagi Sancti Nicolai";

Luigi Vagnetti: De naturali et artificiali perspectiva, in: Studi e documenti di architettura n.9-10, Florenz 1979, S.311: „1505 EIIb2 - Pelerin, Jean (Viator, 1435-40-1524), *De artificiali perspectiva,* ... pubblicata per la prima volta in Toul, 1505 (9/7), bilingue, pp. XII+38 con illustrazioni, in 4° (P. Jacob); ... Toul 1509, bilingue, pp. 58 illustrate, in 4° (P. Jacob); ... Toul 1521, bilingue, pp. 59 illustrate, in 4° (P. Jacob)."

zugsstelle aufgeführt; bezüglich der niederen Medizin wird auf Dioskurides[2] Bezug genommen; bei der Metaphysik heißt es: „biblium triplex".
Schon aus der Schreibart „Alcarithmus subalternus" läßt sich herauslesen, daß dieses Fachgebiet damals noch uneinheitlich bezeichnet wurde, und das Attribut „nouus" stützt die Annahme, daß an der Wende vom 15. zum 16. Jahrhundert die bis dahin nur in Fachkreisen geläufigen indisch-arabischen Zahlzeichen nun in immer breitere Schichten drangen. Als *Mathematica* werden also der damaligen Gepflogenheit nach nicht nur die Fächer des Quadriviums genannt, sondern auch Algorithmus, Perspektive und Geographie.
Nach dem letzten Abschnitt „Metaphysica" auf f.[cc viij^r] mit der abschließenden Bemerkung „Finis commentariorum / perspectiuae petri iacobi: quadrati sapientiae: ac 4 circulorum bibliae" folgt das Kolophon: „Impressa Augustae Vindelicorum / communibus impensis Ioannis Miller atque Ioannis foenisecae. Anno a natiuitate domini. M.D.XV. ad. IIII. Calendas Maias" mit dem kaiserlichen Schutzprivileg: „Edicto Caes. Maie. vetitum est / ne quis haec opera foenisecae intra quinquennium per vniuersum imperium imprimat: aut alibi impressa in imperio vendat: sub mulcta marcarum auri puri quinque: & amissionis librorum quorumcunque." Das auf fünf Jahre gewährte literarische Urheberrecht spricht für die Bedeutung, die man bereits dem Autor oder seiner kleinen Schrift beimaß. Man findet keine Andeutung darauf, an welchen Interessentenkreis dieses unscheinbare Büchlein gerichtet war. Als Schullehrbuch war es vermutlich nicht gedacht, dazu war es viel zu knapp und ohne Beispiele gehalten; wohl eher als ein - wenn auch schwer zu verstehendes - Kompendium der *Mathematica.*
Es gibt nur wenige Hinweise auf Johannes Mader, der seinen Namen der damaligen Gepflogenheit nach zu Foeniseca [= Grasschneider; Mahder, von mähen] latinisierte. In *Res/4 Var.18* der BSB München ist nachstehende Sekundärliteratur aufgeführt:

1) auf dem erwähnten beiliegenden Zettel: Proctor 10827; Panzer VI, 143.82; Eitner IV, 11; Fétis III, 281; Zapf II, 85 Nr.17; Smith, Rara arithm. 119f. mit Titelabbildung,
2) am vorderen Einband innen u.a. Graesse VII, 308; Joecher VIII, 334; G. Rosen.

In der hiesigen Untersuchung von Johannes Foeniseca's „Opera", Augsburg 1515, werden mehr Fragen aufgeworfen als Antworten gegeben. So war es z.B. kaum möglich, Ordnung in seine kurze *Arithmetica* zu bringen, doch dürfte feststehen, daß das auf f.aa iii^v und f.[aa iiii^v] genannte Werk „artificialis perspectiua", das er in seiner *Geometria* lediglich erwähnt, von Jean Pèlerin (1435/40-1524), genannt Viator, verfaßt wurde, und nicht vom Editor Petrus Jacobus bzw. Petrus Jacobi.[3] Die Belege, in denen in der Literatur auf Johannes Foeniseca eingegangen wird, sind meist sehr kurz, und anscheinend nirgendwo wurde bislang

---

[2] Griechischer Arzt (1.Jh.), verfaßte eine Arzneimittellehre, die noch im Mittelalter nachwirkte.

[3] Die entsprechenden Hinweise finden sich in den Literaturangaben in Fußn.1.

der Inhalt seiner „Opera“ untersucht. Johannes Foeniseca tritt auch als Verfasser anderer Werke auf, wie sie im folgenden bei Veith und Adelung/Rotermund genannt sind. Er wird dort nicht nur als Autor der „Opera“ herausgestellt, sondern auch als Gelehrter, als Mathematiker, als Musiktheoretiker.
In eckige Klammern sind im folgenden Erläuterungen bzw. Ergänzungen gesetzt, Seitenwechsel werden durch das Zeichen \ angedeutet.
Herrn Prof. Ulrich Reich, Bretten, der mir eine Fotokopie der relevanten Seiten zusandte und Hinweise zur einschlägigen Literatur gab, der Direktion und den Damen und Herren der Staatlichen Bibliothek Regensburg für die Erfüllung meiner vielen Bücherwünsche, der Handschriftenabteilung der BSB München, vor allem jedoch den Leitungen der Staats- und Stadtbibliothek Augsburg mit Genehmigung zur Reproduktion der dort vorhandenen großen Farbtafel, Stadtbibliothek Braunschweig, SLUB Dresden, UB Erlangen-Nürnberg, UB Freiburg, UB Heidelberg, Badischen Landesbibliothek Karlsruhe, UB Konstanz, UB Mannheim, UB München, Universitäts- und Landesbibliothek Münster, Pfälzischen Landesbibliothek Speyer, Württembergischen Landesbibliothek Stuttgart, UB Tübingen danke ich dafür, daß ich bei der Suche nach Literatur und bei der Bearbeitung von Johannes Foeniseca's „Opera“, Augsburg 1515, sehr hilfreich unterstützt wurde.

*

Literarische Verweise auf Johannes Foeniseca

Die anschließend aufgeführten, nach ihrem Erscheinungsjahr geordneten Belegstellen, in denen schon ab dem 16. Jahrhundert auf Johannes Foeniseca's „Opera“ verwiesen wird, zeigen, daß schon vom Beginn an dieser kurzen Schrift eine gewisse Bedeutung gezollt wurde, obwohl es sich - wie ihr Inhalt zeigt - bis auf die Angaben zu dem nur schwer lokalisierbaren Petrus Jacobus eigentlich nur um ein stichwortartiges Aufzählen irgendwelcher Fakten handelt.
Wenn sich einer der folgenden Abschnitte über Johannes Foeniseca auf hier erwähnte Literatur beruft, dann wird am Ende in eckigen Klammern darauf hingewiesen. Zugehörige Fußnoten werden innerhalb des betreffenden Abschnitts mit aufgeführt, so bei Veith, Daisenberger, Hartig, Seifert und Schöner.

■ Iosias Simlervs: Epitome Bibliothecae Conradi Gesneri, Zürich 1555 (Christophorvs Froschover), f.97^{r}b: „Ioannis Foenisecae quadratum sapientiae, continens in se septem artes liberales ueterum: circulos bibliae 4. in quibus metaphysica Mosaica. Commentaria horum. Philosophia de moribus. Algorithmus subalternus. Physica. Medicina subalterna. Liber impressus Augustae Vindelicorum, anno D.1515. in 4. chartis 5. cum uarijs figuris. Eiusdem epistolium quo explicat rationem Psychomachiae Prudentij, ibidem excusum est cum Prudentio, anno 1506.“

■ Martinvs Crvsivs: Annalivm Svevicorvm Dodecas tertia, ab Anno Christi MCCXIII. vsque ad MDXCIIII. annum perducta, Frankfurt 1596, S.554: „Augustae viuebat vir perdoctus, Ioannes Mader, siue Foeniseca: qui scripsit commentaria in perspectiuam Petri Iacobi, in Quadratum sapientiae et alia, quae in Biblioth. Gesneri sunt. Ex cuius familia, tempore Gassari supererat Wilboldus Mader Augustae, nani penè statura, Mercator, antiquis numismatibus et alijs gaudens. [Am Rand:] Mader Ioannes."

■ Carolus Stengelius: Commentarivs Rervm Avgvstan. Vindelic., Ingolstadt 1647, S.258: „Florebat ibidem his temporibus vir perdoctus *Ioannes Mader*, siue *Foeniseca*, qui scripsit commentaria in *Perspectiuam Petri Iacobi*, in *Quadratum Sapientiae*, & alia, quae in bibliotheca *Gesneri* annotantur. [Am Rand:] XX. Scripta Ioannis Faenisecae [!]." - [Gesner].

■ M. Martinus Lipenius: Bibliotheca realis philosophica omnium materiarum, rerum, & titulorum, Tom.1, Frankfurt/Main 1682, S.115b.

■ Io. Bvrchardvs Menckenivs: Scriptores Rervm Germanicarvm, praecipve Saxonicarvm, Tomus 1, Leipzig 1728, Sp.1754: „A.1515. Circiter quam tempestatem, non tam claruit, quam contemptus fuit doctissimus Philosophus, virque singularis, *Joannes Maderus*, sive *Foeniseca*, qui praeter edita in perspectivam *Petri Jacobi*, in Quadratum sapientiae, ac quatuor circulos Bybliae commentaria, librum quoque composuit, cui titulum fecit, *Deperdita Philosophorum*, non nisi consumatis scripta, quorum tamen posterior hic non amplius extat. [Am Rand]: Maderus insignis Philosophus."

■ Joannes Jacobus Mangetus: Bibliotheca Scriptorum Medicorum, Tomus 1, Pars 2, Genf 1731, S.299a: „Foeniseca (Johannes,) De eo extat Physica Medicinae subalterna. Extat cum ejusdem reliquis scriptis. Augustae Vind. 1515. in 4."

■ Martin Crusius: Schwäbische Chronick, Band 2, Frankfurt [?] 1733 [?], S.184b: „Cap.V. ... Johann Mader / ein Gelehrter zu Augspurg. ... Jm Jahr 1515 ... Zu Augspurg lebte der gelehrte Johann Mader, (Foeniseca) welcher über Petri Jacobi Perspectivam, item über Quadratum Sapientiae, und andere in Gesneri Bibliotheck befindliche Schrifften commentiret. Aus seiner Familie war noch zu Gassari Zeiten Wilbold Mader, ein Kauffmann zu Augspurg übrig, welcher in der Statur schier einem Zwergen gleichte, und übrigens viele alte Müntzen, und andere dergleichen Dinge hatte."

■ Paul von Stetten: Geschichte Der Heil. Roem. Reichs Freyen Stadt Augspurg, Frankfurt/Leipzig 1743, S.261: „Gasserus ad a. 1506. ... Um diese Zeit unterwieß einer, Nahmens Meister Hanß Mader, die Knaben in der Grammatic und andern freyen Kuensten, und wurde deßwegen der Steuer von seiner fahrenden Haab erlassen. - Raths=Decreten=Buch ad a. 1506. p.22.23.24.25. Stengel P.II.p.258. [Am Rand:] Hanß Mader lehret zu Augspurg die Jugend." - [Stengel].

■ Iohannes Hevmann: Docvmenta literaria, Altdorf 1758. (0) Commentatio isagogica; (I) Epistolae Io. Cochlaei. - (I), S.50f.: „XX. 1. *De Ptolemaeo*. 2. *Commendat. Io. Vogelen.* S.P.D. Ingens est, Magnifice Dom. Bilib. de Ptolemaeo tuo studiosorum exspectatio, sed et impressor ipse plurimum ac uehementer exspectat. Precor itaque elucu- \ brationi illi tuae feliciorem successum, quam habent nunc tam diuersa in fide studia plurimorum. Audio, Augustae quoque esse quendam, foenisecam, uulgo *Mader* nomine, qui nonnihil in Ptolomaeo recognouerit, sed credo, tibi illius opera opus non esse. Ceterum lator praesentium est Iohannes Vogelen, uetus amicus, ... Ex Stutgardia III Non. Iunii MDXXIIII."

■ Georgius Guilielmus Zapf: Annales Typographiae Augustanae ab ejus origine MCCCCLXVI. usque ad annum MDXXX., Augsburg 1778, S.61: „Joannis Faenisecae [!] Quadratum Sapientiae. &c. August. per Joan. Miller 1515. 4to."

■ Johann Christoph Adelung: Fortsetzung und Ergänzungen zu Christian Gottlieb Jöchers allgemeinen Gelehrten=Lexico, Band 2, Leipzig 1787, Sp.1142: „Föniseca, (Johann,) aus Augsburg, lebte um den Anfang des 16ten Jahrhundertes. Mir ist von ihm bekannt: [1] Psychomachia religiosi *Prudentii* per *Jo. Foenis.* edita. Augsburg, 1506, 4. [2] Quadratum sapientiae, Eben das. 1515, 4."

■ Franciscus Antonius Veith: Bibliotheca Augustana. Alphabetum IV, Augsburg 1788, S.147-151: „*Joannes* Mader, alio nomine, quod sibi pro more illorum temporum adsumpserat, *Foeniseca* dictus, *Augustanus* floruit ineunte saeculo XVI. De eo *Paulus a* Stetten (a) ad annum 1506. sequentia narrat: *Hoc circiter tempore Magister Joannes Maderus juventutem Augustanam Grammatices aliarumque liberalium Artium praeceptis instituit: atque ob eam rem a tributo, quod ex bonis mobilibus pendi so= \ let, immunis declaratus est.* Hanc de *Nostri* meritis honorificam opinionem, quam Senatus publico, de quo mox dixi, beneficio testatam fecit, alii haud imitati fuisse videntur. Quare *Ach. Pirm.* Gassarus (b) ait: *Circiter quam tempestatem* (1515.) *non tam claruit, quam contemptus est doctissimus Philosophus, Virque singularis Joannes Maderus, sive Foeniseca.*

Etsi vero praeter Stettenium & Gassarum alii Scriptores, uti Crusius (c) Gesnerus (d) Stengelius (e) Mangetus (f) *Nostri* non sine laude meminerint, nullus tamen de *Vitae* ejus *circumstantiis* plura in medium protulit. Quare ad ingenii monumenta, ab eodem relicta, transeo.

I. Edidit *Noster* Prudentii *Psychomachiam*, cui, *Augustae*, 1506. (g) in 4to. per *Erhardum Oeglin* excusae .... \

II. Opera Joannis Foenisecae Augustens. haec in se habent (h).

Quadratum sapientiae: continens in se septem artes liberales veterum. .... \

De reliquo se *Noster* in hoc Scripto non solum *philosophum doctissimum & virum singularem*, ut Gassarus monuit, sed insuper *hebraicae* linguae peritum ostendit.

III. Librum quoque composuit, cui titulum fecit *Deperdita Philosophorum*, non nisi consummatis scripta, quae tamen amplius non extant.

IV. Correxit & supplevit Conradi *a Lichtenau, Abbatis Urspergensis Chronicon*..\.

V. Extant denique a *Nostro* complura *Epigrammata* ... .

(a) In Libro: *Geschichte von Augspurg*, T.I.p.261. (b) In *Annal. Augspurg*. Inter Menckenii *Scriptores*, T.I.Sp.1754. (c) In *Annal. Suevic. Dod.*III.p.554. ubi addit: *Ex ejus (Joannis nostri) familia tempore Gassari supererat Wilboldus Mader Augustae, nani fere statura, mercator, antiquis numismatibus et aliis gaudens.* (d) In *Bibliotheca univers.* (e) In *Comment. Rer. August.* p.258. (f) In *Biblioth. Sciptor. medicor.* T.I.P.II. (g) Ita testatur Gesnerus in *Bibl. univers*. Confer. Zapfii *Annal. Typograph. August.* ad hunc annum. Editio ista latuit *Jo. Alb.* Fabricium. (h) Studio *Titulum* hujus *lucubrationis* pervetustae, rarae ac omnino singularis appono, prout apparet in impresso exemplari. - [von Stetten; Menckenivs; Crusius; Gesnerus; Stengelius; Mangetus; Zapf].

■ Georg Wilhelm Zapf: Augsburgs Buchdruckergeschichte nebst den Jahrbüchern derselben, Teil 2. Vom Jahre 1501 bis auf das Jahr 1530, Augsburg 1791, S.85f. Dort werden Titel, Inhaltsverzeichnis und Kolophon von Johannes Foeniseca's Werk angegeben; ein Exemplar liegt auf in der Bibliothek zu St. Ulrich in Augsburg.

■ Georg Wolfgang Panzer: Annales typographici ab anno MDI ad annvm MDXXXVI continvati [...], Vol. 6, Nürnberg 1798, S.143f.: „Opera Joannis Foenisecae (Maderi) *Augustensis* haec in se habent: Quadratum sapientiae: continens in se septem artes liberales veterum. [...]." Es folgen noch Kolophon und Druckprivileg. - [Veith; Zapf].

■ Johann Christoph Adelung/Heinrich Wilhelm Rotermund: Fortsetzung und Ergänzungen zu Christian Gottlieb Jöchers allgemeinem Gelehrten=Lexiko, Band 4, Bremen 1813, Sp.334: „Mader (Johann oder Foeniseca), Magister und Lehrer der Grammatik und der freien Künste zu Augsburg im Anfange des 15. [!] Jahrhunderts. §§ 1. Prudentii Psychomachiam, castigat. collat. aliquot vetustis exemplaribus, Augustae 1506, 4. 2. Opera Joan. Foenisecae, c. fig. 1515, 4. 3. Depertita Philosophorum. 4. Verbesserte er Conr. a Lichtenau, abbatis Ursperg. Chronicon. August. 1515. 5. Epigrammata." - [Veith; von Stetten].

■ François-Joseph Fétis: Biographie universelle des Musiciens et Bibliographie générale de la Musique, Tome 3, Paris ²1862, S.281a,b: „Foeniseca (Jean), savant, né à Augsbourg, dans la seconde moitié du quinzième siècle, est connu par un traité des sept arts libéraux, qui a été imprimé sous ce titre: *Opera Joannis Foenisecae Augustani haec in se habent.* [...] Au quinzième feuillet commence le petit traité intitulé: *Musica*, lequel contient en 6 pages une introduction à la musique pratique."

■ ADB 20, S.32: „Mader: Johannes M., Humanist, über dessen Lebensumstände so gut wie nichts sich ermitteln läßt (weder Geburts- noch Todesjahr sind bekannt), ist doch nicht nur in der Augsburger Gelehrtengeschichte eine bedeutsame Persönlichkeit, sondern auch durch seinen Antheil an der ersten Ausgabe des 'Chronicon Urspergense' eines bleibenden Gedächtnisses werth. Wir wissen nur von ihm, daß er im Anfang des 16. Jahrhunderts zu Augsburg die Knaben 'in der Grammatik und andern freyen Künsten' unterrichtete und deshalb vom Rathe der Stadt von der 'Steuer von seiner fahrenden Haab' befreit wurde, ohne daß ihm, wie es scheint, von Seiten der Bürgerschaft die Achtung, welche seine hervorragende Gelehrsamkeit verdient hätte, entgegengebracht worden wäre. Sein Wissen faßte er in dem Werke 'quadratum sapientiae' zusammen, das 1515 in Augsburg in 4° erschien. Schon 1506 war von ihm eine Ausgabe der Psychomachia des Prudentius erschienen, die er mit einer einleitenden Betrachtung über das Wesen dieses Werkes begleitete. Der Text des von Peutinger aufgefundenen und auf seine Veranlassung hin zum Druck gebrachten Chronicon Urspergense scheint von M. durchaus selbständig revidirt und bearbeitet zu sein, so daß nicht Peutinger, sondern M. als erster Herausgeber gelten muß. Auch mit Ptolemäus beschäftigte sich M. Wenig geschmackvoll übersetzte er als echter Humanist seinen deutschen Namen Mader ins Lateinische und nannte sich Foeniseca (von foenum, fenum und secare)." - [Veith; Heumann].

■ Michael Daisenberger: Volks-Schulen der zweiten Hälfte des Mittelalters in der Diöcese Augsburg, Programm Dillingen 1884/85, Dillingen 1885, S.10: „Im Jahre 1506 unterwies Hans Mader (Foeniseca) die Knaben in der Grammatik und andern freien Künsten und wurde ihm deshalb die Steuer von seiner fahrenden Habe erlassen.[2] ... [2]Ratsdekretbuch ad a. 1506."

■ Siegmund Günther: Geschichte des mathematischen Unterrichts im deutschen Mittelalter bis zum Jahre 1525, Berlin 1887, S.137: „Schon 1506 lehrt in Augsburg Hans Mader Grammatik und die freien Künste des Quadriviums." - [Daisenberger, S.10ff.].

■ Alfred Schröder: Der Humanist Veit Bild, Mönch bei St. Ulrich. Sein Leben und sein Briefwechsel, in: Zeitschrift des Historischen Vereins für Schwaben und Neuburg 20 (1893), S.173-227. - S.189: Johann Mader, genannt Foeniseca, war mit dem Augsburger Humanisten Veit Bild (1481 - 1529) mehr oder weniger eng befreundet; S.194 Nr.31: Am 8.10.1510 bittet Veit Bild Johann Mader (Foeniseca) um Übersendung der 'practica mensuratio baculi Jacob' und um einen Besuch; S.200 Nr.90: Mitte Mai 1515 schreibt Veit Bild an Johann Mader, 'philosophiae totius indigator subtilissimus', ob dieser seine Werke schon an Johannes Stabius (um 1450 - 1522), der gegenwärtig in Nürnberg weile, den 'patronus doctorum communis', ihren beiderseitigen Freund, geschickt habe. [Anrede am Schluß:] „Mathematicorum vir doctissime. Vale Augustanum decus philosophiaeque scrutator acuratissime.“

■ Otto Hartig: Die Gründung der Münchener Hofbibliothek durch Albrecht V. und Johann Jakob Fugger. Abhandlungen der Königlich Bayerischen Akademie der Wissenschaften, Philosophisch-philologische und historische Klasse, Band 28, Abhandlung 3, München 1917, S.126: „Joan: Foenisecae Opera. Augustae anno 1515 [Druck].[1] ... [1] Ob Clm. 426? Die Drucke sind einzeln vorhanden; davon war Vesputius, Nouus mundus (Rar.5f.) einst einem Clm. (welchem?) beigebunden und 1862 aus diesem genommen; Foeniseca Opera (Var.18) war einst ein 3. Beiband. In E [= *Cbm.C.62*, Katalog der lateinischen Handschriften aus der 2. Hälfte des 17. Jahrhunderts] noch vollständig unter Clm. 426!“ - Auf S.337 wird Johannes Foeniseca unter den Humanisten und anderen Schriftstellern aus Deutschland und anderen Ländern genannt.

In *Cbm.C.62*, f.82ᵛ, unter Nr.426: „[7] Opuscula Mathematica Joannis Foenisecae impr. 515.“ - Am ersten Blatt von *Clm 426* steht ein Inhaltsverzeichnis aus fünf Titeln, letzter: „Jo. Fenisecae quaedam“; bei den letzten drei die Notiz: „Wurden als Druckwerke am 3. Mai 1862 herausgenommen. Halm.“

■ Jacques-Charles Brunet: Manuel du libraire et de l’amateur de livres, Tome 2, Berlin 1922, Sp.1314f. - Verweis auf Panzer und den letzten Katalog von M. Libri 1861, n° 537.

■ Jean George Théodore Graesse: Trésor de livres rares et précieux, Tome 2, Berlin 1922, S.607b: Foeniseca, Maderas. - Hinweis darauf, daß „Quadratum sapientiae“ bei Butsch um 11 fl verkauft wurde.

■ Jean George Théodore Graesse: Trésor de livres rares et précieux, Tome 7, Supplément, Berlin 1922, S.308a. - Verweis auf Libri, Cat. 1861, n° 537.

■ Robert Proctor: An Index of German Books 1501 - 1520 in the British Museum, London 1966, S.85, Nr.10827.

■ Robert Eitner: Biographisch-bibliographisches Quellen-Lexikon der Musiker und Musikgelehrten christlicher Zeitrechnung bis Mitte des 19. Jahrhunderts, Band 4, Graz ²1959, S.11b: „Foeniseca, Joannes, ein Gelehrter, geb. zu Augsburg im 15. Jh., gab ein Werk über die sieben Künste heraus, unter denen sich auch auf dem 15. Blatte eine Abhandlung ‘Musica’ befindet. Es ist betitelt: Opera J. F. Augustani haec in se habent. Quadratum sapientiae continens in se septem artes liberales veterum [...].“ - Exemplare werden aufgeführt in der Kgl. Bibl. in Brüssel und in der Bibl. des Conservatoire national zu Paris.

■ Deutsches Biographisches Archiv: 330/229: Gelehrter, Musiker [Adelung 1787]; 330/230: Gelehrter, Musiker [Eitner]; 795/168: Mader, Johs. Human., gest. A. 16.J. [ADB]; 795/171: Lehrer der Grammatik [Adelung/Rotermund 1813].

■ Short-title Catalogue of Books printed in the German-speaking countries and German books printed in other countries. From 1455 to 1600. Now in the British Museum, London 1962, S.310.

■ Catalogue of Books printed on the Continent of Europe, 1501-1600. In Cambridge Libraries, Vol. 1, Cambridge 1967, S.442a, Nr.659.

■ David Eugene Smith: Rara Arithmetica, New York ⁴1970, S.119f.: „An Augsburg teacher of c.1500. ... This is an extract from a larger volume, for the folios have been numbered by hand 40-59, and the register begins with ‘aa i’. Only two pages (aa ii, v., and aa iii, r.) are devoted to ‘Arithmetica’, and these relate only to the Boethian system. The rest of the book is devoted chiefly to geometric figures, the mediaeval astronomy, and music. Such \ a book shows the superficiality and general emptiness of the work of the schools that were supposed to stand for culture in the period of the early Renaissance." - Demnach dürfte dieses hier besprochene Exemplar der Plimpton-Library in New York früher einmal ein Teil eines Sammelbandes gewesen sein.

■ Arno Seifert: Die Universität Ingolstadt im 15. und 16. Jahrhundert. Texte und Regesten. Ludovico Maximilianea. Forschungen und Quellen, Quellen Band 1, Berlin 1973, S.89f.: „1517 Dez. 29: ... 3us articulus: voluit Leonhardus de Eck, quod quidam mathematicus qui appellatur Pheniseca[48] assumeretur in locum doctoris Joannis Vischer, non \ obstante huiusmodi volitione; conclusit facultas quod doctor Joannes Vischer in sua lectura maneat, legat tamen ea que videntur pro scolasticis utilia. ... [48] Johannes Foeniseca aus Augsburg (vgl. Hartig 126); er wurde aber wohl nicht berufen." - [Hartig].

■ The National Union Catalog, Pre-1956 Imprints, Vol. 354 (1974), S.256, NM 0097827: Mader Johannes, fl. 1500. 1. Science - Early works to 1800. 2. Arithmetic - Before 1846. 3. Mathematics - Early works to 1800.

■ Karl Bosl (Hrsg.): Bosls Bayerische Biographie, Regensburg 1983, S.500: „Mader, Johann, Humanist, 16. Jh. Nähere Lebensumstände unbekannt. Anfang des 16. Jahrhunderts Lehrer in Augsburg. Bekannt vor allem als Verfasser des 'quadratum sapientiae', 1515, und als Herausgeber und Bearbeiter des 'Chronicon Urspergense'." - [Veith, ADB].

■ VD 16/12, M 59: Mader Johannes. - Exemplare in Stadtbibliothek Braunschweig, BSB München, UB München.

■ Christoph Schöner: Mathematik und Astronomie an der Universität Ingolstadt im 15. und 16. Jahrhundert. Münchener Universitätsschriften, Universitätsarchiv. Ludovico Maximilianea. Forschungen und Quellen, Forschungen Band 13, Berlin 1994, S.275: Drei Schüler von Johannes Stabius (um 1450 - 1522) bezeugen in Ingolstadt, daß er weiter in der Lehre dem Programm des Konrad Celtis (1459-1508) treu blieb: Veit Bild, Johannes Mader Foeniseca und Georg Tannstetter (1482-1535). - S.277f.: „Für den Stabius- und Locherschüler Bild war es auch ganz selbstverständlich, daß er Kontakte zu Humanisten und Mathematikern in ganz Süddeutschland knüpfte[25] ... Ebenso wie Bild suchte und fand ein anderer Schüler von Stabius in Ingolstadt, Johannes Mader Foeniseca, die Nähe zum Augsburger Humanistenkreis. Er hat sich 1501, also bereits nachdem Bild Ingolstadt wieder verlassen hatte, an der Universität Ingolstadt immatrikuliert.[27] Seine Verbindungen zu Stabius sind durch den Briefwechsel von Veit Bild dokumentiert.[28] So erfuhr Bild 1515 über *unseren* Mader von der bevorstehenden Ankunft Stabius' in Augsburg.[29] Bei dieser akademischen Herkunft von Mader ist es nicht verwunderlich, wenn \ 1517 Leonhard von Eck bei seinen Versuchen, anstelle des Mathematiklektors Johannes Würzburger einen angesehenen Fachmann zu berufen, auch an Mader dachte.[30] ... [25] Für die lange Liste seiner Korrespondenten von Straßburg über Dresden und Nürnberg bis Wien sei auf das Personenregister bei A. Schröder: Der Humanist Veit Bild, S.227 verwiesen. Unter denjenigen, mit denen er mathematische, astronomische, astrologische und kosmographische Themen besprach, seien Willibald Pirckheimer, Georg Hartmann, Johannes Schöner, Sebastian Sperantius, Johannes Mader Foeniseca und Johannes Vögelin besonders erwähnt. ...[27] Mat. Ingolstadt, Bd.1, S.287. [28] Im ersten Brief von Bild an Mader vom 8. Oktober 1510 (Augsburg, Ordinariatsarchiv, Ms. 81 II, f.19r = A. Schröder: Der Humanist Veit Bild, Nr.31) bat er diesen um Erklärungen zum Jakobstab, wobei der Hinweis auf eine zwischen beiden eingetretene Verstimmung darauf schließen läßt, daß sie schon länger miteinander in Kontakt standen. [29] Augsburg, Ordinariatsarchiv, Ms. 81 II, f.119v-20r (Bild an Stabius, 30. Mai 1515 = A. Schröder: Der Humanist Veit Bild, Nr.92): *(...) nisi de tuae* [sc.Stabius'] *in proximo \ ad nos dignitatis adventu per foenisecam nostrum certior redditus fuerim*. Vorausgegangen war ein Brief von Bild an Mader (Ms. 81 II, f.119r = A. Schröder: Der Humanist Veit Bild, Nr.90), in welchem Bild Mader darauf aufmerksam machte, daß Stabius in Nürnberg weile und Bücher kaufen wolle; Mader solle ihm doch seine eigenen Bücher anbieten. [30] A. Seifert: Die Universität Ingolstadt, S.89-90." - S.323: Am 29. Dezember 1517 beantragte Leonhard von Eck die Absetzung des Mathematiklektors Johannes Würzburger. „An seiner Stelle wollte er Johannes Mader Foeniseca, den Augsburger Mathematiker und Schüler von Johannes Stabius, auf die Lektur berufen. Dies allerdings ging der Artistenfakultät zu weit. ... Trotzdem mußte auch sie die mangelhafte Qualifikation ihres Schützlings eingestehen; von nun an sollte er nicht mehr die fortgeschrittene Mathematik für Bakkalare lesen, sondern nur mehr die Einführungsveranstaltungen für die Scholaren abhalten.[45] ...[45] Vgl. UAM, Georg. III/22, f.24r (29. Dezember 1517), ed. A. Seifert: Die Universität Ingolstadt, S.89-90: *3us articulus: voluit Leonhardus de Eck, quod quidam mathematicus qui appellatur Pheniseca assumeretur in locum doctoris Joannis Vischer, non obstante huiusmodi volitione*." - [Schröder; Seifert].

■ IBN = Index bio-bibliographicus notorum hominum, Pars C, Corpus alphabeticum, Sectio generalis, Vol.73, Osnabrück 1995, S.445b: „foeniseca, jean[;] aut johannes foeniseca[;] me[dium] XV. [Jh.] - in[itium] XVI. [Jh.] Augsburg - ... [;] gelehrter in augsburg, humanist, herausgeber eines werkes über die sieben künste, in welchem eine schrift 'musica' enthalten ist. - Literaturverweis: 00167(2) [= Adelung 1787] / 02831(4) [= Eitner 4] / 02856(3) [= Fétis 3] / 04669a(1) [= Smith]."

■ Augsburger Stadtlexikon, (Hrsg. Günther Grünsteudel, Günter Hägele und Rudolf Frankenberger), [2]1998: „Mader, Johann (Foeniseca), um 1500, Lehrer, Humanist. Unterrichtete Anfang des 16. Jh.s in Augsburg 'Grammatik u.a. freye Künste', erlangte vom Rat eine Steuerbefreiung 'seiner fahrenden Haab'. 1506 erschien die 'Psychomachia' des Prudentius mit einer Einleitung von Mader, 1515 das von Mader verfaßte 'Quadratum sapientiae'. Mader und nicht K. Peutinger gilt als Bearbeiter und erster Hrsg. des 'Chronicon Urspergense' des Burchard von Ursberg." - [Veith; ADB; Bosl].

*

Arithmetik und Geometrie in Johannes Foeniseca's „Opera" von 1515

Wie bereits angesprochen,[4] handelt es sich bei den „Opera" des Johannes Foeniseca vermutlich nicht um ein eigenständiges Werk, das vielleicht gar richtungsweisend geworden wäre, sondern um eine kleine Zusammenfassung von Ergebnissen, die zum Teil schon seit vielen Jahrhunderten in Fachkreisen bekannt waren, manchmal vielleicht nur in Redewendungen, deren Incipits sich jedoch nicht bei Thorndike/Kibre[5] nachweisen lassen; denn so manche hier auftretende Bemerkung zeigt, daß der Autor entweder auf ein breites, fächerübergreifendes

---

[4] Smith 1970, S.119f.

[5] Lynn Thorndike/Pearl Kibre: A Catalogue of Incipits of Mediaeval Scientific Writings in Latin, London [2]1963.

humanistisches Wissen zurückgriff, oder selbst zum Schöpfer neuer Sprichwörter hätte werden können. Im folgenden wird versucht, seinerzeitige Begriffe sinngemäß in die heutige Terminologie zu übertragen.

[1] Im Abschnitt „Grammatica hebraica“ auf f.aa i^{v}f. werden Notenbeispiele zur Deutung bzw. Betonung des hebräischen Alphabets gebracht.
Anschließend teilt Johannes Foeniseca die Fächer seines „Quadratum sapientiae“ aufgrund zehn besonderer Merkmale ein:
„Disciplinarum diuisio per accidentia decem. Atomus: grammatica / maxime hebraica. extensio: geometria. numerus: arithmetica. Qualitas prima: principia mundus (impressiones) metaphysica. color (angeli) metalla lapides. odor: vegetabilia. sapor: animantia / physica. Sonus: musica. tempus: geographia. motus: astronomia.“ -- [1] Das Unteilbare [Vollkommene?] besonders durch die hebräische Grammatik; [2] Ausdehnung: Geometrie; [3] Zahl: Arithmetik; [4] Erste Beschaffenheit: Ursprung der Welt, Metaphysik; [5] Farbe des Himmels: Metalle, Steine; [6] Geruch: Pflanzenreich; [7] Geschmack: Lebewesen/Naturlehre; [8] Ton: Musik; [9] Zeit: Geographie; [10] Bewegung: Astronomie.
„Ordo earundem coloribus elementorum in quadrato sapientiae ostensus. Geometria ante metaphysicam de mundo magno. Metaphysica de mundo ante physicam de rebus mundi: geometria ante arithmeticam: continens ante contentum. Mundus / caelum astronomia: terra geographia: aer musica.“ -- Die Reihenfolge ihres Auftretens wird im „Quadratum sapientiae“ gemäß ihren Wesensmerkmalen aufgezeigt: Geometrie vor Metaphysik der großen Welt; Metaphysik der Welt vor Physik der Dinge der Welt; Geometrie vor Arithmetik; Umschließendes vor dem Umschlossenen; Weltall/Himmel: Astronomie; Erde: Geographie; Luft: Musik.

[2] Auf f.aa ii^{v}f. befindet sich die „Arithmetica“ (Abb.2). Hier soll versucht werden, diese gedrängte Abhandlung in ihre Bestandteile aufzugliedern. In Analogie zu anderen Disziplinen heißt es zu Beginn:
„Atomus serpens in quadrato sapientiae / extensio: de qua geometria est: idem saltans / numerus fit: de quo est arithmetica.“ -- Der Baustein im Quadrat des Wissens; nämlich sich erstreckend in der Ausdehnung: Wesen der Geometrie; derselbe springend als Zahl: Wesen der Arithmetik.
[2.1] „Numerus per se constans a: Diminutus 8 stultitia defectus; perfectus 6 virtus infra medium; superfluus 12 curiositas excessus“ (Abb.2, links, Mitte). -- Die Zahl durch sich dargestellt: vermindert 8 [>1+2+4], aus Torheit fehlend; vollkommen 6 [=1+2+3=1.2.3], eine Eigenschaft unterhalb des Mittels; überschießend 12 [<1+2+3+4+6], als Absonderheit überschreitend.
[2.2] „secundum figuras geometricas sumptus b:“ -- Die Zahl durch geometrische Figuren dargestellt.
[2.2.1] „Recta: Punctum, linea, superficies, corpus“ (Abb.2, links, unter Mitte). -- Geradlinige Verbindung: Ein Punkt, zwei Punkte für eine Linie [= Strecke], drei nicht in einer Geraden liegende Punkte für eine Fläche, vier Punkte für einen Körper.

[2.2.2] „Fractra seu curua: Linea, superficies, corpus“ (Abb.2, rechts, unter Mitte). -- Gebrochene oder krumme Linien: Linienzug, Oberfläche, Körper.

[2.3] „& ad aliquid relatus c: Medietas Arithmetica 4 3 2; Medietas harmonica 6 4 3; Medietas geometrica 4 2 1.“ -- Die Zahl auf etwas bezogen: Arithmetisches Mittel 4 3 2; harmonisches Mittel 6 4 3; geometrisches Mittel 4 2 1.

[2.4] „In quadrato sapientiae / autore boetio depingitur.“ -- Im „Quadratum Sapientiae“ wird dies aufgezeigt wie beim Autor Boetius (um 480 - 524/525).

[2.4.1] „Per se constans: par / impar.“ -- Die Zahl durch sich dargestellt: gerade / ungerade.

[2.4.1.1] „Par: pariter par / pariter impar / impariter par. Iterum. Par: perfectus / superfluus / diminutus.“ -- Gerade: pariter par [= 2^n], pariter impar [= $2.(2n+1)$], impariter par [= $2^m.(2n+1)$]; wiederum gerade: perfekt, überschüssig, vermindert.

[2.4.1.2] „Impar: primus & incompositus / secundus & compositus / per se secundus & compositus ad alterum collatus primus & incompositus.“ -- Ungerade: Primzahl; zusammengesetzte Zahl, [etwa $3^2.7$]; Zahlen relativ prim zu einander, [z.B. 3.7 und $5^2.11$].

[2.4.2] „Secundum figuras geometricas acceptus: linearis / planus / solidus.“ -- Die Zahl gemäß geometrischer Figuren aufgefaßt: Linienzahl, Flächenzahl, Körperzahl.

[2.4.3] „Ad aliquid relatus: proportio / proportionalitas.“ -- Auf etwas bezogen:

[2.4.3.1] „Proportio: Aequalitas vnisonus“ -- in Oktavschritten; „Inaequalitas toni arsis“ -- Heben des Tones bzw. der Stimme bei absteigender Sekunde; „Inaequalitas toni thesis“ -- Senken des Tones bzw. der Stimme bei aufsteigender Sekunde.

[2.4.3.2] „Proportionalitas plagae“ -- vermutlich Plagalschluß, d.h. Unterdominante zur Tonika unter Auslassung der Dominante: aufsteigender Quart-Quint-Schritt; „Proportionalitas autenti“ -- Kirchentonarten: aufsteigender Quint-Quart-Schritt; „Proportionalitas disdiapason“ -- vermutlich Intervall aus nur einigen Stufen mit der Gliederung: „Voces consone, dissone, aequisone.“

[2.4.3.3] Hierauf folgen weitere musiktheoretische Begriffe und Erläuterungen.

[2.5] Am Rand links übereinander gesetzt zwei Halbkreise und ein Vollkreis, wobei *nulla* und *die Ziffern von 1 bis 9* dabeistehen (Abb.2, links oben).

[2.6] In einer Multiplikationstabelle „Ante longiores“ stehen die Produkte 3.5, 4.7, 5.9, 6.11, 7.13, 8.15 (Abb.2, rechts, Mitte).[6]

[2.7] „Characteres decem figurarum in numeris sicut & planetarum: e circulis & lineis formantur. Stellarum: ex lineis *. ... .“ -- Hier wird erläutert, wie die Symbole für die Sternzeichen aus Kreisen und Linien gebildet werden.

[2.8] Auf f.aa iii^r ein Schachbrett aus 100 Feldern mit den Randbemerkungen: „Multiplices superi albi:“ bzw. „superparticularibus inferis nigris“ und „Arithmomachia seu scacus mathematicus“; beim jeweiligen Spieler sind die Zahlen 1 bis 10 eingetragen.

---

[6] Zum Begriff „ante longior“ siehe Peter Treutlein: Die Boetius-Frage, in: Zeitschrift für Mathematik und Physik, Jg.24 (1879), S.197; Nicolaus Bubnov: Gerberti Opera Mathematica, Berlin 1899, S.341.

Arithmetica.

Atomus ſerpens in quadrato ſapientiæ/extenſio: de qua geometria eſt: idem ſaltans/numerus fit: de quo eſt arithmetica.

Numerus per ſe conſtans a: ſcd'm figuras geometricas ſumptus b: & ad ali/quid relatus c: in quadrato ſapientiæ/autore boetio depin/gitur. Per ſe cōſtans: par/impar. Par: pariter par/pariter im/par/impariter par. Iterum. Par: perfectus/ſuperfluus/dimi/nutus. Impar: primus & incompoſitus/ſecundus & com/poſitus/ per ſe ſecūdus & compoſitus ad alterum collatus prim⁹ & incōpoſitus. Scd'm figuras geometricas acceptus: linearis/planus/ſolidus. Ad aliquid relatus: proportio/pro/portionalitas.

Characteres decem figurarum in numeris ſicut & planeta/rum: e circulis & lineis formantur. Stellarum: ex lineis ✱. Signorū zodiaci/opere vt ♋ greſſu añ retro: ♎ duabus lancibus: ♐ ſagitta: ♒ aquæ effuſione. Membris vt ♈ ♉ ♑ cornibus: ♌ ♏ cauda: ♍ vbere. Corpore vt ♊ ♓.

4 nulla 6 8 6 7 2 5 1 3

Ante longiores. b

3	4	5	6	7	8	multi
5	7	9	11	13	15	plica
15	28	45	66	91	120	

Fracta ſeu curua

a Diminutus	8	ſtultitia	defectus
perfectus	6	virtus infra	mediū
ſuperfluus	12	curioſitas	exceſſus

Recta

· 1 · 2 · · · 3 · · 4 · · · 5 · · 6

Pūctū linea ſupfi. corp⁹ Linea ſupfi. corp⁹

Proportionalitas. Proportio.

c Medietas Arithmetica 4 3 2. plagę D G d. harmonica 6 4 3. autēti D a d. geometrica 4 2 1. diſdiapaſon.

Aequalitas vniſonus 9 9. Γ Γ. inęqualitas toni arſis 9 8. Γ A. toni theſis 8 9. A Γ.

Voces conſonę. 3.4 5: 6 10.11 12: 13 17.18 19.20

diſſonę 2 7 9 14 16 21

Aeqſonę 1 vniſonus 8 15

Aequiſonæ vt diapaſon/ diſdiapaſon: æquales primæ .i. uniſono. Diſſonæ cum ęquiſonis componuntur vt 9: 8 2. &c. Conſonę perfectę duos tantū ter/minos vt xviii. 16 3/xix. 18 3: īperfectę tres vt tertia 81 72 64; vel quattuor vt diapaſon ſexta 54 27 18 16 habent.

Per exercitationem illam proportionū/a puncto in chorda aſſignato: omnia interualla ſonorum intendere vel remittere: ſemitoniumq; in medio diateſſa/ron/ſeu ſupra/ſiue infra/collocare.

Abb.2 Auf f.aa ii[v] und drei Zeilen von f.aa iii[r] Einführung in die „Arithmetica".

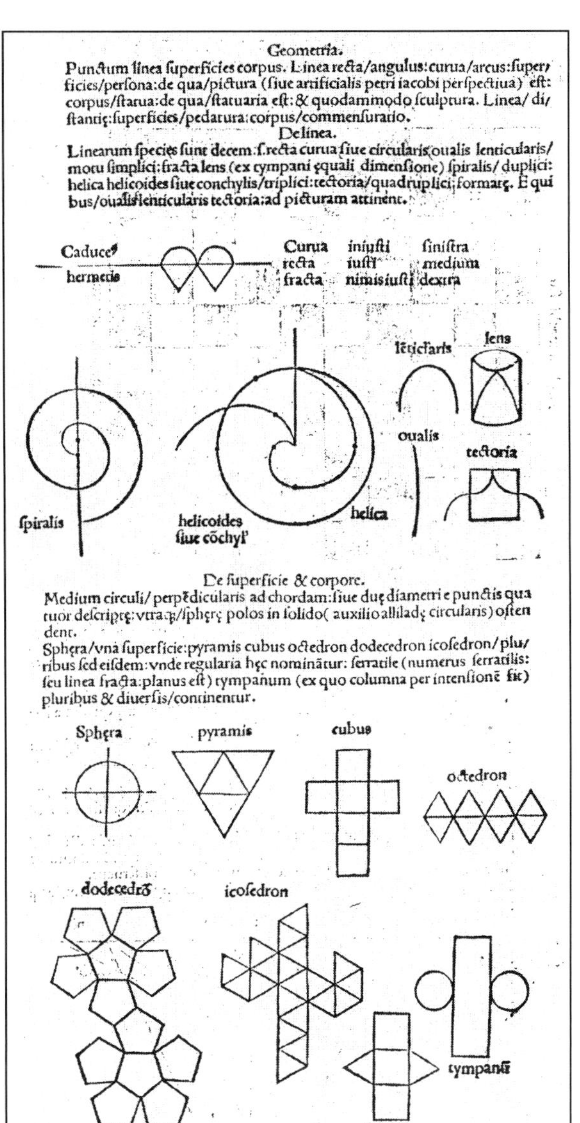

Geometria.

Punctum linea ſuperficies corpus. Linea recta/angulus:curua/arcus:ſuper/ficies/perſona:de qua/pictura (ſiue artificialis petri iacobi perſpectiua) eſt: corpus/ſtatua:de qua/ſtatuaria eſt:& quodammodo ſculptura. Linea/ di/ſtantię:ſuperficies/pedatura:corpus/commenſuratio.

De linea.

Linearum ſpecies ſunt decem.ſ.recta curua ſiue circularis:oualis lenticularis/ motu ſimplici:fracta lens (ex tympani ęquali dimenſione) ſpiralis/ duplici: helica helicoides ſiue conchylis/triplici:tectoria/quadruplici;formarę. E qui bus/oualis lenticularis tectoria:ad picturam attinent.

De ſuperficie & corpore.

Medium circuli/ perpēdicularis ad chordam:ſiue duę diametri e punctis qua tuor deſcriptę:vtraq;/ſphęrę polos in ſolido(auxilio allidadę circularis) oſten dent.

Sphęra/vna ſuperficie:pyramis cubus octedron dodecedron icoſedron/ plu/ribus ſed eiſdem:vnde regularia hęc nominātur: ſerratile (numerus ſerratilis: ſeu linea fracta:planus eſt) tympanum (ex quo columna per intenſionē fit) pluribus & diuerſis/continentur.

Abb.3 Auf f.aa iii^{v}f. die beiden ersten Kapitel der „Geometria“.

[3] Der Abschnitt „Geometria“ von f.aa iii^{v} - bb i^{r}, wo viele Figuren zur Erläuterung dabeistehen, spricht bereits für sich; hier zeigt sich, daß bei Johannes Foeniseca eine vermutlich auf der griechischen Terminologie und der römischen Feldmeßkunst begründete geometrische Denkweise vorherrschte; anders, als man dies im Zeitalter der „Deutschen Coß“ erwarten sollte.

Die „Geometria“ ist gemäß folgender Unterteilung in sieben Kapitel gegliedert: „Punctum linea superficies corpus. Linea recta / angulus: curua / arcus: superficies / persona: de qua / pictura (siue artificialis petri iacobi perspectiua [7]) est: corpus / statua: de qua / statuaria est: & quodammodo sculptura. Linea / distantiae: superficies / pedatura: [8] corpus / commensuratio.“

Auf acht Seiten werden folgende Kapitel abgehandelt:

[7] Verwiesen wird auf eine „Malschule“ bzw. „Künstliche Perspektive“ des auch in [3.4] nicht näher bezeichneten Petrus Jacobus; Verfasser war jedoch Jean Pèlerin. Siehe Fußn.1.

[8] Hier vermutlich in Quadratfuß. Pedatura bedeutet Abmessung nach Füßen: in der Länge, in der Fläche und im Raum.

[3.1] f.aa iii^{v}: „De linea“ mit zehn Fachbegriffen und Figuren: cadus [= größeres irdenes Gefäß von kegelförmiger Gestalt], Spirale, Muschel, Gewinde, Linse, Deckel (Abb.3, oben).[9]
[3.2] f.[aa iiii^{r}]: „De superficie & corpore“ (Abb.3, unten). -- Oberfläche der Kugel und sieben Netze: Pyramide, Würfel, Achtflach, Zwölfflach, Zwanzigflach, Sägezahn und Pauke.
[3.3] f.[aa iiii^{v}]: „De angulo & arcu“ (Abb.4, oben). -- Innerhalb eines Kurvenzuges heißt es Bogen, außerhalb Winkel.
[3.4] f.[aa iiii^{v}]: „De persona statua & sculptili. Persona in plano est: statua in solido: sculptile / medium tenet.[10] De persona / artificialis petri iacobi perspectiua tractat: [11] hoc versu. Memoria (montis) balsami (arbor) (rupis asperrimae) loci poenitentiae (aedificium) beatae (brutum) mariae magdalenae (homo).“[12] -- In der Ebene nennt man es ein Bild, im Raum ein Standbild, eine Skulptur ist ein Mittelding hiervon (Abb.4, Mitte).
Der Hinweis „Perspectiua subalterna“ auf der Titelseite von Johannes Foeniseca’s Werk kündigte schon an, daß es sich nur um eine kleine Abhandlung gegenüber der ihm bekannten und wohl als Vorlage dienenden „De artificiali perspectiva“, Toul 1505 oder 1509, des von ihm als Autor betrachteten Petrus Jacobus drehen dürfte; das betreffende Werk stammt jedoch aus der Feder des Jean Pèlerin, genannt Viator.[13]
[3.5] f.[aa iiii^{v}]: „De distantiis“ (Abb.4, unten). -- Aus der Spanne der ausgestreckten Arme - „Brachia extenta“ -, und zwar aus dem durch ein Stück Seil angedeuteten Klafter, leitet man gängige Maße ab.
[3.6] f.[aa v^{r}]: „De pedatura. [14] Distantiae / secundum longitudinem: pedatura / secundum latitudinem: commensuratio / secundum profunditatem (illa enim sunt tria dimensionum genera) sumitur. Pedatura (sicut & concapacitas) planorum: commensuratio / solidorum est. Pedatura / ex triangulo & rhombo in quadratum: commensuratio / e vase & columna: in trabem seu cubum rectificatur. Nulla mensurarum solidarum / nisi per cubum sciri potest: podismi [15] per quadratum vestigantur. Commensuratio rectorum multiangulorum / per demonstrationes infra positas: consummari poterit. Pedatura in polygoniis / ex triangulo vnico haberi

---

9 Man kann eine geringe begriffliche Übereinstimmung mit Darstellungen bei Menso Folkerts: „Boethius“ Geometrie II, Wiesbaden 1970, S.220f., herauslesen.

10 Eine Skulptur - ein mit Hammer und Meißel bearbeitetes Werkstück - nimmt eine Mittelstellung zwischen einem Bild und einem Standbild ein.

11 Petrus Jacobus befaßte sich demnach mit der Konstruktion von Skulpturen und könnte ein Buch hierüber verfaßt haben; es handelte sich jedoch sicherlich um Jean Pèlerin; siehe Fußn.1.

12 Dieser Vers findet sich gemäß Ivins[1] als: „Memoria montis balsami: rupis asperrime: loci penitencie beate marie magdalene“ als Bildunterschrift in Jean Pèlerins „Viator. De artificiali perspectiva“, Toul 1505, f.E iii; die Ausgabe Toul 1509 enthält gemäß Montaiglon[1] diese Zeilen nicht.

13 Siehe Montaiglon[1], Brion-Guerry[1], Ivins[1], Vagnetti[1].

14 Siehe Fußn.8.

15 Podismus: Abmessung nach Füßen oder Schuhen.

De angulo & arcu.

Curuum intra arcus:extra/angulus appellatur.

De perſona ſtatua & ſculptili.

Perſona in plano eſt:ſtatua in ſolido:ſculptile/medium tenet. De perſona/ar
tificialis petri iacobi perſpectiua tractat:hoc verſu. Memoria (montis) balſa
mi (arbor) (rupis aſperrimę) loci pœnitentię (ędificium) beatę (brutū) ma/
rię magdalenę (homo)

De diſtantiis.

Diſtantię:per duos triangulos/& duplicem crucem/geminaq; quadrata ha/
bentur.

Primus triangulus altitudinem e longitudine per hypotinuſam depręhēdit:
ſecūdus/latitudinem. Primus/orthogonius:ſecūdus/iſopleurus eſt. Vterq;/
a ſpatiis obſeruatis:menſuram capit.

Crux prima/quadrato ſecundo per omnia ſimilis eſt:ſecūda/euariat. Iterū/
prima in eodem loco obſeruat:ſecunda/ſedem mutat. Vtraq;/ ſtipitem &
brachia: ęqualia habet.

Quadratū primū/virgę cōmetiēti eſt ſiſe:ſecūdū/medietatē aufert. Rurſus/
primū longitudinē altitudinē ꝓfunditatē depręhendit:ſecundū/ latitudinē
his addit. Vtraq;/ in eodem loco (ſicut & prima crux) obſeruant.

Feneſtrę altiſſimę/ęqualem baculum abſcindere:per duplicem crucem/ atq;
perpendicularem:poteris.

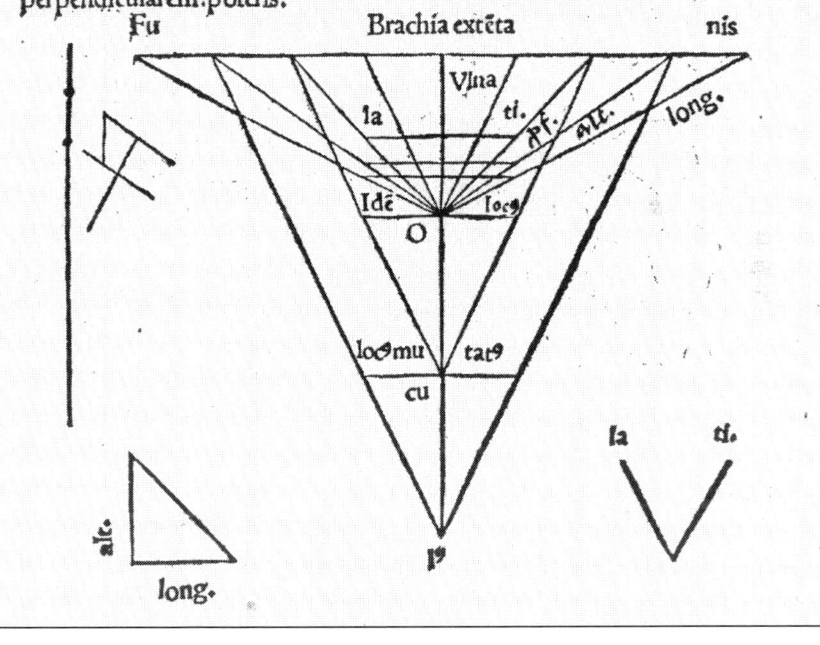

Abb.4 Auf f.[aa iiii^{v}]: Winkel und Bogen; Bild, Statue, Skulptur; Abstände. - In der großen Figur Längenmaße in Abhängigkeit von den ausgestreckten Armen, dem Klafter.

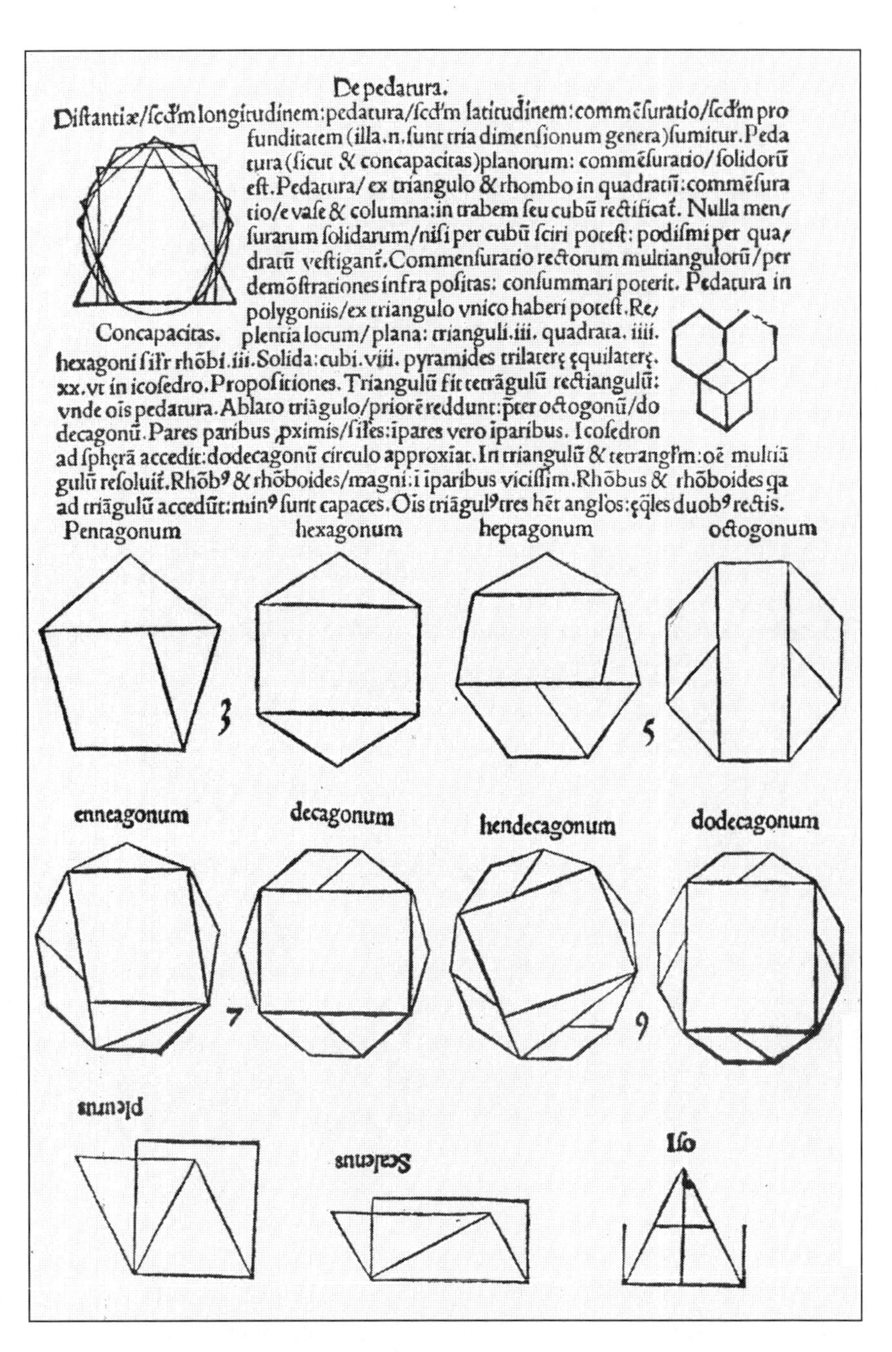

De pedatura.

Distantiæ/scd'm longitudinem: pedatura/scd'm latitudinem: commēsuratio/scd'm pro funditatem (illa.n.sunt tria dimensionum genera)sumitur. Peda tura (sicut & concapacitas)planorum: commēsuratio/ solidorū est. Pedatura/ ex triangulo & rhombo in quadratū: commēsura tio/e vase & columna: in trabem seu cubū rectificat. Nulla men/ surarum solidarum/nisi per cubū sciri potest: podismi per qua/ dratū vestigant. Commensuratio rectorum multiangulorū/per demōstrationes infra positas: consummari poterit. Pedatura in polygoniis/ex triangulo vnico haberi potest. Re/ plentia locum/ plana: trianguli.iii. quadrata. iiii. hexagoni sil'r rhōbi.iii. Solida: cubi.viii. pyramides trilaterę ęquilaterę. xx. vt in icosedro. Propositiones. Triangulū fit tetrāgulū rectiangulū: vnde oīs pedatura. Ablato triāgulo/priorē reddunt: pter octogonū/do decagonū. Pares paribus pximis/siles: ipares vero iparibus. Icosedron ad sphęrā accedit: dodecagonū circulo approxiat. In triangulū & tetrangl'm: oē multiā gulū resoluit. Rhōb9 & rhōboides/magni: i iparibus vicissim. Rhōbus & rhōboides qa ad triāgulū accedūt: min9 sunt capaces. Oīs triāgul9 tres hēt anglos: ęqles duob9 rectis.

Abb.5 Auf.f.[aa v^r] reguläre Vielflache, um die Kreisannäherung anzudeuten.

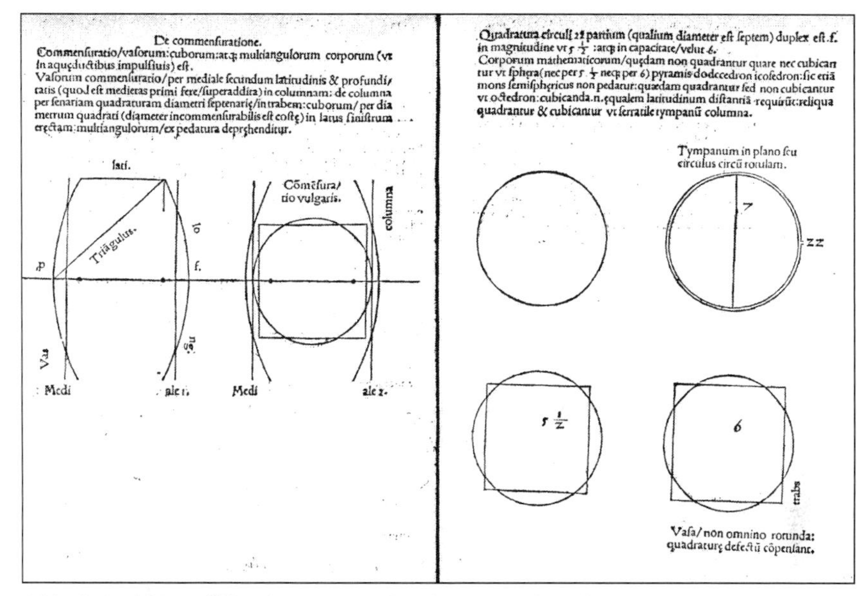

Abb.6 Auf f.[aa v^{V}]f. geht es um Faßrechnung und Kreismessung.

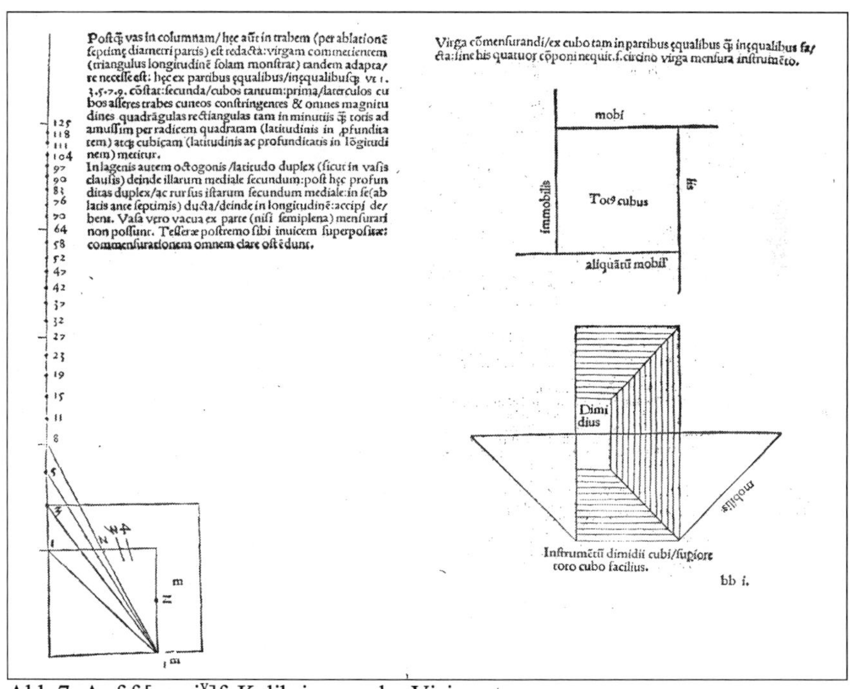

Abb.7 Auf f.[aa vj^{V}]f. Kalibrierung der Visierrute.

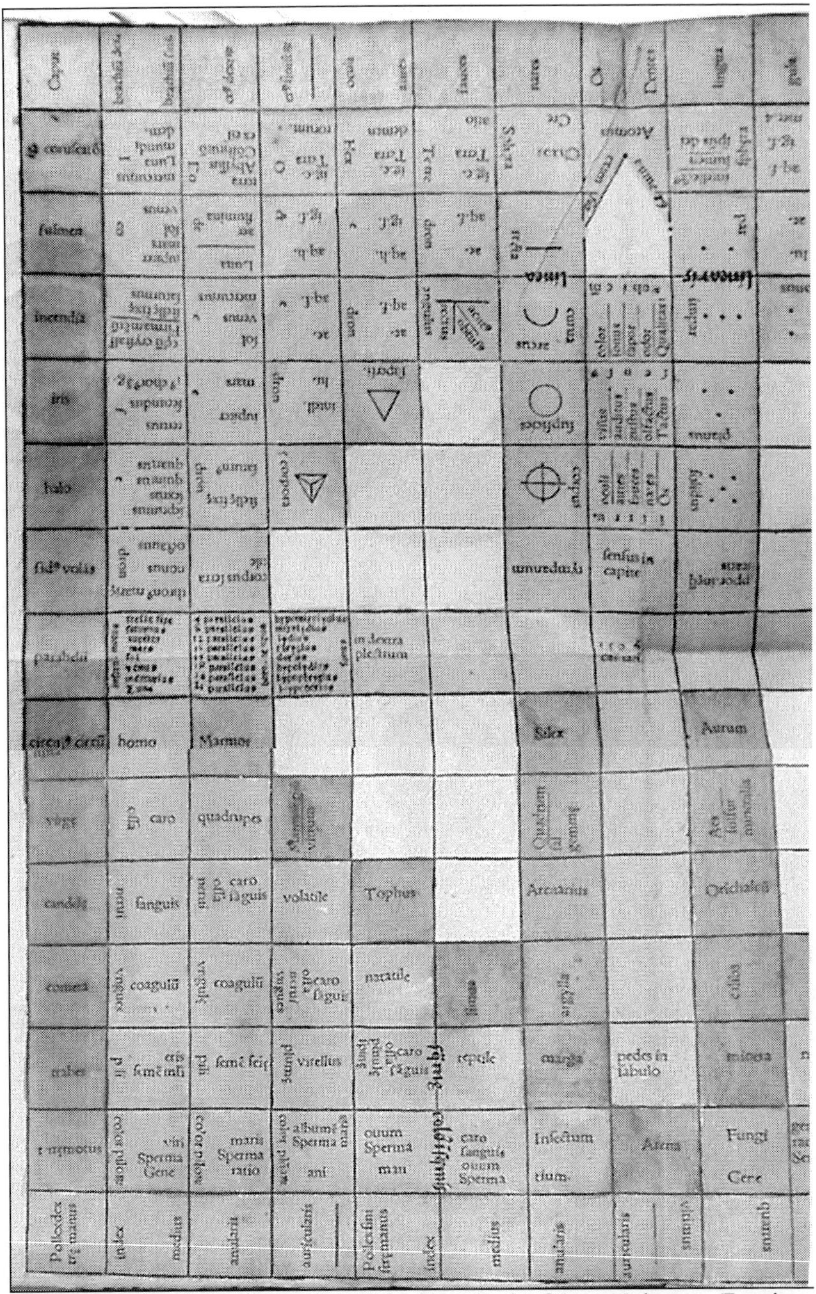

Abb.8 Die eine Seite der großen Falt- bzw. Farbtafel aus Johannes Foeniseca's „Opera", die anscheinend nur mehr im Exemplar der Staats- und Stadtbibliothek

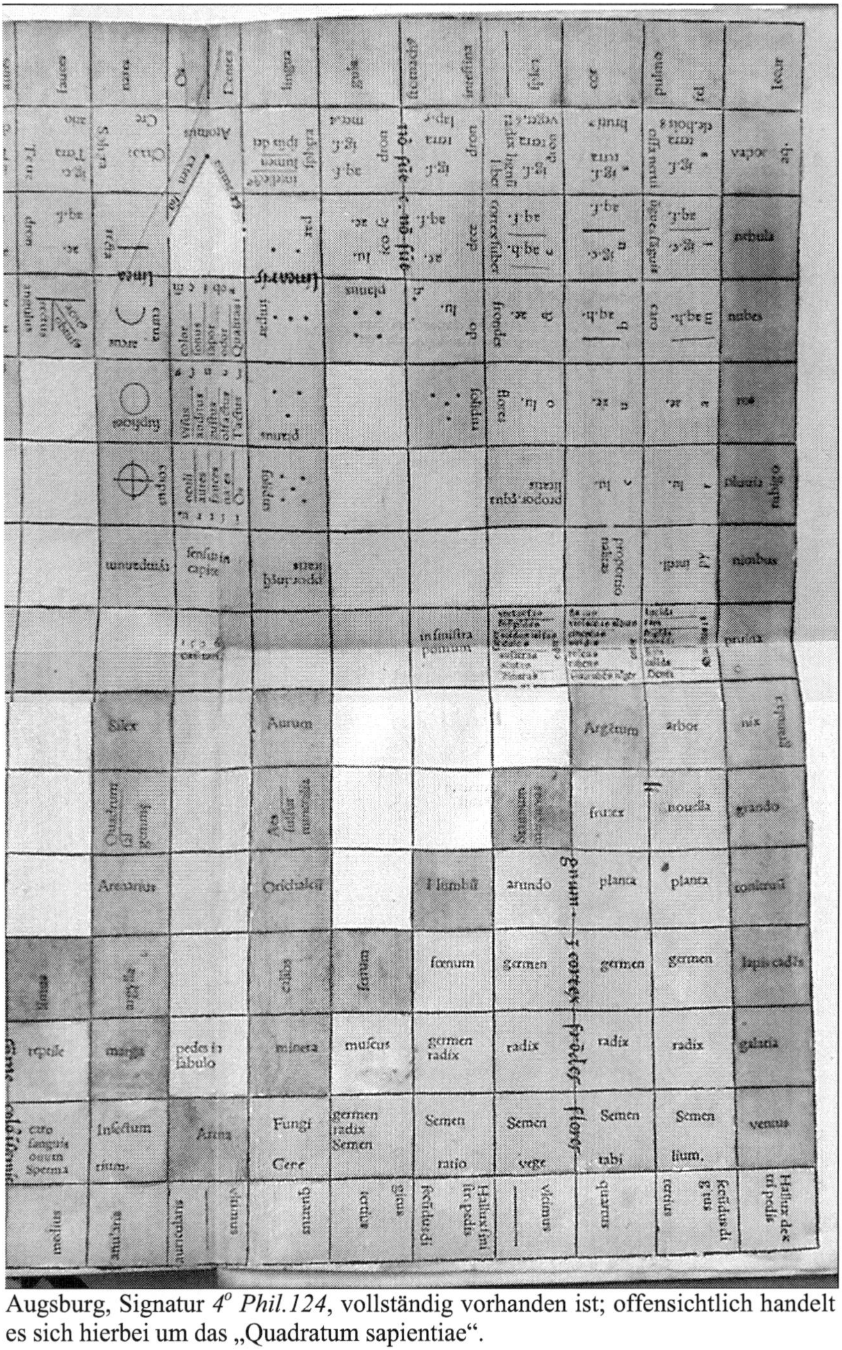

Augsburg, Signatur *4° Phil.124*, vollständig vorhanden ist; offensichtlich handelt es sich hierbei um das „Quadratum sapientiae“.

potest. ... Icosedron ad sphaeram accedit: dodecagonum circulo approximat. In triangulum & tetrangulum: omne multiangulum resoluitur" (Abb.5). -- *Distantia, Pedatura, Commensuratio* sind hier die Begriffe für die Bestimmung von Längen, Flächen- bzw. Rauminhalten. Konstruktion regulärer Vielflache.
[3.7] f.[aa v^{v}]-bb i^{r}: „De commensuratione. Commensuratio / vasorum: cuborum: atque multiangulorum corporum (vt in aquaeductibus impulsiuis) est." -- Ausmessung von Fässern, Körpern und vielwinkeligen Raumgebilden. Faßrechnung, Kreisquadratur (Abb.6), Visierrute (Abb.7).

Anschließend folgen die Abschnitte:
[4] Auf f.bb i^{v}-bb iii^{r} „Astronomia"; **[5]** f.bb iii^{v}-cc iii^{r} „Geographia" ; **[6]** f.cc iii^{v}-[cc vj^{r}] „Musica"; **[7]** f.[cc vj^{v}]f. „Physica"; **[8]** f.[cc vij^{v}]f. „Metaphysica"; **[9]** f.[cc viij^{v}] „Testamentum Vetus [&] Nouum".

*

Schlußbemerkung: Folgende in der Einleitung genau bezeichneten Bibliotheken besitzen Johannes Foeniseca's „Opera", Augsburg 1515:
mit großer Falt- bzw. Farbtafel: Augsburg, *4° Phil.124*; UB München, *W 4 Misc.529*, zur Hälfte weggerissen;
ohne die große Tafel: Braunschweig, *C 63 (3) 4°* ; Erlangen-Nürnberg, *4 Trew T 685*; Freiburg, *16./17.Jh. A 7324*; BSB München, *Rar.1518* und *Res/4 Var.18*; UB München, *W 4 Misc.529a*; Münster, *S+1 5010+g*; Regensburg, *4 Artes 23*; Vatikanische Bibliothek;
in den anderen aufgeführten Bibliotheken ist das genannte Werk als Mikroficheausgabe der Serie „Bibliotheca Palatina" vorhanden, wobei sich kein Nachweis für die große Tafel fand.
Die eine Seite der großen Falt- bzw. Farbtafel wird - schon im Interesse von weiteren Forschungsvorhaben - , allerdings ohne Kommentar, hier gemäß dem Augsburger Exemplar mit abgedruckt (Abb.8). Es handelt sich um ein Quadrat der Kantenlänge 30,2 cm – offensichtlich um das „Quadratum sapientiae" -, das aus 225 mit Texten versehenen Kästchen besteht. Im innersten Feld ist „1506 calliari [?]" oder „1506 callidus [?]" [= 1506 fein ausgedacht] zu lesen.

Die Bücher der Breslauer Rechenmeister Johan Bierbauch (1529) und Nickel Zweichlein alias Gick (1564)

Stefan Deschauer

Einleitung

In seinem Beitrag [7] betont Herr HERGENHAHN die herausragende Position des JOHAN SECKERWITZ unter den Breslauer Rechenmeistern. Von 1519 bis ins 17. Jahrhundert hinein (vgl. [5]) fast unverändert nachgedruckt, dominierte sein Rechenbüchlein, das zwar nur sehr knappe methodische Erklärungen, dafür aber eine reiche Aufgabensammlung für weite Bereiche des kaufmännischen Lebens enthält und dementsprechend großen Anklang fand.
Nach SECKERWITZens Tod (schon vor 1529) versuchten andere Breslauer Rechenmeister, an diesen Erfolg anzuknüpfen, und gaben eigene Rechenbücher heraus. Dazu gehörten JOHAN BIERBAUCH und NICKEL ZWEICHLEIN alias GICK.

Johan Bierbauch

Bereits 1529 gab der Breslauer Rechenmeister JOHAN BIERBAUCH, der noch neben SECKERWITZ unterrichtet hatte [6, S.154], sein Buch [1][1] heraus. Es gliedert sich wie folgt:
(1) (Widmung an die „Ratmannen“ der Stadt Breslau) [a ^{v}-a ij]; (2) *Vorrede* [a ij ^{v}-a iij ^{v}]; (3) *Numerirn. Species 1* [a iij ^{v}-a v]; (4) *Addirn. Species 2, Exempla, Proba* [a v-a vj]; (5) *Subtrahirn. Species 3, Exempla, Proba* [a vj-a vij ^{v}]; (6) *Multiplicirn. Species 4, Exempla, Proba* [a vij ^{v}-b ^{v}]; (7) *Diuidirn. Species 5, Exempla* [b ^{v}-b iij ^{v}]; (8) *Auff den linien Rechnung (Numerirn. Species 1, Addirn. Species 2, Subtrahirn. Species 3, Multiplicirn. Species 4, Diuidirn. Species 5)* [b iij ^{v}-b vj]; (9) *Hiernach folget die Regel mit sampt den Cautelen ... (Regula, Exempla, Proba, Von 1. Cautela 1, Exempla, Von wechslūg geringer muntz ...*

[1] Vgl. VD 16/2 B 5442. Das Breslauer Exemplar (siehe obiges Titelblatt) scheint ein Unikat zu sein. Meinem Kollegen Prof. W. WIĘSŁAW von der Universität Wrocław danke ich ganz herzlich für die Recherchen und die Unterstützung bei der Bestellung der Mikrofilme von [1] und [2].

Ein Neu
künstlich und wol
gegrunt Rechenbüchleyn/
auff alle gebreüchliche hendel / gemacht vnd ertichet
durch Johan Bierbauch
Rechemeyster zu Bresslaw
ym Jare.

1 5 2 9.

Cau. 2, Exempla, Von zalē mit mancherley nhamen. Cau. 3, Exempla, Von abteylen vnnd wechslung ... Cau. 4, Exempla) [b vj ^{v}-c ^{v}]; (10) *Rechnūge in teyl oder bruchen (Numerirn. Species 1, Exempla, Addirn. Species 2, Exempla, Subtrahirn. Species 3, Exempla, Multiplicirn. Species 4, Exempla, Diuidirn. Species 5, Exempla)* [c ^{v}-c v ^{v}]; (11) *Von handel Rechnung in teyl ... Cau. 5* [c v ^{v}-c viij ^{v}]; (12) *Von vergleichung der zalln ...Cau. 6, Exempla* [c viij ^{v}-d]; (13) *Von Rechnung auß der Wag. Cau. 7, Exempla* [d-d ij ^{v}]; (14) *Von Tara auff odder von gewicht angeschlagen. Cau. 8, Exempla* [d ij ^{v}-d v]; (15) *Von Wechsel. Cau. 9, Exempla* [d v-d vj ^{v}]; (16) *Von Fusti vnd goldischem Silber rechnung. Cau. 10, Exempla* [d vj ^{v}-d viij]; (17) *Vonn Rechnung vber Landt. Cau. 11, Exempla* [d viij-e]; (18) *Von Gewin. Cau. 12, Exempla* [e-e ij ^{v}]; (19) *Von Verlust. Cau. 13, Exempla* [e ij ^{v}-e iij]; (20) *Von Stichen. Cau. 14, Exempla* [e iij-e iiij ^{v}]; (21) *Von Geselschafft. Cau. 15, Exempla, Proba* [e iiij ^{v}-e v ^{v}]; (22) *Von beschickunge des Tiegels. Cau. 16, Exempla* [e v ^{v}-e vj ^{v}]; (23) *Von Zusatz. Cau. 17, Exempla* [e vj ^{v}-e vij ^{v}]; (24) *Von Zusatz Muntz odder gekörnt Silber. Cau. 18, Exempla* [e vij ^{v}-e viij ^{v}]; (25) *Von Muntzschlag Rechnung ... Cau. 19, Exempla* [e viij ^{v}-f]; (26) *Wie viel fur den flo. Cau. 20, Exempla* [f-f ^{v}]; (27) *Wie viel helt die Marck. Cau. 21, Exempla* [f ^{v}-f ij ^{v}]; (28) *Wieuielmal eyn stuck des andern wert ist. Cau. 22, Exempla* [f ij ^{v}-f iij]; (29) *Von Mancherley wahr / einer souiel als der ander ... Cau. 23, Exempel* [f iij-f iij ^{v}]; (30) *Beschlus* [f iij ^{v}-f iiij]

In (1) schreibt BIERBAUCH: ... *seindt mir viel vnd mancherley Rechenbuchlein / dieser vnd ander lande / zuhanden kamen / daraus ich aber die iugent etwas förderlichs vnd gruntlichs / auff hendel vnnd kauffrechnūg / wie hochst vonnöten / het vnderweysen mögen / hab ich noch zurzeit keins wissen zu bekomen* ...[a ^{v}]. Diese Bemerkung mußte in Breslau kurz nach dem Tode des hochgeachteten SECKERWITZ als Affront verstanden werden. Sie wird dessen reichhaltigem „Exempelbüchlein" sicher auch nicht gerecht. Nur an einer Stelle geht BIERBAUCH namentlich auf den großen Kollegen ein. In einem schwerverständlichen Text in (15) [d v-d v ^{v}] kritisiert er wohl SECKERWITZens unvollständigen Wechsel von Rheinischen in Ungarische Gulden [5, Nr. 203 / 204]. In Nr. 204 heißt es etwa: *Item / 678. flor. Rheinisch / Wie viel flor. Ungerisch / 32. auff: Facit 513. flor. Ungerisch / 16 schill. 9. d.* $\frac{3}{5}$ (1 Rh. Gulden = 20 Schilling, 1 Schilling = 12 Heller, 100 Ung. Gulden = 132 Rh. Gulden). Bei der Lösung erhält man zunächst $513\frac{7}{11}$ Ung. Gulden, dessen Untereinheiten SECKERWITZ aber offenbar nicht bekannt sind, so daß er den Bruchteil $\frac{7}{11}$ in Rh. Währung zurückgerechnet hat, ohne dies kenntlich zu machen.[2] Überhaupt ist BIERBAUCH kein Meister der Sprache.

---

[2] Aus einer Aufgabe des Kapitels (15) geht indirekt hervor, daß BIERBAUCH 1 Ung. Gulden in 52 Ung. Groschen unterteilt. Seine Metrologie macht er nur ganz selten explizit – sie ist in der Regel in den Aufgaben versteckt.

Die methodischen Lehrtexte vor den einzelnen Kapiteln, die bei [5] entweder sehr knapp gefaßt sind oder ganz fehlen, dürften aufgrund der wenig klaren Ausdrucksweise unseres Autors einem Anfänger kaum Hilfe geboten haben.
Auf den ersten Blick erwecken die durchnumerierten „Cautelen“ den Eindruck einer straff durchgehaltenen Systematik, doch die Inhalte stehen dem entgegen. So z. B. hat BIERBAUCH seine Aufgaben zur Fusti-, Silber- und Goldrechnung willkürlich auf die Kapitel (14) und (16) aufgeteilt. Und Aufgaben zum umgekehrten Dreisatz [d vj-d vj ^{v}] – wie etwa das Pfennigbrot – sind im Kapitel (15) fehl am Platz.
Abgesehen davon, daß das Linienrechnen wie bei RUDOLFF [4] erst nach dem schriftlichen Rechnen gelehrt wird, fallen als weitere Besonderheiten auf:

- Die Position des Subtrahenden bei der schriftlichen Subtraktion ist sehr ungewöhnlich [a vij]: Er steht über dem Minuenden!
- Als Rechenproben kommen nur die Proben mit Hilfe der Umkehroperation vor.
- Ein Kapitel „Progressio“ fehlt.
- Die Division von ungleichnamigen Brüchen erfolgt (wiederum wie bei RUDOLFF [4]) über das Gleichnamigmachen.
- Die Gesellschaftsrechnung (21) ist mit nur drei Aufgaben vertreten; es fehlen insbesondere Aufgaben mit Zeitfaktor.

Ein Schwerpunkt des Buches liegt zweifellos in der Anwendung der Mischungsrechnung auf Edelmetalle und Münzen – vgl. (16), (22)-(28). Schon vorher finden sich einige Aufgaben aus diesem Bereich, den SECKERWITZ [5] ziemlich vernachlässigt. Hierzu sei eine etwas ausgefallenere Aufgabe angeführt:
Einer Müntzt 196 (es muß 27 heißen!) *Bemische gros: auff ein marck haltē 6 lot 3 qn̄t. fein / vn̄ 196 Schweynsche Pölchē*[3] *auff 1 Marck* (fein!) */ Ist die frage wieuel Pölchen ein Behemischen gros: wert seynt Fa. Pölchen* $3\frac{1}{16}$ (1 Mark fein = 16 Lot, 1 Lot = 4 Quent)[4]
Überhaupt muß der Leser mit etlichen Druckfehlern kämpfen, die ein Benutzer oder Vorbesitzer dieses Buches teilweise handschriftlich korrigiert hat. Auf [C] hat er seinen Namen hinterlassen: Man kann mit Mühe RENANUS lesen, offenbar die latinisierte Namensform von RHENISCH. DAVID RHENISCH DER ÄLTERE (1536-1589) war ein bekannter Schulmann und Diakon in Breslau, über dessen Leben BAUCH [6] ausführlich berichtet.[5] Zu einigen Aufgaben schreibt RHENISCH am Rand: *Das ist gefleckt* (oder geflickt) *aus Seck oder* nur schlicht *Seck*. Auch der Name *Rys* ist einmal zu erkennen und mehrmals zu erahnen. RHENISCH erhebt also gegenüber BIERBAUCH den Vorwurf des Plagiats, wovon auch BAUCH [6, S. 154] berichtet, der sich offenbar auf dasselbe Rechenbuch-Exemplar bezieht.

---

[3] Freundlicher Hinweis von Herrn R. HERGENHAHN (Unna): Mit Pölchen wurde der polnische Halbgroschen in Schlesien bezeichnet, der vor allem in Schweidnitz nachgeprägt wurde.

[4] 27 Böhmische Groschen enthalten zusammen $\frac{27}{64}$ Mark Feinsilber usw.

[5] Wiederum Herr HERGENHAHN hat mich davon überzeugt, daß es sich um RHENISCHs Handschrift handelt, und weitere Informationen gegeben.

Rechenbuch

Durch Johan. Segker-
witz/ für seine Schüler
auffs einfeltigest ge-
stellet.

Itzt der löblichen Jugend zu
gut/ mit einem gantzen grund der
Species/ Und etlichen nützlichen Regeln und Exempeln
gebessert und gemeh-
ret

Durch
Nickel Zweichlein/ Gick
genandt etc.

Franckfurt an der Oder/
bey Johan. Eichorn.
M. D. LXIIII.

Eine nähere Überprüfung ergab folgendes Ergebnis: BIERBAUCH hat 18 Aufgaben von SECKERWITZ abgeschrieben, und zwar finden sich [5, Nr. 107, 121, 124, 119, 113, 114, 195, 196, 197] in (13), [5, Nr. 173, 194] in (16), [5, Nr. 174, 151, 150] in (17), [5, Nr. 149] in (18), [5, Nr. 149 Umkehrung] in (19) und [5, Nr. 181, 182] in (20). Darüber hinaus hat er 10 Aufgaben von RIES [3] übernommen, und zwar finden sich alle 7 Aufgaben zum Münzschlag in (25), (26), (27), die letzte (anspruchsvollste) Aufgabe der Silber- und Goldrechnung in (16) und 2 Aufgaben zur „Beschickung des Tiegels" in (22) und (23).
Daß BIERBAUCH sein Buch mit dem Spruch *Straffet aber einer auß Hass / Der mach ein bessers vnnd lasse mir das* [f iiij] abschließt, läßt auf einen eher unangenehmen „Vertreter der Zunft" schließen.

Nickel Zweichlein, genannt Gick

Während wir unsere Informationen über BIERBAUCH ausschließlich aus seinem Buch beziehen mußten, weiß der Chronist BAUCH über NICKEL ZWEICHLEIN, genannt GICK, zu berichten, daß dieser 1562 als „Deutscher Schreiber" und 1564-1578 als Rechenmeister aktenkundig war. Die Patenschaft für seinen 1573 getauften Sohn MANASSE hatten der Pfarrer und ein Ratmann nebst Gattin inne – ein Zeichen für die Wertschätzung, die GICK in Breslau genoß [6, S. 149, 155].
GICKs Buch [2][6] ist folgendermaßen gegliedert:

(1) (1. Widmung an Herzog GEORG in Schlesien) [A ij-A vj ^{v}]; (2) (2. Widmung an den Hauptmann, den Bürgermeister und die „Ratmannen" der Stadt Breslau) [A vij-A vij ^{v}]; (3) *An den Leser* [A viij-B ij ^{v}]; (4) (Römische und arabische Zahlen) [B ij ^{v}-B iij]; (5) *Numerirn* [B iij ^{v}-B iiij ^{v}]; (6) *Von Bedeutung der Linien* [B iiij ^{v}-B v]; (7) *Addirn oder Summirn* [B v-B vij]; (8) *Subtrahirn* [B vij-B vij ^{v}]; (9) *Duplirn* [B viij-B viij ^{v}]; (10) *Medirn* [B viij ^{v}-C]; (11) *Multiplicirn* [C-C iij]; (12) *Diuidirn* [C iij-C v]; (13) *Folgen die Species auff der Federn* [C v-D vj] (*Addirn* [C v-C vij ^{v}], *Subtrahirn* [C viij-D ^{v}], *Duplirn* [D ^{v}-D ij], *Medirn* [D ij-D iij], *Multipliciren* [D iij-D iiij ^{v}], *Diuidirn* [D iiij ^{v}-D vj]); (14) *Progressio* [D vj ^{v}-E ^{v}]; (15) *Regula de Tri* [E ij-E iiij ^{v}]; (16) *Von Gebrochnen zaln* [E v-E vj ^{v}]; (17) *Von Addirn in gebrochenen* [E vj ^{v}-E vij ^{v}]; (18) *Subtrahirn in gebrochenen* [E vij ^{v}-F]; (19) *Duplirn in Gebrochnen* [F-F ^{v}]; (20) *Medirn in gebrochenen* [F ^{v}]; (21) *Multipliciren in gebrochenen* [F ^{v}-F ij ^{v}]; (22) *Diuidirn* [F ij ^{v}-F iij ^{v}]; (23) *Teil von teiln / oder brüch von andern Brüchen zusuchen* [F iij ^{v}-F iiij]; (24) (Größenvergleich von Brüchen, Teilbarkeitsregeln, Kürzen von Brüchen u. a.) [F iiij ^{v}-F vij ^{v}]; (25) *Vom wechsel der Müntz* [F vij ^{v}-G ^{v}]; (26) *Proba Regula De tri* [G ^{v}-G iij ^{v}]; (27) (Rechenvorteile und Brüche beim Dreisatz) [G iij ^{v}-G viij]; (28) *Vom Wein* [G viij-G viij ^{v}]; (29) *Vom Getreide* [G viij ^{v}-H];

[6] Auch dieses Werk (siehe Titelblatt) ist wohl ein Unikat.

(30) *Vom Leder* [H]; (31) *Von Ochssen* [H ^{v}]; (32) *Vom Wachs* [H ^{v}-H ij ^{v}]; (33) *Rechnung vber Land* [H ij ^{v}-H iiij ^{v}]; (34) *Volgen ettliche Exempel auff Nürnbergisch Gewicht vnd Müntz* ... [H iiij ^{v}-H v ^{v}]; (35) *Von Fusti* [H v ^{v}-H vj]; (36) *Regula Detri Conversa* [H vj-H vj ^{v}]; (37) *Von Stichen* [H vj ^{v}-H vij ^{v}]; (38) *Silber Rechnung auff Breßlischen Brand* ...[H vij ^{v}-H viij ^{v}]; (39) *Gold Rechnung* [H viij ^{v}-I]; (40) *Vom Rauchwerck* [I ^{v}]; (41) *Von Verwechslung der Gewicht* [I ^{v}-I ij]; (42) *Vom Wechsel der floren Vngerisch zu Reinisch* [I ij]; (43) *Vom Wechsel der floren Reinisch zu Vngerisch* [I ij ^{v}]; (44) *Von Geselschafften* [I ij ^{v}-I iij]; (45) (Aufgaben in verschiedenen Währungssystemen) [I iij-I iiij ^{v}]; (46) *Wechsel Rechnung* [I iiij ^{v}-I vj ^{v}]; (47) *Von Gewin vnd Verlust Rechnung* [I vj ^{v}-K]; (48) *Vom Tara auff vnd in den Centner* [K ^{v}]; (49) *Regula Detri Conuersa* [K ij-K ij ^{v}]; (50) *Regula Quinque oder die zwifache Detri* [K ij ^{v}-K iiij]; (51) *Von Fusti* [K iiij-K iiij ^{v}]; (52) *Geselschafft Rechnung* [K iiij ^{v}-K viij]; (53) *Factorey* [K viij-L]; (54) *Vom Bergwerck* [L-L ij]; (55) *Von Stichrechnung* [L ij-L iij]; (56) *Silber vnd Gold Rechnung* ... [L iij-L iiij]; (57) *Regula Alligationis* [L iiij-L vj]; (58) *Von Müntzschlag* [L vj-L vj ^{v}]; (59) *Regula Falsi* [L vj ^{v}-M ^{v}]; (60) *Regula Cecis* [M ij-M iiij ^{v}]; (61) *Radicem Quadratam zu extrahirn* ... [M iiij ^{v}-M vij]; (62) *Radix Cubica* [M vij ^{v}-N]; (63) *Resoluirung in Müntz vnd Gewicht* ... [N ^{v}-N iij ^{v}]

Mit dem Titel will sich GICK ganz in die erfolgreiche Tradition der SECKERWITZ-Ausgaben stellen. Als Motiv für die Herausgabe eines eigenen Buches schreibt er in (1) gleich zweimal ähnlich (sinngemäß), er habe das „in diesem ganzen Vaterland wohlbekannte" Rechenbüchlein des SECKERWITZ zur Hand genommen und, weil es für die lernende Jugend zu schwer, zu dunkel und in den Beispielen zu kurz sei, „augmentiert", gebessert und mit schönen begreiflichen Beispielen „geziert". Dann erhebt er den Anspruch, sein Buch sei für das Selbststudium eines jeden geeignet, der die Zahlen beherrscht. In (3) äußert er sich zu diesem Thema noch ausführlicher: Im ganzen Land werde das Büchlein des „weit berühmten" JOHANN SECKERWITZ gebraucht, mit großem Nutzen für die Erfahrenen und Geübten. Aber auch diese verstünden nicht alles. Es sei zu kurz („in sich vier Bogen begriffen") usw. Über das bereits in (1) Gesagte hinaus führt er zur Anlage seines Buches an, es biete einen „ganz vollkommenen Grund in Frage und Antwort", d. h. eine vollständige Darstellung der Rechenverfahren in Dialogform. Wie üblich stellt GICK den vielfachen Nutzen der Arithmetik heraus, wobei die Erwähnung antiker Gelehrter und lateinische Zitate von seiner klassischer Bildung zeugen. Auffallend ist jedoch in (1) die lange Abhandlung über die Arithmetik als Grundlage jeder Kriegskunst.
Danach beginnt ein wirklich sehr ansprechendes Rechenbuch, das in fast allen Belangen überzeugen kann. Die ausführlichen Lehrtexte und methodischen Anleitungen sind sprachlich so gefaßt, daß ein Lernender auch ohne weitere Unterweisung damit arbeiten kann – dies gilt auch für schwierigere Themen wie das Quadrat- und Kubikwurzelziehen (61, 62). Ab Kapitel (15) sind die

Aufgaben numeriert; nach Nr. 207 in (44) beginnt in (45) eine neue Zählung. Es fällt auf, daß von da an die Aufgaben, die ganz überwiegend aus der Feder von GICK stammen dürften, allmählich umfangreicher und schwieriger werden. Bereits behandelte Themen werden erneut aufgegriffen, doch es kommen auch neue hinzu (s. o.). Mit Kapitel (45) beginnt also eine Art Practica zur Übung und Vervollkommnung für die bereits Fortgeschrittenen. Auch bei komplizierten Aufgaben ist auf GICKs Rechenkünste Verlaß. Wie in (3) angekündigt, hat er in zahlreichen Kapiteln didaktisch geschickt Zwischenüberschriften in Frageform eingeführt, die den möglichen Fragen der Leser bei der Erarbeitung des Stoffs sicher entgegenkamen. Um nur ein einfaches Beispiel zu nennen: Das Kapitel (17) ist untergliedert in: *Wie sol man die Brüch addirn die gleiche Nenner haben? Wie addirt man die Brüch die vngleiche Nenner haben? Wie sol man sich halten / wenn mehr denn zween Brüch mit vngleichen Nennern zu addirn verhanden sein?*

Einige Besonderheiten zeigen, daß der Autor auch fachlich ein erstaunliches Niveau besaß. So thematisiert er in (13) den Fall zweistelliger Überträge bei der schriftlichen Addition. Das Kürzen von Brüchen bereitet er in (24) mit den Teilbarkeitsregeln natürlicher Zahlen durch 2, 3, 4, 5, 6, 8, 9, 10 vor, die er auch fast alle begründet, z. B.: *Wie sol man erkennen / ob eine zal in 8 auffgehe? Ein jede zal die 1000 ist / die gehet in 8 auff / darumb vberschlahe nur die ersten drey* (von rechts gelesen) *im sinn ...* Natürlich fehlt auch der euklidische Algorithmus nicht. In (26) bringt GICK neben der üblichen Probe des Dreisatzes durch Umkehrung – in moderner Schreibweise: aus $a{:}b = c{:}\underline{d}$ folgt $c{:}d = a{:}\underline{b}$ – auch die Probe mittels $a \cdot d = b \cdot c$ (mit Begründung der Umformung). Statt aber die Produkte auszurechnen, empfiehlt er, die Fünferprobe in einem Kreuzschema durchzuführen. Seine Ausdrucksweise *wirff aber 5 hinweg so du magst* ist sehr ungewöhnlich, da sie der Neunerprobe vorbehalten ist, wo Neunerziffern oder Ziffern mit Summe 9 „weggeworfen“ werden, während hier wirklich dividiert werden muß.

Abschließend sei noch eine der interessanten Aufgaben aus der reichhaltigen Sammlung der „Practica“ angeführt (Kapitel (35)):

Item ir zwen keuffen Negelein / 7 Centner 60 pfund / Tara 10 lb / geben dafur 480 fl Reinisch / der erste gibt 15 floren / nimbt den halben theil fusti / der ander gibt 465 floren / nimbt die vbrigen pfund fusti vnd lauter alle / gelten 15 pfund fusti so viel als vier pfund lauter / Ist erstlich die frag / wie viel dem ersten lb fusti / vnd dem andern fusti vnd lautere lb gebürt / Darnach / wie viel ein (Zentner) *fusti gehalten / vnd was ein lb lauter vnd ein lb fusti gestanden hab / Facit dem ersten 75 lb fust / dem andern 600 lb lauter / vnd 75 lb fusti / helt ein* (Zentner) *20 lb fusti / kost ein lb fusti 4 ß / vnd ein lb lauter 15 ß.* (1 Rh. Gulden = 20 Schilling (ß), 1 Zentner = 100 Pfund (lb), Tara ist aufs Gesamtgewicht bezogen)

GICK hat ein Buch vorgelegt, das mit dem von SECKERWITZ so gut wie gar nichts gemein hat. Obwohl es ganz wesentliche Vorzüge gegenüber diesem aufweist, haben es die Breslauer offenbar nicht angenommen (war es ihnen zu anspruchsvoll?) – nicht „Gick“, sondern „Seckerwitz“ wurde weiter gedruckt (schon im Jahr darauf). Auch GICK gelang es nicht, die Markt- und Meinungsführerschaft der Breslauer Rechenmeister zu übernehmen. Gleichwohl hat es sich gelohnt, dieses inhaltlich bisher wohl unbekannte Buch zu entdecken. Ein Schönheitsfehler soll am Ende aber nicht verschwiegen werden: Mit Blick auf das Erscheinungsjahr fehlt (mir) ein algebraischer Teil.

Literatur

[1] (Bierbauch, Johan:) *Ein Neu kunstlich vnd wol gegrunt Rechenbuchleyn / auff alle gebreüchliche hendel / gemacht vnnd ertícht durch Johan Bierbauch Rechemeyster zu Breslaw ym Jare 1529.* Breslau (Adam Dyon) 1529. a-f iiij (Blatt 1-44 von Hand numeriert). Standort: Universitätsbibliothek Breslau (Wrocław)

[2] (Zweichlein, Nickel, alias Gick:) *Rechenbuch Durch Johan. Segkerwitz / für seine Schüler auffs einfeltigest gestellet. Itzt der löblichen Jugend zu gut / mit einem gantzen grund der Species / Vnd etlichen nützlichen Regeln vnd Exempeln gebessert vnd gemehret. Durch Nickel Zweichlein / Gick genandt etc. Franckfurt an der Oder / bey Johan. Eichorn. M. D. LXIIII.* A-N iij [v] (198 Seiten). Standort: Universitätsbibliothek Breslau (Wrocław)

[3] (Ries, Adam:) *Rechenung auff der linihen vnd federn in zal / maß / vnd gewicht auff allerley handierung / gemacht vnnd zu samen gelesen durch Adam Riesen võ Staffelstein Rechenmeyster zu Erffurdt im 1522. Jar.* Erfurt (Mathes Maler) 1522.
Deschauer, Stefan (Hrsg.): Das 2. Rechenbuch von Adam Ries – Nachdruck der Erstausgabe Erfurt 1522. Algorismus Heft 5. München 1991

[4] Rudolff, Christoff: *Kunstliche Rechnung mit der Ziffer vnd mit den zal pfenningen.* Wien (Joann Singriener) 1526

[5] (Seckerwitz, Johan:) *Rechenbüchlein auff allerley Handthierung. Durch Johan Segkerwitz / zur zeit zu Breßlaw Rechenmeister ... Auffs new mit fleis gebessert vnd Corrigiret. Anno M. DC IIII.* Frankfurt a. O. (Friderich Hartman) 1604

[6] Bauch, Gustav: Geschichte des Breslauer Schulwesens in der Zeit der Reformation. Codex Diplomaticus Silesiae, hrsg. vom Verein für Geschichte Schlesiens. 26. Band, Breslau 1911

[7] Hergenhahn, Richard: Johann Seckerwitz (um 1485 – vor 1529), Rechenmeister zu Breslau. Caspar Schleupner (1535 – nach 1598), Deutscher Schulmeister zu Breslau. In: Rechenbücher und mathematische Texte der frühen Neuzeit (Schriften des Adam-Ries-Bundes Annaberg-Buchholz, Band 11). Annaberg-Buchholz 1999, S. 67-86

Konrad Tockler, genannt Noricus

Barbara Schmidt-Thieme

1. Tockler und die Leipziger Universität

1.1 Mathematik in Leipzig

Konrad Tocklers Leben und Wirken ist eng mit der Universität Leipzig verbunden. 1409 gegründet unterschied diese sich in institutionellem Aufbau und Gestaltung des Lehrplans nicht von anderen Universitäten des Mittelalters nördlich der Alpen. Grundlegend für den Lehrplan war die Aufteilung der Wissenschaften in die *septem artes liberales*; die mathematisch-naturwissenschaftlichen Wissenschaften Arithmetik, Astronomie, Musik und Geometrie nahmen darin als quadriviale Künste einen eher niedrigen Stellenwert ein. Aufgrund der Angaben in den Statuten der Leipziger Universität lassen sich die Bücher, die die Studenten Ende des 15. Jh.s dort hören mussten, genau feststellen. Themen aus der Mathematik behandelten darunter die beiden Vorlesungen über Johannes de Sacroboscos *Prosa-Algorismus* (Einführung in das Rechnen mit indisch-arabischen Ziffern) und über den *Computus* (Berechnung des Osterdatums). Auch der Kanon an Pflichtveranstaltungen für das Abschlussexamen der philosophischen Fakultät, das Licentiatsexamen, schrieb nicht viele mathematische Veranstaltungen vor. Euklid, die *Arithmetica speculativa* des Johannes de Muris und Johannes Peckhams *Perspectiva communis* waren an mathematischen Kenntnissen ausreichend.
In keinem dieser Bereiche war eigenständige Forschung die Aufgabe, sondern allein die Weitergabe des in Werken bewährter antiker und mittelalterlicher Autoren – etwa Sacrobosco oder Johannes de Muris – überlieferten Wissens. Die lesenden Magister hatten dabei dem vorgeschriebenen Buch zu folgen und dieses ohne Lob oder Tadel vorzustellen und zu erklären.
Döring (1990, 45/6) beurteilt die Stellung der Mathematik an der Universität Leipzig insgesamt als durchschnittlich, auch wenn es Fälle gegeben haben mag, in denen vorgeschriebene Vorlesungen nicht gehalten oder aber zusätzliche angeboten wurden wie etwa die Vorlesung von Johannes Widmann über Algebra (Gärtner 2000, 33ff). In die Zeit um 1500 fallen nun zwei Neuerungen im Vorlesungsbetrieb der Universität Leipzig, an denen auch Konrad Tockler Anteil hat, nämlich die Nutzung des neuen Mediums ‚gedrucktes Buch' (s. Abschnitt 2) und die Einführung besoldeter Stellen für bestimmte Vorlesungen.

1.2 Vorlesungen

Für jede Vorlesung, die ein Student an der Universität hören wollte, musste er Vorlesungsgebühren an den jeweils lesenden Magister zahlen. Da die Vorlesungen unterschiedlich wichtige Stoffe zum Inhalt hatten und dessen Vermittlung verschieden viel Zeit in Anspruch nahm, wurden sie unterschiedlich gut bezahlt. Dabei wurden die Vorlesungen unter den Magistern verlost, damit jeder einmal zu einer gut besuchten Vorlesung und somit in den Genuss eines hohen Kollegiengeldes kommen konnte. Dies hatte zur Folge, dass die als unwichtiger angesehenen und damit schlecht vergüteten Vorlesungen über Mathematik oft mit wenig Eifer und Bemühung gelesen wurden, abgesehen davon, dass die Magister für diese Vorlesungen oftmals fachlich nicht qualifiziert waren.
In der Zeit um 1500 kam es zu einer Spezialisierung der Magister und spätestens 1502 nach der zweiten Reform der Universität durch Herzog Georg wurden schließlich für einige Fächer Magister zu einem festen Gehalt eingestellt. Dies war auch bei den mathematischen Fächern der Fall. Doch wurden nur im Wintersemester 1502/3 alle vier mathematischen Vorlesungen zur Geometrie, Arithmetik, Musik und Astronomie auch angeboten. In den folgenden Semestern behauptete sich allein die *Sphaera* (Astronomie); Musik wurde mit Arithmetik, Arithmetik wiederum mit der Astronomie zusammengelegt oder man findet gar keine Angaben mehr darüber in den Listen (alle Angaben nach Erler 1897, 389-463, s. auch die Tabelle unten).
Konrad Tockler ist unter den ersten Magistern, die eine besoldete Stelle innehatten, und der einzige, der sie über längere Zeit vertrat. Im Winter 1502/3 las er über Musik[1], im Sommer 1504 über die *Sphaera* von Sacrobosco. Ab dem Wintersemester 1504 las er für zwei Jahre abwechselnd im Winter Euklid, im Sommer eine Vorlesung über *perspectiva*. Im Sommersemester 1507 wurden auch diese beide Themen zusammengelegt, K. Tockler unterrichtete sodann jedes Semester *perspective et Euclidis* (Erler 1897, 429), bis er im Sommer durch Simon Eisling aus Dillingen abgelöst wurde.

	Geometrie	Astronomie	Arithmetik	Musik
WS 1502/3	Andreas Boner	Leonhard Bamgartner	Alexander	Tockler
SS 1503	Alexander	Sebastian Siberdt.	←	k. A.
WS 1503/4	k. A.	k. A.	k. A.	k. A.
SS 1504	Alexander: *Perspectiva*	Tockler	k. A.	k. A.
WS 1504/5	Tockler: *Euklid*	Seb. Muchlensis	Seb. Muchlensis	←
SS 1505	Tockler: *Perspectiva*	Seb. Muchlensis	Seb. Muchlensis	←
WS 1505/6	Tockler: *Euklid*	Christoph Schappler	—	—
SS 1506	Tockler: *Perspectiva*	Christoph Schappler	—	—
SS 1507	Tockler: *Perspectiva* + *Euklid*	Seb. Weissenburgensis	—	—

[1] Nach Helssig (1909, 41) legte er dabei die *Musica speculativa* von Johannes de Muris zugrunde.

1.3 Daten zu Konrad Tocklers Leben

Konrad Tockler wurde in Nürnberg (daher auch sein Beiname Noricus) geboren; sein Name ist im Stadtarchiv nicht mehr nachweisbar, die Familie Tockler scheint jedoch eine gehobene Stellung in der Stadt eingenommen zu haben.[2] Er immatrikulierte sich im Sommersemester 1493 unter Entrichtung der vollen Gebühr an der Universität Leipzig. Im Wintersemester 1494 wurde er durch Sixtus Pfeffer zum Baccalaureus, im Wintersemester 1502 durch Johannes Fabri zum Magister Artium promoviert. Seine Ausbildung setzte er an der medizinischen Fakultät fort (13. 2. 1509 Baccalaureus der Medizin), wo er wohl 1510 zum Doktor promoviert wurde[3] und ab 1512 eine Professur einnahm. In dieser Zeit beendete er seine Vorlesungstätigkeit an der philosophischen Fakultät, möglicherweise hat er sie an der medizinischen Fakultät fortgesetzt.
Sein Name findet sich weiter oft in den Matrikellisten, so z. B. als Rektor, als Vizekanzler und zusammen mit Heinrich Stromer als Promotor in einer Doktorprüfung (17. 3. 1528).
Tockler wohnte nicht in einem Universitätskolleg, sondern in der Stadt, wo er am 10. 6. 1530 starb; seine Grabschrift (abgedruckt bei Doppelmayer) hebt besonders seine Leistungen in Astronomie und Medizin hervor. Über seinen nicht kleinen Nachlass stritten sich, da keine Erben vorhanden waren, die Stadt und die Universität; schließlich zog ihn der Herzog ein und stiftete aus den Zinsen eine dritte medizinische Professur, die Tockleriana.

2. Werke Tocklers

Konrad Tockler war sowohl als Autor wie als Herausgeber und Kommentator tätig. Insgesamt lassen sich seine Veröffentlichungen in zwei Gruppen teilen, in Bücher aus seiner Vorlesungstätigkeit und Werke für den Gebrauch außerhalb der Universität.
Mit der Herausgabe von Kalendern und Praktiken für den Alltagsgebrauch [Tockler 7-9] stand Tockler in Leipzig um 1500 nicht allein da. Auch andere Universitätsangehörige wie Vergilius Wellendarfer verfassten astronomisch-astrologische Schriften, Döring (1990, 46) bezeichnet Leipzig Ende des 15. Jh.s gar als Hochburg der Astrologie in Mitteleuropa. Zuerst erschienen diese Werke noch auf Latein [Tockler 7 a-c, 9], bald wandte Tockler sich aber an die gesamte Bevölkerung und benutzte die deutsche Sprache [Tockler 8a-f].
In diesen Büchern berechnet Tockler den Ablauf der Ereignisse im Himmel für das kommende Jahr, also den Lauf von Sonne, Mond und der Planeten, um danach die Auswirkungen dieser Ereignisse auf das Leben auf der Erde zu beschreiben. Es folgen Vorhersagen über Wetter und Ernte, Krieg und Krankheiten

[2] Nach Angaben aus dem Stadtarchiv Nürnberg vom 20.11.2001. Alle weiteren Angaben gehen auf Doppelmayer 1730, 342 und Erler 1897, 74-76, 347, 389 zurück.

[3] Bis 1509 bezeichnet sich Tockler in seinen Büchern als *Magister artium liberalium*. 1511 fügt er dem in [Tockler 5,6] ein *Licentiatus medicinae*, in der Practica von 1511 [Tockler 8d] zum ersten Mal ein *Doctor medicinae* hinzu.

usw., mitunter ergänzt durch ein Lassbüchlein und Sprüche aus Schriften des Avicenna.[4]
Die Veröffentlichungen Tocklers aus seiner Tätigkeit an der Universität erlauben uns Einblicke in den Vorlesungsalltag um 1500. Die Aufgabe des Studenten während einer Vorlesung bestand im Zuhören und Mitdenken; Mitschriften von Vorlesungen wurden teilweise als Übel betrachtet und verboten (Suter 1887, 16/7). Mit der Erfindung des Buchdrucks ergab sich für die Studenten die Möglichkeit, die der Vorlesung zugrunde liegenden Texte zu erwerben und während der Vorlesungen Notizen in sie einzutragen. So wurden auch von Leipziger Universitätsangehörigen Texte mathematischen Inhalts zu diesem Zweck veröffentlicht (Gärtner 2000, 58ff), zu denen sicherlich die Bücher [Tockler 1-6] zu zählen sind.
[Tockler 4a-c] enthält die *Sphaera* von Johannes de Sacrobosco, die jeder Student für das Baccalaureatsexamen hören musste. Der Text von Sacrobosco ist mit Zeilendurchschuß gesetzt, so dass Platz für Notizen vorhanden war, in engem Zeilenabstand folgt nach jedem Abschnitt der Kommentar von Tockler, möglicherweise wie er ihn auch in der Vorlesung selbst vorgetragen hat. Als weitere astronomische Texte veröffentlichte Tockler 1502 das Sonnenbüchlein von Marsilius Ficinus [Tockler 1] und 1511 zwei Werke mit Regeln zur Berechnung und Deutung der Bewegung der Planeten [Tockler 5, 6].
Im Fall der Arithmetik trennte Tockler den Text von seinem Kommentar. Die *Arithmetica speculativa* oder *communis* des Johannes de Muris, die Tockler *correctus corroboratusque* (a jr) herausgab [Tockler 2], war Pflichtlektüre für das Licentiatsexamen. Den Nutzen der Arithmetik, *utilitas arithmeticae*, beschreibt Tockler unter Verweis auf antike Gelehrte[5] in einem kurzen Vorwort (a jv) sowie in einem Brief an den amtierenden Dekan Sixtus Pfeffer am Ende des Buches. Da dieser Text *prius non habita Commentacione* (a jr), erscheint im gleichen Jahr von K. Tockler ein Kommentar [Tockler 3], eng zweispaltig gesetzt, in dem er abschnittsweise den Text von Johannes de Muris erläutert.
Zu Beginn zitiert Tockler dabei jeweils den Anfang des Abschnittes aus dem Originaltext: *[D]Jffinit[ur] a[u]t[em] numer[us] mathematic[us] primo Numer[us] e[st] vnitatu[m] collectio. [...]* [Tockler 2, aijr], *Diffinitur aute[m] nu=|merus mathematicus primo nu[m]er[us] [etc] | Jsta est [...]* [Tockler 3, aijva]. Der Erläuterung dieses ersten Satzes widmet Tockler eine ganze Spalte, in der er die entsprechenden Stellen aus Werken anderer Autoren vergleichend paraphrasiert und diskutiert. Hier etwa verweist er auf Boethius (*Arithmetica* 1, Kap. 3), Euklid (*Elemente*, Buch 7), Aristoteles (*Metaphysik* 10) und Jordanus Nemorarius (*Arithmetik*, Anfang), an anderen Stellen werden auch Campanus de Novara, Isidor, Nikomachus, Platon, Ptolomäus, Pythagoras und Thomas von Bradwardine erwähnt.

---

4 Nach Ablauf des jeweiligen Jahres hatten diese Bücher ihren Dienst getan, sie fanden ihren Weg zurück in die Buchbindereien und liegen uns heute vielfach nur noch fragmentarisch als Vorder- oder Rückspiegel anderer Bücher vor.

5 Nicht nur „Mathematiker“ finden sich hier: Tockler nennt neben Euklid, Archimedes und Pythagoras auch Platon, Sokrates, Cicero und sogar Hermes Trismegistos.

Interessant ist auch das Vorwort zum Kommentar (a jv), in dem Tockler einen Gesamtentwurf der Mathematik vorstellt. In Anlehnung an Ptolemäus teilt er die Mathematik in die verbotene und erlaubte (*prohibita, concessa*), die erlaubte in Mathematik zur Menge (*multitudo*) bzw. Größe (*magnitudo*). Der ersteren ordnet er die Wissenschaften Arithmetik, Musik und von den Gewichten zu, der anderen die Geometrie, die Lehre von der Perspektive und die Astronomie. Für jede Wissenschaft werden einschlägige Literaturhinweise gegeben, etwa Euklid für die Geometrie, nur bei der Astronomie verweist er auf seine eigenen Werke *de qua alibi dicemus* (a jv).

3. Verzeichnis der Werke[6]

[Tockler 1] Konrad Tockler, Noricus: Libellus de sole [Marsilius Ficinus]. Leipzig: Wolfgang Stöckel, 1502.

Exemplare: Göttingen, Niedersächsische SLB, 8° Astron. II, 2204; München, BSB, 4 Astr. P. 131S.

[Tockler 2] Konrad Tockler, Noricus: Textus arithmeticae communis, Leipzig: [Martin Landsberg,] 1503.

30 Seiten, Folio/Quart?
[a jr] Textus Arithmetice Commu=|nis: qui p[ro] Magisterio fere cun=|ctis in Gymnasijs; ordinarie solet legi; correctus corrobora|tusq[ue]; perlucida quadam atq[ue] prius no[n] habita Commenta|cione; a Conrado Norico artium liberaliu[m]; Academie Lip=|sensis Magistro summo labore et diligentia; oritur.
[a jv] Vtilitas Arthmetice.| Peraperta est hec Ciceronis sententia [...]
[a ijr] Textus Libri primi Arithmetice Co[m]|munis; diligenter correctus et sub meliori forma denuo reuisus. [...]
[c iiijr] Et tantum de his. | [Druckermarke]
[c iiijv] Spectabili et eximio Faculta=|tis artiu[m]: Academie Lipsensis: | Decano venerabili septe[m] artium liberaliu[m] Magistro vtriusq[ue] | Juris Baccalario d[omi]no Sixto Pfeffer de Werdea; precepto|ri suo prestantissimo Conradus Noric[us] se familiarem offert. [...] Vale ex Liptzck Sole in tercia parte aquarij Anno salutis 1503.
Inhalt: Die *Arithmetica speculativa* des Johannes de Muris.
Exemplare: *Erlangen-Nürnberg, UB, H 61/2 Trew. G 59; *Leipzig, UB, Sign.: Math. 30-b= Geogr. 17/4; München, BSB, 2 Math. p. 57q.

[Tockler 3] Konrad Tockler, Noricus: Commentatio arithmeticae communis, Leipzig: Martin Landsberg, 1503.

26 Seiten, Folio?
[a jr] Commentatio Arithmetice commu|nis a Conrado Norico arcium libera|lium. academie Lipsensis Magistro modo introductoria quedam in | Mathematicam disciplinam ibidem publice legentis feliciter incipit
[a jv] [...] | Prefatio [...]

[6] Die Listen streben keine Vollständigkeit an. Durch Einsicht oder Nachfrage in den Bibliotheken überprüfte Angaben sind mit Sternchen gekennzeichnet.

[a ijr] Textualis explana|cio Arithmetice Communis / vbi para|graphorum circumquaque exordium cla|re conspicitur. | [...]
[b vv] [...] Co[m]mentacio arthmetice [!] co[m]munis | a M[a]g[ist]ro Conrado Norico Sole in ter|tia p[ar]te aquarij Anno salut[is] 1503. cur|rente : referta : [est] in Hemisperio insignis | Academie Lipsensis publice lecta.
[b vv-b vjr] [alphabetischer] Index
Inhalt: Abschnittsweise wird der Arithmetik-Text kommentiert.
Exemplare: *Erlangen-Nürnberg, UB, H 61/2 Trew. G 58; *Leipzig, UB, Sign.: Math. 30-b= Geogr. 17/4; München, BSB, 2 Math. p. 57r.

[Tockler 4a] Konrad [Tockler], Noricus: Textus sphaerae materialis [Johannes de Sacrobosco], Leipzig: Martin Landsberg 1503.

28 Seiten, Folio
[a jr] Textus Spere materialis Joan|nis de Sacrobusto cum lectura Magistri Conradi Norici in | florentissimo Lipsense gymnasio: nuper exarata.
[a ijr] Verba Thebit acutissimi Astro=|nomi [...]
[g ivr] Finis Textus Spere materialis Johannis de Sacrobusto [...] Et ibidem publice lecta. | [Druckermarke]
Inhalt: Der Text von Sacrobosco abschnittsweise abgedruckt. Dazwischen befinden sich in engerem Zeilenabstand Kommentare von Tockler. Hierin erläutert er den mathematischen oder astronomischen Hintergrund, teils mit Tabellen, und verweist auf Stellen in Werken des Euklid, Ptolomäus, Galen, Anaxagoras, Alfraganus, u.a.
Exemplare: *Augsburg, UB, O2/II.4.2.20 ang. 2; *München, BSB, Res 2 Astr. U. 44; *Wolfenbüttel, HAB, 158.1 Quod. 2° (3); ibid. E 111b 2° Helmst. (7).

[Tockler 4b] Konrad Tockler, Noricus: Textus sphaerae materialis [Johannes de Sacrobosco], Leipzig: Martin Landsberg, 1509.

42 Blatt, a-g in 6, Folio
[a jr] Textus Spere | materialis Joa[n]nis de Sacrobusto cum lectura Magistri Conradi Nori|ci in florentissimo Lipsensi gymnasio nuper exarata.
Verba Thebit acutissimi Astronomi | [...]
[g vjr?] Finis Textus Spere materialis Joha[n]nis de Sacrobusto [...] Anno salutis. 1503. [...] Mille=|simo quingentesimonono renouata. | [Druckermarke]
Inhalt: s. Tockler 4a.
Exemplare: München, BSB, 2 A. gr. B. 213 Beib.2; *Wolfenbüttel, HAB, 95.7 Quod. 2° (5).

[Tockler 4c] [Konrad Tockler, Noricus:] Textus sphaerae materialis [Johannes de Sacrobosco], Leipzig: Martin Landsberg 1510.

33 Seiten?, Folio?
[a jr] Textus Spere materialis | Joa[n]nis de sacrobusto.
[a ijr] Textus spere. Cap[itulum] Primu[m] [...]
[f ijr] Finis Textus Spere materialis Joannis | de Sacrobusto. [...] Jn hemisperio Lipsensi nu-|per Jmpressa. | [Druckermarke]
Inhalt: Nur der Text von Sacrobosco.
Exemplar: *Regensburg, Staatliche B., Philos. 2289.

[Tockler 5] Konrad Tockler, Noricus: Canones ad inveniendum cyclum solarem lunarem, Leipzig: Martin Landsberg, 1511.

8 Seiten, a in 4, Oktav
[a jr] Canones ad in|uenie[n]du[m] Ciclu[m] Sola=|rem; Lunare[m]: Jndi=|ctionalem: Jnteruallu[m]: Co[n]curre[n]tes: Fe|sta mobilia: [...] / p[er] Co[n]radu[m] Noricu[m] / Artiu[m] | libraliu[m] Magistru[m] / Medicine[que] Lice[n]cia=|tum. In florentissimo studio Lipsensi pub=|lice lecti / incipiunt.
[a ivv] [...] de his sufficiunt . | Jmpressu[m] Liptzk[?] p[er] Baccalaureu[m] Mar|tinum Herbipolensem. Anno d[omi]ni Millesi=|moqui[n]gentesimo vndecimo. | [Druckermarke]
Inhalt: Sechs Regeln zu Sonne-, Mondzyklen; Zeichen, die daraus entstehen; Zusammenhang mit kirchlichen Festtagen.
Exemplar: *Erlangen-Nürnberg, UB, H 61/ Trew. Ox. 371.

[Tockler 6] Konrad Tockler, Noricus: Canones motuum medii solis et lunae, Leipzig: Martin Landsberg, 1511.

16 Seiten, a in 8, Oktav
[a jr] Canones mot[us] | medij solis et lu[n]e: [...] | per Conradum Noricum / Artium libera=|lium Magistrum / Medicine[que] Licencia=|tum. In florentissimo studio Lipsensi pub=|lice lecti / incipiunt.
[a vijv] [...] Impressu[m] Liptzk[?] p[er] Baccalaureu[m] Mar|tinum Herbipolensem. Anno d[omi]ni Millesi=|moqui[n]gentesimovndecimo. | [...]
Inhalt: 26 astronomische und astrologische Regeln: Inhaltsverzeichnis (bis a viiijr).
Exemplar: *Erlangen-Nürnberg, UB, H 6/ Trew. Ox 370

[Tockler 7a-c] Konrad Tockler, Noricus: Judicium Lipsense. [Leipzig: Martin Landsberg, 1503/6/8].

Exemplare: Zwickau, RB, 65.7.14/3; 14/12; 14/14a.

[Tockler 8a] Konrad Tockler, Noricus: Practica deutsch. [Leipzig: Martin Landsberg,] 1504.

? Seiten, Quart
[a jr] Practica Deutzsch Magistri Con=|radi Norici Nach der geburt christi | Auff das Tausentfunfhundert vnd funf Jar | [3 Planeten in Personendarstellung, Sternzeichen]
Exemplare: *Wolfenbüttel, HAB, S 428a 2° Helmst. (2) [Vorderspiegel im Druck]; Zwickau, RB, 65.7.14/5.

[Tockler 8b-e] Konrad Tockler, Noricus: Practica deutsch. [Leipzig: Martin Landsberg, 1508/10/11/13].

Exemplare: Zwickau, RB, 65.7.14/14b; 14/17; 14/18; 14/20.

[Tockler 8f] Konrad Tockler, Noricus: Practica deutsch. [Augsburg 1514].

12? Seiten, Quart
[a jr] Practica Lipsensis. | Teütsch Doctoris Co[n]radi No=|rici / Auff das jar Teusent Fünffhundert vnd Fünfftzeh[e]n | [...] [Merkur und Jupiter mit Sternkreis.]

[b iijr] [...] Demnach will ich mein Almanach bedeüt hab[e]n mit auß=|trückung diser lere / wie dann mein Practica / auch d[er] and[er]n / allain | stet zwische[n] dem notwendige[n] vn[d] moegligkait / auf d[a]z es in etlicher | maß bayd[er] nataur an sich zeücht nach mainung Ptolomei. | Got hab lob. | [Arzt am Bett eines Patienten]
Inhalt: Nach einer Beschreibung der Himmelsabläufe wird ihre Bedeutung für die Menschen erläutert: Krieg, Krankheiten, Ernte, Handel, einzelne Personen(gruppen). Wetter. Sprüche von Avicenna. Lassangaben.
Exemplare: *Erlangen-Nürnberg, UB, H 61/4 Trew. S 88; London, BM, C 71.h.14 (13).

[Tockler 9] Konrad Tockler, Noricus: [Kalender]. S.l. 1510.

1 Seite in Folio
[...]saluatoris nostri Jesu christi [...]
Inhalt: In zwei Spalten wird beschrieben, welche Tage je Monat geeignet zum Aderlassen oder Baden sind.
Exemplar: *München, BSB, Clm 268 [Vorderspiegel].

Literatur

Döring, Detlef: Die Bestandsentwicklung der Bibliothek der Philosophischen Fakultät der Universität von ihren Anfängen bis zur Mitte des 16. Jahrhunderts. Leipzig 1990.

Doppelmayer, Johann Gabriel: Historische Nachricht Von den Nürnbergischen Mathematicis und Künstlern. Nürnberg 1730.

Drobisch, M. W.: De Ioanni Widmanni Egeriani compendio arithmeticae mercatorum. Leipzig 1840.

Erler, Georg: Die Matrikel der Universität Leipzig. Band 2. Leipzig 1897.

Gärtner, Barbara: Johannes Widmanns "Behende vnd hubsche Rechenung". Die Textsorte 'Rechenbuch' in der Frühen Neuzeit. Tübingen 2000 (= Reihe Germanistische Linguistik 222).

Helssig, Rudolf: Die wissenschaftlichen Vorbedingungen für Baccalaureat in Artibus und Magisterium im ersten Jahrhundert de Universität. Leipzig 1909.

Suter, Heinrich: Die Mathematik auf den Universitäten des Mittelalters. Zürich 1887.

Der Reformator Nikolaus Medler (1502 – 1551) und sein Einsatz für die Mathematik

Ulrich Reich

Überblick

Der in Hof an der Saale geborene Nikolaus Medler ist eine der interessantesten und umstrittensten Persönlichkeiten der protestantischen Reformationsgeschichte. Seinen beruflichen Werdegang begann Nikolaus Medler als Rechenlehrer in Arnstadt und in seiner Geburtsstadt Hof. Später studierte er Theologie in Wittenberg, promovierte unter Martin Luther und Philipp Melanchthon und wurde Superintendent in Naumburg. Hier erließ er 1537 eine Kirchen-, Schul- und Kastenordnung für die St. Wenzelskirche. Die Schulordnung enthielt im Lehrstoff bemerkenswert viel Mathematik. Neben Werken zur Theologie, zum Trivium und zur Astronomie verfaßte er in seiner Zeit als Superintendent in Braunschweig ein Traktat zum Radizieren und ein mathematisches Lehrbuch mit dem Titel „Rudimenta Arithmeticae practicae", das seit 1548 mehrere Auflagen in Wittenberg, Leipzig und Weißenfels erlebt hatte.

Nachdem man 2001 an seinen 450. Todestag gedenken konnte und 2002 seinen 500. Geburtstag feiern, sollen in diesem Aufsatz sein bewegtes Leben geschildert und seine mathematischen Leistungen gewürdigt werden.

Die Dokumentenlage zu Nikolaus Medler ist recht gut. So sind in den Briefwechseln von Martin Luther (1483 – 1546), Philipp Melanchthon (1497 – 1560) und Justus Jonas (1493 – 1555) viele Briefe bekannt, die diese an Medler geschrieben oder von Medler erhalten haben. Zwischen Melanchthon und Medler bestand in den Jahren von 1537 bis 1549 ein reger Briefwechsel. Von Melanchthon sind heute 69 Briefe bekannt, umgekehrt existieren von Medler nur noch drei Briefe und ein gemeinsamer Brief von Medler und dem Rat der Stadt Naumburg. Von Martin Luther existieren drei Briefe an Medler, und von Medler sind 17 Briefe an Justus Jonas bekannt.
Weitere Zeitgenossen haben sich über Medler und sein Verhalten bei bestimmten Vorkommnissen geäußert. Sichere Quellen sind Medlers vielseitige Druckwerke,

die Zeugnis über ihn ablegen. Es existieren einige Biographien über Nikolaus Medler, die auf den genannten Quellen basieren. Sehr hilfreich ist zusätzlich „Oratio de vita D. Nic. Medleri", die Medlers Stiefenkel Aurelius Streitberger (gestorben 1612) 1589 an der Universität Jena gehalten hat. Diese Rede wurde 1591 in Jena erstmalig durch Ambrosius Reudenius gedruckt.

Vita

Nach allen Quellen ist Nikolaus Medler am 15. Oktober 1502 in Hof geboren. Seine Vorfahren waren Tuchmacher. Medler besuchte zunächst die Schule in Hof und anschließend die angesehene Lateinschule in Freiberg. Sein Studium soll er möglicherweise für kurze Zeit in Erfurt aufgenommen haben. Eine Matrikel ist allerdings nicht bekannt. Sein Studium setzte er 1523 (einige Biographen gaben irrtümlicherweise das Jahr 1522 an) in Wittenberg fort, wie die Matrikel „Nicolaus Medler Curien. Dioc. Bambergen, 10 Januarij." angibt.

Nach seinem Weggang von Wittenberg eröffnete er eine Rechenschule zunächst in Arnstadt, dann in Hof und endlich in Eger. Sein Biograph Aurelius Streitberger hebt hervor, daß er in seinen Schulen nicht nur die gewöhnliche Rechenkunst, sondern auch theoretische Arithmetik und Algebra, Wurzelausziehung, sowie ein für astronomische Rechnungen leicht anwendbares Verfahren zeigte und nicht minder in der zyklischen Festrechnung zu Hause war.

Medler heiratete 1524 in Eger seine erste Frau, deren Vorname Veronika bekannt ist. Aus dieser Ehe stammen vier Söhne und vier Töchter. Über Medlers Zeit in Eger schreibt Georg Fikenscher: „Als Rector gab er wöchentlich auch einige Stunden in der Theologie und stellte in denselben die Blöße der catholischen Religion mit so viel Beifall dar, daß er viel Zuhörer bekam und selbst mehrere von den sich in Eger aufhaltenden teutschen Ordensherren ihm gewogen wurden. Weil man sich aber für die Anhänglichkeit des Königs Ferdinand an die catholische Religion fürchtete, rieth man ihm, bloß die humanistischen Wissenschaften vorzutragen. Medler aber nahm lieber seinen Abschied. Den ihm der Magistrat aus Furcht vor dem Zorn des Königs ertheilte."

Medler kehrte nach Hof zurück. Das genaue Datum ist nicht bekannt. Es wird der Zeitraum zwischen 1527 und 1529 genannt. G. Neumüller berichtet: „Nach Hof zurückgekehrt übernahm er die Schule seiner Vaterstadt, die unter seinem Rectorate sichtlich emporblühte und seinen Ruf als Schulmann begründete. Als er auch hier [seit 1530] in Gemeinschaft mit dem Pfarrer M. Caspar Löhner predigend [an St. Michael] auftrat, erhob sich [wegen ihrer scharfen Predigten] Haß und Verfolgung gegen dieselben und beide mußten, obgleich Luther noch unter dem 7. Juni 1531 dringend zum Ausharren auffordert („trotz Verfolgungen durch jene füchsischen Feinde des Evangeliums bei Euch"), wenige Wochen darauf [am 13.7.1531] die Stadt verlassen."

Die nächsten Jahre hielt sich Nikolaus Medler in Wittenberg auf. Als Diaconus übernahm er viele Predigten für Martin Luther, der zeitweise gesundheitlich aneschlagen war. Seinen Lebensunterhalt verdiente er zusätzlich als Privatlehrer. Zeitweilig war Medler auch Kaplan der von ihrem Mann vertriebenen Kurfürstin Elisabeth von Brandenburg, die sich unter dem Schutz des sächsischen Kurürsten abwechselnd in Torgau, Weimar und auch im Schloß zu Wittenberg aufhielt und seit Anfang 1536 in Lichtenberg weilte. Nunmehr schlug Medler die Universitätslaufbahn ein und erlangte am 30.1.1532 die Magisterwürde in der Artistenfakultät.

Die ersten theologischen Doktorpromotionen, die unter dem Vorsitz Luthers nach der Neueinrichtung des Wittenberger Promotions- und Disputationswesens stattfanden, wurden am 11. und 14.9.1535 für Nikolaus Medler zusammen mit Hieronymus Weller (1499 – 1572) durchgeführt.

Zunächst wirkte Medler um 1535 weiter als Hofprediger in Lichtenberg bei Kurfürstin Elisabeth von Brandenburg im Exil. Auf Wunsch des Rates der Stadt Naumburg und Veranlassung des Kurfürsten Johann Friedrich von Sachsen vermittelten Luther, Jonas, Bugenhagen und Melanchthon Nikolaus Medler im September 1536 nach Naumburg. Hier wurde er als Pfarrer und Superintendent an der Wenzelskirche der Reformator des Naumburger Kirchen- und Schulwesens und verfaßte 1537 eine Kirchen-, Schul- und Kastenordnung für die Wenzelskirche.

Am 11.9.1541 hielt Medler die erste evangelische Predigt im Dom, nachdem er die verschlossenen Kirchentüren mit Gewalt hatte aufbrechen lassen.

Auch auf Betreiben Medlers wurde am 20.1.1542 Nikolaus von Amsdorf als erster evangelischer Bischof zu Naumburg eingesetzt. Dieser war aber außerhalb Naumburgs in der Regel auf dem Schloß in Zeitz ansässig, so daß er dem Superintendenten Medler kaum in die Quere kam. Medler blieb in Naumburg die leitende Persönlichkeit der Reformation.

Das Jahr 1543 war für Medler geprägt von zwei schweren Schicksalsschlägen. Im Oktober stirbt Medlers erste Frau und am 17.11.1543 sein hoffnungsvoller ältester Sohn Samuel. Seiner kleinen Kinder wegen heiratet Medler bereits um 1.1.1544 ein zweites Mal. Die Angaben über diese zweite Frau erscheinen bei Medlers Biographen widersprüchlich. Aus dieser Ehe gehen mehrere Töchter hervor.

Nach achtjährigem Aufenthalt in Naumburg nimmt Nikolaus Medler 1545 bei der schwerkranken halbseitig gelähmten brandenburgischen Kurfürstin Elisabeth das Amt als Hofprediger in Spandau an. Diese Stelle ist mit 200 Gulden jährlicher Besoldung auf Lebenszeit versehen. Medler bleibt dort nur einen Monat lang. Er lehnt eine Professur in Frankfurt an der Oder ab und gibt nach jahrelangem Drängen durch die Reformatoren dem Werben der Stadt Braunschweig nach und tritt dort im Herbst 1545 das Amt des Superintendenten an. Hier widmete er sich neben seiner eigentlichen Tätigkeit insbesondere dem Schulwesen und errichtete ein Pädagogium, eine für sich bestehende akademische Klasse, die er aus den verschiedenen Stadtschulen kombiniert hatte. Für diese Schule ließ er mehrere Schulbücher drucken, darunter 1548 ein mathematisches Werk über die Arithmetik.

Die Schule in Braunschweig konnte sich aus Personalproblemen und wegen der zögerlichen Bezahlung der Lehrer durch den Rat der Stadt Braunschweig nicht lange halten. Das Pädagogium bestand nur zwei bis drei Jahre.

Noch einmal nahm Medler eine Ortsveränderung vor. Nach Ostern 1551 zog es ihn nach Bernburg, wo er eine Stelle als Superintendent und Hofprediger bei Fürst Wolfgang von Anhalt antrat. Bei seiner ersten Predigt am 7. Juni 1551 erlitt Nikolaus Medler einen Schlaganfall. Nach einem weiteren Schlaganfall verstarb er am 24. August 1551 noch vor Vollendung seines 49. Lebensjahres in Bernburg.

Georg Fikenscher beurteilte Medler folgendermaßen: „Medler besaß weit umfassende Kenntnisse in der Theologie und Philosophie, in der Philologie und Mathematik und verstand auch, dieselben in der Schule und auf der Kanzel andern deutlich und leicht mitzuteilen.“ Nach allen Schilderungen war Medler von streitbarer Natur und polemisierte. Von reformatorischem Eifer geprägt hielt er zündende leidenschaftliche Predigten. So bekam er als kämpferischer Theologe wiederholt Schwierigkeiten. Mit etlichen Zeitgenossen lag er im Streit. Luther, Melanchthon und Jonas versuchten, ihn immer wieder zu besänftigen, was aber selbst ihnen bei Medlers wohl stark cholerischem Naturell nicht immer gelang. Martin Luther hat Medler nach Johannes Beste wegen seiner Beredsamkeit „mit einem vollen Fasse verglichen, aus welchem, so oft man den Zapfen auszöge, alles massenhaft herausströme“ und zu seinen drei echten Schülern gerechnet.

Die Naumburger Kirchen-, Schul- und Kastenordnung von 1537

Zeitlebens lag Nikolaus Medler die Mathematik am Herzen. Dies drückt sich besonders eindrucksvoll in einer Schulordnung aus, die Bestandteil der Naumburger Kirchen-, Schul- und Kastenordnung für die Pfarrkirche zu St. Wenzel von 1537 ist. Ihr Verfasser ist Nikolaus Medler. Der Rat der Stadt Naumburg folgte ihm und holte vor der förmlichen Publikation die Genehmigung des Kurfürsten Johann Friedrich und der Wittenberger Reformatoren ein. Luther, Melanchthon und Jonas unterschrieben am 14. Oktober 1537 das entsprechende zustimmende Schreiben. Aus Freude über die Zustimmung durch die Wittenberger Gelehrten – so berichtet Otto Albrecht - hat „der Rat 6 Tonnen Bier zur Verehrung der Gelehrten, und daß sie ihm in Religionssachen ihr Konsilium mitgeteilt, nach Wittenberg gesendet.“ Später wurde die Ordnung auch auf die anderen Naumburger Kirchen angewandt.

Diese dreiteilige Ordnung hat Medler handschriftlich auf 118 Seiten festgehalten. Davon umfaßt die „Institutio Scholae Neunburgensis apud divum Wenceslaum per aestatem“ 14 Seiten. Im Gegensatz zu Melanchthon, der die Schüler in drei Haufen aufteilen wollte, hatte Medler acht Klassen vorgesehen, vier obere und vier untere Klassen. Vier vollbeschäftigte Lehrer sollten neben den Geistlichen unterrichten. Zugeordnet waren der Ludimagister der Prima, der Supremus der Secunda, der Infimus der Tertia und der Cantor der Quarta. Zusätzlich unterrichteten diese vier Lehrer die vier unteren Klassen gemeinschaftlich in kombinierten Formen. Bei den vier unteren Klassen sind die Lehrpläne nicht näher spezifiziert, dagegen sind die Fächer der vier oberen Klassen einzeln aufgelistet. Medler führt in allen vier oberen Klassen die Arithmetik zur zwölften Stunde als Lehrfach an zwei Wochentagen auf. Als Lehrer der Arithmetik waren der Supremus und der Infimus vorgesehen. Dabei war wohl auch die Zusammenfassung von Klassen angedacht, eventuell sogar nach der Begabung der Schüler.

In keiner Schulordnung des 16. Jahrhunderts ist die Arithmetik in einem vergleichbaren Umfang aufgeführt, was von verschiedenen Zeitgenossen wie Melanchthon lobend erwähnt worden ist.

Über die Lehrinhalte der Arithmetik sind in der Schulordnung keine Details angegeben. Hier ist Medlers Rechenbuch in Andeutungen des Vorwortes hilfreich.

Die mathematischen Werke

Im Jahr 1548 bringt Nikolaus Medler zur Unterstützung des Arithmetikunterrichtes an Lateinschulen ein anspruchsvolles Rechenbuch mit dem Titel „Rudimenta Arithmeticae practicae“ in lateinischer Sprache heraus. Dieses Rechenbuch hat Medler in erweiterter und korrigierter Form ein weiteres Mal 1550 herausgegeben. Das Vorwort ist noch auf Braunschweig, den 8. August 1548, datiert. Spätere Auflagen sind erst nach Medlers Tod 1551 gedruckt worden. Daher wird hier die zweite Auflage von 1550 besprochen. Das Buch im Oktavformat umfaßt 56 Blätter und weist als Erläuterung zum Text 186 Zahlenbeispiele auf. Heute sind von dieser Auflage drei Exemplare mit den Standorten in der Niedersächsischen Staats- und Universitätsbibliothek Göttingen (Sign. 8° Math. II, 1420), der Herzog-August-Bibliothek Wolfenbüttel (Sign. 15.5. Arithm. (1)) und in der Columbia University New York bekannt. Von der Existenz eines Exemplares der ersten Auflage 1548 fehlt jede Kenntnis.

Das Titelblatt **(siehe Abbildung nächste Seite)** beinhaltet einen Holzschnitt mit drei Männern an einem Rechentisch. Man kann bei dem Druck in Wittenberg davon ausgehen, daß dieser Holzschnitt aus der Werkstatt des Lucas Cranach d. Ä. (1472 – 1553) stammt. Der Drucker ist nicht angegeben. Es dürfte sich um Vitus Creutzer handeln, da dieser zeitgleich die letzte Lage dieses Buches, in der die Quadrat- und Kubikwurzel behandelt werden, als selbständigen Druck veröffentlicht hat.

RVDIMEN,
TA ARITHMETICAE
PRACTICAE, A DOCTO-
RE NICOLAO MEDLERO CAPTVI
tyronum accommodata, & iam
denuó locupletius atq;
correctius edita.

INDICEM VERSA
pagella inuenies.
VVITEBERGAE
ANNO
1 5 5 0.

Nach einem Inhaltsverzeichnis bringt Medler ein aufschlußreiches dreiseitiges Vorwort an den Leser. Sein Buch hat Medler für die Schüler in den Partikularschulen vorgesehen. Den Lehrstoff hat er gemäß seinem Lehrplan für die vier oberen Klassen in vier Teile aufgegliedert, wobei er in diesem Druckwerk lediglich den ersten Teil vorsieht.

Auf 34 Blättern behandelt Nikolaus Medler zunächst die Grundlagen der Arithmetik mit insgesamt 123 Zahlenbeispielen. Dabei unterscheidet sich sein Rechenbuch im Inhalt nicht markant von den lateinischen und deutschen Rechenbüchern anderer Autoren der damaligen Zeit. Als Species führt er bei den ganzen Zahlen Numeration, Addition, Subtraktion, Duplikation, Mediation (Halbierung), Multiplikation und Division als Überwärtsdividieren jeweils mit einigen Beispielen ein. Es schließt sich die Regula de tri mit 18 ganzzahligen Beispielen an, in denen die Preise von Waren wie Tüchern, Safran, Ingwer oder Getreide berechnet werden. Von diesen wechselt Medler zu Dreisatzberechnungen bei 16 Beispielen mit Brüchen, ohne daß er bisher die Bruchrechnung extra erläutert hat. Als weitere Anwendungen folgen 6 Beispiele zur umgekehrten Dreisatzrechnung in üblichen textlichen Einkleidungen („20 Bauern mähen eine Wiese in 8 Tagen; nun wird gefragt, in wievielen Tagen 10 Bauern diese Wiese mähen.“) und 8 Beispiele zur Gesellschaftsrechnung, wobei hier neben den üblichen Geldanlagen in einer Gesellschaft bei einer Aufgabe die Erbteilung zwischen einer Mutter, dem Sohn und den beiden Töchtern vorgenommen wird.

Jetzt erst hält Medler die Einführung der Bruchrechnung für erforderlich. In knapper Form präsentiert er mit wenigen Beispielen Addition, Subtraktion, Duplikation, Mediation, Multiplikation und Division. Daraufhin behandelt Medler die Regula Falsi relativ ausführlich mit 14 Beispielen auf 18 Seiten, wobei er diese Beispiele im Gegensatz zu allen anderen Beispielen im Detail erklärt. Mit den Bezeichnungen „signum affirmativum“ und „signum negativum“ führt er das Plus- und Minuszeichen ein.

Die Aufgaben zur Regula Falsi schließt Medler ab mit einer Aufgabe in Form eines Gedichtes, das Philipp Melanchthon zugeschrieben wird. In Wirklichkeit war diese Aufgabe bereits in der Aufgabensammlung von Diophantos (um 250 n. Chr.) enthalten, die im Mittelalter unbekannt war und erst 1463 von Regiomontanus (1436 – 1476) wiederentdeckt wurde. Diese Aufgabe erfreute sich großer Beliebtheit, denn sie war auch in anderen lateinischen Rechenbüchern abgedruckt. So findet man sie im auflagenstarken Buch „Arithmeticae practicae methodus facilis“ des Rainer Gemma Frisius (1508 – 1555), das von 1540 bis 1600 beachtliche 91 Auflagen erlebte und von dem mir heute insgesamt 104 Auflagen bis 1661 bekannt sind. Medler dürfte dieses Buch gekannt haben, das seit 1542 in Wittenberg 29 Auflagen erleben durfte und für die Wittenberger Studenten gedacht war. Er dürfte jedoch hier wie auch bei weiteren Passagen das Buch „De numeris et diversis rationibus“ des Johann Scheubel (1494 – 1570) verwertet haben. Dieses Buch hatte ihm Melanchthon zukommen lassen, wie aus dessen Brief vom 25.12.1547 an Medler hervorgeht, in dem er die Drucklegung von Medlers

Arithmetik befürwortete („Tuam lucubrationem arithmeticam censeo edendam esse, et editionem adiuvabo.").

Den nächsten Teil startet Medler mit einfachen Beispielen der arithmetischen und geometrischen Folge, um dann Teile aus dem weit verbreiteten Buch „Elementale Geometricum, ex Euclidis Geometria" des Johannes Vögelin (vor 1500 – 1549) zu übernehmen, wie er selber angibt: „Nos in hac parte Ioannem Vogelin imitabimur." Dieses Buch war in einer unübersichtlich großen Zahl von Drucken in vielen Städten (Frankfurt, Straßburg, Paris, Venedig, Wien, Wittenberg) seit 1528 erschienen, teils auch in abgewandelter Form und anonym. Vögelin hatte mit seinem Buch in knapper Form (etwa 60 Seiten im Oktavformat) ein Exzerpt aus den fünf ersten Büchern der Elemente Euklids hergestellt „ad omnium Mathematices candidatorum utilitatem". Hieraus hatte Medler gemäß Euklids fünftem Buch die Definitionen über die Proportionen mit acht Propositionen und die Proportionalität mit sechs Propositionen samt Vögelins Zahlenbeispielen in leicht abgewandelter Form übernommen.

Sein Buch beschließt Medler mit der ausführlichen Erläuterung, wie man die Quadrat- und die Kubikwurzel extrahiert. Nach der tabellarischen Einführung der Quadrat- und Kubikzahlen bis 9 erklärt Medler an der Zahl 207 936 mit Zwischenschritten das Ziehen der Quadratwurzel zum Ergebnis 456 und genauso bei 41 063 625 das Berechnen der Kubikwurzel zum Ergebnis 345. Er zeigt auch an der Zahl 46, daß man hier beim Ziehen der Quadratwurzel näherungsweise zu 6 10/13 kommt. Abschließend zieht Medler die dritte Wurzel aus 78 932. Er ermittelt 42 4844/5419. Exakter wäre 42 4856/5419. Man kann Medler aber die Ungenauigkeit von 0,005 % verzeihen.

Medlers Teil über das Wurzelziehen ist 1550 auch als selbständiger Druck unter dem Titel „Facilima et exactissima ratio extrahendi radicem quadratam et cubicam" mit 13 bedruckten Seiten im Oktavformat von Vitus Creutzer in Wittenberg hergestellt worden. Hiervon existieren Exemplare an fünf Standorten: Staats- und Stadtbibliothek Augsburg, Zentrale Universitätsbibliothek der Humboldt-Universität Berlin, Stadtbibliothek Nürnberg, Universitätsbibliothek Würzburg, Columbia University New York.

In seinem Vorwort hatte Medler bereits den Inhalt des zweiten bis vierten Teils angekündigt. Im zweiten Teil beabsichtigte er die Behandlung der Gleichungen. Da er von acht Gleichungstypen schreibt, scheint er sich auf Christoff Rudolffs Algebrabuch „Behend vnnd Hubsch Rechnung durch die kunstreichen regeln Algebre so gemeincklich die Coß genennt werden", Straßburg 1525, zu beziehen. Im dritten Teil hatte er eine Einführung in Euklids Elemente vorgesehen und im vierten und letzten Teil eine Ausweitung und Vertiefung des behandelten Stoffes. Man kann davon ausgehen, daß diese drei weiteren Teile Medlers als Manuskript existiert haben, Medlers früher Tod einen Druck jedoch verhinderte. Medlers Manuskripte wurden von G. Neumüller 1867 in Hof vermutet. Neumüller blieb mit seiner Erkundigung in Hof resultatlos.

Umsomehr wurde ich am 18.2.2002 in einem Telefongespräch von Herrn Hermann Neupert aus Hof mit der Mitteilung überrascht, daß sich eine mathematische Handschrift Medlers in der Bibliothek des Jean-Paul-Gymnasiums Hof befindet. Ein Augenschein und eine Auswertung dieser Handschrift konnten in der Kürze der Zeit bisher nicht vorgenommen werden.

Nach Medlers Tod ist sein Buch „Rudimenta arithmeticae practicae“ mehrmals nachgedruckt worden, 1556 in Leipzig bei Georg Hantzh (Exemplar in der Herzog-August-Bibliothek Wolfenbüttel unter der Signatur 568.7 Quod. (3)) und 1564 in Weißenfels (Exemplar in der Bibliothek des Ev. Predigerseminars Wittenberg unter der Signatur 8° LC 144/3), jeweils im Umfang von 79 Blättern, und eventuell, was aber heutzutage nicht gesichert ist, auch 1555 und 1558 in Wittenberg.

Weitere Werke

Von Nikolaus Medler sind viele weitere nicht-mathematische Schriften gedruckt worden. Dazu gehören nach seiner Doktorpromotion 1535 einerseits theologische Werke wie „Gesangbüchlein für das Höfische Zion“ (1538), „Bedenken über das Interim“ (1549) und „Eine Predigt vber das Euangelion Luce xiiij. Von dem Wassersüchtigen“ (1548) und andererseits eine Kalenderberechnung „Prima rudimenta computi ecclesiastici“ (1549), eine astronomische Schrift „Ein wunderlich gesicht newlich bey Braunschwig am himmel gesehen“ (1548) und Schulwerke wie „Ratio instituendi iunentutem christianam in scholis particularibus“ (1550), „Prima rudimenta rhetorices pro incipientibus ex Phil. Melanchthonis excerpta“ (1548), „Prima rudimenta dialecticae pro incipientibus ex recentiore Phil. Melanchthonis dialectica excerpta“ (1549) und „Rudimenta grammaticae latinae“ (1553).

Dank

Zu besonderem Dank bin ich Herrn Richard Hergenhahn, Unna, verpflichtet. Er hat mich nach einem Besuch im Melanchthonhaus Bretten auf das Wappen des Nikolaus Medler angesprochen, das ähnlich wie im Wappen des Adam Ries in einem Andreaskreuz die Ziffernprobe mit den Ziffern 3 und 6 darstellt, mich damit zu dieser Arbeit angeregt und mir uneigennützig viele wertvolle Unterlagen zur Verfügung gestellt. Dem Melanchthonhaus Bretten, der Badischen Landesbibliothek Karlsruhe, der Universitätsbibliothek Karlsruhe mit ihrem hervorragenden Karlsruher Virtuellen Katalog, der Stadtbibliothek Nürnberg und der Württembergischen Landesbibliothek Stuttgart verdanke ich wichtige Erkenntnisse. Der Dank für die Genehmigung zur Veröffentlichung der Abbildung gilt der Niedersächsischen Staats- und Universitätsbibliothek Göttingen.

Literatur

Außer den im Text angegebenen Quellen entnahm ich ohne Nachweis im einzelnen wichtige Erkenntnisse aus den folgenden Werken:

Allgemeine Deutsche Biographie, 21. Band, Berlin 1970.

Otto Albrecht: Bemerkungen zu Medlers Naumburger Kirchenordnung vom Jahre 1537, in: Neue Mitteilungen aus dem Gebiet historisch-antiquarischer Forschungen, Thüringisch-Sächsischer Verein für Erforschung des vaterländischen Altertums und Erhaltung seiner Denkmale, BD. XIX, Heft 4, Halle 1898, 570 – 637.

Johannes Beste: Album der evangelischen Geistlichen der Stadt Braunschweig. 1900.

Corpus Reformatorum (CR): Philippi Melanthonis opera quae supersunt omnia, 28 Bände 1834 – 1860.

Georg Wolfgang Augustin Fikenscher: Gelehrtes Fürstentum Baireut. Bd. 6. 1803.

Karl Eduard Förstemann, Album Academiae Vitebergensis 1, Leipzig 1841.

Alfred Hauck (Hrsg.): Realencyklopädie für protestantische Theologie und Kirche. 3. Aufl. Band 24. 1913.

Christian Gottlieb Jöcher: Allgemeines Gelehrten-Lexicon. Bd. 3. Leipzig 1751.

Christian Gottlieb Jöcher: Allgemeines Gelehrten-Lexicon. Fortsetzungen und Ergänzungen von J. C. Adelung. Bd. 4. Bremen 1813.

Gustav Kawerau: Der Briefwechsel des Justus Jonas, in: Geschichtsquellen der Provinz Sachsen und angrenzender Gebiete; 17. Bd., Otto Hendel, Halle 1884/ 1885.

Köster: Die Naumburger Kirchen- und Schulordnung von D. Nicolaus Medler aus dem Jahre 1537, in: Neue Mitteilungen aus dem Gebiet historisch-antiquarischer Forschungen, Thüringisch-Sächsischer Verein für Erforschung des vaterländischen Altertums und Erhaltung seiner Denkmale, Bd. XIX, Heft 4, Halle 1898, 497 – 569.

Dr. Martin Luthers Werke, Kritische Gesamtausgabe (Weimarer Ausgabe), 39. Bd., 1. Abt., Weimar 1926.

Inge Mager: Medler, Nikolaus, in: Biographisch-Bibliographisches Kirchenlexikon , Bd. V (1993), Verlag Traugott Bautz.

G. Neumüller (Hrsg.): Rückblick auf den Briefwechsel Philipp Melanchthons mit Nicolaus Medler (Naumburg), C. R., in: Programm der Höheren Bürgerschule zu Naumburg, Naumburg 1867, 3 – 14.

Neue Deutsche Bibliographie, 16. Bd.: Medler, Nikolaus, S. 603, Berlin 1990.

Ulrich Reich: Johann Scheubel und die älteste Landkarte von Württemberg 1559, Karlsruhe 2000.

Heinz Scheible (Hrsg.): Melanchthons Briefwechsel: kritische und kommentierte Gesamtausgabe, Stuttgart-Bad Cannstatt, bisher 15 Bände 1977 – 2000.

Andreas Gottfried Schmidt: Anhalt'sches Schriftsteller-Lexikon. 1830.

Emil Sehling: Die evangelischen Kirchenordnungen des XVI. Jahrhunderts, Bd. 2, 1. Abt., Leipzig 1904.

Matthias Simon: Bayreuthisches Pfarrerbuch. 1930 (402).

Wetzer und Welte's Kirchenlexikon. 2. Aufl. Bd. 8, Freiburg 1893.

Enoch Widmanns Hofer Chronik in: Christian Meyer, Quellen zur Geschichte der Stadt Hof, Hof 1894.

Die Bücher des Danziger Rechenmeisters Erhart von Ellenbogen

Stefan Deschauer

Einleitung

Im Tagungsband zum letzten Annaberger Kolloquium 1999 legte Herr WITTHÖFT einen Aufsatz [13] vor, in dem er u. a. die Rechenbücher des CHRISTOPH FALK für Danzig und Königsberg (1552) analysiert, die „zu den frühesten im hansischen Norden" (S. 144) gehören. Er erwähnt auch, daß dem Danziger Buch Abhandlungen des dort wirkenden Rechenmeisters ERHART VON ELLENBOGEN [2 a-d] angehängt sind, die offensichtlich aus noch früherer Zeit stammen.[1]
Auf vollständige Rechenbücher ELLENBOGENs bin ich erst in der Abteilung Alte Drucke der Universitätsbibliothek Breslau (Wroc□aw) gestoßen [3 a, c]. Außerdem bewahrt die Bayerische Staatsbibliothek ein weiteres Rechenbuch von ELLENBOGEN aus dem Jahr 1536 auf [1][2]. Mehr scheint vom Autor heute nicht mehr vorzuliegen, obwohl er im Vorwort zum Rechenbuch [3 a], das er seinem Sohn MARTIN gewidmet hat, schreibt: *Wie wol ich zuuoren etlich mal hab lassen Rechenbüchlein drucken / sein doch alle vorfurt / vorkaufft / vnd vorruckt worden/ darnach lis ich ein grösser Rechenbuch drucken / deynem eltisten bruder Esaie von Ellenbogen zu nutz / vnd ein grössers Buchhalten / mit einer Welschē Practica / welche bucher im druck ser vorsehen worden in meynen abwesen / vnd an vil enden die ciffren vorkert / oder außgelassen / ciffre vnd wort / des ich gar ser erschrack / aber etliche freuden sichs / vnnd legeten mirs zum argesten aus* (A v-A ij). Dazu paßt, daß das Buch [1], das tatsächlich dem Sohn ISAIAS gewidmet ist, nach ELLENBOGENs Angaben in der Vorrede eine (sorgfältig gedruckte)

[1] Herr WITTHÖFT (Siegen) hat mir freundlicherweise Kopien zur Verfügung gestellt.

[2] Für den entsprechenden Hinweis bin ich Herrn U. REICH (Bretten) dankbar. – Der VD 16 und D. E. SMITH (Rara Arithmetica) führen von ELLENBOGENs Werke nicht auf, bei J. HOOCK u. P. JEANNIN (Ars Mercatoria) findet man Verweise auf [1] (E.3.1), [3 b] (E.3.3) und [3 c] (E.3.4). Außerdem soll noch ein 1537 bei KLUG in Wittenberg gedrucktes Werk zur Buchhaltung existieren (E.3.2), das aber nach WITTHÖFT mit [2 a] identisch sein soll. Die Online-Recherchen in Bibliotheksverbünden (KVK, WorldCat u. a.) führten nur zum Treffer [1] (KVK).

dritte Auflage nach zwei mißlungenen ist[3], die schon vor ISAIAS' Geburt erschienen sind (A ij-A ij v). Auch sollen *die facit nicht alle dabey gedrucket* gewesen sein, worauf die Kritiker ihm unterstellt hätten, er hätte die Aufgaben selbst nicht lösen können [2 d, I ij v]. Hingegen weisen [2 a, b] nur einige unschöne Druckfehler auf.

Zur Person Erhart von Ellenbogens

Die Selbstauskunft des Autors in seinen Werken beschränkt sich nicht auf den beruflichen Bereich, sondern reicht auch weit in den privaten hinein. Dabei entsteht das Bild eines vielgereisten, erfahrenen und fähigen Rechenmeisters, der zugleich aber auch recht streitbar war, weil ihm Neider und Gegner zu schaffen machten.

ELLENBOGEN hat nach 1503 in Wien, Prag, Liegnitz, Thorn, Kastav (an der heute kroatischen Adriaküste, bei Rijeka!), Nürnberg, Passau und Danzig *schul gehalten* [2 a, A iij v][4] und dabei auch das Buchhalten gelernt. Hier bezieht er sich auf ein Werk des „scharfsinnigen Rechenmeisters" JOHAN GOTLIEB, Bürger zu Nürnberg[5] [A ij]. Rechenmeister in der *Königlichen Stad Torn* war ein gewisser „erfahrener" THOMAS COLMER, den ELLENBOGEN schätzengelernt hat [2 c, I ij] und dem er [2 a] widmet [A ij]. COLMER könne bezeugen, daß ELLENBOGEN Schüler das Buchhalten in nur drei Stunden und Lesen und Schreiben in nur 10 Wochen[6] gelehrt habe [A ij]. Insbesondere hat MARTIN V. ELLENBOGEN von seinem Vater das Lesen im Alter von 4 Jahren gelernt.

ELLENBOGEN hat eine Frau [A iij v], mindestens drei Söhne – ISAIAS, der älteste, MARTIN (s. o.) und ESECHIE, der jüngste, für den er eine Fibel druckte [3 a, A ij] – und mindestens drei Töchter, deren jüngste DOROTHEE heißt: Ihr ist [3 c] gewidmet (A v-A ij). Er bezeichnet sich als *Bürger vnd gesatzter Rechenmeister / jnn der Königlichen Stad Dantzke* [1, A ij][7] und wohnt (und betreibt seine Rechenschule) in der Pfaffengasse [2 a, A iij v]. Da er seit 10 Jahren zu keinem Bier, Wein oder Met gegangen ist, war er immer für seine Schüler präsent und hatte beargwöhnten Erfolg[8]; er unterrichtete (aktueller Stand: 1537) 44 Rechenschüler und 86 Schüler, die lesen und schreiben lernen [2 c, I ij]. Spätestens ab 1540 hat ELLENBOGEN dann auch noch *togentsame Junckfrawen vnnd frawen* als Rechenschülerinnen aufgenommen und rechnete deshalb schon im voraus mit vernichtender Kritik [3 c, A ij]. Er hat Latein gelernt [1, B].

---

[3] Vielleicht erklärt sich so der Druck bei einem renommierten Haus außerhalb.

[4] Die bisherigen Anfragen bei den dortigen Archiven blieben ergebnislos.

[5] Gemeint ist wohl [7].

[6] Nach [1, A iij v] will er es sogar in 6 oder 7 Wochen geschafft haben.

[7] nicht aber auch als Schreibmeister!

[8] Er will sich den Neid nicht zu Herzen nehmen und vergleicht sich mit einem alten Wolf, der sich auch nicht mit heftigem Geschrei vorführen läßt.

Eine besondere Rolle spielen für ihn die „gesandten Exempel", die er allesamt habe lösen können und von denen er einige (mit Lösung) in seine Rechenbücher aufgenommen hat. Da kann er sich lange über die Einsender „aus bösen Herzen" ereifern, also über die, die ihn glauben reinlegen zu können und ihm unterstellen, er könne die Aufgaben nicht lösen. Sie wollten ihn aus Haß zuschanden machen, was vor Gott dem Totschlag gleichkäme (vgl. 1 Joh 3, 15). Weiter schreibt er: *Wer sich an einen alten kessel thut reiben mus den rus empfahen / Ich wolte doch manchen wol beschmieren / aber es wer nicht brüderlich gehan delt* [2 d, I ij ^{v}-I iij]. Er kann seiner Situation aber auch etwas Positives abgewinnen: *Gleicher weis / wie die feind den Bürgern eine feste Stat machen / vnd rewet sie / Also machen auch die versucher behende Rechemeister* [1, A iij-A iij ^{v}].

Die Rechenbücher im Überblick

In der Vorrede von **[1]** gibt ELLENBOGEN einige bemerkenswerte Gründe für die Veröffentlichung des Buches an: *Ich hab angesehen / das da keine rechen bücher auff vnsere müntze gedruckt sind derhalben vnsere jugent verseumet wird / Darumb ich dis buch geschriebē hab ... Ich hab angesehen / das do viel grosse vnd tewre frembde rechenbücher verhanden sein / welcher vnser an hebender jugent zu wider / vnd verseumlich sein zu leren / denn auch die Venediger oder Nörmberger Rechenmeister lernen jre jugent nicht auff Preussische müntze re chen / Darumb ich dieses buch ge schrieben hab* [1, A ij-A ij ^{v}] (ganz ähnlich auch in [3 a, A ^{v}]). Der Autor ist also der Überzeugung, er habe als erster ein Rechenbuch geschrieben, das sich auf das preußische Münz- und Maßwesen bezieht. Dem kann man aus derzeitigem Kenntnisstand wohl zustimmen.[9] So kommt dem Rechenbuch [1] besondere Bedeutung zu, das mit seinen Querverbindungen zu [3 a] und [3 c] im folgenden näher betrachtet werden soll.[10]

[1] gliedert sich in folgende Kapitel, die hier zur leichteren Handhabung numeriert sind:
(1) Vorrede [A ij-A iiij]; (2) *Von den Speciebus*[11] (*Numeratio, Additio*[12], *Subtractio*[13], *Multiplicatio*[14], *Duplatio, Diuisio, Mediatio*) [A iiij ^{v}-B]; (3) *Von den ge-*

[9] Mißverständlich wäre aber die Formulierung „Autor des 1. preußisches Rechenbuchs", da Danzig, damals eine blühende Handelsstadt von europäischem Rang, seit dem 2. Frieden von Thorn (1466) – bei weitgehender innerer Autonomie – unter polnischer Oberhoheit stand. So bezeichnet ja ELLENBOGEN in der Vorrede [1, A ij] Danzig als königliche Stadt – der damalige König war SIGISMUND I. (1506-1548) aus der Jagiellonen-Dynastie.

[10] Die Bücher zur Buchhaltung sollen hier nicht besprochen werden.

[11] Für ELLENBOGEN gibt es nur 5 *Species*, da er die *Duplatio* und die *Mediatio* nicht als eigenständig ansieht. Seit JOHANNES DE SACRO BUSTO [5] spreche man aber traditionell von 9 *Species* (zusätzlich noch die 2 Arten der *Progressio)*, so daß er alle behandeln wolle.

[12] Auch für die Multiplikation wird die Umkehroperation als Probe empfohlen. Die Neunerprobe wird erklärt, andere Proben, z. B. die Siebenerprobe, werden wegen der Umständlichkeit, dividieren zu müssen, abgelehnt.

[13] entsprechend unserer Ergänzungsmethode

brochen Speciebus[15] (*Numeratio, Additio, Subtractio, Multipliatio* [sic], *Diuisio*[16], *Duplatio, Mediatio, Forma der gebrochen Species*[17]) [B-B iij v];

Rechenbuch
auff Preuſſiſche mün-
tze/mas vnd gewichte/auff der
linien vnd federn ſeer bequem/
mit wenig worten viel be-
griffen/zu dem gmeinen
handel vnd ſcharffer
Rechnung ver-
fertiget.

Welſcher Practica inhalt/mit
den dreien geſanten Exem-
peln vleiſſiglich beſchloſ-
ſen den 9. Weinmonat:
Anno 1535:

Titelblatt von [1]

14 mit einer Einmaleinstafel in Listenform. Bei der schriftlichen Multiplikation werden die Faktoren untereinandergeschrieben. ELLENBOGEN beklagt, er habe in seiner Jugend noch die „Figuren aufeinandersetzen", d. h. die Galeeren- oder Staubbrettmethode [11, S. 213] lernen müssen.

15 ELLENBOGEN warnt vor dem Erlernen der „7 alten Regeln der Brüche", wie man sie bei BALTHASAR LICHT [8] finde. Es geht um 7 Regeln – je nach Stellung der Brüche im Dreisatz. Vgl. hierzu [6, S. 17 f.].

16 durch Multiplikation mit dem Kehrbruch

17 eine optische Merkhilfe für die Bruchrechnung wie bei APIAN [4, E viij v]

(4) *Progressio* [B iij ^{v}-B v]; (5) *Radicum extractio* (*Radix quadrata, Radix Cubica*) [B v-B viij ^{v}]; (6) *Von der Regel De tri* [C-C v]; (7) *Von Geselschafften* [C v-C vij ^{v}]; (8) *Von Alligiren* (Mischungsrechnung) [C vij ^{v}-C viij ^{v}]; (9) *Von Metallen* [D-D ij]; (10) *Von gleichfallen*[18] [D ij ^{v}-D iij]; (11) *Von verkerten Exempeln* (umgekehrter Dreisatz) [D iij ^{v}-D iiij ^{v}]; (12) *Von dem Boreat* (Warentausch, Stich) [D iiij ^{v}]; (13) *Von Inueniren*[19] [D iiij ^{v}-D vj]; (14) *Regula falsi* [D vj-D vj ^{v}]; (15) *Regula Cecis oder Virginea* [D vj ^{v}-D vij]; (16) *Folgen die 3. Exempel gesant* [D vij-E]; (17) *Welsche Practica* [E ^{v}-E iiij]; (18) *Von kürtzweilen* (vorwiegend einfache Restprobleme) [E iiij-E v ^{v}]; (19) *Von gemeinen gewichten* (preußische Metrologie) [E vj]; (20) *Beschlus des Rechenbuchs*[20] [E vj ^{v}-E vij ^{v}]
Der Leser vermißt das im Titel angekündigte Linienrechnen. Im Abschnitt *Numeratio* wird das Linienschema nur ganz kurz erwähnt, und auch die knappen Erläuterungen zu den schriftlichen Rechenverfahren eignen sich nicht zum Lernen. Dazu erklärt ELLENBOGEN im Abschnitt *Subtractio* sinngemäß, es wäre unnütz, daß er so viele Worte mache, denn den „Anfang und rechten Grund der Species" könne man nur von einem erfahrenen Meister „durch die lebendige Stimme" lernen. Die *Regula falsi* schätzt er nicht besonders (nur 1 Aufgabe), ohne aber die algebraische Alternative anzubieten. Doch besonders kritisch setzt er sich mit der *Welschen Practica* auseinander. Sinngemäß sagt er, daß man mit dem Dreisatz völlig auskomme. Aus der „Geschwindigkeit" werde leicht eine „Langsamkeit", denn nach dem Zerstreuen müsse man erst wieder sammeln. Das Ganze sei eine Modeerscheinung wie die *langspitzigen schu*, die auch vergangen seien [E iiij]. Gleichwohl führt er sechs anspruchsvolle Aufgaben vor, die mit denen aus [2 b] übereinstimmen, wahrscheinlich um zu zeigen, daß er diese gefragte Kunst beherrscht.
Das Buch **[3 a]** lehnt sich eng an [1] an. Nach der Vorrede und der *Numeratio* – hier wird das Linienschema wieder nur in einem Halbsatz erwähnt – beginnt gleich die Bruchrechnung. Diese Vorgehensweise begründet ELLENBOGEN wieder wie im Abschnitt *Subtractio* im Buch [1] (s. o.). Dessen Kapitel (6) heißt jetzt *Canon.* (8) und (9) fehlen, dafür ist ein Abschnitt *Echo* eingefügt. Aufgaben aus (10) sind im späteren Kapitel *Cecus* integriert. (11) wird in *Conuersus* umbenannt, (12) und (13) fehlen. Die Aufgaben von (16) sind auf *Cecus* und ein neues Kapitel *Antipedes* verteilt, das an *Conuersus* anschließt. Die *Welsche Practica* (17) fehlt ebenso wie der *Beschlus des Rechenbuchs* (20). [3 a] ist aber nicht einfach nur eine Kurzfassung von [1]. ELLENBOGEN hat zahlreichen Aufgaben eine andere Einkleidung gegeben (insbesondere in bezug auf die handelnden Personen und die Warenbezeichnungen), darüber hinaus aber auch neue Aufgaben

[18] Aufgaben der Unterhaltungsmathematik, bei denen für einen festen Geldbetrag gleiche Warenmengen trotz verschiedener Einzelpreise eingekauft werden sollen (*Regula equalitatis*) – vgl. [11, S. 598-601].

[19] Aufgaben, bei denen die Umrechnung von Gulden in Groschen und Groschen in Pfennige gefunden werden soll

[20] mit Kolophon: *Gedruckt zu Wittemberg durch Joseph Klug. 1536.*

eingefügt (und manche wiederum weggelassen). [3 a] ist eine echte Überarbeitung von [1] mit einer teilweisen Veränderung der Systematik. Allerdings sind die rein unterhaltungsmathematischen Aufgaben recht zahlreich, und die weggelassenen Kapitel von [1] betreffen, vielleicht abgesehen von der Welschen Praktik, gerade wichtige Bereiche des kaufmännischen und handwerklichen Lebens, so daß der Leser nur unvollständig unterrichtet und der Anwender kaum zufriedengestellt worden sein dürfte.

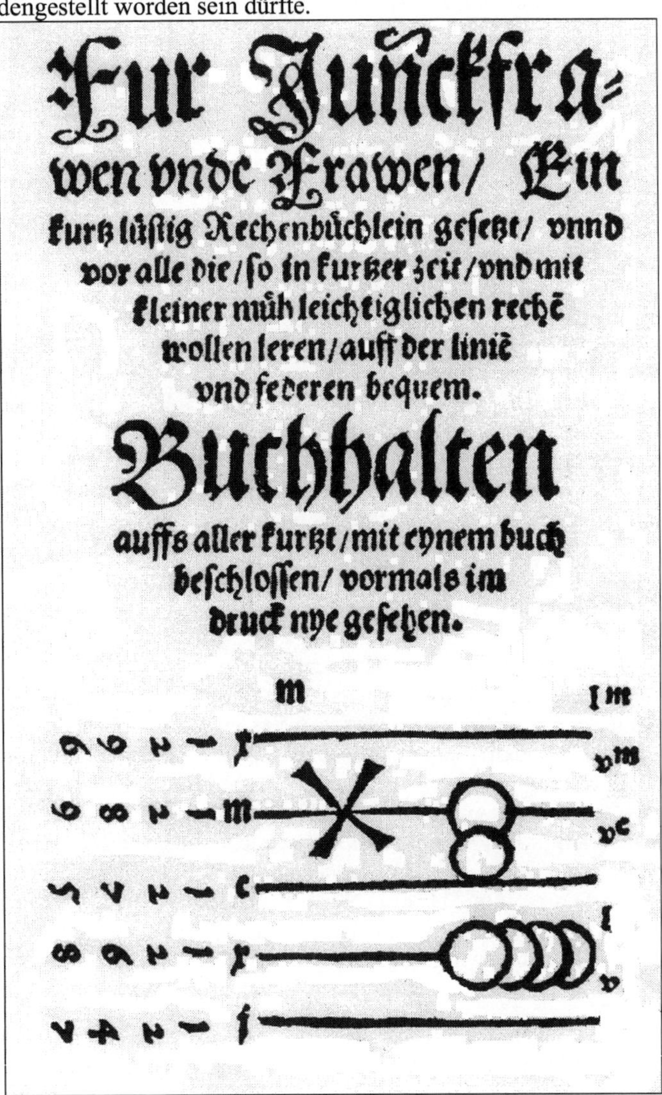

Fur Junckfra-
wen vnde Frawen/ Ein
kurtz lüstig Rechenbüchlein gesetzt/ vnnd
vor alle die/ so in kurtzer zeit/ vnd mit
kleiner müh leichtiglichen rechē
wollen leren/ auff der liniē
vnd federen bequem.

Buchhalten
auffs aller kurtzt/ mit eynem buch
beschlossen/ vormals im
druck nye gesehen.

Titelblatt von [3 c]

Das Bemerkenswerteste am Buch **[3 c]** sind die Adressaten: Es dürfte das erste Rechenbuch sein, das für Mädchen und Frauen geschrieben wurde. Ansonsten wird hier der Stoff aus den anderen beiden Rechenbüchern auf ein Minimum reduziert, so daß das Verständnis der Methoden und die Bearbeitung der Aufgaben ohne Besuch der Rechenschule kaum möglich waren. Zu seinen Motiven für die Herausgabe dieses Buchs mit dem Umfang von nur 22 Seiten schreibt ELLENBOGEN [A ^{v}-A ij]: *Wie wol ich zuuoren nach vil gresse Rechenbücher / Buchhalten / vnd welsche Practiken genog hab / die ich drucken hab lassen / dienen brüderen itlichen in sunderheit zu gut / durch welche sie mit sampt deinen Eltern Schwesterē / behende rechnen gelernet haben / vnd nu andere togentsame Junckfrawen / vnnd frawen lernen mögen / yn meiner löblichen Rechenschul / ader in jren heuseren / sein doch so grosse Rechenbücher vordroßlichen / vnd langkweilig / solchem zartlichem geschlechte zulernen ...*
Immerhin bemüht sich ELLENBOGEN, neue Aufgaben für den damaligen Arbeits- und Freizeitbereich der Frauen zu stellen oder alte aus [1] und [3 a] entsprechend umzuformulieren. Auch in den Aufgaben kommen fast nur weibliche Personen vor: Jungfrau („Rechenschulersche"), Magd oder im unbestimmten Artikel „eine". Andererseits sind nur 13 der insgesamt 33 Aufgaben aus dem praktischen Leben gegriffen.
Das Büchlein, auf dessen Titelblatt das Erscheinungsjahr 1540 mit Rechenpfennigen auf einem Linienschema dargestellt ist, gliedert sich wie folgt: *Vorrede*; (Erwähnung der *Species* und optische Merkhilfe für die Bruchrechnung); *Regula Detri; Vom gewin*; *Von verlust*; *Die Cossisten ...*[21]; *Von geselschafften*; *Von Kürtzweilen welches sie Schimpfrechnung ader Collatie rechenschafft heyssen*[22]; *Das ein mal ein lernet wol damit man rechnen lerē sol* (Einmaleinstafel in Dreiecksform, die Faktoren sind in römischen Zahlen geschrieben).

Metrologie

Aus den Texten von [1], [3 a] und [3 c] läßt sich außerdem direkt oder indirekt (über die Aufgaben) folgende Metrologie entnehmen:
Geldwerte

- Preußische Währung: 1 Mark (gut) = 60 Schilling (ß), 1 Schilling = 6 Pfennig (d); 1 Mark gering = $\frac{3}{4}$ Mark gut; 1 Mark (gering) = 4 Vierdung = 20 Groschen;

[21] Um hohen Erwartungen vorzubeugen: Es geht nur um einfache Aufgaben, die man statt mit der Regula falsi auch mit Bruchrechnung und Dreisatz lösen kann, z. B.: Eine Jungfrau verzehrte von ihrem Schatz $\frac{2}{5}$ und $\frac{3}{7}$ und noch 100 Mark und behielt noch 500 Mark. Wieviel betrug der Schatz? Lösung: Summe der Brüche ist $\frac{29}{35}$, $1-\frac{29}{35}=\frac{6}{35}$. Also entsprechen $\frac{6}{35}$ des Schatzes 600 Mark usw.

[22] Die Aufgaben unterscheiden sich überwiegend von denen aus den analogen Kapiteln von [1] und [3 a]. Insbesondere findet man eine Aufgabe des Typs „Wo ist der Ring?" (vgl. [11, S. 646 f.]).

– Umrechnung von fremder Währung in preußische: 1 kaiserl. Gulden = $1\frac{1}{32}$ Mark (gut), 1 Pöl(i)chen[23] = $1\frac{1}{2}$ Schilling, 1 Ungarischer Gulden = 45 Groschen

Von gemeinen
gewichten.

Item 1 schifpfunt ist 20 lißpfunt.
Vnd 1 lißpfunt thut 16 marckpfunt.
Item 1 centner macht 120 pfunt.
Vnd 1 klein lp. 24 pfunt.
Vnd der grosse stein 34 pfunt.
Item 1 pf. macht 2 marck.
Vnd 1 marck 16 lot/oder 24 scot.
Item 1 pf. gibt 32 lot/adr 48 sco.
Vnd 1 lot helt 4 quintet.
Vnd 1 quint. gibt 4 denar/
Vnd 1 pfen. 2 heller gewicht/
Item 1 mar. helt 24 karat/
Vnd 1 karat 4 gran.
Vnd 1 gran 3 gren
Item 1 scot ist 4 quart.
Vnd ist scot vnnd karat gleich vil/ als gran/
Vnd qwart gleich vil nach dem gewicht/es ist
aber ein besunder quart/von der ontz ꝛc.
Gott sey allein die ehre an
ende/ Amen.

Gedruckt zu Dantzick durch Fran-
ciscum Rhodum. im jar
1538.

Gewichtstabelle aus [3 a, C vij ^{v}] mit Kolophon)[24]:

[23] Freundlicher Hinweis von Herrn R. HERGENHAHN (Unna): Mit Pölchen wurde der polnische Halbgroschen bezeichnet.

[24] Ein Lißpfund (lp) ist ursprünglich ein livisches Pfund, d. h. ein Pfund aus Livland.

– Fremde Währungen: 1 Rheinischer Gulden = $\frac{2}{3}$ Ungarische Gulden; 1 Ung. Gulden = 20 Groschen; 1 Meißnischer Gulden = 21 Groschen, 1 Groschen = 12 Pfennig; 1 Böhmischer Gulden = 24 Groschen, 1 Groschen = 7 Pfennig

Längenmaße: 1 Elle = $2\frac{3}{4}$ Palmen, 4 Schuh = $2\frac{19}{205}$ Ellen

Hohlmaße: 1 Tonne = $94\frac{1}{2}$ Stoff

Stückmaße: 1 Schock = 60 Stück, 1 Mandel = 15 Stück

Ausgewählte Aufgaben

Aus der Fülle der interessanten Aufgaben können hier nur einige wenige vorgestellt werden.

[1, C vj-C vj ^{v}] = [3 a, B viij-B viij ^{v}] aus dem Kapitel *Von Geselschafften*: *Item 3 Hadrer* (in [3 a]: *Rechenmeisters*) haben *zu teilen 60 mar. Der erst sol haben von den 60 mar.* $\frac{1}{1}$ *das ist alle 60 marck / vnd noch 1 mar. dazu / Der ander* $\frac{1}{2}$ *vnd 4 mar. darüber / der drit* $\frac{1}{3}$ *vnd 5 marck mehr / Ist die frag was iderman gebürt ...*

Es handelt sich um eine Gesellschaftsrechnung, bei der die Bruchteile vorher ins Verhältnis zu setzen sind (6:3:2). Doch die zusätzlichen Markbeträge bereiten Probleme. ELLENBOGEN gibt nun 3 verschiedene, auch im Ergebnis voneinander abweichende Lösungen an. Die erste schreibt er zu Recht RUDOLFF zu [10, O Nr. 18], die zweite WIDMANN, wo ich sie aber nicht gefunden habe. Aber nur die dritte – seine – Lösung sei die richtige.

a) 10, die Summe der zusätzlichen Markbeträge, wird zunächst von 60 abgezogen. Dann erhält der erste $\frac{6}{11}\cdot 50+1=28\frac{3}{11}$ (Mark), der zweite $\frac{3}{11}\cdot 50+4=17\frac{7}{11}$ (Mark) und der dritte entsprechend $14\frac{1}{11}$ (Mark). Zusammen sind es 60 Mark.
b) $\frac{6}{11}$ und 1 Mark ergibt $\frac{7}{11}$ Anteil, ebenso $\frac{3}{11}$ und 4 Mark, $\frac{2}{11}$ und 5 Mark. Daher bekommt jeder den gleichen Anteil, also 20 Mark.
c) Das Verhältnis 6:3:2 wird zu 60:30:20 erweitert und die jeweiligen Markbeträge addiert. Die 60 Mark sind nun im Verhältnis 61:34:25 zu verteilen. Dann ergibt sich für den ersten $\frac{61}{120}\cdot 60$ Mark = $30\frac{1}{2}$ Mark = 30 Mark 30 Schilling, für den zweiten 17 Mark und für den dritten 12 Mark 30 Schilling. Die Summe ist wieder 60 Mark.

In Wirklichkeit sind alle drei Lösungen falsch. Die Aufgabe ist nämlich unlösbar, da die zusätzlichen Markbeträge nicht proportional zu den Anteilen sind[25]. Genau dann, wenn diese Proportionalität gegeben ist, sind die obigen drei Lösungswege zueinander äquivalent (und führen zum richtigen Ergebnis), wie man leicht zeigen kann.

---

[25] Näheres hierzu bei [11, S. 556].

[1, C vij] aus dem Kapitel *Von Geselschafften*:
Item 546 person / wie Sigenod schreibet als $\frac{1}{3}$ *Gesellen vnd* $\frac{1}{4}$ *Bürger* $\frac{1}{6}$ *Edelleut* $\frac{1}{8}$ *Bawren* $\frac{3}{4}$ *Junfrawn / wie viel sind iglichs geschlechts / Nennens einen tantz / vñ sind doch* $1\frac{1}{2}$ *tenz / vnd* $\frac{1}{2}$ *von* $\frac{1}{4}$ *Vnd der halben werden der personen weniger / denn sein bruch ausweist / denn* $\frac{1}{3}$ *gesellen von 546 personen / ist nach laut des bruchs 182 vnd nach der kunst 112 Vnd wird also Meister vnd Kunst (von den vnuerstendigen) veracht.*
Setzt man die (relativen) Anteile der Personengruppen ins Verhältnis, so erhält man u. a. 112 Gesellen – anstelle 182, wie ein nicht Vorgebildeter errechnen würde. ELLENBOGEN polemisiert weiter, daß es sich in Wirklichkeit statt um 1 Tanz um *1*$\frac{1}{2}$ *tenz vnd* $\frac{1}{2}$ *von* $\frac{1}{4}$ handeln würde. (Die Summe der Anteile ist $1\frac{5}{8}$, daher auch das Verhältnis von 182 und 112). In [3 c, A viij v-B] hat er selbst eine Tanzaufgabe gestellt, bei der es um 1 Tanz geht (die Summe der Personenanteile ist 1) *vnd nicht* (um) *1*$\frac{1}{2}$ *vnd* $\frac{1}{8}$ *tantzes / wie etliche Rechenmeisters setzen.*
Wer aber ist nun dieser kritisierte „Sigenod“? Dahinter verbirgt sich eine Figur aus dem gleichnamigen mittelhochdeutschen Heldenepos (Cod. Pal. Germ. 67), die mit dem alten HILDEBRAND und dem jungen DIETRICH VON BERN kämpft. Dieser SIGENOT ist ein *Riese*! (Vgl. [9, G iij-G iij v].)

[1, D v-D v v] aus dem Kapitel *Von Inueniren*:
Item 5 Kürschen (Kürschnerwaren) *fur 67 flor. 8 gro. 3 pf. wie teur 4 kürschen / Facit 552 flor. 13 groschē 0*$\frac{3}{5}$ *pf. Ist die frag / wie viel gro. der flor. vnd wie viel pf. der gro. gerechent sein ...*
ELLENBOGEN multipliziert den Preis für 5 „Kürschen“ mit 41: $41 \cdot 5$ Kürschen kosten 2747 Gulden 328 Groschen 123 Pfennig. Nun kann er durch 5 dividieren, und er erhält zum Vergleich einen „weiteren“ Preis für 41 Kürschen, nämlich $549\frac{2}{5}$ Gulden $65\frac{3}{5}$ Groschen $24\frac{3}{5}$ Pfennig. Die folgende Argumentation des Autors sei sinngemäß wiedergegeben: Mit Blick auf den Preis für 41 Kürschen in der Aufgabenstellung müssen die 24 Pfennig vollständig in Groschen gewechselt werden. Dafür gibt es die Möglichkeiten 1 Groschen = 24, 12, 8, 6, 4, 3, 2, 1 Pfennig, wobei die letzte ausscheidet. (Der Groschen ist die wertvollere Münze.) Nun führt ELLENBOGEN die *prob auffs facit* durch, d. h. er betrachtet die 552 Gulden 13 Groschen aus dem Aufgabentext, reserviert davon 2 Groschen für die 24 Pfennig im Vergleichspreis – ein willkürlicher Ansatz! – und multipliziert den Rest (552 Gulden 11 Groschen) mit 5. Es kommen 2760 Gulden 55 Groschen heraus, die nun mit 2747 Gulden 328 Groschen (s. o.) zu vergleichen sind. (Die Pfennigbeträge sind ja schon egalisiert worden.) Die weitere, etwas umständliche Argumentation des Autors läuft darauf hinaus, daß 13 Gulden = 273 Groschen bzw. 1 Gulden = 21 Groschen sind.
Resultat: 1 Gulden = 21 Groschen, 1 Groschen = 12 Pfennig *nach Meisnischer müntze gerechent*

Algebraisch betrachtet kommen wir mit dem Ansatz 1 Gulden = x Groschen, 1 Groschen = y Pfennig ($x, y \in \infty$, $x, y > 1$) nach Vereinfachung zu der Gleichung $y(13x - 263) = 120$ mit der „diophantisch“ eindeutigen Lösung $x = 21$, $y = 12$.

[3 a, C [v]] = Kapitel *Echo*:
Item ein knab fragte seinen Herren / wy alt er wer / Antwort der her / vnd vorsuchte jn / du bist so alt / als vil marck ich jerlichen hab vor dich ausgeben / das man dich erzogen hat / vnd so vil du mich 3 jar vber (= mehr als) *18 marck gestanden hast / so vil marck hastu mich 4 jar vber 16 mar. gekost / Antwort der knab / das ist Echo / ein widerhal / der nichts bedeut / Darum merke gar eben darauff wen dir was wirt furgeben / ob es müglich ist / aber* (es muß „ader“ heißen) *nicht / dan vil Exempl haben einen schein / das man sie machen kann / sein doch vnmüglich / Da sprach sein her / setz fur die 4 jar 15 / vnd fur die 16 mar. 174 Nu subtrahir von beiden seitten die kleinste zal / von der grosser / vnnd teils ab / so komt dir 13 marck / vnd in der proben komt itliches 21 ma. mer / vnnd wirt von etlichen Regula plurima genant.*

Facit 13 jar alt der knab.

Die 1. Aufgabe führt algebraisch betrachtet auf die Gleichung $3x - 18 = 4x - 16$ $(x = -2)$, sie ist daher nicht lösbar. Die 2. Aufgabe führt zu $3x - 18 = 15x - 174$ mit der Lösung $x = 13$ (jährliche Ausgabe in Mark und Alter des Knaben). ELLENBOGEN hat aber nicht bedacht, daß ein 13jähriger Junge seinem Herrn nicht 15 Jahre lang Kosten verursacht haben kann.
Von WIDMANN [12 (1489), o viij [v]-p [v]] stammt die Bezeichnung *Regula plurima*. Es handelt sich um ein Rechenrezept, das den Äquivalenzumformungen zur Lösung von Gleichungen des Typs $ax - b = cx - d$ entspricht, sofern $a, b, c, d \in \infty$, $(a>c \wedge b>d) \vee (c>a \wedge d>b)$ gilt.

[3 a, C iij-C iij [v]] = Kapitel *Antipedes*, ein „gesandtes Exempel“:
Item 3 wechters des selbigen hern / kauffen auch 9 Ellen / zu einem rock / von den selbigen dreyerleyen farben / als 3 ellen blaw / vnd 3 ellen graw / vnd 3 ellen gel / vnnd vortragen den rock mit einander / deñ alwegen mus nur einer mit dem rock ausreitten / vnnd die zwen der Burck hüten / Nu muste der erste alwegen eynen solchen rock haben / in $\frac{3}{4}$ jars / dan jm geburt am meisten aus zureitten / der ander bedarff einen solchen rock in $1\frac{1}{3}$ jars / der drite in $2\frac{2}{11}$ jars[26] */ Ist die frage / wie vil mus yderman zu dem gewant geben / Machs also / vnd ist dz dritte gesante Exempl / setz inn die mitte der 9 ellen wert als 16 marck ... Vnd mercke das Antipedes sein die leut / die vnter vns wonen / vnd keren die fusse gegen vns / vñ darum mustu auch in disser Regl / die zalen vorkeren also / die nenners setz oben / vnd die zelers vnten /*

[26] d. h. jeder würde als alleiniger Träger den Rock nach den angegebenen Zeiträumen abtragen

$$Fa.\ ma.\ d\bar{e} \begin{Bmatrix} Ersten & 8 \\ andern & 4 \\ dritten & 2 \end{Bmatrix} ß \begin{Bmatrix} 23 \\ 43 \\ 53 \end{Bmatrix} d \begin{Bmatrix} 3\frac{39}{61} \\ 1\frac{41}{61} \\ 0\frac{42}{61} \end{Bmatrix}$$

Nu fraget der Her / wie lang weret euch ein solcher rock / Mach einen Antipedischen gemeinen nenner / ist der zeler / vnd die erfunden geaddirtē zelers ist dein nenner / Also machs auch von den alte keirischen schiff / vnd dreyzappischem fas / vnd von den wolff / hunt / vnd fuchs.

Fac. $\frac{24}{61}$ *jars / vnd macht auch so vil gelt.*

Die Angaben am Anfang stammen von einer anderen Aufgabe, in der der Rock ebenfalls 16 Mark kostet. Die Zahl der Ellen und die gleich verteilten Farben sind hier irrelevant. Um es vorweg zu nehmen: ELLENBOGEN gibt die richtige Lösung an, aber der Lösungsweg läßt sich anhand des Textes nicht nachvollziehen. Auch muß man erst die 2. Frage beantworten, bevor man die Kosten für das Gewand aufteilen kann.

Die drei verschleißen pro Jahr $\frac{4}{3}$, $\frac{3}{4}$ bzw. $\frac{11}{24}$ Röcke (Zähler und Nenner sind „antipedisch" vertauscht). Zusammen brauchen sie pro Jahr $2\frac{13}{24}$ Röcke, so daß 1 Rock $\frac{24}{61}$ Jahre hält. Auf diesen Zeitraum umgerechnet, verschleißen die drei $\frac{32}{61}$, $\frac{18}{61}$ bzw. $\frac{11}{61}$ Röcke. Gemäß diesen Anteilen sind die Kosten von 16 Mark umzulegen – siehe das Diagramm im Aufgabentext.

ELLENBOGEN verweist auf weitere Aufgaben dieser Art, die sich wieder bei WIDMANN [12 (1489), r viij-s v] finden. (Das „alte keirische" Schiff ist aber eine Verballhornung: Das Schiff bei WIDMANN fährt von „Alkeyer", also von Algier, ab.) Dabei führt er in seinen eigenen Rechenbüchern selbst noch einige andere Beispiele für solche Zisternen- oder Leistungsprobleme an.[27]

[3 a, B iiij v-B v] aus dem Kapitel *Canon* – ein Beispiel zu den seltenen geometrischen Aufgaben:

Item ein runder buchsen stein liget 615 schu von der wage / der ist $1\frac{1}{2}$ *vnd* $\frac{1}{2}$ *von* $\frac{1}{4}$ *el. hoch ist die frag / wie offt wurt er vmgewelzet bis zu der wag / Merck das ein itliche circumferens oder vmkreis* $3\frac{1}{7}$ *mol so weit ist / als dyameter oder hoche eines cirkls / vnnd wirt der vmschweiff des steins* $5\frac{3}{28}$ *ellen / vnd merke*

---

[27] [3 a, B v] aus dem Kapitel „Canon": *Item es het ein treger eine fraw / vnd wenn er allein trinckt an einer Tun bier / so het er 3 wochen genug / vnd wen die fraw mit im trinckt / so wirt sie / in 16 tagen aus / Ist die frag wen die fraw allein trunke / wie lang wurt das bier weren ... facit 9 wochen 4 tag 3 stundt / den tag vor 15 stund gerechent.* [3 c, A v-A v] aus dem Kapitel „Die Cossisten": *Item eine Junckfraw kunde 1 pfunt seiden spinnen in* $\frac{3}{8}$ *tags / do ire faule maget muste 3 tag dar zu haben /* Wie lang spynnen sie beide an 1 pfu. … fa. 4 stund / den tag vor 12 stund gerechent

auch das do 4 schu machen $2\frac{19}{205}$ *ellen / wirt* $321\frac{3}{4}$ *ellen zwischen dem stein vnd wag / die teil ab / mit der circumferenz des steines.*

Fac. 63 mal get der stein vm.

Resümee

Die vorliegenden Rechenbücher dürften die frühesten (noch erhaltenen) sein, die auf der Grundlage der preußischen Metrologie konzipiert sind. Auch entspringen sie zweifellos einer eigenständigen Leistung. Wie schon gezeigt, hat sich ELLENBOGEN mit Werken von SACROBOSCO, LICHT, RUDOLFF, RIES, WIDMANN und evtl. auch APIAN auseinandergesetzt, wobei er am häufigsten – namentlich oder nur inhaltlich – auf WIDMANN eingeht. Wie für RIES sind dabei seine Bezeichnungen für den letzteren mitunter recht kurios: ... *wie Egrer beschreibet* [1, E vij] oder ... *wie Hagenaw schreibt* [1, E iiij v]. Offenbar hat ELLENBOGEN die vierte, im elsässischen Hagenau gedruckte Auflage von [12] vorgelegen. Auch mit cossischen Begriffen ist er vertraut, aber er verzichtet wohl auf die Algebra, weil man aus ihr für das kaufmännische Leben keinen Gewinn ziehen könne.[28]
Somit ist ELLENBOGEN fachlich durchaus auf der Höhe seiner Zeit. In den drei Büchern hat er eine reichhaltige Sammlung von teilweise originellen Aufgaben zusammengestellt. Manchmal ist die Lektüre etwas schwierig, weil er sich absichtlich kurzfassen möchte. Ausführlicher wird er meistens dann, wenn sich seine Kritikfreudigkeit in herzerfrischenden polemischen Kommentaren niederschlägt. Andererseits ist er ein gottesfürchtiger Mann, der auch über eine ansprechende Bildung und einen feinsinnigen Humor verfügt.
Das Studium der ELLENBOGENschen Werke ist sehr zu empfehlen. Hier läßt sich noch manch andere Entdeckung machen.

Literatur

[1] (Ellenbogen, Erhart von:) *Rechenbuch auff Preussische müntze / mas vnd gewichte / auff der linien vnd federn seer bequem / mit wenig worten viel begriffen / zu dem gemeinen handel vnd scharffer Rechnung verfertiget. Welscher Practica jnhalt / mit den dreien gesanten Exempeln vleissiglich beschlossen den 9. Weinmonat: Anno 1535.* Wittenberg (Joseph Klug) 1536, A (Titelblatt) – E vij v (nach Titelblatt Seitennumerierung 1-76). Standort: Bayerische Staatsbibliothek München

[2 a-d] (Ellenbogen, Erhart von:) [a] *Buchhalten auff Preussische müntze vnd gewichte ...* [b] *Welsche Practica auffs kürtzest beschlossen / Auch auff vnsere müntze / vormals im druck nie gesehen / mit etlichen meisterstücken fragen / hieher auffzulösen / gesant.* 1537 (ohne Drucker und Druckort), A (Titelblatt) – G v (38-62 v in der handschriftlichen Blattzählung des Sammelbandes) bzw. G v-H v (62 v-66 v). Es schließen sich noch 2 Abschnitte an: [c] *Folgen etliche gesante Exempel / welche ich hab aufgelöst ...*, H v-I ij (auf H ij folgt I ij) (66 v-68) und [d] *Natürlich verstentnis vbertrit die kunst*, I ij v-I iij v (68 v-69 v). Danach bricht der Text von Ellenbogen ab,

[28] *Aber was da ist radix Zensedezens odder Sursolidum / oder Cubus de cubo / Denn solch ding ist keinem nütze zu der Kauffmanschafft.* [1, B viij v]

es folgt noch eine ebenfalls unvollständige metrologische Tabelle in anderem Druck. Standort: Universitätsbibliothek Thorn (Toruń)

[3 a-c] (Ellenbogen, Erhart von:) [a] *Rechēbuch auff Preusische muntze / maß / vnd gewicht / auff der linien vnnd fedderen seer bequem / mit wenig worten / gar vil begriffen / zu dem gemeinem handl / vnd scharffer Rechnung verfertiget / durch den Canon, Echo, Conuersus, Antipedes, Falsus, Cecus. Buchhalten auch auff vnsere ganckhafftige müntze / in geselschaffter weise / gantz offen bar vnd auffs kurtz gesetzet.* Danzig (Franz Rhode) 1538, A (Titelblatt) – C vij ^{v} (1-23 ^{v}). Danach beginnt erst die Buchhaltung mit neuem Titelblatt: [b] *Buchhalten auff Preussische muntze / vnd gewichte* ... (vermutlich Danzig, Franz Rhode) 1538 (1-12 ^{v}, ohne Lagenzählung). [c] *Fur Junckfrawen vnde Frawen / Ein kurtz lüstig Rechenbüchlein / vnnd vor alle die / so in kurtzer zeit / vnd mit kleiner müh leichtiglichen rechē wollen leren / auff der liniē vnd federen bequem. Buchhalten auffs kurtzt / mit eynem buch beschlossen* ... Danzig (vermutlich Franz Rhode) 1540, A (Titelblatt) – B iij ^{v} (1-16 ^{v}). Standort: Universitätsbibliothek Breslau (Wrocław)

[4] Apian, Peter: *Eyn Newe vnnd wolgegründte vnderweysung aller Kauffmanß Rechnung* ... Ingolstadt (Georg Apian) 1527

[5] (Joannes de Sacrobosco:) *Algorismus Domini Joannis de Sacro Busco, noviter impressum.* Venedig (M. Sessa & P. de Ravanis) 1523 (ein aktueller Druck zur Zeit Ellenbogens)

[6] Gärtner, Barbara: Balthasar Licht (vor 1490 – nach 1509). In: Rechenbücher und mathematische Texte der frühen Neuzeit (Schriften des Adam-Ries-Bundes Annaberg-Buchholz – Band 11). Annaberg-Buchholz 1999, S. 13-20

[7] (Gotlieb, Joann:) *Ein Teutsch verstendig Buchhalten für Herren oder Geselschaffter / inhalt wellischem proceß / des gleychen vorhin nie der jugent ist fürgetragen worden, noch in druck kummen / durch Joan Gotlieb begriffen vnn gestelt* ... Nürnberg (Friedrich Peypus) 1531

[8] Licht, Balthasar: *Algorith(mus) linealis cu(m) pulchris co(n)ditionib(us) Regule detri: septe(m) fractionu(m)* ... Leipzig (Melchior Lotter) 1500

[9] (Ries, Adam:) *Rechenung auff der linihen vnd federn in zal / maß / vnd gewicht auff allerley handierung / gemacht vnnd zu samen gelesen durch Adam Riesen vō Staffelstein Rechenmeyster zu Erffurdt im 1522. Jar.* Erfurt (Mathes Maler) 1522.
Deschauer, Stefan (Hrsg.): Das 2. Rechenbuch von Adam Ries – Nachdruck der Erstausgabe Erfurt 1522. Algorismus Heft 5, München 1991

[10] Rudolff, Christoff: *Kunstliche Rechnung mit der ziffer vnd mit den zal pfenningen* ... Wien (Joann Singriener) 1526. Ausgabe Nürnberg (Christoff Heußler) 1561

[11] Tropfke, Johannes: Geschichte der Elementarmathematik, Band 1: Arithmetik und Algebra, 4. Auflage Berlin / New York 1980

[12] Widmann, Johannes: *Behēde vnd hubsche Rechenung auff allen kauffmanschafft.* Leipzig (Conrad Kacheloffen) 1489. 4. Auflage Hagenau (Thomas Anshelm) 1519

[13] Witthöft, Harald: Die kaufmännischen Rechenbücher von Christoph Falk (1552) und Michael Schiller (1651). In: Rechenbücher und mathematische Texte der frühen Neuzeit (Schriften des Adam-Ries-Bundes Annaberg-Buchholz – Band 11). Annaberg-Buchholz 1999, S. 141-150

Robert Recorde und sein Rechenbuch, London 1542.

Jens Ulff-Møller[1]

Eine der wichtigsten Voraussetzungen für die Entstehung der heutigen technischen Gesellschaft ist die Entwicklung der Rechenkunst seit dem 16. Jahrhundert, die für die Entwicklung von Wissenschaften und Handelsbetrieben verwendbar ist. Die Rechenmeister und Mathematiker sind für diese Entwicklung entscheidend. Die früheren Rechenmethoden mit Rechenbrett, Rechensteinen und römischen Zahlen hatten begrenzte Verwendungsmöglichkeiten. Nur mit dem Zifferrechnen, das die Rechenmeister der Renaissance einführten, konnte man bequem sehr große oder kleine Zahlenwerte darstellen. Die Entwicklung der elementaren Arithmetik kam spät, weil man im Altertum und Mittelalter praktische Wissenschaften, wie Handels- und Ingenieurwissenschaften, geringschätzte. An den Universitäten war die Arithmetik nur als eine theoretische Disziplin anerkannt.
Die Absicht meines Vortrags ist es, den sozialen Hintergrund und die Stellung der nordeuropäischen Rechenmeister zu untersuchen und der Frage nachzugehen, woher ihre Kenntnisse stammten und wie sich die Rechenkunst in Nordeuropa entwickelte. Schließlich ist es meine Absicht, eine Einschätzung über den Zeitpunkt des Übergangs vom Rechnen auf den Linien zum Zifferrechnen in Nordeuropa zu geben.

Der bedeutendste englische Rechenmeister war Robert Recorde, der von ca. 1510 bis 1558 lebte. Er schrieb um 1540 das bekannteste englische Rechenbuch, das in mehreren Auflagen im 16. und 17 Jahrhundert erschien, auch nach dem Tod des Verfassers:[2]

> *The Grounde of Artes: teachinge the perfecte Worke and Practise of Arithmeticke, both in whole numbers and fractions.* Erstausgabe London, 1542.

---

[1] Besonderer Dank gilt Herrn Prof. Menso Folkerts für die Durchsicht und Korrektur meines Vortrages

[2] Eine Mikrofilmausgabe in: *Early English Books 1475-1640*, Reel 1428. No. 20630, 20690, 20702, 20715, 20763, 20802, 20810, 20811. British Museum, Printed Books, Catalogue C123d5.

Robert Recorde hat außerdem folgende Rechenbücher geschrieben:

> *The Pathway to Knowledge, containing the First Principles of Geometry... bothe for the use of Instrumentes Geometricall and Astronomicall, and also for Projection of Plattes.* London, 1551.
>
> *The Castle of Knowledge, containing the Explication of the Spere both Celestiall and Materiall.&c.* London, 1556.
>
> *The Whetstone of Witte, which is the second part of Aritmetike, containing the Extraction of Rootes, the Cossike Practice, with the Rules of Equation, and the Woorkes of Surde Numbers.* London, 1557.
> Dieses Buch war das erste, in dem die Algebra in englischer Sprache dargestellt wurde.

Robert Recorde hatte den für viele Rechenmeister typischen sozialen Hintergrund in einer Provinzstadt, in der Handel getrieben wurde. Er stammte nicht aus der Aristokratie, sondern aus einer geachteten bürgerlichen Familie aus Tenby, einer Hafenstadt an der Südküste von Wales, die nur durch ihren Fischexport bekannt ist.

Seine wissenschaftliche Karriere auf mathematischem Gebiet ist typisch für viele Rechenmeister seiner Zeit, die außerhalb des etablierten Universitätsmilieus wirkten. Die Rechenkunst lehrte er nur im öffentlichen Unterricht, da er keine eigentliche Universitätsposition inne hatte. Er begann um 1525 seine Studien an der Universität Oxford und wurde 1531 zum Fellow des All Souls' College gewählt. Danach studierte er Medizin in Cambridge, wo er 1545 den medizinischen Doktorgrad erlangte. Später kehrte er wieder nach Oxford zurück, wo er öffentlich Rechenkunst unterrichtete, wie er es bereits vor seine Abreise nach Cambridge getan hatte. Danach war er in London, wo er Leibarzt des Königs Edward VI. und der Königin Mary war, denen er einige seiner Bücher widmete. Er starb im Jahre 1558 in Schuldhaft im King's Bench-Gefängnis in Southwark in London.

Recordes Rechenbuch *The Grounde of Artes* ist als Dialog zwischen Meister und Schüler geschrieben. Francis Pierrepont Barnard[3] behauptet, daß das Buch von der *Arithmetica* (1513) der Joannes Martinus Silicius beeinflußt war. Silicius war Spanier und Hauslehrer Philipps II., danach Erzbischof von Toledo, und schließlich wurde er Kardinal.[4] Eine andere Quelle könnte wohl auch der englische Mathematiker Johannes de Sacrobosco (um 1240) sein. Schließlich verband Recorde die ausländische Rechenwissenschaft mit einheimischen Beispielen von englischen Handelsrechnungen, vom englischen Münzsystem, Maßen und Gewichten.

---

[3] Francis Pierrepont Barnard, *Casting Counter and the Counting Board : A Chapter in the History of Numismatics and Early Arithmetic.* Oxford: Clarendon Press, 1916. S. 256-266.

[4] Karl Menninger, *Zahlwort und Ziffer,* Bd. 2. Göttingen: Vandenhoeck & Ruprecht, 2. Auflage, 1959. S. 150.

¶ The Grounde of Artes:

teaching the perfecte vvorke and practise of Arithmetike, both in whole nūbers and fractions, after a more easie and exact sort, than hitherto hath bene set forth.

Made by M. ROBERT RECORDE, D. in Physick, and afterwards augmented by M. IOHN DEE.

And now lately diligently corrected, & beautified with some newe Rules and necessarie Additions: And further endowed with a thirde part, of Rules of Practize, abridged into a briefer methode than hitherto hath bene published: with diuerse such necessary Rules, as are incident to the trade of Merchandize.

Wherunto are also added diuers Tables & instructions that will bring great profite and delight vnto Merchants, Gentlemen, and others, as by the contents of this treatise shal appeare.

By *Iohn Mellis* of *Southwark*, Scholemaster.

Imprinted by T. Harison, and H. Bynneman.

ANNO DOM. 1582.

In seinem Buch erklärt Recorde, daß es zwei Zählmethoden gibt, eine, bei der man auf den Linien rechnet, die andere ohne Linien - mit Ziffern. Aber fast alle seine Beispiele im zweiten Dialog „The accompting by Counters“ beziehen sich auf das Rechnen auf den Linien.

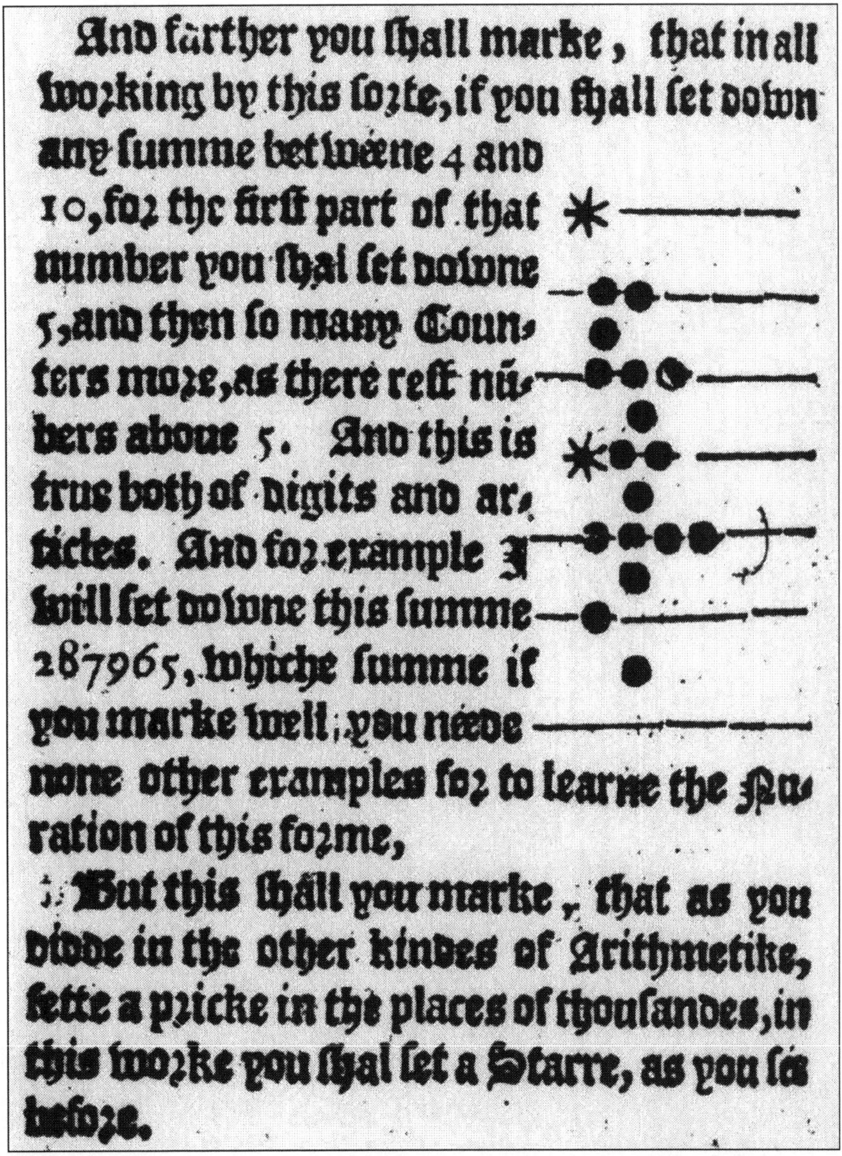

And fárther you shall marke, that in all
working by this sorte, if you shall set down
any summe betwéene 4 and
10, for the first part of that
number you shal set downe
5, and then so many Coun-
ters more, as there rest nú-
bers aboue 5. And this is
true both of digits and ar-
ticles. And for example I
will set downe this summe
287965, whiche summe if
you marke well, you néede
none other examples for to learne the Nu-
ration of this forme,

But this shall you marke, that as you
diuide in the other kindes of Arithmetike,
sette a pricke in the places of thousandes, in
this worke you shal set a Starre, as you sée
before.

Das Buch stellt die bekannten Species dar: Numeration, Addition, Multiplikation, Division, „Merchants use of addition“ und „Auditours Accompt“. Dazu werden auch die folgenden Themen behandelt: Progression, Rechnen mit Hilfe der Hand, Reduktion, Regeln der Praxis, Probleme des Tauschhandels.
Recorde illustrierte unter „Numeration“, wie man die Zahl 287.966 mit Rechensteinen auf das Rechenbrett legt. Jede Linie hatte den zehnfachen Wert der Linie darunter, und man konnte höchstens vier Rechensteine auf eine Linie legen.
In den Zwischenraum zwischen zwei Linien konnte man nur einen Rechenstein legen, und dieser hatte den Wert von fünf Rechensteinen auf der Linie unter ihm. Ein Kreuz oder Stern auf der vierten Linie für die Tausender diente nicht nur als eine Markierung, sondern auch als ein Zeichen, wo man mit dem Zeigefinger der linken Hand einen Ausgangspunkt für eine neue Rechnung finden konnte. Dieses Kreuz ist der Ursprung der heutigen Markierung der Tausender- und Millionenstelle in modernen Zahlenangaben.

Bei der Addition, z.B. 2.659 + 8.342 (= 11.001), stellt man zuerst die beiden Zahlen auf den Linien auf:

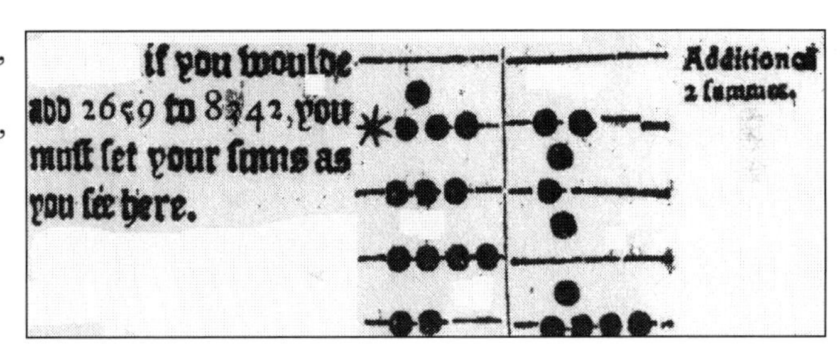

Der Additionsprozeß beginnt mit den Einern: 2 + 4 + 5 = 10 + 1, und die beiden Zahlen werden dann in der dritten Spalte aufgestellt:

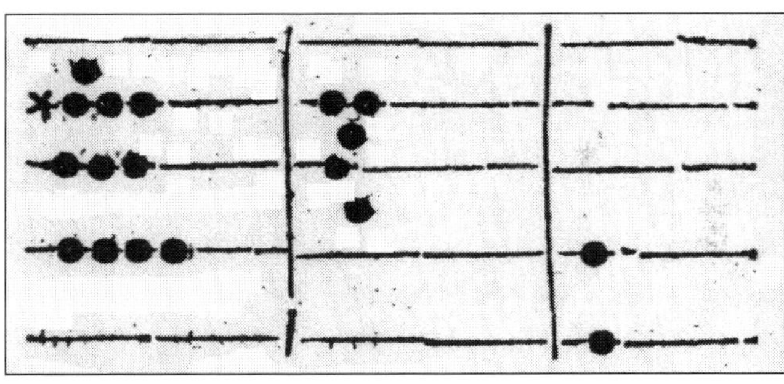

Danach addiert Recorde die Zehner. Er bewegt die 4 Zehner von der linken zur rechten Spalte, vergißt aber, den einen Zehner, der schon in der rechten Spalte

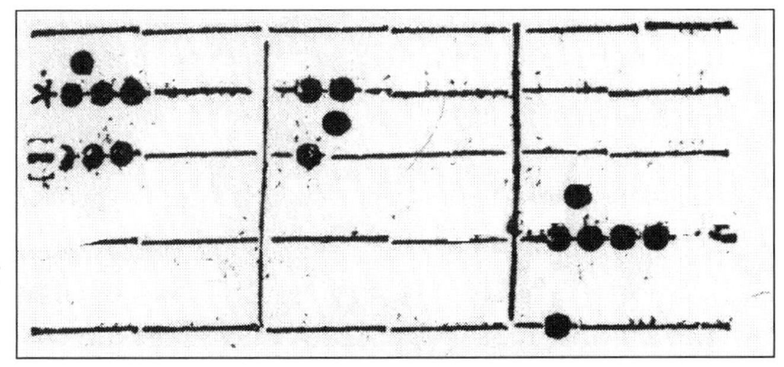

stand, einzutragen. Weil 4 + 1 + 5 ist, führt die Addition zu zwei Rechensteinen im Zwischenraum. Diese werden in einen Rechenstein auf der Hunderterlinie umgetauscht.

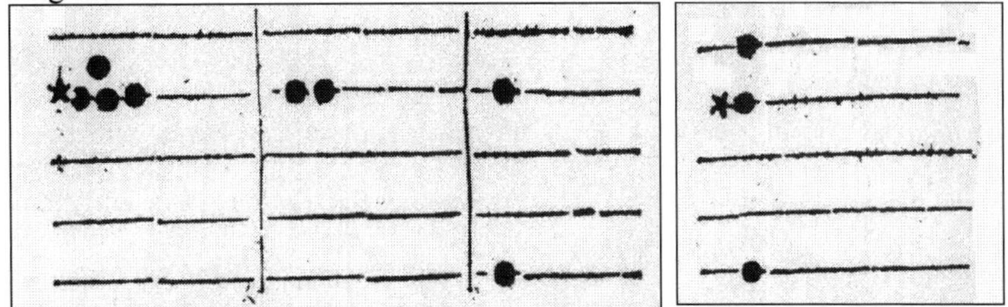

Dasselbe Verfahren wiederholt sich bei den Hundertern: 1 + 3 + 1 + 5 = 10 Hunderter, die in einen Rechenstein auf der Tausenderlinie umgetauscht werden.
Als Resultat ergibt sich dann 11.001:
Das Multiplikationsverfahren ist von Francis Pierrepont Barnard ziemlich verständlich erklärt worden. Beim Multiplizieren 1542 mal 365 plaziert man zuerst den Multiplikator und dann den Multiplikanden. Man beginnt mit der höchsten Stelle: 1000 mal 365 (Spalte A), und dann 500 mal 365 (Spalte B). Danach addiert man Spalte A + B = Spalte C. Dann multipliziert man 365 mit den vier Zehnern (Spalte D), die man dann zu Spalte C addiert (das Ergebnis kommt in Spalte E). Zuletzt multipliziert man 365 mit den zwei Einern (Spalte F); das Ergebnis wird zu Spalte E addiert; das Produkt steht dann in Spalte G.

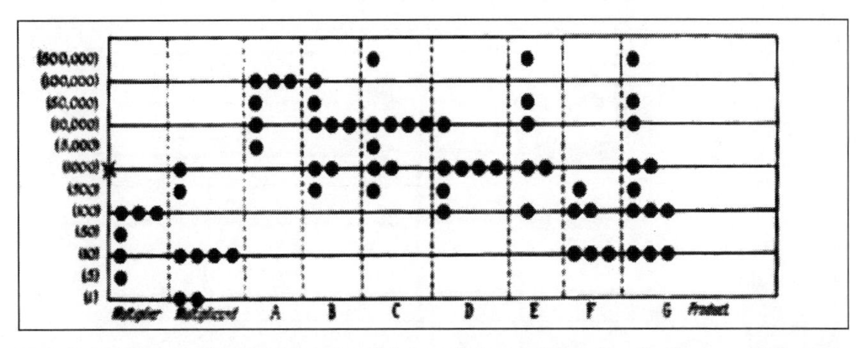

Bei der Division plaziert man den Divisor links auf dem Rechenbrett und den Dividenden rechts, und in der Mitte wird der Quotient ausgerechnet. Recordes Beispiel ist: Wenn 225 Schafe £ 45 kosten, wieviel kostet ein Schaf? Zuerst wechselt man £ 45 in 900 Schillinge.
Dann beginnt man mit der höchsten Linie des Dividenden, um herauszufinden, wie oft der Divisor darin aufgeht. Das Ergebnis ist: 4 (900 : 200 = 4, Rest 100). Die 4 legt man in die zweite Spalte. Dann bestimmt man, wie oft die Zahl auf der Zehnerlinie in den Rest des Dividenden paßt (100 : 20 = 4, Rest 20). Zuletzt bestimmt man, wie oft die Einer in dem Rest des Dividenden enthalten sind (20 : 5 = 4, Rest 0). Das Ergebnis ist: 1 Schaf kostet 4 Schilling.

If 225 sheepe cost 45 ℔. what did euerye shepe cost? To know this, I shoulde diuide the whole summe that is 45 ℔, by 225, but that cannot be: therefore must I firste reduce that 45 ℔ into a lesser denomination, as into shillinges, then I multiplie 45 by 20, and it is 900: that summe shall I diuide by the number of sheepe, which is 225, these two numbers therefore I set thus.

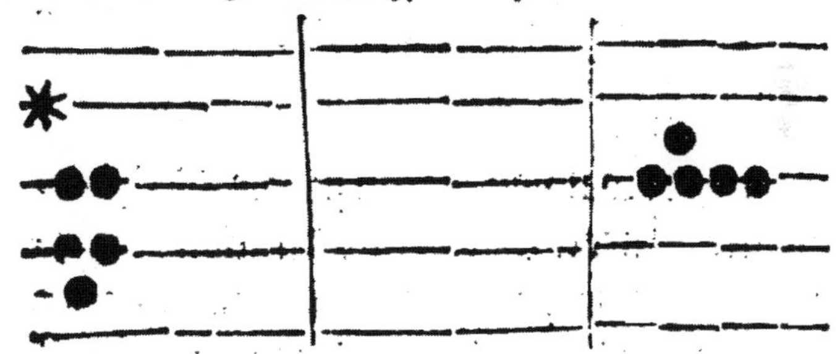

Then begin I at the highest lyne of the diuident, and seeke how often I maye haue the diuisour therein, and that maye I doe foure times: then saye I, foure times 2 are 8, whiche if I take from 9, there resteth but 1, thus.

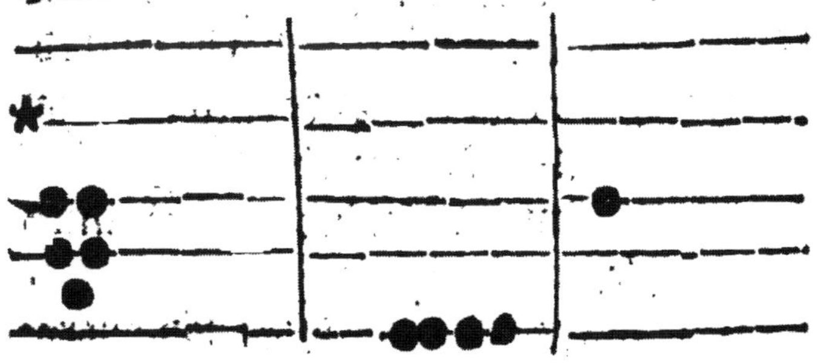

And because I founde the diuisor 4 times in the diuident, I haue set as you see, 4 in the middle roome, which is the place of the quotient: but now must I take the rest of ye diuisour as often out of the remayner, therefore come I to the seconde line of the diuisor, saying: 2 foure times make 8, take 8 from 10, and there resteth 2, thus.

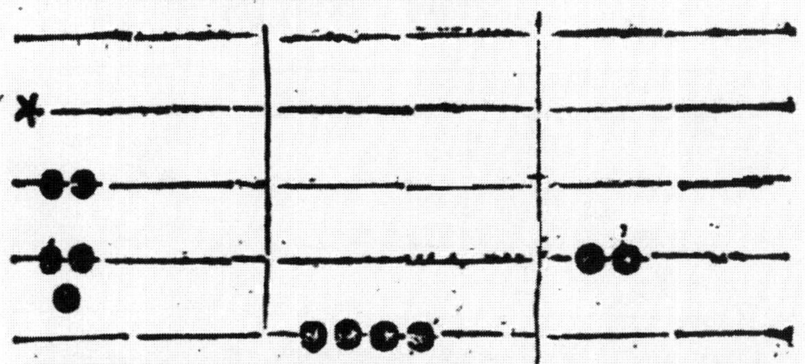

Then come I to the lowest number which is 5, and multiplie it 4 times, so is it 20, that take I from 20, & there remayneth nothing, so that I see my quotient to be 4, which are in valewe shillings, for so was the diuident: and therby I know yt if 225 Sheepe did cost 45 li, euery sheepe cost 4 s.

Robert Recorde gab auch zwei besondere Arten an, um Zahlen auf den Linien darzustellen: kaufmännisches Rechnen und „Auditours Accompt“. Um ein Beispiel für kaufmännisches Rechnen zu geben, wählte Recorde die Darstellung des Betrags 198£ 19S 11d auf dem Rechenbrett. Hierbei konnten maximal fünf Rechenmünzen auf eine Linie gelegt werden, und die Rechenmünzen zwischen den Linien hatten unterschiedliche Werte.

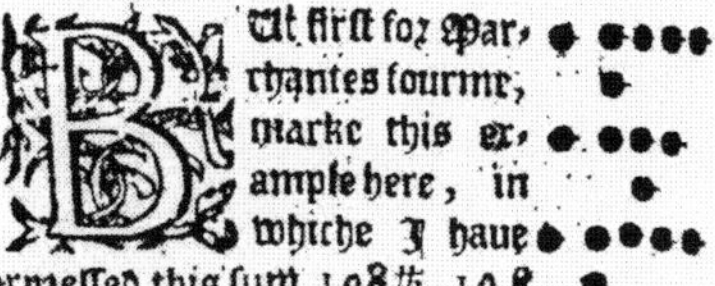

Marchantes vse.

But first for Marchantes fourme; marke this example here, in whiche I haue expressed this sum 198 li 19 s 11 d. So that you maye see that the lowest line serueth for pennies, the nexte aboue for shillings, the third for pounds, and the fourth for scores of poundes.

Auditours Accompt.

Now for the accompte of Auditours, take this example.

Where I haue expressed the same summe 198 li 19 s 11 d.

In seinem Beispiel legte man 11 Pfennig auf: zunächst fünf Rechenmünzen auf der ersten Linie, dann eine Rechenmünze in dem Zwischenraum, die 6 Pfennige repräsentierte.

Von den 19 Schillingen hatte die erste Rechenmünze, die links allein stand, den Wert 5 Schilling, und die nächsten vier bedeuteten 4 Schilling. Die Rechenmünze im Zwischenraum hatte den Wert 10 Schilling: 5 + 4 + 10, macht insgesamt 19 Schilling. Die Pfundwerte standen auf den drei obersten Linien: Auf der ersten Linie bedeutet die erste Rechenmünze links 5 Pfund und die drei nächsten 3 Pfund. Die Rechenmünze über der Linie hat den Wert 10 Pfund. Auf der oberste Linie zählte man die „Stiegen“: dort hatte jede einzelne Rechenmünze den Wert 20 Pfund. Die erste Rechenmünze links hatte aber den Wert 5 x 20 = 100 Pfund. (Im Münzrechnen waren die Hunderter immer „Kleinhunderter“, aber im Warenrechnen waren die Hunderter oft „Großhunderter“ von sechs Stiegen (120 Stück), jedenfalls in Schottland und Island.) Insgesamt gab es also folgende Pfunde: 5x20, 4x20, 10, 5, 3 Pfund= 198 Pfund.

Danach stellte Recorde dieselbe Summe auch in dem „Auditours Accompt“ dar. Dort werden die 20 Pfunde, Pfunde, Schillinge und Pfennige nacheinander aufgestellt.

Zum Schluß möchte ich sagen, daß man in Nordeuropa zur Zeit Robert Recordes, also um die Mitte des 16. Jahrhunderts, immer noch auf den Linien mit Rechensteinen rechnete, obwohl die arabischen Ziffern schon bekannt waren.

Die Rechenmethoden waren aus südeuropäischen Rechenbüchern bekannt, aber sie waren mit Beispielen aus der englischen Rechenpraxis vermischt. Die Konsequenz dieser Mischung verschiedener Praktiken ist, daß die Beispiele, die wir in den Rechenbüchern finden, nicht einfach ein Ausdruck der Rechenpraxis sind, die man im Wirtschaftsleben verwendete, sondern daß man eine verbesserte Rechenpraxis darstellte.

Die Rechenmeister selbst stammten aus bürgerlichen Gesellschaftsschichten und waren daher nicht weit entfernt von den kaufmännischen Kreisen, in denen man die Rechenkunst ausübte. Der Unterricht und das Studium der Rechenkunst fand zu dieser Zeit an Schulen außerhalb der Universitäten statt, denn die praktische Arithmetik war nicht als eine universitäre Disziplin anerkannt.

Die Algorismus-Vorlesung von Nikolaus Matz aus Michelstadt (um 1443–1513)

Martin Hellmann

Michelstadt im Odenwald besitzt in seiner Kirchenbibliothek einen außergewöhnlichen Bücherschatz. Es handelt sich um die private Gelehrtenbibliothek von Nikolaus Matz, die er im Jahre 1499 seiner Heimatgemeinde vermacht hatte und die durch glückliche Umstände bis heute im Buchbestand unversehrt erhalten blieb. Einer der glücklichen Umstände war gewiss der geringe Bekanntheitsgrad der Bibliothek in Zeiten, in denen Bücher begehrtes Raubgut waren und wenig Schutz genossen. Seit dem 19. Jahrhundert fand die Sammlung Interesse in engeren Gelehrtenkreisen, gebührenden Schutz und Beachtung aber fand sie erst in jüngster Zeit durch die Bemühungen der Gemeinde um Restauration und Erschließung der Bücher[1].

Unter den vierzehn mittelalterlichen Handschriften befindet sich ein Band mit mathematischen Texten. Er trägt die Signatur D 692 und nimmt unter anderem dadurch eine besondere Stellung in der Büchersammlung ein, dass er sowohl lateinische als auch deutsche Texte enthält. Der mathematische Block umfasst die Blätter 114–202 (Ende der Handschrift) und viele dazwischen eingebundene Zettel mit Notizen zu Rechenaufgaben. Die zentralen Texte sind ein Kommentar von Henricus Stolberger zum Algorismus von Johannes de Sacrobosco (114r–127v), aus dem Algorismus selbst der Abschnitt über das Ausziehen der Wurzeln (128r–132v), der Kommentar von Matz zum Sacrobosco-Algorismus im Autograph (135r–165r), der Rechentraktat *Wer wil lernen rechnen durch ain maisterlich legen mit rechenpfenging uff alerlay kauffmann schatz in ganzen, der mach uff ein tusch . . .* (166v–168r) und der Computus Nurbergensis (170r–202r)[2].

In der Wissenschaft fand die Handschrift aufgrund einer Vorlesungsankündigung von Matz Beachtung, die sich vor dem Algorismus-Kommentar befunden haben

[1] Kurt Hans Staub – Christa Staub: Die Inkunabeln der Nicolaus-Matz-Bibliothek (Kirchenbibliothek) in Michelstadt (Rathaus- und Museumsreihe 3, 1984); Johannes Staub – Kurt Hans Staub: Die mittelalterlichen Handschriften der Nicolaus-Matz-Bibliothek (Kirchenbibliothek) in Michelstadt (Rathaus- und Museumsreihe 19, 1999).

[2] Ausführliche Beschreibung bei Staub: Handschriften S. 96–102.

soll[3] und deshalb auch als Indiz für die Autorschaft von Matz herangezogen werden kann. Unter den eingebundenen Zetteln sucht man sie heute vergeblich, allerdings wurde im Zusammenhang mit der Katalogisierung der Handschrift eine maschinenschriftliche Abschrift von Alexander Röder gefunden[4]:

> *Magister Nicolaus Matz de Michelstadt hodie hora prima legere incipiet Algorismum de integris in scolis artistarum.*

« Magister Nicolaus Matz aus Michelstadt beginnt heute um ein Uhr im Unterricht der Artisten den Algorismus von den Ganzen zu lesen. »

Dass der Algorismus-Kommentar als Vorlesungsmanuskript diente, zeigt auch folgende Notiz auf einem noch vorhandenen Zettel (155ar, siehe Abb. 1)[5].

> *In ii p 7 + fi.*
> *Alias legendo algorismum quoad octo species eius promissurum me memini nonam partem, quae est de radicum extractione tam in numeris quadratis quam in cubicis, una dierum adligandam; quod adimplere desiderans hodie secundum intimacionem factam hoc ipsum aggredior; et autor ita dicit in textu 'Sequitur nunc de radicum'.*

« Zu II, Teil 7 und Schluß.
Als ich ein andermal den Algorismus bis zu seiner achten Spezies las, erinnere ich mich, versprochen zu haben, daß der neunte Teil, der vom Ausziehen der Wurzel sowohl bei den Quadrat- als auch bei den Kubikzahlen handelt, an einem der Tage angehängt werden sollte; aus dem Wunsch, dies zu erfüllen, nehme ich heute entsprechend der gemachten Ankündigung genau dies in Angriff; und zwar sagt der Autor im Text (Algorismus 385)[6] 'Sequitur nunc de radicum . . .' »

In seiner grundlegenden Untersuchung über die Vorlesungsankündigungen der Frühhumanisten erwähnte Ludwig Bertalot diejenige von Matz in einer Fußnote, schloss sie allerdings als nicht eigentlich humanistisch von der Untersuchung aus. Es war die einzige mathematischen Inhalts, die ihm bekannt war. Inzwischen sind weitere mathematische Intimationes bekannt geworden. 1986 veröffentlichte Ludwig Schuba aus der Handschrift Vat. Pal. lat. 1381, fol. 123r, die Ankündi-

---

[3] Ludwig Bertalot: Humanistische Vorlesungsankündigungen in Deutschland im 15. Jahrhundert, Zeitschrift für Geschichte der Erziehung und des Unterrichts 5 (1915) S. 1–24, wiederabgedruckt in ders.: Studien zum italienischen und deutschen Humanismus, hg. von Paul Oskar Kristeller (1975) Bd. 1, S. 219–249, auf S. 219 f. Anm. 3.

[4] Abgedruckt bei Staub: Handschriften S. 101, nicht beachtet bei Barbara Gärtner: Johannes Widmanns «Behende und hubsche Rechenung». Die Textsorte ‹Rechenbuch› in der Frühen Neuzeit (Reihe Germanistische Linguistik 222, 2000) S. 33 f. Anm. 2.

[5] Vorläufige Transkription bei Staub: Handschriften S. 101.

[6] Der Algorismus des Johannes de Sacrobosco wird zitiert nach der Zeilenzählung der Edition von Fridericus Saaby Pedersen: Opera Petri Philomenae (Corpus Philosophorum Danicorum Medii Aevi X 1, 1983) S. 174–201.

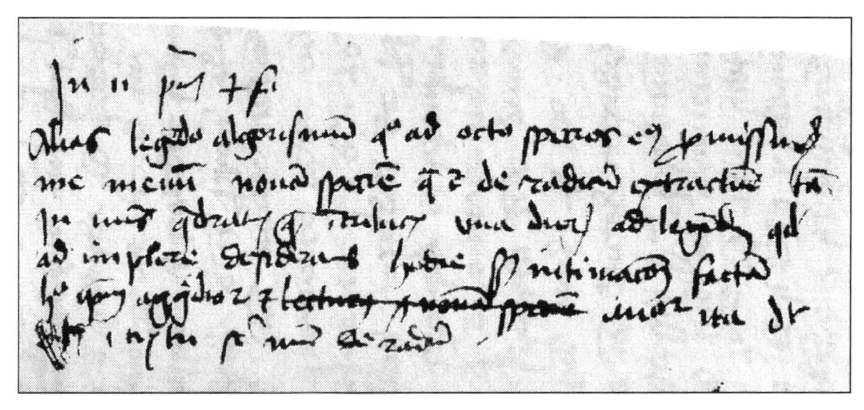

Abb.1: Michelstadt, Nicolaus-Matz-Bibliothek (Kirchenbibliothek), D 692, fol.155ar.

Abb.2: Michelstadt, Nicolaus-Matz-Bibliothek (Kirchenbibliothek), D 692, fol. 151r, untere Hälfte.

gung umfassender Übungen von Matthias von Kemnat, die zur astrologischen Wissenschaft der Araber befähigen sollten[7]. Herausragender Vertreter der Mathematik im Umfeld des frühhumanistischen Universitätslebens war Johannes Widmann, von dem insgesamt vier Vorlesungsankündigungen erhalten sind[8]. Während Widmann selbst lateinische und deutsche Texte verfasste, ist in den Handschriften, mit denen die Vorlesungsankündigungen von Matz und Matthias von Kemnat in Verbindung stehen, immerhin früh die Rezeption deutschsprachiger Fachtexte belegt; bei Matz der Traktat zum kaufmännischen Rechnen, bei Matthias von Kemnat ein Traktat zur Visierkunst[9]. Die mathematischen Vorlesungsankündigungen bieten somit den Schlüssel zum bisher wenig beachteten Austausch zwischen mathematischer Praxis und Universität im 15. Jahrhundert.

Auch der Algorismus-Kommentar von Henricus Stolberger ist bisher ungedruckt. Anfang und Ende des Textes lassen einen engen Zusammenhang mit einem anonym überlieferten Algorismus-Kommentar im Vat. Pal. lat. 1397, fol. 173r–187r, vermuten, der bei Thorndike–Kibre aufgenommen ist[10]:

> *In nomine domini nostri Jhesu Christi Amen. Circa inicium algorismi nota ex quo presens sciencia est mathematicalis ... – ... si non tempora locorum. Et sic est finis in vigilia sancti Udalrici anno domini 1446.*

In der Handschrift von Matz lauten die Textenden folgendermaßen[11]:

> *Circa inicium algorismi ex quo sciencia est mathematicalis ... – ... ipsius media loca si non ipse locorum. Et sic est finis huius algorismi. Lectum in Amberga per magistrum Henricum Stolberg anno 1452.*

Heinricus Stollberger de Amberga findet sich in den Matrikeln der Universität Heidelberg vom März 1435, unter den Lizenziaten des Artistenbakkalaureats vom 6. April 1444 und schließlich unter den promovierten Bakkalaren des kanonischen Rechts vom 8. November 1456, hier aber zusätzlich als *Ratispanensis*, also Regensburger Bürger, benannt[12]. Demnach lässt sich vermuten, dass Stolber-

---

[7] Bibliotheca Palatina. Katalog zur Ausstellung vom 8. Juli bis 2. November 1986 Heiliggeistkirche Heidelberg, hg. von Elmar Mittler (1986) Textband S. 26 f., Bildband S. 14. Der Text wurde nochmals ediert von Ludwig Schuba: Die Quadriviums-Handschriften der Codices Palatini Latini in der Vatikanischen Bibliothek (Kataloge der Universitätsbibliothek Heidelberg 2, 1992) S. XVI f.

[8] Ediert von Gärtner: Widmann S. 570–572; vgl. auch Wolfgang Kaunzner: Johannes Widmann, Cossist und Verfasser des ersten großen deutschen Rechenbuches, in: Rechenmeister und Cossisten der frühen Neuzeit (1996) S. 37–51, auf S. 41.

[9] Vat. Pal. lat. 1381, fol. 87v; vgl. Schuba: Quadriviums-Handschriften S. 119.

[10] Lynn Thorndike – Pearl Kibre: A Catalogue of Incipits of Mediaeval Scientific Writings in Latin (1963) Sp. 207; ergänzt nach der Beschreibung von Schuba: Quadriviums-Handschriften S. 165.

[11] Text nach Staub: Handschriften S. 100.

[12] Gustav Toepke: Die Matrikel der Universität Heidelberg, Bd. 1 (1884) S. 207; Bd. 2 (1886) S. 287 und 515.

ger als Heidelberger Artistenbakkalar im Zuge einer von ihm abzuhaltenden Standardvorlesung im Jahre 1446 seinen Algorismus-Kommentar verfasste und dieser in der ehemals Heidelberger Handschrift im Autograph vorliegt. Diese Vorlesung hielt er nochmals 1452 in seiner Heimatstadt Amberg, wo sie ab- oder mitgeschrieben wurde. Diese Handschrift könnte Matz als angehender Student auf seiner Reise nach Wien im Jahre 1455 erworben haben.
Soviel man vom Leben des Nikolaus Matz weiß, studierte und lehrte er an der Universität Wien von 1455 bis 1469, seit 1457 als Bakkalar und seit 1459 als Magister artium[13]. Im Jahr 1469 folgte er einem Ruf an die Universität Freiburg, wo er im Jahre 1475 ein Ordinariat der Theologie bekam[14]. Ab 1478 wirkte er, wahrscheinlich auf einen Ruf Bischof Ludwigs hin, bis zu seinem Lebensende in Speyer und somit nicht allzu fern von seiner Heimatstadt im Odenwald. Eine Tätigkeit in bischöflichen Diensten ist allerdings nur bis zum Tode Ludwigs 1504 belegt. Nach seiner Bibliothek und den von ihm verfassten Predigten zu urteilen lag der Schwerpunkt seines Wirkens im seelsorgerischen Bereich.
Die Studienzeit von Matz in Wien fällt in die Blüte der ersten Wiener mathematischen Schule unter Georg von Peuerbach[15], so dass man im Algorismus-Kommentar von Matz eine Frucht von Peuerbachs Lehre vermuten könnte. Dass von Peuerbach keine mathematischen Vorlesungen nachweisbar sind, wurde oftmals hervorgehoben[16], allerdings ist für die fragliche Zeit in Wien bislang auch keine Algorismus-Vorlesung eines anderen bekannt. In Betracht käme allenfalls die 1461 von Stephan Molitoris aus Bruck an der Leitha gehaltene *Arismetrica communis*[17]. Es lässt sich also bis auf Weiteres kein Lehrer benennen, der Matz an die Mathematik herangeführt hat.
Die junge Universität Freiburg schickte im Januar 1469 einen Gesandten nach Wien, um vier neue Lehrer anzuwerben. Nikolaus Matz, der damals schon die theologische Laufbahn eingeschlagen hatte, wurde als einer von zwei Magistern

[13] Willy Szaivert – Franz Gall: Die Matrikel der Universität Wien II. 1451–1518 (1967) Text S. 35 (14. April 1455 Natio Renensium Nr. 106); Paul Uiblein: Die Akten der Theologischen Fakultät der Universität Wien (1396–1508) 2 Bde. (1978) S. 686 f.

[14] Hermann Mayer: Die Matrikel der Universität Freiburg i. Br. von 1460–1656, Bd. 1 (1907) S. 43; Johannes Joseph Bauer: Zur Frühgeschichte der Theologischen Fakultät der Universität Freiburg i. Br. (1460–1620) (Beiträge zur Freiburger Wissenschafts- und Universitätsgeschichte 14, 1957) S. 182.

[15] Christa Binder: Die erste Wiener Mathematische Schule (Johannes von Gmunden, Georg von Peurbach), in: Rechenmeister und Cossisten der frühen Neuzeit (1996) S. 3–18; Helmut Grössing: Humanistische Naturwissenschaft. Zur Geschichte der Wiener mathematischen Schulen des 15. und 16. Jahrhunderts (Saecula spiritalia 8, 1983).

[16] Vgl. etwa Alphons Lhotsky: Die Wiener Artistenfakultät 1365–1497 (1965) S. 160–162.

[17] Paul Uiblein: Die Wiener Universität, ihre Magister und Studenten zur Zeit Regiomontans, in: Regiomontanus-Studien, hg. von Günther Hamann (Sitzungsberichte der phil.-hist. Klasse der Österreichischen Akademie der Wissenschaften 364, 1980) S. 395–432, wiederabgedruckt in ders.: Die Universität Wien im Mittelalter. Beiträge und Forschungen, hg. von Kurt Mühlberger und Karl Kadletz (Schriftenreihe des Universitätsarchivs Universität Wien 11, 1999) S. 409–442, auf S. 412.

für den Unterricht der Artisten berufen[18]. Bislang ist unklar, ob Matz seinen Algorismus-Kommentar in Wien oder in Freiburg verfasst hat. Ein Hinweis auf die Datierung ergibt sich aus folgender Textpassage auf fol. 151r (siehe Abb. 2), die sich auf das Ende des Abschnitts zur Multiplikation im Algorismus bezieht:

> *EX PRAEDICTIS IGITUR etc.* (Algorismus 293) *auctor concludit, quod si prima figura numeri multiplicandi sit cifra, tunc ad eam non debet fieri anterioratio, sicut iam patuit in isto exemplo adducto, similiter ibi:*
> *460*
> *951*
> *Pro meliori intellectu dictorum sunt aliqua enigmata. Primum ENIGMA: Quot sint hore in uno anno. Ad quod respondendo oportet scire numerum dierum anni qui est 365, consequenter oportet istum numerum multiplicare per 24, quia 24 sunt hore in die et nocte, quo facto proveniet iste numerus 8760, et ille repraesentat numerum horarum unius anni. Similiter, si vellem scire, quot essent hore a nativitate Christi usque nunc, debeo multiplicare numerus annorum a nativitate Christi per illum numerum repraesentantem horas unius anni, et tunc proveniet summa, ut patet practicanti.*

« 'Aus dem Vorausgegangenen also' usw. schließt der Autor, dass wenn die erste Ziffer der Zahl, die multipliziert werden soll, eine Null sei, dann zu dieser hin keine Vorrückung gemacht werden darf, wie man schon in dem angeführten Beispiel sah, ähnlich hier:
460
951
Zum besseren Verständnis des Gesagten gibt es einige Rätsel. Erstes Rätsel: Wie viele Stunden sind in einem Jahr? Um darauf zu antworten, muss man die Zahl der Tage eines Jahres wissen, die 365 ist, folglich muss man diese Zahl mit 24 multiplizieren, denn 24 sind die Stunden in einem Tag und einer Nacht. Hat man dies getan, kommt die Zahl 8760 heraus, und diese repräsentiert die Zahl der Stunden eines Jahres. Ähnlich muss ich, wenn ich wissen will, wie viele Stunden es von der Geburt Christi bis heute sind, die Zahl der Jahre seit der Geburt Christi mit jener Zahl multiplizieren, die die Stunden eines Jahres repräsentiert, und dann kommt eine Summe heraus, wie sie dem Übenden einsichtig wird. »

Hierzu ist am unteren Rand folgende Rechnung ausgeführt:

8760
1471 *12885960*

Im Ergebnis sind die Ziffern 2 und 5 mit einem darüber gesetzten Punkt gekennzeichnet. Da die Rechnung kaum gleichzeitig mit der Niederschrift des Textes

[18] Bauer: Frühgeschichte S. 16; vgl. auch Joachim Köhler: Die Universität zwischen Landesherr und Bischof. Recht, Anspruch und Praxis an der vorderösterreichischen Landesuniversität Freiburg (1550–1752) (Beiträge zur Geschichte der Reichskirche in der Neuzeit 9, 1980).

eingetragen sein wird, dient die Jahreszahl 1471 nur als Anhaltspunkt für die spätest mögliche Datierung des Textes. Es liegt die Vermutung nahe, dass Matz die Rechnung im Zusammenhang mit einer Vorlesung ausgeführt hat, der er sein Manuskript zugrundegelegt hatte. Nikolaus Matz hat demzufolge im Jahre 1471 in Freiburg eine Algorismus-Vorlesung gehalten.
Auf fol. 161r der Handschrift, einem regulären Blatt mit allerlei Notizen, das sich mitten im Algorismus-Kommentar von Matz befindet, sind die Gebühren für die verschiedenen Unterrichtsgegenstände im Unterricht der Artisten aufgelistet. Dies ist deswegen von besonderem Interesse, weil gleichzeitig mit der Berufung der vier Wiener Lehrer nach Freiburg eine Angleichung der Freiburger an die Wiener Statuten erfolgen sollte[19].

libri in rethorica	*1 g*
algorismum	*1 g*
primus liber euclidis	*1 g*
insolubilia	*1 g*
obligatoria	*1 g*
⟨s⟩pera materialis	*iii g*
priorum	*iii g*
posteriorum	*iii g*
elencorum	*iii g*
phisicorum	*viii g*
vetus ars	*v g*
de anima	*v g*
parva logicalia	*fl⟨. . .⟩*
veteris artis	
parvorum loycalium	
priorum	
phisicorum	*exercici⟨a⟩*
prima pars	*iii g*
2a pars	*ii g*
donatus minor	*iii g*
2a pars grecismi	*iii ⟨g⟩*

Mit dem Abschnitt *De libris audiendis* « Über die Bücher, die gehört werden sollen » der ältesten lateinischen Statuten der Freiburger Artistenfakultät besteht weitgehende Übereinstimmung[20]. Demzufolge mussten die Artisten folgendes Programm (mit den entsprechenden Gebühren) erbringen:

Schriften zur Rhetorik, wahrscheinlich Cicero (1 Groschen)
Johannes de Sacrobosco, Algorismus (1 Groschen)

---

19 Bauer: Frühgeschichte S. 21.

20 H. Ott – J. M. Fletcher: The Mediaeval Statutes of the Faculty of Arts of the University of Freiburg im Breisgau (Texts and Studies in the History of Mediaeval Education 10, 1964) S. 64.

Euklid, Elemente, 1. Buch (1 Groschen)
die Insolubilia und Obligatoria, wahrscheinlich nach Marsilius von Inghen (jeweils 1 Groschen)
Johannes de Sacrobosco, Sphaera materialis (3 Groschen)
Aristoteles, Analytica priora (3 Groschen)
Aristoteles, Analytica posteriora (3 Groschen)
Aristoteles, De sophisticis elenchis (3 Groschen)
Aristoteles, Physica (8 Groschen)
die Vetus ars, d. h. Aristoteles, Categoriae und De interpretatione, sowie Porphyrius, Isagoge (5 Groschen)
Aristoteles, De anima (5 Groschen)
Marsilius von Inghen, Parva logicalia, wohl die Teile Suppositiones, Ampliationes, Appellationes, Restrictiones, Alienationes und Consequentiae (die Teile Obligationes und Insolubilia wurden bereits separat genannt)
Übungen in zwei Teilen zur Ars vetus, zu den Parva logicalia, zu den Analytica priora und zu den Physica (1. Teil 3 Groschen, 2. Teil 2 Groschen)
Donatus, Ars minor (3 Groschen)
Eberhardus Bethuniensis, Graecismus, 2. Teil (3 Groschen)

Bei Matz fehlen gegenüber den Statuten die Topica von Aristoteles, das Doctrinale des Alexander von Villa-Dei und der nach den Statuten offensichtlich nicht regelmäßig angebotene Computus chirometralis. Matz nennt über die Statuten hinaus die Sphaera materialis von Sacrobosco und De anima. Insbesondere das mathematische Programm bleibt deutlich hinter dem in Wien angebotenen zurück, so dass die geforderte Angleichung in der Praxis wahrscheinlich kaum durchgeführt werden konnte. Obwohl nicht ausgeschlossen werden kann, dass es sich bei der hier abgedruckten Liste um einen Nachtrag auf einem freigebliebenen Blatt des Algorismus-Kommentars handelt, wird die Vermutung gestützt, dass Nikolaus Matz seinen Algorismus-Kommentar in Freiburg, also in den Jahren 1469–1471 verfasst hat.

Das Rechenbuch von Johann Böschensteyn

Paul C. Martin

Im Jahre 1514 erschien in Augsburg ein Rechenbuch mit dem Titel:

Ain New geordnet Rech / en biechlin mit den zyffern / den angenden schülern zu nutz In / haltet die Sieben species Algormith= / mi sampt der Regel de Try / vnd sechs regeln d / prüch /un der regel Fusti mit vil andern guten frag= / gen den kündern zum anfang nützbarlich durch / Johann Böschensteyn von Esslingen priester / neylich auß gangen und geordnet.

Das Rechenbuch nennt David Eugene Smith, Rara Arithmetica (Boston und London, 1908) auf Seite 100, im Gesamtkatalog der Drucke des 16. Jh. (VD 16) ist es unter B 6379 verzeichnet (Abbildung 1 auf der nächsten Seite).

Als Drucker wird im Kolophon Erhart Öglin genannt, der (vermutlich) zeitgleich ein in der Aufmachung des Titels dem bekannten Rechenbuch des Jakob Köbel gleicht, dessen offenbar zweite Auflage damit vorgelegt wurde (Abbildung 2 auf der übernächsten Seite). Erhard Öglin, auch Ocellus, stammt aus Reutlingen. Er war 1491 Druckergeselle und Bürger zu Basel, 1498 in Tübingen immatrikuliert und kam 1502 mit Johann Otmar nach Augsburg. Otmar wirkte dort von 1502 bis 1514 und richtetet „bei St. Ursula Kloster am Lech (apud cenobium S. ursulae cis Licum)" seine letzte Druckerei ein (vgl. H.H. Bockwitz, Johann Othmar und sein Sohn Sylvan, in Börsenblatt für den deutschen Buchhandel 4, 1948, S. 858).

Öglin arbeitete nach Otmar zunächst mit Jörg Nadler zusammen (1508 – 1524 in Augsburg tätig), von dem zahlreiche Reformationsdrucke stammen. Wann sich Öglin selbständig gemacht hat, wissen wir nicht. Bei Proctor sind von ihm 31 Drucke, auch solche in hebräischer Schrift sowie Musikdrucke bekannt (vgl. R. Proctor, An Index of German Books, 1501-1520 in the British Museum, London, 2. Aufl. 1954). Sein wertvollster und wohl auch wichtigster Druck ist die „Copia der Newen Zeytung aus Pressilg Landt", von der sich u.a. Exemplare in der Ratsbibliothek in Zwickau und der Amerika-Bibliothek der Bosch-Stiftung finden (vgl. H.H. Buckwitz, Die „Copia (...)", in Zeitschrift des Vereins f. Buchwesen und Schrifttum 3 (1920, 27 – 35).

Ain New geordnet Rech
en biechlin mit den zyffern
den angenden ſchůlern zů nutz In
haltēt die Siben ſpecies Algorith=
mi mit ſampt der Regel de Try/vnd ſechs regeln d̃
prüch/vñ der regel Fuſti mit vil andern gůten fra=
gen den kündern zum anfang nützbarlich durch
Joann Böſchenſteyn von Eſſlingen prieſter
neülych auß gangen vnd geordnet.

Abb. 1

Ain New geordnet Rech
en biechlin auf den linien
mit Rechen pfeningen: den
Jungen angenden zu heiſ
lichem gebrauch vnd hend
eln leychtlich zu lernen
mit figuren vnd exempeln
Volgt hernach klär-
lichen angezaigt.

Abb. 2

Das Rechenbuch von Böschensteyn zählt zu den großen Raritäten unter den frühen Rechenbüchern. Das Exemplar der ehemaligen Sammlung Honeyman ist im Herbst 2001 bei Hartung & Hartung, München, für 36.000 D-Mark versteigert worden.

Über das Rechenbuch Böschensteyns hatte bereits Wolfgang Meretz publiziert (Berlin 1983; ich danke Herrn Dr. Rainer Gebhardt an dieser Stelle für die Überlassung seines Exemplars).

Allerdings lag Meretz dabei die 3. Auflage vor, die Johann Miller (tätig in Augsburg 1514 bis 1528?) für Öglin besorgt hat. Diese Auflage hat den gleichen Titelholzschnitt, allerdings einen anderen Titel (Text) und unterscheidet sich vom Urdruck etwas im Umbruch und den großen oder Zwischenzeilen sowie einigen Zwischenräumen. Ansonsten ist der Text identisch, wobei anzumerken ist, dass das Faksimile in dem Buch von Meretz die Seiten in falschen Reihenfolgen wiedergibt (ab A iii).

Über das Leben Böschensteyns (1472 – 1540) führt Meretz unter Nutzung der von ihm angegebenen Literatur, die sich m.W. seitdem nicht vermehrt hat, in gebotener Knappheit aus, was in gebotener weiterer Kürze wiederholt werden soll:

B. war Sohn des Heinrich Böschenstain, der aus einer christlichen Fischerfamilie aus Stein am Rhein stammte. In einer 1524 erschienenen Verteidigungsschrift legt er ausführlich dar, dass seine Vorfahren Christen und nicht Juden waren. Hebräisch hat er in Esslingen ab 1489 bei Moses Möllin zu Weissenburg gelernt. B. studierte Theologie und wurde 1494 zum Priester geweiht. Er erreichte nie eine Pfarrersstelle, sondern blieb „Lehrer", was Geistliche stets waren, bevor sie eine Pfründe erhalten konnten. Bis 1505 lehrte B. Hebräisch in Esslingen, danach an der Universität Ingolstadt. Zu seinen Schülern zählte auch Johannes Eck, in dessen Haus er bis 1513 lebte.

B. hatte in Ingolstadt auch Rechnen unterrichtet. Dabei ist anzunehmen, dass er mit Petrus Apianus (Bienewitz, geboren 1495 in Leisnig, gestorben Ingolstadt 1552) in Verbindung stand, der in Ingolstadt 1527 sein bekanntes Rechenbuch „Eyn Newe vnnd wohlgegründete underweysung aller Kauffmannß Rechnung" erscheinen ließ (Smith, Rara, S. 155 f.). Apianus könnte zu B.s Schülern gehört haben. Er war beim Weggang B.s aus Ingolstadt 18 Jahre alt.

1513 ging B. nach Augsburg, dem Zentrum des deutschen Frühkapitalismus, wo er außer Hebräisch ebenfalls Rechnen unterrichtete. Sein Rechenbuch von 1514 ist ausdrücklich für Jugendliche gedacht, wie auch aus dem Titelholzschnitt klar hervorgeht. Während der Augsburger Zeit war er Hebräischlehrer von Maximilian I. und schmückte sich seitdem mit dem Titel „Kayserlicher Majestät gefryter hebräischer Zungenmeister". Schon vor dem Ableben des Kaisers wurde er auf Reuchlins Empfehlung als erster Professor der hebräischen Sprache nach Wittenberg berufen. Ein Porträt in Kupferstich mit den Stecherinitialen I. L. (?) H. zeigt ihn im professoralen Talar (vgl. Abb. 1 bei Meretz).

B.s weiteren Lebensweg bestimmten seine Hebräisch-Kenntnisse. Stationen sind Antwerpen und Zürich (1522), Augsburg und Nördlingen (1523), Nürnberg 1525. In Nürnberg soll er neben Hebräisch, u.a. am neugegründeten Gymnasium zu St. Ägidien auch Mathematik unterrichtet haben, bis ihn die Not trotz Geldzuwendungen der Stadt weiter trieb. 1533 kann seine Spur wieder in Nördlingen aufgenommen werden, wo er 1536 starb, offenbar in größter Armut, wie Bittschreiben an den Rat der Stadt beweisen. Er lebte dort im Hause seines Sohnes Abraham Böschenstain, der Rechenmeister in Nördlingen war.

Das Rechenbuch B.s ist – neben dem bei Öglin verlegten Köbels – das erste überhaupt, dass sich an den rechen-interessierten Nachwuchs wendet. Die Rechenaufgabe auf dem Titel ist die Divisionsaufgabe 345 : 246 (Meretz). Da das Rechenbuch nach 1514 noch 1516, 1518 neu aufgelegt wurde sowie in einer Neuausgabe 1530 von seinem Sohn Abraham und weitere Auflagen 1533 und 1536 erschienen, zählt es zu den erfolgreicheren Rechenbüchern.

Im Gegensatz zu Köbel, der den traditionellen Weg des Rechnens mit Rechensteinen beschreibt, lehrt B. das Ziffernrechnen, also den Umgang mit arabischen Zahlen. Er hält sich nicht mit langen Vorreden oder Hymnen auf Mathematik und Rechenkunst auf, sondern kommt sofort zur Sache (folgende Zitate in heutigem Deutsch):

„Welcher lernen will, anfänglich zu rechnen durch die Ziffer, ist not (= hat es nötig), dass er weise und fleißig erkunde die Figuren der Ziffern."

Er schreibt die neun Ziffern (ohne Null) und erklärt was wie viele Ziffern hintereinander bedeuten, z. B. vier = „so viel Tausend" oder sechs = „so viel hundert mal Tausend."

Danach gibt er die sieben „Figuren" der Rechnung an:

Numeratio = Zählung
Additio = Summierung
Substractio = Abziehung
Duplatio = Zweispielung
Meditatio = Halbierung
Multiplicatio = Mehrung
Divisio = Teilung.

Bei der Behandlung der einzelnen Figuren geht er teilweise mit Merkversen vor, z.B. „Zähl eins, zwei, drei vier, acht, So hast du die erste Figur damit gemacht."

In seinem gesamten Buch rechnet B. mit maximal Zahlen bis zu sechs Stellen, was die Operationen sehr vereinfacht. Damit unterscheidet sich B.s Arbeit grundlegend von anderen Rechenbüchern, die oft mit Zahlen arbeiten („Million“), die jenseits konkreter Vorstellungskraft liegen.

Das einfache Rechnen mit ganzen Zahlen setzt er dann mit gebrochenen Zahlen fort. Dabei ist seine Didaktik auch unschwer nachzuvollziehen. Er bringt erst die Ergebnisse und danach die Erklärung.

Bei der Multiplikation von 2/3 mal ¾ schreibt er:

„So machs also multiplizier die oberen Figuren mit einander und dann die unteren Figuren auch mit einander so ist es gemacht... also 2 mal 3 ist 6 und 3 mal 4 ist 12. Die setz unter die 6 und mach ein Strichlein dazwischen und ... ist 6/12 und ist das erst Stück gemacht.“

Nach den insgesamt 6 Beispielen („Prob“) und weiteren ca. 25 Ableitungen („Item“ oder „Wiltu“ oder „Ich will“) für alle Rechenarten kommt er zur Detri.

Auch dort beginnt er mit einem einfachen „Exempel“ („Ein Zentner Wachs um 16 fl., was kosten 6 Pfund“), dann einem „Merk“-Hinweis, den er ebenfalls in Versform darbietet:

„Hinten und vorn gleich Namen richt
Das größer von wegen des Kleinen zerbrich
Das Mittel mit dem Hintern multiplizier
Mit dem Vordern das Selbig dividier
Was Die kommt zu Stunden
Hast Du der Frag Antwort gefunden.“

Die „Regel der Gesellschaften“ wird mit einem einfachen Beispiel abgehandelt: Vier Personen legen zusammen, der Erste 50, der Zweite 27, der Dritte 42, der Vierte 31 fl. und der Gewinn liegt bei 1642 fl.

Ähnlich schlicht ist die Teilungsrechnung über 200 fl., wobei dem Ersten drei Mal so viel wie dem Zweiten und diesem vier Mal so viel wie dem Dritten zustehen.

Das letztlich Komplizierte an diesen Rechnungen ist nicht die Aufgabenstellung selbst, sondern die Tatsache, dass sich die Ziffern, mit denen gerechnet werden soll auf ein höchst kompliziertes Münzsystem beziehen, so dass es immer auf ausführlich zu schreibende Brüche hinausläuft. Die südwestdeutsche Währung zu den Zeit, das B.s Buch erschien, hatte diese Parität: 1 Gulden = 60 Kreuzer = 240 Pfennige.

Danach lässt sich die einfache Ziffer „1“ (= ein Gulden) nur höchst kompliziert durch die Ziffer „8“ teilen, wobei ein Achtel Gulden = 60/8 Kreuzer schon per se einen unsauberen Bruch ergibt, während andererseits 240/8 Pfennige schnell errechnete 30 Pfennige sind, die sich aber wiederum nicht leicht in Kreuzer oder gar gebrochene Gulden umrechnen lassen.

Ich schließe mich, wenn auch aus anderen Gründen, nämlich münztechnischen, dem Urteil von Meretz an, dass B. im Grund sein Rechenbuch nicht publizierte, um es zu verkaufen, sondern um damit für (dann zu bezahlendem) Unterricht bei ihm als „Rechenmeister“ zu werben. B. war insofern auch kein Mathematiker, sondern ein Mann, der die Grundrechenarten beherrschte und der vor allem Pfennige in Gulden umrechnen konnte und umgekehrt.

Darauf weist auch die letzte Seite seines Rechenbuches hin, wo er nichts anderes tut, als sozusagen „Appetithappen“ zu verteilen. Er gibt Münzen, Gewichte, Hohlmaße und Ellen an und dabei deren Unterteilungen, die – wie auch die jeweilige Maßeinheit selbst – fast schon von Stadt zu Stadt - verschieden waren.

Bei der „müntz“ nimmt er „ain fl.“ für 20 „behmisch“, 1 „behmisch“ für 3 „creutzer“ und 1 Kreuzer für 7 „heller“, was auf 1 fl. zu 420 Heller hinausläuft, womit sich dann erst Recht niemand, noch dazu als Jugendlicher in Augsburg, mehr auskennen konnte, wo ein Gulden 60 Kreuzer und damit 240 Pfennige galt und ein Heller zu ½ Pfennig gerechnet wurde.

Dass B. unter der Überschrift „Von der zeyt“ ein Jahr zu 13 (sic!) Monaten rechnet und bei „a halb jar 26 wochen“ landet (womit 13 Monate 52 Wochen hätten) muss den Nutzer seines „Rechenbuches“ vollends zur Verzweiflung treiben, da er „1 woch für 7 tag“ rechnet und „1 monat für 4 wochen“.

Dann sind 13 Monate, die er je für „4 wochen“ rechnet und „item 1 monat für 4 wochen“ und „item 1 woch für 7 tag“ genau 364 Tage und das obwohl auch der unbedarfte Leser wusste, dass es nur 12 Monate gibt, es nach der entsprechenden Berechnung also nur hätte 336 Tage geben können (Abbildung 3 auf der nächsten Seite).

Das Rechenbuch Böschensteyns ist eine unter Vorspiegelung von Simplizität unters (junge) Volk gebrachte Werbung, die, die, da letztlich ein nur schwer durchschaubares Verwirrspiel, seinen Zweck, dem Rechenmeister bei der Bewältigung seiner Existenzproblem zu helfen, versagt hat, weil es versagen musste.

Von der müntz.

¶ Item ain fl. angeschlahen für 20 behmisch
1 Behmisch für 3 creützer/ 1 creützer für 7 heller
Item 1 fl. für 210 ₰.
Item 1 guldin für 35 ß/ 1 ß. für 6 ₰.

Von dem gewycht.

¶ Item 1 centner für 100 lb/ 1 lb. 32 lot
1 pfundt helt 4 vierdung
1 vierdung helt 8 lot
1 Lot helt 4 quintat

Von der maß.

¶ Item 1 Fůder angeschlagen für 12 aymer
1 aymer für 62 maß.

Von der zeyt.

¶ Item 1 Jar angeschlagen für 13 monat
1 monat für 4 wochen
1 woch für 7 tag
1 tag vnd nacht für 24 stund
Item 1 Jar 52 wochen
1 halb iar 26 wochen

Von der Elen.

¶ Item 1 thůch angeschlagen für 35 elen
1 Elen für 4 viertel/
1 eln für 3 trittail / 1 eln für fünff fünfftail.
Also ist aller wechsel angeschlagen in dē exempeln diß büchlins/wo kain besonder außnemūg geschehen ist.

Getruckt in der Kayserlichen stat Augspurg durch Erhart öglin Anno 1514 Jar.

Abb. 3

Klatovský, Apianus und die anderen
Versuch eines Vergleichs der Rechenbücher aus dem 16. Jahrhundert

Jana Škvorová

In der Geschichte der Mathematik beginnt mit der Renaissance die Ära des erhöhten Interesses für die elementaren Rechenarten in den breitesten Bevölkerungsschichten, vor allem unter Handwerkern und Kaufleuten. Dieses brachte ein neues Phänomen mit sich – elementares Stadtschulwesen und Lehrbücher in Nationalsprachen.
Das erste gedruckte deutschgeschriebene Rechenbuch, Widmanns *„Behende vnd hubsche Rechnung auff allen kauffmanschaft"*, wurde im Jahre 1489 in Leipzig herausgebracht. Das erste tschechische Rechenbuch von Ondřej Klatovský erschien zum ersten Mal auch auf dem deutschen Territorium – und zwar im Jahre 1530 in Nürnberg. Diesem Rechenbuch folgen in fast zehnjährigen Perioden weitere tschechischgeschriebene Rechenbücher bis in das Jahr 1615 [1].
Das erste deutsche und das erste tschechische Rechenbuch trennen also 41 Jahre. Aus dieser Zeit erhielten sich bis heute wenigstens 15 weitere deutsche Rechenbücher in zusammen 35 Auflagen[2]:

- Böschenstain, Johann[3]: *Ain New geordnet Rechenbiechlin*, Augsburg 1514
- Köbel, Jakob: *Eynn Newe geordnet Rechenbüchlein*, Oppenheim 1514
- Köbel, Jakob: *Mit der Kryde*, Oppenheim 1520
- Ries, Adam: *Rechnung auff der linihen*, Erfurt 1518
- Seckerwitz, Johann: *Rechenbüchlein auff allerley handthierung*, Wroclaw 1519

---

[1] 1535 Beneš Optát z Telče: *Isagogikon*; 1567 Jiří Mikuláš Brněnský: *Knížka, v níž obsahují se začátkové umění aritmetického*; 1577 Jiří Goerl: *Arithmetica*; 1615 Pavel Šram: *Arithmetica*

[2] Weil Christian Egenolff, Drucker der Auflage von 1544, beide Rechenbücher von Jakob Köbel in ein Werk vereinte, behandle ich sie als ein Rechenbuch.

[3] Vergl. Beitrag von Paul C. Martin „Das Rechenbuch von Johann Böschensteyn" in dieser Publikation.

- o Schreyber, Heinrich: *Ayn new kunstlich Buech*, Nürnberg 1518/21

  Feme(n), Conrad: *Eyn gut new rechen buchlein*, Erfurt 1521

  Schreyber, Heinrich: *Behend vnnd khunstlich Rechnung*, Nürnberg 1521

  Schreyber, Heinrich: *Eynn kurtz newe Rechen vnnd Visyr buechleyn*, Erfurt 1523

- o Ries, Adam: *Rechnung auff der linihen vnd federn*, Erfurt 1522

  Rudolf, Christoff: *Künstliche Rechnung*, Wien 1526

- o Apian, Peter: *Eyn Newe vnnd wohlgegründte vnderweysung*, Ingolstadt 1527

  Peer, Willibald: *Ain new guet Rechenbüchlein*, Nürnberg 1527

  Bierbauch, Johann: *Ein neu kunstlich und wohl gegrunt Rechenbuchleyn*, Wroclaw 1529

  Rudolf, Christoff: *Exempel Büchlin*, Wien 1529.

Zur Zeit der Entstehung der ersten Rechenbücher in den Nationalsprachen stützte man sich bei ihrer Gestaltung gewöhnlich auf vorgehende Vorlagen. Das betrifft nicht nur den Inhalt und Gestaltung des ganzen Rechenbuches, sondern auch die Wiederholung von ganzen Passagen oder Beispielen. Weil die große Zahl der deutschen Rechenbücher in den unweit von der tschechischen Grenze liegenden Städten erschien, bietet sich die Frage an, ob (und eventuell in wie weit) sich Ondřej Klatovský durch die Werke seiner deutschen Vorgänger inspiriert fühlte.
Von oben erwähnten Rechenbücher gelang es mir, durch Nachforschung in der Nationalbibliothek in Prag und in der Bibliothek des Prämonstratenklosters in Prag-Strahov sieben Werke zu ermitteln, die im Verzeichnis mit „o" bezeichnet sind. Diese Rechenbücher untersuchte und verglich ich mit dem tschechischen Rechenbuch von Klatovský. Die Nationalbibliothek in Prag besitzt auch ein Exemplar von Widmanns Rechenbuch, welches ich aber in meinen Vergleich wegen seiner unterschiedlichen Struktur nicht mit einordnete.

Bei uns beschäftigten sich mit der Problematik der ersten Rechenbücher die Diplomarbeiten des Mathematikstudenten Jiří Šouta ([27], Beschreibung des Rechenbuches von Heinrich Schreyber) und Ivana Füzéková-Vrchotková ([15], Analyse und Komparation der ersten tschechischen Rechenbücher und Versuch ihrer Einreihung in Kontext der Rechenbücher aus anderen Sprachgebieten) und die Diplomarbeit von Jitka Bártová, einer Historikstudentin an der Pädagogischen Fakultät in Ústí nad Labem ([5], ausführliche Beschreibung der ersten fünf tschechisch gedruckten Rechenbücher, Vergleich der einzelnen Auflagen). Ein Ver-

Nowe knižky wo
pocztech na Cifry / a nalyny / przy=
tom niektere welmi vžytecžne re=
gule / a exempla minze rozlycžne /
podle biehu kupeczkeho / Kratze
a vžytecžnie sebrana.

Wnorbertze tlaczena / Letha panie
1530. Miesitze Ledna.

Titelseite von Klatovský, Ondřej: Nové knížky, Nürnberg 1530, Bibliothek des Prämonstratenklosters Prag-Strahov, *EP IX 23*

gleich von allen tschechischen Rechenbüchern aus dieser Zeit wurde in einem englischen Artikel Jaroslav Folta publiziert. Von früheren Beiträgen zu dieser Problematik kennen wir Arbeiten von Quido Vetter[4] oder Jiří Štraus[5]. Soweit ich weiß, widmete sich den tschechischen Rechenbüchern unter deutschen Autoren nur Wolfgang Kaunzner, und zwar dem Rechenbuch von Jiří Goerl von Goerlstein.

Beim Vergleich interessierte ich mich vor allem für den Bereich der Arithmetik und der vorsymbolischen Algebra. Die Begrenzung hängt mit dem Inhalt des Rechenbuches von Klatovský zusammen, der sich gerade auf diesen Stoff beschränkt. Deshalb befasste ich mich nicht mit der Problematik der „Coss", das heißt mit den Erkenntnissen der Algebra, obwohl Klatovský in seinem Rechenbuch verspricht, dass er seine Leser auch in diese Problematik einweihen wird. Dieses Versprechen erfüllte er in seinem Buch leider nicht und ich fand auch keine Erwähnung von einem anderen sich mit diesem Stoff befassenden Werk. Es ist also höchst wahrscheinlich, dass Klatovský nur bei der nie realisierten Absicht blieb.

Den Inhalt der von mir untersuchten Rechenbücher könnte man in vier Gebiete teilen: das Linienrechnen, das Ziffernrechnen, die Brüche und durch spezielle Regeln gelöste Aufgaben aus dem Alltagsleben. Während die vorgehende Auslegung ziemlich klar ist, ist das Klassifizieren der speziellen „Regulae" relativ schwierig. Zum Beispiel sind die Autoren bei der Benennung der einzelnen Regeln nicht einig. Weiter sind die Komplexe der Aufgaben nicht streng begrenzt und man kann nicht immer genau unterscheiden, welche Aufgabe zu welcher Regel gehört. Daran ist auch arithmetische Ähnlichkeit von einigen Aufgaben schuld. Geläufig ist die Situation, dass wir z.B. unter den Aufgaben mit der Überschrift „regula de tri" auch eine Gesellschafts-Aufgabe finden usw. Weitere Schwierigkeiten liegen darin, dass die Autoren bei der Klassifizierung der Aufgaben einen gewissen Kompromiss zwischen einer auf Grund der Rechenart und einer auf Grund der Warenart durchgeführten Klassifizierung machen. Das aber hängt mit der Funktion der Rechenbücher zusammen, die zur Ausbildung der Handwerker und Kaufleute dienten.
Bei der Beschreibung und dem Vergleich der erwähnten sechs deutschen und eines tschechischen Rechenbuches konzentrierte ich mich vor allem auf einzelne Aufgaben mit ihrer Form und ihrem Zahlenwerten. Ich ging von der Hypothese hinaus, dass wenn in verschiedenen Rechenbüchern wortgetreu gleiche Beispiele vorkommen, könnte man daraus schließen, dass der letztere Autor entweder das

[4] z.B.: Vetter, Quido: Stručný přehled vývoje matematiky v českých zemích od založení university do katastrofy pobělohorské, in: Matematika ve škole VII (1957), S. 343 – 357
Vetter, Quido: Jiřík Goerl z Goerlšteyna a Georg Gehrl von Elnbogen, in: Publications de la Faculté des Sciences de l'Université Charles, No 94, Année 1929, S. 82 – 83

[5] Štraus, Jiří: O nejstarších českých tištěných početnicích, in: Matematika ve škole IV (1954), S. 253 – 264
Štraus, Jiří: Naše nejstarší učebnice v XVI. Století, in: Pedagogika III (1953), S. 547 - 554

vorgehende Werk kannte oder dass die beiden Autoren von der gleichen Quelle ausgehen. Es ging mir darum festzustellen, ob solche Verbindungen gerade unter diesen sieben Rechenbüchern existieren. Im Rahmen der deutschen oder tschechischen Rechenbücher fand ich einige mehr oder weniger umfassende Vergleichsstudien, aber ich kenne keinen ähnlichen internationalen Vergleich. Ich versuchte also, unser erstes Rechenbuch mindestens mit einigen Rechenbüchern aus einem anderen Sprachgebiet zu vergleichen[6].

„Nové knížky" *von* Ondřej Klatovský

Ondřej Klatovský, mit eigenem Namen Ondřej Šimkovic, wurde um das Jahr 1504 in Klattau (Klatovy) geboren. Er besuchte eine Lateinschule in seiner Geburtsstadt. Danach studierte er an der Universität in Prag, wo er im Jahre 1524 das Bakkalaureat erreichte. 1533 wurde er zum Bürger der Prager Altstadt und 11 Jahre später wurde er in den Adelstand mit dem Prädikat „von Dalmanhorst" erhoben. Als Mitglied des Bürgerrates gelang es ihm nicht, den ersten Ständeaufstand zu verhindern. Darum wurde er im Jahre 1547 aus Böhmen verwiesen und fand seine Zuflucht in Mähren in Olmütz (Olomouc). Er starb um das Jahr 1551 in Prostějov. Außer dem genannten Rechenbuch gab er auch ein Lehrbuch der deutschen Sprache heraus, das zu den meist gedruckten Büchern der vorweißenbergischen Zeit (also vor 1620) zählt.
„Nové knížky vo počtech na cifry a na liny" wurden zum ersten Mal im Jahre 1530 von dem Nürnberger Drucker Friedrich Peypus verlegt. Die einzige weitere Auflage stammt aus dem Jahre 1558 aus der Prager Druckerei von Jan Kantor.
Der Stoff des Rechenbuches von Ondřej Klatovský ist in vier „Traktate" gegliedert. Dem Gedicht *„Ssalomun maudry"* (der weise Salomo), das Vorteile der Rechenkenntnisse besingt, folgt das Vorwort mit der Widmung *„mládenci Svatoslavovi, rodiči klatovskému"* (dem Jüngling Svatoslav, einem der Klattauer Landsleute). Der erste Traktat unterrichtet ganz üblich das Zifferrechnen. Die Problematik des Wurzelziehens will Klatovský erst bei „regula coss" und „regula alligationis" behandeln. Diese Regeln ordnet er aber schließlich in sein Rechenbuch nicht ein. Der Erklärung der Grundrechenarten und „regula de tri" folgt das Einheitenverzeichnis. Der zweite Traktat umfasst das Linienrechnen, das dritte betrifft die Brüche. Das vierte Traktat mit dem Namen *„O rozličném běhu kupeckém"* (Über verschiedenes Kaufmannsgeschäft) schließt viele durch verschiedene Regeln gelöste Aufgaben ein.

---

[6] Tschechische Rechenbücher verarbeitet sehr ausführlich in ihrer Diplomarbeit Jitka Bártová [5].
Aus der deutschen Arbeiten z.B.: Tomaschek, J.: Hans Pock (um 1544). Ein Zeitgenosse, der es besser machen wollte. Das *New Rechenbuechlein* des Hans Pock im Vergleich mit dem Rechenbuch des Adam Ries, in: [12], S. 37 – 47; Deschauer, S.: *Ain new guet Rechenbüchlein* von Willibald Peer, in: [12], S. 121 – 127; Beyrich, H.: Aus den Aufgaben des Rechenmeisters Adam Ries (1492 – 1559) zur Methode des doppelten falschen Ansatzes (der regula falsi), in: [10], S. 59 – 68; [32], S. 30 – 55.

Vergleich:

Folgende Übersicht zeigt das Vorhandensein der einzelnen Regeln in den verglichenen Rechenbüchern:

	Regula de tri	De tri conversa	De tri duppel	Fusti	Tara	Gesellschaft	Stich	Gewinn und	Wechsel	Regula virginum	Wucher	Gold und Silber	Münzenprägen	Mischungen	Welsche Praktik	Regula falsi
Böschenstain	X	X	-	X	-	X	X	X	X	X	-	X	X	-	-	-
Köbel – Linien	X	X	X	X	X	X	-	X	X	-	-	X	-	-	-	-
Köbel – Ziffern	X	-	-	-	-	X	-	-	-	-	-	-	-	-	-	-
Seckerwitz	X	X	-	X	X	X	X	X	X	-	-	X	-	-	-	-
Schreyber	X	X	X	X	-	X	X	X	X	-	-	X	-	X	X	X
Ries	X	X	X	X	X	X	X	X	X	X	X	X	X	X	-	X
Apianus	X	X	X	X	X	X	X	X	X	X	X	-	X	X	X	X
Klatovský	X	-	X	X	X	X	X	X	X	X	X	X	-	-	-	-

Bei der Untersuchung der Aufgaben in sechs deutschen und einem tschechischen Rechenbuch zeigte sich, dass eine bestimmte Verbindung nur zwischen den Rechenbüchern von Ries und Klatovský und Apianus und Klatovský existiert. Im ersten Fall handelt es sich nur um eine einzige Aufgabe, die bei Ries unter den Aufgaben zu „regula de tri“ mit Brüchen und bei Klatovský unter den Aufgaben zu Linienrechnen steht:

Ries:

„Item ein muter mit funff kynden habē zu teyln 3789 flo: 7 groß: d muter gehört der dritte teyl wieuil wirt der muter / vnd ytzlichem kindt / thu ym also / teyl dasd gelt in 3 teyl / komen 1263 flo: 2 groß: 4 pfenn: der muter teyl / den nym vonn 3789 flo: 7 groß: so pleyben 2526 flo: 4 groß vn 8 pfen: das teyl in die zal der kynder / so wirt yedem 505 flo: 5 groß: ein pfennig ein heller vnnd ein funff teyl eynes hellers.“

Klatovský:

„ Item gedna matie osyrzela s patero dietmi / kterež muž statku wod aumrzel 3789 fl. 7 grossow / wtom materzy naleziel trzeti diel toho statku / wotazka czo se kazdemu ditieti dostati ma. Dielez takto / polož na lyny 3789 zlatich 7 gr. Kterež diel we 3 przigdet 1263 fe 2 gr 4 penize / tak mnoho materzy na gegi dil nalezý / wypiss tu summu przed sebe / kteruž od tzele summy wodteymi / zustane 2526 zlatych 4 grosse 8 & kterež na lyny wlozie diel skrze 5 (to jest diettmi) przigdet na gednoho každeho z nich 505 zlatych 5 grossuow 1 peniz 1 halyrz a patey dil halyrze 1/5.“

Im anderen Fall, wo wir Klatovský und Apianus vergleichen, ist die Übereinstimmung größer – denn schon in den Kapiteln über verschiedene Regeln finden wir insgesamt 16 Aufgaben, die wortgetreu gleich sind, bei weiteren sieben Aufgaben sind nur die Nummern verändert. Auch bei der Gestaltung von einzelnen, vor allem schwierigeren Beispielen ist die Ähnlichkeit sichtbar.

Apian:

„Item jr drey machen eine geselschafft / legen geldt zu samen 250 fl. Ich weyß nit wie viel ein jtlicher leget / gewinnen 400 fl wan sie den gewin taylen / gepurdt dem ersten 200 fl. Dē andern 140 fl. Dem dritten 60 fl. Ist die frag was ein jtlicher eingelegthat. Stet im fortel

20 Der erst 125 fl
40 - 250 - 14 Der and 87 ½ fl
6 Der drit 37 ½ fl.“

Klatovský:

„Item trzy slozyli se wtowaryzstwi / slozyly summu 250 fl a ya newim tzo gest znich každy obzwlasstnie do te summy wlozyl / wydielaly tau summau 400 fl skterechzto zysku dostalo se prwnimu 200 fl / druhemu 140 fl trzetimu 60 fl wotazka yak mnoho znich každý gest slozyl / dieley takto summuoy zysky whromadu / produkt twuoy divisor nully gednu proti druhé wyzdwihni / takto.

20 fa 125 prwni
4 25 14 fa 87 ½ druhy
6 fa 37 ½ trzeti[7]*.“*

Allgemein kann man sagen, dass das Rechenbuch von Apianus umfangreicher und in manchen Teilen ausführlicher ist und dass es im Vergleich zu Klatovský mehr spezielle Regeln (z.B. Wurzelziehen, „regula de tri conversa“, „regula alligationis“ und „regula falsi“) umfasst. Anderseits übergeht Apianus zum großen Teil das Linienrechnen und die Problematik der Reinheit von Gold und Silber. Hinsichtlich dessen, dass Ries und Klatovský nur in einer Aufgabe übereinstimmen und dass es keine anderen Verbindungen zwischen dem Rechenbuch von Klatovský und den anderen Rechenbüchern gibt, ist wahrscheinlich, dass Klatovský nur Apians Werk kannte oder dass beide aus derselben Quelle schöpften. Diese Quelle können vor allem lateinische Werke (denn beide Autoren haben Universitätsausbildung) oder ein früher gedrucktes Rechenbuch (z.B. von Johannes Widmann) bilden. Das könnte ein Anlass für weitere Forschung sein. Für uns ist noch interessant, ob einige Aufgaben von Klatovský in anderen tschechischen Rechenbüchern – von Jiří Mikuláš Brněnský[8] und Jiří Goerl von Goerlstein[9] - auftreten[10]. Ihr Vergleich mit dem Rechenbuch von Apianus wurde bis jetzt nicht durchgeführt.

---

[7] Fa .. facit, fl … Floren

[8] Jiří Mikuláš Brněnský wurde im Jahre 1556 Magister an der Universität in Wittenberg. In den Jahren 1556 – 1564 leitete er eine Schule in Úsov in Mähren, dann wirkte er an der Matouš – Collin – Schule in Prag. 1566 gründete er eine eigene Schule. [5], S. 58 – 68; [15], S. 38 – 39)

[9] Jiří Goerl von Goerlstein wurde im Jahre 1550 in einer deutschen Familie geboren. In den Jahren 1566 – 1567 lebte er im Hause seines Schwagers in Litoměřice. Im Jahre 1577 kam er nach Prag, wurde in den Adelstand mit dem Prädikat „von Goerlstein“ erhoben und nach zehn Jahren wurde er zum öffentlichen Notar ernannt. Er starb im Jahre 1588. ([5], S. 69 – 82; [15], S. 39 – 40)

[10] [15]

Literatur:

[1] Adam Rieß vom Staffelstein. Rechenmeister und Cossist, Stadt Staffelstein 1992, in: Staffelsteiner Schriften, Bd.1

[2] Allgemeine deutsche Biographie, hrsg. durch die historische Commission bei der königl. Akademie der Wissenschaften, Duncker & Humblot, Leipzig seit 1875

[3] Apian, Peter: Nachdruck des Rechenbuches „Kauffmannß Rechnung in dreyen Buechern“ 1. Auflage, Ingolstadt 1527, bearbeitet von Karl Röttel, Polygon – Verlag, Buxheim/Eichstätt 1995

[4] Balada, František: Z dějin elementární matematiky, SNP, Praha 1959

[5] Bártová, Jitka: Nejstarší česky tištěné početnice jako historický pramen pro poznání doby předbělohorské (Diplomarbeit an der Pädagogischen Fakultät Ústí nad Labem), 1990

[6] Deschauer, Stefan: Das 1. Rechenbuch von Adam Ries. Nachdruck der 2. Auflage Erfurt 1525 mit einer Kurzbiographie, einer Inhaltsanalyse, bibliographischen Angaben, einer Übersicht über die Fachsprache und einem metrologischen Anhang, München 1992, in: Algorismus, Heft 6

[7] Deschauer, Stefan: Das 2. Rechenbuch von Adam Ries. Nachdruck der Erstausgabe Erfurt 1522 mit einer Kurzbiographie, Bibliographischen Angaben und einer Übersicht über die Fachsprache, München 1991, in: Algorismus, Heft 5

[8] Deutsche Biographische Enzyklopädie, Hrsg.: Walther Killy, Rudolf Vierhaus, K.G.Sauer, München 1999

[9] Folta, Jaroslav: First elementary reckoning textbooks in Czech language, in: Science and Technology in Rudolfinian time, National Technical Museum in Prague, Prague 1997, in: Acta historiae rerum naturalium necnon technicarum , New Series – Vol. 1

[10] Gebhardt, R. (Hrsg.): Adam Ries – Humanist, Rechenmeister, Bergbeamter. Beiträge zum wissenschaftlichen Kolloquium (Annaberg-Buchholz 18. Juni 1992), Annaberg-Buchholz 1992, in: Schriften des Adam-Ries-Bundes Annaberg-Buchholz, Bd.1

[11] Gebhardt, R., Albrecht, H. (Hrsg.): Rechenmeister und Cossisten der frühen Neuzeit. Beiträge zum wissenschaftlichen Kolloquium am 21. September 1996 in Annaberg-Buchholz, Annaberg-Buchholz 1996, in: Schriften des Adam-Ries-Bundes Annaberg-Buchholz, Bd. 7

[12] Gebhardt, R. (Hrsg.): Rechenbücher und mathematische Texte der frühen Neuzeit. Tagungsband zum wissenschaftlichen Kolloquium „Rechenbücher und mathematische Texte der frühen Neuzeit“ anläßlich des 440. Todestages des Rechenmeisters Adam Ries von 16. - 18. April 1999 in der Berg- und Adam-Ries-Stadt Annaberg-Buchholz, Annaberg-Buchholz 1999, in: Schriften des Adam-Ries-Bundes Annaberg-Buchholz, Bd.11

[13] Gebhardt, R., Rochhaus, P.: Verzeichnis der Adam-Ries-Drucke, Annaberg-Buchholz 1997, in: Schriften des Adam-Ries-Bundes Annaberg-Buchholz, Bd.9

[14] Grosse, Hugo: Historische Rechenbücher des 16. und 17. Jahrhunderts und die Entwicklung ihrer Grundgedanken bis zur Neuzeit, Verlag der Dürr´schen Buchhandlung, Leipzig 1901

[15] Füzéková-Vrchotková, Ivana: České praktické početnice z 16. a 17. století (Diplomarbeit Mathematisch-physikalische Fakultät UK), 1982

[16] Christannus de Prachaticz: Algorismus prosaycus, OIKOYMENH, Praha 1999

[17] Juškevič, A.P.: Dějiny matematiky ve středověku (tschechische Übersetzung aus dem russischen Original mit Ergänzungen), Academia, Praha 1977
[18] Kaunzner, Wolfgang: Adam Ries – sein Leben und sein Werk, Heimatbeilage zum Amtlichen Schulanzeiger des Regierungsbezirks Oberfranken, Bayreuth 1992
[19] Kaunzner, Wolfgang: Über einige Zusammenhänge zwischen lateinischen und deutschen mathematischen Texten, die auf arabische Quellen zurückgehen. Sonderdruck aus: Mathematische Probleme im Mittelalter. Der lateinische und arabische Sprachbereich. Hrsg. von Menso Folkerts, Harassowitz Verlag, Wiesbaden 1996
[20] Luhan, Emanuel: Kapitoly z dějin matematiky – 2. díl, České Budějovice 1985
[21] Nemeškal, Lubomír: Snahy o mincovní unifikaci v 16. století, Academia, Praha 2001
[22] Neue deutsche Biographie, Hrsg. von der historischen Kommission bei der Bayerischen Akademie der Wissenschaften, Duncker & Humblot, Berlin ab 1953
[23] Populární encyklopedie matematiky (Meyers grosser Duden), SNTL, Praha 1971
[24] Struik, D.J.: Dějiny matematiky (tschechische Übersetzung aus dem englischen Original mit Ergänzungen), Orbis, Praha 1963
[25] Šedivý, J. a kol.: Světonázorové problémy matematiky II., SNP, Praha 1984
[26] Šedivý, J. a kol.: Světonázorové problémy matematiky III., SNP, Praha 1985
[27] Šouta, Jiří: Matematika v 16. století (Diplomarbeit an der Pädagogischen Fakultät Ústí nad Labem), 1989
[28] Toepell, Michael (Hrsg.): Mathematik im Wandel. Anregungen zu einem fächerübergreifenden Mathematikunterricht. Band 2, Franzbecker, Hildesheim/Berlin 2001
[29] Tropfke, Johannes: Geschichte der Elementarmathematik, 4. Auflage, Bd. 1 – Arithmetik und Algebra. Vollständig neu bearbeitet von Kurt Vogel, Karin Reich, Helmuth Gericke. Verlag Walter de Gruyter, Berlin/New York 1980
[30] Verzeichnis der im deutschen Sprachbereich erschienenen Drucke des XVI. Jahrhunderts. Hrsg. von der Bayerischen Staatsbibliothek in München in Verbindung mit der Herzog August Bibliothek in Wolfenbüttel, Verlag Anton Hiersemann, Stuttgart 1983
[31] Weidauer, Manfred (Hrsg.): Heinrich Schreyber aus Erfurt, genannt Grammateus. Festschrift zum 500. Geburtstag, München 1996, in: Algorismus, Heft 20
[32] Wußing, Hans: Adam Ries, Biographien hervorragender Naturwissenschaftler, Techniker und Mediziner, Bd.95, Teubner Verlagsgesellschaft, Leipzig 1989

Quellen:

NK … Nationalbibliothek in Prag
SK … Bibliothek des Prämonstratenklosters in Prag-Strahov

Apian, Peter: Eyn Newe vnnd wohlgegründte vnderweysung aller kauffmanß Rechnung in dreyen büchern mit schönen Regeln vn fragstucken begriffen. Sunderlich was fortl vnnd behendigkait in der Welschē Practica vn Tolletn gebraucht wirdt, des gleychen fürmals wider in Teützscher noch in Welscher sprach nie gedrückt. Durch Petrum Apianū von Leyßnick, Astronomei zu Ingolstat ordinariū verfertiget, Ingolstadt 1527
NK sg.: 14 H 60

Böschenstain, Abraham: Ein nützlich Rechenbüchlin der Zyffer darauß ein yeder durch sein aygen fleyß mit kleyner hilff lernen mag anfengklich rechnen. Ausgangē durch Abraham Böschensteyn Vnnd yetzo zum dritten mal mit fleyß vbersehen vnnd corrigiert mit etlichen zugethanen Exemplen Durch Johann Böschensteyn den altē, Augsburg 1536
NK sg.: 14 H 98

Klatovský, Ondřej: Nowe knížky wo pocztech na cifry a nalyny przytom niektere welmi vžyteczne regule a exempla mintze rozlyczne podle biehu kupetzkeho krattze a vžytecznie sebrana, Nürnberg 1530
SK sg.: 54 E 108

Köbel, Jakob: Rechenbuch auff Linien vnd Ziffern. Mit einem Visir Büchlin. Klar vnd verstendtlich fürgeben. Gerechnet büchlin auff alle Wahr vnd Kauffmanschaft. Münz, Gewicht, Ellen vnnd Maß viler Land vnd Stett verglichen. H. Jacob Köbel weilant Statschreiber zu Opeenheym, Frankfurt a/M 1544
NK sg.: 14 H 48

Seckerwitz, Johann: Rechenbüchlein auff allerley handthierung. Durch Johan. Sekgerwitz, zur zeit zu Breslaw Rechenmeister, für seine Schüler ordentlich auffs einfeltigest gestellet. Auffs new mit fleis gebessert vnd corrigiret. Anno M.D.XCV, Breslau 1545 (?)
SK sg.: EJ II 54

Seckerwitz, Johann: Rechenbüchlein auff allerley handthierung. Durch Johan. Sekgerwitz, zur zeit zu Breslaw Rechenmeister, für seine Schüler ordentlich auffs einfeltigest gestellet. Auffs new mit vleis gebessert vnd corrigiert. Anno M.D.LX, Breslau 1560
SK sg.: AX X 11

Schreyber, Heinrich: Eyn new künstlich behend vnd gewiß Rechenbüchlin vff alle Kauffmannschaft. Nach Gemeynen Regeln de tre. Welschen practic. Regeln falsi. Etlichen Regeln Cosse. Proportion des gesangs in Diatonio außzuteylen monochordū Orgelpfeiffen vnd andre Instrumēt durch erfindung Pithagore. Büchhalten durch das Zornal, Kaps vnd Schuldtbüch. Visir rüten zu machen durch den Quadrat vnd Triangel mit anderen lustigen stucken der Geometrei. M. Henricus Grammateus, Frankfurt a/M 1535 (?)
NK sg.: 14 H 48

Anton Neudörffers Künstliche vnd Ordentliche Anweyßung der gantzen Practic von 1599

Rudolf Haller

Künstliche vnd Ordentliche Anweyßung der gantzen Practic vff den Jetzigen schlag vnd derselbenn herlichen geschwinden Exempel vffs kürtzt zusammen getzogen &c. Meinen lieben Discipeln zu sonderlichem Nutzen gestelt. Durch mich Anthonium Newdörffer Rechenmaister vnd Modist der Statt Nürnberg Anno .M.D.IC. So lautet der vollständige Titel des 1599 bei PAUL KAUFFMANN in Nürnberg gedruckten Quartbands ANTON NEUDÖRFFERs. Er besteht aus 65 unpaginierten Blättern (15×19,3 cm) mit Bogensignaturen[1]. Vorhanden ist er in der Staatsbibliothek Bamberg (ad J. H. Kalligr. q. 5), der Staats- und Universitätsbibliothek Göttingen (8 Math. II, 1515), der Stadtbibliothek Nürnberg (Hert. MS 66) und in der Bibliothek des Germanischen Nationalmuseums Nürnberg (8° H. 2674). Die ersten drei Exemplare zeigen dasselbe Titelkupfer (Abbildung 1); dem Exemplar des Germanischen Nationalmuseums ist eine Photokopie eines davon abweichenden, aber inhaltsgleichen Titelkupfers beigebunden, deren Herkunft nicht mehr geklärt werden konnte. Auf der Rückseite ⟨A^{V}⟩ findet man jedoch bei allen Exemplaren ein auch in der Drucktype identisches Gedicht.

ANTON NEUDÖRFFER nennt sich auf ⟨Q3^{V}⟩ selbst »der dritte Neudörffer«. In der Tat ist er nach seinem Vater JOHANN NEUDÖRFFER d. J. (1543–1581) der dritte Modist (= Schreibmeister) und Rechenmeister der Familie. Der berühmteste war jedoch sein Großvater JOHANN NEUDÖRFFER d. Ä. (1497–1563), der Schöpfer der deutschen Schönschreibkunst. ANTON wurde zunächst von seinem Vater, nach dessen frühem Tod von ADAM STROBEL in der Schreib- und Rechenkunst unterrichtet. 1591 ging er nach Köln, um bei ADRIAN DENNSTEN Französisch zu

[1] Gedruckt sind nur die Signaturen Aiij, B, Bij, Biij, C usw. bis Qiij. Der Übersichtlichkeit halber zitiere ich B, B2, B3, ⟨B4⟩. Vergleiche auch [17, 415f.].

Abb. 1 Titelkupfer von NEUDÖRFFERs *Practic* von 1599 (StB Bamberg)

lernen. Als Beweis seines Könnens übersetzte er die 1570 in Antwerpen gedruckte *Arithmétique* des aus Kempten stammenden VALENTIN MENHER.[2] Nach einer Italienreise, auf der er sich mit der Welschen Practic bekannt macht, lässt er sich in Nürnberg als Rechen- und Schreibmeister nieder. In sein sehr angesehenes Haus nimmt er bis zu fünfzig Privatschüler (»Köster«) in Kost und Logis auf [18, 3]. 1598 wird er Genannter des Größeren Rats und Hofpfalzgraf. 1599 erscheint seine *Practic* (deren erweiterte Fassung zu seinen Lebzeiten und nach seinem Tode jeweils noch drei Auflagen erfuhr) und 1601 ein Werk über die Schreibkunst, dessen 2. Teil 29 deutsche Versalalphabete enthält. Im Frühjahr 1606 nimmt er den 15-jährigen ONOPHRIUS MILLER aus Ulm in seine Dienste, jagt ihn aber wegen seiner Behinderung im März 1607 mit Schimpf und in Armut aus dem Haus [11, 198]. 1607 wird er in den Reichsadel aufgenommen.[3] 1609 zieht er nach Regensburg, wo er 1628 gestorben sein soll.[4] Wissenschaftlichen Kontakt unterhielt er offensichtlich mit dem Ulmer Rechenmeister und Modisten JOHANN FAULHABER (1580–1635). So schreibt dieser, dass die Aufgabe CXIV seines *Cubiccossischen Lustgarten*s [8] ihm der »Ehrnuöst vnd Wolgeacht Herr Anthonius Newdörffer« am 28. Mai 1603 stellte.[5] Dann führt er »Anthonius Newdörffer von Newdegg« unter denjenigen Mathematikern auf, aus deren Werken er Aufgaben für seinen *Newen Arithmetischen Wegweyser* [9, 3f.] entnommen hat, und schließlich findet man NEUDÖRFFER in der Liste der Autoren (mit gelegentlichen Hinweisen auf deren Werk [18, 166]), die Vorarbeiten zu seinem *Zinsproblem* [10] geleistet haben.

Beschreibung des Werks

Das Titelkupfer zeigt in einem Dreieck – quer gelesen – die Vielfachen der Zahlen 1 bis 10, umgeben von EUKLID und PYTHAGORAS. Das von einem Genius gehaltene Motto »SPARTAM QUAM NACTUS ES, HANC ORNA« – »Erfülle die Aufgabe, die dir zugefallen ist« – geht in dieser Form auf ERASMUS VON ROTTERDAM (1469?–1536) zurück.[6] Seite ⟨A^V⟩ enthält das oben angesprochene

---

[2] [17, 346] weist nur eine Ausgabe von 1573 nach, hat aber keinen Zweifel, dass es eine frühere gegeben haben könne.

[3] Sein Großvater wurde 1543 kaiserlicher Pfalzgraf und dabei in den Adelstand erhoben, verbunden mit dem Beisatz »von Neudegg«. ANTON nennt sich auf dem Titelblatt der Ausgaben seiner *Practic* von 1616 und 1627 Anton Newdorffer von Newdegg, Röm: Kays: Maj: Diener / &c.

[4] Fast alle Daten basieren auf der ausführlichen Lebensbeschreibung in [5]: vgl. [2], [3], [12], [14] und [20]. [2] und [20] geben als Todesjahr 1620 an. »ANTON« STROBEL in [3] dürfte ein Druckfehler sein.

[5] Ein Problem aus der Gesellschaftsrechnung, das auf eine kubische Gleichung führt.

[6] In seinen *Adagia* [7] steht das Sprichwort II, 5, 1 »Spartam nactus es, hanc orna« (ἣν ἔλαχες Σπάρταν κόσμει)ein Zitat aus der verlorenen Tragödie *Telephos* (438 v. Chr.) des EURI-

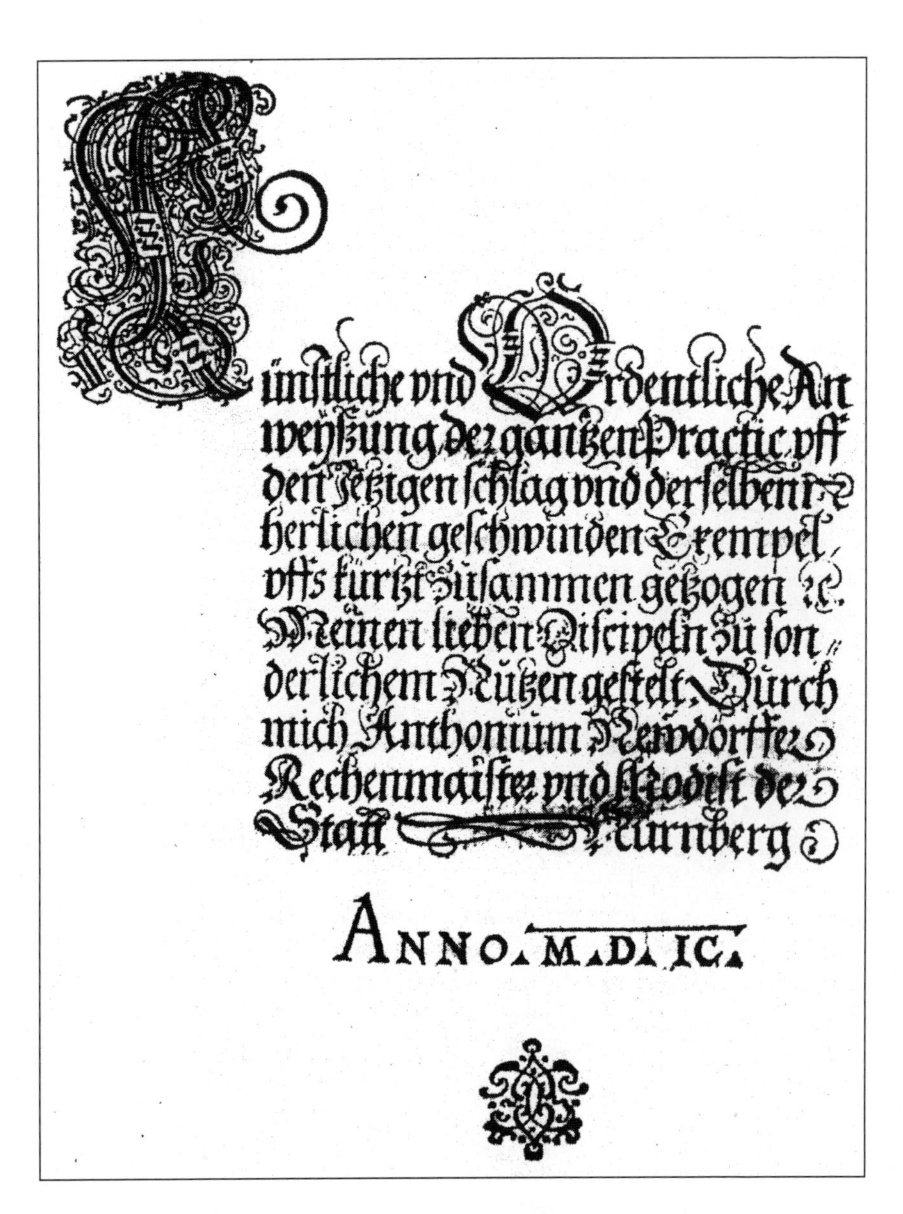
Künstliche vnd Ordentliche An
weysung der gantzen Practic vff
den jetzigen schlag vnd derselben
zierlichen geschwinden Exempel
vffs kürtzist zusammen gezogen &c.
Meinen lieben Discipeln zu son
derlichem Nutzen gestelt. Durch
mich Anthonium Neudörffer
Rechenmaister vnd Modist der
Statt Nürnberg

ANNO. M.D.IC.

Abb. 2 Titel von NEUDÖRFFERs *Practic* von 1599

PIDES (um 485 bis 406), in der Agamemnon zu Menelaos sagt: »Du hast Sparta erhalten: das verwalte. Wir aber verwalten Mykene von uns aus.« Vgl. auch [13, 683]

an die Studierenden der Rechenkunst adressierte lateinische Gedicht.[7] (Abbildung 4) Es weist deutliche Anklänge an *Sapientia* 11,21 auf: »Sed omnia in mensura, et numero, et pondere disposuisti«[8]. Und die drittletzte Gedichtzeile ist gewissermaßen eine Paraphrase des PLATO-Zitats, das ADAM Ries (1492–1559) in seinem *Zweiten Rechenbuch* [15] bringt.[9]

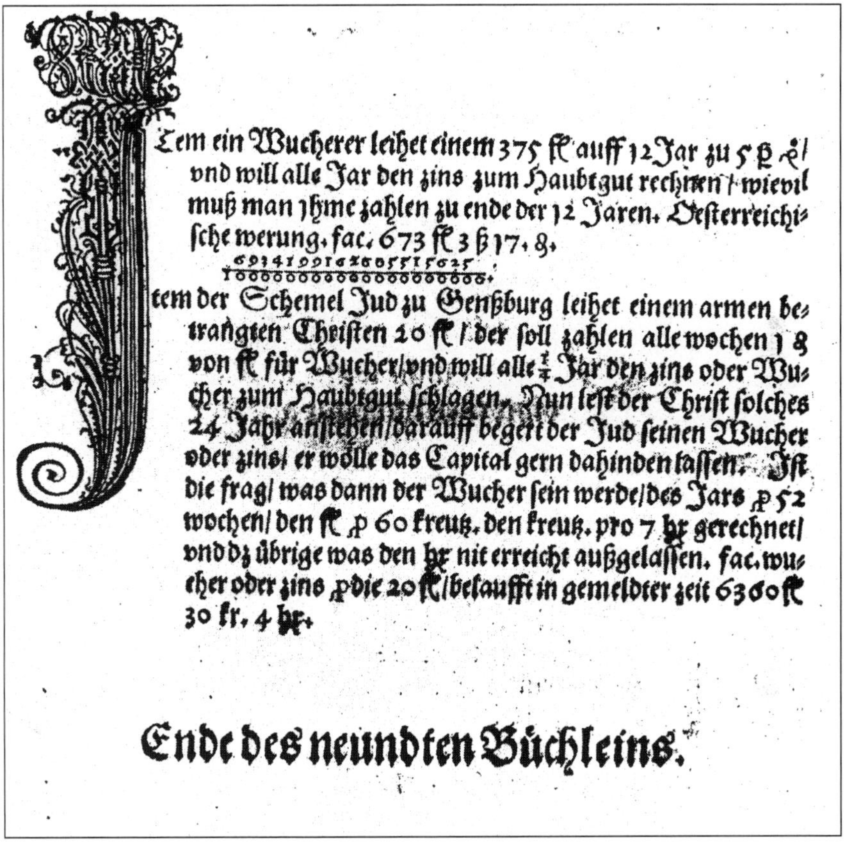

Item ein Wucherer leihet einem 375 fl auff 12 Jar zu 5 p c. / vnd will alle Jar den zins zum Haubtgut rechnen / wievil muß man jhme zahlen zu ende der 12 Jaren. Oesterreichische werung. fac. 673 fl 3 ß 17. d.

6934199162605515625 / 10000000000000000000000.

Item der Schemel Jud zu Genßburg leihet einem armen betrangten Christen 20 fl / der soll zahlen alle wochen 1 d von fl für Wucher / vnd will alle ½ Jar den zins oder Wucher zum Haubtgut schlagen. Nun lest der Christ solches 24 Jahr anstehen / darauff begert der Jud seinen Wucher oder zins / er wölle das Capital gern dahinden lassen. Ist die frag / was dann der Wucher sein werde / des Jars p 52 wochen / den fl p 60 kreutz. den kreutz. pro 7 hr gerechnet / vnd dz übrige was den hr nit erreicht außgelassen. fac. wucher oder zins p die 20 fl / belaufft in gemeldter zeit 6360 fl 30 kr. 4 hr.

Ende des neundten Büchleins.

Abb. 3 Folium ⟨M4r⟩ mit einer schönen Initiale und zwei Wucheraufgaben

[7] Die Übersetzung verdanke ich Frau StDin a. D. Dr. ELISABETH LUBER, die mich auch auf die Vorrede aus ADAM RIESens *Zweitem Rechenbuch* [15] hinwies. Siehe Fußnote 9.

[8] »Aber Du hast alles nach Maß, Zahl und Gewicht geordnet«. M. E. hat dieser Spruch auch im Titelkupfer seinen Niederschlag gefunden: EUKLIDs Zirkel und Winkeldreieck drücken das Maß aus, ein Genius hält das Zahlendreieck, die Balkenwaage des PYTHAGORAS steht für das Gewicht, andererseits ist sie auch Symbol der Geldwechsler, womit unterschwellig der kaufmännische Charakter der *Practic* angesprochen wird.

[9] »Auch obgenanter Plato zu einer Zeit gefragt wart / wu durch ein mensch ander thier vbertrete / geantwortet hat / das er rechen kan vnd vorstand der zaln hab.« ([15], Aij)

Am Ende seines Werks (⟨Q3^{v}⟩) wendet sich ANTON NEUDÖRFFER schließlich selbst unter dem 18. März 1599 an seine Schüler, die sich für den Anfang mit diesem »Rechenbüchlein« begnügen müssten; sie sollten sich viel mehr seinem mündlichen genauen und »fundamentalischen« Unterricht anvertrauen. Er begehre aber als »der dritte Neudörffer« in die Fußstapfen seiner Voreltern zu treten; daher sei er bereit, nicht nur eine ganz ausführliche und gründliche Erklärung für dieses Rechenbüchlein in Kürze in Druck zu bringen, »sondern von vielerlei Kunstrechnungen, neben der Regel falsi, Quadrat, Cubic, Zensic, Sursolit, und andern Cossen (zuvor niemals gesehen) [...] wie auch von allerlei Schriften [...] zu publizieren. [...] Der Allmächtige Gott gebe allerseits Glück und Heil darzu, damit all unser Rechnen gereiche zu Lob und Ehr seines allerheiligsten Namens [...]«.

Die seinen lieben Schülern gewidmete[10] *Practic* besticht durch ihren schönen Druck und die wunderbar gestalteten Initialen (vgl. Abbildung 2 und 3), sie ist aber alles andere als ein Lehrbuch. Im Grunde handelt es sich um eine in zwölf »Büchlein« gegliederte, auf dem Dreisatz basierende reichhaltige Sammlung kaufmännischer[11] Aufgaben. Das Ergebnis jeder Aufgabe wird als »facit« angegeben,[12] es fehlt jegliche Erklärung. Leitet der Autor doch selbst das erste Büchlein mit der Bemerkung ein (A3^{r}), dass die ganze Arithmetik [...] in drei Hauptpunkte geteilt werden könne, da jede Aufgabe entweder eine Multiplikation, eine Division oder eine Proportion sei. Lediglich im Anschluss an dieses erste Büchlein gibt der Autor im Einschub »Volgen die Species in Brüchen« Erklärungen, und zwar zur Technik des Bruchrechnens.

Vorangestellt sind dem Werk eine Umrechnungstabelle für den Gulden in verschiedene Währungen und eine für verschiedene Gewichte (⟨A2^{v}⟩). Zeichenmäßig wird immer das Geldpfund ℔ vom Gewichtspfund ℔ unterschieden.

»Das erste Büchlein handelt von der Venetianischen oder Kauffmennischen Practic« und ist in die drei Hauptpunkte Multiplikation, Division und Proportion aufgeteilt. Für die Multiplikation werden in 63 Aufgaben sechs Fälle (»Unterschied«) abgehandelt: Es geht um das Vielfache von Geldbeträgen, um die Behandlung gestückelter Beträge und den Fall, dass auch Brüche auftreten können.

---

[10] Die Behauptung aus [3, 484], das Werk sei dem Rate von Nürnberg dediziert, konnte ich nicht verifizieren.

[11] Typisch dafür ist auch die Verwendung italienischer Termini: barato = Stich ⟨N1^{v}⟩; cambio ⟨G2^{v}⟩; a compimento = zur Erfüllung ⟨G3^{v}⟩ u. öfter; contanti = bar ⟨H4^{v}⟩, ⟨K^{v}⟩, ⟨M^{r}⟩, ⟨N^{v}⟩; continenti [Gegenteil von bar] ⟨H4^{v}⟩, M2^{r}; Creditor G^{r}, ⟨H2^{v}⟩, ⟨N2^{v}⟩; Debitore ⟨G3^{v}⟩; Pancarotto ⟨N2^{v}⟩; Pancarottierer ⟨G3^{v}⟩; pro rata ⟨N2^{v}⟩; à Salvimento [eigentlich Salvamento] = glücklich ankommen N3^{r}; in specie K^{r}.

[12] Die Berechnungen sind oft sehr aufwändig und selbst unter Verwendung eines Taschenrechners oder Computers recht mühsam.

AD STVDIOSOS ARTIS NVMERANDI.	AN DIE STUDIERENDEN DER RECHENKUNST.
QVOD sint in numeris rerum abstrusissima quaeque,	Daß in den Zahlen das größte Geheimnis der Dinge verborgen ist,
Euclides docuit Pythagorasque sacer.	Hat Eukleides gelehrt und Pythagoras, der Heilige.
Hic nempe harmonico numeros modulamine junxit,	Dieser hat doch die Zahlen zu einem harmonischen Wohlklang verbunden,
Quo nihil in terris dulcius esse potest.	Nichts Schöneres kann es auf Erden geben.
Ille sequax numeros humanis rebus agendis	Jener, gelehrig folgend, führte die Zahlen dem menschlichen Tun zu,
Duxit, & ad superos, utiliore modo.	Und auch zu Höherem, auf ziemlich nützliche Weise.
Hinc artes varias, sortes, aenigmata, nummos,	Von hier aus baute er allerlei Wissenschaften auf – Zinsrechnung, Problemstellungen, Geldwesen,
Pondera, mensuras, aequa & iniqua struit.	Gewichte und Maße, Gleiches und Ungleiches.
Hinc fabricae grandes, veniuntque avtomata mira,	Von hier kommen die großen Kunstfertigkeiten, die wunderbaren Automaten,
Pictura, & miri sidera quicquid habent.	Gemälde, und was die Gestirne an Wunderbarem an sich haben.
Ignotum huic nihil est, qui rectè scit numerare:	Dem ist nichts unbekannt, der auf richtige Weise mit Zahlen umzugehen versteht:
Hanc artem & numeros quodque homo callet, homo est.	Und nur dadurch, dass der Mensch Erfahrung in dieser Kunst und den Zahlen hat, ist er Mensch.
Ergò, quod hoc facili methodo complectitur autor,	Darum, was auf diesem einfachen Weg der Autor zusammenfasst,
Discite, si fieri vultis & esse homines.	Lernt, wenn Ihr Menschen werden und sein wollt.
M. P. N.	M. P. N.

Abb. 4 Gedicht von folium ⟨A^{V}⟩

Dieser Abschnitt beginnt auf A3^{r} mit

Item 1 ℔ vmb ein ß wie kommen 2 Ztr 43 ℔. facit 12 fl 3 ß.

und endet auf B^{r} mit dem aufwändigen Beispiel

Item 1 lot pro 19 fl 17 ß 6 hr $\frac{3}{4}$ / wie kommen 2 ℔ 16 lot $\frac{1}{6}$. facit 1593 fl 11 ß 3 hr $\frac{1}{8}$.

Der Hauptpunkt Division zerfällt in zwei Fälle mit insgesamt 27 Beispielen, der Hauptpunkt Proportion wird an 13 Beispielen vorgeführt. Einleitend macht NEUDÖRFFER klar, dass die Proportion eigentlich nichts Befremdliches sei; es gehe lediglich um eine Hintereinanderausführung von Multiplikation und Division. Das erste Büchlein endet auf ⟨B2^{v}⟩ mit

Item 81 ℔ pro 43 fl 4 ß 6 hr $\frac{3}{4}$ wie kombt 1 Ztr. facit 53 fl 7 ß 4 hr $\frac{1}{3}$.

Nun folgt auf B3^{r} der Einschub über die Bruchrechnung. Bruchschreibweise und die Begriffe Zähler und Nenner werden erklärt. Bei der Addition wird zwischen gleich- und ungleichnamigen Brüchen unterschieden. Im Falle mehrerer Brüche wird auf das vorteilhafte kgV der Nenner durch ein Beispiel hingewiesen. Analog wird die Subtraktion behandelt; bei gemischten Zahlen wird dem ggf. nötigen Entlehnen einer Einheit ein eigener Punkt gewidmet (C^{r}: $139\frac{3}{4} - 24\frac{7}{8}$).

Der Multiplikation wird die Regel Zähler × Zähler durch Nenner × Nenner zugrunde gelegt. Ganze Zahlen werden in Brüche mit dem Nenner 1 verwandelt, gemischte Zahlen in unechte Brüche. – Für die Division werden fünf Regeln angegeben. 1) Gleichnamige Brüche: Dividiere die Zähler, »lass die Nenner fahren«. 2) Ungleichnamige mache gleichnamig. 3) Falls Dividend und Divisor gemischte Zahlen sind: Wende 1 oder 2 an. 4) Bruch durch ganze Zahl: Falls der Zähler durch diese Zahl teilbar ist, teile ihn und behalte den Nenner bei; falls nicht, behalte den Zähler bei und multipliziere den Nenner mit der Zahl. 5) Gemischte Zahl durch ganze Zahl: Teile den ganzen Anteil und den Bruch. Dabei gibt es drei Möglichkeiten: a) Beide Divisionen gehen auf. b) Bei der Division der ganzen Zahl bleibt ein Rest; dieser ergibt mit dem Bruch eine Division, auf die einer der beiden Fälle von Regel 4 zutrifft.

Das ander Büchlein. »Handelt von der rechten und künstlichen Practic« (C3^{r}). Es wird wie das erste Büchlein in drei Hauptpunkte geteilt. Allein im ersten Hauptpunkt der Multiplikation gibt es elf Fälle: Teilung eines Guldens (9 Beispiele), fl und ß (14 Beispiele), fl, ß und hr (10 Beispiele), halbe und ganze örter eines fl (10 Beispiele). Die weiteren sieben Fälle mit 57 Beispielen unterscheiden sich vor allem im Schwierigkeitsgrad der Multiplikation, abhängig von der Größe der auftretenden Zahlen, der Benennungen und schließlich, ob auch noch die Bruchrechnung zur Anwendung kommen muss. Als Beispiel für aufwändige Rechnung diene die zweite Aufgabe auf ⟨D4^{r}⟩:

Item einer kaufft 25 mar. 2 lot 2 quin. 2 $\frac{2}{3}$ pfen. fein Silbers / jede mar. pro 9 fl 2 ß 10 $\frac{2}{7}$ hr. fac. 230 fl 1 ß 10 hr $\frac{6}{7}$.

Vom letzten Beispiel des elften Falles (⟨D4^{r}⟩)

Item einer kaufft 33 ƒ $1\frac{1}{3}$ viertung wahr / jedes ƒ pro 6 ß 8 hr. fac. 11 fl 2 ß 2 hr $\frac{2}{3}$.

behauptet NEUDÖRFFER, er habe es deswegen auf 212 (!) Arten gelöst, damit sich einer umso weniger wundern müsse; die anderen habe er auf fünf, sechs oder mehr Wegen gelöst.

Die 38 Divisionsbeispiele werden in fünf Fälle aufgeteilt (⟨D4^{v}⟩–E2^{r}). Für die Regula de Tribus (⟨E2^{v}⟩–⟨E4^{r}⟩) gebe es vier Hauptwege: Man könne sie als Multiplikationsaufgabe oder als Divisionsaufgabe auffassen. Aber der rechte Weg der Practic sei: mittleres und hinteres Glied zerstreuen oder mit dem vorderen vergleichen. Je nachdem, welches der Glieder das größere ist, oder ob Brüche auftreten, werden die 18 Beispiele in fünf Fälle aufgeteilt. Das erste dieses fünften Falles liest sich folgendermaßen (⟨E4^{r}⟩):

Item einer kaufft $13\frac{1}{3}$ eln wahr vmb 41 fl 5 ß $5\frac{1}{2}$ hr. wie kommen $50\frac{1}{6}$ eln. fac. 155 fl 5 ß 9 hr $\frac{71}{160}$.

Das dritte Büchlein (⟨E4^{v}⟩) handelt vom Alltagshaushalt, wobei in Pfund (℔) und Pfennig (ϑ) gerechnet wird. Die Aufgaben[13] sind mit Pfund- (8), Zentner- (8), Ellen- (13), Getränke- (14), Eisen- (8), Honig- (6), Getreide- (7) und Fischrechnung (7) überschrieben. Das vierte Büchlein (⟨F4^{r}⟩) »handelt von der Rechnung eines Cassierers«. In einer Prozentaufgabe auf G^{r} wird sogar zwischen zwei Grundwerten unterschieden: Ein Nachlass von 9% auf die Schuldsumme erweist sich günstiger als 9% auf die zu leistende Barzahlung. Auf 24 Kassierer-Aufgaben folgt ein Abschnitt Wechselrechnung (G2^{r}): Es werden zunächst der Cambio commune (Tausch von Münzen einer Währung) (16) und der Cambio reale (Tausch von Währungen) (6) abgehandelt. Mit einigen dürftigen Erklärungen wird sowohl die Form eines »Welschen Wechselbriefs« in Italienisch (⟨H^{v}⟩) als auch die eines deutschen (H2^{r}) mit drei bzw. sechs Beispielen gebracht. Auf H3^{r} schließt sich die Behandlung der Wechsel von Lyon mit Venedig und Deutschland (4) und auf ⟨H3^{v}⟩ die von Nürnberg mit den Ostländern (Hamburg, Lübeck, Danzig etc.) (9) an und endet mit den sieben recht anspruchsvollen Aufgaben »vergleichung der Wechsel / vnd vortheilen derselben«.

Das fünfte Büchlein (⟨I^{v}⟩) trägt den Titel »IORNATES, das ist / Rechnung von allerley Handtierung«. In 79 Aufgaben werden Mengen von allerlei Waren mit ihren Preisen in diversen Währungen ineinander umgerechnet, unter Berücksichtigung von Tara und Gerbulier (= Ausgesiebtes [19, II]). Das sechste Büchlein (⟨K4^{r}⟩) bringt fünf Aufgaben zur Regel Conversa und vier jeweils zur Regel Quinque und zur Quinque Conversa. In der ersten Aufgabe fand das Reichskammergericht von Speyer (1527–1689) seinen Niederschlag:

---

[13] Im Folgenden gebe ich öfters die Anzahl der Aufgaben in Klammern neben dem Begriff an.

Ein fürnemer Jurist zu Speyer / hat 12 Schreiber angestellet / vmb etliche Acta / so sehr weitleufftig abzuschreiben / vollendens also in 7 Tagen. Nun begert sein Partey auch ein Concept derselben. Derwegen zu mehrer vollziehung / dieweil der Termin kurtz / nimbt er 16 darzu / die gleich so fleissig sein alß die vorigen. Fragt derowegen wie bald sie es vollenden werden / den tag pro 12 Stunden. fac. in 5 tagen 3 stunden.

Das siebente Büchlein (⟨L^v⟩) handelt von der kunstvollen Gewinn- und Verlustrechnung, sowie der »Rechnung über Land / so man jetztund Transporti nennt.« In vielen der 38 Aufgaben werden Prozentwerte bestimmt, und einmal kommen auch die Fusti vor (⟨L4^r⟩). Das achte Büchlein (M^r) führt diesen Problemkreis in 23 schwierigeren Aufgaben fort, da Wechsel und Zeit noch ins Spiel gebracht werden. Das neunte Büchlein (M3^r) bietet in neun Aufgaben eine »Kurtzliche vnderrichtung der Zins / Interesse / vnd Wucher Rechnungen«. Das facit der letzten Aufgabe, der vom Juden aus Genßburg (Abbildung 3), konnte ich nicht verifizieren.[14] Die Rechenleistung NEUDÖRFFERs ist dennoch zu bewundern. Das zehnte Büchlein (⟨M4^v⟩) handelt vom Stich, und zwar neun Aufgaben Ware gegen Ware, zwei unter Einschluss von Barzahlung, bei zweien soll Gewinn erzielt werden und in einer wird eine Zahlungsfrist gesetzt. Das elfte Büchlein (⟨N2^v⟩) bringt 25 Aufgaben zur Gesellschafts- und Faktorrechnung, darunter die folgende (⟨N3^v⟩), die sicher den Zeitgeist angesprochen hat:

Item ein Oberster sambt seinem Fendrich / Leibschützen / Doppelsöldner vnnd Muscatirer / treffen auff etliche Türcken / die erlegen sie / vnnd befinden an baarschafft bey jhnen 462 Ducaten / die haben sie vntereinander getheilt / solcher gestalt / so offt der Oberste 9 Ducat. nam / gab man dem Fendrich $3\frac{1}{2}$ / vnnd so offt der Fendrich 7 nam / gab man eim schützen drey / vnd so offt ein Schütz 4 nam / gab man dem Dopelsöldner 5 / vnnd so offt derselbe 3 nam / gab man dem Mußcatirer 4 Ducaten. Ist die frag / was einem jeden auß der theilung worden sey. fac. dem Obersten $226\frac{2}{7}$. dem Fendrich 88. dem Leibschützen $37\frac{5}{7}$ / dem Doppelsöldner $47\frac{1}{7}$ / vnnd dem Muscatirer $62\frac{6}{7}$ Duc.

Das zwölfte Büchlein (O2^r) behandelt in 19 Aufgaben die Silber- und Goldrechnung samt Legierungen und Münzschlag. Die vorletzte Aufgabe (⟨O3^v⟩) führt auf zwei Gleichungen mit sieben Unbekannten. Und die letzte verlangt das Ziehen einer zehnten Wurzel. Am Ende (⟨O4^r⟩) steht ein Rätsel, das aber Druckfehler aufweist, wie ich der Auflage von 1616 entnehmen konnte.

[14] NEUDÖRFFER gibt leider nicht an, aus welcher Währung die Pfennige stammen. Mit 1 fl = p ϑ entsteht aus dem Anfangskapital K_0 fl nach 96 Vierteljahren der Zinseszins $Z = K_0\left[\left(1+\frac{13}{p}\right)^{96} - 1\right]$. Für p = 252 wird Z = 2481 fl … Rechnet man mit der österreichischen Währung der vorhergehenden Aufgabe (p = 240), so wird es auch nicht viel besser. (Genßburg = Günzburg? Dieses gehörte zur von 1301 bis 1805 habsburgischen Markgrafschaft Burgau. Markgraf KARL [1609–1618] vertrieb 1617 alle Juden aus ihr.) Denkt man hingegen an die Augsburger schwarze Münze (p = 210), so wird Z = 6366 fl 13 kr 4 hr, kommt also NEUDÖRFFERs Wert recht nahe. Würde der Jud bei dieser Münze nur auf ganze Gulden des jeweiligen Hauptguts 1 ϑ verlangen, so erhielte man Z = 6228 fl 36 kr 4 hr.

Darauf »folgen etliche Resolvierungen«. Es werden jeweils auf einer Seite für n = 1 bis 12 sowohl das n-fache wie auch der n-te Teil einer Größe in Bezug auf eine Untergröße angegeben, und zwar auf P^{r} die Schilling–Heller-Relation. Es folgen fünf Relationen des Guldens, dann Umrechnungen von $\frac{1}{2}$ ort bis 4 ort, Umrechnungen Goldheller in Münzpfennige und umgekehrt, und schließlich die Zentner–Pfund,- Pfund–Lot-, Eimer–Maß-Relationen. Auf ⟨Q3^{v}⟩ wendet sich NEUDÖRFFER, wie oben gesagt, aus seiner Studierstube (»museo meo«) am 18. März 1599 an seine Schüler. ⟨Q4^{r}⟩ bringt *Errata*, und auf ⟨R^{r}⟩ liest man als Kolophon:

Gedruckt zu Nürnberg / || durch Paulum Kauffmann. || M. D. XCIX.

Ein Vergleich mit den späteren Auflagen dieser *Practic* sei einer weiteren Arbeit vorbehalten. Zum Abschluss bringe ich eine metrologische Auswertung, der ich bewußt den »Metrologischen Anhang« zugrunde lege, den STEFAN DESCHAUER in [4] bringt.[15] Auf diese Weise lassen sich NEUDÖRFFERs Werte leicht mit den 77 Jahre zurückliegenden Werten vergleichen, die ADAM RIES 1522 in seinem *Zweiten Rechenbuch* [15] liefert.

[15] Dort gegebene Erklärungen für Waren wiederhole ich nicht. – Bei dieser Gelegenheit darf ich Herrn Prof. Dr. STEFAN DESCHAUER auch herzlich für briefliche Unterstützung und Erklärung mir nicht bekannter Wörter aus jener Zeit danken.

Metrologische Auswertung

1 Geldwerte

Es werden folgende **Abkürzungen** verwendet: fl = Gulden, hr = Heller, kr = Kreuzer, ϑ = Pfennig, ß = Schilling, £ (bei NEUDÖRFFER ohne Querstrich) = Flämisches Pfund

Auf A2^{v} **gibt NEUDÖRFFER an: 1 Gulden hat**

4 Ort oder 4 Quart	21 Groschen oder Zwölffer (1 Groschen = 12 ϑ)	7 ß (1 ß = 30 ϑ) schwarze Münze
20 ß (1 ß = 12 hr in Gold)		8 ß (1 ß = 30 ϑ) österreichische Währung
15 Patzen (1 Patzen = 4 kr)	8 ₲ 12 ϑ (1 ₲ = 30 ϑ)	
60 kr (1 kr = 4 hr in Gold)	84 Dreier (1 Dreier = 3 ϑ)	27 Albus (1 Albus = 8 ϑ)

Weitere Geldwerte:

1 Albus = 8 ϑ = $\frac{1}{27}$ fl **K2**^{v}

1 Dreikreuzer **G4**^{r}

1 Dukaten (Venezianisch) = 24 Groschen (1 Groschen = 32 Pitzoli) **L4**^{r}, **L4**^{v} = 106 kr **G2**^{r} = 6 £ 18 ß **G4**^{v}

5 Dukaten (Venezianisch) = 6 $\frac{1}{2}$ Rheinische Gulden **L4**^{r}

1 Flämisches Pfund = 20 ß zu 12 ϑ (=grot) **A2**^{v}

1 Französische Krone = 96 kr **G**^{r}, **I**^{r} = 7 £ (in Venedig) **I**^{r} = 24 Patzen **G 3**^{v}

1 Goldgulden = 20 $\frac{1}{2}$ Patzen **G**^{r} = 20 Patzen **G2**^{r} = 75 kr + 1 Nürnberger ϑ **G 3**^{v} = 80 kr = 5 £ 10 ß (in Venedig) **I**^{r}

1 Goldmark = 65 Kronen **H 3**^{r}

1 Gulden = 210 ϑ Augsburger schwarze Münze **G4**^{v} = 252 Nürnberger ϑ **G4**^{v}

1 Guldengroschen = 16 Patzen **G2**^{r}

1 Kreuzer = 4 $\frac{2}{5}$ Nürnberger ϑ **F4**^{v}

1 Krone (frz.) = $\frac{1}{65}$ Goldmark **H3**^{r}

1 Krone = 75 kr **G2**^{r} = 45 ß **H3**^{r}

1 Krone (Venezianisch) = 90 kr = 6 £ 18 ß (in Venedig) **I**^{r}

1 Nürnberger ₲ = 25 ϑ Augsburger schwarze Münze **G4**^{v}

Österreichische Währung **M4**^{r}

1 Philipstaler = 20 Patzen **F4**^{r} = 82 kr **G2**^{r}

1 Portugaleser = 25 Patzen – 1 $\frac{1}{2}$ Nürnberger ϑ **G3**^{v}

1 Reichstaler = 72 kr **G3**^{v} = 5 £ (in Venedig) **I**^{r}

1 Rheinischer Gulden = 21 Groschen **G3**^{r}

1 Salzburgischer Dukaten = 108 kr = 7 £ 16 ß (in Venedig) **I**^{r}

1 Schreckenberger **I4**^{r}

1 Sonnenkrone = 46 ß **H3**^{r}

1 Taler = 72 kr **F4**^{r} = 24 Groschen **G3**^{r}

1 Ungarischer Dukaten = 115 kr **G**^{r}

1 Ungarischer Gulden = 102 $\frac{1}{2}$ Kreutzer **G3**^{v} = 103 $\frac{1}{4}$ Kreutzer **G4**^{r}

2 Gewichte (ggf. mit Warenangaben)

Auf A2^{v} **gibt NEUDÖRFFER an:**

1 Zentner = 100 ℔	1 Lot = 4 Quint	1 Mark = 16 Lot	1 Karat = 4 Gran
1 Pfund (℔) = 32 Lot	1 Quint = 4 ϑ	1 Mark = 24 Karat	1 Gran = 3 Gren

Lot, Pfund (℔) und Zentner (Ztr) werden sehr oft ohne Bezug zu irgendwelchen Waren als allgemeines Gewichtsmaß benützt; siehe oben die erste Aufgabe von **A3**^{r}. Daher keine detaillierten Angaben.

Weitere Gewichte:

1 Vierdung [= Viertung, masc.] = $\frac{1}{4}$ ℔ **D4**^{r}

1 Zentner = 5 $\frac{1}{2}$ Stein, 1 Stein = 24 ℔ **K2**^{v}

100 Nürnberger ℔ = 108 Antorffer ℔ **M2**^{r}

100 Nürnberger ℔ = 108 Ulmer ℔ **K2**^{r}

100 Nürnberger ℔ = 128 Breslauer ℔ **K2**^{r}, **K2**^{v}

10 Venediger ℔ = 6 Nürnberger ℔ **K2**^{v}, **L4**^{r}, **L4**^{v}

100 Venediger ℔ = 64 Antorffer ℔ **K2**^{v}

10 ℔ zu Lyon = 9 Antorffer ℔ **K2**^{v}

1 Stein = 24 ℔ **K2**^{v}

3 Feingewichte siehe **2**. Auch die Feingewichte erscheinen in einer Vielzahl von Aufgaben. Daher keine weiteren Angaben.

4 Längenmaße (ggf. mit Warenangaben), Flächenmaße

Elle: Sie wird sehr oft ohne Bezug zu irgendwelchen Waren benützt wie z. B. in

Item 1 eln pro 11 ß wie kommen 321 eln. facit 176 fl 11 ß. **A3^{v}**

Elle: Leinwand 6 ß 4 hr **B4^{r}**. Weitere Werte siehe **9.1**

Achtelelle: Leinwand **C4^{v}** – Drittelelle: Leinwand **C4^{v}**, **K^{v}** – Fünftelelle: Leinwand **K^{v}** – Sechstelelle: Leinwand **K^{v}** – Viertelelle: Leinwand **C4^{v}**

Klafter: Ankerseil **I3^{v}**	Pratz **N^{v}**	Rute: Wiese **L^{v}**
Meile **L^{r}**	Quadratelle **I4^{r}**	Schuh: Schanze **L^{r}**

5 Hohlmaße (ggf. mit Warenangaben)

1 Eimer (Aymer) Wein **D^{v}**, **D2^{r}**; Bier **F^{v}**;

1 Eimer = 68 Maß [Bier] **F^{v}** [Wein] **I2^{r}** = 64 Maß [Honig] **F2^{v}**

1 Fass Bier = 16 Eimer **L^{r}**

1 Fuder Wein = 12 Eimer **I2^{r}**

1 Häuflein Weizen = $\frac{1}{8}$ Metzen **F3^{r}**

1 Maß = 2 Seidel **F2^{r}**; Bier; Honig; Wein **F^{v}**

1 Meß (Eichenholz) [= 3 Ster = 3 m^{3}] **I2^{r}**

1 Meßlein Hafer = $\frac{1}{8}$ Metzen **I2^{r}**

1 Metzen Weizen = 8 Häuflein **F3^{r}**

1 Simmer Korn: = 16 Metzen **F3^{r}**; Hafer: = 4 Metzen **F3^{r}** = 32 Meßlein **I2^{r}**; Gerste **F3^{r}**

1 Tonne Honig = 99 Maß **F2^{v}**; Hering = 1200 Stück **F3^{v}**

6 Handelsübliche Lieferformen für bestimmte Waren, ggf. mit Angaben über Tara, Fusti und Gerbulier (*N*: Der Prozentsatz der Tara bezieht sich auf das Nettogewicht.)

Ballen: Papier

Fass: Alaun: Tara 79 ℔ auf 695 $\frac{1}{2}$ ℔ = 11,4% **I3^{r}**; Bier: zu 16 Eimern **L^{r}**; Galles: Tara 20 $\frac{1}{3}$ ℔ auf 270 $\frac{1}{2}$ ℔ = 7,5% **I3^{r}**; Garn: Tara 20 ℔ auf 254 $\frac{3}{5}$ ℔ = 7,9% **I3^{r}**; Kupfer **K^{r}**; Kupferwasser **I2^{v}**; Messing: Tara 252 ℔ auf 7252 ℔ = 3,5% **I4^{v}**; Schwefel: Tara 1 $\frac{1}{4}$ Ztr auf 24 Ztr 76 $\frac{1}{3}$ ℔ = 5,0% **I3^{v}**; Zwetschgen [9 Fässer mit unterschiedlichen Taren] **K^{v}**;

Fässlein: Gummi: Tara 2 $\frac{1}{2}$ ℔ auf 83 $\frac{1}{2}$ ℔ = 3,0% **I2^{r}**; Kalmus: Tara 8 $\frac{1}{2}$ ℔ auf 248 $\frac{1}{2}$ ℔ = 3,4% **I2^{v}**; Schmalz: Tara 10 ℔ auf 1 Ztr = 10% **I4^{r}**; Wein **I^{v}**

Karte: Seide: Tara 18 Lot 2 Quint 2ϑ auf 9 ℔ 13 Lot 2 Quint = 5,9% **K^{v}**

Kiste: Zucker: Tara 19 $\frac{2}{3}$ ℔ auf 315 ℔ = 62,%; Tara 15 ℔ auf 218 $\frac{1}{4}$ ℔ = 6,9%; Tara 20 $\frac{1}{3}$ ℔ auf 311 $\frac{3}{4}$ ℔ = 6,5% **I3^{r}**;

Korb: Feigen: Tara 12 ℔ auf 333 ℔ = 3,6%; Tara 14 $\frac{1}{4}$ ℔ auf 214 ℔ = 6,7%; Tara 13 $\frac{1}{2}$ ℔ auf 334 ℔ = 4,0%; Tara 17 $\frac{3}{4}$ ℔ auf 229 ℔ = 7,8%; Tara 15 $\frac{1}{2}$ ℔ auf 516 ℔ = 3,0%; Tara 23 ℔ auf 239 ℔ = 9,6% **I3^{r}**

Kübel: Schmalz: Tara 4 $\frac{1}{2}$ ℔ auf 60 $\frac{1}{4}$ ℔ = 7,5% **I^{v}**

Lägel [masc.][16]: Weinstein: **I3^{v}**; Öl: Tara 9 ℔ auf 1 Ztr = 9,0% **I4^{v}**

Sack: Baumwolle: Tara 45 $\frac{1}{2}$ ℔ auf 22 Ztr 21 $\frac{1}{3}$ ℔ = 2,0% **I3^{v}**; Federn: 1 ℔ $\frac{1}{3}$ ort **I4^{v}**; 42 ϑ **K3^{r}**; Mandeln: Tara 45 ℔ auf 853 $\frac{2}{3}$ ℔ =5,3% **I4^{v}**; Muskatnuss: Tara 15 ℔ auf 265 ℔ = 5,7% **I2^{v}**; Nelken **I3^{r}**; Tara 5 $\frac{3}{4}$ ℔ auf 777 $\frac{1}{2}$ ℔ = 0,7% **K2^{r}**, Tara 28 ℔ auf 6 Ztr = 4,7% und 15 ℔ Fusti/Ztr **L4^{r}**; Parißkörner: Tara 3 $\frac{2}{3}$ ℔ auf 114 ℔ = 3,2%; Tara 2 $\frac{1}{3}$ ℔ auf 110 ℔ = 2,1% **I2^{v}**; Pfeffer: Tara

[16] eigentlich Kanne, dann rundes hölzernes Gefäß zum Transportieren nasser Ware, schließlich Maß für fremden Wein (1 Lägel = 40 Liter) – bei ADAM RIES »Lagel« = kleines Fass

8 ℔ weniger 3 Vierdung auf 692 ℔ = 1,1% mit 12 ℔ Gerbulier/Ztr, wobei 5 ℔ Gerbulier wie 2 $\frac{1}{4}$ ℔ reine Ware gerechnet wird **K2**^{r}; Tara 26 $\frac{1}{4}$ ℔ auf 1089 $\frac{1}{2}$ ℔ = 2,4% **M4**^{v}; <u>Piper</u>: Tara 1 $\frac{1}{2}$ ℔ auf 133 $\frac{1}{2}$ ℔ = 1,1% **I2**^{v}; <u>Reis</u>: Tara 27 $\frac{1}{3}$ ℔ auf 1160 $\frac{2}{3}$ ℔ = 2,4% **I3**^{v}; <u>Weinbeerlein</u>: Tara 29 $\frac{1}{4}$ ℔ auf 437 $\frac{1}{4}$ ℔ = 6,7% **I3**^{r}; <u>Zwiebelsamen</u>: Tara 8 $\frac{1}{2}$ ℔ auf 366 $\frac{1}{4}$ ℔ = 2,3% **I3**^{v}

Schaff: <u>Schmalz</u> **I4**^{r}

Scheibe: <u>Wachs</u> **K2**^{v}; Tara 23 ℔ auf 2993 ℔ = 0,8% **L4**^{v}

Stumpf: <u>Safran</u>: Tara 2 ℔ 6 Lot auf 56 ℔ 12 $\frac{2}{3}$ Lot = 3,9% **I3**^{r}

Tonne: <u>Honig</u> **F2**^{v}; <u>Hering</u> (1200 Stück) **F3**^{v}; (360 Stück) **I2**^{v}

Truhe: <u>Seife</u> **I4**^{r}

Wagen: <u>Heu</u>: Tara 11 $\frac{3}{4}$ Ztr auf 43 $\frac{1}{4}$ Ztr = 27,2% **I2**^{r}

Zaihn [= Stange]: <u>Gold</u> **O3**^{r}

Zimmer: <u>Zobel</u> (40 Stück) **K2**^{r}

Zuber: <u>Nüsse</u> **K3**^{r}

7 Stückmaße mit Warenangaben

Bällein [= Ballen] Seide **K**^{v}
Ballen Papier. 1 Ballen[17] = 10 Ries, 1 Ries = 20 Buch, 1 Buch = 25 Bogen **K2**^{r}, **M4**^{v}
Buch (Papier) **K4**^{v}, siehe Ballen
Dutzend Eisenschienen **F2**^{v}
Fardel siehe Vartel
Riß = Ries, siehe Ballen
Roll Stockfisch = 110 Fische **F3**^{v}
Schock [allgemein] **F2**^{r}f.
Stuck Stockfisch = 180 Fische **F3**^{r}, **F3**^{v}
Stück Leinwand **C4**^{v} Zwillich **C4**^{v}
Stück Tuch **A4**^{r}, **D**^{v}, **F**^{v}
Stumpf Safran **I3**^{r}, **N4**^{r}
Vartel = 45 Stück Barchet **K2**^{v}
Wurf von Münzen = 5 Stück **F4**^{r}
Zimmer Zobel = 40 Stück **K2**^{r}

8 Zeitspannen mit Bezugsangaben

Halbes Jahr: Zahlungsfrist **G**^{r}
Jahr: Gewinn **F4**^{v}ff.; Zinsfrist **K4**^{v}
Monat: Zahlungsfrist **F4**^{v}ff., **M**^{r}ff.; Zahlungsfrist bei Warentausch **N2**^{r}; Zinsfrist **K4**^{v}
Stunde: Arbeitszeit **L**^{r}
Tag: Arbeitszeit **K4**^{v}; Vorratszeit **K4**^{v}
Woche: Mastzeit **K4**^{v}, Kostzeit **L**^{r}

9 Waren und Preise

9.1 Preise von Inlandswaren (Lebensmittel, landwirtschaftliche Produkte, Vieh, Fisch, Hilfsmittel für pharmazeutische und technische Zwecke)

Alaun: Ztr 9 fl $\frac{1}{2}$ ort **I3**^{r}
Apfel: 5 Stück 2 ϑ **L3**^{v}
Bier: Maß 7 hr **F**^{v}
Bleiweiß: ℔ 5 ß 4 hr **L2**^{v}
Eichenholz: Meß 10 # min. 1 Fünferlein **I2**^{r}
Federn: ℔ $\frac{1}{3}$ ort **I4**^{v}; ℔ 42 ϑ **K3**^{r}
Fenchel: Ztr 12 $\frac{1}{2}$ fl **L2**^{r}
Firnis: ℔ 8 ß **N2**^{r}

Fisch: ℔ 24 ϑ **E4**^{v}; Stuck 30 fl 1 # 15 ϑ **F3**^{v} – <u>Bückling</u>: 3 $\frac{1}{2}$ ϑ **F3**^{v} – <u>Hering</u>: 4 $\frac{1}{5}$ ϑ **F3**^{v}; Tonne 31 fl 4 # **F3**^{v}; Stück 7 $\frac{7}{24}$ hr **I2**^{v}; *Verkauf*: 12 $\frac{1}{2}$ Taler **L3**^{r}; – <u>Lachs:</u> 2 # 7 ϑ **E4**^{v} – <u>Salm:</u> 13 fl **F3**^{v} – <u>Stockfisch</u>: 2 Zwölffer **F3**^{r}, 1 # 10 $\frac{1}{2}$ ϑ **F3**^{v}; Roll 22 fl 7 # 10 $\frac{1}{2}$ ϑ **F3**^{v}

[17] modern: 1 Ballen = 10 Ries = 100 Buch = 1000 Hefte = 10000 Bogen

Galles [= Galläpfel]: ℔ 1 ß 8 hr **I3**^{r}
Gerste: Simmer 5 fl 6 ₶ 16 ϑ **F3**^{r}
Hafer: Simmer 3 fl $3\frac{1}{2}$ ort **F3**^{r}
Heu: Ztr 4 ₶ 7 ϑ Nürnberger Münze **I2**^{r}
Honig: Maß 4 Zwölffer **F2**^{v}, 2 Patzen **F2**^{v}, 2 ₶ **F2**^{v}; Eimer 13 fl 5 ₶ $1\frac{1}{5}$ ϑ **F2**^{v}; Tonne 9 fl 2 ₶ 12 ϑ **F2**^{v}; 15 fl 2 ₶ **F2**^{v}
Käse: ℔ 1 ort eines fl **D**^{r}, 31 ϑ **E4**^{v} – Holländischer: ℔ 3 ß **N**^{r} – Parmesankäse: ℔ $5\frac{1}{2}$ ß **M**^{r}
Korn: Metzen 2 ₶ 10 ϑ **F3**^{r}, 6 Zwölffer **F3**^{r}; Simmer 6 fl weniger 7 Zwölffer **F3**^{r}, $24\frac{1}{2}$ ₶ **I2**^{r}
Kupferwasser [= Kupfervitriol]: Ztr 6 fl $3\frac{1}{2}$ ort **I2**^{v}
Mennige: Ztr 20 fl **M**^{r}
Nüsse: Zuber 41 ß 3 ϑ **K3**^{r}
Ochsen: Paar 23 fl $\frac{1}{2}$ ort **K3**^{r}
Öl: ℔ 8 kr **I4**^{v}
Papier: Ballen $19\frac{3}{4}$ fl zu 16 Patzen **K2**^{r}, $13\frac{1}{2}$ fl **L4**^{r}, 12 fl **L4**^{r} – Postpapier: Ries 4 fl **M4**^{v}
Rhabarber: ℔ 20 fl 4 ß 16 ϑ **K3**^{r}
Rosinen: siehe Weinbeerlein
Schmalz: ℔ 21 ϑ **I**^{v}, 19 ϑ **I**^{v}; Ztr 6 fl 7 ß 6 hr **I4**^{r}
Schwefel: Ztr 5 fl $2\frac{1}{2}$ ort **I3**^{v}
Seife: ℔ 2 ₶ 7 ϑ **I**^{v}; Ztr 6 fl $1\frac{1}{2}$ ort **I4**^{r}
Unschlit: ℔ 27 ϑ **I2**^{v}
Wachs: Ztr 14 fl 3 ort **K**^{r}, 17 fl $1\frac{1}{2}$ ort **L4**^{v}, 31 fl 7 ß 2 hr **M4**^{v}, 80 fl 15 ß **N**^{r}; Stein 5 fl 37 Groschen 10 ϑ **K2**^{v}; ohne Angabe **N3**^{v}

Wein: Eimer: 9 fl 18 ß 1 hr **D1**^{v}, 11 fl 15 ß 11 hr **D2**^{r}, 17 fl 14 ß 11 hr **D2**^{r}; ohne Angabe **L4**^{r}; Maß: 34 ϑ, 40 ϑ, 70 ϑ **F2**^{r}, 20 ϑ **I**^{v}, 2 ₶ $10\frac{1}{2}$ ϑ **I2**^{r} – saurer unzeitiger / weiß Eimer $\frac{5}{4}$ fl / rot $\frac{9}{10}$ fl **K3**^{r} – Firnenwein (ohne Angabe) **L3**^{r} – Montepriantzer Eimer 21 fl 9 ß 9 hr **D2**^{r} – Neckarwein Eimer 13 fl 1 hr **D2**^{r} – Reinfall Eimer 20 fl 1 ß 8 hr **D2**^{r} – Schillerwein Eimer $\frac{7}{8}$ fl **K3**^{r} – Spanischer Wein Eimer 31 fl 7 ß 6 hr **D2**^{r} – vino Graeco Eimer 41 fl 11 ß 11 hr **D2**^{r}

Weinbeerlein [= Rosinen]: ℔ 3 ort min. 1 kr **I3**^{r}
Weinstein: Ztr 9 fl 9 ß 11 hr **I3**^{v}
Weizen: Simmer 7 fl 3 ort **F3**^{r}
Zucker: ℔ 3 ₶ 18 ϑ **E4**^{v}, 9 ß 6 hr **I3**^{r}, 8 ß **L2**^{v}, 6 fläm. ß **M2**^{v}
Zuckerwerk für Zwetschgen: Ztr 16 fl 42 kr **K**^{v}
Zwetschgen: Ztr 16 fl 42 kr **K**^{v}
Zwiebelsamen: Ztr 5 fl 12 ß 6 hr **I3**^{v}

9.2 Preise von Auslandswaren (Landwirtschaftl. Produkte, Obst, Gewürze, ohne Stoffe)

Ambra: Lot 14 fl 10 ß 2 $\frac{1}{3}$ hr **D3**^{v}, 12 fl 11 ß 6$\frac{1}{4}$ hr **D3**^{v}

Brasilholz: Ztr 13 fl 8 ß 1$\frac{17}{19}$ hr **M**^{v}

Diamantpulver: Lot 32 fl 1$\frac{1}{7}$ hr **D3**^{v}

Feigen: Ztr 6 fl min 1$\frac{1}{2}$ ort **I3**^{v}, 6 fl 5 ß **N**^{r}

Gummi: ℔ 1 ß 11 hr **I2**^{r}

Ingwer: ℔ 13$\frac{1}{2}$ ß **M4**^{v}, Ztr 16$\frac{1}{2}$ fl **N**^{r}

Kalmus: ℔ 7 ß 1$\frac{5}{8}$hr **I2**^{v}

Kanel [= Zimt]: ℔ 1$\frac{1}{2}$ fl **L3**^{v}

Korallen: Lot 10 fl 3 ß 5$\frac{5}{9}$ hr **D3**^{v}

Korallenzinken: Mark 36 fl 1$\frac{1}{2}$ ort **L2**^{r}

Koriander: 24 ℔ 5 fl **M**^{v}

Mandeln: Ztr 20 fl 1 ß 8 hr **I4**^{v}; ℔ 4 ß 2 hr **L**^{v}, 10$\frac{1}{2}$ ß **L3**^{r}

Muskatnuss: ℔ 17 ß 4 hr **I2**^{v}, 15 ß **L2**^{r}; Ztr 80 fl **M**^{v}

Nelken: ℔ 34 ß 10 hr **I3**^{r}; 18 $\frac{1}{2}$ ß **K2**^{r}, 10$\frac{1}{2}$ ß **L2**^{v}, 24 ß **L4**^{r}, 15 ß **M**^{v}, 3 ort eines fl **M4**^{v} – ℔ Fusti 10$\frac{1}{2}$ ß **L4**^{r}

Parißkörner[18]: ℔ 13 ß 6 hr **I2**^{v}, Ztr 16 fl 13 ß 4 hr **L2**^{v}

Perlen: Lot 30 fl 14 ß 8$\frac{1}{2}$ hr **D3**^{r}, 11 fl 7 ß 10$\frac{2}{5}$ hr **D3**^{v}, 10 fl **N**^{v} – orientalische: Lot 39 fl 17 ß 6$\frac{1}{5}$ hr **D3**^{v}

Pfeffer: ℔ 10 ß 8 hr **K2**^{r}, 15 ß **M2**^{r}, 14 ß 8 hr **M4**^{v}; ohne Angabe **L3**^{r}

Piper [= Pfeffer]: ℔ 8 ß 6 $\frac{2}{11}$ hr **I2**^{v}, 2 ß 8 hr **L2**^{v}, Ztr 24 Dukaten 9 venez. Groschen **L4**^{v}

Presilgholz siehe Brasilholz

Reis: ℔ 29 ϑ **I**^{v}, Ztr 4 fl 2 ß 6 hr **I3**^{v}, 4 fl 7 ß 6 hr **M**^{v}

Safran: ℔ 7 ₶ 21 ϑ **E4**^{v}, 15 fl 16 ß 8 hr **I2**^{v}, 6 fl 16 ß 4 hr **I3**^{r}, 2$\frac{1}{3}$ Dukaten **L4**^{r}, 13 fl 6 ß 8 hr **M**^{v}, 5 fl **N2**^{r} – Stumpf von 93 ℔ **N4**^{r}

Salsaparilla[19]: ℔ 1 fl 13 ß 4 hr

Zimt siehe Kanel

Zitwer[20]: *Verkauf:* ℔ 22$\frac{1}{2}$ ß **L3**^{r}

Zucker Canari [= Rohrzucker]: Ztr 66$\frac{2}{3}$ fl **N**^{r}

9.3 Wolle, Textilien, Leder, Felle

Ankerseil: Klafter 8$\frac{1}{2}$ Taler **I3**^{v}

Barchet[21] zu 22 Ellen, die Elle 1ß 12 ϑ schwarze Münze **K2**^{v}

Baumwolle: Ztr 18 fl 3$\frac{1}{2}$ ort **I3**^{v}

Blahen [= grobes Leintuch]: Elle 8 ϑ **I**^{v}, 6 hr **M**^{v}

Bockfell: 1000 Stück 65 fl **I4**^{v}

Dafat [= Taft]: Pratz 2 fl 14 ß **N**^{v} – Daffet gefärbt: Elle 15 ß **M4**^{v}

Damast Elle 23 ß **L2**^{v}, 48 ß **M**^{r}

Flachs: Ztr 8 fl **F**^{r}, ℔ 7 ₶ 10 ϑ **I2**^{r}, 14 fl 2$\frac{1}{2}$ ort **L2**^{r} raueste Ware ℔ 2 ß **I4**^{r}

Leinwand: Elle 6 ß 4 hr **B4**^{r}, 6 ß 4 hr **C4**^{r}, 5 ß 1 hr **C4**^{v}, 11 ß 6 hr **C4**^{v}, 7 ß 2 hr **C4**^{v}, 9 ß 10 hr **C4**^{v}, 6 ß 8 hr **E**^{v}, 3 fl 15 ß 11 $\frac{7}{25}$ hr **E**^{v}, 2 fl 19 ß 7 $\frac{61}{297}$ hr **E**^{v}, 7 fl 19 ß 8 hr **E**^{v}, 12 ß 9$\frac{59}{60}$ hr **E**^{v}, 1 fl 5 ß 1$\frac{1}{4}$ hr **E**^{v}, 12 ₶ **I2**^{r}, 57$\frac{1}{2}$ kr **I3**^{r}, 1 ß 8 hr **L2**^{r}, 8 ß **M**^{v}, 2$\frac{3}{4}$ fl **M2**^{r}, 16$\frac{1}{2}$ ß **N**^{r};

gebleicht 3 ß 4 hr **C4**^{v}

Brabandische 17 ß 9 hr **C4**^{v}

Gallerleinwand Elle 15 ß **N**^{r}

---

18 = Paradieskörner: Meleguetapfeffer, Früchte eines Ingwergewächses aus Westafrika

19 eigentlich Sarsaparilla (span.): saponinhaltige Wurzel mittel- und südamerikanischer Stechwindenarten. Heilwirkung bei rheumatischen und Hauterkrankungen; altes »Blutreinigungsmittel«

20 Rhizoma zedoariae, ostindische Wurzel

21 Nur [1] vertritt die Auffassung, dass Barchet auch ein Längenmaß ist, dem [16] deutlich widerspricht. Auch im *Deutschen Wörterbuch* der Gebrüder GRIMM findet sich hierfür kein Hinweis.

L2^{r}, raueste Ware ⨍ 2 ß **I4**^{r}
Garn: ⨍ 25 ϑ **I3**^{r}, Ztr 11 fl 9 ß **L2**^{r}
Gewand: Elle 3 fl 3 ort **K**^{v}
Goltschen [= der Golsch, der Golschen][22]: Elle $4\frac{2}{3}$ ß **C4**^{v}
Kalbsfell: Stück $2\frac{1}{2}$ fl **N**^{r}
Leder: Paar 24 ß **N2**^{r}

Holländische 12 ß 4 hr bei Sofortzahlung, aber 19 ß $8\frac{4}{5}$ hr bei Zahlung aufs Jahr **K**^{v}; *Verkauf:* 4 Ellen 3 fl **L3**^{r}
Meißnische 16 ß 7 hr **C4**^{v}
Schetter siehe unten
Schlesische 39 Ellen $12\frac{1}{2}$ fl
ohne Angabe **N3**^{v}

Ormasin[23]: Elle 12 ß 6 hr **K**^{v}, 24 ß **N**^{r}
Purpurtuch: 36 Ellen zu 23 fl 12 ß 6 hr **K**^{r}
Rauchwaren: Balg Laßitz [= Wiesel]: 100 Stück 5 fl $\frac{1}{2}$ ort **K2**^{r} – Harmbalg [= Hermelin]: 100 Stück 8 fl $2\frac{1}{2}$ ort **K2**^{r} – Mädere Kürschen [= Marderfellkleid]: 95 Kronen à 92 kr **K2**^{r} – Schönwerk: 1000 Stück 58 fl $\frac{1}{2}$ ort **K2**^{r} – Zobel: Zimmer [= 40 Stück]: 75 fl 12 ß 6 hr **K2**^{r}
Samt: *Verkauf:* Elle 4 fl min. $\frac{1}{2}$ ort **L3**^{v}, Pratz 6 fl 2ß $4\frac{4}{5}$ hr **N**^{v} – Pelzsamt Elle $2\frac{1}{2}$ fl **N**^{v}; ohne Angabe **N3**^{v}
Schafwolle, gute: Ztr 9 fl 1 ort **N**^{r}
Schamelot [= Kamelott, frz. Camelot; Seidenstoff]: Elle 2 fl 1 ort **N**^{v}
Schetter [lockere, undichte Leinwand]: 3 Ellen 4 fl **L3**^{r}, Stück gemengt $2\frac{1}{2}$ fl **N**^{v}
Seide: ⨍ 3 fl $1\frac{1}{2}$ ort **K**^{v}, 9 fl min 1 ort **N**^{v}
Tapezerey: Quadratelle $8\frac{1}{2}$ ß **I4**^{r}
Tuch erscheint sehr oft zu recht unterschiedlichen Preisen das Stück: **A4**^{r}, **D**^{v}, **F**^{v}, **I3**^{v}, **L2**^{r}, **L3**^{v}, Englisches Tuch **N4**^{r}
Wolle: Ztr $11\frac{1}{4}$ fl **N**^{v}, 12 fl **N2**^{r}
Wurschant [= Wursat, Wollstoff aus Worsted/Norfolk]: *Verkauf:* Elle $7\frac{1}{2}$ ß **L3**^{r}
Zändeldort [= Seidenstoff]: 4 Nürnberger Ellen 1 Dukaten **L4**^{v}; Elle 9 ß **M2**^{r}
Zwillich: Elle 3 ß 11 hr **C4**^{v}

9.4 Metallwaren und Metalle

Becherlein, silbern: $10\frac{1}{2}$ fl **O2**^{r}
Bruchsilber: 1 Mark kostet 7 fl 1 ort **O2**^{r}
Eisen, Schiene 30 ϑ **F2**^{r}, $34\frac{1}{2}$ ϑ, 3 Zwölfer $42\frac{1}{2}$ ϑ **F2**^{v}; 1 ⨍ Schiene $56\frac{1}{3}$ fl, 25 fl 1₰ $20\frac{1}{3}$ ϑ **F2**^{v}; Schock 6 fl 4 ₰ 24 ϑ, 7 fl 4 ₰ **F2**^{v}
Feingold: Mark 53 fl 18 ß 8 hr **D2**^{v}
Feinsilber: Mark 31 fl 13 ß 4 hr **D2**^{v}, 9 fl $3\frac{1}{2}$

Kupfer: Ztr 19 fl $1\frac{1}{2}$ ort **K**^{r}
Maigellein [= Magele, Magellel = Becher], silbern: Mark 12 fl **O2**^{r}
Messing: Ztr 9 fl 15 ß 10 hr **I4**^{v}, 9 fl 1 ort **N**^{v}; *Verkauf:* 11 fl **L2**^{r}
Scheuren [= Pokal, Becher], silbern vergoldet: Mark 24 fl 11ß 10 hr **D2**^{v}
Silber: Mark 21 fl 2 ß 6 hr **D2**^{v}
Silber gekörnt und vergoldet **O3**^{r}
Silberwerk: Mark 14 fl 15 ß 7 hr **D2**^{v}

---

[22] eine Art Barchent, ursprünglich weiß-blau gestreift, besonders zu Ulm hergestellt.

[23] STEFAN DESCHAUER verdanke ich den Hinweis, dass bei JOHANN EISENHUT [6, Bv^{V}] »Ormaxin oder seidengwand on end« vorkommt, und dass man in [19, I, 542] findet: *ormesino* (ital.) = glatter Taft, hergestellt in Genua.

ort **D4^{r}**, 9 fl 2 ß 10 $\frac{2}{7}$ hr **D4^{r}**, 9 fl 1 $\frac{1}{2}$ ort **O2^{r}**, 10 fl 17 ß 6 hr **O2^{r}**, 8 fl 4 hr **O2^{v}**, 10 $\frac{1}{2}$ fl **O2^{v}**

Geschütz: 60 Ztr, Messing : Kupfer : Eisen : Silber = 6 : 3 : 2 : 1 **N4^{r}**

Trinkgeschirr: Mark 45 fl 17 ß 6 hr **D2^{r}**, 51 fl 6 ß 9 hr **D2^{v}**

Wismut ℔ 4 ß **M2^{r}**

Zinn: Ztr 15 $\frac{1}{4}$ fl **K^{r}**, 15 fl 7 ß 1$\frac{1}{2}$ hr **L2^{v}**, 18 fl **N^{v}**

9.5 Sonstiges

Bücher **K2^{r}, K4^{v}**

Hausbesitz: 6700 fl in Gold **F4^{v}**; ohne weitere Angabe **L2^{v}**

10 Dienstleistungen und Löhne

Entgelt für Dienstleistungen eines Faktors: 300 fl **N4^{v}**, **O^{r}**, halber Gewinn **O^{r}**, $\frac{1}{4}$ Gewinn **O^{r}**

Fuhrlohn: 1 Krone pro 400 Kronen für Geldtransport von Venedig nach Augsburg **H4^{v}**; $\frac{1}{4}$ % für Münztransport von Nürnberg nach Venedig **I^{r}**; 37 fl für 12 Ztr und 28 Meilen **L^{r}**; 3 fl 1 ß 8 hr für 1 $\frac{1}{2}$ Ztr und 2 $\frac{2}{3}$ Meilen **L^{r}**; 120 Stück Leinwand Kempten–Linz einschließlich Maut und Unkosten 56 fl **L3^{v}**; 8 Ballen Papier Ravensburg–Nürnberg einschließlich Unkosten 9 fl 15 ß 10 hr **L4^{r}**; Wein Würzburg–Nürnberg Fl 6 ß 8 hr/Eimer **L4^{r}**; 136 $\frac{1}{2}$ ℔ Safran Venedig–Nürnberg einschließlich Unkosten 14 Dukaten **L4^{r}**; 415 ℔ Pfeffer Venedig–Nürnberg einschließlich Zoll 11 $\frac{1}{4}$ fl **L4^{v}**; Wachs Nürnberg–Venedig 3 fl min. $\frac{1}{2}$ ort/Ztr **L4^{v}**; Zucker Antorff–Nürnberg 8 fläm. Groschen/℔ **M2^{v}**

Kost und Logis: Ross und Mann pro Woche 4 fl 1 ort **L^{r}**

Münzprägungsentgelt: $\frac{1}{2}$ fl/Mark **O3^{r}**, 5 Patzen/Mark **O3^{r}**, $\frac{3}{4}$ Rhein. fl/Mark **O3^{r}**

Mast: 13 Ochsen 4 Wochen für 24 fl **K4^{v}**

Schiffsfracht: Antorff–Barcelona Unkosten 300 fl **N3^{r}**

Tragdienst: $\frac{1}{2}$ Patzen **I4^{v}**, 45 ϑ **K3^{r}**

11 Zinsen

Jahreszins: 5% **I4^{v}**; 6% **K^{v}**; 9% **K^{r}**; 10% **K^{r}** – 9 Monate: 5% **K^{r}** – 6 Monate: 5%, 6% **K^{r}**

sonstige Zins- und Zinseszinsaufgaben: **K4^{r}**, **L^{v}**, **M3^{r}** bis **N2^{r}**

12 Zoll und Abgaben

Ungelt [= Abgabe auf Getränke] 2 ϑ/Maß **F2^{r}**

Zoll **L4^{v}**

13 Geschäftsgewinne und -verluste, Handelsspannen, Teuerung, Rabatte, Aufschlag bei Warentausch u. ä.

Geldleihe auf Wechsel: Gewinn 10 $\frac{10}{11}$ %/Jahr **H4^{v}**

Gewinn bei Zahlung nach einem Jahr: 7 ß 4 $\frac{4}{5}$ hr auf 12 ß 4 hr = 59,5% **K^{v}**

Gewinn bei Warentausch 44%, 15% **N^{v}**

Gewinn und Verlust (vielfältig) bei Gesellschafts- und Faktorrechnung **N2^{v}** bis **O^{v}**

Gewinn 10% beim Mischen zweier Silberlegierungen **O2^{v}**

Gewinn beim Münzschlag 5 $\frac{1}{2}$ fl/Mark **O3^{r}**, 2 $\frac{1}{2}$ Gold-fl/Mark **O3^{r}**

14 Sonstiges

Bestimmung von Feingehalt von Silber **D3^{v}**, von Legierungen **O2^{v}**

Strich = Bestimmung von Feingehalt von Gold **O2^{v}**

15 Personen- und Berufsgruppen

16 Eigen- und Geschäftsnamen

17 Veranstaltungen

18 Städte

19 Landschaften und Länder

20 Datumsangaben

Literatur

[1] ADELUNG, JOHANN CHRISTOPH: Grammatisch-kritisches Wörterbuch der Hochdeutschen Mundart, mit beständiger Vergleichung der übrigen Mundarten, besonders aber der Oberdeutschen. Johann Gottlob Immanuel Breitkopf, Leipzig ²1793–1801

[2] ADELUNG JOHANN CHRISTOPH / ROTERMUND HEINRICH WILHELM: Fortsetzung und Ergänzungen zu Christian Gottlieb Jöchers allgemeinem Gelehrten-Lexico, **5**. Bremen 1816

[3] Allgemeine Deutsche Biographie, **23**. Duncker & Humblot, Leipzig 1886

[4] DESCHAUER, STEFAN: Das Zweite Rechenbuch von Adam Ries. Vieweg, Braunschweig, Wiesbaden 1992.

[5] DOPPELMAYR, JOHANN GABRIEL: Historische Nachricht von den Nürnbergischen Mathematicis und Künstlern. Peter Conrad Monath, Nürnberg 1730

[6] EISENHUT, JOHANN: Ein künstlich rechenbuch auf Zyffern / Linien und Wälschen Practica / sampt jre Flores. Heinrich Steiner, Augsburg 1538

[7] ERASMUS VON ROTTERDAM: Proverbiorum Chiliadas. Johann Froben, Basel 1515

[8] FAULHABER, JOHANN: Arithmetischer Cubiccossischer Lustgarten. Erhard Cellius, Tübingen 1604

[9] –, –: Newer Arithmetischer Wegweyser [Ulm 1614]. 2. Auflage Johann Meder, Ulm 1617

[10] –, –: Wahrhafftige vnd Gründliche Solution oder Aufflößung einer Hochwichtigen Frag. Johann Meder, Ulm 1618

[11] HAWLITSCHEK, KURT: Johann Faulhaber 1580–1635. Eine Blütezeit der mathematischen Wissenschaften in Ulm. Veröffentlichungen der Stadtbibliothek Ulm, Band 18. 1995

[12] JÖCHER, CHRISTIAN GOTTLIEB: Allgemeines Gelehrten-Lexicon, 3. Teil. Johann Friedrich Gleditsch, Leipzig 1751

[13] KLUGE, FRIEDRICH: Etymologisches Wörterbuch der deutschen Sprache. de Gruyter, Berlin ²²1989

[14] Neue Deutsche Biographie, **19**. Duncker und Humblot, Berlin 1999

[15] RIES, ADAM: Rechenung auff der linihen vnd federn. Mathes Maler, Erfurt 1522

[16] SCHMID, JOHANN CHRISTOPH VON: Schwäbisches Wörterbuch mit etymologischen und historischen Anmerkungen. E. Schweizerbart, Stuttgart 1831

[17] SMITH, DAVID EUGENE: Rara arithmetica. Chelsea Publishing Company, New York ⁴1970

[18] SCHNEIDER, IVO: Johann Faulhaber 1580–1635. Rechenmeister in einer Welt des Umbruchs. Vita mathematica, Band 7. Birkhäuser, Basel 1993

[19] SCHULTE, ALOYS: Geschichte des mittelalterlichen Handels und Verkehrs zwischen Westdeutschland und Italien mit Ausschluss von Venedig. Duncker und Humblot, Berlin 1900

[20] WILL, GEORG ANDREAS: Nürnbergisches Gelehrten-Lexicon. Lorenz Schüpfel, Nürnberg und Altdorf 1757; Dritter Supplementband. P. J. Besson, Altdorf 1806

Recheneinschreibebücher in Schleswig Holstein

Jürgen Kühl

Angeregt durch das Buch von Gerhard Becker [2], habe ich in den letzten Jahren in Schleswig-Holstein nach Recheneinschreibebüchern gesucht. Inzwischen sind etwa 60 Handschriften ans Tageslicht gekommen, die als Recheneinschreibebücher anzusprechen sind. Die Fundorte sind in Abb. 1 gekennzeichnet. Beiläufig hat sich eine ganze Reihe weiterer mathematischer Handschriften gefunden, wie der Kenntnisnachweis eines Landvermessers, eine Ehrengabe eines jungen Mannes für seine Mutter (kalligraphisch gestalteter Text und sechs repräsentative Rechenaufgaben), mathematische Notizen in Tagebüchern, eine umfangreiche Rechenhandschrift wahrscheinlich holländischen Ursprungs und ein handgeschriebenes Rechenbuch eines Dorfschulmeisters, begonnen im Jahre 1676 [1]. Ausgeklammert habe ich bei der Suche bisher das nautische Rechnen, das besonders auf den Nordfriesischen Inseln intensiv betrieben wurde, da viele Inselbewohner als Seeoffiziere und Kapitäne auf holländischen Schiffen tätig waren. Hier sind vermutlich erhebliche Funde zu erwarten.

Die Durchsicht der Bibliotheken alter Schulen brachte eine ansehnliche Anzahl von Büchern und Handschriften. Außerdem habe ich versucht, durch Vorträge und durch kleinere Beiträge in Zeitungen, regionalen Zeitschriften und im Regionalfernsehen auch Privatleute anzusprechen. Wie sich zeigte, befindet sich eine größere Zahl von Handschriften noch in Familienbesitz.

Die Recheneinschreibebücher

Die etwa 60 bisher gefundenen Handschriften sind bis zu 840 Seiten stark. Sie umfassen selten weniger als 200 Seiten. Sie stammen aus der Zeit von 1609 bis 1851. Die Autoren (unter ihnen nur drei Frauen) lassen sich in drei Gruppen einteilen: es sind Schüler, Amateure oder Rechenmeister. Bearbeitet werden sehr große Teile von Rechenbüchern oder vollständige Rechenbücher der Zeit und zwar fast immer Aufgabe für Aufgabe. Die in den Herzogtümern Schleswig und Holstein benutzten Rechenbücher stammen vorwiegend aus Hamburg, in keinem Falle aus Lübeck! Eine nennenswerte Produktion von Lehrbüchern in den Her-

zogtümern setzte erst zu Beginn des 19. Jahrhunderts ein und hatte dann aber beträchtliche Ausmaße. Eine besondere Rolle als Verlagsort spielte Altona, heute Stadtteil von Hamburg, damals die zweitgrößte Stadt in den Herzogtümern Schleswig und Holstein und in Dänemark.
Aus dem Bereich südlich der Elbe sind als Autoren benutzter Lehrbücher bislang nur Tobias Beutel und Johann Hemeling (je einmal) zu nennen.

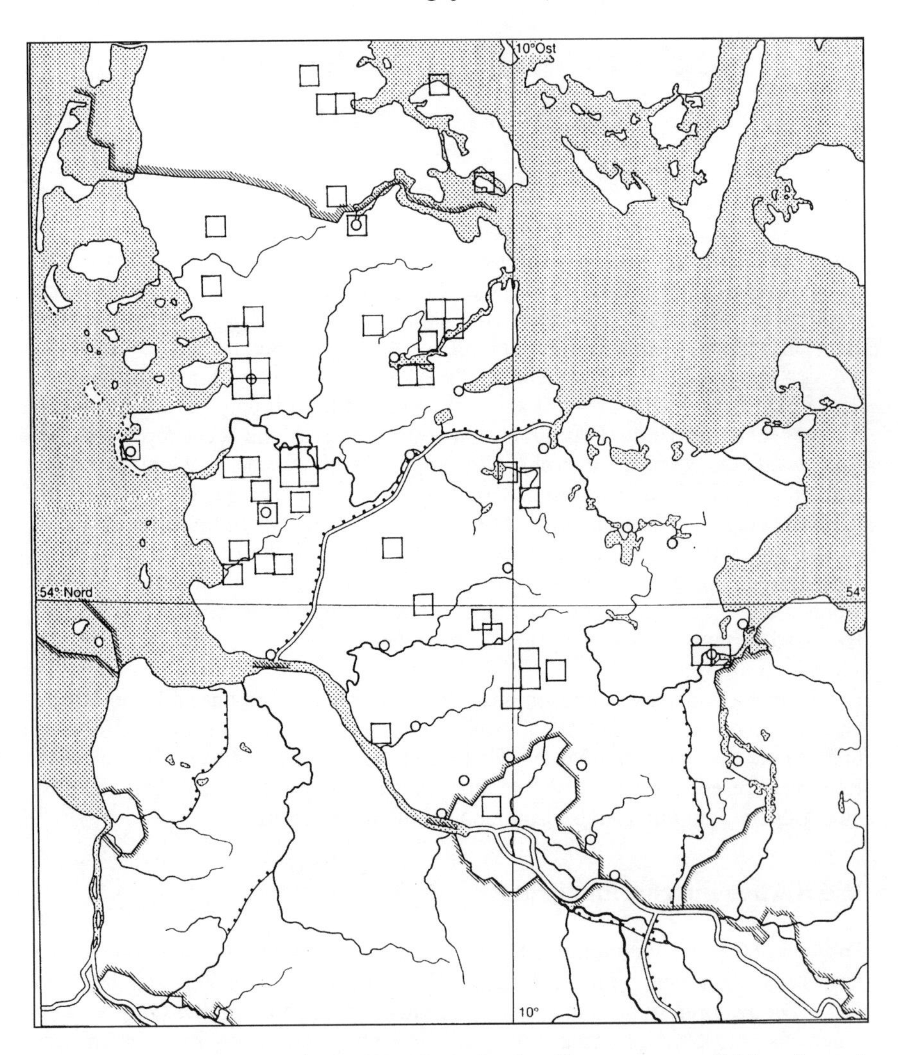

Abb. 1. Fundorte von Einschreibbüchern in den Herzogtümern Schleswig und Holstein. Die Ballungen am gleichen Ort sind meist bedingt durch verschiedene Handschriften eines Verfassers oder durch Familienaktivitäten über verschiedene Generationen hinweg. Stand November 2001.

Das mit Abstand am meisten benutzte und jetzt noch vielfach zu findende Buch ist Valentin Heins: Tyrocinium Mercatorio-Arithmeticum [4]. Dieses Buch erschien 1694 und war bis nach 1800 auf dem Markt. Es wurde in mindestens 21 Auflagen, jahrzehntelang wortgleich, nachgedruckt.

Die Schüler sind überwiegend etwa 15jährige Bauernsöhne. Es gibt aber auch jüngere Autoren, z.B. einen 11jährigen mit beachtlichen Leistungen [6]. Hier und da kommt man zur Vermutung, daß Hauslehrer im Spiel sind.

Von vier bisher eindeutig identifizierbaren Amateuren, einem Dichter, einem Bauern, einem Pastor und einem Grobschmied, kann man sagen, daß sie ihrer Liebhaberei mit großem Zeitaufwand und erstaunlichen Ergebnissen nachgegangen sind.

Zwei der vier in Erscheinung tretenden Rechenmeister sind Berufsanfänger. Hans Wulff (1639) [9] übte kleinschrittig und Peter Hansen (1667) [5] sammelte unbeholfen. Die beiden anderen, die Husumer Rechenmeister Peter Nicolai Svensen (1722 - 1805) und Johann Friedrich Schütt (tätig von 1765 - 1797) setzten sich mit Büchern von Autoren auseinander, die der damals jungen Kunst-Rechnungs-Liebenden Sozietät in Hamburg von 1690 angehörten: Paul Halcke, Gerloff Hiddinga und Heinrich Meissner. Das farbig gestaltete Titelblatt der Handschrift von P.N. Svensen ist in Abb. 2 wiedergegeben.

Die Handschriften zeigen über mehr als zwei Jahrhunderte hinweg einen vergleichbaren Aufbau. Das Titelblatt ist meist kalligraphisch gestaltet. Das benutzte Rechenbuch wird genannt, dann der Name des Verfassers der Handschrift in der Regel mit dem Zusatz: "Berechnet und eingeschrieben von ....". Datum und Entstehungsort ermöglichen fast immer die zeitliche und räumliche Einordnung.

Die Seitenaufteilung ist bemerkenswert einheitlich. Die Ränder sind abgezeichnet. Der obere Rand trägt den Titel des gerade behandelten Kapitels des Rechenbuches. Auf dem linken Rand findet sich die Aufgabennummer. Die Beziehung zum verwendeten Lehrbuch läßt sich daher fast immer lückenlos herstellen. Bis etwa 1750 werden die Aufgabentexte noch abgeschrieben. In den früheren Handschriften findet man nach dem Ansatz vollständige Rechnungen. In den späteren belegen zahlreiche Zwischenergebnisse, daß die Aufgaben gerechnet worden sind. Oft erlauben wiederkehrende Datumsangaben auf dem unteren Rand einen Überblick über den Arbeitsverlauf (z.B. Pausen im Sommer bei Bauernsöhnen).

Versuche zur kalligraphischen Gestaltung z.B. von Kapitelüberschriften sind verbreitet. In nahezu allen Handschriften werden für den laufenden Text, für Fremdwörter und für Kapitelüberschriften je verschiedene Schriftarten verwendet, auch von 12 - 15jährigen Schülern. An einigen Stellen führt die hohe Qualität der Schrift zu der Vermutung, daß der "Präceptor" tätig war. Teils erfolgten die Eintragungen in ein bereits gebundenes Buch, teils wurden die einzelnen Lagen zunächst beschrieben und dann gebunden.

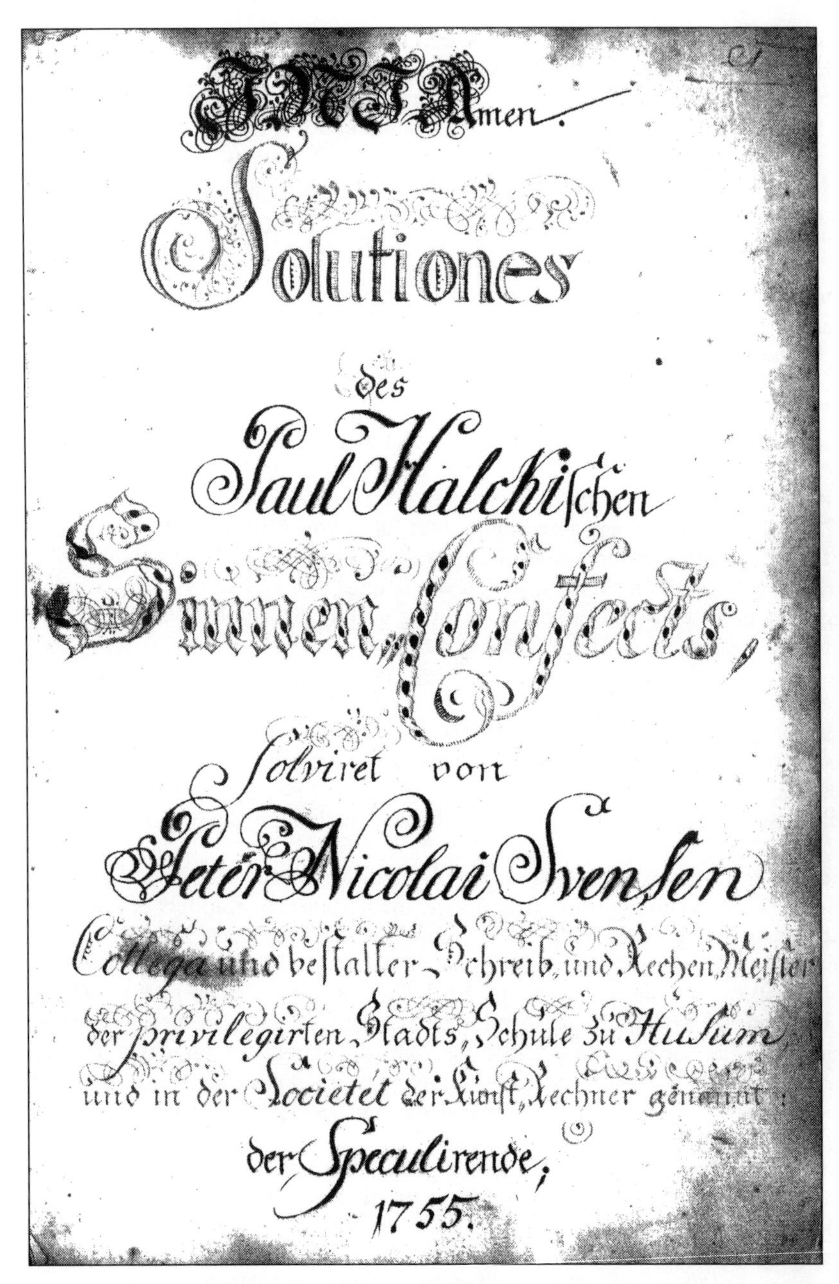

Amen.

Solutiones

des

Paul Halckischen

Sinnen-Confects,

solviret von

Peter Nicolai Svensen

Collega und bestaller Schreib- und Rechen-Meister

der privilegirten Stadts-Schule zu Husum

und in der Societet der Kunst-Rechner genannt:

der Speculirende,

1755.

Abb. 2. Titelblatt der Handschrift von Peter Nicolai Svensen, das im Original mit lebhaften Farben gestaltet ist. (Bibliothek des Instituts für Geschichte der Naturwissenschaften, Mathematik und Technik in Hamburg)

Viele Handschriften weisen individuelle Eigenarten auf. Einige sind besonders auffällig:
Petrus Henricus Schütt aus Lübeck bearbeitetete zwischen 1731 und 1737 Sequenzen mit den schwierigsten Aufgaben aus neun meist aktuellen Lübecker und Hamburger Rechenbüchern [9].
Klaus Groth (1819 - 1899), der niederdeutsche Dichter, fertigte als 15jähriger Schüler ein Einschreibebuch auf der Basis eines Schleswig-Holsteinischen Rechenbuches an und belegte später seine mathematischen Aktivitäten, die bis zur Differential- und Integralrechnung führten, durch autobiographische Ausführungen, die einen lebhaften Eindruck geben von der großen Bedeutung, die dem Rechnen und der Mathematik an der Schleswig-Holsteinischen Westküste beigemessen wurden [8].
Der Husumer Rechenmeister Peter Nicolai Svensen und sein Nachfolger Johann Friedrich Schütt widmen sich u.a. unabhängig voneinander der Bearbeitung von Paul Halcke: Mathematisches Sinnen-Confect [3]. Da sie sehr verschiedene Voraussetzungen haben, verspricht der Vergeich interessante Aufschlüsse.- Das Titelblatt der Handschrift von P.N. Svensen ist in Abb. 2 wiedergegeben.

Die Einschreibebücher der Schüler sind wohl meist in den Schulen entstanden, doch manches deutet auch auf häusliche Arbeit hin, in einigen Fällen sogar auf Privatlehrer. Die Rolle des Lehrers ist vorläufig nicht näher zu bestimmen, insbesondere gibt es in den Handschriften keinen Hinweis auf Frontalunterricht. Klaus Groth weist ausdrücklich auf selbständiges Arbeiten hin. In einigen Fällen macht es der dann bekannte Ausbildungsgang des Lehrers unwahrscheinlich, daß die gelösten Aufgaben Gegenstand des Unterrichts waren. Man darf annehmen, daß Schüler im Unterricht in größerem Umfange selbständig für sich gearbeitet haben.

Zusammenfassung

1. Die Handschriften sind an Rechenbücher bzw. Lehrbücher gebunden. Es werden auch ältere Ausgaben verwendet. Diese Bücher werden systematisch bearbeitet.

2. Die Bearbeiter folgen den Lehrbüchern sehr eng. Der Verzicht auf Rundungen z.B. wird selbst bei der Zinseszinsrechnung konsequent durchgehalten, wie es die Lehrbücher nahelegen.

3. An vielen Stellen wird deutlich, daß der Übergang zur Bruchrechnung als großer Schritt angesehen wurde. Die ausführliche Behandlung der "Regula De Tri in Gantzen Zahlen" in den Rechenbüchern erweist sich hier als sehr sinnvoll.

4. Merkwürdig ist, daß vom Ende des 17. Jahrhunderts an kaum noch eine Division explizit aufgezeichnet ist. Die Zwischenergebnisse belegen aber, daß die Rechnungen ausgeführt wurden.

5. Korrekturen im Text sind sehr selten. Eine Abschätzung des zeitlichen Aufwands macht es unwahrscheinlich, daß mit "Kladde und Reinschrift" gearbeitet wurde. Man kann auf eine große Rechensicherheit schließen.

6. Fehler sind selten. Es kommt kaum einmal vor, daß nach fehlerhafter Rechnung das richtige Facit aus dem Buch übernommen wurde.

7. Ein Selbstversuch zeigt, wie zeitraubend etliche Aufgaben sind. Man gewinnt den Eindruck, daß Ausdauer ein wesentliches Erziehungsziel war. Geradezu erschreckend ist das Ausmaß des Drills, der z.B. in Valentin Heins Tyrocinium [4] getrieben wird (tyrox, -ocis: der Rekrut).

8. Reformbestrebungen sind nicht bemerkbar. Allerdings zeigen viele aufgefundene Lehrbücher von der Wende zum 19. Jahrhundert an den äußerst starken Einfluß eines "Kopfrechnens", das stets mit Pestalozzi in Verbindung gebracht wurde. Diese Sorte von Lehrbüchern hat aber verständlicherweise keinen Einfluß auf die Einschreibebücher.

9. Ein erster Einblick in die Familienverhältnisse der Autoren führt zur Vermutung, daß die Beschäftigung mit dem Rechnen und der Mathematik durch ein gehobenes soziales Niveau begünstigt wurde.

10. Die regionale Verteilung der Funde läßt vermuten, daß im "weltoffenen" Bereich des Landes (Umgebung von Hamburg und Flensburg, Westküste) besonders viel gerechnet wurde. Keine Funde gibt es bisher in den Gebieten mit vorherrschender Gutswirtschaft (Ostholstein). Es bleibt zu prüfen, ob in verschiedenen Regionen verschieden günstige Bedingungen zur Überlieferung der Handschriften bestanden.

11. Der Vergleich mit Funden aus Elbing [10], dem Nürnberger Raum und aus Niedersachsen [2] läßt vermuten, daß die Einschreibebücher eine Erscheinung von großer zeitlicher und räumlicher Ausdehnung sind.

Weitere Funde

Bei der Suche nach Einschreibebüchern haben sich eine ganze Reihe von mathematischen Handschriften verschiedenster Art gefunden, die auf eine nennenswerte Präsenz des Rechnens und der Mathematik in breiten Bevölkerungsschichten hindeuten.

1. Eignungsnachweise von und Gutachten für Bewerber um Landvermesserstellen, vor allem an der Westküste.

2. Tagebuchnotizen über mathematische Gegenstände (Magische Quadrate, Quadratur des Kreises, astronomische Fragen und solche zum Kalender).

3. Archivalien, die die Schwierigkeiten bei der Aufmessung von Brennholz belegen.

4. "Erdbücher", das sind umfangreiche Verzeichnisse von Ländereien, z.B. gleichzeitig nach Hamburger Maß und Eiderstedter Maß angegeben.

5. Eine Ehrengabe eines 15jährigen Jungen (1808) für seine Mutter mit ca 20 repräsentativ gestalteten Blättern im Format (28 cm x 45 cm) mit einem feierlichen Text und sechs größeren Rechenaufgaben.

6. Eine umfangreiche mathematische Handschrift, wahrscheinlich holländischen Ursprungs und aus der Mitte des 17. Jahrhunderts.

7. Ein handgeschriebenes Rechenbuch von Heinrich Tho Aspern (begonnen 1676) aus Neuendorf in den Holsteinischen Elbmarschen [1]. Dieses Buch wurde bereits 1893 und 1894 in Schulprogrammen beschrieben [11]. Es konnte jetzt wieder ausfindig gemacht werden.

8. In dem Exemplar von Johann Junge: Rechenbuch auff den Ziffern und Linien [6] finden sich auf eingeschossenen Blättern Lösungen zu fast allen Aufgaben. Die niederdeutsche Sprache deutet auf einen norddeutschen Bearbeiter hin.

Literatur

[1] Heinrich tho Aspern: Holsteinische Rechne-Schule, 1676. Handschrift in der Schleswig-Holsteinischen Landesbibliothek, Kiel, Sign. She 8^0 1425 X

[2] Gerhard Becker: Das Rechnen mit Münze, Maß und Gewicht. Cloppenburg 1994

[3] Paul Halcke: Deliciae Mathematicae oder Mathematisches Sinnen-Confect. Hamburg 1719

[4] Valentin Heins: Tyrocinium Mercatorio-Arithmeticum. Das ist: Ordentliche Grund-Legung zur Kaufmännischen Rechnung. Hamburg ab 1694

[5] Frank Ibold, Jens Jäger, Detlev Kraack: Das Memorial und Jurenal des Peter Hansen Hajstrup (1624 - 1672). Neumünster 1995

[6] Johann Junge: Rechenbuch auff den Ziffern und Linien, Lübeck 1578. Hier Exemplar aus dem Germ. Nationalmuseum, Nürnberg. Sign. 8° H 2673

[7] Jürgen Kühl: Das Recheneinschreibebuch von Boye Hamkens. In: Nordfriesisches Jahrbuch 2000, Nordfriesisches Institut Bredstedt 2000

[8] Jürgen Kühl: Ich habe große Fußtouren dazu umsonst unternommen - Klaus Groth und die Mathematik. In: Klaus-Groth-Gesellschaft, Heide in Holstein, Jahresgabe 42 (2000) und Jahresgabe 43 (2001)

[9] Jürgen Kühl: Zwei Recheneinschreibebücher aus Lübeck. In: Zeitschrift des Vereins für Lübeckische Geschichte und Altertumskunde Band 81, Lübeck 2001

[10] Jürgen Kühl: Eine 200 Jahre alte Handschrift aus dem Raume Elbing. In: Westpreußen-Jahrbuch 2002, Band 52, Münster 2001

[11] Oberlehrer Rießen: Ein ungedrucktes Rechenbuch aus dem Jahr 1676, Teil 1 in Schulprogramm Nr. 280, Glückstadt 1893; Teil 2 in Schulprogramm Nr. 279, Glückstadt 1894

Niels Michelsen und sein Rechenbuch. Kopenhagen, 1615.

Jens Ulff-Møller[1]

Rechnen war keine neue Wissenschaft in Nordeuropa, als die Rechenbücher im sechzehnten Jahrhundert erschienen. Ich möchte deshalb herausfinden, in welchem Grad die neuen Rechenbücher die schon existierende Rechenkunst präsentierten, und welche Innovationen sie einführten. Die Rechenbücher wie die von z.B. Robert Recorde und Niels Michelsen führten die ausgewählten Zähltraditionen weiter, während sie gleichzeitig das neue Ziffernrechnen einführten.

Wenn wir die alten Rechentraditionen suchen, dann können wir frühere Zählmethoden in der Sprache, in Abbildungen als auch in Rechnungen finden, die von den Rechenmeistern nicht erklärt werden. Im Angelsächsischen, Altschottischen und Altnordischen gab es z.B. eine Großhundertzählung in der Sprache:

Zahl	Angelsächsisch (Altscottisch)	Altnordisch
60	sixtig	sextigi sextugu
70	hundseofontig	Sjau-tugr, sjau-tøgr, sjau-ræðr
80	hundeahtatig	átta-tigi, átt-tiu, átt-ræðr
90	hundnigontig	ní-tugr, níræðr
100	hundteontig (hund)	tíu-tigir, tíu-røðr (hundrað tirætt)
110	hundenleofantig	ellifuþtigi
120	hundtwelftig (hundrað)	tolf-tigir, hundrað tolfrætt

Die Existenz von verschiedenen Rechensystemen war nicht in den nordeuropäischen Rechenbüchern erklärt. Mehrere Zahlensysteme waren zur selben Zeit in Gebrauch, um verschiedene Sachen zu zählen. Erstens gab es das Großhundert-Zahlensystem, das zum Zählen von Gegenständen und Waren verwendet wurde. In diesem Zahlensystem hat das Wort Hundert (römische Zahl C) den numerischen Wert 120 („D“ war 600), und Tausend („M“) hatte den Wert 1.200. Dann

[1] Besonderer Dank gilt Herrn Prof. Stefan Deschauer für die Durchsicht und Korrektur meines Vortrages

gab es dezimale Zählung, die man für Jahresangaben und für Münzzählung verwendete. Schließlich gab es fürs Wiegen das Hundertgewicht von 112 Pfund. Sonst gab es besondere Zählungen für verschiedene Münzsysteme und für Maß- und Gewichtssysteme, deren Ausrechnung in den Beispielen in den Rechenbüchern erklärt wurde.

Das Zählen in Großhundert wurde leider in den Rechenbüchern nicht beschrieben, obwohl man es oft im praktischen Rechnen antrifft, besonders in schottischen und isländischen Rechnungen. Es existierte auch im dänischen Fisch- und Holzhandel. Zum Beispiel findet man in den Abrechnungen der Schatzmeister von Schottland folgende Rechnung:
j^c Ellen von wollenem Stoff, das Hundert für sechs Stiegen gerechnet; jede Elle ist V Schilling; Total: XXX £ (120 x 5= 600 Schilling oder 30 Pfund). [2]
In Island waren alle Bodenrenten in Großhunderte angegeben vom Mittelalter bis zum Ersten Weltkrieg. Zum Beispiel war die Bewertung von dem Bezirk Muhle in Großhunderte bewertet, was einen anderen Zahlwert gibt als in unserem Zahlensystem:

Mule	Wert in Großhunderte :	Wert in Normalhunderte
Nord:	110 Hund. und 110 Elle =	13.200 + 110 Elle= 13.300 Elle
Mitte:	106 Hund. und 63 Elle=	12.720 + 63 Elle= 12.783 Elle
Süd:	118 Hund. und 115 Elle=	14.160 + 115 Elle= 14.275 Elle
Summa:	336 Hund. und 48 Elle=	40.320 + 48 Elle= 40.368 Elle

Das nordeuropäische Rechnen in Großhundert war im 16. Jahrhundert altmodisch, sodass dieses Rechensystem aus den Rechenbüchern, die auf die südeuropäischen dezimalen Rechenmethoden aufbauten, ausgeschlossen war. In Dänemark existierte Rechnen auf den Linien des Rechenbrettes schon im Mittelalter. Eine dänische Freske aus Tybjerg Kirche, Seeland von etwa 1200 zeigt einen Engel mit einem Rechenbrett stehend.[3] Weil sie auf ähnliche südeuropäische Vorlagen aufbauten, sind die Rechenmethoden, die die dänischen Rechenbücher beschrieben, nicht unterschiedlich von denen, die Robert Recorde und andere Rechenmeister beschrieben.
Es ist möglich, eine Evolution von der mittelalterlichen Rechenkunst zu den Rechenmeistern im 16. Jahrhundert aufzuzeigen. Die dänischen Mathematiker, die mit Ziffern arbeiteten, benutzten den Algorismus von Johannes de Sacrobosco als Grundlage und auch den Kommentar des Dänen Petrus von Dacia (c. 1326), der Rektor der Universität von Paris war. Von ihm stammt der Aufbau von *species* in neun Rechenoperationen: *numeratio, additio, subtractio, mediatio* (Halbierung), *duplicatio* (Verdoppelung), *multiplicatio* und *divisio.* Dazu kamen *progressio* (Differenzreihen), Quadratwurzel und Kubikwurzel.

[2] J^c elne carsay to hir quilk ... reknand sex score for the hundir..., ilk elne V s.; summa XXX £. (1501). James Balfour Paul, *Accounts of the Lord High Treasurer of Scotland* (Edingburgh, 1900-1987), vol. II, p. 42.
[3] Illustration in Troels-Lund, *Dagligt Lliv i Norden i det sekstende Aarhundrede,* bd XII, S. 76.

Die Weiterführung der gelehrten Traditionen von Sacrobosco war deutlich im ersten dänischen Rechenbuch, die *Aritmetica breuis ac dilucida*, das **Christian Torkelsen Morsing** (um 1528) in Latein publizierte. Er war Professor an der Universität in Kopenhagen. Sein Buch beschreibt die ganzen Zahlen, Brüche – sowohl allgemeine Brüche als auch physische, Sexagesimalbrüche, *regula de tri* und Teilungsrechnen, *regula falsi*; Quadratwurzeln und Differenzreihen, die er wie Petrus de Dacia als Quotientenreihen behandelt.[4]

Vægtskaalen synker til Gunst for Sjælen, da dens Regnebrædt fjærnes og Kalken med Kristi Blod sættes i Stedet for.
Kalkmaleri i Tybjerg Kirke paa Sjælland.
(Efter Akvarel af J. Kornerup i Nationalmuseet.)

Abb. 1: Freske von Tybjerg Kirche, Seeland (um 1200). Der Engel links hält ein Rechenbrett. Aus Troels-Lund, *Dagligt Liv i Norden i det sekstende Aarhundrede,* bd XII, S. 76.

[4] L. Melchior Larsen, "Træk af regnekunstens historie I Danmark" Sonderdruck von *Matematisk Tidsskrift Á*, 1952.

Die ersten nationalen Rechenbücher in Dänisch wurden um 1550 publiziert. Die Rechenmeister versuchten, die ausländische wissenschaftliche Rechentradition mit den traditionellen nationalen Rechenmethoden zu kombinieren. Die Absicht der Rechenmeister war, die Rechenmethoden zu verbessern, sie versuchten nicht nur die existierende Praxis zu beschreiben. Das erste von den Rechenbüchern in Dänisch war:

> **Herman Veyere**: *En Kaanstelig och nyttelig Regne Bog for Scriffuere, Fogder Købmænd, Och andre som bruge Købmandskaff, paa Linyerne met Regne pendinge, och met Zifferne vdi heelt och brødit tal.* Nu nylige faar Dansket aff Hermen Veyere Borger i Kiobenhaffn. Wittemberg, 1551.

Den utro Husfoged. (Herren har Regnebrædt paa Bordet.)
(Niels Hemmingsens Postille 1576.)

Abb 2: Der untreue Hausführer. Der Herr sitzt bei der Rechentafel.
Niel Hemmingsen: Postille, 1576 (aus Troels-Lund op.cit).

Das Buch war kein Schulbuch, sondern als Lehrbuch für Leute im praktischen Leben bestimmt. Herman Veyere hatte dann auch einen bürgerlichen sozialen Hintergrund. Er war Waagemeister in Kopenhagen, ein Amt, wozu man berufen war vom Magistrat der Stadt. Sein Rechenbuch war zum Teil eine Übersetzung von deutschen Rechenbüchern, insbesonders Jakob Köbels *Mit der Krydē od' Schreibfedern / durch die zeiferzal zů rechē / Ein neüw Rechēpüchlein / den angenden Schülern d' rechnūg zů erē getrückt* (Oppenheim 1520).
Der Verfasser hat aber Auslassungen, Neugliederungen oder Ergänzungen gemacht. Der letzte Abschnitt behandelt Themen, die Köbel nicht beschreibt, die Veyere aber in Adam Ries in *Rechnung auff der Linien vnd Federn* (1525 oder 1535) gefunden haben könnte. Die Übereinstimmung ist nicht so genau wie die mit Köbel. Einige unterhaltende Themen sind wie bei Christoff Rudolff, *Künstliche rechnung mit der ziffer etc.* (1540).

Das Rechenbuch beschreibt besonders, wie man eine „Rechenbank" einrichtet, mit Auflegung von Zahlen und Geldsummen. Dann folgt eine Beschreibung der üblichen Rechenmethoden auf der Rechenbank, eine Multiplikationstabelle, *regula de tri*, Ziffernrechnung (mit Addition, Subtraktion und Multiplikation, ist beschrieben, wie es heute gemacht wird), Brüche, umgekehrte Proportionalität, Silberkauf, *regula virginum* und Quadratwurzel.

Außer Herman Veyeres Buch gab es drei andere Rechenbücher, die alle sowohl die Rechenbank als auch das Ziffernrechnen beschreiben:

> Claus Lauritsen Scavenius-skavbo *Arithmetica Regnekvnst bode med Cyphret oc* regnepennigh (Paris, 1552).
> Anders Oelsen, *En ny konstig Regnebo vdi Tal Maader oc Vecter, paa Lynnerne og met Ziffre, baade vdi helt oc brødit tall...* (Kopenhagen, 1560, 1590, 1599, 1607, 1614).
> Hans Lange *En ny regnekonsttis Bog både på Linier oc met Siphre* (Kopenhagen, 1576).

Das 17. Jahrhundert hindurch gab es einen langsamen Übergang vom Rechnen auf den Linien zum Ziffernrechnen. Das Rechenbuch von Niels Michelsen ist ein typisches Beispiel für diesen Prozess, in welchem das Rechnen auf den Linien aufgegeben wurde. Michelsen bringt nur drei Beispiele vom Rechnen auf den Linien am Anfang seines Buches, um zu illustrieren, wie man Zahlen auf den Linien auflegt und Addition von Geldsummen.

Wenn wir die gesellschaftliche Position von Niels Michelsen beurteilen, dann können wir herausfinden, dass er eine nachgeordnete bürgerliche Position hatte, als verarmter Schulmeister der dänischen Schule in der Provinzstadt Kolding in Jütland von 1595 bis 1624. Der Verfasser des Rechenbuchs war also weder Universitätsprofessor noch königlicher Beamter oder eine Obrigkeitsperson.

Zu dieser Zeit standen die dänischen Schulen im Schatten der Lateinschulen. Die Kirchenordinanz von König Kristian III (1537) bestimmte, dass die Obrigkeit der Kleinstädte für den Unterricht der Kinder, die nicht Latein lernen konnten, sorgen sollte. Die dänischen Schulen waren unter Aufsicht des Magistrats und der Pfarrer, aber der Schulmeister sollte die Entlohnung und Schullokale selbst finden. Die öffentlichen Schulen waren in Wirklichkeit Privatschulen, deren Leiter nur die Bürgerschaft und das Schulhalterprivilegium vom Magistrat erhielten. Er kriegte seinen Lohn von den Eltern der Schüler oder aus der Armenkasse. Es gab drei Tarife für Schulgeld: 2 Schilling pro Woche für Leseunterricht, 3 Schilling für Lesen und Schreiben und 4 für Lesen, Schreiben und Rechenunterricht.[5]

Zur Zeit Michelsens gab es keinen Lehrerstand und es gab kein Lehrerseminar, wo er ausgebildet worden sein könnte. Michelsen war Sohn eines Schmieds in Skaarup af Fynen. Seine Ausbildung hatte er zum Teil in Ribe bei dem angesehenen Schulmeister Peder Pedersen Trellund, der in 1581 eine dänische und deutsche Schule in Ribe unterrichtete. In seinem Rechenbuch schreibt Michelsen ohne nähere Angaben, dass er auch in Deutschland ausgebildet wurde.

Die Schule in Ribe war eine Schreibschule, wo man auch Lesen, Rechnen und Deutsch lernen konnte. Trellund war „Meister“, und er hatte einen Unterlehrer oder „Dreng“, Niels Michelsen. Trellund sollte Michelsen ausbilden und ihm freien Unterhalt geben und Michelsen sollte ihm behilflich sein. Das Verhältnis zwischen Meister und Lehrling war aber sehr schlecht. Dreimal hatte Trellund ihn verjagt, um ihn danach wieder aufzunehmen. Am 19. Juni 1594 verlangte Michelsen Zeugnis vom guten Benehmen auf Ribe Stadtgericht, von einem „Stokken Ausschuss“ von 24 Mitgliedern. Das Zeugnis wurde gegeben trotz der Proteste von Trellund. Michelsen erbot seinem Meister wieder Assistenz, aber schon das nächste Jahr hat Michelsen sich als Schulhalter in Kolding niedergelassen, und er war in dieser Position tätig von 1595 bis 1624. Als sein Rechenbuch erschien, sollte Michelsen dreißig Jahre sein, aber wahrscheinlicher ist, dass er ungefähr vierzig Jahre alt war in 1615.

Das Titelblatt von Michelsens Rechenbuch hat eine Illustration von einem Meister und zwei Gehilfen beim Rechnen auf den Linien. Das Bild stammt nicht aus der Schule von Michelsen (wie Georg Bruun meint), sondern es ist identisch mit der Illustration in Hans Langes Rechenbuch und wurde in 1638 auch für das Rechenbuch von Henrich Johanszen Gardener verwendet.[6] Im Titel erwähnte Michelsen, dass er das Rechnen auf den Linien als auch Ziffernrechnen behandelte:

[5] Georg Bruun / Niels Jacobsen, *Den danske Skole og De Collinske Skoler i Kolding.* (Kolding, 1939).

[6] Siehe meinen Artikel in Schriften des Adam-Ries-Bundes Annaberg-Buchholz, Band 11, S. 293.

En Kunstig oc artig ny

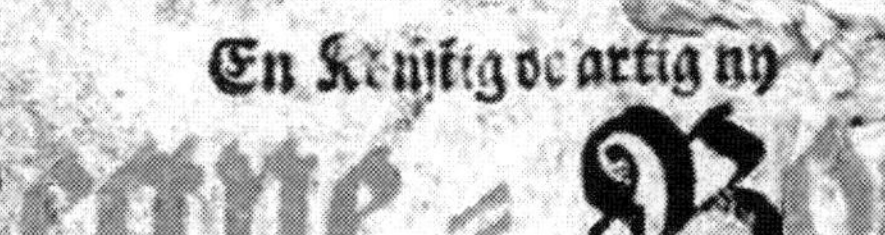

Regne-Bog /

Udi Tall / Maader / Vegt oc Pendinge / som her udi Landet brugeligt er /
med mange nyttige oc konstige Exemple / baade
paa Linnerne oc Ciffre / udi heel oc brudit Tall / om
Kiøb oc Sal / oc udi andre maader: Gandske
nyttelig at lære / for Ungdom-
men i Skoler.

Nu nyligen anden gang [illegible]

Aff

Niels Mickelssøn / Borger oc Danske Skolemester udi Kolding.

Cum Privil. Sereniss. Reg. Majest.

Prentet i Kiøbenhafn hos Jørgen Gøde
Kongelige Mayst. Bogtr. Aar 1674.
Oc findes hos [illegible] hannem til Kiøbs.

En Konstig oc artig ny

Regne-Bog /

Udi Tall / Maader / Vegt oc Pendinge / som her udi Landet brugelig er / med mange nyttige oc konstige Exemple / baade paa Linnerne oc Ciffre / udi heel oc brudit Tall / om Kiøb oc Sal / oc udi andre maader: Gandske nyttelig at lære / For Ungdommen i Skoler.

Af

Niels Mickelssøn / Borger oc Danske Skolemester udi Kolding.

Nu paa ny beregnet.

Cum Privil. Sacræ Reg. Majest.

Kiøbenhafn / Aar 1681.

Trykt hos Sal. Corfitz Lufts Kongl. Mayst. og Universit. Bogtr. Efterlefverske.

Findis til Kiøbs

Hos Christian Casuben og Daniel Paulli

Niels Michelsen *En Konstig oc artig ny Regne-Bog Vdi Tall Maader, Vegt oc Pendinge, som her udi Landet brugeligt er, med mange nyttige oc konstige Exemple i baade paa Linnerne oc Ciffre, udi heel oc brudit Tall, om Kiøb oc Sal, oc udi andre maader Gandske nyttelig at lære, for Ungdommen i Skoler.*

Das Buch erschien in 1615, aber danach erschien es in erweiterten Ausgaben in 1624, 1926, 1660 und 1681.

Die Einleitung zeigt, dass sich Michelsens Rechenbuch an die größeren Schulkinder richtet. Ein kleines dänisches Gedicht fordert die Schüler auf, rechnen zu lernen:

Komm hier Kindlein und merk mein Gespräch,
was ich dir hier befehle:
Hab immer Gott vor Augen gern,
denn er ist gewiss der süße Kern.
Gib dir in Schule zu studieren,
Das steht dir besser als grassieren.

Diszipel: ... Ich möchte lieber, soll ich sagen,
spielen und tanzen mit meinesgleichen
... Ach, Ach, die Mädchen schön und hold
Bei denen möcht ich gehen in Schul.

Meister: Diesen Rat du nicht bekommst von mir.
Ich werde dich besser unterrichten:
Lern etwas Gutes, wenn du bist jung.
Das nützt dir, wenn du wirst schwer ...
Wenn du wirst grau, wie ich jetzt bin,
willst du mein Wort halten im Sinn.

Diszipel: Ich mag, Meister, was Sie sprechen.
Das ist recht, was Sie befehlen.
Mein Jugend-Spiel lass ich fahren
und nehme auf mich anderes Wahre.
Und Sie hör ich in Jesu Name,
das kommt mir zugut und zu Nutze.

Der Inhalt von Michelsens Buch fängt ganz traditionell mit *numeratio* und den *species* an in den ersten der 24 Kapitel des Buches. Er erklärt die Zahlreihe der Einer als von den Zahlen 1, 2, 3, 4, 5, 6, 7, 8, 9, 10 ausgehend, als ob diese Zahlen die Römerzahlen wären (die Ziffern gehen von 0 aus, nicht von 1). Dann folgen die *species* (*additio, subtractio, multiplicatio, divisio, progressio*) und *regula de tri*. Michelsen illustrierte nur die Addition auf den Linien, die insgesamt nur auf 12 Seiten erklärt wurde. In den übrigen Beispielen illustrierte Michelsen Ziffernrechnen.

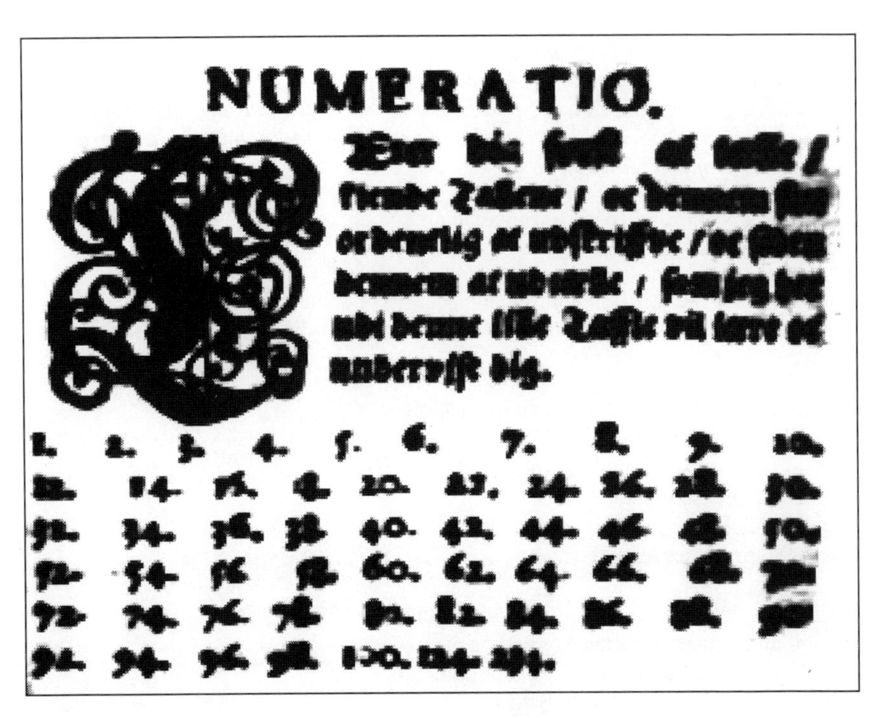

Die drei einzigen Beispiele in Niels Michelsen Rechenbuch (1674) vom Rechnen auf den Linien.

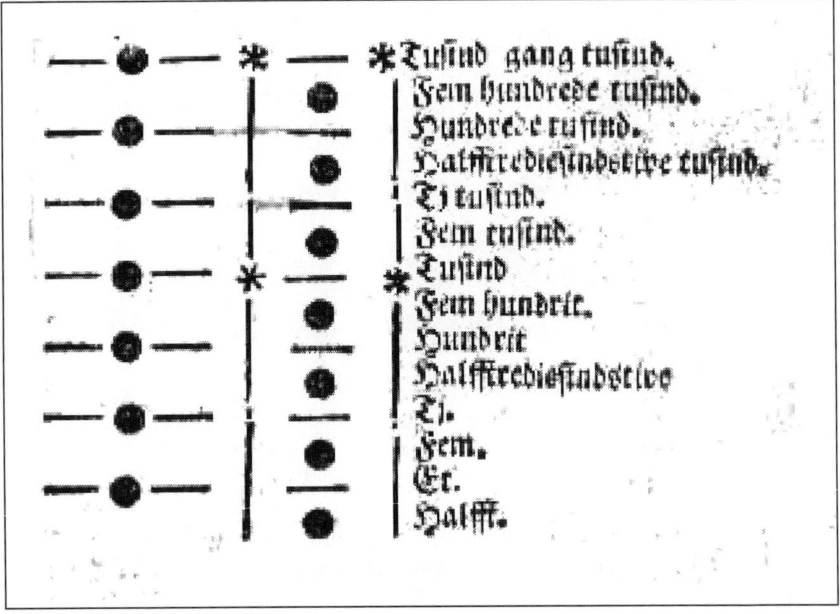

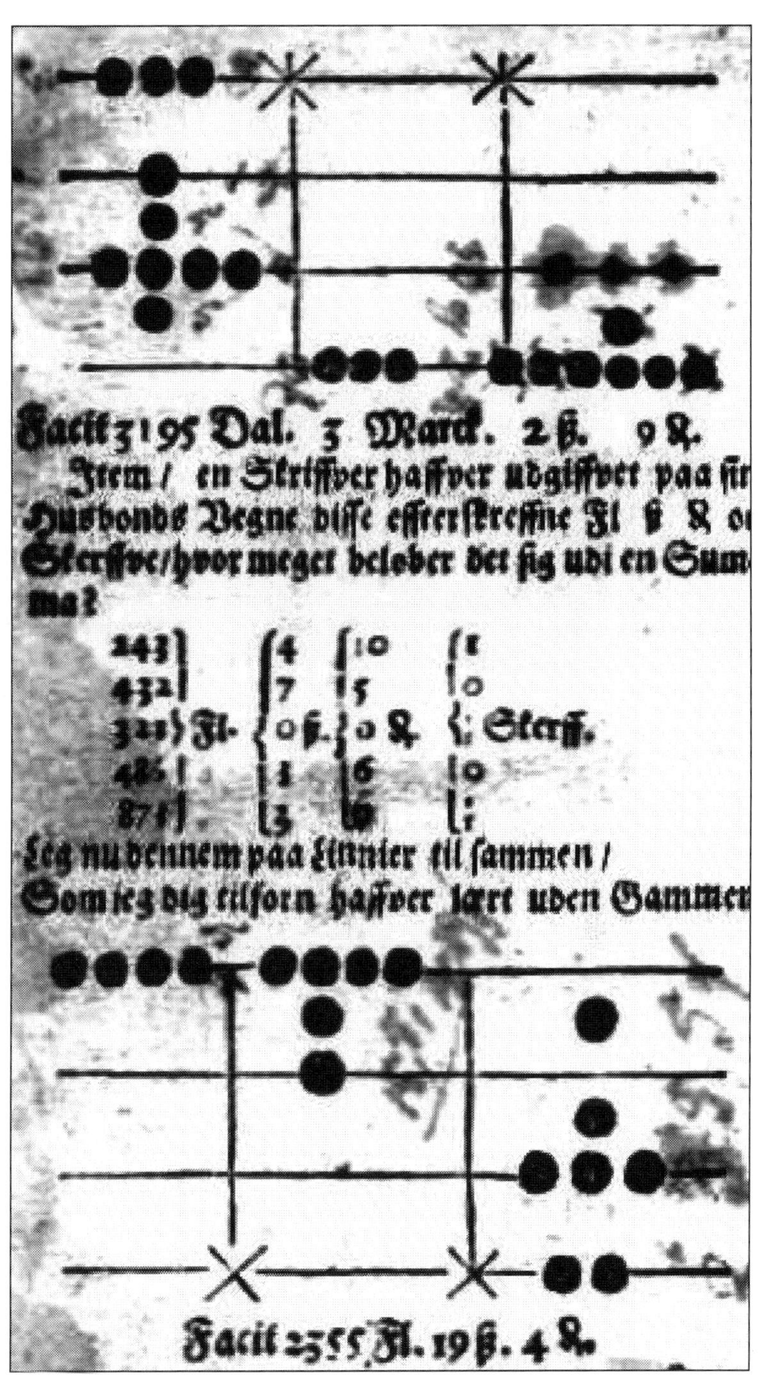

Facit 3195 Dal. 3 Marck. 2 ß. 9 ₰.

Item / en Skriffver haffver udgiffvet paa sin Husbonds Vegne disse efterskreffne Fl ß ₰ og Skerffve/ hvor meget belober det sig udi en Summa?

243	4	10	1
432	7	5	0
328 Fl.	0 ß.	0 ₰	1 Skerff.
485	1	6	0
871	3	9	1

Leg nu dennem paa Linnier til sammen /
Som jeg dig tilforn haffver lært uden Gammen

Facit 2355 Fl. 19 ß. 4 ₰.

Die Beispiele in den übrigen Kapiteln sind nützlich, um die Rechenkunst der Handelswirtschaft Dänemarks und ihre nordeuropäischen Verbindungen zu verstehen. Danach beschreibt Michelsen Beispiele zum alltäglichen Rechnen in Dänemark: Dreisatz in Bruchrechnung, Rechnung von Gewichten, Zentner und Pfund, Gewinn und Verlust, Verdopplung in *regula de tri*, Zinsberechnung, *conversa,* Wechsel, Tauschhandel und Erbschaftsteilung, Schiffsparten, Gold- und Silberberechnungen, *regula falsi, regula virginum*, Quadratwurzel und Kubikwurzel.

Wenn wir das Rechenbuch von Michelsen mit späteren Rechenbüchern vergleichen, dann haben diese das Rechnen auf den Linien weggelassen, z.B. das Rechenbuch von Søren Mathissen (1680) und Christian Cramers *Arithmetica Tyronica* von 1735, dessen zweiter Band (1744) die Algebra inkludierte. Christian Cramer war Küster und dänischer Schulmeister in Aarhus, aber sein Rechenbuch war von Professor P. Horrebow an der Universität Copenhagen genehmigt.

In Ergänzung möchte ich sagen, dass es so aussieht, als ob das Rechnen auf den Linien in der Mitte des 17. Jahrhundert eine historische Rechenmethode war, die nicht mehr in den Rechenbüchern auftrat. Die Bevölkerung hat aber bis in das 18. Jahrhundert mit dem Rechnen auf den Linien fortgesetzt. Die Ausbreitung vom Ziffernrechnen hängt wahrscheinlich damit zusammen, dass die mathematische Disziplin an den Universitäten akzeptiert wurde und die wissenschaftlichen Einflüsse eine größere Rolle im Aufbau der Rechenbücher seit dem zweiten Teil des 17. Jahrhunderts spielten.

Johann Weber
Rechenmeister und Bürger zu Erfurt

Manfred Weidauer

Spurensuche zu Weber und seinen Schriften

Beim Studium von (alten) Büchern findet man häufig Randnotizen früherer Leser. So sind auch im Fall des Rechenbuches von Adam Ries [Ries] der Innenumschlag und viele ehemals leere Seiten am Ende mit Ergänzungen und offensichtlich mit Lösungsversuchen versehen.
Der Ortschronist für Erfurt Herrmann erkannte als Urheber Johann Weber [Herrmann, S. 334]. Durch Vergleiche mit der handschriftlichen Arbeit „Kurtz Bedenken. Wie vnd aus was grün-// de, eine bestendige vnnd immer- // werende Becken Ordnung / auff Erffurdischen Brodkauffe / kan gemacht vnnd angestellt werden ... Durch Johannem Webern von Stadt Steinach / Publicum Notariumi Rechenmeistern vnnd Bürgern zu Erffurdt / Anno 1592." [Weber 1592] im Stadtarchiv Erfurt ist ein solches Ergebnis relativ einfach zu erreichen.
Herrmann fand im gleichen Stadtarchiv zweifach die gedruckte Schrift „Gerechnet Rechenbüchlein: Auff Erffurdi= // schen Weit / Tranck / Cent= // ner / Stein vnd Pfund kauf / Beneben einer sehr nützlichen Rechnung / was nach dem Stück / als Elen / Maß / etc. kaufft oder verkauft wird ... in Druck vorfertiget: Durch Johan Weber / Rechenmeister vnd Bürger zu Erffurd. M. D. LXXXIII. [Weber 1583a].

In der wichtigen Quelle für mittelalterliche Drucke VD16 findet man unter W1330 das oben genannte „Gerechnet Rechenbüchlein ..." mit dem alleinigen Standort Wolfenbüttel.
In der Vorrede an seine „Herren und Freunde" erinnerte Weber daran, dass er „vor wenigen Jahren" unter gleichem Titel ein Buch herausgegeben hatte [Weber 1583a, Bl. Aij [rü]]. Darauf verweisen Murhard [Murhard, S. 157] und Smith [Smith, S. 338]. Dieses Werk zu finden, gelang mehr durch Zufall in der Universitätsbibliothek Wroclaw [Weber 1570]. Diese früheste bekannteste Schrift verfügt über ein sehr interessantes Titelbild, deren Zuordnung und Bedeutung noch untersucht werden muss (Abb. 1).

Gerechnet Re-
chenbüchlin: Auff Erffurdischen
Weidt vnd Tranckkauff.

Auch ein Papir vnd
Wechssel Rechnung / Vnd dann
von Resoluirung etzlicher Müntz/Maß/
vnd Gewicht/ etc. Meniglich zu gutem zusammen bracht Durch
Johan Weber Rechen-
meister zu Erffurdt.
Anno M. D. LXX.

Abb. 1: Johann Weber, Gerechnet Rechenbüchlein, 1570, Titelblatt

Smith [Smith, S. 380] kannte auch das umfangreiche Rechenbuch von 1583 unter dem Titel „Ein New // Kuenstlich vnd Wol = // gegrundt Rechenbuch // Auff den Linien vnd Ziffern / von // vielen nuetzlichen Regeln / zu allerley Handthi= // runge / Gewerben vnd Kauffmanschlag dienstlichen / // neben vielen andern dingen / so hiebeuorn // nicht gesehen worden“ [Weber 1583b].
Beide Auflagen des „Gerechnet Rechenbüchlein“ und „Ein New Kuenstlich vnd Wol=gegrundt Rechenbuch“ werden in Ars Mercatoria [Ars Mercatoria, S.277] von Smith übernommen, vom letzteren Buch der Standort Universitätsbibliothek Augsburg gefunden. VD 16 informiert über Standorte des "New ... Rechenbuch“ in Wolfenbüttel und Coburg [VD 16, W1331 – W1332]. Wolfenbüttel besitzt nur das „Gerechnet Rechenbuch“, es liegt also eine Verwechslung vor. Allerdings konnten zu den beiden Standorten weitere acht Bibliotheken mit Besitz des „New Rechenbuch“ nachgewiesen werden.

Erfolglos blieb die Suche nach einem Rechenbuch von Weber mit dem Druckjahr 1601. Murhard und Scheibel glaubten an diesen Druck. Hier liegt vermutlich eine Verwechslung vor mit einer Schrift von Esaiam Weber, gedruckt in St. Gallen 1601 [Weber, E.]. Der Vergleich der Rechenbücher von 1583 und 1601 zeigt deutlich inhaltliche Unterschiede auf, so dass die Schrift von 1601 nicht Johann Weber zuzuordnen ist.

Der Lebensweg von Johann Weber ist weitgehend unbekannt. Ausgehend von der Aussage, aus Stadtsteinach zu sein, bestätigten Nachforschungen den Geburtsort in der gleichnamigen Stadt in Oberfranken. Gesicherte Nachweise lassen sich nicht finden. Es kann nur das etwaige Geburtsjahr 1530 vermutet werden. Mit 30 Jahren wurde danach Weber Bürger von Erfurt und zum Schreib- und Rechenmeister sowie als Notar bestätigt. Wiederholt nannten verschiedene Autoren Johann Weber gemeinsam mit Kaspar Brunner, Kaspar Schleubner, Johann Jung, Adam Lempt und Simon Jacob Schüler von Johann Neudörffer d.Ä. in Nürnberg. Die gegenwärtig aufgearbeiteten Archivalien im Stadtarchiv Nürnberg verzeichnen allerdings Weber nicht.
Zu den exakten Lebensdaten konnte Herrmann keine Aussagen treffen. Die Nachforschungen des Verfassers ergaben zweifelsfrei die Eintragung im Sterberegister der Predigergemeinde in Erfurt mit dem Todesdatum vom 21. November 1595.

Zur Persönlichkeit Johann Weber

Die Frage nach seiner Herkunft beantwortete Weber mit vielen Hinweisen selbst. Er nannte sich selbst aus Stadtsteinach. Orte solchen Namens gibt es mehrere. Er schrieb über Simon Jacob, „mein lieber Landsmann hat ein großes Rechenbuch“... herausgegeben. Mit dem aus Coburg stammenden Jacob hat Weber also das fränkische Land gemeinsam. Sein Rechenbuch begann Weber mit einer Widmung an den Bischof Martin von Bamberg, die erst einmal für Verwunderung sorgte. In Erfurt war Weber ein aktives Mitglied der evangelischen Predigergemeinde und übereignete Bücher zum Kirchenrecht seiner Gemeinde. Die Rechenbuchwidmung richtete sich an den katholischen Bischof, dem er danken

Johann Weber
Lebensdaten und Schriften

ca. 1530	geboren, Stadtsteinnach (Oberfranken)
	Ausbildung bei Johann Neudörffer dem Älteren (1497-1563)
1560	Bürgerrecht in Erfurt, Rechenmeister und Notar
1570	Gerechnet Rechenbüchlin: Auff Erfurdischen Weidt vnd Tranckkauff ... Gedruckt durch Cunradum Dreher, zum bundten Lawen, bey S. Paul, Erfurt
1583	Gerechnet Rechenbüchlein: Auff Erfurdi=// schen Weit / Tranck / Cent= // ner / Stein vnd Pfund kauff ... Gedruckt bei Esaiam Mechlern 1583 in Erfurt (fertiggestellt am 24. Oktober 1582)
1583	Ein New // Kunstlich vnd Wol= // gerundt Rechenbuch/ // Auff den Linien vnd und Ziffern ... Durch Johann Weber von Stadt Steinach / Rechen= // meister vnd Buerger zu Errfordt. // ... Gedruckt zu Leipzig / durch Jacob // Berwaldts Erben. Jn verlegung // Jacob Apel. ANNO M.D.LXXXIII. //“
1585	Er bestätigte eine Urkunde als Notar mit Wappen im Siegel.
1587	Für das Gartengrundstück Nr. 15 am „Haus zur Hummel“, Martinsgasse 12 die Steuern bezahlt.
1592	Kurtz Bedenken. Wie vnd aus was grün-// de, eine bestendige vnnd immer- // werende Becken Ordnung / auff Erffurdischen Brodkauffe / kan gemacht vnnd angestellt werden. (Brotordnung), Handschrift, Stadtarchiv Erfurt
1595	Am 21. November gestorben, Sterberegister der Predigergemeinde Erfurt

Übersicht 1: Zur Persönlichkeit Johann Weber

wollte, weil"... auch meine liebe Voreltern vnd Eltern" viele Jahre im Zuständigkeitsbereichs des Bistum Bamberg leben durften [Weber 1583b, Bl. Biiij rü]. All das trifft auf den fränkischen Ort Stadtsteinach zu, wo man bis vor zwei Jahren nicht wusste, dass in ihr ein bedeutender Sohn seine Wurzeln hatte.
In jeder Vorrede zu seinen Schriften lobte Weber sehr umschweifend seine Herren, Freunde und Gönner in Erfurt und fühlte sich glücklich schon 23 Jahre in Erfurt leben zu dürfen [Weber 1583b, S. Bl. Biiij rü].

Weber kannte die Rechenbücher vieler seiner Zeitgenossen und muss auch den persönlichen Kontakt zu ihnen gepflegt haben. Er zitierte Michael Stifel, der in der Lateinischen Arithmetik „... Coss mit rationalen und irrationalen Zahlen gelöst." Weber übernimmt die „46. Aufgabe". Zu Christoph Rudolff ist die Zustimmung besonders groß, Weber fühlt sich als dessen Schüler. Ebenso weiß Weber, dass Jacob die 8. Regel Coss mit der Regula Falsi gelöst hat. Es gibt zu Simon Jacob wiederholt Hinweise.

Verwunderlich bleiben dabei fehlende Bezüge zu Adam Ries, der auch Landsmann von Weber war. 1560 wird Weber Rechenmeister in Erfurt. Er kaufte sich ein Ries-Buch in der Auflage von 1558 und rechnete darinnen auf über 30 Seiten selbst Aufgaben. Erwähnt wird Ries allerdings nicht.

Zu den Schriften von Weber

Auch bei den Schriften drängen sich Vergleiche zwischen Ries und Weber auf. Ries stellte mit seiner Brotordnung ein Tabellenwerk auf, dass für Bäcker und Bürger ein wichtiges Instrument zum Preisvergleich darstellte. Weber verfaßte drei Jahre vor seinem Tode ebenfalls ein solches Tabellenbuch [Weber 1592]. Letzteres war auf Erfurter Maße eingestellt.
Insgesamt orientierte Weber seine Aufgaben an Erfurter Bedingungen. Das ist ein deutlicher Unterschied zu Ries, der nur im ersten Rechenbuch eine Aufgabe mit Erfurter Bezug wählte. Weber bemühte sich in seinem Hauptwerk, dem Rechenbuch von 1583 [Weber 1583b], ausführlich den aktuellen Wissenstand seinen Lesern darzubieten. Er erwähnt auch noch das Linienrechnen. Umfangreich behandelte er das schriftliche Rechnen. Er benutzte die Begriffe rationale und irrationale Zahlen. Weber behandelte sorgfältig die verschiedenen Formen der Regel Detri. Zinsrechnung und der Umgang mit Quadraten und Quadratwurzeln gehörten ebenso zum Gegenstand des Buches wie die acht cossischen Gleichungen. Letztere wurden allerdings auf herkömmliche Weise mit der Regel Detri gelöst.
Zum Schluss des Buches nutzte Weber die Wortrechnung, um die jeweiligen Druckjahre mehrerer Rechenbücher zu bestimmen.
Die Aufgabenauswahl bringt die bekannten Typen, zum Beispiel zur Bestimmung der Stücke im rechtwinkligen Dreieck, das Alters des Vaters oder des Jünglings, der im Garten Äpfel aufliest und dann an Jungfrauen verteilt. Nach um-

fangreichen Beispielen in der Einführung enthält ein spezieller Übungsteil 160 nummerierte Aufgaben.

Ein New
Künstlich vnd Wol=
gegrundt Rechenbuch /
Auff den Linien vnd Ziffern / von
vielen nützlichen Regeln / zu allerley Handthie-
runge / Gewerben vnd Kauffmanschlag dienstlichen /
neben vielen andern dingen / so hiebeuorn
nicht gesehen worden.

Darinnen auch gründtlichen dargethan vnd
angezeigt wird / wie man *Radicem Quadratam* vnd *Cubicam*
extrahirn sol / mit angehenckten Exempeln. Deßgleichen ein vollkom-
mener Bericht der Regula Falsi, darinnen gelert wird / wie vnd auff was wege alle
Fragen der gantzen Coß Christoff Rudolffs (so wol von Binomischen vnd Residual-
schen Zalen / als von Irrational vnd Rational Zalen) durch Regulam Falsi mögen
resoluirt vnnd auffgelöst werden. Alles nach notturfft in Frage vnnd Antworts
weise gestellet / sampt angehefften Demonstrationen. Beneben etlichen vberaus
gantz schönen vnd künstlichen gehandelten Wortrechnungen. Dermassen vormals weder in Lateinischer noch Deutscher sprach nicht außgegangen /
mit sonderm fleis zusammen bracht / vnserm gemeinen Vaterland vnd allen Liebhabern dieser Kunst zu
nutz in Druck verfertiget.

Durch
Johann Weber von Stadt Steinach / Rechenmeister vnd Bürger zu Erffordt.

Abb. 2 Johann Weber
Ein New // Kuenstlich vnd Wol = // gegrundt Rechenbuch, 1583, Titelblatt

Zum Inhalt des Rechenbuches

1. Rechnen mit natürlichen Zahlen
    Spezies auf den Linien, Numerieren, Addition und Subtraktion
    Duplizieren und Medieren, Multiplikation und Division
    Spezies mit der Feder
    Addition und Subtraktion, Multiplikation und Division
    Probe der Spezies
    Progression, arithmetisch, geometrisch, harmonisch
    Regel Detri
    „ ... für junge Schüler für Erfurter Münze ... „

2. Rechnen mit Brüchen
    Einführung, Begriffe, Addition und Subtraktion
    Multiplikation und Division
    Regel Detri
    Teil 1: Übungen
    Vom Tara
    Münz, Maß und Gewicht
    Regel Detri in verschiedensten Formen
    Teil 2: Übungen
    Überkreuzmultiplizieren
    Zinsrechnung
    Wechselrechnung
    Gesellschaftsrechnung
    Gewinn und Verlust
    Stich-Rechnung
    Silber- und Goldrechnung
    Münzschlag
    Berechnen von Quadrat- und Kubikwurzel
    Erklärungen und Beispiele zu den acht Regeln der Coss

3. Teil: Übungen: 160 numerierte Aufgaben,
    am Ende fünf Aufgaben zur Wortrechnung:
    „ ... so in etlicher fürnemer Rechenmeister außgegangnen
    Rechenbüchern ... berurte Bücher in Druck gegeben worden sind.“

Übersicht zu den Münzen, Maßen und Gewichten
Schlußwort „ ... an den Leser.“
Collofon

Übersicht 2
Inhalt: Ein New // Kuenstlich vnd Wol = // gegrundt Rechenbuch, 1583

Erwähnenswert erscheint der seltene Fall einer Additionsaufgabe, in der Rechenpfennige gekauft werden.
Unter „Gerechnet Rechenbüchlein ..." ist ein Tabellenbuch zu verstehen. Weber schrieb selbst von Tafeln, in denen zum Beispiel der Preis für ein Maß Waid ablesbar war und wie viel dann ein Viertel oder ein Nössel kosten. Über 14 Seiten wurden die wohl wichtigsten Varianten berechnet. Bedenkt man den umfangreichen Waidhandel von Erfurt, konnten somit vielen Käufern und Verkäufern wichtige Hilfestellungen gegeben werden.

Unter der Überschrift "Tranck Rechnung" zeigen die darauffolgenden Tafeln bei Preisen für ein Fuder von 1 bis 60 Gulden die Preise für einen Eimer beziehungsweise für ein Viertel. Diese Tabellen umfassen 14 Seiten.
Abschließend findet der Leser Preisübersichten für einen Ballen Papier zu den Preisen von 10 bis 20 Gulden und die dazugehörigen Kosten für die kleineren Einheiten Ries und Buch. Zum Schluss des Buches werden die Umrechnungen von Währungseinheiten aufgelistet.
In der zweiten Auflage von 1583 des Tabellenbuches werden weitere Umrechnungen aufgenommen. Zusätzlich enthält der neue Druck umfangreiche Textaufgaben unter dem Titel "Künstliche Rätsel und Schimpfaufgaben". Einige der Beispiele enthalten keine Lösung und der Leser wird aufgefordert einen Rechenmeister zu befragen oder sein umfangreiches Rechenbuch zu studieren.

Literatur

Ars Mercatoria: Handbücher und Traktate für den Gebrauch des Kaufmanns, 1470 – 1820. Band 1. Paderborn 1991

Herrmann, Karl: Bibliotheca Erfurtina. Erfurt 1863

Ries, Adam: Rechenbuch / Auf Lini = || en vnd Ziphren ... Frankfurt 1558, Stadt- und Regionalbibliothek Erfurt, Signatur 13-Nm 324 a

Murhard, Friedrich August Wilhelm: Literatur der mathematischen Wissenschaften. Band 1, 1797

Scheibel, Joh. Ephr.: Einleitung zur mathematischen Bücherkentnis. Zwölftes Stück. Breslau 1781

Smith, David Eugene: RARA ARITHMETICA, a catalogue of the arithmetics written before the year MDCI ... New York, 4. Auflage 1970

Stifel, Michael: Arithmetica integra. Nürnberg 1544

Weber, Esaiam: Arithmetica, oder Rechenbuch: Darinnen die fürnembsten Regeln gründlich gelehrt ... allen Kauff- und Handelsleuthen gar dienstlich / auff mancherley Gewicht und Müntzsorten erkläret werden ...St. Gallen: Straub, 1601

Weber, Johann: Gerechnet Rechenbüchlein: Auff Erffurdischen Weidt vnd Tranckkauf. Erffurdt, durch Cunradum Dreher, zum bundten Lawen, bey S. Paul, 1570

Weber, Johann: Gerechnet Rechenbüchlin: Auff Erffurdi= // schen Weit / Tranck / Cent= // ner / Stein vnd Pfund kauf / Beneben einer sehr nützlichen Rechnung / was nach dem Stück / als Elen / Maß / etc. kaufft oder verkaufft wird / Auch eine sehr schöne Wech= // sel Rechnung / auf die viererley Müntz / der Taler / Gulden / Gute Schock vnd Lawen Schock gericht ... Menniglich zu Gutem zusamen bracht / vnd jtzt in Druck vorfertiget: Durch Johan Weber / Rechenmeister vnd Bürger zu Erffurd M. D. LXXXIII. (Weber 1583a)

Weber, Johann: Ein New // Kuenstlich vnd Wol = // gegrundt Rechenbuch // Auff den Linien vnd Ziffern / von // vielen nuetzlichen Regeln / zu allerley Handthi= // runge / Gewerben vnd Kauffmanschlag dienstlichen / // neben vielen andern dingen / so hiebeuorn // nicht gesehen worden. Gedruckt in Leipzig bei Jakob Bärwald Erben, 1583 (Weber 1583b)

Weber, Johann: Kurtz Bedenken. Wie vnd aus was grün-// de, eine bestendige vnnd immer- // werende Becken Ordnung / auff Erffurdischen Brodkauffe / kan gemacht vnnd angestellt werden. Darinnen angezeigt wird / Wenn das Viertel schön Korn oder Weitzen / umb einen groschen auff oder abschleckt / Wieviel pfundt guter vnd wolauß=// gebackenes Brods für einen gr. sechs oder drey pfennig / beydes am weissen gut vnd anderm Brod können gegeben werden. Auff anordnungen vnd sonderlichen bitte Eines Ehrwürdigsten, Achtbaren vnnd hochwürdigsten Rahts / dieser löblichen Stadt Erffurdt / ge=// meinen Nutz zugutem. Verfertiget Durch Johannem Webern von Stadt Steinach / Publicum Notariumi Rechenmeistern vnnd Bürgern zu Erffurdt / Anno 1592.

Verzeichnis der im deutschen Sprachraum erschienenen Drucke des XVI. Jahrhunderts (VD 16). Band 2. Stuttgart 1984

ARITHME
TICES INTRODV-
ctio ex uarijs authoribus concinnata.

Coloniæ excudebat Martinus Gymnicus, Anno M.D.XLVI.

Abb.1 Titelblatt der anonymen „Arithmetices introdvctio ex uarijs authoribus concinnata“, Köln 1546, in *Philos.1374* der Staatlichen Bibliothek Regensburg.

Über ein vermutlich in dritter Auflage im Jahre 1546 in Köln anonym erschienenes lateinisches Rechenbüchlein

Wolfgang Kaunzner

Einleitung

Heutzutage ist es gang und gäbe, daß die schriftlichen Ergebnisse von Autoren verwandter Fachgebiete in Sammelwerken zusammengefaßt bzw. in Zitaten genannt werden; um die Wende vom 15. zum 16. Jahrhundert lief es gewöhnlich noch nicht auf diese Art ab. Damals, am Übergang von handschriftlicher zu gedruckter Wissensvermittlung, wurden die vorhandenen mathematischen Schriften bisweilen reichlich verwertet, ohne daß dies besonders herausgestellt worden wäre. Die Namen bekannter Gelehrter aus der Vorzeit wurden freilich meist ehrfurchtsvoll mit aufgeführt, aber unmittelbare Quellen gerne verschwiegen, etwa im ersten großen deutschen Rechenbuch „Behende vnd hubsche Rechenung auff allen kauffmanschafft", Leipzig 1489, des Johannes Widmann von Eger (um 1460 - nach 1504), das sich zum einen in erheblichen Teilen auf den „Algorismus Ratisbonensis" und auf das Bamberger Rechenbuch von 1483 stützte, zum anderen jedoch auch noch kein eigenes Urheberrecht beanspruchte. Aber bald änderte sich dies, denn bereits im frühen 16. Jahrhundert ließen sich die Autoren solcher Fachbücher die Rechte an ihren Werken durch kaiserliche Privilegien sichern.[1]

Ein Rechenbüchlein besonderer Art stellt die aus achtblättrigen Lagen A und B sowie aus einer vierblättrigen Lage C bestehende, anonym erschienene „Arithmetices introdvctio ex uarijs authoribus concinnata" [= Aus verschiedenen Autoren zusammengestellte Einführung in die Arithmetik], Köln 1546 (Martinus Gymnicus), dar, kursiver Satzspiegel etwa 12,0×6,8 cm², von der sich ein Exem-

[1] So wurden des Johannes Foeniseca: Opera, Augsburg 1515, laut Kolophon mit einem auf fünf Jahre lautenden kaiserlichen Schutzprivileg ausgestattet; dieses kleine Werk wird von David Eugene Smith: Rara Arithmetica, New York [4]1970, S.119f., erwähnt. Bei Heinrich Schreyber: Ayn new kunstlich Buech [...], Nürnberg 1518/1521, dem ersten deutschen Druck mit algebraischen Abschnitten, steht schon am Titelblatt: „Mit Kayserlichen gnaden vnd Priuilegien das buech nicht nach zu trucken in sechs jaren."

ARITHME
TICES INTRODV-
ctio ex uarijs authoribus concinnata.

Coloniæ excudebat Ioannes Gymnicus
Anno M. D. XLII.

Abb.2a Titelblatt der anonymen „Arithmetices introdvctio [...]“, Köln 1542, gemäß Smith[1], S.212.

plar in der Staatlichen Bibliothek Regensburg unter der Signatur *Philos.1374* befindet (Abb.1). Der nicht näher bezeichnete Autor, der am Titelblatt den auf Vergil (70 - 19) zurückgehenden Sinnspruch „Discite ivsticiam moniti“ [= Lernet Gerechtigkeit, laßt euch warnen] wählte,[2] gibt die Stellen nicht preis, die er als direkte Vorlagen für sein kleines Werk gewählt hatte, er beruft sich jedoch auch nicht auf antike Mathematiker.
Gemäß den Aufzeichnungen bei David Eugene Smith und in VD 16/1 [[3]] wurde das genannte anonyme Rechenbüchlein anscheinend viermal aufgelegt: Köln 1540 (Joannes Ruremundanus), Köln 1542 (Ioannes Gymnicus), die oben erwähnte Köln 1546, sowie Dortmund 1549 (Melch. Soter). Smith beschreibt die zweite und vierte Auflage und zeigt von der zweiten das Titelblatt - ähnlich wie in der dritten Auflage 1546, mit leicht verändertem Emblem, aber ohne den dortigen Sinnspruch (Abb.2a). Die Erstauflage, Köln 1540, hat gemäß Exemplar in der Hessischen Landes- und Hochschulbibliothek Darmstadt, Signatur *33/896*, am Titelblatt (Abb.2b) den nämlichen Sinnspruch, der in der dritten Auflage auf der Rückseite des Titels erscheint; bei Vergleich einiger Seiten stellte sich heraus, daß die Auflage Köln 1546 einen neu gesetzten Druck der Auflage Köln 1540

[2] Karl Bayer: Nota bene! Das lateinische Zitatenlexikon, Zürich 1993, S.96, Nr.407: „Discite iustitiam, moniti, nec temnere divos! Lernet Gerechtigkeit, laßt euch warnen, und achtet die Götter! Vergil, Aeneis 6, 620. - J.Götte.“ Weiteres dort auf S.575.

[3]Smith[1], S.212f.: Köln 1542, Köln 1546, Dortmund 1549 oder 1569 - die Angabe bei Smith ist ungenau; VD 16/1: A3642: Köln 1540 - vorhanden in der Hessischen Landes- und Hochschulbibliothek Darmstadt - Signatur *33/896*, A3643: Köln 1542, A3644: Dortmund 1549; laut Karlsruher virtuellem Katalog besitzen die Herzog August Bibliothek Wolfenbüttel ein Exemplar der Auflage Köln 1542 - Signatur *M:Nb 354*, von der Auflage Köln 1546 je eines die Staats- und Stadtbibliothek Augsburg - Signatur *LG77*(Beibd.7, die Niedersächsische Staats- und UB Göttingen, die Staatliche Bibliothek Regensburg; in Jochen Hoock/Pierre Jeannin: Ars Mercatoria, Band 1, Paderborn/München/Wien/ Zürich 1991, ist keine „Arithmetices introdvctio“ erwähnt. - Betreffs der hier relevanten Auflage Köln 1546 schreibt Abraham Gotthelf Kästner: Geschichte der Mathematik, Band 1, Göttingen 1796, im Abschnitt „Nachrichten von arithmetischen Büchern“ auf S.128f.: „XV. Ein Ungenannter. Arithmetices introductio ex variis authoribus concinnata Col. exc. Martinus Gymnicus 1546. Oct. 2½ Bogen. Blos praktisch, bis mit zur Regel Detri in Brüchen. Der Verf. sieht auf gut Latein. Vulgus imperitorum hanc regulam Detri vocitat, nos vero nunc quidem regulam mercatorum, nunc vero de tribus ... Auf des Titels andrer Seite lateinische Verse zum Lobe der Arithmetik, unter andern: Ingenuas ridens artes mercator auarus. Negligit hanc minime, prouenit vnde lucrum.“ - Im Juli 2001 schrieb mir Herr Dipl.Ing. Richard Hergenhahn, Unna, bezüglich der anonymen „Arithmetices introdvctio“, Dortmund 1549: „Nun habe ich gerade erlebt, wie ein Dortmunder Rechenbüchlein geradezu ‘versickern’ konnte. Smith hat es in seiner ‘Rara Arithmetica’ registriert. ... Auch der als Drucker genannte Melchior Soter ist in Dortmund bekannt. Das Büchlein selbst wird jedoch in keiner Dortmunder Bibliographie genannt. ... In ‘VD 16’ ist es aufgeführt, aber ohne Standortangabe; lediglich mit einem Literaturhinweis zu Smith.“ - Herr Hergenhahn teilte mir zu Beginn des Jahres 2002 freundlicherweise mit, daß er zwei Exemplare der Auflage Dortmund 1549 fand: Universitäts- und Landesbibliothek Münster, Signatur *M+2300*, und Lippische Landesbibliothek Detmold, Signatur *Th 1041 d.* - Es wäre sicherlich angebracht, die vier Auflagen der anonymen „Arithmetices introdvctio“ zu vergleichen, nachdem nun von allen Standorte bekannt sind und entsprechende handschriftliche Eintragungen in diesen bislang nur wenig beachteten Büchern von reger seinerzeitiger Benützertätigkeit zeugen.

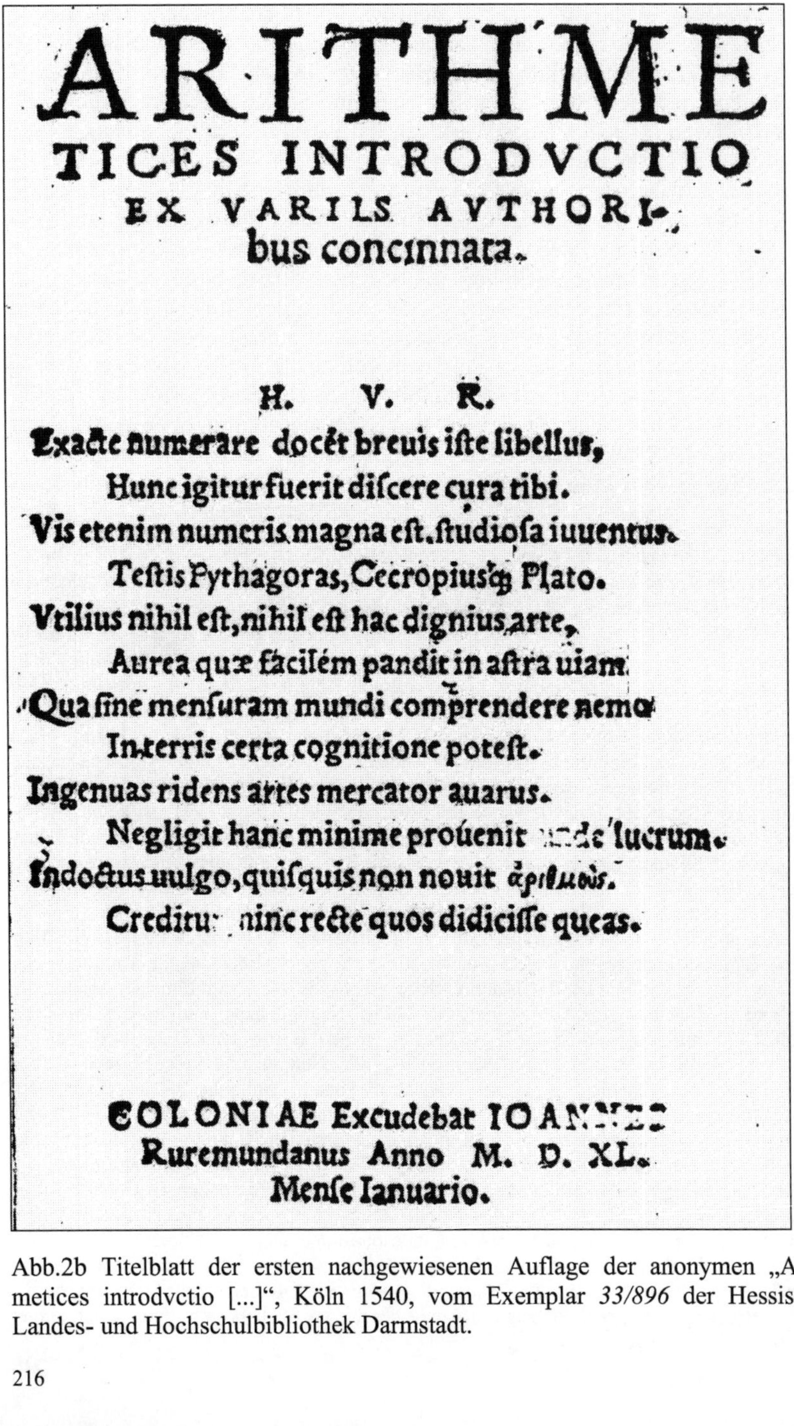

ARITHME
TICES INTRODVCTIO
EX VARIIS AVTHORI-
bus concinnata.

H. V. R.

Exacte numerare docet breuis iſte libellus,
Hunc igitur fuerit diſcere cura tibi.
Vis etenim numeris magna eſt. ſtudioſa iuuentus.
Teſtis Pythagoras, Cecropiusq; Plato.
Vtilius nihil eſt, nihil eſt hac dignius arte,
Aurea quæ facilem pandit in aſtra uiam.
Qua ſine menſuram mundi comprendere nemo
In terris certa cognitione poteſt.
Ingenuas ridens artes mercator auarus.
Negligit hanc minime prouenit unde lucrum.
Indoctus uulgo, quiſquis non nouit ἀριθμούς.
Creditur hinc recte quos didiciſſe queas.

COLONIAE Excudebat IOANNES
Ruremundanus Anno M. D. XL.
Menſe Ianuario.

Abb.2b Titelblatt der ersten nachgewiesenen Auflage der anonymen „Arithmetices introdvctio [...]“, Köln 1540, vom Exemplar *33/896* der Hessischen Landes- und Hochschulbibliothek Darmstadt.

darstellt. Bezüglich der Zweitauflage - Köln 1542 - findet Smith: „This is one of several anonymous compilations made in the sixteenth century for use in the Latin schools. It has no merit, save that of brevity. It contains a brief treatment of the fundamental operations, followed by a chapter 'De Progresione', the 'Regvla mercatorvm seu de tribus', and 7 pages 'De minutijs'. I notice that folio B6^v is an exact copy of Wolphius [[4]] folio B1^v. This is the same as the work next mentioned, published at Dortmund in 1549".[5]
In *Philos.1374*, erschienen in Köln 1546, findet sich am Vorsetzblatt die Eintragung „Sum ex libris Joannis Maioris Viennensis Austrij Anno 1635 Die 18 Martij". Wie und wann dieses Werk - zusammengebunden unter der nämlichen Signatur mit Ioannes Vuolphius: „Rvdimenta arithmetices", und Ioannes Voegelin: „Elementale geometricvm, ex Euclidis Geometria", beide Frankfurt 1548[6] - in den Bestand der Regensburger Bibliothek gelangte, ist nicht bekannt. Den Gebrauchsspuren nach wurde diese anonyme „Arithmetices introdvctio" von 1546 vor langer Zeit auch benützt, weil sich auf f.B3^r handschriftliche Notizen vermutlich des seinerzeitigen Eigentümers finden. Wenn man der Angabe bei Smith nachgeht,[7] dann stellt man fest, daß die „Arithmetices introdvctio" von 1546 in *Philos.1374* auch in der „Numeratio" und vor allem in den praktischen Beispielen von den „Rvdimenta arithmetices", Nürnberg 1527, des Hersbruckers Johannes Wolf (16.Jh.) - zugänglich in *Philos.1488* der Staatlichen Bibliothek Regensburg - abhängt bzw. von dort direkt abgeschrieben sein könnte. Im hiesigen Sprachraum ist dieses anonyme Rechenbüchlein jedoch vermutlich trotzdem ein wertvoller Nachweis für den Wissensstand auf der Lateinschule in der Mitte des 16. Jahrhunderts, weil es vermutlich in komprimierter Form den seinerzeit dort gerade gängigen Rechenlehrstoff vermitteln sollte.
Der Leitung und den Damen und Herren der Staatlichen Bibliothek Regensburg, sowie der Leitung der Handschriftenabteilung der Hessischen Landes- und Hochschulbibliothek Darmstadt gilt mein Dank dafür, daß ich bei der Arbeit an der genannten anonymen „Arithmetices introdvctio" hilfreich unterstützt wurde, und für die Genehmigung, einige Stellen aus den jeweiligen Exemplaren in Fotokopie

---

[4] Rvdi= // menta arithmeti // ces authore Iohanne Vuolphio // Hersbrugense, Nürnberg 1527; die Staatliche Bibliothek Regensburg besitzt hiervon ein Exemplar mit der Signatur *Philos 1488*, von der Auflage Frankfurt 1548 eines, zusammengebunden unter der Signatur *Philos.1374* mit der angesprochenen anonymen „Arithmetices introdvctio", Köln 1546. Smith[1], S.154, zählt auf: Nürnberg 1527, Frankfurt 1534, Frankfurt 1537, Straßburg 1539, Straßburg 1540, Frankfurt 1548, Frankfurt 1561. Hinweis auch bei Joseph Ehrenfried Hofmann: Geschichte der Mathematik, Band 1, Sammlung Göschen, Band 226/226a, Berlin ²1963, S.144 und 241. Siehe auch VD 16/22: W4212: Nürnberg 1527, W4213: Frankfurt 1532, W4214: Frankfurt 1548, W4215: Frankfurt 1561. - Literarische Angaben zu Johannes Wolf aus Hersbruck finden sich bereits bei Conrad Gesner: Bibliotheca Vniuersalis, siue Catalogus omnium scriptorum [...], Zürich 1545, f.462^v, oder summarisch im Deutschen Biographischen Archiv 1390/11.

[5] Smith[1], S.213; hierbei ist Bezug genommen auf Johannes Wolphius: Rvdimenta Arithmetices, Frankfurt 1534, die Smith auf S.154 beschreibt.

[6] Siehe Fußn.4.

[7] Siehe Text bei Fußn.5.

wiederzugeben. Herrn Dipl.Ing. Richard Hergenhahn, Unna, danke ich für wertvolle Hinweise zu den einzelnen Auflagen dieses Rechenbüchleins.

*

Der Inhalt der anonymen „Arithmetices introdvctio" von 1546

Die anonyme „Arithmetices intrudvctio", Köln 1546, beginnt auf der Rückseite des Titelblatts mit einer Einleitung, die in der Auflage Köln 1540 auf der Titelseite erscheint:

H. V. R.

Exactè numerare docet breuis iste libellus:
Hunc igitur fuerit discere cura tibi.
Vis etenim numeris magna est, studiosa iuuentus:
Testis Pythagoras, Cecropiusque [8] Plato.
Vtilius nihil est, nihil est hac dignius arte:
Aurea quae facilem pandit in astra uiam.
Qua sine mensuram mundi comprendere nemo
In terris certa cognitione potest.
Ingenuas ridens artes mercator auarus,
Negligit hanc minimè, prouenit undè lucrum.
Indoctus uulgò, quisquis non nouit αριθμους,
Creditur: hinc rectè quos didicisse queas.

Anschließend wird das Buch gegliedert:

I) f.A2^r-[B6^r] Neun Kapitel zur Erläuterung des Algorismus, d.h. der Rechenvorschriften in den indisch-arabischen Zahlzeichen, wobei die beiden ersten auf f.A2^r die Kopfleiste „De nvmerorvm praxi" tragen, während die anderen unter „Arithmetices Introdvctio" laufen, C1^r unter „De minutijs", C1^v unter „Potestas minutiarum"; Wurzelziehen - obwohl angekündigt - wird nicht mit abgehandelt,

II) f.[B6^r]-[B8^v] „Regvla mercatorvm seu de tribus", d.h. Dreisatz; hier werden einfache kaufmännische Beispiele vorgeführt,

III) f.[B8^v]-[C4^r] „Haec de integris nunc quoque ad minutias ... calamum conuertam" [= Soviel von den ganzen Zahlen, und jetzt wende ich das Schreibrohr auch den Brüchen zu], d.h. also Bruchrechnen.

Das Büchlein ist insofern von Interesse, weil

1) nur mehr wenige Exemplare nachzuweisen sind und diese anscheinend noch nicht untersucht oder beschrieben wurden,
2) Kapitel I.4 inhaltlich weit über die Erläuterungen hinausgeht, die ansonsten unter dem Begriff *Numeratio* - Kennenlernen, Aussehen, Namensgebung, Stellenwert der indisch-arabischen Ziffern - erläutert werden,
3) durch die Verweise des ungenannten Autors auf historische Persönlichkeiten sich vielleicht manche neue Querverbindung herauslesen läßt,
4) einige ungewohnten Fachausdrücke erscheinen.

Der Autor läßt sich hieraus vermutlich jedoch nicht erkennen.

Hinweis: Im folgenden werden kurze Textabschnitte, einige Zahlbeispiele und die kaufmännischen Rechenaufgaben aus der anonymen „Arithmetices intro-

[8] Ist Cecropius gemeint, der älteste König von Attika, der südöstlichen Halbinsel Mittelgriechenlands?

dvctio“, Köln 1546, gemäß *Philos.1374* wiedergegeben. Diejenigen Stellen, die sich auch in *Philos.1488*, in Johannes Wolfs „Rvdimenta arithmetices“, Nürnberg 1527, finden, werden mit dem vorgesetzten Zeichen [•] markiert.

[I] f.A2^r-[B6^r] Die Einführung in die algorithmischen Rechenanleitungen

[I.1] f.A2^r *Cap.I.* - „NVmerorum praxis nihil aliud est, quam numeri ad aliquod opus facta per supputationem adcommodatio“ [= Das Verfahren mit den Zahlen ist nichts anderes, als die Bestimmung derjenigen Zahl, die zu irgendeinem Vorgang in Beziehung steht]. Der Vorgang selbst ist zweifach: einmal durch die Schrift, figürlich, zum anderen durch Rechnung, auf den Linien; für beides gebraucht man den Namen *Algorithmus.*[9] Bei der figürlichen Darstellung werden die Zahlen durch die arithmetischen *Character* 1, 2, 3, 4, 5, 6, 7, 8, 9, 0 repräsentiert. Bezüglich der Null heißt es: „Haec postrema sola, et per se nihil quidem significat; alijs autem adiuncta si fuerit, significatum auctius reddit, figuram nihili, circulum, et à saphar [[10]] fortaßis zyphram nominant“ [= Steht diese letzte allein, dann bedeutet sie nichts; wird sie aber anderen angehängt, so gibt sie das Bezeichnete vermehrt wieder, wobei man die Figur für das Nichts, den Kreis, von Saphar hergeleitet vielleicht auch Ziffer nennt]. Während die Lateiner mit diesen zehn Charactern umgehen, wählen die Hebräer und die Griechen Buchstaben, um Zahlen auszudrücken.

[I.2] f.A2^r *Cap.II.* - „NVmerus practicus est triplex“: *Digitus*, *Articulus*, *Compositus* sive *Mixtus*, d.h. Einer 1, 2, 3, ... 9, Zehnerzahlen 10, 20, 30, 100, 1000 usw., zusammengesetzte Zahlen 11, 12, 21, 22 usw.

[I.3] f.A2^{r}f. *Cap.III.* - Die sieben Species der Numeri practici: *Numeratio*, *Additio*, *Subtractio*, *Multiplicatio*, *Diuisio*, *Progreßio* [= Reihenlehre], *Radicum inuentio* [= Auffinden der Wurzeln]. Wurzelrechnen wird jedoch nicht mit gelehrt.

[I.4] f.A2^v-A3^v [•] *De Numeratione. Cap.IIII.* - „NVmeratio est cuiusuis numeri per suas figuras depictio. Haec docet numerum propositum signare, atque signatum ritè exprimere. Ad hanc numerorum speciem praecipuè duo necessaria sunt, ordo scilicet et locus“ [= Numeratio ist das Bild irgendeiner Zahl durch ihre Figuren. Dieses lehrt die vorgegebene Zahl darzustellen und das Dargestellte einwandfrei zu benennen. Für diese Auffassung der Zahlen sind vorwiegend zwei Vorgaben nötig, nämlich Ordo [= Anordnung] und Locus [= Stellenwert]]. „Tradunt autores huius artis Arabes eo modo suas, ut Hebraeos, depingere literas: unde gentis forsitan autoritate sumpta, is ordo hactenus obseruatur“ [= Arabische Autoren der Rechenkunst überliefern, daß sie, um vielleicht auf die Urheberschaft ihres Stammes hinzuweisen, so wie die Hebräer, Buchstaben malen,

---

[9] Bei diesem Wort handelt es sich um die Verbalhornung von einem Teil des Namens von Muḥammad ibn Mūsā al-Ḫwārizmī(um 780 - nach 847), des Begründers der heutigen Rechenmethoden mit den indisch-arabischen Zahlzeichen.

[10] Vermutlich die arabische Bezeichnung *al-ṣifr* für das „Leere“; hierzu Johannes Tropfke: Geschichte der Elementarmathematik, Band 1. Vollständig neu bearbeitet von Kurt Vogel, Karin Reich, Helmuth Gericke, Berlin/New York [4]1980, S.17.

wobei dieser Brauch bis heute zu beobachten ist]. „Locus deinde numerationem promouet“ [= Der Stellenwert erlaubt dann die Numeration], wobei über die Tausenderstelle ein Punkt gesetzt wird, „ut sequentis ad immediatè anteuertentem ratio sit decupla. Vndè Placentinus [[11]] secundum Graecos ita disponit“: Monadicus [= Einer], Decadicus [= Zehner], Hecatontadicus [= Hunderter], „in quarta mille resideat“ [= Tausender], „In quinta decies mille, siue Myrias“ [= 10000], Denae Myriades [= 100000], Centies Myriades [= 1000000], Mille Myriades [= 10000000], Dena Millia Myriades [= 100000000].
Die Alten gingen äußerst selten „ultra sextam regionem, hoc est, centena millia“, d.h. äußerst selten über die Hunderttausender hinaus. Der Perserkönig Xerxes befehligte, wie Herodot mitteilt, ein Landheer von 170 Zehntausenden; gemäß Q. Curtius [[12]] führte der Perserkönig Darius 1071200 Gefolgsleute in den Krieg, Männer, Frauen, Eunuchen, „et liberis connumeratis“ [= und an mitgezählten Freien (?)]; „In sacris numerorum libris“ [[13]] steht zu lesen, daß Israel 603550 waffenfähige Söhne von 24 Jahren hatte; in Ciceros Anklage gegen C. Verres III. [[14]] heißt es, daß es 1545416 waren, oder auch 2235416; fernerhin lesen wir gemäß Macrobius [[15]] 4800000, oder auch 30170000 (Abb.3). Der Kürze halber scheinen einige eine eigene Bezeichnung eingeführt zu haben, „pro decies sestertium decies centena milia sestertiorum“ [= anstelle zehnmal hunderttausend Sesterze sagen sie zehn hundert tausend Sesterze].
Die Schwierigkeit der Numeration scheint in der lateinischen Bezeichnungsweise zu liegen. Deshalb führen wir die Zahlen gewissenhaft an, damit sie uns nicht entweder mit den Albanern der Unwissenheit, oder mit Coroebo [[16]] der Tölpelhaftigkeit beschuldigen, welchen nichts gefällt, was nicht echt ist. Die Zahlen sollst du deshalb auf die 100000 beziehen, wie z.B. 1000000; gemäß ordinärem Latein wären es tausend Tausender, was du aber „multò latiniùs et tersiùs“ [= viel lateinischer und sauberer] zehn hundert Tausender nennen solltest. So enthält auch das Heer des Xerxes gemäß der Interpretation des Budaeus [[17]] siebzehn hundert Tausende. „Fit autem isthaec numerorum expreßio commodißimè per aduerbia“ [= So wird aber auch eben diese Bezeichnung der Zahlen bequemer durch die Adverbia].

---

[11] Handelt es sich um die Einwohner der von den Römern 219 v.d.Z. gegründeten Colonia Placentia, der heutigen Provinz Piacenza?

[12] Quintus Curtius Rufus (1.Jh.), römischer Geschichtsschreiber, verfaßte „Historiae Alexandri Magni“, zehn Bücher.

[13] Es handelt sich vermutlich um das Buch „Numeri“ bzw. das vierte Buch Mose des Alten Testaments.

[14] Gajus Verres (um 115 - 43), römischer Statthalter in Sizilien.

[15] Ambrosius Theodosius Macrobius (um 400), lateinischer Schriftsteller, Grammatiker und Philosoph.

[16] Ein Phryger, aus der antiken Landschaft Phrygien in Innerkleinasien, die 133 römische Provinz wurde. - Bayer^2, S.447, Nr.2217: „Sero sapiunt Phryges. Die Phryger kommen spät zu Verstand.“ Phryger ist eine andere Bezeichnung für die Trojaner.

[17] Diese Angabe entstammt - entsprechend der Passage bei Johannes Wolf: Rvdimenta arithmetices, Nürnberg 1527, in *Philos.1488* - vermutlich den 1514 erschienenen „De asse et partibus eius“, libri V, des französischen Humanisten Guillaume Budé (1468 - 1540).

ARITHMETICES.

cies Millies millenaria. Fit autem istæc progreßio sic
ut sequentis ad immediatè anteuertētem ratio sit decupla. Vndè Placentinus secundum Græcos ita dispo
nit, nempè ꝙ in prima regione à dextra sinistrā uersus numerus dicatur Monadicus, in secūda, Decadicus,
in tertia Hecatontadicus, in quarta mille resideat. In
quinta decies mille, siue Myrias. In sexta denæ myria
des. In septima centies myriades. In octaua mille myriades. In nona deniq; dena millia myriadum.

Notandum etiam hoc loco ueteres ultra sextam re
gionē, hoc est, cētena millia rarißimè progressos esse.
Xerxis Persarum rêgis terrestrem exercitū numero
fuisse centū septuaginta myriades, id est, decies septies
centena milla testatur Herodotus. Præterea Darius, te
ste Q. Curtio, in bellum duxit 1071200, hoc est,
decies centena millia, septuaginta unum millia, & du
centos, uiris, mulieribus, spadonibus & liberis connumeratis. In sacris numerorum libris legimus omnes fi
lios Israël ad bellum aptos, & uiginti quatuor annos
habētes, fuisse numero 603550, id est, sexingēta tria
milia, quingenta quinquaginta: & apud Ciceronē Ac
cusationū in C. Verrem tertio, legitur sequēs is nume
rus, 1545416. hoc est, quindecies cētena quadra-
ginta quinq; millia, quadringēta & sedecim. Item, 22
35416, id est, uicies bis centena, triginta quinq; millia
&c. Præterea in Macrobio legimus ita, 4800000,
id ē, quadragies octies cētena millia. Et 30170000.

A 3 Hanc

Abb.3 Historische Angaben, um Beispiele für große Zahlwerte aufzuführen, in der anonymen „Arithmetices introdvctio [...]“, Köln 1546, f.A3r.

[I.5] f.A3^{v}-A5^{r} *De Additione. Cap.V.* - „ADditio, est numerorum propositorum in unam summam collectio. Hanc alij compositionem uocant.“ Das Vorgehen bei der Addition wird genannt *Collectio* bzw. *Compositio*, das Ergebnis - „numerum ex additione factum directe sub lineam ponas ... producitur numerus unico charactere scribendus“ - heißt *Productus*. Bei ungleicher Stellenzahl spricht man von „Addito truncata siue concisa“. „Probatur autem additio per subtractionem et per experientiam nouenariam“, die Probe erfolgt also durch Subtraktion bzw. durch Neun „per modum crucis“; hierbei werden die Neunerreste der beiden Summanden je rechts bzw. links in einen *Angulus*, d.h. in ein Andreaskreuz eingetragen, oben von deren Summe, unten der Neunerrest des „Produktes“. „Quod si in proba Nouenaria relictus character sit nouem, circulus pro proba in angulum ponatur“, d.h. bei Neunerrest Neun wird ein Kreis in den Winkel des Kreuzes eingetragen.

[I.6] f.A5^{r}-[A7^{r}] *De subtractione. Cap.VI.* - „Subtractio est numeri à numero ablatio. In subtractione, ut additione, duo numerorum ordines sunt.“ Der Minuend heißt *Numerus a quo debet fieri subtractio*, der Subtrahend *Numerus subtrahendus*, der Rest *Relictus*. Es kann nur eine kleinere Zahl von einer größeren abgezogen werden, denn „Maior enim à minore subtrahi potest minimè“ [= Der größere kann keinesfalls vom kleineren subtrahiert werden]. Nun werden in Frage kommende Möglichkeiten erläutert, wo entweder nicht gleiche Stellenzahl vorgegeben ist oder Nullen auftreten: „Si par à pari subtrahatur, zyphra habeatur pro relicto, in finem tamen zyphra nunquam ponatur: ut

2 0 2 0 1 9 3
1 5 9 0 2 8 7
4 2 9 9 0 6.“

„Est et alia uulgatißima quidem subtrahendi ratio“, daß man nämlich vom nächsten Stellenwert links im Bedarfsfall eine Eins borgt, die dann zu einer Zehn wird. Die Probe wird anhand zweier Möglichkeiten aufgezeigt:

8 6 4 2
6 4 3 1
2 2 1 1
8 6 4 2

4 0 0 2 4
4 2 1 6
3 5 8 0 8

1
6 4
1

[I.7] f.[A7^{r}]-B3^{r} *De multiplicatione. Cap.VII.* - „MVltiplicatio, est duorum numerorum in se ductus, quo tertius producitur, alterum toties continens, quot unitates in altero sunt: ut, 2 per 4 multiplicare, est 8 producere. Itaque octo ad 4 ea proportio est, quae est 4 ad 2. In se ducere, est multiplicare. In multiplicatione prior numerus per aduerbium exprimitur, alter uerò simpliciter.“ Vor den allgemeinen Regeln Verweis auf die Art, wie man zwei Digiti multipliziert: $a.b = (10-a).(10-b) + 10.(a+b-10)$ am Beispiel 8.7 und 8.5. „Nonnulli digitorum ductum ex mensa, ut uocant, Pythagorica petunt“ wird über die sogenannte Tafel des Pythagoras (um 560 - um 480), hier die Quadrattafel bis 10.10, aufgezeigt. „In multiplicatione retrogradus obseruatur ordo, unitas nec multiplicat nec diuidit.“

In einem ausführlichen „Canon generalis“ wird erläutert, wie der *Multiplicandus* mit dem jeweils darunter stehenden ein-, zwei- oder dreistelligen *Multiplicans* vervielfacht wird; [•] 567 wird mit den Einern multipliziert, [•] 678 mit den zweistelligen Vielfachen von Zwölf, [•] 6789 mit 123, 234, ... 789. Die Probe erfolgt über die Division oder über die Neunerreste im Andreaskreuz, dem Angulus.

„Est et alia quaedam multiplicandi ratio, ubi in primis autem ordo talis seruari debet, ut ultimus superioris numeri character ponatur supra primum inferioris. ... .“ Am Beispiel 365.24 wird dies in den Schritten 2.3, 2.6, 2.5, 4.3, 4.6, 4.5 mit Beachtung des Stellenwertes nach der sogenannten Galeeren-Methode [18] deutlich:

	2			
1	2	2		
1	1	4		
6	2	0	0	
	3	6	5	multiplicandus.
2	4			multiplicans.
8	7	6	0	Summa producta.

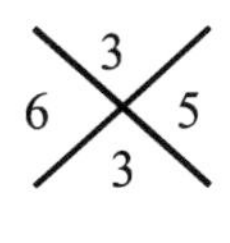

„Duplicationem, quae nihil aliud est quàm per duo multiplicatio, et mediationem, per duo diuisio, consultò hic praetereo“ [= Duplation, die Multiplikation mit Zwei, und Mediation, die Division durch Zwei, übergehe ich hier absichtlich].

„Nota, ubi in unaquaque specie siet incipiendum, hoc distichon edocebit:
A dextra, adde et subtrahe, dupla, multiplicato:
A leua media, diuide, et inde proba.
Aliud
Subtrahe, compone à dextris, mediabis:
A leua dupla, diuide multiplica.“

[I.8] f.B3^{r}-B5^{r} *De diuisione. Cap.VIII.* - „DIuisio, est ex duobus numeris propositis inuentio cuiusdam tertij, qui uno proposito toties esse depraehenditur, quot in altero unitates sunt. Estque diuisio multiplicationi planè contraria, nam quod haec dispergit, illa colligit.“ In „a geteilt durch b ist gleich c“ heißt a *Diuidendus*, b *Diuisor* seu *Diuidens*, c *Quotiens*. „In diuisione non linea sed regula [!] [= virgula] concaua seu subcuruata post numerorum ordines dextram uersus pingi solet, in quam Quotiens scribitur“, d.h. der Quotient wird rechts hinter einer Halbklammer angeschrieben. Die Division wird sehr ausführlich erläutert, es wird ferner gesagt, wie ein Bruch aussieht. Anschließend wird der Umgang mit ein-, zwei- und dreistelligem Divisor aufgezeigt, so auch im Beispiel 835047:123, gerechnet nach der Galeeren-Methode [19] oder dem sogenannten Überwärtsdividieren [20] mit Neunerprobe:

---

18 Peter Treutlein: Das Rechnen im 16. Jahrhundert. Abhandlungen zur Geschichte der Mathematik, Heft 1, Leipzig 1877, S.51; Tropfke[10], S.213.

19 Treutlein[18], S.53: „... weil die nach Beendigung der Rechnung sich ergebende Ziffernanordnung eine Gesammtfigur bilde, welche einem Schiffe mit seinem Kiel und Steuer und Mast und Segel ähnlich sei“.

20 Tropfke[10], S.235f.

[•]
```
        1 0
      1 2 2
      2 0 1 0            \ 0 /
    1 9 3 3 2           3  X  6
    2 1 7 9 0 0          / 0 \
    8 3 5 0 4 7    (6 7 8 9
    1 2 3
```
Hierauf bringt der ungenannte Verfasser gegenläufige Divisionen zu Aufgaben von vorher, wobei im folgenden die dritte Zeile aus der Rolle fällt:

[•]
```
           8 1 3 6        1 2
Diuide   2 4 4 0 8   per  3 6   erunt  6 7 8
         4 6 7 8 2        6 9
```
Nun wird auf die Probe - *Experientia* - der Division durch die Multiplikation und durch Neun verwiesen: „Probatio. Et huius speciei experientia est multiplicatio, et nouenaria. ... Multiplicationis autem certitudo ex diuisione est. Nam summa [= Ergebnis der Multiplikation] per multiplicantem diuisa, multiplicandum in quotiente producit. Aut eadem per multiplicandum diuisa multiplicantem pro quotiente ponit" - wobei also Division und Multiplikation in einem Zug durchgeführt werden:

[•]
```
                 2 1
Diuidendus       6 3 4 2     (1 5 1 quotiens
Diuisor          4 2
                 1 5 1       multiplicandus
                     4 2     multiplicans.
       ______________________________
                   3 0 2
                 6 0 4
       __________________
                 6 3 4 2
```
[I.9] f.B5r-[B6r] *De progreßione. Cap.IX.* - PRogreßio est numerorum aequaliter distantium in unam summam collectio.

Progressio est duplex. { Arithmetica Continua [&] Intercisa. / Geometrica, haec species in infinitum extenditur."

Die arithmetische Reihe heißt *continua* oder *naturalis* bei Differenz Eins, bei anderen Differenzen *discontinua* oder *intercisa*; für die Summenformel wird unterschieden, ob gerade oder ungerade Anzahl der Glieder - „Numerus seriei siue locorum".

„Progreßio Geometrica, est dispositio numerorum aliqua proportione se excedentium, ut Dupla, Tripla, Quadrupla." Auch hier wird die Summenformel in Wörtern aufgeführt, ehe Beispiele zu diesen Angaben folgen. Die Summe 170 aus 2, 8, 32, 128 wird wie folgt gefunden:
```
                              0    2
2   8   32   128  |  512    510   (170
                               3
```
Die Progressionen werden auf zweierlei Art geprobt: 1) durch Subtraktion, „Nam si singulos dati exempli numeros à summa subduxeris", d.h. indem man vom

Ergebnis der Reihe nach die Summanden abzieht, 2) durch die Neunerprobe: „Et qualibet figura sigillatim examinata remoue 9 quoties potes.“

[II] f.[B6^r]-[B8^v] Regvla mercatorvm seu de tribus

Wie schon zitiert wurde, handelt es sich bei der Einleitung zu diesem Abschnitt um Angaben, wie sie auch in Johannes Wolfs „Rvdimenta arithmetices“, Frankfurt 1534, auftreten.[21] In der hiesigen Untersuchung wurde der Vergleich der anonymen „Arithmetices introdvctio“, Köln 1546 - *Philos.1374* -, mit der Erstauflage von Johannes Wolfs „Rvdimenta arithmetices“, Nürnberg 1527 - *Philos.1488* - vorgenommen. Dabei stellte sich heraus, daß auch Johannes Wolfs Beispiele zur Kaufmanns- und Bruchrechnung - wie vermutlich in seiner Auflage Frankfurt 1534 - offensichtlich bis auf geringfügige Abweichungen als Vorlage für das anonyme Rechenbüchlein von 1546, und vermutlich ebenfalls für dessen Vorgänger, dienten.

f.[B6^v] [•] „Vulgus imperitorum hanc regulam Detri uocitat. nos uerò nunc quidem regulam mercatorum, nunc uerò de tribus Mercatorum quidem, quoniam hac uel una omnis mercaturae ratio compraehendatur. ...“ [= Das unerfahrene Volk nennt dies die Regel Detri. Wir aber nennen sie hier bald die Regel der Kaufleute, dort bald den Dreisatz der Kaufleute, weil hierdurch die gesamte Rechenweise der Kaufmannschaft umfaßt wird. .... .] (Abb.4).

Für die Umrechnungen wird angegeben: 1 Aureus [= Gulden] = 21 Solidi, 1 Solidus = 12 Denarioli, 1 Denariolus = 2 Obuli.

Vom Schwierigkeitsgrad her sind es einfachste Beispiele, die heute jedoch vielleicht gerade deshalb wegen der praxisnahen Angaben vor allem für den Volkswirtschaftler von Interesse sein könnten. Es handelt sich um Dreisatzrechnungen aus folgenden Vorgaben:

f.[B6^{v}f.] [•] 5 Eier kosten 4 Denarioli;

f.[B7^{r}f.] [•] 8 Käse um einen Aureus;

f.[B7^{v}f.] [•] „Centenarium pondus (ut Plinij uerbis utar) butyri“ [= 100 Pfund Butter] um 4 Aurei, 7 Solidi, 8 Denarioli;

f.[B8^r] [•] 32 Ellen Tuch um 28 Aurei;

f.[B8^r] [•] Ein Pfund Nucus myristicarus [= Muskatnuß] um 2 Aurei;

f.[B8^{r}f.] [•] 10 Pfund Saccharus [= Zucker] um einen Aureus, 19 Solidi;

f.[B8^v] [•] Ein Pfund Pfeffer um 16 Solidi;

f.[B8^v] [•] Ein Pfund Crocus [= Safran] um 3 Aurei, 11 Solidi, 8 Denarioli.

[III] [f.B8^v]-[C4^r] Bruchrechnen

Nach Erläuterung der Fachausdrücke *Numerator* [= Zähler] und *Denominator* [= Nenner], werden die beiden Begriffe *Minutia simplex*, etwa 1/3, und *Minutia composita*, „ut 2/3 3/4 hoc est duae tertiae ex tribus quartis“ gleich (2/3.(3/4) = 1/2, erläutert. Unter „Diminutio minutiarum“ wird Kürzen von Brüchen abge handelt, unter „Regula de tribus in minutijs“ wird auf praktische Beispiele Geld-

---

[21] Text bei Fußn.5 und Fußn.5.

INTRODVCTIO

Vulgus imperitorum hāc regulam Detri uocitat. nos uerò nunc quidem règulam mercatorum, nunc uerò de tribus Mercatorum quidē, quoniam hac uel una omnis mercaturæ ratio compræhendatur. De tribus uerò, eô quòd treis habeat numeros notos emptionis ſcilicet, precij & quæſtionis, ex quibus quartus elicitur ignotus, qui ſic ordinātur: Emptionis ponitur ſiniſtrā uerſùs, & eſt diuiſor: Quæſtionis dextrā uerſùs. Precij inter hos duos, hoc eſt, in medium collocatur: atq; inter ſe multiplicātur, productū per rei emptæ numerum diuiditur. Porro rei emptæ numerus & quæſtionis & re & nomine conuenire debent, ut libra & libra, ulna, & ulna. Quartus uerò ex his ꝓductus, qui (ut dixi) ignotus fuerat, cū precio tum re tum nomine conuenit. Quòd ſi uerò precij & quæſtionis inter ſe multiplicati (qui ambo tunc ſub precij nomine proferuntur) tamen minores eſſent diuiſore, uide qualis ſit moneta, ſi maiuſcula, ducito in minorem, ut aureum in ſingulos & uicinos ſolidos, ſolidos in duodenos denariolos, denariolos ſingulos in binos obulos, & ſic tandem diuidito, id quod exempla ſubiecta indicabunt:

c	b	a
Res empta	Precium	& Quæſtio
diuidit	inter ſe multiplicantur.	

Quinq; oua emuntur quatuor denariolis, quanti 30? faciunt 24 denariolos, ſeu quod idem eſt, 2 ſolidos. Nam duodenarium, ſolidum uocitant.

Abb.4 Die offensichtlich aus einer der Auflagen von Johannes Wolfs „Rvdimenta arithmetices“, vor 1542, entnommene Einleitung zur „Regvla mercatorvm seu de tribus“ in der anonymen „Arithmetices introdvctio [...], Köln 1546, f.[B6v]. Siehe Hinweis vor „[I]: Die Einführung in die algorithmischen Rechenanleitungen.“

Ware eingegangen:
f.C2^r [•] 1/8 Elle um 2/3 eines Aureus.
In den folgenden Aufgaben gilt: „Aureus hic 24 alb. rota. [[22]] in se contineat“:
f.C2^r [•] 3 3/4 Ellen um 8 5/8 Aurei;
f.C2^v [•] 60 Pfund um 30 3/8 Aurei;
f.C2^v [•] 15 1/4 Ellen um 24 3/8 Aurei;
f.C2^{v}f. [•] 6 Ellen um 7 1/4 Aurei.
f.C3^r [•] „Sed quandoquidem iam aliquoties mentionem minutiarum aurei fecimus, quas fere nostrates Germani usitatiores habent, subscribere placuit, illi enim quoties in regulam mercatorum scribere uolunt“ [= Da wir nun schon einigemale von den Bruchteilen des Aureus sprachen, welche die einheimischen Deutschen in der Regel häufiger benützen, ist es angebracht diese so zu verzeichnen, wie man sie oft in der Kaufmannspraxis anschreibt]. Gemäß dieser Ankündigung werden die im Kaufmännischen üblichen Fachausdrücke und Umrechnungen aufgeführt.
Die entsprechende Tabelle soll hier deutlicher als in der anonymen „Arithmetices introdvctio [...]“, Köln 1546, wiedergegeben werden, nämlich so wie in Johannes Wolfs „Rvdimenta arithmetices“, Nürnberg 1527, f.C2^r:[23]

[ ]					
	eyn halbs ort		1/8		denarium seu drachmam
	eyn gantz ort		1/4		didrachmum
	anderthalb ort		3/8		tridrachmum
	eyn halben flo.	scri-bunt	1/2	Latine dicerem	dimidium aureum
	dritte halb ort		5/8		quinque denarios
	drei ort		3/4		tria didrachma
	fierthalb ort		7/8		septem denarios

f.C3^{r}f. [•] 18 3/4 Ellen um 8 3/4 Aurei.
Unter „Integra rursus exempla sequuntur“ folgen noch zwei Fragestellungen:
f.C3^v [•] „Quidam 60 pullos gallinaceos emit, quorum dimidium singulos duodenis denariolis, ac caeteros singulos denis, dic summam, 2 aureos et 7 alb. rota“ [= Jemand kauft 60 junge Haushähne, die Hälfte zu je zwölf Denarioli, die anderen zu je zehn Denarioli pro Stück, insgesamt um 2 Aurei und 7 Albi roti].[24]
f.C3^{v}f. [•] 3 Zentner werden um 2 ungarische Aurei 48 Meilen weit gefahren, wieviel muß ich für 11 Zentner bei 120 gefahrenen Meilen geben?

*

[22] Vermutlich Weißpfennige, deren 24 einen Gulden wert sind.
[23] In den Münzen des 14. bis 16. Jahrhunderts wechselten die absoluten Edelmetallanteile. Laut Dietrich Freiher von Schrötter: Wörterbuch der Münzkunde, Berlin/Leipzig 1930, S.228f., sank der Feingoldanteil im Florenus [= Goldgulden] während dieser Zeit von 3,537 g auf 2,48 g; die Umrechnungsbeziehungen lagen jedoch durch die Rückführung auf den Florenus fest; so heißt es ferner auf S.475: „Ort bedeutet ‘ein Viertel’. Im Münzwesen wurde damit das Viertel einer Münzeinheit bezeichnet. ... Der halbe Reichsort war ein Achteltaler, oder den Taler zu 24 Groschen gerechnet, ein 3-Groschenstück.“
[24] In Johannes Wolfs „Rvdimenta arithmetices“, Nürnberg 1527, f.C2^v: 2 Aurei und 13 Solidi.

Zusammenfassung

Bei der anonymen „Arithmetices introdvctio ex uarijs authoribus concinnata", Köln 1546, *Philos.1374*, handelt es sich in großen Teilen, vor allem in den praktischen Dreisatzaufgaben, um einen Auszug aus einem ausführlicheren Werk, so wie es in den "Rvdimenta arithmetices", *Philos.1488*, aus der Feder von Johannes Wolf vorliegt; bezüglich der anderen Autoren, aus denen - siehe Titel – angeblich auch entlehnt wurde, läßt sich nichts sagen. Man hat ein Buch vor sich, das von einem Praktiker für die Praxis geschrieben wurde; nicht in dem Sinn, daß anhand einer sehr großen Anzahl von gleichgearteten Beipielen die Rechenverfahren oder Lösungsmethoden eingetrichtert wurden, sondern daß bereits beim Durchrechnen der einzelnen Fragestellungen an das Verständnis des Lernenden appelliert wurde. Die hier besprochene anonyme „Arithmetices introdvctio", Köln 1546, dürfte sich bereits aus dieser Sicht, jedoch auch aufgrund der zahlreichen historischen Bemerkungen, in den gehobenen Querschnitt der damaligen Lehrbücher für Lateinschulen im deutschen Sprachgebiet einreihen.[25]

An Fachwörtern findet sich: *Additio truncata* siue *concisa*, *algorithmus*, *angulus* = Andreaskreuz, *articulus*, *character* = Ziffer, *circulus* = Null, *collectio* als Ergebnis der Addition, *compositio* = Ergebnis der Addition, *compositus*, *denominator*, *digitus*, *diminutio minutiarum* = Kürzen von Brüchen, *diuidendus*, *diuisor* seu *diuidens*, *in se ducere* = multiplicare, *experientia* = Probe, *figura* = Ziffer, *latinius*, *mensa Pythagorica*, *minutia composita*, *minutia simplex*, *mixtus* = numerus compositus, *modus crucis* für Andreaskreuz, *numerator*, *numerus locorum* = Anzahl der Glieder, *numerus practicus*, *progressio arithmetica continua* oder *naturalis*, *progressio arithmetica discontinua* oder *intercisa*, *proba nouenaria* = Neunerprobe, *probatio*, *productus* = Ergebnis bei Addition bzw. Subtraktion bzw. Multiplikation, *quotiens*, *regula mercatorum*, *relictus* = Rest beim Subtrahieren, *saphar* = al-sifr, *series*, *sestertia*, *summa* = Ergebnis bei der Multiplikation, *summa producta* = Ergebnis bei der Multiplikation, *zyphra* = Null.

*

Nachwort

Die Staats- und Stadtbibliothek Augsburg besitzt unter der Signatur *LG77*(Beibd.8: „Arithme= // tices introdv- // ctio ex variis av- // autoribus concinnata, per Henri- // cum Flicker Nicoleum", Köln 1550, ebenso Stadtarchiv und Wissenschaftliche Stadtbibliothek Soest, Stiftsbibliothek St.Viktor Xanten, Signatur *A1-8-E6* [?]; gleiches Titelbild und gleicher Sinnspruch wie in der Ausgabe Köln 1546 (Abb.1), vom Umfang her jedoch anscheinend viel ausführlicher als die vier vorhergehenden, hier nachgewiesenen anonymen Auflagen. Smith[1], S.367, führt von Henricus Flicker auf: „Arithmetices introductio", Köln 1580, und „Compendium calculorum, seu projectilium ratiocinationis", Köln 1580.

---

[25] Dies folgt auch daraus, daß Kästner[3], S.128f., dieses Büchlein in einer Reihe mit Werken von Michael Stifel (um 1487 - 1567), Adam Ries (1492 - 1559) und Reiner Gemma Frisius (1508 - 1555) nennt.

Nicolaus Copernicus (1473-1543) - arabische Wurzeln einer europäischen Revolution?

Harald Gropp

1. Einleitung

Im Rahmen des Kolloquiums *Verfasser und Herausgeber mathematischerTexte der frühen Neuzeit* in Annaberg-Buchholz ist sicher Nicolaus Copernicus einer der bekanntesten und meist diskutierten Wissenschaftler, die hier vorgestellt werden. Es ist daher nicht Aufgabe dieses Artikels, das Leben und Werk vorzustellen so, wie das bei einem der vielen relativ Unbekannten notwendig und richtig ist. Es soll auch in keiner Weise versucht werden, hier einen Überblick über die Kopernikusforschung zu geben oder auch nur alle wichtigen Aspekte seines Schaffens kurz darzustellen.
Für eine lange Zeit gab es eine heillose Diskussion, ob Nicolaus Copernicus ein Pole namens Mikołaj Kopernik oder ein Deutscher namens Nikolaus Kopernikus war. Diese ziemlich unsinnige Fragestellung wird hier nicht aufgegriffen, und es wird konsequent die lateinische Namensversion benutzt werden. Auch auf Grund der politischen Entwicklung der letzten Jahre dürfte diese Diskussion hoffentlich immer unwichtiger werden. Als Beispiel sei der folgende, schon 1988 von F. Halbauer in einem Artikel über deutsch-polnische Geschichtsbildprobleme genannte Satz angeführt, zitiert in [4].

> *Allerdings hat der Streit heute etwas an Schärfe verloren, zunehmend wird von Copernicus als einem Eigentum Europas und nicht ausschließlich eines Volkes gesprochen.*

Es ist sicher unbestritten, daß Copernicus ein Europäer war. Als *Eigentum Europas* wie im obigen Zitat sollte er allerdings meiner Meinung nach nicht bezeichnet werden. Seine wissenschaftlichen Leistungen haben letztlich die Kultur der ganzen Menschheit befruchtet. Das Problem, das hier erörtert werden soll, ist, ob und wie stark Copernicus auch auf außereuropäischen Vorarbeiten aufgebaut hat. Diese Frage stellt sich nicht erst zum Beginn des 3. Jahrtausends. Sie ist aber noch nicht ins Blickfeld einer größeren wissenschaftlichen Öffentlichkeit gerückt, obwohl sie schon ca. 30 Jahre lang seit Neugebauer [5] und Hartner ([2]

und [3]) aufgeworfen ist und zuletzt vor allem durch Swerdlow [11] und Saliba [9] intensiv untersucht worden ist.
Die im Titel genannte Frage ist dabei durchaus doppeldeutig gemeint.
Die Entwicklung der Algebra seit dem 9. Jahrhundert im islamischen Kulturbereich, vor allem durch al-Khwārizmī, führte zur Möglichkeit, *arabische Wurzelrechnung* in der Planetentheorie der Antike zur Weiterführung dieser Theorie einzusetzen und somit die ursprünglich geometrisch begründete Theorie entscheidend zu verbessern. Durch lateinische Übersetzungen dieser arabischen Werke gelangten diese Kenntnisse auch nach Europa. Das Hauptwerk von Copernicus über die Umläufe (de revolutionibus) der Himmelskörper führte zur vieldiskutierten copernicanischen Wende, nicht nur in der europäischen Astronomie, sondern sogar weit über die Naturwissenschaften hinaus. Somit hat die oben gestellte Frage, ob diese europäische Revolution arabische Wurzeln hat, eine weitreichende Bedeutung.

2. Lebensstationen des Copernicus

2.1 Jugend und Studienzeit

Nicolaus Copernicus wird am 19.2.1473 in Toruń (Thorn) geboren. Nach dem Tode seines Vaters 1483 wird er von seinem Onkel Watzenrode erzogen, der später Bischof des Ermlands wird. Copernicus beginnt 1491 in Kraków (Krakau) ein Studium an der Artistenfakultät. Nähere Einzelheiten sind unbekannt. 1495 wird er zum Domherrn von Frombork (Frauenburg) ernannt. Im Jahre 1496 beginnt er in Bologna, Kirchenrecht studieren. Er arbeitet auch mit dem Astronomieprofessor Domenico Maria di Novara zusammen. Nach kurzen Aufenthalten in Rom im heiligen Jahr 1500 und 1501 zu Hause im Ermland beginnt er ein weiteres Studium in Italien, diesmal in Padova. Er studiert Medizin, was auch Astrologie einschließt. So kann er seine astronomischen Interessen weiterverfolgen. Man kann annehmen, daß er hier in Italien auch von der islamischen Mathematik und Astronomie in der einen oder anderen Form erfährt. Copernicus schließt im Mai 1503 sein Studium in Ferrara mit der Promotion in Kirchenrecht ab und kehrt zurück ins Ermland.

2.2 Domherr im Ermland

Zunächst arbeitet Copernicus bei Bischof Watzenrode als Arzt und Sekretär. Bevor er 1510 das Amt des Domherrn in Frombork einnimmt, formuliert er im *Commentariolus* zum ersten Mal sein heliozentrisches Weltsystem (vgl. [10]). Sein Hauptwerk *De revolutionibus* wird 1543 in Nürnberg gedruckt. Im selben Jahr, am 24.5.1543 stirbt Copernicus in Frombork.

2.3 Copernicus und sein heliozentrisches System

Die beiden Abbildungen zeigen die Vorder- und die Rückseite einer Medaille, die 1992 in Riga zum 500jährigen Jubiläum der Krakauer Studienzeit geprägt wurde. Sie ist dem Buch [12] entnommen. Die Vorderseite (Abb. 1) zeigt ein Porträt des jugendlichen *Nicolavs Copernicvs Thornensis Borvssvs* mit Lebensdaten und Be-

rufsbezeichnungen. Die Rückseite (Abb. 2) der Medaille zeigt ein Modell des heliozentrischen Systems mit Sonne, Mond und den sechs Planeten von Merkur bis Saturn sowie den Geburtstag von Copernicus.

3 Islamische Mathematik und Astronomie

Schon seit knapp 50 Jahren wird der Einfluß der arabischen und persischen Astronomie auf Copernicus diskutiert, aber erst in den letzten Jahren wird diese Diskussion einer breiteren Öffentlichkeit bekannt. So schreibt Carrier [1] in einem gerade erschienenen Buch wie folgt.

> *(S. 54) Zudem hat die wissenschaftshistorische Forschung in den letzten Jahrzehnten aufgedeckt, in welch signifikanter Weise die mittelalterliche Astronomie im arabischen Raum fortentwickelt wurde. Obwohl die meisten dieser Autoren nicht ins Lateinische übersetzt wurden, verbreiteten byzantinische Gelehrte nach dem Fall von Konstantinopel 1453 die Kenntnis arabischer Werke in Europa. Tatsächlich bestimmten diese Ansätze und Ergebnisse in bedeutendem Ausmaß die Tagesordnung der europäischen Astronomie im 15. und 16. Jahrhundert. Zentrale Zielvorstellungen des Kopernikus wie auch wichtige mathematische Hilfsmittel zu ihrer Realisierung waren der arabischen Tradition entlehnt.*

3.1 Die Anfänge der arabischen Wissenschaft

Im folgenden werden die arabischen Namen so geschrieben, daß sowohl der Anspruch der Semitistik an Genauigkeit als auch der Anspruch des europäischen Lesers einigermaßen befriedigt ist. Die arabische Mathematik und Astronomie hat ihre Wurzeln in verschiedenen Nachbarkulturen, im Osten vor allem in Indien und Persien, auch in Südarabien und Ägypten. Was die Überlieferung der mesopotamischen und der griechischen Wissenschaft angeht, so ist im einzelnen noch vieles unbekannt und näher zu erforschen. Das wichtigste Überlieferungsgebiet ist vermutlich das Gebiet des heutigen Syrien, Irak und der heutigen Türkei. Der erste sehr bekannte Astronom und Mathematiker ist der 836 in Harran geborene Thābit Ibn Qurra, der in Baghdad am Haus des Wissens am Hofe des Kalifen wirkt und 901 stirbt. Neben einer großen Übersetzungstätigkeit produziert er schon viele eigene Werke und begründet die lange Baghdader Wissenschaftstradition. Weiter im Osten schafft al-Khwārizmī (ca. 800-847) mit der Algebra eine vollkommen neue Disziplin. Dies baut eher auf indischen Traditionen auf. Die Einführung der indischen Ziffern und des Dezimalsystems ermöglicht eine rasante Weiterentwicklung von Mathematik und Astronomie. Die spezielle kritische Auseinandersetzung mit der Planetentheorie des Ptolemaios beginnt im 11. Jahrhundert mit z.B. Ibn al-Haytham in Basra und Ägypten (gest. 1048). Im 12. Jahrhundert verlagert sich die arabische Astronomie immer mehr in den Westen nach Andalusien. Einer der bedeutenden Vertreter ist Ibn Rushd (1126-1198) aus Cordoba, der als Averroes auch im christlichen Europa vor allem auf philosophisches Interesse stößt. Im 13. Jahrhundert beginnt dann, wieder im Osten des islamischen Kulturbereichs, eine Entwicklung, die in unserem Kontext zur *goldenen Zeit* der Planetentheorie führt und bis ins 14. Jahrhundert und darüber hinaus andauert.

4 Die Marāghaschule

4.1 Entdeckung der Marāghaschule

Die Entdeckung der später so genannten Marāghaschule durch Wissenschaftshistoriker des 20. Jahrhunderts beginnt 1957 mit einem Artikel von Roberts [6], in dem er eine Mondtheorie von Ibn al-Shāṭir vorstellt, die im wesentlich identisch ist mit der von Copernicus. Das Lebenswerk dieses Wissenschaftlers ist näher dargestellt bei Saliba [8].
Ibn al-Shāṭir (gest. 1375) erwähnt in seinen Werken diejenigen, die vor ihm sich kritisch mit Ptolemaios auseinandergesetzt haben, z.B. Mu'ayyad al-Dīn al-Urdī (gest. 1266), Naṣīr al-Dīn al-Ṭūsī (1201- 1274) und Quṭb al-Dīn al-Shīrāzī (gest. 1311).
Die Marāgha-Schule ist benannt nach einer Stadt im Nordwesten des Iran, in der im Jahre 1262 die Mongolen ein Observatorium erbauen. Dabei ist al-Ṭūsī wesentlich beteiligt. Übrigens befindet sich in Dresden ein Himmelsglobus aus Marāgha aus dem Jahre 1279.
Neben dem oben erwähnten Roberts sind Kennedy und Neugebauer die beiden Pioniere in der Erforschung der Marāgha-Schule. Auf Kennedy geht auch dieser Name zurück.

4.2 Das Tusi-Paar

Naṣīr al-Dīn al-Ṭūsī (18.2.1201 - 26.6.1274) gehört zu den bedeutendsten Wissenschaftlern des 13. Jahrhunderts. Er beweist im Jahre 1259/60 den Tusi-Paar-Satz (Im folgenden soll für das Tusi-Paar die vereinfachte, vom arabischen Namen abweichende Schreibweise benutzt werden.). Dabei zeigt er, daß eine lineare Bewegung als Überlagerung von zwei gleichförmigen Kreisbewegungen gedeutet werden kann und umgekehrt.
Dieselbe Methode wird später von Copernicus zur Lösung der gleichen Probleme eingesetzt. Im Jahre 1973 weist Hartner [2] daraufhin, daß sogar die Benennung der Buchstaben in den geometrischen Diagrammen bei Copernicus derjenigen bei al-Tusi genau entspricht.
Neugebauer findet in einem byzantinischen Manuskript im Vatikan die Darstellung eines Tusipaars. Evtl. ist dieses nach dem Fall von Konstantinopel 1453 nach Rom gebracht worden. Dieses oder ein ähnliches Manuskript könnte Copernicus bei seinem Aufenthalt in Italien gesehen haben.
Übrigens ist mit Ibn al-Shāṭir die Tradition der Marāgha-Schule nicht beendet. Saliba [9] berichtet über weitere Wissenschaftler dieser Periode, die dann zu Zeitgenossen von Copernicus und den anderen großen europäischen Wissenschaftlern werden, z.B. ein gewisser al-Shīrāzī (gest. 1542/43) in Persien.

5 Schlußbemerkungen

Die im Titel dieses Beitrags gestellte Frage soll hier nicht abschließend beantwortet werden. Weitere Forschungen der kommenden Jahre werden uns hoffentlich weitere Erkenntnisse über den Zusammenhang zwischen der Astronomie der hier vorgestellten Marāgha-Schule und dem Werk von Copernicus liefern.
Ziel dieses kurzen Beitrags sollte sein, auf ein interessantes und wichtiges Forschungsgebiet der zweiten Hälfte des 20. Jahrhunderts hinzuweisen, das uns eine neue Perspektive für das gerade begonnene Jahrhundert und Jahrtausend geben kann. 1984 schon schrieben Swerdlow und Neugebauer [11] als direkt Beteiligte an dieser Forschung.

> *The question therefore is not whether, but when, where, and in what form he (i.e. Copernicus) learned of Marāgha theory. ..... In a very real sense, Copernicus can be looked upon as, if not the last, surely the most noted follower of the Marāgha school.*

Auch der Philosoph Carrier [1] leitet den entsprechenden Abschnitt seines Buches wie folgt ein.

> *(S. 57) Es besteht kein Zweifel, dass Kopernikus mit den wesentlichen Leistungen der Marāgha-Schule vertraut war. Kopernikus verwendet das Tūsi-Paar mehrfach, und seine Einführung dieser Konstruktion in De revolutionibus gleicht bis in die grafischen Einzelheiten hinein der Darstellung al-Tūsis.*

Es ist sicher unbestritten, daß eine über 500 Jahre lange Entwicklung der Mathematik und Astronomie im Islam vor Copernicus eine wichtige Vorbereitung für die Wissenschaft in Europa war und in vielfacher Weise die große Periode der europäischen Astronomie ermöglichte. Insofern sind die arabischen (und indischen) Wurzeln dieser Periode deutlich vorhanden.
Die europäische Revolution des Copernicus veränderte, zusammen mit anderen wichtigen Ereignissen seiner Zeit, zunächst das mittelalterliche Europa und bereitete das Europa der Neuzeit vor. In der Folgezeit wurden von den Auswirkungen dieser Revolution auch alle anderen Kontinente der Erde betroffen.
So viel uns auch in der Zukunft die Frage nach dem genauen Zusammenhang von Copernicus mit der islamischen Astronomie noch beschäftigen wird, noch wichtiger wird vielleicht die Frage, wie sinnvoll es überhaupt ist, gewisse wissenschaftliche Leistungen einzelnen Gelehrten oder Völkern oder Kulturkreisen oder Kontinenten zuzuordnen.
Bei der Abfassung dieses Artikels im allgemeinen und der des vorigen Absatzes im besonderen wurde ich wesentlich geleitet durch Salibas Vorträge, Publikationen und Informationen im Internet. Am Ende sei der Leser noch einmal auf den Spezialartikel [7] und das Buch [9] verwiesen, das viele einzelne Artikel zur Geschichte der arabischen Astronomie beinhaltet.

Saliba selbst sei am Ende zitiert: George Saliba, Columbia University, Whose Science is Arabic Science in Renaissance Europe?, publiziert im Internet unter www.columbia.edu/ gas1/saliba.html.

> *It is becoming more apparent to historians of science that the more they deconstruct the grand narrative of the history of their discipline, which stipulates a majestic progressive march of science from ancient Mesopotamia to Greece ....., to the Islamic civilization and on to Europe with some marginal input by Indian and Chinese cultures, the more it becomes difficult to assign linguistic, civilizational and cultural adjectives to the term science.*

Literatur

[1] M. Carrier, Nikolaus Kopernikus, München (2001).

[2] W. Hartner, Copernicus, the man, the work, and its history, Proc. Amer. Philosoph. Soc. 117 (1973), 413-422.

[3] W. Hartner, The Islamic astronomical background to Nicholas Copernicus, Coll. Copernicana III (1975), 7-16.

[4] J. Małłek, Hat Nicolaus Copernicus polnisch gesprochen?, in [12].

[5] O. Neugebauer, On the planetary theory of Copernicus, Vistas in astronomy 10 (1968), 89-103.

[6] V. Roberts, The solar and lunar theory of Ibn al-Shāṭir: A pre- Copernican Copernican model, Isis 48 (1957), 428-432.

[7] G. Saliba, Arabic astronomy and Copernicus, Zeitschrift für Geschichte der arabisch-islamischen Wissenschaften 1 (1984), 73-87.

[8] G. Saliba, Theory and observation in Islamic astronomy: The work of Ibn al-Shatir of Damascus, J. History Astronomy 18 (1987), 35- 43.

[9] G. Saliba, A history of Arabic astronomy: Planetary theories during the Golden Age of Islam, New York-London (1994).

[10] N. Swerdlow, The derivation and first draft of Copernicus's planetary theory: A translation of the Commentariolus with commentary, Proc. Amer. Philosoph. Soc. 117 (1973), 423-512.

[11] N. Swerdlow, O. Neugebauer, Mathematical astronomy in Copernicus's De Revolutionibus, New York (1984).

[12] J. Wyrozumski (hrsg.), Das 500jährige Jubiläum der Krakauer Studienzeit von Nicolaus Copernicus, Kraków (1993).

Augustin Hirschvogel und sein Beitrag zur praktischen Mathematik

Andreas Kühne

1. Ausbildung und Lebenswege Hirschvogels

Der in Nürnberg gebürtige Augustin Hirschvogel (auch Hirsvogel, Hirsfogel; 1503-1553)[1] stammte aus einer schon seit zwei Generationen dort tätigen Künstlerfamilie. Der Familientradition folgend, ging er bei seinem Vater Veit Hirschvogel d. Ä. (1461-1525), einem der berühmtesten Glasmaler seiner Zeit und Inhaber einer angesehenen Werkstatt, in die Lehre.[2] Dort erhielt er eine fundierte fachliche Ausbildung, die auch Unterweisungen im Zeichnen und Kupferstechen sowie in der Musik umfaßte und den Grund legte für seine spätere, breitgefächerte Tätigkeit als Radierer, Zeichner, Glasmaler, Medaillenschneider und schließlich Autor eines Geometrie-Lehrbuches.

Nach dem Tod seines Vaters (1525), der Übernahme der Werkstatt durch den älteren Bruder Veit Hirschvogel d. J. und einer ausgedehnten Wanderschaft, eröffnete Augustin Hirschvogel in Nürnberg eine eigene Werkstatt für Glaswaren nach venezianischem Vorbild. Gesicherte Werke aus dieser Produktion sind nicht erhalten. Wie sich aus mehreren, in den Nürnberger Ratsverlässen dokumentierten Rechtsstreitigkeiten ablesen läßt, kam Hirschvogel wiederholt in Konflikt mit den nach traditionellen Mustern und Techniken arbeitenden Nürnberger Kunsthandwerkern. Nicht zuletzt aus diesem Grund gab er seine Selbständigkeit auf und trat 1531 in die Werkstatt der Hafnermeister Hanns Nickel und Osswald

[1] Über Hirschvogels Geburtsdatum sind in der Vergangenheit aus Mangel an Urkunden unterschiedliche Spekulationen angestellt worden. Heute geht man mit Karl Schwarz (ThB, Bd. 17, S. 138 u. Schwarz 1915, S. 7) übereinstimmend davon aus, daß einer Medaille Glauben zu schenken ist, die 1543, wahrscheinlich kurz vor Hirschvogels 40. Geburtstag, von Matthes Gebel gegossen wurde. Die Inschrift dieser Medaille lautet: "Augustin Hirsfogel Aet. sue. 39". Die Angaben auf einem Selbstporträt von 1548 (s. Fußn. 16) legen zwar ein Geburtsdatum von 1503 ebenfalls nahe, lassen jedoch auch noch andere Deutungen zu (Friedrich 1885, S. 5).

[2] Veit Hirschvogel d. Ä. war 30 Jahre lang Stadtglaser in Nürnberg und führte u. a. Glasfenster nach Entwürfen so angesehener Meister wie Albrecht Dürer und Hans Süß von Kulmbach aus (s. a. Neudörfer 1875, S. 147-150).

Reinhard ein, in der bis 1535 Keramiken hergestellt wurden. „Machte eine Compagnie mit einem Hafner ... und bracht viel Kunst in Hafners Werken mit sich, machte also welsche Oefen, Krüg und Bilder auf antiquitetische Art, als wären sie von Metall gegossen“ , schreibt der Chronist der Nürnberger Künstlerschaft, Johannes Neudörffer (Neudörfer 1875, S. 151).
Am 20. Dezember 1531 übernahm Hirschvogel den Anteil des ausscheidenden Osswald Reinhard an der Werkstatt und damit auch dessen Schulden beim Nürnberger Rat: „Darauf verspricht genannter Augustin Hirschvogel gemelten Oswald Reinhard seiner Schulden und Bürgschaft, als 25 f. gegen einen erbern Rath, wenn die Zeit der Zahlung kommt, zu entheben und gänzlich schadlos zu halten, bei der Verpfändung aller seiner Güter, und setzt ihm derhalben zu einem Bürgen Jorgen Penzen, Malern allhie, welcher die Bürgschaft alsbald gegenwärtig auf sich genommen hat“ (Neudörfer 1875, S. 153).
Interessant an dieser Quelle ist, daß Hirschvogel den keineswegs besonders vermögenden Georg Pencz (um 1500-1550) - einen der bedeutendsten Nürnberger Kleinmeister - so gut gekannt hat, daß jener bereit war, die Bürgschaft zu übernehmen. Neben seiner Tätigkeit in der Hafnerwerkstatt arbeitete Hirschvogel auch als Wappenschneider und fertigte u. a. Matrizen für den emaillierten Silberguß an. Eine urkundlich überlieferte Auseinandersetzung (vom 14. Juli 1533) gibt Aufschluß darüber, daß Hirschvogel einen gewissen Paul Schütz als Lehrling in der Kunst des Steinschneidens ausgebildete und daß dieser die „Zeit nit ausgehalten und derhalben ihm, dem Hirschvogel, 30 fl. nach dem gemachten Geding zu bezahlen schuldig sei“ (Neudörfer 1875, S. 154). Schließlich wollte Schütz aber dennoch weiterlernen und versprach, die 30 fl. zu entrichten, wenn Hirschvogel bereit sei, „ihm alsdann, was ihm in der Kunst des Steinschneidens noch mangelt, vollkommen und getreulich seines Vermögens zu unterrichten und zu lernen“ (Neudörfer 1875, S. 154). Einen Hinweis auf den besonderen Erfindungsreichtum Hirschvogels und deren Schutzwürdigkeit enthält die Bemerkung Neudörffers, daß sich Paul Schütz vor Zeugen (Mathes Jorian und Hans Tucher d. J.) verpflichten mußte, „solche Kunst und was er darin von dem Hirschvogel unterwiesen worden ist, hie, in dieser Stadt Nürnberg für sich selbst sein Lebenlang nicht zu betreiben, noch auch einem andern zu lernen, es wäre denn, dass er sich hie setzen und auf dem Goldschmiedhandwerk Meister würde“ (Neudörfer 1875, S. 155).
Was Hirschvogel bewog, im August 1536 seine Heimatstadt zu verlassen, läßt sich heute nicht mehr feststellen. Er begab sich „auf die Cosmographia, durchwandert Königs Ferdinandi Erbländer und Siebenbürgen und Hungarn, liess davon Tafeln in Druck ausgehen, welche er der Königlichen Majestät zuschrieb, die verehrt er ihm“ (Neudörfer 1875, S. 151-152). Im gleichen Jahr ließ sich Hirschvogel in Laibach in der Krain[3] nieder, behielt aber, wie aus den Nürnberger Ratsverlässen hervorgeht, weiterhin das Nürnberger Bürgerrecht.
In Laibach wandte er sich nach einer anfänglichen Tätigkeit als Majolikamaler hauptsächlich der Kartographie zu, deren Grundlagen er wahrscheinlich schon in Nürnberg kennengelernt hatte. Christoph Khevenhüller (1503-1557), Hofkam-

[3] heute Lubljana, Haupstadt von Slovenien

merrat am kaiserlichen Hof in Wien und Landeshauptmann von Kärnten, wurde einer seiner Gönner, der ihm sowohl persönliche Aufträge als auch Arbeiten für den Kaiser verschaffte. 1539 sandte Hirschvogel seiner Heimatstadt eine von ihm angefertigte Landkarte der türkischen Grenze, die vom Nürnberger Rat mit einem Geschenk von 8 Gulden honoriert wurde. Diesen Vorgang dokumentiert ein Ratsverlaß vom 26. Juni 1539, in dem es heißt:

„Augustin Hirßvogeln seiner geschenckten mappen halben der türckisch grenitz mit 8 f. verehren lassen“ (NRV, 1539, III, 30a; s. a. Hampe 1904, Bd. I, S. 337, Nr. 2417).

Im Auftrag von König Ferdinand I. fertigte er 1542 eine Karte des Landes ob der Enns[4] und 1544 eine von Kärnten und Krain an. „Von wegen einer Mappe des Fürstenthums Kärnten, die er ihrer Maj.(estät) gemacht und zugestellt“, erhielt er am 31. Dezember 1544 zu Wien 36 fl. (Neudörfer 1875, S. 230).

Im Jahr 1543 ist er offenbar für kurze Zeit nach Nürnberg zurückgekehrt, um dort auf Zureden seiner Freunde Hans Stark und Jacob Seisenegger (auch Zeysnecker, Seisenecker, Seysenegger; 1505-1567), dem Hofmaler König Ferdinands I., seine „Geometria“ als Buch herauszugeben. Da sich in diesem Jahr das Hoflager König Ferdinands in Nürnberg befand und Seisenegger dem Gefolge des Königs angehörte, ist eine Begegnung mit Hirschvogel naheliegend.

Seit 1544 lebte Hirschvogel ständig in Wien und entfaltete dort eine umfangreiche kartographische Tätigkeit, die dazu führte, daß er 1546 zum Kartographen der Stadt ernannt wurde. Im gleichen Jahr überließ ihm der Wiener Bischof Friedrich Nausea (+ 1550), den er 1544 porträtiert hatte, ein Haus „auf der Tecken beim Hymelporten“ (heute Ballgasse 3) „auf Leibgeding in Bestand“. Doch trotz wachsender Anerkennung und Etablierung in seiner neuen Heimat blieb er weiterhin Nürnberger Bürger.

Aufgrund der unvermindert bestehenden Gefahr eines türkischen Angriffs beauftragte ihn der Wiener Bürgermeister Sebastian Schrantz mit der Darstellung der Stadt „in plano“. Zwei Steinmetzmeister, Bonifaz Wolmuet (+ vor 1579) und Benedikt Khölbl (+ nach 1569) wurden ihm als Gehilfen beigegeben. Dieser erste, heute verlorene Plan der Stadt Wien wurde spätestens im August 1547 fertiggestellt (Fischer 1999, S. 5) und bildete eine der Grundlagen für die weitergeführte Neubefestigung der Stadt, die von Johann Tschertte (+ 1552), dem „Baumeister in den niederösterreichischen Landen“, schon 1528 - ein Jahr vor der Belagerung durch die Türken - begonnen worden war.

Im Jahr 1549 kopierte Hirschvogel seinen Stadtplan auf eine runde Tischplatte („tisch oder rundtafel“)[5] und übergab diese gemeinsam mit sechs „quadrant instrument“[6] und einer „instruction“[7] dem Rat der Stadt Wien (Fischer 1999, S. 5). 1552 wurde sein Plan von sechs Kupferplatten, die erhalten geblieben sind, mit kaiserlichem Privileg gedruckt. Schwarz´ Behauptung, Hirschvogel müsse

[4] Holzstock von Hans Weigel in Nürnberg, Germanisches Nationalmuseum; gestochen und publiziert im Jahr 1583 von Gerard de Jode in Antwerpen

[5] HM, Inv.-Nr. 31.022

[6] vier davon in HM, Inv.-Nr. 501/1-4

[7] HM, Inv.-Nr. 95.669

unzweifelhaft „als Erfinder der Triangulation, die er als erster anwendete", angesehen werden (ThB, Bd. 17, S. 139), läßt sich, wie Fischer nachgewiesen hat (Fischer 1999, S. 9-10), heute nicht mehr aufrechterhalten. Hirschvogel kannte wahrscheinlich die 1533 von Rainer Gemma Frisius publizierte einfache Methode der Triangulation[8] und hat für seine Vermessungen vermutlich ein triangulationsähnliches Verfahren verwendet. Schriftliche Aufzeichnungen darüber sind jedoch nicht erhalten. Dies minderte jedoch die kartographischen Verdienste Hirschvogels nicht, der neben seinen anderen Karten den bis dahin genauesten Plan der Stadt Wien angefertigt hat. Für seine Tätigkeit als Kartograph erhielt er den Ehrentitel eines „Mathematicus" und wurde „1551 in gnädigster Anschauung seiner unterthänigen getreuen und willigen Dienste mit einem Jahresgehalt von 1000 Pfund begnadigt" (Neudörfer 1875, S. 230).

Nachdem er sich mit der Technik der Radierung vertraut gemacht hatte, entstanden in Wien - parallel zu den kartographischen Arbeiten - zahlreiche[9] künstlerische Radierungen, darunter Landschaften, Porträts, biblische Darstellungen, Genrebilder, Ornamentstiche und Gefäßentwürfe. Besonders die lange Reihe der Landschaftsradierungen und ornamentalen Blätter stellt Hirschvogel in die Traditionslinie der hochentwickelten deutschen Renaissance-Graphik. Fast alle seine druckgraphischen Arbeiten sind geätzte Platten, die nur partiell mit dem Stichel nachbearbeitet wurden.
Von Wien aus muß Hirschvogel auch Ungarn bereist haben, wo er neue Anregungen für seine Landschaftsradierungen empfing (Brinkmann 1957, S. 13). In seinen Radierungen erweist sich Hirschvogel als Fortsetzer der von Albrecht Altdorfer (vor 1480-1538) und der Donauschule entwickelten autonomen und tief in den Raum gestaffelten Landschaftsdarstellung. So finden sich unter seinen graphischen Arbeiten auch Kopien nach Motiven von Altdorfer, Wolf Huber (um 1485-1553)[10] und Jörg Breu d. Ä. (um 1475-1537). Mit Wolf Huber verband ihn über die Verwandtschaft des Stils hinaus wahrscheinlich auch eine persönliche Freundschaft. Sowohl die erhaltenen Zeichnungen als auch die Radierungen Hirschvogels zeigen, daß figürliche Darstellungen ihm Mühe bereiteten. „Seine Menschen sind ungenau und oft fehlerhaft gezeichnet; auf Anatomie legte er keinen Wert und ging skrupellos über die schlimmsten Verzeichnungen hinweg. Tiere dagegen glückten ihm besser und interessierten ihn scheinbar auch mehr" (Schwarz 1915, S. 40). Noch bemerkenswerter ist, daß, wie die moderne kunsthistorische Forschung bemerkt hat, „a man who had written about the theory und practice of perspective in his Geometria should be so hesitant to incorporate this more convincing and modern method of spatial recession in his own landscapes ... Various unrelated vanishing points may be assembled haphazardly into one view" (Peters 1976, S. 14). Trotz dieser unzweifelhaften Mängel sind Hirschvogel eine ganze Reihe auch künstlerisch überzeugender Blätter gelungen, die

[8] enthalten in Peter Apians „Cosmographicus Liber" (Gemma Frisius 1533)
[9] ca. 300 Bll.
[10] z. B. "Burghof", 1546. Nach einer Zeichnung von Wolf Huber, seitenverkehrt. Schwarz (1917), Nr. 71, Wien, Albertina.

seinen ausgeprägten Sinn für ausgewogene Kompositionen und dekorative Wirkungen zur Geltung kommen lassen.
In Wien illustrierte Hirschvogel im Auftrag des Freiherrn Sigismund von Herberstein (1486-1566)[11] dessen vielgelesenen und mehrfach nachgedruckten Reisebericht „Rerum Moscoviticarum commentarii“[12] mit Graphiken und Karten. Herberstein, der 1526 in diplomatischem Auftrag nach Rußland gereist war, „hatte als geheimen Auftrag den Wunsch seines Herrschers, Kaiser Karls V., mitgenommen, möglichst viele Informationen über das Land, seine Bewohner und deren Bräuche zu sammeln, um diese Erfahrungen in einem Bericht niederzulegen“ (Seifert 1973, S. 35).
Ein wiederum neues Aufgabengebiet ergab sich durch die Zusammenarbeit mit dem ungarischen Heerführer und Staatsmann Peter Perenius v. Ferd (eigentl. Perény; 1502-1548), der sich schon früh zum calvinistischen Glauben bekannt hatte. Da Perenius angeblich an einer Verschwörung mit den Türken (1531) teilgenommen und gehofft hatte, selbst ungarischer König zu werden, ließ ihn König Ferdinand I. am 12. Oktober 1542 festnehmen. „Doch obwohl sich Perenius in allen 32 Anklagepunkten erfolgreich rechtfertigen konnte, wurde er eingekerkert, und zwar zunächst in der Wiener Hofburg, dann in der Burg zu Wiener Neustadt“ (Falkenau 1999, S. 16). Der Hauptgrund für die Verhaftung war sicher Ferdinands Vorgehen gegen die protestantischen Landesfürsten, die ihr Wohlverhalten und ihre militärische Hilfe vom Zugeständnis der Glaubensfreiheit abhängig machen wollten. Die Bekanntschaft Hirschvogels mit Perenius kam durch dessen Baumeister und Steinmetzen Bonifaz Wolmuet zustande, der bereits an den Wiener Stadtplänen mitgearbeitet hatte.
Perenius Interesse an der Theologie und am „wahren Glauben“ drückt sich u. a. in einem nur bruchstückhaft erhaltenen Briefwechsel mit Philipp Melanchthon aus. So erscheint es folgerichtig, daß er, der in seiner Heimatstadt, dem ungarischen Sárospatak, schon zu Beginn der 40er Jahre eine evangelische Schule gegründet hatte, in der Gefangenschaft begann, eine „Concordantz“ von Altem und Neuem Testament zu schreiben. Sie sollte in illustrierter Form auf möglichst didaktische Wiese die Glaubensarbeit unterstützen. Als das Projekt durch Perenius' in der Haft erfolgten Tod unvollendet blieb, führte Hirschvogel das Werk zuende. Er hatte sich tief in die ihm ursprünglich fremde Materie eingearbeitet und gab 1550 die von ihm vervollständigte und mit 112 Radierungen illustrierte „Bibelconcordantz“ in der Offizin von Aegidius Adler (+ 1552) im Wiener St. Annenhof heraus.[13] Welche Verse zu biblischen Themen von Perenius und welche von Hirschvogel geschrieben wurden, läßt sich heute nicht mehr feststellen oder rekonstruieren (Falkenau 1999, S. 18).

---

[11] Eine Porträt-Radierung Herbersteins von Hirschvogel aus dem Jahr 1548 befindet sich in München, Staatl. Graphische Sammlung, Inv.-Nr. 82284. Dort ist der im Profil gezeichnete, nach rechts schauende Freiherr in einem Ornamentenfenster unter seinem Wappen dargestellt.

[12] Wien 1549 ff., später Basel; VD 16, H 2202-2205

[13] „Concordantz vnnd vergleychung des alten vnd newen Testaments. Wien: Aegidius Adler, 1550 (VD 16, H 3846).

1552 bereiste er erneut Ungarn, um neue Landstriche zu kartieren,[14] und starb Anfang Februar 1553 in Wien. Sein Freund Seisenegger bat in einem Brief vom Februar 1553 den König um die durch den Tod Hirschvogels freigewordene Pension von 100 Gulden (Schwarz 1915, S. 29).
Auf einem radierten Selbstporträt[15] (Abb. 1) stellte Hirschvogel sich, seinen kartographischen, kosmographischen und geometrischen Arbeits- und Interessengebieten entsprechend, mit Globus und Zirkel dar. Hirschvogel, ein „uomo universale“ der Renaissance, gehört zweifellos zu den interessantesten und vielseitigsten deutschen Künstlern und Kunsthandwerkern des 16. Jhs., auch wenn der Vergleich von Karl Schwarz, der Hirschvogel als „kleinen Leonardo“ bezeichnet, sicher unangemessen ist (Brinkmann 1957, S. 10). Eher drängt sich ein Vergleich mit dem ebenfalls als gelehrter Autor tätigen, französischen Kunsthandwerker Bernard Palissy (1510-1589) auf. Durch seine fundierte handwerkliche Ausbildung und seine theoretischen Interessen war Hirschvogel gleichermaßen auf wissenschaftlich-technischen wie malerisch-zeichnerischen und dekorativen Gebieten erfolgreich. In seinen Entwürfen und Zeichnungen nahm er, von den handwerklichen Traditionen ausgehend, vielfältige künstlerische Anregungen auf und bewies bei deren Verarbeitung und Weiterentwicklung Originalität und Erfindungsgeist. „Ein ruheloses, vielbewegtes Leben eines auf den mannigfaltigsten Gebieten begabten Künstlers, eine Universalbegabung von der Art, wie sie nur die Zeit des emporblühenden sechzehnten Jahrhunderts hervorbringen konnte“, attestiert ihm Schwarz. Daß er nicht schulbildend wirken konnte, liegt wohl hauptsächlich an seinen häufig wechselnden Arbeitsgebieten und Aufenthaltsorten (K. Pilz, NDB, Bd. 9, S. 232).

---

[14] Hirschvogels Ungarnkarte wurde erst 12 Jahre später gedruckt (Karrow 1993, S. 299-300).

[15] Die Radierung von 1548 befindet sich in München, Staatl. Graph. Sammlung, 285 x 152 mm, Inv.-Nr. 67813, sowie in der Albertina, Wien. Charakteristischerweise hat sich der Künstler auf diesem Porträt in einer Pose und einem Habit dargestellt, die eher auf einen Gelehrten als auf einen Künstler und Kunsthandwerker hindeuten. Der im Profil nach links schauende Hirschvogel steht hinter einer quadrierten Brüstung, deren Tiefenlinien auf einen am rechten Bildrand befindlichen Fluchtpunkt zulaufen. In die Täfelung ist das Motto "Circvlvs mensvrat omnia" (Der Zirkel mißt alles) eingetragen. Eigentlich müßte es der "Kreis" sein, in diesem Fall ist aber tatsächlich der "Zirkel" gemeint. Links oben steht "Feci. Anno. M. D. XXXXVIII", und unter dem Porträt befindet sich eine Schriftkartusche mit der Inschrift: "Hic Avgustini picta est pictoris imago/ ille novem postquam vixit olimpiadas“ (Übers.: Hier ist des Malers Augustin gezeichnetes Abbild, nachdem er neun Olympiaden gelebt hat). Das heute üblicherweise angenommene Geburtsjahr 1503 ergibt sich allerdings nur dann, wenn man die Zeitdauer einer Olympiade mit fünf Jahren annimmt. Im 16. Jh. war dies, im Unterschied zum Beginn der Olympiadenrechnung in der Antike, eine eher ungewöhnliche Annahme. Üblicherweise rechnete man damals mit einer Olympiadendauer von vier Jahren (Ginzel 1911, S. 356-357). Die von Friedrich angebotene Alternative (Friedrich 1885, S. 5), es handele sich bei der Zeitangabe lediglich um das Alter (36 = 9 x 4 Jahre), in dem Hirschvogel gemalt wurde, bevor dieses Bild 1548 als Vorlage einer Radierung diente, erscheint jedoch sehr konstruiert und widerspricht der Praxis von Lebensalterangaben auf anderen zeitgenössischen Porträts. Unter der Schriftkartusche befindet sich rechts das Hirschvogelsche Wappen und links die Helmzier, eine bekränzte und geflügelte weibliche Figur. Gesäumt wird die Kartusche von zwei Chimären, geflügelten Hirschhufen, die den Namen "Hirschvogel" paraphrasieren.
Ein fast gleiches, nur um 2 cm höheres Selbstporträt schmückt die eine Deckelinnenseite eines Kästchens, in dem die Meßinstrumente Hirschvogels im Historischen Museum der Stadt Wien aufbewahrt werden (Inv.-Nr. 502).

Abb. 1: Augustin Hirschvogel, Selbstporträt, Radierung, München Staatl. Graph. Sammlung (Inv. Nr. 67813)

2. Die Entstehung und Drucklegung der „Anweysung in die Geometria" (1543)

„Ein Liebhaber der mathematischen Wissenschaften, übte solche nebst andern Künsten, da er von dem Glaß=mahlen Profession machte, sehr fleissig aus, und thate sich erstlich in der Geometrie und Perspectiv-Kunst zimlich hervor, von welchen beeden er A.(nno) 1543 einen kleinen Tractat in 4to drucken liese", schreibt Doppelmayr über den Kartographen und Mathematiker Hirschvogel (Doppelmayr 1730, S. 156). Auch Neudörffer hebt in seiner - gemessen an seinen übrigen biographischen Aufzeichnungen - überdurchschnittlich ausführlichen Würdigung Hirschvogels die „Perspectiva" besonders hervor: „Des Cirkels und der Perspectiv war er so begründt und fertig, dass er ein eigenes Büchlein, so er dem Starken[16] zuschrieb, liess ausgehen" (Neudörfer 1875, S. 152).
Sowohl Hans Stark als auch dessen Vater, die beide Hirschvogel nachhaltig gefördert und unterstützt haben, forderten ihn 1543 auf, seine „Anweysung" in den Druck zu geben. Außerdem entsprach dies auch dem „begeren von Jacob Zeyßnecker [Seisenegger], des Röm. Kön. Maiest. Hoffmalers", der zu Hirschvogels engsten Freunden gehörte (Hirschvogel 1543, Bl. a2 v).
Die Abhandlung erschien in einer gemeinsam von Johann vom Berg (+ 1563) und Ulrich Neuber (+ 1571) betriebenen Nürnberger Offizin. Im gleichen Jahr verlegte der Nürnberger Drucker Johannes Petreius Copernicus' Hauptwerk „De revolutionibus". Bereits der Titel der in drei Teile gegliederten Hirschvogelschen Abhandlung „Ein aigentliche vnd grundtliche anweysung in die Geometria" (VD 16, H 3843) verrät, daß es sich hier um ein Werk mit theoretischem Anspruch handelt und nicht nur um ein Rezeptbuch für Malerlehrlinge.
Auf dem Titelblatt des Abbildungsteils lesen wir in Spiegelschrift Hirschvogels Wahlspruch „Spero Fortvnae regressum" (Ich hoffe auf die Rückkehr des Glücks). Unter seinem Monogramm („AHF") befindet sich eine Eule, die der Autor als Symbol für seine Person gewählt hat. Diese Eule steht auf dem oberen Pentagon eines archimedischen 62-Flachs, d. h. eines halbregulären Körpers mit 20 Dreiecken, 30 Quadraten und 12 Fünfecken als Außenflächen.
Auf der radierten Version des Blattes wird die Eule von zwei, in der Holzschnittversion von drei, sehr schematisch gezeichneten kleinen Vögeln umflogen. Dabei handelt es sich um eine Anspielung auf den Freund Jacob Seisenegger[17], der in der Widmung der „Anweysung in die Geometria" an Hans Stark (Bl. a2 rv) ausdrücklich erwähnt wird.
Gemeinsam mit dieser theoretischen Abhandlung erschien ein zweiter Teil unter dem Titel „GEOMETRIA. DAS BVCH GEOMETRIA IST MEIN NAMEN ¦ ALL FREYE KVNST AVS MIR ZVM ERSTEN KAMEN ¦ ICH BRING ARCHITECTVRA VND PERSPECTIVA ZVSAMEN (VD 16, H 3844), der Kupfertafeln enthält, die den ersten Teil durch Figuren erläutern. Von diesem

16 Es handelt sich um den Nürnberger Bürger Hans Stark.

17 Zeisen oder Zaisen ist nach dem „Grimmschen Wörterbuch" , Bd. 31, S. 515 der Plural von Zeise= Zeisig; der „Necker" hingegen von dem Verb „necken" abgeleitet (Grimmsches Wörterbuch, Bd. 13, S. 518)

Abbildungsteil existieren zwei verschiedene Druckfassungen. Die wahrscheinlich ursprüngliche Fssung wurde möglicherweise von Hirschvogel selbst radiert, auch das Frontispiz ist nicht gesetzt, sondern radiert worden. Eine zweite, nach dem Vorbild der Radierfassung im gleichen Jahr gedruckte Variante besteht aus Holzschnitten sowie einem mit Lettern gesetzten Titelblatt und ist wesentlich professioneller gestaltet (VD 16, H 3843). Die Privilegierung von Ferdinand I., die sich nicht, wie üblich, auf einen bestimmten Zeitraum bezieht, schließt sogar Hirschvogels Erben mit ein: „Mit Ro. Ko. Ma. Allergenedigisten Privilegia, Mir Noch Meinen Ehlichen Leybs Erben Nit Nachzudrucken Ferfast." (Bl. AI r).
Unabhängig von den Illustrationen der „Geometria" existieren noch vier weitere graphische Blätter Hischvogels mit geometrischen Darstellungen (Schwarz 1917, Bd. 1, S. 28 u. S. 198-199). Besonders interessant ist eine Radierung der fünf regulären Körpern in diaphaner Form von 1549 mit den völlig unüblichen, von der platonischen Tradition abweichenden Elementenzuordnung: Tetraeder = Terra, Hexaeder = Aqua, Oktaeder = Aer, Dodekaeder = Coelum und Ikosaeder = Ignis (Abb. in Schwarz 1917, Bd. 2, S. 147).
Wie lange das Werk nachwirkte, zeigt sich u. a. darin, daß Daniel Schwenter (1585-1636), bevor er Geometrie bei Johann Prätorius an der Universität Altdorf studierte, seine geometrischen Kenntnisse sowohl aus Wolfgangs Schmids „Erstem Buch der Geometria" (Schmid 1539, VD 16, S 3155) als auch Hirschvogels Werk bezog. In der „Vorrede an den günstigen Leser" zu seiner „Geometria" von 1618 schrieb Schwenter: „Hierauf ist mir von einem guten Bekannten/ Augustin Hirschvogels/ Geometria geliehen worden/ hinter diese hab ich mich mit großem Eifer gemacht/ und/ weil sie fein leicht/ schlecht und gerecht/ sie mit Lust durchstudiret/ bis mir unter deß auch Wolff Schmids von Bamberg Geometria Anno 1539. zu Nu(e)rnberg gedruckt/ ungefehr unter die Hand gekommen/ ein sonderlich fein und wohlgegründet Bu(e)chlein für die Anfahenden" (Schwenter 1667, Bl. xxiij v).

3. Der Inhalt der „Anweysung in die Geometria"

In der Vorrede erfahren wir, für wen Hirschvogel sein Werk geschrieben hat. Es handelt sich um den üblichen Rezipientenkreis, wie er von fast allen Künstler- und Handwerkerautoren des 16. Jhs. genannt wird: Maler, Bildhauer, Goldschmiede, Seidensticker, Steinmetze und Schreiner. Auch die Motive, die Hirschvogel bewogen haben, weder „zeyt noch unkosten" zu scheuen und das Werk herauszubringen, unterscheiden sich nicht von denen vergleichbarer Autoren.
Das pädagogische Ethos, das Hirschvogel beflügelt hat, wird dadurch unterstrichen, daß er von sich selbst als einem „Gertner" spricht. Der „Gertner" habe die Aufgabe, die „nützliche kunst des Messens" („Perspectiua in Latein genant") verständlich darzustellen, da frühere Abhandlungen zumeist dunkel seien und das Wichtigste verborgen hielten. Er, Hirschvogel, habe sein Pfund von Gott empfangen und wolle es nit in ein schwaißtu(o)chlein verbergen" (Hirschvogel 1543, Bl. a2 r). Denn, wie es zum „Beschluß des gantzen Buchs" heißt, „keiner solle sich selbst allein leben, sich selbst genügen, sonder auch seinem nechsten zu(o) gu(o)t" (Bl. hiij r).

Hirschvogels hoher didaktischer Anspruch bewirkte, daß er - im Unterschied zu anderen vergleichbaren Autoren - eine relativ systematische und gut verständliche Einführung in die geometrischen Grundlagen geschrieben hat. Diejenigen, die noch mehr erfahren wollten, verweist er am Ende des ersten Kapitels auf das „Buch der Geometria" des „hochberümbten Mans Albrecht Thürers seligen" und „desgleichen des erfarnen mans Wolffgange(n) Schmids von Bamberg". Dürer und Schmid, daran läßt Hirschvogel keinen Zweifel, achtet er „yetz diser zeyt in Teutscher zungen für die ho(e)chsten" (Bl. biv v).
Hirschvogel selbst wurde zwar noch in der ersten Hälfte des 17. Jhs. geschätzt, aber danach nicht mehr rezipiert. Symptomatisch dafür ist die Einschätzung Kästners, der meinte, bei Hirschvogels Werk handele es sich „nur um Handgriffe; Vorschriften, die damahls und viel später als mechanische galten" (Kästner 1797, Bd. 2, S. 15). Diese Einschätzung läßt außer acht, daß Hirschvogels Werk zu den besten seiner Gattung im 16. Jh. gehört und beispielsweise die „Netzabwicklung" wesentlich ausführlicher und verständlicher beschreibt als die Dürersche „Vnderweysung der messung" (Dürer 1525, VD 16, D 2856-2857; Peltzer 1908).
Sein erstes Kapitel (Bl. aiij r - biv v) widmet Hirschvogel den geometrischen Grundlagen, d. h. den Begriffsdefinitionen von Linie, Kreis („Zirckel lini"), Durchmesser und Kreissegmenten. Er konstruiert gleichseitige und rechtwinklige Dreiecke sowie gleichseitige Polygone bis zum Zehneck und behandelt die Verkleinerung und Vergrößerung von Maßstäben durch Proportionalteilung („Ein kurtze Regel zu(o) einer veriungung eines Masstabs/ klainer oder gro(e)sser/ wie dirs von no(e)ten ist/ ein lini zu(o) teylen in etliche teyl/ als vil du wilt/ mit vnuerruckte zirckel/ ein Exempel" [Bl. biij v]).
Im zweiten Kapitel „De corporibus" (Bl. ci r - fij r) werden die platonischen Körper beschrieben, d. h. Tetraeder („firsetzig Corpus"), Oktaeder („acht sechtzig Corpus"), Ikosaeder („zweintzigsetziges Corpus"), Hexaeder („sex sechtzig Corpus") und Dodekaeder („zwölf sechtzig Corpus"). Wie vor ihm schon Dürer beschreibt Hirschvogel anhand der verschiedenen Körper das „Rete[18] oder Netz, das außgebreyt wirt". Anschließend, unter § 12[19], wird beschrieben, wie die fünf „Corpora regularia" durchsichtig ineinander gesetzt werden, daß „sie alle in einem zirckel anstoßen" (Bl. ciiij r). Auf dieser Einzeichnung der platonischen Körper in eine gegebene Kugel liegt ein Hauptgewicht der Hirschvogelschen Abhandlung (s. Abb. 2). Hirschvogel stützt sich dabei wahrscheinlich auf das 13. Buch der „Elemente" des Euklid (Euklid 1937, S. 72-99), das seinerseits auf einer heute verlorenen Schrift des Theätet basiert. 26 Jahre nach Hirschvogels Abhandlung erschien eine ganz ähnlich aufgebaute Veröffentlichung des Mathematikers Petrus Ramus, die aber in keiner Weise über die Darstellung Hirschvogels hinausging (Ramus 1569, S. 163-168). Exakte Werte der Oberfläche, des Volumens und des Radius der umgeschriebenen Kugel berechnete erst Henry Briggs (1561-1630)[20] im Jahr 1624 in seiner „Arithmetica logarithmica" (Briggs 1624, Cap. XXXII, S. 86).

---

[18] rete (lat., ital.) = das Netz

[19] im gedruckten Text irrtümlich § 19

[20] Briggs war der erste Professor für Geometrie am Gresham College in London (1596).

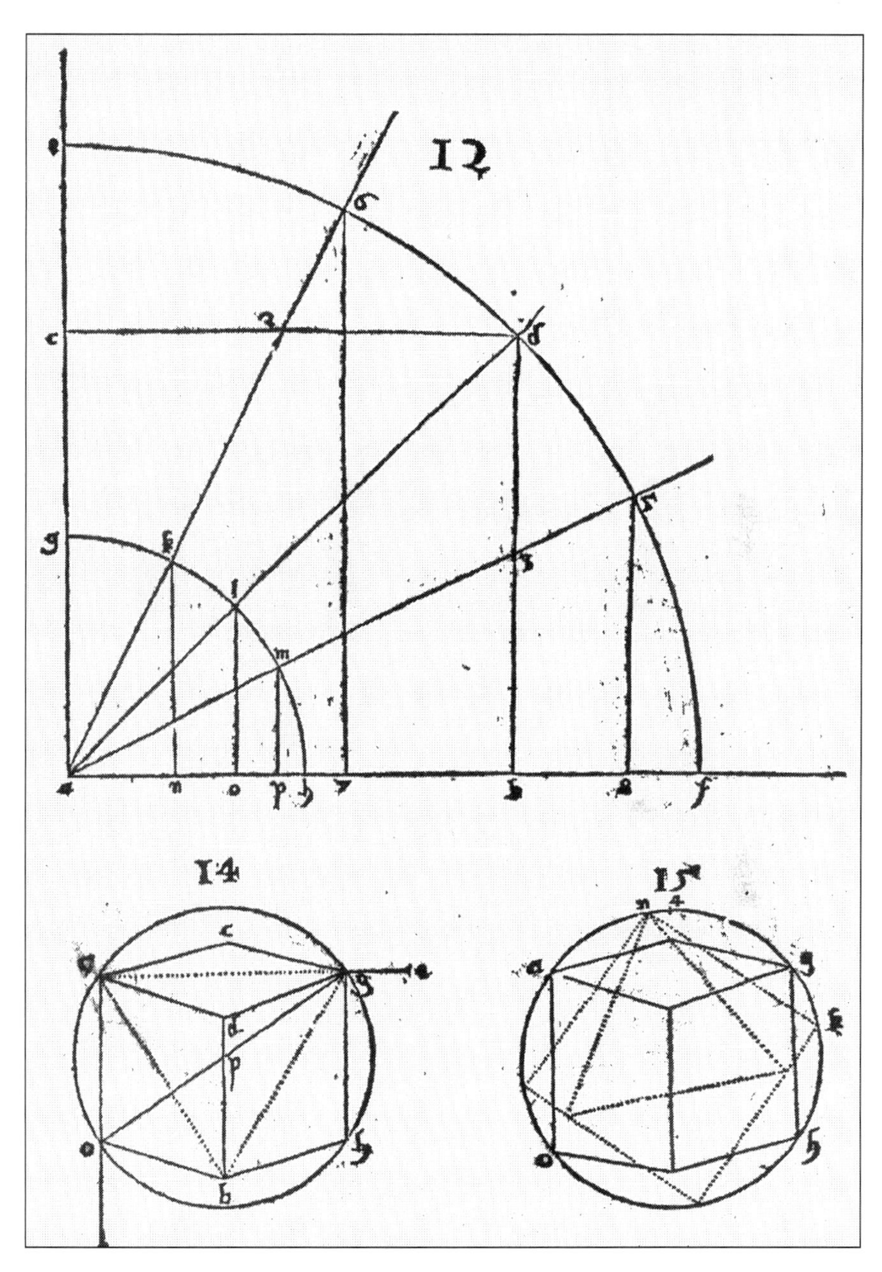

Abb. 2: Augustin Hirschvogel: „Anweysung in die Geometria“ (1543), Bl. Bv

Bei seiner Darstellung erlaubt sich Hirschvogel - was bei einem Autor mit seinem Hintergrund ungewöhnlich, vielleicht sogar singulär ist -, Kritik an der von Euklid beschriebenen Methode zu üben: „Wiewol Eucklides solches auch gantz fleissig beschreibt/ wil ich niemands an meinen syn gebunden haben/ Aber als ichs findt/ so ist der Dimantpund [Oktaeder] zu(o) kurtz in sein fierung/ Des gleichen auch das 20.sechtzig Drianglet/ vn(nd) das 12 sechtzig fünfecket Corpus auch zu(o) kurtz vber solchen Driangel vnnd fierung/ doch magst du nemen(n)/ welches dir am gewisten zu(o)sagt“ (Bl. ciiij v). Dem setzt Hirschvogel seine eigene Methode entgegen: „Den Demantpund [Oktaeder] in die fierung mach also ...“ (§ 15, Bl. di v). Worauf Hirschvogel seine Kritik der relativen Länge der Oktaederkante tatsächlich stützt, läßt sich heute nicht mehr rekonstruieren. Die Euklidsche Methode, die Kanten der fünf Körper darzustellen und miteinander zu vergleichen, die im 13. Buch, Satz 18 beschrieben wird (Euklid 1937, Bd. 5, S. 96-98), geht von anderen Voraussetzungen - den Relationen zwischen dem Quadrat des Kugeldurchmessers und den Kanten der platonischen Körper - aus als die Hirschvogelsche Konstruktion der Kantenlängen in einem Viertelkreis. Infolgedessen kann seine Kritik an Euklid, die unberechtigt ist, auch nicht an einer konkreten Textstelle festgemacht werden.
Hirschvogels Methode (s. Abb. 2)[21], die von einem Grundquadrat mit den Kanten des Hexaeders ausgeht, bedient sich jedoch der gleichen Voraussetzungen – der stetigen Teilung - wie das Euklidsche Vorgehen. Er teilt die Würfelkanten in zwei Hälften, um dann durch stetige Teilung die Seitenlängen der übrigen regulären Körper zu gewinnen, die einer Kugel einbeschrieben sind.
Eigenständig arbeitet Hirschvogel auch bei der Netzabwicklung einiger halbregulärer archimedischer Körper. Erstmalig hatte Albrecht Dürer die ebenen Körpernetze der archimedischen Körper 1-6 (s. Abb. 3) konstruiert (Peltzer 1908, S. 145-152).
Hirschvogel beschreibt und konstruiert - zusammen mit den entsprechenden Netzabwicklungen - den 8-Flach, bestehend aus 4 Sechsecken und 4 Dreiecken, weiterhin den 14-Flach (Abb. 3) und den 26-Flach. Die Netzabwicklung des 26-Flachs beschreibt Hirschvogel nur für Körper Nr. 5 (Abb. 3), der aus 8 Dreiecken und 18 Quadraten besteht. Originär von Hirschvogel stammt die Netzabwicklung des 32-Flachs („zwey vnd dreyssigst Corpus“ in § 21-23), der aus 20 Dreiecken und 12 Fünfecken besteht. Die ein Jahr später ebenfalls in Nürnberg erschienene „Arithmetica Integra“ des Michael Stifel enthält dagegen im Anhang „De erratis“ von Liber III (Stifel 1543, Bl. 321v-322r, VD 16, S 9006) nur die bereits von Dürer beschriebenen Netze archimedischer Körper. Eine wesentliche Erweiterung

---

[21] „Es sey ein lini /a/b/ daran setz ein winckel rechte lini c/ ... Mach darauß ein fierung a/b/c/d. Setz ein zirckel mit eine(m) fu(o)ß in a. Streck den andern aus biß in d/ Reiß herumb einen arcum eines quadranten/ gezeichnet e/f. Diuitier darnach die seyten c/d/ vnd d/b/ in zwey teyl/ gezeichnet 2/3. Zeuch aus dem centro a/ zwo lini. Durch solche gemerck biß in de(n) arcu(m)/ gezeichnet mit f/5.6/e. Laß aus 6/ vnter sich fallen ein bleyrechte lini/ auf die lini a/f/ gezeichnet 6/7. Des geleichen thu(o) auch mit der lini 5/8 so geyt dir die lini e/a/ ein seyten des Driangels/ vnd 6/7 geyt dir ein scharpffe seyten des dimant punct/ so geit dir d/b/ ein scharpffe seyten der vierung/ vnnd des 20. sechtzigen Corpus/ mit den Driangeln/ So geyt dir die lini 5/8. ein leng/ des fünfecks.“ (Bl. civ v).

wird erst durch Simon Stevin (1548-1620) geleistet, der in seinen „Problematum geometricorum libri V“ (Stevin 1583) noch die Netze Nr. 7, 8, 9 und 10 angibt: Netz Nr. 7 (Distinctio 18, S. 80), Netz Nr. 8 (Distinctio 19, S. 81), Netz Nr. 9 (Distinctio 17, S. 79), Netz Nr. 10 (Appendix, S. 83).
Zum „Beschluß diß Teyls“, d. h. des Kapitels „De corporibus“, schreibt Hirschvogel, daß er „noch vil schöner Corpora darzu(o) gehörig/ hab/ seind aber noch nicht alle gefertiget/ so aber gott will/ so sollen solche in kürtz auch in Truck kummen/ mit sampt anderen schönen verborgnen stücken (Bl. fij r). Zum „Beschluß des gantzen Buchs“ (Bl. hiij r) behauptet Hirschvogel sogar, daß er „sollicher stück etliche zu(o) Laubach[22] bey einander schon auffgerissen“ hätte, es sei ihm „aber zu(o) kurtz gewest zu(o) bekummen“.
Nach diesen von Hirschvogel als „Geometrie“ bezeichneten Kapiteln wird im dritten Teil der „Anfang der Perspectiua“ (Bl. fij v - hiij r) gelehrt. „Von einer Tafel, durch welche Lichtstralen vom Gegenstande ins Auge gehen, sagt H.(irsch-

Netzabwicklungen archimedischer Körper

		Dreiecke	Sechsecke	Quadrate	Achtecke	Fünfecke	Zehnecke	Autoren
8-Flach	1.	4	4					D H S M
14-Flach	2.	8		6				D H S M
	3.		8	6				D H S M
	4.	8			6			D H S M
26-Flach	5.	8		18				D H S M
	6.		8	12	6			D S M
32-Flach	7.	20				12		H S
	8.		20			12		S
	9.	20					12	S
38-Flach	10.	32		6				S
62-Flach	11.	20		30		12		
	12.		20		30		12	
92-Flach	13.	80				12		

Autoren:
D = Albrecht Dürer
H = Augustin Hirschvogel
S = Simon Stevin
M = Michael Stifel

Abb. 3: Netzabwicklungen archimedischer Körper

22 Laibach bzw. Lubljana

vogel) nichts, sondern giebt gleich praktische Lehren, die man aus dieser Vorstellung herleitet. Den Anfang macht ein Quadrat in kleinere getheilt, Er nennt es: Steinmetzenfierung, auch: Estrich, und lehrt es perspektivisch abbilden. Was jetzt Augenpunct heißt, nennt er: das Aug. So auch andre Figuren, auch Parallelepipeden und Prismen, übereinander gesetzt" (Kästner 1797, Bd. 2, S. 17). Kästner hat hier insofern Recht, als Hirschvogel in diesem Abschnitt auf jede theoretische und begriffliche Erläuterung der „Perspectiva" verzichtet und sofort mit den praktischen Anwendungen beginnt. Wahrscheinlich war dies auch nur als erster Entwurf gedacht, dem später eine ausführlichere Darstellung folgen sollte.
Hirschvogel geht dabei streng nach dem schon seit Piero della Francesca (1420/22-1492) bekannten Grundriß-Aufriß-Verfahren vor. Weder das Distanzpunktverfahren noch die „costruzione leggitima" Leon Battista Albertis (1404-1472) scheinen ihm bekannt gewesen zu sein. Nach einigen elementaren Übungen mit der „Steinmetzvierung" wird die perspektivische Darstellung verschiedener einfacher Körper beschrieben. Schließlich folgen auch kompliziertere Fälle, beispielsweise „so du zwey vberlengte quader creutzweiß vber einander wilt legen" (Bl. jij v). Je komplizierter die Figuren auch werden, die hohe Qualität und die Anschaulichkeit werden im gesamten Abbildungsteil beibehalten und bezeugen, wie gut Hirschvogel seine theoretischen Erkenntnisse mit seinen zeichnerischen Fähigkeiten verbinden konnte.

Literatur und Abbreviaturen:

Brinkmann, D.: Augustin Hirschvogel und Paracelsus. Klagenfurt: 1957 (Paracelsus-Schriftenreihe der Stadt Villach; VI).

Doppelmayr, J. G.: Historische Nachricht von den Nürnbergischen Mathematicis und Künstlern. Nürnberg: 1730.

Dürer, A.: Vnderweysung der messung mit dem zirckel vnd richtscheyt. Nürnberg: 1525.

Euklid: Die Elemente (Buch I-XIII). I.-V. Teil. Hrsg. C. Thaer. Leipzig: 1937 (Ostwalds Klassiker der exakten Naturwissenschaften; 243).

Falkenau, K.: Die „Concordantz Alt vnd News Testament" von 1550. Ein Hauptwerk biblischer Typologie des 16. Jahrhunderts illustriert von Augustin Hirschvogel. Regensburg: 1999.

Friedrich, C.: Augustin Hischvogel als Toepfer. Nürnberg: 1885.

Fischer, K.: Augustin Hirschvogels Stadtplan von Wien, 1547/1549 und seine Quadranten. In: Cartographica Helvetica (1999), Nr. 20, S. 3-12.

Gemma Frisius, R.: Libellus de locorum describendorum ratione. In: Apian, P.: Liber Cosmographicus. Antwerpen: 1533.

Ginzel, F. K.: Handbuch der mathematischen und technischen Chronologie. Leipzig: 1911.

Hampe, T.: Nürnberger Ratsverlässe. Wien: 1904 (Quellenschriften f. Kunstgeschichte u. Kunsttechnik des Mittelalters u. d. Neuzeit, N. F.; Bd. XI-XIII).

H M – Historisches Museum der Stadt Wien
Hirschvogel, A.: Ein aigentliche vnd grundtliche anweysung in die Geometria. Nürnberg: 1543.
Kästner, A. G.: Geschichte der Mathematik. Göttingen: 1796 ff., 4 Bde. (Reprint: Hildesheim 1970).
Karrow, R. W.: Mapmakers of the Sixteenth Century and their maps. Chicago: 1993.
NDB - Neue Deutsche Biographie. Berlin: 1953 ff.
NRV - Nürnberger Ratsverlässe; s. Hampe, Th. (1904).
Neudörfer, J.: Des Johann Neudörfer, Schreib- und Rechenmeisters zu Nürnberg, Nachrichten von Künstlern und Werkleuten daselbst aus dem Jahre 1547. Hrsg. G. W. K. Lochner. Wien: 1875 (Quellenschriften f. Kunstgeschichte u. Kunsttechnik des Mittelalters u. d. Renaissance; 10).
Peltzer, R. A.: Albrecht Dürer's Unterweisung der Messung. München: 1908 (Reprint: Vaduz: 1996).
Peters, J. S.: Augustin Hirschvogel: The Budapest series of hunts and other early drawings. Madison: 1976.
Ramus, P.: Arithmeticae libri duo, Geometriae XXVII. Basel: 1569.
Schmid, W.: Das erst buch der Geometria. Nürnberg: 1539.
Schwarz, K.: Augustin Hirschvogel. Lebensbeschreibung und Zeichnungen. Heidelberg: 1915.
Schwarz, K.: Augustin Hirschvogel. Ein deutscher Meister der Renaissance. 2 Bde. Berlin: 1917.
Schwenter, D.: M. Daniel Schwenters Geometriae Practicae Novae et Auctae Libri IV. Nürnberg: 1667.
Seifert, T.: Dokumente zur Geschichte der Kartographie. 1. Beiheft. Unterschleißheim: 1973.
Stevin, S.: Problematum geometricorum libri V. Antwerpen: 1583.
Stifel, M.: Arithmetica Integra. Nürnberg: 1544.
Tropfke, J.: Geschichte der Elementarmathematik. Bd. 7. Berlin: 1924.
ThB - Allgemeines Lexikon der bildenden Künstler. Hrsg. U. Thieme u. F. Becker. Leipzig: 1907 ff.
VD 16 - Verzeichnis der im deutschen Sprachbereich erschienenen Drucke des XVI. Jahrhunderts. Stuttgart: 1983 ff.

Johannes Keppler (1571 - 1630) Die logarithmischen Schriften

Detlef Gronau

0. Einleitung

In Hinblick auf die reichhaltige Literatur über Johannes Kepler wird man kaum erwarten können, dass die Keplerforschung noch sehr viele neue Ergebnisse über ihn erbringen kann. Trotzdem möchte ich das Interesse auf ein Thema lenken, das in der Geschichte der Mathematik bisher nicht mit gebührender Anerkennung behandelt wurde.

Johannes Kepler hat in seinen logarithmischen Schriften *Chilias logarithmorum ad totidem numeros rotundos, Marburg 1624,* und Supplementum *Chiliadis logarithmorum. Marburg 1625* eine grundlegende Theorie der Funktion der natürlichen Logarithmen aufgestellt, wobei er wesentliche Schritte von nachfolgenden Mathematikern wie L. Euler (1707 - 1783) und A.L. Cauchy (1789 - 1857) vorweggenommen hat. Kepler hat in den *Chilias* die wichtigsten Aussagen über die Logarithmen, die heute zum Standardwissen in der Theorie der Funktionalgleichungen gehören, dargestellt. Kepler postulierte eine Funktion, er nannte sie „mensura", die die *logarithmische Funktionalgleichung*

$$f(x \cdot y) = f(x) + f(y); x, y > 0 \qquad \text{(L)}$$

erfüllen soll. Zusätzlich verlangte er noch für diese Funktion eine Bedingung, die bewirkt, dass für diese Funktion die Ableitung in einem bestimmten Punkt a festgelegt wird (wobei Kepler im Laufe der Arbeit verschiedene Werte für a, nämlich einmal 1.000, einmal 10^7=10.000.000 und einmal zwischendurch sogar 10^{20} gewählt hat). Die somit eindeutig festgelegte Lösung von (L) erhielt er damit als $f(x) = a \cdot \ln(x)$, (in heutiger Notation), wobei „ln" den natürlichen Logarithmus (logarithmus naturalis) bezeichnet. Johannes Kepler entdeckte also als Erster die Funktion des natürlichen Logarithmus und berechnete auch deren Werte (abgesehen vom Faktor a einer Zehnerpotenz).

Bisher galten die Jesuitenpatres GREGORIUS A SANTO VINCENTIO (1584 - 1669) und ALFONSO ANTON DE SARASA (1618 - 1667) als Entdecker der natürlichen Logarithmen. Die natürlichen Logarithmen wurden zunächst „hyperbolische Logarithmen“ genannt, weil sie als Stammfunktion (d.h. Fläche unter) der Hyperbelfunktion $t \,\alpha\, 1/t$, also $\int_1^x \frac{dt}{t} = \ln(x)$, eingeführt wurden.

LEONHARD EULER charakterisierte dann in seiner *Introductio in Analysis Infinitorum*, 1748, die natürlichen Logarithmen als Umkehrfunktion der Potenzfunktion $x \,\alpha\, e^x$, wobei Euler die Zahl e so bestimmt hat, dass diese Umkehrfunktion im Punkt 1 eine Tangente mit dem Anstieg 1 besitzt. Die so erhaltene Zahl $e = \sum_{n=0}^{\infty} 1/n! = 1 + 1 + 1/2 + 1/6 + 1/24 + ... = 2.718281828...$ wird die Eulersche Zahl genannt (den Buchstaben e hat Euler selbst gewählt).
AUGUSTIN LOUIS CAUCHY charakterisierte in der *Analyse algébrique V, Paris 1821,* die natürlichen Logarithmen als Lösungen der logarithmischen Funktionalgleichung (L) mit speziellen Anfangsbedingungen. Erst im 20. Jahrhundert wurde die von Kepler erstmals gefundenen Charakterisierungen der natürlichen Logarithmen Allgemeingut.

1. Die natürlichen Logarithmen als Lösung der logarithmischen Funktionalgleichung

Heutzutage zählt man es zur „mathematischen Folklore“, die natürlichen Logarithmen als die Lösung der Funktionalgleichung (L) zu charakterisieren, die im Punkt 1 die Ableitung 1 besitzt. Es gilt folgender Satz, den ich in etwas anderer Form als in den üblichen Lehrbüchern (etwa Aczél-Dhombres [1]) formulieren und auch beweisen werde, um dann später den Gedankengang bei Kepler verdeutlichen zu können.[1] Dabei sei im folgenden f immer eine reelle Funktion, definiert auf den positiven reellen Zahlen.

Satz 1: *Jede Lösung* f *der Funktionalgleichung* (L), *die im Punkt* $x = a$ *differenzierbar ist und für die gilt* $f'(a) = z_0$, *hat f die Form*

$$f(x) = a \cdot z_0 \cdot \ln(x).$$

Beweis: Aus (L) folgt, dass für jede Lösung f von (L) gilt:

$$f(1) = 0 \quad \text{und} \quad f(x/y) = f(x) - f(y) \tag{1}$$

für alle positive reelle Zahlen x und y. Weiters folgt dann auch aus (L) für alle positive Zahlen x und natürliche Zahlen n: $f(x^n) = n \cdot f(x)$, beziehungsweise

$$f(x) = n \cdot f\left(\sqrt[n]{x}\right). \tag{2}$$

[1] Es gilt allgemein unter schwächeren Voraussetzungen (siehe Aczél-Dhombres [1], Seite 26): *Jede Lösung von* (L)*, beschränkt auf einem Intervall positiver Länge (also etwa stetig oder gar differenzierbar in einem Punkt) ist von der Form* $f = c \cdot \ln(x)$, *wobei die Konstante* c *willkürlich gewählt und etwa durch eine Bedingung der Form* $f'(a) = z_0$ *festgelegt werden kann.*

Klarerweise erfüllt $f(x)=a\cdot z_0\cdot\ln(x)$ die Funktionalgleichung (L) und es ist $f'(a)=z_0$. Sei nun f eine beliebige Lösung von (L) mit $f'(a)=z_0$ und x eine positive Zahl. Wir wenden nun sukzessive (2) und (1) an:

$$f(x)=n\cdot f\left(\sqrt[n]{x}\right)=n\cdot\left(f(a)-f\left(\frac{a}{\sqrt[n]{x}}\right)\right)=\frac{f(a)-f\left(\frac{a}{\sqrt[n]{x}}\right)}{a-\frac{a}{\sqrt[n]{x}}}\cdot a\cdot n\cdot\left(1-\frac{1}{\sqrt[n]{x}}\right),$$

für alle natürliche Zahlen n. Nun gilt $\lim_{n\to\infty}\sqrt[n]{x}=1$ und somit:

$$\lim_{n\to\infty}\frac{f(a)-f\left(\frac{a}{\sqrt[n]{x}}\right)}{a-\frac{a}{\sqrt[n]{x}}}=f'(a)=z_0 \text{ und } \lim_{n\to\infty}n\cdot\left(1-\frac{1}{\sqrt[n]{x}}\right)=\ln(x).$$

Daher folgt durch Grenzübergang $f(x)=\lim_{n\to\infty}n\cdot f\left(\sqrt[n]{x}\right)$, also

$$f(x)=a\cdot\lim_{n\to\infty}\frac{f(a)-f\left(\frac{a}{\sqrt[n]{x}}\right)}{a-\frac{a}{\sqrt[n]{x}}}\cdot\lim_{n\to\infty}\left[n\cdot\left(1-\frac{1}{\sqrt[n]{x}}\right)\right]=a\cdot z_0\cdot\ln(x),$$

womit die Behauptung bewiesen ist.

Kepler hat sogar, wie wir später sehen werden, noch einen Satz bewiesen, der über Satz 1 hinausgeht. Er hat neben der Funktionalgleichung (L) auch die sogenannte „eingeschränkte“ logarithmische Funktionalgleichung

$$f\left(x^2\right)=2\cdot f(x),\ x>0, \tag{L'}$$

also (L) mit $y=x$, behandelt. Hier kann man für jede Lösung f von (L') anstelle von (1) und (2) nur noch

$$f(1)=0 \text{ und } f(1/x)=-f(x) \tag{1'}$$

und

$$f\left(x^{2^n}\right)=2^n\cdot f(x) \text{ und } f(x)=2^n f\left(\sqrt[2^n]{x}\right) \tag{2'}$$

für alle positive Zahlen x und natürliche Zahlen n folgern.

2. Die Logarithmen

Das Prinzip der Logarithmen wurde im 16. Jahrhundert entdeckt. Am Beginn stehen wohl die Werke von MICHAEL STIFEL (1487-1567)[2], SIMON JACOB (1510?-1564)[3] und MAURITIUS ZONS (?)[4]. Ihnen allen ist das folgende Prinzip gemeinsam: Es wird einer *„arithmetische Reihe"* $x_n = n \cdot s$, eine *„geometrische Reihe"*

$y_n = z \cdot q^n$ *jeweils für* $n = 0,1,2,...$ *gegenüber gestellt.*

Bei Simon Jacob findet man das Beispiel:

0.	*1.*	*2.*	*3.*	*4.*	*5.*	*6.*	*7.*	*8.*
3.	*6.*	*12.*	*24.*	*48.*	*96.*	*194.*	*384.*	*768.*

Er schreibt dazu: *„So merck nun / was in* Geometrica progreßione *ist Multipliciern / das ist in* Arithmetica progreßione *Addiern / und was dort ist Dividiern / das ist hie Subtrahiern / und was dort mit sich ist Multipliciern / ist hie schlecht Multipliciern / Letztlich was dort ist* Radicem *extrahiern / das ist hie schlechtes Dividiern mit der zal die der* Radix *in Ordnung zeigt /"*. Dies beschreibt auch schon das Prinzip der Logarithmen, wie sie dann von den eigentlichen Schöpfern der Logarithmen eingeführt wurden.

JOHN NAPIER (1550 - 1617)[5] und JOST BÜRGI (1552 - 1632),[6] werden allgemein als die „Entdecker der Logarithmen" anerkannt, wobei beiden zugestanden wird, dass sie ihre Entdeckung unabhängig voneinander gemacht haben. Es ist bekannt, dass Napier vom Werk Stifels beeinflusst wurde. Bürgi zitiert in seinen *Progreßtabulen* direkt Simon Jacob und Mauritius Zons. Beide, Bürgi wie Napier, berechneten Tafeln, die nach demselben mathematischen Prinzip wie bereits oben erwähnt gestaltet sind, nämlich Tabellen, bestehend aus zwei Reihen, einer *arithmetischen Reihe*:

$$x_n = n \cdot s,\ n = 0,1,2,...$$

und einer *geometrischen Reihe*:

$$y_n = z \cdot q^n,\ n = 0,1,2,...,$$

wobei *s, z* und *q* jeweils fest gewählte Konstanten sind. Bürgi nimmt in seiner Tabelle die Konstanten

$$s = 10,\ z = 10^8 \text{ und } q = 1 + 10^{-4},$$

---

[2] M. Stifel: *Arithmetica integra,* Nürnberg 1544.

[3] S. Jacob: *Ein New und Wolgegründt Rechenbuch auff den Linien wie Ziffern samt der Welschen Practic*, Frankfurt am Main 1565.

[4] Mauritius Zons: *Ein new Wolgegründtes Kunst- und Artig Rechenbuch auff der Ziffer / von vielen nützlichen Kauffmans Regulen / ... Sampt einem angehengten gründlichen underricht / ... Alles durch Mauritius Zons / Bürger und Rechenmeister in Cölln ...* Gedruckt zu Cölln / bey Matthis Smitz / unter der Hagt / Anno 1616.

[5] John Napier: *Mirifici Logarithmorum canonis descriptio, Eusque usus, in utraque Trigonometria, ut etiam in omni Logistica Mathematica*, Authore ac Inventore, IOANNE NEPERO, Barone Merchistonii, Edinburgi 1614.

[6] Jost Bürgi: *Arithmetische und Geometrische Progreß Tabulen/ sambt gründlichem unterricht/ wie solche nützlich in allerley Rechnungen zugebrauchen/ und verstanden werden sol.* Gedruckt/ In der Alten Stadt Prag/ bey Paul Sessen/ der Löblichen Universität Buchdruckern/ Im Jahr/ 1620.

Napier wählt

$$s = 1+0.5 \cdot 10^{-7},\ z = 10^7 \text{ und } q = 1 - 10^{-7}.$$

Beide nennen auch ihre Reihen „arithmetische Reihe“ und „geometrische Reihe“. Napier nennt die Zahl x_n den „Logarithmus“ (logos arithmeticus) von y_n, Bürgi nennt x_n die „rote Zahl“ von y_n. Das Wort Logarithmus tritt bei Bürgi nicht auf, seine Anleitung ist in deutscher Sprache geschrieben.

Die durch diese Tafeln tabellierten Funktionen können durch die natürlichen Logarithmen dargestellt werden, und lauten, bei Bürgi:

$$L_B(y) = 10^5 \cdot s \cdot \left[\ln\left(\left(1+10^{-4}\right)^{10000}\right)\right]^{-1} \cdot \ln\left(\frac{y}{10^8}\right).$$

also eine aufsteigende Funktion. Bei Napier ist die tabellierte Funktion, nennen wir sie den „Napierschen Logarithmus“ L_N:

$$L_N(y) = 10^7 \cdot s \cdot \left[\ln\left(\left(1-10^{-7}\right)^{10^7}\right)\right]^{-1} \cdot \ln\left(\frac{y}{10^7}\right) = \left(10^7 + 0.5\right) \cdot {}_a\log\left(\frac{y}{10^7}\right),$$

also eine fallende Funktion. Dabei ist $a = \left(1-10^{-7}\right)^{10^7} = 1/2.718281... \approx 1/e$ und ${}_a\log$ der Logarithmus zur Basis a, also ${}_a\log(x) \approx \ln(1/x)$. Alles in allem erhalten wir damit für den Napierschen Logarithmus

$$L_N(y) \approx 10^7 \cdot \ln\left(10^7 / y\right). \qquad (3)$$

Mehr darüber kann in Gronau [6], [7], Tropfke [15], [16] und anderen im Literaturverzeichnis angegebenen Werken nachgelesen werden.

Kepler pflegte zwar mit Bürgi, mit dem er die Jahre 1605 bis 1612 gemeinsam in Prag verbrachte, nachweislich wissenschaftliche Kontakte. Wieviel er von Bürgis Methode und seinen Progreßtabulen gehört hat, ist unsicher. So schreibt er zwar in den Rudolphinischen Tafeln (1627), wo er die Napierschen Logarithmen preist, in bezug auf diese: „*Diese logistischen Apices waren es auch, die Jost Bürgi viele Jahre vor der Napierschen Publikation den Weg zu genau diesen Logarithmen gewiesen haben.*“ *Kepler fährt dann aber verärgert fort:* „*Allerdings hat der Zauderer und Geheimtuer das neugeborene Kind verkommen lassen, statt es zum allgemeinen Nutzen groß zu ziehen.*“ ([10], S. 48). Dies lässt eher darauf schließen, dass Kepler über Bürgis Methoden nicht informiert war. Auch sonst nimmt Kepler in den Rudolphinischen Tafeln wie auch in den Chilias keinen weiteren Bezug auf Bürgis Logarithmen und erwähnt auch nicht dessen Progreß Tabulen.

Keplers Bekanntwerden mit den Napierschen Logarithmen war auch nicht ganz einfach. Hier sei auf Hammer[8], Seite 461 ff. verwiesen. Kepler wollte das Rechnen mit den Logarithmen in die Rudolphinischen Tabellen einbauen. Aber Keplers Lehrer MICHAEL MÄSTLIN (1550-1631) aus Tübingen, mit dem Kepler über all die Jahre regen Kontakt gepflegt hat, übt heftige Kritik an Napiers Logarithmen und daran, dass Kepler sie einfach so übernehmen wolle. Er schreibt ([8], S. 463): „*Ich halte es unwürdig eines Mathematikers, mit fremden Augen sehen zu wollen und sich auf Beweise zu stützen oder als solche auszugeben, die er nicht verstehen kann.* [...] *Deshalb mache ich mir ein Kalkül nicht zu eigen, von dem ich glaube oder annehme, dass er bewiesen sei, sondern nur von einem, von dem ich es weiß.“* Jedenfalls ging es schließlich Kepler darum, den Napierschen Logarithmen eine exakte mathematische Grundlage, sozusagen „in more geometrico“ nach den Vorschriften Euklids, zu geben.

3. Keplers Theorie der Logarithmen

Keplers Chilias Logarithmorum sind in den Gesammelten Werke von Johannes Kepler, herausgegeben von Franz Hammer [9], [10] wiedergegeben und im Nachbericht von Hammer [8] auch kommentiert. Eine französischsprachige Teilübersetzung bietet Charles Naux [13]. Die Chilias Logarithmorum bestehen aus:

- einer in Gedichtform gehaltenen Widmung an den Landgraf Philipp von Hessen, bei dem sich Johannes Kepler für die dreißig Taler (Triginta expensis) bedankt und dafür dreißig Propositionen ankündigt.
- der theoretischen Begründung der Logarithmen (Demonstratio Structurae Logarithmorum), bestehend aus drei Postulaten, zwei Axiomen, den schon erwähnten dreißig Propositionen, einer Definition (des „Logarithmus“) und mehreren Korollaren zu den Propositionen.
- einer Kurzbeschreibung der Methode zur Erstellung der Logarithmentafel (Methodus compendiosissima construendi chiliada Logarithmorum).
- dem Tabellenwerk der Chiliada Logarithmorum.

Wir geben hier einen Teil der **Demonstratio Structurae Logarithmorum** ([9], Seite 280 f.) wieder, wobei der Schwerpunkt auf Keplers Behandlung der logarithmischen Funktionalgleichung gelegt wird.

Postulatum I: *Omnes proportiones inter se aequales, quacunque varietate binorum unius, et binorum alterius terminorum, eadem quantitate metiri seu exprimere.* (Postulat I: Alle Proportionen die untereinander gleich sind, werden, wie auch immer ihre beiden Terme gestaltet sind, durch die gleiche Größe gemessen oder ausgedrückt.)
Kommentar: Hier ordnet Johannes Kepler jeder Proportion, definiert durch zwei Größen, dem Zähler und dem Nenner, unabhängig von der jeweiligen Darstellung eine Zahl zu. Dies ist zunächst schon einmal revolutionär: Proportionen (also Verhältnisgrößen) werden durch normale Zahlen, also reelle Zahlen gemessen. Er führt somit eine Funktion auf der Menge der positiven reellen Zahlen ein, von der sich herausstellen wird, dass sie bis auf einen Faktor einer 10-er Potenz der natürliche Logarithmus sein wird. Von Kepler wird diese Funktion „mensura“, also Maß genannt. Wir wollen dieses Maß einer Proportion $\frac{a}{b}$ mit $M\left(\frac{a}{b}\right)$ bzw. $M(a/b)$ bezeichnen.

Axioma I: *Si fuerint quantitates quotcunque ejusdem generis, quocunque ordine sibi invicem succedentes, ut si ordine magnitudinis sibi invicem succedant:.proportio extremarum composita esse intelligitur ex omnibus proportionibus intermediis binarum, et binarum inter se vicinarum.* (Axiom I: Es seien Größen von beliebiger aber gleicher Art gegeben, in beliebiger Weise, etwa der Größe nach geordnet: man kann sich die Proportion der beiden extremen Terme aus allen Proportionen zusammengesetzt vorstellen, die man aus je zwei benachbarten Termen bilden kann.)

Kommentar: Mathematisch gesehen bedeutet Axiom I: Seien positive relle Zahlen a, b, c, ..., x, y (in irgendeiner Anordnung gegeben). Dann gilt: $\frac{a}{y}=\frac{a}{b}\cdot\frac{b}{c}\cdot\Lambda\cdot\frac{x}{y}$. Man muss aus diesem Text auch die Funktionalgleichung für das Maß: $M(a/y)=M(a/b)\cdot M(b/c)\cdot\Lambda\cdot M(x/y)$ herauslesen. Rechnungen danach, sowie nachfolgende Texte, z.B. im Beweis zu Proposition XIX, zeigen, dass Kepler dies so auffasste.

I. Propositio: *Medium proportionale inter duos terminos dividit proportionem terminorum in duas proportiones inter se aequales. Nam si sunt duo termini, eorumque medium proportionale: est ergò inter tres quantitates Analogia seu Proportionalitas. At Analogia definitur aequalitate τῶν λόγων proportionum: quare proportiones sectione constitutae, utpote partes proportionis totius, propositae sunt inter se aequales.* (Proposition I: Das geometrische Mittel zweier Terme teilt die Proportion dieser Terme in zwei untereinander gleiche Proportionen. Denn es seien zwei Terme gegeben und deren geometrisches Mittel: es besteht daher zwischen den drei Größen Analogie oder Vielfachheit. Als Analogie wird die Gleichheit der Werte der Proportionen definiert: weshalb behauptet wird, dass die Proportionen dieser bestimmten Einteilung, nämlich die Teile der gesamten Proportion untereinander gleich sind.)

Kommentar: Die Mittlere Proportion zweier Terme *a* und *b* ist deren geometrisches Mittel, also $x=\sqrt{a\cdot b}$. Damit gilt $\frac{a}{b}=\frac{a}{x}\cdot\frac{x}{b}$. Der Passus *Analogia seu Proportionalitas* kann nur so gedeutet werden, dass für das Maß gelten muss

$$M(a/b)=2\cdot M(a/x)=2\cdot M(x/b).$$

Dies bedeutet aber, dass das Maß die eingeschränkte logarithmische Funktionalgleichung erfüllen muss.

Postulatum II: *Proportionem inter datos duos terminos quoscunque dividere in partes quotcunque (ut in partes numero continuè multiplici progressionis binariae) et eousque, donec partes oriantur minores quantitate proposita. Proportio enim est etiam una ex quantitatibus continuis in infinitum dividuis.* (Postulat II: Die Proportion zweier beliebig gegebener Terme kann in beliebige Teile aufgespaltet werden (wie etwa in Teile durch Zahlen einer fortgesetzten multiplikativen Progression), solange bis Teile entstehen, die kleiner sind als eine vorgegebene Größe. In der Tat wird eine Proportion auch aus Größen bis ins unendliche fortlaufend aufgeteilt.

Kommentar: Hier bereitet Kepler Schritte für die Approximation des Maßes vor. Er behauptet: es können Zahlen $x_1,\ldots, x_n$ gefunden werden, ja sogar in fortgesetzter multiplikativer Progression, das heißt $\frac{a}{x_1}=\frac{x_1}{x_2}=\ldots=\frac{x_n}{b}$ derart, dass die

Differenzen jeweils benachbarter Zahlen beliebig klein ist. Hier wendet er die Indivisiblenmethode auf die Proportionen an.

Anschließend kommt ein „**Beispiel einer Aufteilung**“, das wir nur auszugsweise wiedergeben wollen (siehe [9], Seite 281):

***Exemplum Sectionis*:** Hier berechnet Kepler das Maß der Proportion zwischen 10 und 7. Er teilt die Proportion zwischen $a = 10 \cdot 10^{19}$ und $y = 7 \cdot 10^{19}$ in 1073741824 (= 2^{30}) Teile ein, durch ebenso viele (minus einem) geometrische Mittel der dreißigsten Klasse, wobei hier aus einer beliebigen Klasse nur der größte Term und der dem größten Term der Proportion benachbarte ausgedrückt wird. D.h. Kepler berechnet $y_1 = \sqrt{a \cdot y}$ und rekursiv $y_{i+1} = \sqrt{a \cdot y_i}$ i=1,...,29. Für das Maß gilt nun $M(a/y) = 2^{30} \cdot M(a/y_{30})$. Dann approximiert Kepler: Da y_{30} schon sehr nahe bei a liegt, setzt er $M(a/y_{30})$ gemäß dem nachfolgenden Postulat III gleich der Differenz $a - y_{30}$, die er mit 00000.00003.32179.43100 angibt. Dann multipliziert er diese Zahl mit 2^{30} und erhält damit $M(a/y) = 35667.49481.37222.14400$ als Maß von $a/y = 10/7$, was den natürlichen Logarithmus von $10/7$ immerhin auf erstaunliche 8 Stellen wiedergibt. Und dies nur deshalb nicht noch genauer, weil Kepler beim Wurzelziehen einige Rechenfehler unterlaufen sind, die sich dann hochschaukeln.

Postulatum III: *Minimum proportionis elementum quantulum pro minimo placuerit, metiri seu signare per quantitatem quamcunque; ut per excessum terminorum hujus Elementi.* (Postulat III: Das kleinste Element einer Proportion, wie klein wie es einem gefällt, wird durch eine beliebige Größe gemessen oder abgebildet; wie etwa durch die Differenz der Terme jenes Elementes.)
Kommentar: Postulat III fordert: Wenn nun x genügend nahe bei a liegt, setzen wir für $M(a/x)$ einen beliebigen Wert, etwa $a - x$. Kepler postuliert also dass $\lim_{x \to a} \frac{M(a/x)}{a - x} = 1$ (oder auch eine beliebige andere Zahl) gelten soll. Kepler berechnet damit nämlich unter Berücksichtigung von $\sqrt[n]{a/y} = a \big/ a \cdot \sqrt[n]{y/a}$, wobei bei wachsendem *n* die Zahl $a \cdot \sqrt[n]{y/a}$ immer näher bei *a* liegt:

$$M(a/y) = n \cdot M\left(\sqrt[n]{y/a}\right) = n \cdot M\left(a \big/ a \cdot \sqrt[n]{y/a} \right) = \lim_{n \to \infty} n \cdot \left(a - a \cdot \sqrt[n]{y/a}\right).$$

Er erhält somit $M(a/y) = a \cdot \lim_{n \to \infty} n \cdot \left(1 - 1 \big/ \sqrt[n]{a/y} \right) = a \cdot \ln(a/y)$.[7] Damit kann man das Maß $M(a/y)$ für jedes y (bei festem a) berechnen. Im Grunde stellt er

[7] Wir haben die leicht zu beweisende Formel $\lim_{n \to \infty} n \cdot \left(1 - 1/\sqrt[n]{x}\right) = \ln(x)$ bereits im Beweis zu Satz 1 verwendet.

einen *Existenz- und Eindeutigkeitssatz* für die Lösungen der eingeschränkten logarithmischen Funktionalgleichung (L') auf und beweist ihn mit den ihm zur Verfügung stehenden Mitteln.

Satz: *Seien a,c reele Zahlen,* $a>0$. *Jede reelle Funktion f, definiert auf den positiven reellen Zahlen und Lösung von* (L'), *für die gilt*: $\lim\limits_{x\to a}\frac{f(a/x)}{a-x}=c$, *ist eindeutig bestimmt und hat die Form* $f(x)=c\cdot a\cdot\ln(x)$.

Beweis: Man kann diesen Beweis direkt von Kepler übernehmen und mit den heute bekannten Tatsachen ergänzen. Es sei f eine Lösung von (L') und $x>0$ gegeben und von der Form $x=\frac{a}{y}$. Wir berechnen nun wie Kepler $y_1=\sqrt{a\cdot y}$ und rekursiv $y_{i+1}=\sqrt{a\cdot y_i}$, i=1,...,n. Damit gilt $\frac{a}{y}=\left(\frac{a}{y_n}\right)^{2^n}$. Für die Lösung f gilt nun wegen (2')

$$f\left(\frac{a}{y}\right)=2^n\cdot f\left(\frac{a}{y_n}\right)=2^n\cdot\frac{f(a/y_n)}{a-y_n}\cdot\left(1-\frac{y_n}{a}\right)=\frac{f(a/y_n)}{a-y_n}\cdot a\cdot 2^n\cdot\left(1-\left(\frac{y}{a}\right)^{1/2^n}\right).$$

Nun können wir wie oben einen Grenzübergang ausführen:

$$f\left(\frac{a}{y}\right)=\lim_{n\to\infty}\frac{f(a/y_n)}{a-y_n}\cdot a\cdot\lim\nolimits_{n\to\infty}2^n\cdot\left(1-\left(\frac{y}{a}\right)^{1/2^n}\right)=c\cdot a\cdot\ln\left(\frac{a}{y}\right).$$

Somit folgt die Behauptung $f(x)=c\cdot a\cdot\ln(x)$.

Es ist erstaunlich, wie weit Kepler in diesem Beweis mitgegangen ist. Kepler hat schon alle möglichen Kniffe verwendet, so wie sie heute bei der Lösung der sog. Cauchyschen Funktionalgleichungen angewendet werden. Auch in der Approximation geht er neue Wege, wenn er sich eine Proportion aus unendlich vielen Proportionen benachbarter Größen vorstellt, darüber hinaus aber auch noch die Anzahl der Schritte berechnet, die man ausführen muss, um das Maß bis auf eine bestimmte Genauigkeit zu erhalten. Die in Postulat III ausgesprochene Bedingung lautet ja nichts anderes, als $\lim\limits_{x\to a}\frac{M(a/x)}{a-x}=1$. Diese Bedingung kann man, wenn man nur die eingeschränkte Funktionalgleichung (L') betrachte, als $M'(1)=a$ interpretieren. Wenn dagegen die allgemeine logarithmische Funktionalgleichung zur Verfügung steht und also $M(a/x)=M(a)-M(x)$ gilt, als $M'(a)=1$. Dies ist ein großer revolutionärer Schritt, den Kepler hier genommen hat.
In den nachfolgenden 19 Propositionen und mehreren Korollaren dazu zeigt Kepler, wie man mittels der Funktionalgleichung (L) das Maß *M(a/y)* für positive $y<a$ berechnen kann. Schlussendlich kommt er zur entscheidenden Definition.

Definitio: *Mensura cujuslibet proportionis inter 1000. et numerorum eo minorem, ut est definita in superioribus, expressa numero, apponatur ad hunc numerum minorem in Chiliade, dicaturque LOGARITHMVS ejus, hoc est, numerus (αριϑμὸς) indicans proportionem (λόγον) quam habet ad 1000. numerus ille, cui Logarithmus apponitur.* (Definition: Das Maß einer beliebigen Proportion zwischen 1000 und einer dazu kleineren Zahl, wie es im vorhergehenden definiert wurde, ausgedrückt als Zahl und dieser kleineren Zahl in der Chilias zugeordnet, wird deren LOGARITHMUS genannt, das ist, die Zahl, die die Proportion anzeigt, welche jene Zahl zu 1000 hat, wird als deren Logarithmus zugeordnet.

Kommentar: Kepler definiert nun, um zu Napiers Logarithmen zu gelangen, seinen Logarithmus L_K einer positiven Zahl $y < a$ durch $L_K(y) = M\left(\frac{1000}{y}\right)$.

Dass hier Kepler nach unseren Begriffen so lange um den Brei herumredet, liegt wohl darin begründet, dass er hier völlig neue Wege begangen hat. So jammert er selbst an einer Stelle im Anhang zu den Chilias: „In ungewohnten Situationen haben wir Mangel an Worten.“ *(„At cùm in re insolatâ laboremus penuria vocabulorum“).*

Nachdem das Maß M bis auf Zehnerpotenzen gleich dem natürlichen Logarithmus ist, kommt man zum *Keplerschen Logarithmus*

$$L_K(y) = a \cdot \ln(a/y),$$

wobei hier in der *Definitio* $a = 1000$, und in den Tabellen dann $a = 10^7$ ist. Damit ist der Keplersche „Logarithmus“ allerdings nur ungefähr gleich dem Napierschen Logarithmus (siehe Formel (3)).

Bezüglich des Inhaltes der weiteren Propositionen sei wieder auf Hammer [7], Seite 479f. verwiesen. Es sei nur noch erwähnt, dass Kepler, obwohl er in der Definition des Logarithmus vom Argument gefordert hat, dass dieses kleiner als 1000 sei, in der abschließenden Proposition XXX auch den Logarithmus von Zahlen größer oder gleich 1000 bestimmt und feststellt, dass diese negative Vorzeichen haben, und dass der Logarithmus von 1000 gleich 0 ist.

4. Die Gloriole der Arithmetica

Zum Abschluss sei noch auf einen weiteren Punkt hingewiesen. Der sogenannte „Logarithmus der Verdoppelung“, in heutiger Schreibweise $\ln(2) = 0.6931471805$, wird von Napier mit $L_N\left(10^7/5 \cdot 10^6\right) = 6931469$ angegeben, Kepler berechnet ihn dagegen mit $L_K\left(10^7/5 \cdot 10^6\right) = 6931472$. Kepler behauptet stolz, dass sein Wert genauer sei als jener von Napier, weil er exakter, d.h. mit kleineren Iterationsschritten gerechnet habe. Er versieht daher die Arithmetica im Titelkupfer der Tabulae Rudolphinae mit einer Gloriole, gebildet aus der Zahl 6931472.

F. Hammer ([8], Seite 472) glaubt dagegen, dass der Unterschied in der verschiedenartigen Definition der beiden Logarithmusfunktionen L_N und L_K liegt. Die Nachrechnungen, die heute mit Computer viel leichter zu bewerkstelligen sind, zeigen allerdings, dass Kepler recht hatte. Der Unterschied zwischen den Keplerschen und den Napierschen Logarithmen liegt außerhalb der Keplerschen Rechengenauigkeit, nämlich in der dritten Stelle nach dem (damals nicht verwendeten) Dezimalpunkt.

Ausschnitt aus dem Titelkupfer der *Tabulae Rudolphinae,* Ulm 1627 (mit freundlicher Genehmigung der Universitätsbibliothek Graz.)

Literaturverzeichnis

[1] Aczél, J., J. Dhombres: Functional equations in several variables, with applications to mathematics, information theory and to the natural and social sciences. Cambridge University Press, Cambridge etc., 1989.

[2] Cantor, M.: Geschichte der Mathematik. Bd. 1 - 4. Teubner Leipzig 1900.

[3] Caspar, M.: BIBLIOGRAPHIA KEPLERIANA. Ein Führer durch das gedruckte Schrifttum von Johannes Kepler. C.H.Beck'sche Verlagsbuchhandlung, München MCMXXXVI.

[4] Caspar, M.: Johannes Kepler. W. Kohlhammer Verlag, Stuttgart 1948/58.

[5] Edwards, C.H. JR.: The Historical Development of the Calculus. Springer-Verlag, New York etc. 1979 und 1982.

[6] Gronau, D.: Johannes Kepler und die Logarithmen. Ber. der math. statist. Sektion, Forschungsges. Joanneum, Nr. 284, Graz 1987.

[7] Gronau, D.: Die Logarithmen, von der Rechenhilfe über Funktionalgleichungen zur Funktion. In: M. Toepell (Hrsg.) Mathematik im Wandel. Anregungen zu einem fächerübergreifenden Mathematikunterricht, Band 2. Verl. Franzbecker, Hildesheim, Berlin, 2001, 127-145.

[8] Hammer, F.: Nachbericht zu den logarithmischen Schriften von Johannes Kepler. In: Johannes Kepler, Gesammelte Werke Bd. 9, C.H. Beck'sche Verlagsbuchhandlung, München 1960, 461-483.

[9] Kepler, J.: Chilias logarithmorum ad totidem numeros rotundos. Marburg 1624. In: gesammelte Werke Bd. 9, C.H. Beck'sche Verlagsbuchhandlung, München 1960, 275-352.

[10] Kepler, J.: Supplementum Chiliadis logarithmorum. Marburg 1625. In: Gesammelte Werke Bd. 9, C.H. Beck'sche Verlagsbuchhandlung, München 1960, 353-426.

[11] Kepler, J.: Tabulae Rudolphinae. Ulm 1627. In: Gesammelte Werke Bd. 10, C.H. Beck'sche Verlagsbuchhandlung, München 1969.

[12] Kepler, J.: GESAMMELTE WERKE, Band IX, Mathemat. Schriften, bearbeitet von Franz Hammer, C.H.Beck'sche Verlagsbuchhandlung, München MCMLX.

[13] Naux, C.: Histoire des logarithmes de Neper a Euler. Tome 1, Librairie A. Blanchard, Paris 1966.

[14] Kuczma, M., B. Choczewski and R. Ger: Iterative functional equations. Cambridge University Press, Cambridge, New York, Port Chester, Melbourne, Sidney 1990.

[15] Tropfke, J.: Geschichte der Elementarmathematik. 2. Aufl. Band 2: Allgemeine Arithmetik, Walter de Gruyter Berlin- Leipzig 1921.

[16] Tropfke, J.: Geschichte der Elementarmathematik. 4. Aufl. Band 1: Arithmetik und Algebra, Walter de Gruyter Berlin- New York 1980.

Fridericus Amann und die Mathematik seiner Zeit

Armin Gerl

Fridericus Amann war mit Johannes Regiomontanus einer der maßgeblichen Pioniere der Arithmetik und der Algebra in der Mitte des fünfzehnten Jahrhunderts. Was seine Pionierleistungen anbelangt, so wurden diese von mir bereits in Band 11 der Schriften des Adam-Ries-Bundes Annaberg Buchholz beschrieben.[1] Dort findet sich auch eine kurze Lebensbeschreibung.[2]

In der hier vorliegenden Arbeit möchte ich darlegen, wie Fridericus die ihm in seiner Zeit zugänglichen mathematischen Arbeiten verschiedenster Autoren für die Klosterschule St. Emmeram in Regensburg rezipierte.

Fridericus interessierte sich vorwiegend für die praxisorientierte Mathematik, wie sie für die Kalenderrechnung, die geographische Ortsbestimmung und die Feldmessung sowie für die kaufmännischen Aufgabenstellungen nützlich sein konnte. Dies zeigen seine Abschriften einmal der Geometrien Gerberts und Domenicus de Clavasios sowie seine Algorismus-Schriften. Daneben zeigt sich aber auch theoretische Neugier, wie auf geometrischem Gebiet durch seine Beschäftigung mit Bradwardines Geometria speculativa (die er nicht selbst kopierte, die aber sein Explizit trägt), oder durch seine Abschrift von mathematischen Schriften des Nikolaus von Cusa vor allem zur Kreisquadratur, auf zahlentheoretischem Gebiet durch die Abschrift von Nikolaus Oresmes Algorismus proportionum oder durch seine deutsche Algebra von 1461, deutlich wird.

I. Algebra

Neben der „Ersten deutschen Algebra" befaßte sich Fridericus mit dem Algorismus Proportionum des Nicolaus Oresme.

Nicolaus Oresme (1320 - 1382) führt im Algorismus Proportionum die Gedankengänge des Oxforder Magisters Thomas Bradwardine (1290? - 1349) zum Rechnen mit Zahlenverhältnissen weiter und entwickelt die Hauptsätze des Rechnens mit Bruchpotenzen, wobei er im Grunde genommen den Potenzbegriff auf

---

[1] A.Gerl, Fridericus Amann,in: R.Gebhardt(Hg.), Rechenbücher und math. Texte der frühen Neuzeit. Annaberg-Buchholz 1999, S.1-12

[2] Eine Werksübersicht findet sich in: Die deutsche Literatur des Mittelalters. Verfasserlexikon, hrsg. v. B.Wachinger, Bd.11, Lieferung 2, Berlin-New York 2001 unter „Fridericus astronomus".

positiv gebrochene Exponenten (Hochzahlen) erweiterte.[3] Fridericus Amann kopierte 1456 Oresmes Algorismus Proportionum (Clm 14908, fol. 208^{r} - 220^{v}).
Der Traktat besteht aus 3 Teilen; er wurde von Curtze 1868 ediert.[4] Eine Übersetzung des Teil I ins Englische veröffentlichte E. Grant 1965.[5]
Teil I beginnt mit Definitionen der Begriffe „halbes“, „doppeltes“, „anderthalbfaches“ Verhältnis usw. (Quadratwurzel, Quadrat, Quadratwurzel aus der dritten Potenz usw.); dabei wird unausgesprochen vorausgesetzt, daß das Vorderglied größer ist als das Folgeglied. Für den umgekehrten Fall wird nicht von „proportio“, sondern von „fracti“ gesprochen. So ist z.B.
$4^3 = 64$, $\sqrt{64} = 8$ und somit steht 8 zu 4 in eineinhalbfachem Verhältnis (Modern $8 = 4^{1\frac{1}{2}}$). Oresme schrieb dafür $1^{p\frac{1}{2}}$ 4 oder $\frac{p \cdot 1}{1 \cdot 2}$ 4.
Somit war er der Erfinder der Potenzen mit gebrochenen Exponenten. Ein Verhältnis, bei dem ein gebrochener Exponent auftritt, nennt er „irrational“. Dann führt er neue Regeln für das Rechnen mit rationalen wie irrationalen Verhältnissen ein.
Teil II enthält Anwendungen der in Teil I gegebenen Regeln.
Teil III beschäftigt sich mit regulären Sehnen- und Tangentenvielecken ein und desselben Kreises. Derartige Dreiecke, Vierecke, Sechsecke und Achtecke werden in Bezug auf ihre Flächen in Verhältnisse gesetzt.[6]
Oresmes Traktat hatte größeren Einfluß auf die Entwicklung der Mathematik als Maximilian Curtze angenommen hatte. Curtze kannte z.B. die Handschriften „MS C80 Dresden“ und Clm 14908, fol. 208 - 220, des Fridericus, noch nicht. MS C80 Dresden war im Besitz des Johann Widman von Eger, der an der Universität Leipzig lehrte und später im Besitz des Adam Ries.[7] Michael Stifel, der Einfluß auf die Erfinder der Logarithmenrechnung, Neper und Bürgi, ausübte[8], erwähnt die Bezeichnung „Algorismus Proportionum“.[9]
Außerdem verbreitete sich Oresmes Werk, das eine wichtige Errungenschaft der mittelalterlichen Algebra war, indem sein Inhalt teilweise in das Liber proportionum des Hieronimus de Angest († 1538), das 1508 in Paris erschien, aufgenommen wurde, ebenso in das „Liber de triplici motu proportionibus annexis“ des Alvarus Thomas, das 1509 in Paris erschien; Thomas war Magister in Paris. Die Weiterentwicklung des Algorismus Proportionum hat dann der Franzose Ni-

[3] Siehe J. E. Hofmann, Geschichte der Mathematik, Teil I, Berlin 1963, S. 102, sowie A. P. Juschkewitsch, Geschichte der Mathematik im Mittelalter, Leipzig 1964, S. 401/2
[4] M. Curtze, Der Algorismus Proportionum des Nicolaus Oresme, Berlin 1868
[5] In Isis 56 (1965), S. 327 - 341
[6] Näheres hierzu siehe M. Cantor, Vorlesungen über Geschichte der Mathematik, Bd. 2, Nachdruck der 2. Auflage von 1900, Stuttgart 1965, S. 133 - 137
[7] Siehe K. Vogel, Die erste deutsche Algebra aus dem Jahre 1481, München 1981, S. 7
[8] Siehe W. Meretz, Der Mathematiker Michael Stifel zu Esslingen, Berlin 1998, S. 35
[9] Siehe H. Wieleitner, Zur Geschichte der gebrochenen Exponenten, Isis 6 (1924), S. 518; siehe auch N. Bourbaki, Elemente der Mathematikgeschichte, Göttingen 1971, S. 183

colas Chuquet gegen Ende des 15. Jahrhunderts zu seiner Angelegenheit gemacht.[10]

II. Geometrie

Fridericus schreibt in Clm 14908 folgendes zur Praktischen Geometrie:

fol. 186^{r} - 201^{r}: Liber theoreumacie (Cantor II, S. 237) 1457
fol. 301^{v} - 306^{v}: Anonyme Abhandlung über Geometrie auf Gerbert fußend, aber auch mit neuen Errungenschaften (Curtze, Miscellen, S. 107 - 115) 1456
fol. 308 - 311: Geometrisches Quadrat mit Instrumentum gnomonicum (Curtze Anonyme Abh., S. 161 – 765) 1456
fol. 312^{v} - 363^{r}: Clavasio 1456
fol. 390 - 406: Studien zu Euklid (Curtze, Miscellen, S. 1 - 8) 1458
fol. 466^{v} - 495^{v}: Geometria arismetricalis (Gerbert u. Liber theoreumacie); auch Clm 14783
fol. 495^{v} - 496^{v}: Geometria columnarum (Curtze, Handschrift Nr. 14836)
fol. 497^{r} - 503^{v}: Auszüge aus Gerberts Geometrie

Im Liber theoreumacie folgen einem kurz gefassten Algorismus geometrische Themen: Teilung einer Strecke nach vorgegebenem Verhältnis, das gleichseitige Dreieck, Umfangswinkel am Halbkreis, Konstruktion des verlorengegangenen Kreismittelpunktes, Berechnung von Rechtecks- und Kreisfläche, Kubatur der Kugel, Berechnung des Faßinhaltes und einfacher räumlicher Formen. Dann folgt einiges Wenige über Musik und Astronomie.[11]

Die auf Gerbert fußende anonyme Abhandlung über Geometrie (fol. 301 - 306) wurde von Curtze 1894 ediert und kommentiert.[12] Sie fußt auf der Geometrie Gerberts, sowie auf dessen Brief an Adelbold und Abelbolds Brief an Gerbert über die Thematik des Kugelinhalts. Gerberts Geometrie ist einer der wichtigsten geometrischen Texte vor dem 12. Jahrhundert. Sie steht in der Tradition der Schriften der römischen Feldmesser (Agrimensoren). Gerbert benutzte eine Agrimensorenhandschrift, die er 983 n.Chr. fand. Außerdem verarbeitete er den Kommentar zu Platons Timaios von Calcidius, „De quantitate animae“ von Augustinus, die Arithmetik des Boethius sowie dessen Kommentar zur Kategorienlehre des Aristoteles, den Kommentar des Macrobius zum „Somnium Scipionis“ und die Enzyklopädie des Martianus Capella. Die Schrift war als Lehrbuch der Geometrie an den Klosterschulen gedacht. Sie enthält Versuche, die geometrischen Grundbegriffe zu erläutern, befaßt sich mit den verschiedenen Maßen und deren Umrechnungen, beschreibt die Winkelarten unter Einarbeitung von Stellen aus Euklid und die Berechnung von Dreiecken und Vierecken.[13] Gerbert wurde vor

[10] Siehe Fn. 3, Juschkewitsch, S. 402

[11] Siehe M. Cantor, Vorlesungen über Geschichte der Mathematik, Bd. 2, Nachdruck der zweiten Auflage von 1900, Stuttgart 1965 , S. 237

[12] M. Curtze, Miscellen zur Geschichte der Mathematik im 14. und 15. Jahrhundert, in: Bibliotheca Mathematica 8 (1894), S. 107 - 115

[13] Siehe M. Folkerts, Die Bedeutung des Lateinischen Mittelalters für die Entwicklung der Mathematik; Forschungsstand und Probleme, in: Ch. Hünemörder, Wissenschaftsgeschichte heute, Stuttgart 1987, S. 91

945 in Aurillac geboren, wurde 991 Erzbischof von Reims, 999 wurde er Papst unter dem Namen Sylvester II.[14]
Gerbert führte einen wissenschaftlichen Briefwechsel mit einigen Zeitgenossen, so mit Adelbold von Utrecht. Gerbert bemühte sich um die Popularisierung der Werke des Boethius, der Fragmente der „Elemente“ des Euklid und der praktischen Geometrie der römischen Feldmesser. Dabei ging er an die Grundbegriffe der Geometrie kritisch heran. Er wies darauf hin, daß Punkt, Linie und Fläche immer an Körper gebunden vorkommen. Nur in Gedanken können wir sie aus dieser Verbindung lösen.[15]
Im Text des Fridericus finden sich verschiedene rechnerische Darstellungen der Zahl π, so 22/7 oder $\sqrt{10}$ und 62832/20000, ohne daß aber ihr verschiedener Annäherungsgrad hervorgehoben wird. (Dies tat z.B. Peuerbach).[16] Die Verwandlung eines Kreises in ein Quadrat, wie auch der umgekehrte Vorgang, die Ausziehung der Quadratwurzel, die Bestimmung des Kreisabschnittes zur Sehne, Bestimmung des Inhalts eines Faßes, das nicht gefüllt ist (unter Anweisung der Anfertigung einer virga visoria), die Verwandlung einer Säule, deren Länge größer ist als ihr Durchmesser, in eine andere, deren Höhe gleich dem Durchmesser ist, werden gelehrt. Der Begriff des Gnomons eines Quadrates wird auf den eines Würfels erweitert. Es wird gezeigt, daß die Diagonale eines Quadrates gleich der Quadratwurzel aus der doppelten Quadratseite sein muß (hier wie bei der obigen Kreisquadratur sind Anklänge an Albert von Sachsen vorhanden).
Auf fol. 308 - 311 von Clm 14908 kopierte Fridericus 1456 die Abhandlung „De quadrato geometrico compenendo“, deren Autor ungenannt ist. Sie lehrt die Herstellung des geometrischen Quadrats, etwas abweichend vom entsprechenden Traktat Georg Peuerbachs von 1460. Zuerst wird das geometrische Quadrat beschrieben, dann wird seine Verwendung zur Tiefen-, Längen- und Höhenmessung dargestellt. Verglichen mit entsprechenden Ausführungen in der Geometrie Gerberts ist das beschriebene Instrument nun weiterentwickelter und es wird nun auch die logische Begründung gegeben: es gibt stets zwei ähnliche Dreiecke; die sich hieraus ableitende viergliedrige Proportion ermöglicht es aus drei bekannten Gliedern das vierte zu berechnen. Dabei wird auf Euklid, Buch 6, Prop. 4 und auf den Algorismus de minutiis (Johannes de Lineriis) Bezug genommen. Am Ende des Textes findet sich eine Tabelle zur Erleichterung der Rechnung.[17]

---

[14] Eine ausführliche Beschreibung von Werk und Persönlichkeit Gerberts findet sich bei U. Lindgren, Gerbert von Aurillac und das Quadrivium, Wiesbaden 1976

[15] Siehe A. P. Juschkewitsch, Geschichte der Mathemtaik im Mittelalter, Leipzig 1964, S. 339/340

[16] Siehe Fn. 12, Curtze S. 107. Genauere Inhaltsangaben des Fridericustextes, Curtze, S. 108. Zur Geschichte der Zahl π siehe auch A. Gerl, Trigonometrisch-astronomisches Rechnen kurz vor Copernicus, Stuttgart 1989, S. 251f.; genaueres bei J. Arndt, Ch. Haenel, π, Algorithmen, Computer, Arithmetik, Springerverlag 2000^2, S. 173 u. 162; außerdem siehe Clagett, Vol. III, part. II, S. 220 u. 381 und Cantor II, S. 183

[17] Beschreibung und Edition des Textes bei M. Curtze, Anonyme Abhandlung über das Quadratum Geometricum, in: Zeitschrift für Mathematik und Physik 40 (1895) hist.-lit. Abt. S. 161 - 165; Details zum Geom. Quadrat siehe: Lehren und Lernen, hrsg. v. W. Kaunzner,

Durch Johannes Danks Abschrift (1323) des 8. Abschnitts der „Canones tabularum primi mobilis“ des Jean de Lignières von 1322 wurde das Geometrische Quadrat in Deutschland bekannt, dann durch Reinhard Gensfelders Abschrift 1434 in Wien.
In seiner Practica Geometriae (1346 in Paris) hob Dominicus de Clavasio die Bedeutung des Geräts für die Feldmessung hervor. Das von Regiomontanus 1455 beschriebene Gerät wurde nicht zur Feldmessung, sondern zur Höhenmessung verwendet. Bedeutsam wurde dann Peuerbachs um 1460 verfaßte Arbeit über das Gerät (Siehe Zinner, Instrumente, S. 187 - 191).
Die „Geometria columnarum“ auf fol. 495^v - 496^v dient der Säuleninhaltsberechnung [18] und stammt aus dem 11. Jahrhundert. Die „Geometria arismetricalis“ auf fol. 466^v - 495^v (auch in Vin 4775, fol. 173^v - 182^v, nach Pecham), die Fridericus aus Clm 14783, fol. 455 - 494, mit manchen Erweiterungen wörtlich übernommen hat, ist eine Kompilation aus der Geometrie Gerberts und dem 2. Buch des Liber theoreumacie.[19] Auf fol. 497^r - 503^v finden sich nochmals Auszüge aus Gerberts Geometrie. Auf fol. 390 - 406 findet man Studien zu Euklid zur Berechnung von Zylinder- und Kreisabmessungen ähnlich dem Traktat Gerberts, sowie Quadratberechnungen. Die Bezeichnung von $\sqrt{2}$ als „medietas proportionis duplae“ nach Art des Nicolaus Oresme in dessen Algorismus proportionum wird dabei verwendet.[20]

Die „Practica geometriae“ des Dominicus de Clavasio, 1346 in Paris geschrieben, kopierte Fridericus 1456 (Clm 14908, fol. 312^v - 363^r). Schon Hugo von St. Victor verfaßte im 12. Jahrhundert eine Practica geometriae, wie er nach antikem Vorbild die Unterscheidung von theoretischer, spekulativer und praktischer, aktiver (Instrumente benutzender) Geometrie traf. Seine Practica geometriae wurde inhaltlich beispielhaft für ähnliche Abhandlungen der Folgezeit. In dieser Schrift behandelte er die Höhenmessung (altimetria), das Bestimmen von Flächen (planimetria) und von Körpern (cosmimetria). Die Geometrie, die uns hier entgegentritt, ähnelt sehr stark derjenigen, die die Agrimensoren lehrten. Sie setzt die Tradition der Römer fort und ist höchstens dadurch bemerkenswert, daß das von den Arabern kommende Astrolab für die Winkelmessung benutzt wird. Die Tradition dieser Traktate setzt sich ungebrochen bis zum 15./16. Jahrhundert fort. Auch die sehr verbreitete Practica geometriae des Dominicus de Clavasio gehört dieser Gruppe an. An der Schrift des Dominicus erkennt man gut die Beeinflussung durch Euklids „Elemente“ bezüglich Stil und Inhalt. Da alle Instrumente und Verfahren der praktischen Geometrie letztlich auf der Ähnlichkeit von Dreiecken

---

Festschrift zum 60. Geburtstag von Karl Röttel, S. 108 f. sowie Zinner, Instrumente, S. 187 - 191

[18] Siehe hierzu die Edition einer anderen Handschrift durch M. Curtze, Die Handschrift Nr. 14836 der königlichen Hof- und Staatsbibliothek zu München, in: Abhandlungen zur Geschichte der Mathematik 7 (1895), S. 75 - 142

[19] Siehe K. Vogel, Die Practica des Algorismus Ratisbonensis, München 1954, S. 19

[20] Siehe M. Curtze, Miscellen zur Geschichte der Mathematik im 14. und 15. Jahrhundert, in: Bibliotheca Mathematica 9 (1895), S. 1 - 8

und somit auf Proportionen beruhen, beginnt Dominicus mit vier „suppositiones“ über Proportionen und über die Bestimmung unbekannter Stücke in einer Verhältnisgleichung. Auch bei den Vermessungsproblemen, die er behandelt, bemüht sich Dominicus um eine ‘wissenschaftliche’ Einkleidung, wenn er einen Beweis nach Art des Euklid und unter Verwendung der bei Euklid üblichen logischen Strukturen bringt. Dominicus de Clavasio betrachtet 3 1/7 nur als Näherungswert für π, was im Mittelalter sehr selten ist.[21] Dominicus’ Arbeit beeinflusste spätere Traktate wie die „ Geometria Culmensis“ des späten 14. Jahrhunderts.[22]

b) Die „Geometria speculativa“ des Thomas Bradwardine

Clm 14908, fol. 224^r - 299^v enthält die vollständige Abschrift der „Geometria speculativa“ des Thomas Bradwardine, aber nicht von der Hand des Fridericus. Fridericus merkte lediglich an, daß Bradwardine aus den Büchern des Euklid, des Campanus, des Archimedes, des Theodosius, des Jordanus und aus den Büchern über die isoperimetrischen Gebilde geschöpft habe.[23] Er gibt dabei die Jahreszahl 1456 an. Am Ende des Traktats findet sich ein „explicit“ von der Hand des Fridericus wiederum mit der Datierung 1456. Man ersieht hieraus, daß sich Fridericus mit diesem Traktat, der zwar von einer anderen Hand geschrieben wurde, befasste. Bradwardine schrieb die Geometria speculativa wahrscheinlich vor 1328, das genauere Entstehungsdatum ist nicht bekannt.[24] Thomas Bradwardine lehrte in der 1. Hälfte des 14. Jahrhunderts an der Universität Oxford. Er schrieb neben theologischen Schriften eine Arithmetica speculativa, eine Geometria speculativa, einen Traktat über das Bewegungsgesetz des Aristoteles und einen Traktat De continuo.[25] Er wurde zwischen 1290 und 1300 in der Grafschaft Sussex geboren und starb 1349 in London. Der Name „speculativa“ weist auf den Charakter einer „theoretischen“ Geometrie hin.[26] Der Traktat besteht aus 4 Abschnitten. Im 1. Abschnitt werden sternförmige Vielecke behandelt, die man aus regulären konvexen Vielecken erhält (ausgehend vom Fünfeck).[27] Diese Untersuchung der sternförmigen Vielecke ist ein völlig selbständiger Beitrag von Bradwardine zur Wissenschaft.

[21] Siehe Fn. 13, Folkerts, S. 99 - 101.und J. Tropfke, Geschichte der Elementarmathematik, Bd. 4, Ebene Geometrie, Berlin 1940, S. 280; siehe auch Cantor II, S. 127

[22] Beschreibung und Edition der Practica geometriae des Dominicus de Clavasio findet sich H.L.L. Busard, The Practica Geometriae of Dominicus de Clavasio in: Archiv. Hist. Exact. Sciences, 2 (1965) S. 520 - 575; eine Übersetzung ins Englische findet sich in: E. Grant (ed.), A Source Book in Medieval Science, Cambridge, Massachusetts 1974, S. 180 - 187

[23] Siehe M. Cantor, Vorlesungen über Geschichte der Mathematik, Bd. 2, Nachdruck der 2. Auflage von 1900, New York 1965, S. 116; siehe Clm 14908, fol. 224^r, unten (1. Seite von Bradwardines Geometrie)

[24] Siehe A..G. Molland, An examination of Bradwardine’s Geometry, in: Archiv for the history of exact sciences 19 (1978), S. 116

[25] Siehe H. Gericke, Mathematik im Abendland, Wiesbaden 1994^3, S. 137, S. 146f., S. 318

[26] Siehe Fn. 15, Juschkewitsch, S. 395, siehe auch Fn. 13, Folkerts, S. 99

[27] Näheres siehe Fn. 15, Juschkewitsch, S. 395 und Fn. 23, Cantor, S. 114f. sowie Fn. 24, Molland, außerdem A.G.Molland, Thomas Bradwardine, Geometria speculativa, Boethius 18, Stuttgart 1989

Im 2. Abschnitt werden die isoperimetrischen Eigenschaften der Kreis- und Kugelvielecke behandelt, gestützt im Wesentlichen auf eine anonyme lateinische Übersetzung aus dem Arabischen, die auf dem Werk des Zenodorus beruht. Diese Eigenschaften der „Umfangsgleichheit" von Vielecken dürften bei den Überlegungen des Nicolaus Cusanus zur Kreisquadratur anregend gewirkt haben (siehe später).
Der dritte Abschnitt gilt der Lehre von den Verhältnissen. Die Irrationalität des Verhältnisses von Quadratseite und -diagonale wird angesprochen. Außerdem wird die Schrift „über die Kreismessung" des Archimedes erwähnt.[28] Es wird beschrieben, daß der Flächeninhalt eines Kreises gleich dem eines Rechtecks ist, wenn eine Rechteckseite gleich dem halben Kreisumfang und die andere Rechteckseite gleich dem Radius ist.[29] Die Zahl π wird (als Verhältnis von Kreisumfang zu Durchmesser) zu 3 1/7 angegeben.[30]
Der 4. Abschnitt behandelt räumliche Eigenschaften wie „körperliche Winkel", die fünf regulären Körper, die Kugel und Kreise auf deren Oberfläche, wobei die Sphärik des Theodosius als Quelle zitiert wird. Zum Problem der Auffüllung des Raumes durch kongruente reguläre Körper wird auf Averroes (Ibn Rušd) hingewiesen.
Die Geometria speculativa des Thomas Bradwardine wurde von den Mathematikern des 14. und 15. Jahrhunderts sehr hoch eingeschätzt. Sie wurde 1495 gedruckt und erlebte bald darauf weitere Auflagen.[31]
Was die Quellenangaben des Fridericus Amann angeht, so sind Hauptquelle die Elemente des Euklid in der Version des Campanus von Novara. Archimedes „De mensura circuli" und Theodosius „Sphaerica" werden an einschlägigen Stellen verwendet. „De proportionibus", manchmal dem Jordanus zugeschrieben, könnte verwendet worden sein, nicht aber „De triangulis" von Jordanus. Aus „De ysoperimetris" (wahrscheinlich von Eutocius und vom Werk des Zenodorus abgeleitet; eine Übersetzung eines Teils einer anonymen Einleitung zum Almagest) entnahm Bradwardine allerdings nicht unmittelbar Informationen.[32]
Zusätzlich zur Autorenliste des Fridericus kommen Arithmetisches in der Tradition der „Arithmetica" des Boethius (und möglicherweise auch dessen „Musica") und die Tradition der Aristoteleskommentare. Auch der Einfluß scholastischer Logikverfahren zeigt sich. Die Hauptquelle der Geometria speculativa war die Campanusversion des Euklid, aber es finden sich auch Kapitel über Sternvielecke, Isoperimetrie, Raumerfüllung und die Kugel. Es ist das erste geometrische Werk der abendländischen Mathematik, das mehr ist, als nur ein Kommentar zu Euklids Elementen, da sich obige zusätzliche Themen (Sternvielecke etc) finden. Beim axiomatischen Aufbau unterscheidet sich Bradwardine kaum von Euklid.

[28] Siehe Fn. 27, Molland, Boethius 18, S. 117 und Fn. 15, Juschkewitsch, S. 396
[29] Siehe Fn. 23, Cantor, S. 117 und Fn. 27, Molland Boethius 18, S. 117
[30] Fn. 27, Molland, Boethius 18, S. 119
[31] Siehe Fn. 27, Molland, Boethius 18, S. 16 - 17
[32] Siehe Fn. 24, Molland, S. 120/1

Das Parallelenpostulat wird z.B. ohne Kommentar übernommen; offenbar waren arabische Arbeiten zu diesem Thema dem Bradwardine nicht bekannt.[33]

c) Mathematische Schriften des Nicolaus Cusanus

1459 kopierte Fridericus aus Schriften des Nicolaus Cusanus zur Kreisquadratur und zur Philosophie mit mathematischem Bezug (Clm 14908, fol. 406^v - 464^r):[34] De geometricis transmutationibus (als Kopievorlage diente Clm 18711, fol. 234^v - 242^r, aus dem Kloster Tegernsee stammend von 1452 [35]), De circuli quadratura, De mathematicis complementis Buch I (als Vorlage diente Clm 14213, fol. 105^r - 108^v, aus Kloster St. Emmeram, von 1458), De docta ignorantia, Kap. 13, 14, 15 (Clm 14908, fol. 453^r - 455^v), De conjecturis, Kap. 4, 5, 11, 14, 15 (Clm 14908, fol. 456^r - 464^r; in späteren Editionen Kap. 2,3,9,12,13).

De geometricis transmutationibus ist die früheste mathematische Abhandlung des Nicolaus. Sie wurde am 25. November 1445 vollendet und dem italienischen Gelehrten Paolo Toscanelli gewidmet. Schon in dieser Schrift bezieht sich Nicolaus auf isoperimetrische (umfangsgleiche) reguläre Vielecke. Aus der Art und Weise dieser Bezugnahme läßt sich folgern, daß sich Nicolaus dabei auf Thomas Bradwardines Geometria speculativa stützt, mit deren Inhalt er vermutlich in der philosophischen Einführungsvorlesung an der Universität Köln im Jahre 1425 bekannt geworden war. Auch der Hinweis auf die Gleichheit der Kreisfläche mit der Fläche eines Rechtecks, dessen eine Seite gleich dem halben Kreisumfang und dessen andere Seite gleich dem Kreisradius ist, verweist auf die Behandlung der Archimedischen Kreisquadratur in Teil III der Geometria Speculativa des Bradwardine.[36]

Aufgrund der Überlegungen des Nicolaus von Cues in der 1. Prämisse von De geometricis transmutationibus läßt sich ein Wert von π zu 3,142337...... errechnen, der innerhalb der archimedischen Grenzen 3 1/7 und 3 10/71 liegt.[37] Diese Überlegung kannte Regiomontanus nicht, als er Arbeiten von Nicolaus zur Kreisquadratur heftigst kritisierte und ablehnte.[38]

Nicolaus beschreibt die Thematik des Traktats dadurch, daß es sich um die Verwandlung von Gekrümmtem in Gerades und umgekehrt handle. Ein rationales

---

[33] Siehe H. Meschkowski, Problemgeschichte der Mathematik I, S. 174/175

[34] Siehe K. Vogel, Die Practica des Algorismus Ratisbonensis, München 1954, S. 17 - 18, Einen allgemeinen Überblick zu Persönlichkeit und Werk des Nicolaus Cusanus gibt J. E. Hofmann, Nikolaus von Cues - Der Unwissend Wissende, in: Janus 51, 1964, S. 241 - 276

[35] J. E. Hofmann, Die Schriften des Nikolaus von Kues, Die mathematischen Schriften, Hamburg 1952, S. XLVI

[36] Siehe J. E. Hofmann, Über eine bisher unbekannte Vorform der Schrift De mathematica perfectione des Nikolaus von Kues, in : Mitteilungen und Forschungsbeiträge der Cusanus-Gesellschaft 10 (1973), S. 15

[37] Siehe Fn. 35, Hofmann, S. 191 sowie Fn. 23, Cantor, S. 195

[38] Siehe J. E. Hofmann, Über Regiomontanus und Buteons Stellungnahme zu Kreisnäherungen des Nikolaus von Kues, in: Mitteilungen und Forschungsbeiträge der Cusanusgesellschaft 6 (1967), S. 149

Verhältnis sei dabei nicht möglich. Das Geheimnis liege in der „coincidentia extremarum“ (Zusammenfallen der Extreme)[39]
Nach fast zahllosen Ansätzen, die immer vergeblich waren, habe sich ihm durch Rückgriff auf das in seiner Schrift „De docta ignorantia“ angewendete Prinzip (coincidentia oppositorum) endlich ein Weg aufgetan. Die Koinzidenz der Extreme habe im Maximum statt, das der unbekannte Kreis sei, deshalb müsse sie im Minimum – dem Dreieck - aufgesucht werden. Unter allen isoperimetrischen Figuren hat das Dreieck die kleinste Fläche. Da eine isoperimetrische Figur ihre Fläche vergrößert, wenn die Zahl ihrer Winkel zunimmt, hat der Kreis die größte Fläche. Doch erreicht man durch vervielfachen der Winkel den Kreis nicht. Kein Vieleck kann zum isoperimetrischen Kreis ein rationales Verhältnis haben. Weder der einbeschriebene, noch der umbeschriebene Kreis wird zum isoperimetrischen ein rationales Verhältnis haben. Die Differenz ihrer Radien wird bei Vergrößerung der Winkelzahl kleiner. Beim isoperimetrischen Kreis fallen alle Radien zusammen.[40]
In der nun folgenden 1. Prämisse befaßt sich Nicolaus mit der Konstruktion des Radius des Kreises, der mit dem gleichseitigen Ausgangsdreieck umfangsgleich ist. Dann ersetzt er das gleichseitige Dreieck durch ein umfangsgleiches regelmäßiges Vieleck und untersucht den Radius des zugehörigen isoperimetrischen Kreises.
In der nur handschriftlich erhaltenen Abhandlung „De circuli quadratura“ vom 12.7.1450 steht vor allem die Frage nach der Existenz und der genauen Bestimmbarkeit des zum umfangsgleichen, gleichseitigen Dreieck isoperimetrischen Kreises im Vordergrund. Hier erscheint der aus der gegebenen Konstruktion folgende Wert $\pi = 3{,}1423$, wird jedoch aus philosophischen Gründen als eine Näherung bezeichnet.[41]
Das Verhältnis von Kreisumfang zu Kreisdurchmesser sei $6\sqrt{2700} : 2\ 1/2\sqrt{1575}$[42].
In der vermutlich im Herbst 1445 entstandenen Schrift „De arithmeticis complementis“ nimmt Nicolaus an, der Radius r des isoperimetischen Kreises lasse sich mit Hilfe von Inkreisradius ρ_n und Umkreisradius r_n der regulären Vielecke mit zunehmender Eckenzahl n nach der Formel $r = r_n - \mu(r_n - \rho_n)$ errechnen, wobei μ eine konstante Zahl ist. De arithmeticis complementis wurde vor De circuli quadratura abgefaßt. In der nach De circuli quadratura verfaßten „Quadratura circuli“ (Dezember 1450) wird aus obiger Formel $r = \rho_n + \lambda(r_n - \rho_n)$ mit $\lambda = 2/3$, was gleichbedeutend mit $r = 1/3(2r_n + \rho_n)$ ist. Diese Beziehung wird von J. E. Hofmann als „kennzeichnende Näherung“ bezeichnet.[43] Sie beherrscht in erstaunli-

[39] Was die lateinischen Termini betrifft, so stütze ich mich auf die Edition der mathematischen Schriften des Nikolaus von Kues durch M. Folkerts, die demnächst bei Felix Meiner in Hamburg erscheinen wird. An dieser Stelle möchte ich Herrn Prof. Folkerts vom Institut für Geschichte der Naturwissenschaften in München für die Vorabüberlassung des Manuskripts danken
[40] Siehe Fn. 35, Hofmann, S. 5/6
[41] Siehe Fn. 36, Hofmann, S. 17
[42] Siehe Fn. 35, Hofmann, S. 49 (dieser Quotient beträgt ungefähr 3,14233762)
[43] Siehe Fn. 36, Hofmann, S. 18

chem Maß das ganze weitere mathematische Schaffen des Cusanus und erreicht in „De mathematica perfectione" ihren Höhepunkt in einer Formel, die von Vieta und Snellius wieder benutzt wurde. In De arithmeticis complementis erwähnt Nicolaus erstmals die Archimedischen Schranken 3 10/71 und 3 1/7, vermutlich inspiriert durch eine Übersetzung der Circuli dimensio des Archimedes, die von der Übersetzung des Gerhard von Cremona aus dem Arabischen abhängt.[44]
De circuli quadratura beginnt in der Einleitung mit einer Anrede an einen bestimmten Leser: „Du versicherst, in eine Vielfalt von Bearbeitern der Kreisquadratur verstrickt zu sein, und Du drängst mich, nun, da die nötige Muße gegeben ist, Dir eine erschöpfende Darstellung dessen zu geben, was man über diesen Gegenstand wissen kann.[45] Der Angesprochene könnte Georg Peuerbach sein, vermutet Cantor.[46] Da Peuerbach in seinem „Tractatus super propositiones Ptolemaei de sinibus et chordis" profunde Kenntnisse für Näherungswerte von π zeigt, könnte dies sein.[47]
Die 11 mathematischen Schriften des Nikolaus von Kues lassen sich in 3 Gruppen einteilen; die 1. Gruppe umfaßt die Schriften der Jahre 1445 bis 1450 mit dem Hauptwerk „De Geometricis transmutationibus" (1445) und den Werken „De arithmeticis complementis" (undatiert) und „De circuli quadratura" (1450). In ihnen versucht Nicolaus das Problem der Kreisquadratur in einem ersten Anlauf numerisch und konstruktiv zu bewältigen. Der Gedanke einer näherungsweisen Ermittlung des Kreisradius mit Hilfe isoperimetrischer Vielecke zeichnet sich bereits ab, ohne allerdings schon zu einem eigentlichen Verfahren ausgebaut zu sein.[48] Wie bereits oben beschrieben, weist Nicolaus in „De geometricis transmutationibus" auf sein Prinzip der „Koinzidenz der Gegensätze" (coincidentia oppositorum) hin, das er für den Entwurf seiner „neuen" mathematischen Methode nutzbar machen will. Er spricht dabei immer wieder von einer „nova ars", bzw. einer „ars adhuc incognita", von der man nicht lese, daß die Alten soweit vorgestoßen seien. Er versteht also seine eigenen mathematischen Versuche als wesentliche Neuansätze gegenüber der antik-mittelalterlichen Mathematik.[49] In „De mathematica perfectione" sagt er, sein Streben gehe dahin, aus der Koinzidenz der Gegensätze die Vollendung der Mathematik zu gewinnen. Wenn Cusanus auch sein hochgestecktes Ziel letztlich nicht erreichen konnte, so wurde von ihm dennoch der zukunftsträchtige Weg infinitesimaler Betrachtungsweisen

---

[44] Siehe Fn. 36, Hofmann, S. 18

[45] Siehe Fn. 35, Hofmann, S. 36

[46] Siehe Fn. 23, Cantor, S. 193; Peuerbach hat während seiner Italienreise zwischen 1448 und 1451 wahrscheinlich die Bekanntschaft des Nicolaus Cusanus (und Johannes Bianchini) gemacht und könnte dabei bei Paolo Toscanelli geweilt haben. Im Gefolge des Cusanus (auf dessen Legationsreise 1451/52) war dann Peuerbach mutmaßlich Anfang März wieder nach Wien zurückgekehrt (siehe H. Grössing, Humanistische Naturwissenschaft, Baden-Baden 1983, S. 80 und Fn. 23, Cantor S. 186)

[47] Siehe A. Gerl, Trigonometrisch-astronomisches Rechnen kurz vor Copernicus, Stuttgart 1989, S. 253, siehe auch Fn. 23, Cantor, S. 183

[48] Siehe F. Nagel, Nicolaus Cusanus und die Entstehung der exakten Wissenschaften, Münster 1984, S. 63/64

[49] Siehe Fn. 48, Nagel, S. 62

zum ersten Mal vertieft beschrieben. Nicolaus ging mit seinen Ideen zur Kreisquadratur über Archimedes hinaus und schlug neue Methoden vor, um Näherungswerte für π zu berechnen. Sein Weg war für das Mittelalter durchaus neu, wenn auch die Inder ihn bereits eingeschlagen hatten; doch Nicolaus konnte davon keine Kenntnis gehabt haben.[50] Nicolaus bedient sich infinitesimaler Schlüsse, die zum ersten Mal seit den Zeiten der Atomistiker von einem ernsthaften Forscher wieder aufgenommen werden.[51]

Das Neuartige in seiner Betrachtungsweise ist, daß der infinitesimale Grenzübergang vermittels seiner „visio intellectualis“ (geistige Wesensschau) „sichtbar“ gemacht werden kann. Was hier auf außermathematischem Wege der Vorstellungskraft und dem inneren Feingefühl überlassen bleibt, wird in jahrhundertelangem Ringen um den Gegenstand zur Infinitesimalmethode der modernen Mathematik.[52] Seine „visio intellectualis“ wendet Nicolaus z.B. auf die Gleichheit von Bogen und Sehne an, die nur im Kleinsten möglich sei. Aus der unbeschränkten Teilbarkeit des Kontinuums (nach Aristoteles kann es nicht aus Punkten bestehen[53]) folgt, daß auch bei Übergang zum Infinitesimalen keine der beiden zu vergleichenden Größen wirklich Null werden kann, aber aus der angenäherten Gleichheit von Bogen und Sehne im Infinitesimalen läßt sich ein Schluß auf vorhandene Beziehungen im Endlichen ziehen. Hier ist der Begriff des geometrischen Grenzübergangs zwar noch unvollkommen, aber doch mit überraschender Feinfühligkeit erfaßt.[54]

In „De circuli quadratura“, die unmittelbar vor den Idiota-Schriften entstand[55] , stellt Nicolaus vor allem - neben der fachmathematischen Behandlung der Kreisquadratur - die Frage nach den Bedingungen der Lösbarkeit dieses Problems im Rahmen der Denkweise der zeitgenössischen Mathematik. Er hebt dabei den gesamten Fragenkomplex auf eine völlig neue Reflexionsstufe. Zum ersten Mal wird hier von Nicolaus expressiv verbis ausgesprochen, daß das Problem der Kreisquadratur, um das sich bereits die bedeutendsten Mathematiker von Antike und Mittelalter bemüht hatten , mit den Mitteln der überlieferten Mathematik und im Rahmen ihrer traditionellen Denkweise überhaupt nicht exakt zu lösen ist. Diese Erkenntnis wäre allerdings noch nichts Neues gewesen. Völlig neu ist jedoch die Einsicht des Nicolaus Cusanus, daß die Unmöglichkeit der Kreisquadratur nicht in der Natur der Sache selbst begründet ist, sondern von der zugrundeliegenden mathematischen Denkweise abhängt, und zwar abhängig vom mathematischen Gleichheitsbegriff ist.[56] Cusanus unterzieht den seit den Griechen unbefragt geltenden Gleichheitsbegriff der Mathematik einer kritischen Prüfung. Er

---

[50] Siehe Fn. 22, Tropfke, S. 281

[51] Siehe J. E. Hofmann, Geschichte der Mathematik, Bd. I, Berlin 1963, S. 127

[52] Siehe Fn. 36, Hofmann, S. 53/54

[53] Siehe H. Gericke, Aus der Geschichte des Begriffs „Kontinuum“, in: Math. Semesterberichte, Bd. XXXI, S.45

[54] Siehe Fn. 35, Hofmann, S. XXXVII

[55] Siehe Fn. 48, Nagel, S. 65; zu den Idiota-Schriften siehe K. Flasch, Nikolaus von Kues, Geschichte einer Entwicklung, Frankfurt 1998, S. 251 f

[56] Siehe Fn. 48, Nagel, S. 66 f.

unterscheidet zwischen der absoluten Gleichheit und derjenigen, welche noch einen Unterschied läßt, der allerdings kleiner als ein beliebiger noch so geringer rationaler Bruchteil ist. Mit dem Anspruch der absoluten Gleichheit muß die Kreisquadratur für unmöglich erklärt werden. Mit dem neuen Begriff dagegen entsteht die Möglichkeit näherungsweiser Lösungen. Dies erinnert stark an den Limesbegriff der modernen Mathematik, wie ihn z.B. Cauchy formuliert hat.[57]
Auf dem Weg zu diesem Gleichheitsbegriff argumentiert Cusanus in „De circuli quadratura" unter anderem mit Hilfe der Begriffe „Inzidenzwinkel" und „Kontingenzwinkel", die er aus Bradwardines Geometria speculativa kennt.[58]
Die von Fridericus Amann kopierten Schriften „De geometricis transmutationibus" und „De circuli quadratura" gehören sachlich und gedanklich aufs engste zusammen (mit „De arithmeticis complementis"). Sie stellen die 1. Stufe der Cusanischen Mathematik dar.[59]
Das von Fridericus kopierte 1. Buch der Schrift „De mathematicis complementis" von 1453/54 gehört zusammen mit „Quadratura circuli" (undatiert), „Declaratio rectilineationis curvae" (undatiert), „De una recti curvique mensura" (undatiert) und „Dialogus de circuli quadratura" (1457) zur 2. Stufe der Cusanischen Mathematik,[60] verfaßt zwischen 1453 und 1457. Ihr Hauptwerk ist „De mathematicis complementis". Die Methode der isoperimetrischen Vielecke ist hier zu einem brauchbaren Näherungsverfahren ausgebaut worden, das sich, gestützt auf die Untersuchung funktionaler Abhängigkeiten, erstmals systematisch des Begriffs des Grenzübergangs bedient.[61] In „De mathematicis complementis" schiebt sich immer stärker die indirekte Schlußweise in den Vordergrund („was weder größer noch kleiner ist, muß gleich sein") und verdrängt die direkte Schlußweise („was größer und kleiner ist, muß gleich sein") gemäß dem Zwischenwertsatz.[62]
Das 1. Buch ging an die Freunde und Vertrauten des Kardinals, insbesondere auch an Paolo Toscanelli, der sich kritisch damit auseinandersetzte: er wies darauf hin, daß die Flächenproportionalität des Hauptsatzes I, 11 durch nichts erwiesen sei. Dies geht aus einem Schreiben
Toscanellis an den Kardinal hervor, das auch Georg Peuerbach in Wien erhielt und von diesem dann Regiomontanus.[63]
Aus dem Text zu Beginn des 1. Buches von „De mathematicis complementis" wird deutlich, daß Nicolaus von Cues die auf Veranlassung des Papstes Nicolaus V. zustandegekommene Übersetzung von Abhandlungen des Archimedes aus dem Griechischen ins Lateinische durch Jakob von Cremona ab Spätherbst

[57] Siehe Fn. 48, Nagel, S, 68
[58] Näheres hierzu siehe Fn. 35, Hofmann, S. 202 f.
[59] Siehe Fn. 35, Hofmann, S. XXVIII
[60] Siehe Fn. 48, Nagel, S. 64
[61] Siehe Fn. 48, Nagel, S. 64
[62] Siehe Fn. 35, Hofmann, S. XXXI
[63] Siehe Fn. 35, Hofmann, S. XXXII; siehe auch R. Mett, Regiomontanus, Stuttgart-Leipzig 1996, S. 108

1450 gesehen hat.[64] Nicolaus hat dieses Buch, das in den ersten Septembertagen des Jahres 1453 zu Branzoll abgeschlossen wurde, dem Papst Nikolaus V. gewidmet.[65]

Eingangs verwirft Cusanus die Art der Rektifikation des Kreises durch Archimedes in dessen „De spiralibus" erneut und ausführlicher als in der Vorgängerabhandlung „Quadratura circuli" vom Dezember 1450. Die Schrift besteht aus 13 Sätzen, auf die vier Anwendungsbeispiele folgen. Bei der Behandlung der Anwendungsbeispiele wird die Näherungsrechnung zur Bestimmung des konstanten Faktors λ in der „kennzeichnenden Näherung" $r = \rho_n + \lambda(r_n - \rho_n)$ aus „Quadratura circuli" unverändert übernommen mit dem Ergebnis $\lambda = 2/3$.[66] Was Nicolaus in Eile in „Quadratura circuli" niedergeschrieben hatte, wurde methodich sorgfältiger in „De mathematicis complementis" aufbereitet.

In „Quadratura circuli" greift Nicolaus den Gedanken einer schrittweisen Annäherung des Kreisradius durch die In- und Umkreisradien isoperimetrischer Vielecke wieder auf. Die Anregung dazu war ihm durch die Lektüre der archimedischen Schriften in der lateinischen Übersetzung des Jakob von Cremona vermittelt worden. Nach ausführlichen Diskussionen mit befreundeten Gelehrten, zu denen sicherlich Toscanelli und Peuerbach gehören, schreibt Nicolaus seine Gedanken in der Schrift „Quadratura circuli" nieder.

Zum ersten Mal wird in dieser Schrift aus der Kenntnis funktionaler Beziehungen unter den Gliedern einer mathematischen Folge auf die mathematischen Eigenschaften des Grenzwertes dieser Folge geschlossen. Schließlich war dann dieser Gedanke in Gestalt von „De mathematicis complementis" bis ins 18. Jahrhundert hinein wirksam.[67]

Was die rechnerische Behandlung der Thematik der Kreisquadratur anbelangt, so laufen bei Nicolaus unterschiedlich fruchtbare Wege nebeneinander her:

ein Weg, bei dem Vielecke unterschiedlicher Eckenzahlen m, n in einer Formel miteinander verknüpft werden und der sich als unfruchtbar erweist; ein anderer Weg, bei dem Vielecke gleicher Eckenzahl verknüpft werden und der zur kennzeichnenden Näherung führt und in Nicolaus' Spätwerk De mathematica perfectione zu der bedeutsamen Formel für die Berechnung des zu einem Winkel α gehörigen Bogens arcus α: $\frac{3\sin\alpha}{2+\cos\alpha} \approx$ arcus α.

Der 1. Weg liefert für $m = 3$, $n = 4$ den Wert $\pi = 3{,}15419......$, der außerhalb der archimedischen Grenzen liegt. Der Mangel dieses Verfahrens liegt darin, daß die Konstante λ für beide Vieleckstypen von Nicolaus als gleich angenommen wird; dies ist nur dann näherungsweise der Fall, wenn m und n wenig voneinander verschiedene, nicht allzu kleine Zahlen sind. Für $m = 24$, $n = 48$ erhält man

---

[64] Siehe Fn. 36, Hofmann, S. 21; durch die Schrift „De mathematicis complementis" wird nun die Öffentlichkeit auf die Existenz der griechischen Archimedesvorlage und ihrer Übersetzung durch Jakob hingewiesen: siehe Fn. 51, Hofmann, S. 123/4

[65] Siehe Fn. 35, Hofmann, S. 68/69

[66] Siehe Fn. 36, Hofmann, S. 18 - 22

[67] Siehe Fn. 48, Nagel, S. 69

$\pi = 3{,}1415......$, also einen relativ guten Wert.[68] Für m = 384 und n = 768 erhält man bei konstantem Umfang U = 6 $\pi = 3{,}15876$ (Taschenrechnergenauigkeit!), somit einen außerhalb der archimedischen Grenzen liegenden Wert, weil beide Werte zwar groß, aber zu verschieden sind (Rechnung des Verfassers!).[69] Diesen Weg gab Nicolaus erst in „De mathematica perfectione" auf. Obige Regel zur Berechnung des arcus α aus „De mathematica perfectione" ist, umgeschrieben in die Form $r \approx 1/3(2r_n + \rho_n)$ völlig gleichwertig mit dem Ansatz aus „Quadratura circuli" (ja schon mit dem Versuch in „De arithmeticis complementis". Von diesem Standpunkt aus gesehen, läßt sich die einheitliche Linie des 2. Weges des Nicolaus von Cues deutlich verfolgen. In „Quadratura circuli" und in der vor ihr abhängigen „De mathematicis complementis" wird aus der Proportionalität von Flächendifferenz und Um- und Inkreisradiendifferenz von Vielecken mit Eckenzahl n die Beziehung $r \approx \rho_n + \lambda(r_n - \rho_n)$ entnommen; gelegentlich wird sogar der Wert $\lambda = 2/3$ ausführlich diskutiert, aber nicht als der richtige Näherungswert, sondern nur als Beispiel für die angenommene Konstanz von λ,[70] so auch in Buch I von „De mathematicis complementis.[71]

In „De mathematicis complementis", Buch I, gibt Nicolaus von Cues verschiedene Verfahren an, eine gegebene Strecke in den gleichgroßen Kreisumfang und umgekehrt, sowie eine Kreisfläche in die gleichgroße Quadratfläche zu verwandeln.[72] Man kann hiernach folgendermaßen verfahren: ab sei die gegebene Strecke. Durch Dreiteilung von ab erhält man ein gleichseitiges Dreieck. Durch Vierteilung der Dreieckseite erhält man den Punkt E der Dreieckseite. Durch Verbindung des Umkreismittelpunktes M des Dreiecks mit E erhält man die Strecke ME. Durch Vierteilung der Strecke ME kann man MF = 5/4ME konstruieren. MF ist der Radius des zum Dreieck umfangsgleichen Kreises (Abb. 1).

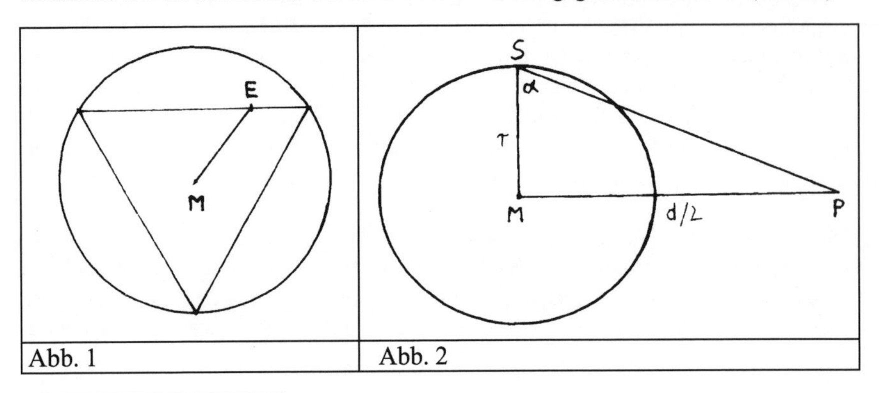

Abb. 1 | Abb. 2

[68] Siehe Fn. 23, Cantor, S. 196/7; siehe auch Fn. 48, Nagel, S. 78, A 9

[69] Der Wert wurde mit Hilfe der Tabelle des Handbuches der Schulmathematik, Bd. 3, S. 78 berechnet

[70] Siehe Fn. 35, Hofmann, S. XXXIX, 211, 219

[71] Siehe Fn. 35, Hofmann, S. 8o

[72] Siehe Fn. 35, Hofmann, S. 86/7; siehe hierzu auch H. Meschkowski, Denkweisen großer Mathematiker, Braunschweig, 1967², S. 29 - 32

Da man nun einen zur Strecke ab umfangsgleichen Kreis hat, kann man nun für beliebige Kreisradien die Strecke finden, die mit dem Kreisumfang gleich ist. Man zeichnet im Kreismittelpunkt obigen Kreises auf dessen Radius ein Lot und trägt auf diesem Lot $\frac{ab}{2}$ ab. Den Schnittpunkt S des Kreisradius mit der Kreislinie verbindet man mit dem Endpunkt P der Strecke $\frac{ab}{2}$. (Abb.2; d = ab !) Der Winkel MSP ($=\alpha$) ist für beliebige Kreisradien konstant, da $\tan \alpha = \frac{ab}{2} : r = r\pi : r = \pi = \text{const.}$ Baut man diesen Winkel aus Holz oder Metall, so kann man für jeden beliebigen Kreisradius die Strecke finden, die zum Kreisumfang gleich ist. Auch das Quadrat, das gleich einer Kreisfläche ist, kann mit Hilfe eines derart konstanten Winkels gefunden werden.

Es gilt: $a^2 = r^2\pi$ und somit $a = r\sqrt{\pi}$ (a : Quadratseite, r Kreisradius).

Zur Konstruktion von a kann man den Höhensatz im rechtwinkligen Dreieck verwenden.

$$h^2 = p \cdot q = r \cdot r\pi = r \cdot \frac{ab}{2}$$

Man zeichnet zwei nebeneinanderliegende Hyothenusenabschnitte p, q mit p = r und $q = \frac{ab}{2}$, konstruiert den Thaleskreis und erhält so h = a. (Abb.3)

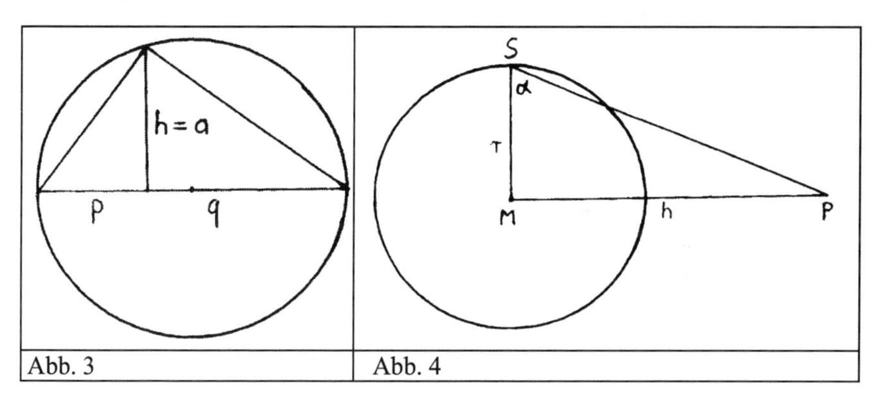

Abb. 3 | Abb. 4

Nun verfährt man wieder wie vorher: In M des Kreisradius tragt man auf dem Lot zu r h = a ab. Durch Verbinden der Endpunkte von r und a erhält man einen konstanten Winkel α. Denn nun ist: $\tan \alpha = \frac{r\sqrt{\pi}}{r} = \sqrt{\pi} = \text{const.}$ (Abb.4; Cusanus trägt h/2 ab !)

Die Idee zu diesem Verfahren könnte durch das rechtwinklige „Kreisquadraturdreieck“ des Archimedes entstanden sein.[73] Die kennzeichnende Ungleichung

[73] Siehe K. Mainzer, Geschichte der Geometrie, Zürich 1980, S. 58

$r < 1/3\ (r_n + \rho_n)$ läßt sich mit einem von Gregory entwickelten Verfahren beweisen.[74]

Abschließend sei noch gezeigt, wie die Zahl π mit der Cusanischen Regel aus „De mathematica perfectione" berechnet werden kann: $\frac{3\sin\alpha}{2+\cos\alpha} \approx \text{arc}\ \alpha$.

Wählt man $\alpha = 1°$, so gilt: $\frac{3\sin 1°}{2+\cos 1°} \approx \frac{2\pi}{360} \Rightarrow \pi \approx \frac{3\sin 1°}{2+\cos 1°} \cdot 180$

$\Rightarrow \pi \approx 3{,}141592649$ (Taschenrechnerwert!)

Durch weiteres Verkleinern von α erhält man noch bessere Näherungswerte.[75]

---

[74] Siehe Fn. 35, Hofmann, S. XLV; zur Wirkungsgeschichte von Cusanus' Kreisquadratur siehe auch Fn. 48 Nagel, S. 86 f.

[75] Zu anderen Näherungsverfahren für π, die sich auf die Ideen des Cusanus stützen, siehe : Fn. 48, Nagel, S. 81/82; auch Handbuch der Schulmathematik, Bd. 3, S. 77 f.; sowie J. Arndt, Ch. Haenel, Pi, Berlin-Heidelberg 2000², S. 177/78. Allgemeines zur Beziehung zwischen Nikolaus von Kues und Fridericus Amann findet sich bei A. Gerl, Fridericus Amann und Nikolaus von Kues, in: Gymnasium Neutraubling: Neutraublinger Blätter 2000/2001, Beiheft zum Jahresbericht des Gymnasiums; hierin findensich auch detailliertere Hinweise zur Berechnung der Zahl Pi auf der Grundlage der Methodik des Nikolaus von Kues; die Arbeit von R. Inkoferer im gleichen Beiheft zum Jahresbericht des Gymnasiums Neutraubling (R. Inkoferer, Die Kreiszahl Pi. Moderne Rechenverfahren zur näherungsweisen Berechnung von Pi nach den Methoden von Cusanus und Legendre und nach der Monte-Carlo-Methode) ist hier ebenfalls einschlägig.

Christoph Clavius (1538-1612) und die Gregorianische Kalenderreform

Harald Gropp

1 Einleitung

Im Rahmen des Kolloquiums *Verfasser und Herausgeber mathematischer Texte der frühen Neuzeit* in Annaberg-Buchholz wird hier kurz berichtet über Christoph Clavius und seinen Beitrag zur Gregorianischen Kalenderreform. Christoph Clavius ist sicher kein Unbekannter in der Mathematik- und Astronomiegeschichte. Ich verweise hier auf einen Artikel von Knobloch [5] und ein Buch von Lattis [6] zur weiteren Orientierung. In beiden Fällen wird Clavius mit Copernicus in Beziehung gesetzt.

Bei Knobloch als *Astronom zwischen Antike und Kopernikus* untersucht und bei Lattis als Wissenschaftler *between Copernicus and Galileo* diskutiert, trägt Clavius wesentlich zur Weiterentwicklung des Weltbildes seiner Zeit bei. Ziel dieses Artikels ist es nicht, eine umfassende Darstellung seines Lebens und Werkes zu geben. Dazu sei auf die publizierte Literatur hingewiesen.

Die vielleicht wichtigste Leistung von Clavius, zumindest aber die wahrscheinlich folgenreichste, war seine Mitwirkung bei der Gregorianischen Kalenderreform und die mathematische Begründung derselben. Damit wurde neben der von Copernicus eingeleiteten und bis Newton vollendeten Revolution der Philosophie und Wissenschaft der Antike nun auch ganz praktisch für das Alltagsleben eine Errungenschaft der Antike, der Julianische Kalender, durch einen verbesserten Kalender für die Zeitrechnung ersetzt. Dieser Beitrag von Clavius soll im Mittelpunkt des folgenden stehen.

2 Leben und Werk des Clavius

2.1 Frühe Lebensstationen

Die folgende Darstellung des Lebens von Christoph Clavius folgt im wesentlichen [6].

Christoph Clavius wird am 25.3.1538 in Bamberg geboren. In Bamberg gilt zu diesem Zeitpunkt wohl noch das Jahr 1537, wenige Wochen vor dem Beginn des neuen Jahres am Ostertag des 21.4.1538. Über den jungen Clavius in Bamberg ist so gut wie nichts bekannt. Auch sein deutscher Name ist nicht genau zu bestim-

men, am wahrscheinlichsten ist wohl Schlüssel. Da die Jesuitenschule in Bamberg erst 1611 gegründet wird, muß Clavius auf andere Weise von diesem neuen Orden angezogen worden sein. Jedenfalls tritt er am 12.4. 1555 in Rom kurz nach seiner Ankunft dort in den Jesuitenorden ein, der 1534 durch Ignatius von Loyola gegründet wurde und sich besonders durch Unterricht und wissenschaftliche Untersuchung sowie in der Mission hervortat. Das Jesuitenkolleg in Rom wurde 1551 gegründet zur Ausbildung in Theologie und Philosophie, was auch das Studium von Mathematik und Astronomie umfaßt.
Von 1556 bis 1560 studiert Clavius am Jesuitenkolleg in Coimbra in Portugal. Dann setzt Clavius das Studium in Rom fort. 1564 erfolgt die Priesterweihe, und 1575 nach Abschluß aller Studien wird er Vollmitglied der Jesuiten. Dort bleibt er bis zu seinem Tod im Jahre 1612 Mitglied des Collegium Romanum.

2.2 Die Mathematik bei Clavius

Während des Theologiestudiums unterrichtet er seit 1563 Mathematik. Ob Clavius schon in seinen Jugendjahren in Bamberg in Mathematik ausgebildet wurde, ist ungeklärt. Schließlich erschien in dieser Stadt 1483 das *Bamberger Rechenbuch*. Bedeutender dürfte der Einfluß seines Aufenthalts in Coimbra auf die mathematische Ausbildung von Clavius sein. Hier könnte der bedeutende portugiesische Wissenschaftler Nunez ein Lehrer gewesen sein. Ganz allgemein war das Jesuitenkolleg in Coimbra damals ein Ort, wo auf Grund der zahlreichen kolonialen Kontakte der Portugiesen in den Rest der Welt viele wissenschaftliche Informationen kursierten, die sonst in Europa nur schwer zu erhalten waren.
Clavius ist der führende Jesuitenmathematiker seiner Zeit. Er verfaßt viele Lehrbücher, u.a. eine Bearbeitung der Elemente von Euklid. Besonders bedeutend sind weiterhin seine Bücher über Algebra sowie praktische Arithmetik und Geometrie.
Die Tätigkeit von Clavius in der Kalenderkommission von Papst Gregor XIII. wird unten ausführlicher beschrieben. Sie ist es schließlich, die seinen Namen in der weiteren wissenschaftlichen Öffentlichkeit am bekanntesten gemacht hat.
Abb. 1 zeigt Clavius etwa im Jahre 1606. Sie ist aus [3] entnommen. Clavius stirbt am 6.2.1612 in Rom. Das Datum bezieht sich natürlich auf den neuen, von ihm wesentlich mitgeprägten gregorianischen Kalender.

3 Das Kalenderproblem

Um einen praktikablen Kalender zu schaffen, muß die durch unsere *astronomische Umwelt* gegebene Situation in ein geordnetes System strukturiert werden. Die relevanten Daten sind keine ganzen oder rationalen Verhältnisse von Jahren, Monaten und Tagen. Diese sind außerdem noch veränderlich im Laufe der Jahrhunderte. Eine schöne Übersicht über die Geschichte des Kalenders gibt [3].
Ein Sonnenjahr besteht aus 365,2422 Tagen und ein synodischer Monat hat 29,53059 Tage. Dies führt zu einer Differenz von fast 11 Tagen zwischen einem Jahr und 12 Monaten, Dies wird in der Regel in einem Lunisolarkalender durch die Einführung eines Schaltmonats alle 2 bis 3 Jahre ausgeglichen. Beispiel hierfür sind verschiedene orientalische Kalender wie die mesopotamischen und der

jüdische. Der heutige arabische Kalender ist ein reiner Mondkalender, der die oben genannte Differenz nicht ausgleicht, was zu einer Rotation der Monate im Sonnenjahr führt.

Abbildung 1: Clavius etwa im Jahre 1606

3.1 Der Julianische Sonnenkalender

Die europäische Tradition wurde durch Julius Caesar begründet, der einen reinen Sonnenkalender einführte, um den chaotischen und aus den Fugen geratenen vorjulianischen Kalender des Römischen Reiches zu ersetzen. Dieser Kalender basiert auf der Grundlage des alten ägyptischen Kalenders, den Caesar nach der Eroberung von Alexandria kennenlernte; er wurde spätestens unter Kaiser Augustus in der bekannten Version in Kraft gesetzt.
Dabei wird keine Rücksicht auf den Mondlauf genommen und durch die Einführung von Schalttagen der Unterschied von ca. 6 Stunden zwischen einem Jahr und 365 Tagen (siehe oben) ausgeglichen. Jedes vierte Jahr hat als Schaltjahr 366 Tage, so daß 4 Jahre 1461 Tage beinhalten. Dies sind 0,0312 Tage zuviel. Dieser Fehler summiert sich zu einem Tag in ca. 128 Jahren.

3.2 Der Kalender des Umar Khayyam

Bevor im folgenden die Kalenderreform unter Papst Gregor XIII. diskutiert wird, soll kurz ein weit weniger bekannter Kalender vorgestellt werden, der in zweifacher Hinsicht besser ist als der von Clavius erarbeitete. Dieser Kalender ist heute im Iran gültig und wurde im 11. Jahrhundert vom persischen Mathematiker Umar Khayyam (ca. 1048- 1131) erstellt.
Khayyams Kalender hat 8 Schaltjahre (von 366 Tagen) in einem Zyklus von 33 Jahren. Dies führt zu einem Rhythmus von Schaltjahren im Abstand von im allg. 4 Jahren und einmal alle 33 Jahre zu einem fünfjährigen Abstand. Die durchschnittliche Länge eines Jahres ist somit 365,242424 Tage, was dem astronomischen Wert etwas näher kommt als die Jahreslänge im gregorianischen Kalender (siehe unten). Außerdem führt die gleichmäßigere Verteilung der Schalttage zu einer kleineren Schwankung des Frühlingsäquinoktiums.
Dieser Kalender wurde auch im mittelalterlichen Europa diskutiert. Ob der Kalender von Khayyam als solcher nach Europa gelangte, ist nicht bekannt. Er könnte auch unabhängig in Europa entwickelt worden sein, ist aber, soweit bekannt ist, nie in Europa durchgeführt worden. Neben der Tatsache, daß der Zeitpunkt des Äquinoktiums im Khayyam-Kalender um weniger als 24 Stunden schwankt, ist eine weitere Attraktivität eher theologischer Natur. Mit dem Schaltzyklus von 33 Jahren kann der Lebenszyklus von Jesus von vermutlich 33 Jahren im irdischen christlichen Kalender dargestellt werden. Wie bereits erwähnt, ist aber nicht dieser Kalender gegen Ende des 16. Jahrhunderts für das christliche Europa eingeführt worden, sondern der bis heute gültige Gregorianische.

4 Die Kalenderreform von 1582

Wegen der oben erwähnten Differenz zwischen der durchschnittlichen Jahreslänge im seit der römischen Antike gültigen julianischen Kalender und der astronomischen Jahreslänge war der Kalender im Lauf der Jahrhunderte um 10-13 Tage verschoben. Besonders störend wurde empfunden, daß das Datum des Frühlingsäquinoktiums und somit auch der Termin des Osterfestes immer weiter im Kalender nach vorn wanderte. Dies hatte zu vielen Diskussionen in der Kirche

und unter den Wissenschaftlern geführt, ohne daß es wirklich zu einer Reform des Kalenders kam. So dauerte es letztlich mehr als 1600 Jahre, bis der Julianische Kalender durch Papst Gregor XIII. reformiert wurde. Durch päpstliche Bulle *Inter gravissimas* vom 24.2.1582 wurde beschlossen, daß die 10 Tage vom 5.10. bis zum 14.10.1582 ausfallen und der Kalender so reformiert wird, daß in 400 Jahren nur 97 statt bisher 100 Schalttage eingefügt werden, was zu einer mittleren Jahreslänge von 365,2425 Tagen führt.
Zur 400-Jahrfeier der Kalenderreform im Jahre 1982 fand eine Tagung statt, in deren Konferenzband [2] viele Details in Einzelartikeln diskutiert werden.

4.1 Die Kalenderreformkommission

Über die Arbeit der Kommission, die Papst Gregor XIII. zur Reform des Kalenders einrichtete, ist erstaunlich wenig bekannt und erforscht. Die Kommission wurde vermutlich zwischen 1572 und 1575 eingerichtet und arbeitete bis ins Jahr 1582.
In einem berühmten Gemälde in Siena (siehe Abb. 2) wird vermutlich die Abschlußtagung der Kalenderreformkommission Papst Gregors XIII. im Jahre 1581 gezeigt [3]. Diese Kommission umfaßte neun Mitglieder, neben Christoph Clavius aus Bamberg den Dominikaner Ignazio Danti (1536-1586), Antonio Lilio,

Abbildung 2: Abschlußtagung Kalenderreformkommission Papst Gregors XIII. im Jahre 1581

einen Bruder von Aloysius Lilio, den Kardinal Guglielmo Sirleto (1514-1585), den Bischof Vincenzodi Lauri, den Franzosen Seraphinus Olivarius Rotae, den Spanier Pedro Chacón sowie zwei *Exoten*, den Malteser Leonardo Abel und den Jacobitenpatriarch Ignatius (oder Nehemia) aus Diyarbakir in Syrien (heute in der Türkei). Die Mitarbeit dieser beiden Exoten wird meistens gar nicht erwähnt und sollte in Zukunft näher untersucht werden, da auf diesem Wege orientalisches Wissen in die Kommission gelangt sein könnte und damit zur Kalenderreform beigetragen haben könnte.

4.2 Der mögliche orientalische Beitrag

Der exakte arabische Name des erwähnten Patriarchen ist Ni'mat Allah. Neben den entsprechenden Namen Nehematallah oder Nehemia gebrauchte er im Westen vor allem die Namen Ignazio Nehemet und Ignatius; dieser letzte wird hier im folgenden einfach benutzt.
Ignatius war 1577 oder 1578 aus seiner Heimat über Zypern und Rhodos nach Rom gekommen. Ein Brief von Ignatius aus Rom an seine Heimatgemeinde in Diyarbakir aus dem Jahre 1579 ist überliefert [1]. Die mir zur Zeit bekannte ausführlichste Quelle über diesen Ignatius (gestorben 1590) findet sich bei Jones [4]. Danach wurde Ignatius 1557 Patriarch der Jacobitenkirche von Antiochien. Nach Streitigkeiten mit lokalen islamischen Geistlichen und einem zeitweisen Übertritt zum Islam dankte er 1576 als Patriarch ab zu Gunsten seines Neffen. Wie schon oben erwähnt, gelangte er ca. 1577 nach Rom. Als Geschenk brachte er seine Bibliothek aus Diyarbakir mit. Laut Jones [4] brachte somit Ignatius weit mehr als politischen Einfluß nach Europa.

> He was educated in the lingua franca of the Middle East, Arabic, and he was familiar with the medicine, mathematics and astronomy of the region. .....and the Pope appointed him to the commission for calendrical reform.

Wieweit bei der Gregorianischen Kalenderreform orientalisches Wissen verwendet wurde, bleibt zukünftigen Untersuchungen vorbehalten.

4.3 Der Beitrag von Clavius

Als Leiter der Kalenderreformkommission muß Clavius vor allem die möglichen Alternativen sondieren, ausarbeiten und bewerten. Die Hauptaufgabe besteht allerdings in den Jahren nach der Reform mit der wissenschaftlichen Untermauerung und Begründung des neuen Kalenders in Büchern. Unter anderen schreibt er 1595 ein Werk zur Verteidigung gegen den Protestanten Maestlin.
Eine ausführliche Erklärung des neuen Kalenders erfolgt in der *Explicatio* von 1606 auf ca. 800 Seiten. Hier wird die wissenschaftliche Grundlage von Clavius gegeben. Dieses Werk ist es vor allem, was Clavius zum *Vater des Gregorianischen Kalenders* macht.
Neben der Reform des julianischen Sonnenkalenders zum gregorianischen Kalender erfolgt auch eine Reform der Osterfestregelung, die hier nicht näher erklärt werden soll. Somit könnte man insgesamt von einem Lunisolarkalender sprechen, wobei allerdings der lunare Anteil im wesentlichen verborgen bleibt.

Literatur

[1] Y. Azzo, Risalat al-batriyark Ighnatius Ni'mat Allah, al-Mashriq 31 (1933), 613-623, 730-737, 831-838.

[2] G.V. Coyne, M.A. Hoskin, O. Pedersen (hrsg.), Gregorian reform of the calendar: Proceedings of the Vatican conference to commemorate its 400th anniversary, 1582-1982, Città del Vaticano (1983).

[3] D.E. Duncan, The calendar, London (1998).

[4] J.R. Jones, Learning Arabic in Renaissance Europe (1505-1624), Leiden (1995).

[5] E. Knobloch, Christoph Clavius — ein Astronom zwischen Antike und Kopernikus, in: (hrsg.) K. Döring, G. Wöhrle, Vorträge des ersten Symposiums des Bamberger Arbeitskreises *Antike Naturwissenschaft und ihre Rezeption* (AKAN), Wiesbaden (1990).

[6] J.M. Lattis, Between Copernicus and Galileo, Chicago-London (1994).

Johann Stabius
Humanist und Kartograph

Karl Röttel

Johann Stabius muß den Biographen[1] zufolge nach 1460 in Hueb bei Steyr/OÖ geboren worden sein.[2] Seinen Namen „Johannes Stöbrer de Augusta" liest man erstmals am 4. Juli 1482 an der Universität Ingolstadt.[3] Stabius dürfte um 1485 den Magistertitel erworben haben; die Akten im Universitätsarchiv München (UAM) sind nicht vollständig. Wie viele andere Gelehrte trat er in den geistlichen Stand ein. Erste „mathematische" Freunde in Ingolstadt wurden Michael Buttersaß („Putersaß") und Andreas Stiborius.

Ab Frühjahr 1494 unternahm Stabius Reisen in die wissenschaftlich-humanistisch führenden Städte Nürnberg und Wien. In Ingolstadt erhielt Stabius am 18. Januar 1498 die Lehrkanzel für Astronomie und Mathematik[4]. Die Aufenthalte in Nürnberg nutzte Stabius für Begegnungen mit Dürer, Pirckheimer, Heinfogel, Strigel, Burgkmair, Waldseemüller, Münzer, Behaim, Springinklee und vor allem mit Johannes Werner.

Nach Ostern 1503 erfährt der Ingolstädter Lehrkörper, daß auch Stabius nun endgültig in Wien bleibt.[5] Stabius lehrte in Wien am neu gegründeten „Collegium poetarum et mathematicorum" und an der artistischen Fakultät[6].

---

[1] Bauch Gustav: Die Anfänge des Humanismus in Ingolstadt (München-Leipzig 1901); Michael Denis: Wiener Buchdruckergeschicht bis MDLX (Wien 1782-93); Joseph von Aschbach: Geschichte der Wiener Universität 2. Bd. (Wien 1877, S. 363-373); Helmut Grössing: Humanistische Naturwissenschaft, Baden-Baden 1983; ihre Forschungsergebnisse werden hier auch verwendet. Vgl. zudem C. Binder S. 62 in Röttel (Hrsg.): Apian.

[2] Zu Einzelheiten aller Art einschließlich der Standorte beschriebener Werke, der Wappen, der Abbildungen der Monumentalholzschnitte usw., worauf hier der Kürze wegen verzichtet wurde, vgl. Röttel: Weltkarten und astronomische Instrumente des Humanisten Joh. Stabius, in: Globulus Bd. 8 (2000).

[3] Boehm Laetitia u. a. (Hrsg.): Biographisches Lexikon der LMU München; Teil I, Berlin 1998, S. 406f.. Bauch S.100.

[4] UAM E I, Fasc. 2, 1498 Pfintztag nach Antonii; E I, Fasc. 1, f. 1b.

[5] UAM D III, Nr. 1, S. 472.

Ende 1502 erhielt er den Titel eines gekrönten Dichters.[7] Noch 1503 stellte er seine Lehr- und Forschungstätigkeit ein, da er Historiograph Maximilans I.[8] wurde und weitgehend mit genealogischen Aufgaben betraut war.
In Wien hatte sich die Bekanntschaft mit seinem Schüler Tannstetter vertieft, von dem wie auch von Cuspinian wir Hinweise auf Stabius erhalten.[9]
Vermutlich in Graz, wohin viele von Wien der Pest wegen 1521 geflohen waren, starb Stabius überraschend am 1. Januar 1522.

Den Humanismus vertrat am nachdrücklichsten der „Plato Teutonicus“ Celtis. Der um 1500 sich in den deutschen Landen weiter verbreitende integrale Humanismus, der auch Stabius geformt hatte, vereint enzyklopädisch die literarischen und die naturwissenschaftlichen Disziplinen und verurteilt törichtes Geschwätz.

„Literarisches“

Stabius' Gedichte sind, wie jene der meisten anderen poetae laureatae, nicht von bahnbrechenden Ideen beseelt; sie wurden zu allerlei Anlässen und auch als Dedikationen erstellt. Andere literarische Produkte:

a) Ehrenpforte und Triumphzug
Als Maximilian I. ein monumentales Ruhmeswerk in Form zweier riesiger inhaltlich aufeinander bezogener Holzschnittkompositionen, das sein Leben und seine Familie beschreiben sollte, konzipieren ließ, war auch Stabius maßgebend eingeschaltet. Für den Teil „Ehrenpforte“ (1512-1518) lieferte Stabius die Ideen für die Illustrationen und das genealogische Programm. Hieronymus Andreae Formschneider realisierte den Holzschnitt von 3,5 m × 3 m mit 192 Holzblöcken.
Aus 109 Pergamentblättern setzt sich die Miniaturenfolge des „Triumphes“ mit Abbildung der Ruhmestaten des Kaisers zusammen. Die Ausarbeitung des historisch-genealogischen Teils besorgte Stabius im Verein mit Pirckheimer, der das allegorische Schema konzipierte. Die 147 einzelnen Holzschnitte in Reihe ergeben ein Bilderfries von 55 m Länge.

b) Prognostiken und Almanache
Zu den Hauptaufgaben der Mathematiklektoren gehörten die Erstellung der Almanache und Vorlesungen über die Iatromathematik bei den Medizinern, dazu

---

[6] Grössing S. 171. Celtis und Stabius tragen sich nicht in die Matrikel der Uni Wien ein, um zu dokumentieren, daß sie ins Collegium eintraten (Bauch S. 105).

[7] Celtis und Vinzenz Lang waren zuvor vom Kaiser selbst zu poetae laureatae ernannt worden.

[8] Prantl Carl: Geschichte der LMU in Ingolstadt, Landshut, München 1872. Band II. S. 486.

[9] Tannstetter/Stiborius: Tabulae Eclypsium Magistri Georgij Peurbachij. Tabula Primi mobilis Joannis de Monte regio Indices praeterea monumentorum... (Wien 1514); darin im Abschnitt „Viri mathematici quos inclytum Viennese gymnasium ordine celebres habuit“ bei „Stabius“ dessen inventa mathematica.

kamen frei wählbare Stoffe.[10] Almanache und Praktiken von Stabius, die zumeist nur einige Seiten umfassen, kennt man für 1485, 1498, 1499, 1500, 1501, 1503/4.

c) „Das Martyrium des hl. Koloman"
Dieser Holzschnitt („Diuo Colomanno martyri sancto") von Hans Springinklee erschien zusammen mit einem Gedicht des Stabius 1513 als Einblattdruck. Der Kopf des Heiligen ist derjenige des Stabius.[11]

d) Inkunabel „Iudicium Ingolstadiense"
Stabius befaßte sich 1497/98 und 1500 mit einem rhythmisch gehaltenen astronomischen Gutachten (= „Iudicium") und einem anderen Werk, das aber mangels mathematischer Fachliteratur und mangels Weines nur schleppend voranging, wie er an Celtis schrieb.

Instrumente

a) Drei Horoskopholzschnitte
Die Horoskopien dienten zur Erleichterung der Berechnung von Nativitäten, mit ihnen können die Stunden und Zeitabschnitte bei Tag und Nacht bestimmt werden.[12]

b) Astrolabium imperatorum (um 1515) und *Culminatorium fixarum* (um 1512).
Mit der Bestimmung der Kulmination, d. h. des Durchganges der Fixsterne durch den Himmelsmeridian, in den einzelnen Orten anhand des Culminatoriums wird also die Sternzeit festgestellt.

d) Ebene Sonnenuhren
In Nürnberg konstruierte Stabius auf Anregung Werners eine Sonnenuhr an der Südwand der Lorenzkirche. Sie zeigt u. a. die Stunden der sogenannten kleinen und großen Nürnberger Uhr an. Die „Nürnberger Stunden" sind der Versuch, durch Datumsabschnitte mit der Stundenzählung bei Sonnenaufgang zu beginnen, das ganze Jahr hindurch gleich lange Stunden zu erzielen und mit einer vollen Stunde zum Sonnenuntergang zu enden.

---

[10] Schöner C.: Peter Apian und die Universität Ingolstadt. In: Röttel (Hrsg.): Apian, 39-46. S. 41.

[11] Herding, Hirschmann u. Schnelbögl (Schriftltg.): Albrecht Dürers Umwelt. Nürnberg 1971. S. 292)

[12] Die genaue Gebrauchsanweisung findet sich auf f. 26^{r}f. im cvp 5280.

Die kleinen und großen Stunden in der Sonnenuhr von Stabius, die Sebastian Sparatius ausführte, an St. Lorenz, Nürnberg. Bei der Restaurierng 1966 setzte man eine falsche Zahl ein.

Weitere Abhandlungen[13]

a) Kodex cvp 5280

Die vor 1510 entstandene[14] Handschrift cvp 5280 der ÖNB ist mit großer Wahrscheinlichkeit eine Reinschrift von Stabius.

Der erste Teil ist die Abschrift der von J. Lateranus beschriebenen Saphea, auf der zwei Projektionen des Himmelsgewölbes abgebildet sind, von denen Stabius sicher Anregungen erhielt; Sterndeutung auf f. 20f. und 41f.

Dann werden u.a. ein Instrument zur Darstellung des Zodiakus beschrieben und ein Instrument zur Abbildung von Gleichstunden auf Wänden („Nürnberger Uhr") vorgeführt.

Im dritten Teil sind in den „Tabulae Codium ...." „varia collectanea horographica et horologica ..." angereiht, auch wird das astronomische Quadrat erläutert.

b) Herausgabe der *Briefe des Kynikers Pseudo-Crates Thebanus* (Nürnberg 1501): Epistole aureis sententijs referte theologie consentanee ...[15]

c) Herausgabe des *„Messahalah, de scientia motus orbis"* mit Holzschnitten von Hans Süß (Nürnberg 1504), in dem noch das Sphärensystem vertreten ist.

---

[13] So wären nochmals über die Recherchen Gössings hinaus zu analysieren: ÖNB cvp 3327, 5292 (von Zinner bezeichnet), 8325, 9045, BSB clm 410 (f. 1-60), StA Hannover Cod.y. 17, Stadt- und Univ.-Bibl. Augsburg 2°Cod 207, f. 196f.

[14] Zinner Ernst: Verzeichnis der astron. Handschriften des dt. Kulturgebietes. München 1925. S. 306.

[15] Herding u. a. S. 279.

d) Herausgabe des „*Quadratum Geometricum praeclarissimi Mathematici Georgij Burbachij*" (Nürnberg 1516).

Himmels- und Erdkarten

a) Österreich-Karte

Eine solche sollte anläßlich einer Forschungsreise in die Erbländer Maximilians entstehen; ein Druck ist bislang nicht bekannt.

b) Zwei Himmelskarten (1515)[16]

Stabius arbeite Dürer, der die Sternbilder des nördlichen und des südlichen Sternhimmels auf die Holzstöcke zeichnete, entscheidend zu, Konrad Heinfogel lieferte die Koordinaten.

Auf beiden Karten sind eine Hemisphäre in genauer Kreisform und in den Ecken Wappen bzw. Bildnisse von Astronomen abgebildet.

c) Kreisförmige Erdkarte („Imago orbis")

Während die Himmelssphäre im ptolemäischen Sinne in zwei Halbkugeln aufgeteilt wurde, stellt Dürer die Erde nur in der östlichen Hälfte dar, die ptolemäische Darstellung wird bis zum Kreisrand ausgedehnt, womit auch der „globale" Gesamteindruck entsteht, ein Vorbild bei Ptolemäus gab es nicht.

Als Autor dieser Erdkarte darf Stabius bezeichnet werden.

Dürers Darstellung entspricht dem Blick eines Beobachters auf den Globus aus der Entfernung von etwa 3 Globusdurchmessern von schräg oben.

d) Die Herzkarte

Nirgends beansprucht Stabius das Urheberrecht für diesen Entwurf, doch dürften die Versicherung Werners (s. u.) und die mit dem Codex cvp 5280 festzustellenden Übereinstimmungen für die Priorität bürgen.

Durch eine Tafel mit Zahlenwerten für das Verhältnis eines Äquatorgrades zu den Graden der einzelnen Breitenkreise schuf Peurbach (1423-1461) den Prototyp für die Methode der Verebnung der Kugeloberfläche durch Johannes Stabius.[17] 1502 und um 1510 beschäftigte sich Stabius schon mit dieser Projektion; im kartographischen Erstdruck kam ihm aber Bernardus Sylvanus 1511 zuvor.

In einer im Herbst 1514 erschienenen Schrift, deren Restbestände Apian 1532 und 1533 als Introdvctio… und vermehrt herausgab,[18] sind Werners Übersetzung

---

[16] Standorte: Südkarte: BSB München, Albertina Wien, GNM Nürnberg (St. 12363), Kunsthistor. Museum Wien (5127 fol., 2-mal); Nordkarte: GNM (St. 12362), Kunsth. Museum Wien (5127 fol., 2-mal).

[17] Grössing S. 107. Bis um 1550 entstanden noch einige Herzkarten.

[18] Standorte siehe Röttel (Hrsg.): Peter Apian.

des 1. Buches der Geographie des Ptolemäus mit Interpretationen Werners, Werners selbständiger „Libellus“ mit Grundlagen der Kartographie u. a. vereint. In der Dedikation bezeichnet Werner den Stabius als Urheber der in der Abhandlung auftauchenden Kartennetzkonstruktionen („Figurationen“).

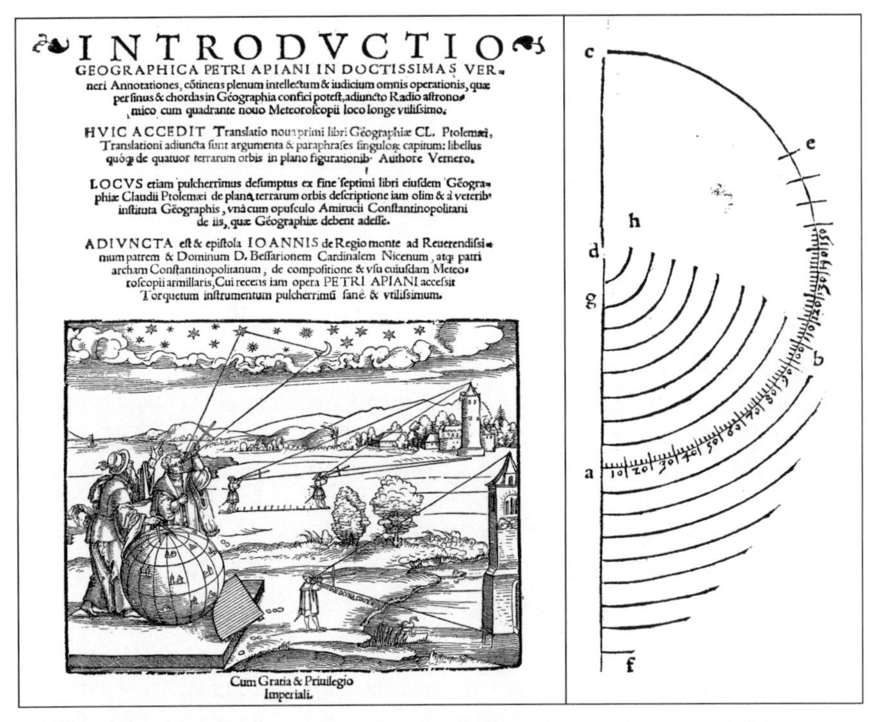

INTRODVCTIO

GEOGRAPHICA PETRI APIANI IN DOCTISSIMAS VERneri Annotationes, cõtinens plenum intellectum & iudicium omnis operationis, quæ per ſinus & chordas in Géographia confici poteſt, adiuncto Radio aſtronomico cum quadrante nouo Meteoroſcopii loco longe vtiliſsimo.

HVIC ACCEDIT Translatio noua primi libri Géographiæ CL. Ptolemæi, Translationi adiuncta ſunt argumenta & paraphraſes ſingulorum capitum: libellus quoq; de quatuor terrarum orbis in plano figurationib. Authore Vernero.

LOCVS etiam pulcherrimus deſumptus ex fine ſeptimi libri eiuſdem Géographiæ Claudii Ptolemæi de plana terrarum orbis deſcriptione iam olim & à veterib. inſtituta Géographis, vnà cum opuſculo Amirucii Conſtantinopolitani de iis, quæ Géographiæ debent adeſſe.

ADIVNCTA eſt & epiſtola IOANNIS de Regio monte ad Reuerendiſsimum patrem & Dominum D. Beſſarionem Cardinalem Nicenum, atq; patriarcham Conſtantinopolitanum, de compoſitione & vſu cuiuſdam Meteoroſcopii armillaris, Cui recens iam opera PETRI APIANI acceſsit Torquetum inſtrumentum pulcherrimũ ſanè & vtiliſsimum.

Cum Gratia & Priuilegio Imperiali.

Titelseite der „Introdvctio“ P. Apians, die u. a. die Wernersche Darlegung der Herzkartenkonstruktion von Stabius enthält. Rechts: Eine der Figurationen zur Veranschaulichung des Kartenentwurfs (Introdvctio f. h 1^{v}*).*

In den zwölf Propositionen Werners, die Stabius’ Theorie der Verebnung der Kugeloberfläche darlegen, liest man u. a.:

a) Die Umfänge der Breitenkreise (Breite φ) verhalten sich zum Äquatorumfang wie sin (90°-φ) zu sin 90°, die jeweiligen Verhältnisse („ratio“) stehen in beigefügten Tabellen. Beispiel: φ = 30°, sin (90°- φ) = 0,86603; Tabelle: 86603.

b) In einer weiteren Tabelle (in der Propositio secunda) sind die Sinuswerte in Teile des Viertelkreiswinkels bzw. einer Stunde umgerechnet. Beispielsweise für den ersten Breitenkreis (φ = 1°): sin 89° = 0,99984,

entspricht 89° 59′11′′ (aus 0,99984 × 90° und Zerlegung)

bzw. 59′59′′27′′′(aus 0,99984 × 60′ und Zerlegung in minutiae primae (Minuten), secundae (Sekunden) und tertiae (Terzen).

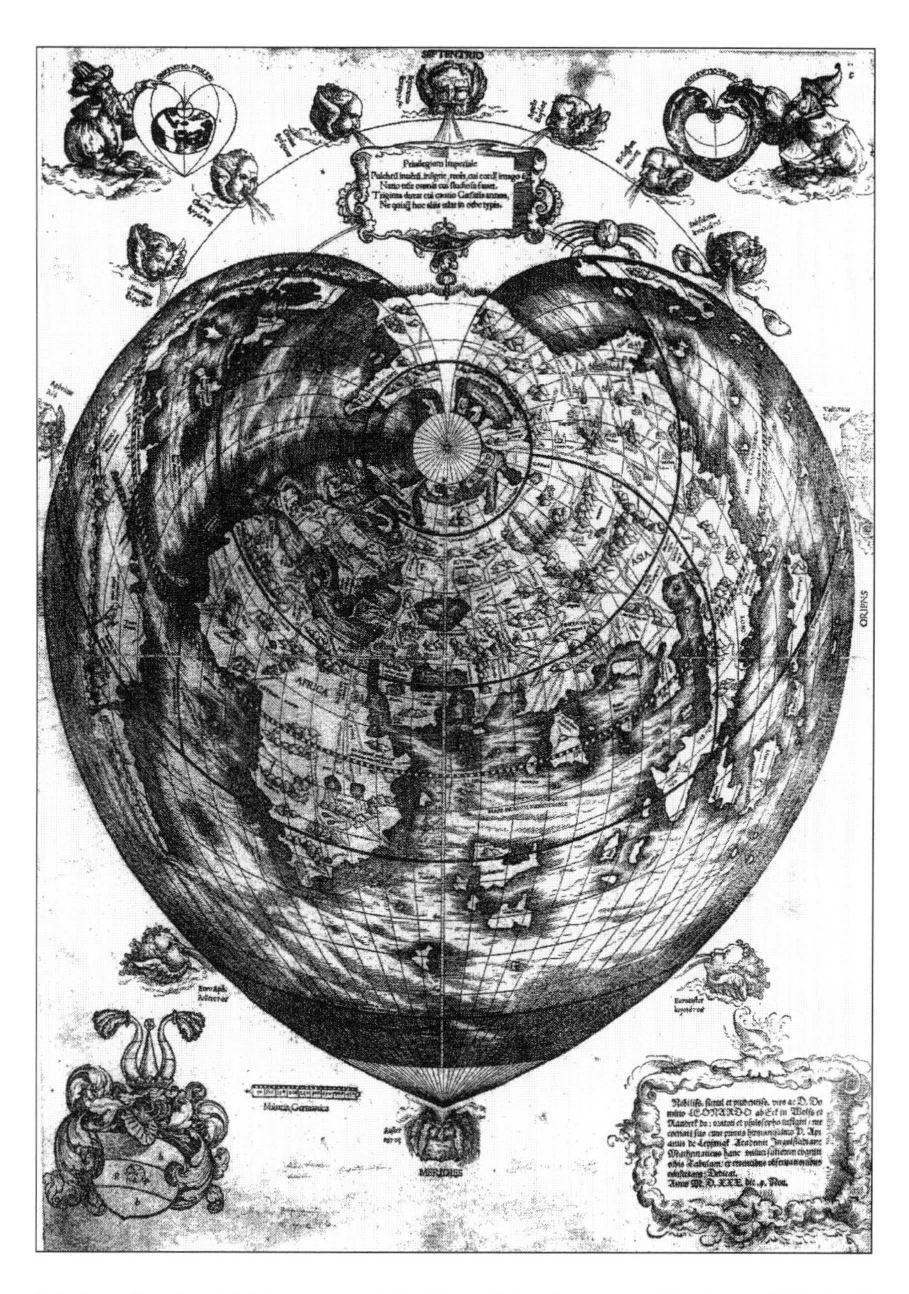

Die herzförmige Weltkarte von J. Stabius, Holzschnitt von Martin und Michael Ostendorfer (Ingolstadt, P. Apian 1530).

c) Um zu einer (flächentreuen) Abbildung zu gelangen, zeichne man konzentrische Kreise, die die einzelnen Breitenkreise darstellen, und trage auf ihnen die wahren Längen der Breitenkreise ab. Dadurch gelangt man zu einer herzförmigen Darstellung der Erde (f. h i[r]f. der Introdvctio: ... scribentur binæ curuæ lineæ quæ similis reddent cordis effigiem.).
d) Im Rahmen der Proportio sexta ist schließlich die fertige Herzkarte skizziert.

Die Herstellung der Herzkarte mittels Formeln aus der Differentialgeometrie ist kein Problem, man findet sie auch leicht selbst.

Näher an das originäre Vorgehen dürfte man mit den folgenden Konstruktionen kommen:

Zunächst zeichne man die abgewickelten Kugelstreifen (Länge = Umfang der Breitenkreise) als gleich breite Rechtecke, im Grenzfall als Kosinuslinie. Die cos-Werte erhält man aus der bei Schwingungsgleichungen üblichen Konstruktion.

Die Rechtecksstreifen verwandle man in Bögen konzentrischer Kreisringe, deren Kreisbögen die Länge der Breitenkreisumfänge haben. Eine der bekanntesten Näherungskonstruktionen dafür tritt bekanntlich schon bei Cusanus auf.[19]

Persönliches

a) Autograph ÖNB 118/44

Außer in weiteren noch zu klärenden „Autographen" liegt eine Schriftprobe von Stabius in Form einer am 22. Dezember 1507 eigenhändig ausgestellten Quittung über acht Gulden vor.

b) „Porträts"

Eine Darstellung befindet sich auf dem Schlußblatt 109 der Pergamentminiatur des Triumphes Maximilians I.[20] Das zweite Porträt tritt uns als Kopf des Heiligen im Holzschnitt St. Koloman von Albrecht Dürer 1513 entgegen.[21] Ein drittes Porträt soll als eines der zwei Idealbilder des Kaisers Karls d. Großen 1512 von Dürer als Motiv verwendet worden sein.[22]

[19] Näheres zu den Konstruktionen in Röttel: „Weltkarten ... „(Globulus 2000) und „Mitteleuropakarte des Nikolaus von Kues „(Globulus 1993).

[20] ÖNB hat Kopie der ganzen Miniatur und Teil der Originalminiatur.

[21] Moritz Thausing: Dürer, 2 Bde. Leipzig 1878-84. Hier: II, S. 251.

[22] August von Eye: Leben und Wirken Albrecht Dürers. Nördlingen 1880. S. 341.

Links: Das Bildnis Stabius' vom Blatt 109 der Miniatur „Triumph Maximilians".

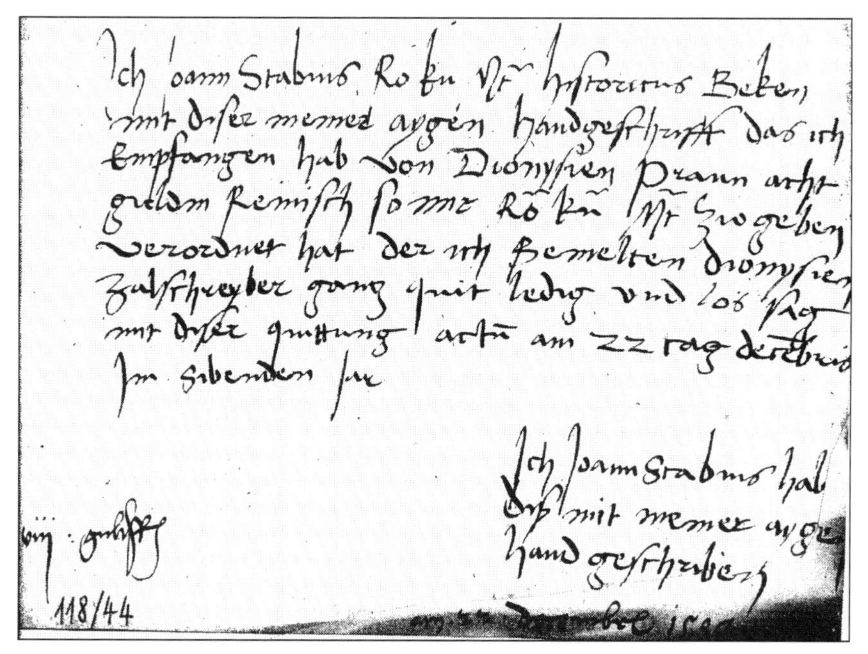

Ich Joann Stabius Ro ku Mt historicus Beken
mit diser meiner aygen handgeschrifft das ich
Empfangen hab von Dionysien Prann acht
gulden Reinisch so mir Ro ku Mt zu geben
verordnet hat der ich bemelten Dionysien
Zalschreyber gantz quit ledig und los sag
mit diser quittung actum am 22 tag decembris
Im sibenden jar

Ich Joann Stabius hab
dis mit meiner aygen
hand geschriben

viij gulden

118/44

Autograph Stabius' zu Vergleichszwecken(re. unten: 22. Dezember 1501)

c) Wappen

Es gibt eine ältere und eine von Dürer stammende spätere Holzschnittausfertigung des Vollwappens von Johannes Stabius.

Die Instrumentbeschreibungen des Stabius bedeuten keinen Fortschritt in der Meßtechnik, zum Teil sind Verbesserungen vorgestellt. Die Beiträge zur Verherrlichung Maximilians I. und seine Mitwirkung an der Verbreitung des humanistischen Bildungsideals haben Stabius bekannt gemacht. Einzelne Reaktionen und die ihn darstellenden Bilder lassen (wohl voreilig) auf einen derben Menschen schließen. Seine Gedichte sind vergessen. Der Kodex cvp 5280 mit hauptsächlich Sonnenuhrkunde ist ein noch zu wenig beachtetes Lehrbuch. Weitere Schätze dürften noch zu heben sein. Mit seinem Versuch der Kugelflächeverebnung reiht sich Stabius in die Wegbereiter der modernen mathematischen Geographie ein.

Korbbogenkonstruktionen – Theorie und Anwendungen in der Baupraxis

Eberhard Schröder

An Zweckbauten aller Art aus unterschiedlichen Epochen begegnet man der Bauweise des "gedrückten Bogens", auch Korbbogen genannt. Welche Motivation führte in vergangenen Jahrhunderten dazu, vom romanischen Halbkreisbogen abzuweichen und zu gedrückten Bögen in vielfältigsten Ausführungen überzugehen? Bei Überbrückung eines Flusses von bestimmter Breite mittels eines romanischen Rundbogens sind bei An- und Abfahrt der Brücke je nach Flußbreite größere Höhenunterschiede zu überwinden, was vor allem für Fahrzeuge hinderlich sein kann. Im Hausbau hat die Anwendung romanischer Rundbögen bei größeren Fensteröffnungen eine oft nicht vertretbare Geschoßhöhe zur Folge (vgl. Bild 1).

Bild 1: Brücke von Mostar - romanischer Rundbogen

Bild 2: Gedrückte Bögen - Korbbögen an einem Wohnhaus in Tschechien (18. Jahrhundert)

In einer Zeit, wo eine Bauweise mit Spannbeton noch nicht realisierbar war, verfolgte man mit dem Einsatz von gedrückten Bögen im Haus - und Brückenbau ein praktisches Anliegen (vgl. Bild 2).

Auf der Suche nach einem ersten theoretischen Hinweis auf diese Konstruktionsweise in der Literatur wird man fündig in Dürers „Underweysung" von 1525. Er schreibt dort auf Seite Ciij in Verbindung mit der konstruktiv ausgeführten affinen Transformation eines Halbkreises in eine Halbellipse: "Vonnöten ist den Steinmetzen zu wissen, wie sie einen halben Zirckelriß oder Bogenlini in die Länge sollen ziehen, daß sie der ersten in der Höh und sonst in allen Dingen gemäß bleiben" (vgl. Bild 3).

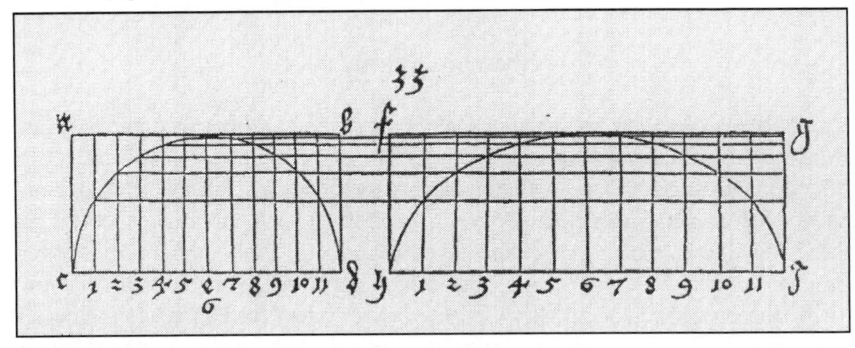

Bild 3 Konstruktion eines gedrückten Bogens nach einer von Dürer an Steinmetzen gegebenen Empfehlung aus dem Jahre 1525

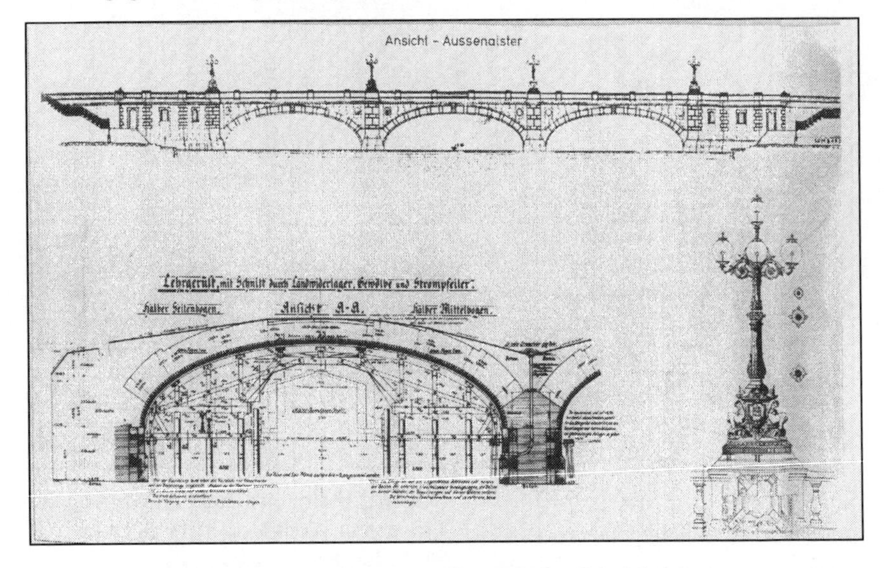

Bild 4: Korbbogenkonstruktion an Alsterbrücke (19. Jahrh.)

Zunächst kann Dürers Hinweis als Bestätigung dafür angesehen werden, daß schon zu dieser Zeit "gedrückte Bögen" eine vielfältige Anwendung in der Baupraxis fanden. Hingegen ist seine Empfehlung als realitätsfern und kaum praktikabel anzusehen. Jeder Stein des Bogens (Prismenstümpfe) müßte danach einzeln bemaßt werden. Auf die Forderung nach 0rthogonalität von Fuge und Umrisslinie des Bogens ließ sich Dürer in seiner Konstruktion nicht ein. Sicher bot dieser Hinweis niemals eine Hilfe für den Steinmetz. Diese benutzten zu dieser Zeit gewiß schon eine Lösung, bei der man die "gedrückte Bogenform" mit nur zwei Steinformaten erzielen konnte.

Bild 4 zeigt die Seitenansicht einer Brücke, bei der die von oben gedrückte Form im Prinzip mit zwei Arten prismatisch zugeschnittener Steinformen erzielt worden ist. Eine schematische Darstellung der vorliegenden Lösung bietet Bild 5.

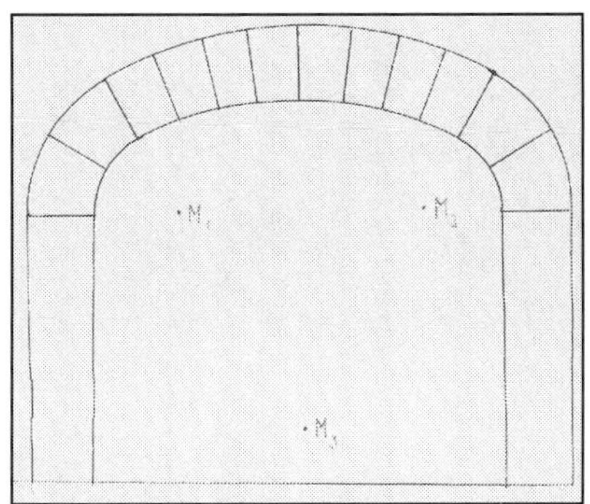

Bild 5: Prinzipskizze eines aus Quadern von zweierlei Formaten gefügten Korbbogens

Die Bogenwölbung setzt sich aus drei Teilabschnitten zusammen. Die Konstruktion der Krümmungsmitten für den Mittelabschnitt und die beiden Seitenabschnitte der Brücke lassen es zu, daß für den Bau der Brücke im Prinzip lediglich zwei Steinformate erforderlich sind. Die Fugen zwischen zwei Steinen treffen die Umrißlinie des Bogens in jedem Punkt orthogonal.

Eine erste theoretische Abhandlung zur Problematik des Steinschnittes bei der Konstruktion von Gewölben in zivilen und militärischen Bauten findet sich in dem 1737 in Straßburg erschienenen dreibändigen Werk des Franzosen A.-F. Frézier mit dem Titel: "La théorie et la pratique de la coupe des pierres", Aus Bild 6 verdeutlicht Fig. 217, wie ein Bogenstück aus zwei Kreisbögen mit unterschiedlicher Krümmung zusammengesetzt wird. Besonders zu beachten ist, daß die Tangente an die Kurve im Verknüpfungspunkt i parallel zur Sekante RN verläuft. Mit Fig. 217 ist die für Baupraktiker beim Steinschnitt kombinierter Bögen vorliegende Problematik klar erkennbar. Man gelangt zu folgender allgemein faßbarer Problemstellung:

Zwei in komplanarer Lage befindliche Linienelemente sind durch zwei Kreisbögen derart miteinander zu verknüpfen, daß die Tangente an die zu konstruierende Kurve im Verknüpfungspunkt eindeutig ist und parallel zur Verbindungsgeraden c der Trägerpunkte A(b) und B(a) (lies A auf b und B auf a) liegt (vgl. Bild 7).

Mit Hilfe von Überlegungen an einem parabolischen Kreisbüschel bietet sich folgende konstruktive Lösung an:

Die beiden Linienelemente A(b) und B(a) sind zu einem Dreieck ABC, dem Sekannten - Tangentendreieck, zu vervollständigen. Weiterhin ist der Inkreismittelpunkt J des Dreiecks ABC zu konstruieren. Dann ist das Lot von J auf die Dreieckseite c zu fällen. Ferner sind die Senkrechten auf a in B und auf b in A zu errichten. Diese Senkrechten schneiden das Lot von J auf c in den Punkten M_A bzw. M_B, den Krümmungsmitten der zu bestimmenden Kreisbögen (vgl. Bild 8).

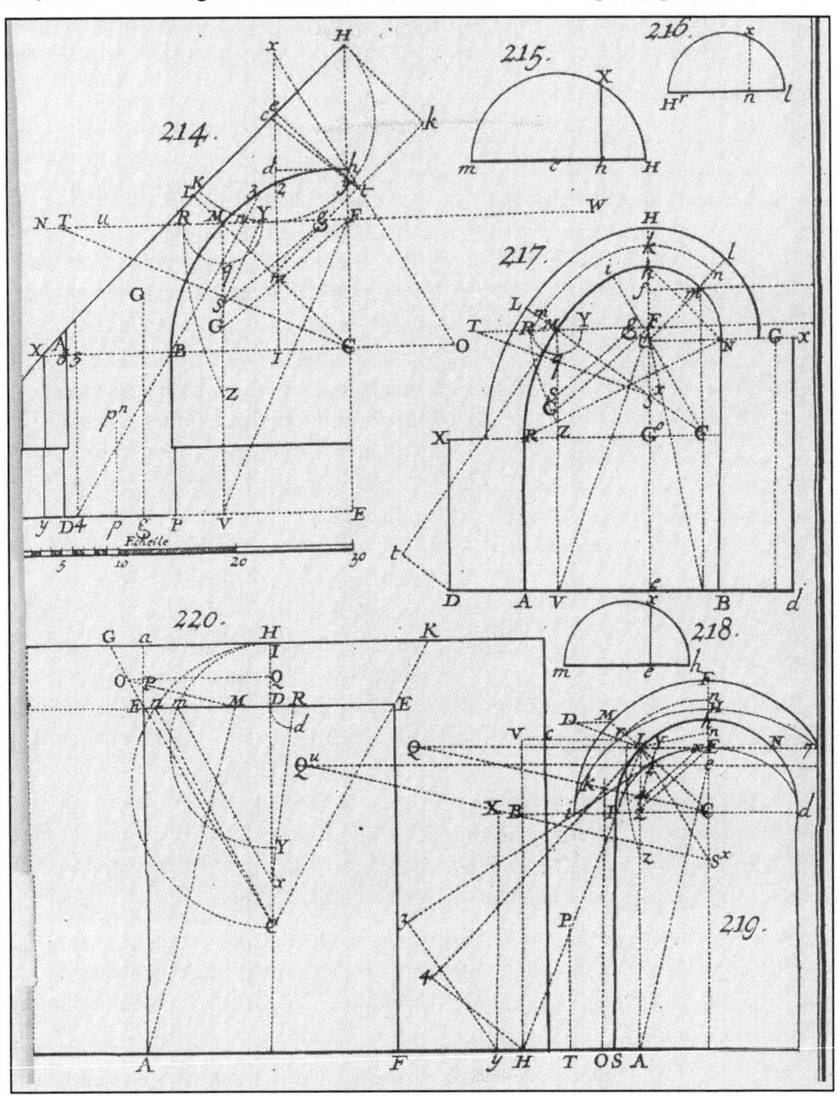

Bild 6: Gewölbekonstruktionen mit Kreisbögen unterschiedlicher Krümmung nach A.-F. Frézier (1737). Man beachte bes. Fig. 217

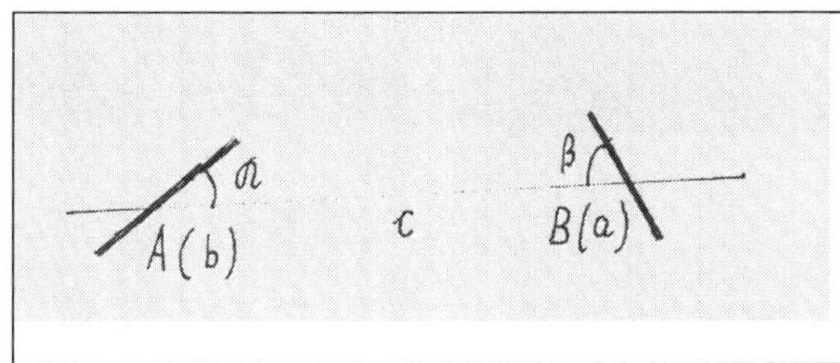

Bild 7: Skizze zur Definition des Korbbogens und zum konstruktiven Ansatz der Korbbogenverbindung von zwei komplanaren Linienelementen

Die Kreisbögen um M_A durch A und um M_B durch B führen auf die geforderte Bogenverbindung durch den Inkreismittelpunkt J.

Sind α und β die Innenwinkel des Dreiecks ABC, dann stehen die Krümmungen der in J zusammentreffenden Kreisbögen im Verhältnis $\chi_A : \chi_B = \sin^2\frac{\alpha}{2} : \sin^2\frac{\beta}{2}$

Ist ρ der Inkreisradius des Sekanten - Tangentendreiecks, dann gilt für die Radien der beiden Kreise:

$$\rho_A = \frac{\rho}{2\sin^2\frac{\alpha}{2}} \quad \text{und} \quad \rho_B = \frac{\rho}{2\sin^2\frac{\beta}{2}} \quad \text{mit} \quad \rho = s\tan\frac{\alpha}{2}\tan\frac{\beta}{2}\tan\frac{\gamma}{2}.$$

Das mit Bild 8 demonstrierte konstruktive Vorgehen werde zunächst für den in der Baupraxis wichtigsten Fall erprobt, nämlich von Tor -, Brücken - und Fensterbögen. Hierbei ist das Dreieck rechtwinklig, mit dem rechten Winkel bei C.

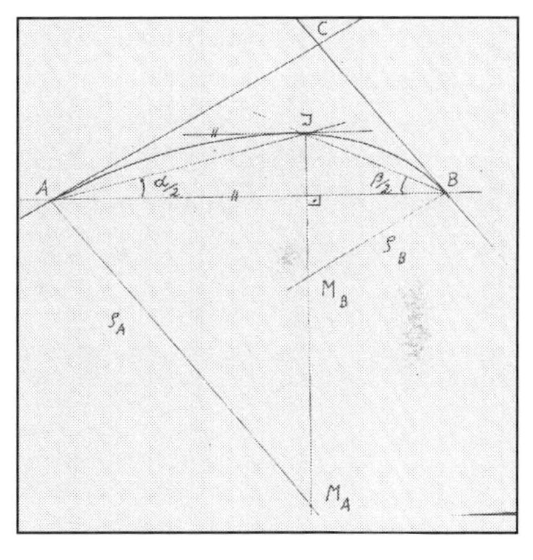

Das Linienelement A(b) liegt lotrecht und B(a) waagerecht.

In der oben angegebenen Weise findet man J, M_A und M_B.

Nun kann man die sich in J treffenden Kreisbögen zeichnen.

Durch Spiegelung der Bögen an der Lotrechten BM_B gelangt man zum vollständigen gedrückten Bogen, auch Korbbogen genannt (vgl. Bild 9).

Es wäre ein Irrtum, den so konstruierten 'Bogen mit einer Halbellipse gleichzusetzen, den Punkt A als Hauptscheitel und B als Nebenscheitel dieser Ellipse anzusehen.

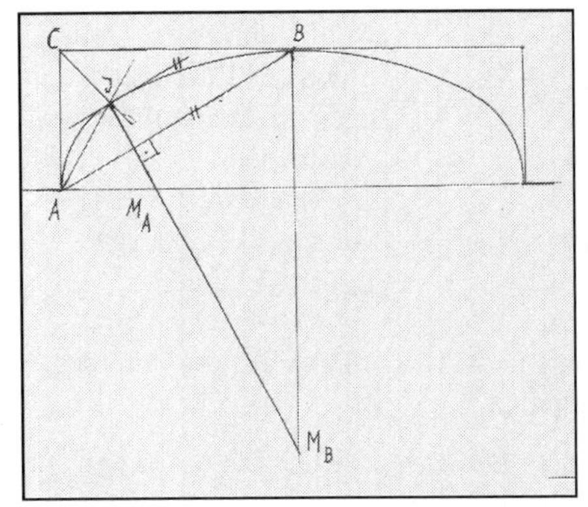

Bild 9: Umsetzung der obigen Konstruktion für einen Brückenbogen: die beiden vorgegebenen Linienelemente stehen senkrecht zueinander

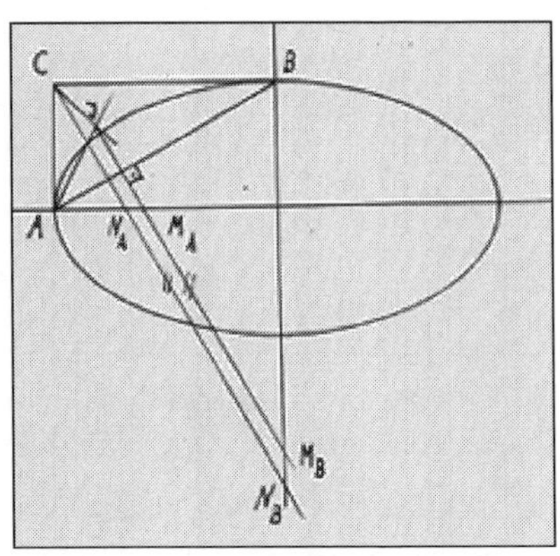

Bild 10: Gegenüberstellung des Korbbogens einer Brücke mit der entsprechenden Halbellipse

Bild 10 zeigt eine vollständig ausgezeichnete Ellipse mit ihren Scheitelpunkten. Ferner sind die zu A und B gehörigen Krümmungsmitten N_A und N_B (Mitten der Scheitelkrümmungskreise) in bekannter Weise konstruiert. Die beiden zu A bzw. B gehörigen Scheitelkrümmungskreise besitzen keinen reellen Schnittpunkt. Folglich kann man sie auch nicht zu einem Kurvenbogen in der oben geforderten Weise verknüpfen. Der Inkreismittelpunkt J des Dreiecks ABC liegt generell außerhalb der Ellipse. Folglich liegt auch der Korbbogen - mit Ausnahme der Scheitelpunkte - außerhalb der Ellipse.

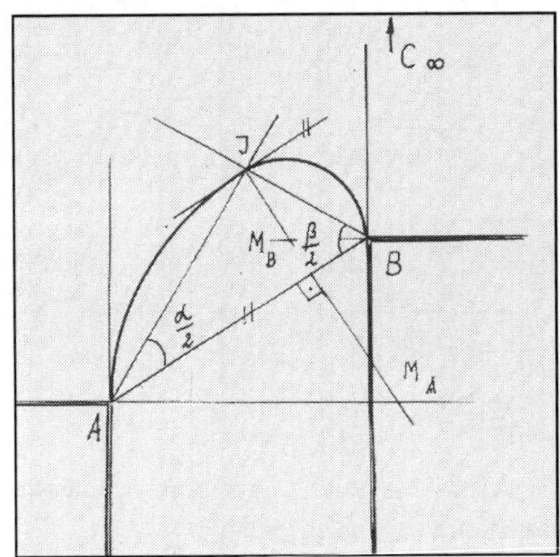

Bild 11: Korbbogen bei Parallelität der vorgegebenen Linienelemente

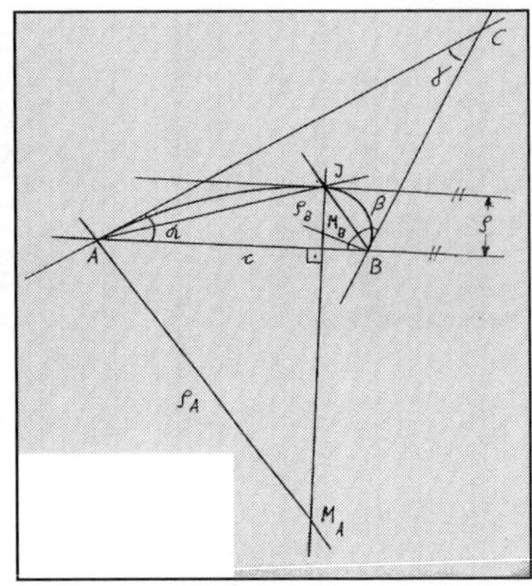

Bild 12: Korbbogen für den Fall eines großen Krümmungssprunges an der Verknüpfungsstelle

Die Krümmungsmitten M_A und M_B der Korbbogenkreise wurden in Bild 10 zusätzlich mit eingezeichnet.
Ein für Anwendungen wichtiger Sonderfall vorliegender Konstruktion besteht darin, daß die beiden Linienelemente senkrecht im Raum und damit parallel zueinander liegen. Damit ist C ein Fernpunkt. Da auch in diesem Fall ein Inkreis existiert, läßt sich die Konstruktion ganz analog durchführen. Für das Verhältnis der Krümmungen gilt die Beziehung: $\chi_A : \chi_B = \tan^2 \frac{\alpha}{2}$

Als Unterbau von Treppenaufgängen in öffentlichen Gebäuden und Schlössern ist dieser sogenannte aufsteigende Korbbogen oft vorzufinden (vgl. Bild 11).
Trifft man die Vorgabe der Linienelemente so, daß einer der beiden Winkel stumpf ist, so führt dies auf Bögen mit einem großen Krümmungssprung an der Verknüpfungsstelle (vgl. Bild12). Derartige Kreiskombinationen sind vielfältig im Jugendstil vorzufinden. Fenstereinfassungen an Häusern, Umrahmungen an Möbeln und innenarchitektonische Ausstattungen von Räumen zeichnen sich durch derartige Linienführungen aus.

Von geometrischem Interesse sind in diesem Zusammenhang die drei Ankreismittelpunkte des Sekanten-Tangentendreiecks ABC. Zunächst sei der im Winkelbereich von γ liegende Ankreismittelpunkt J_C Gegenstand der Betrachtung. Das Lot von J_C auf c schneidet die Senkrechten auf das Linienelement A(b) in M_A und auf das Linienelement B(a) in M_B. Auch hier erfüllen die Kreise um M_A mit $\overline{J_C M_A}$ als Radius und um M_B mit $\overline{J_C M_B}$ als Radius die eingangs gestellte Verknüpfungsvorschrift. Die Tangente an diesen Korbbogen in J_C ist parallel zu c. Die Krümmungen der so kombinierten Kreisbögen stehen im Verhältnis

$\chi_A : \chi_B = \cos^2 \frac{\alpha}{2} : \cos^2 \frac{\beta}{2}$ (vgl. Bild 13).

Zu bemerkenswerten Varianten der Kreisbogenverknüpfung führen die in den Winkelbereichen von α und β liegenden beiden Ankreismittelpunkte J_a und J_b. Eine konsequente Übertragung des konstruktiven Vorgehens entsprechend Bild 8 auf diesen Fall zeigt, daß der Verknüpfungspunkt einen Rückkehrpunkt der Verknüpfungslinie darstellt, wobei die Tangente in der Spitze -entsprechend der aufgestellten Forderung- parallel zu c liegt. Der an gotischen Bauwerken feststellbare Formenreichtum von steinernem Schmuckwerk läßt die Vermutung zu, daß solche Konstruktionen als Vorlagen für die Steinmetzen gedient haben. (vgl. Bild 14).

In Bild 15 wurde die Vorgabe der beiden Linienelemente so getroffen, daß bei zusätzlicher Spiegelung ein gotischer Spitzbogen besonderer Art entsteht. Die stärkere Krümmung ist nach oben verschoben. Wegen der stärkeren Betonung der Senkrechten in solchen kirchlichen Bauten spricht man von der Perpendikulargotik. Sie ist in Frankreich seit dem 13. Jahrhundert nachweisbar.

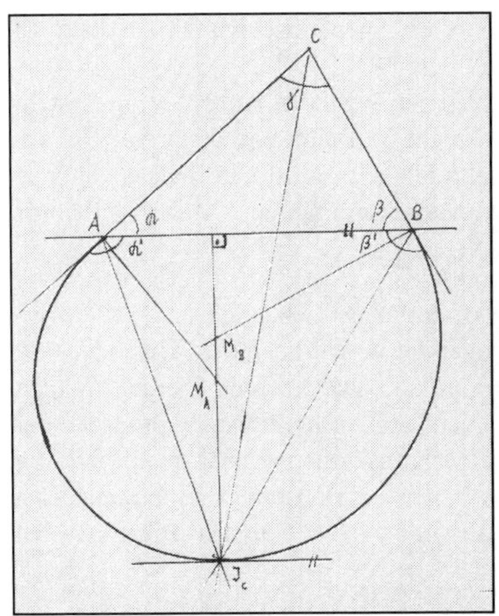

Bild 13: Korbbogenverknüpfung zweier Linienelemente über einen Ankreismittelpunkt des Sekanten-Tangenten-Dreiecks

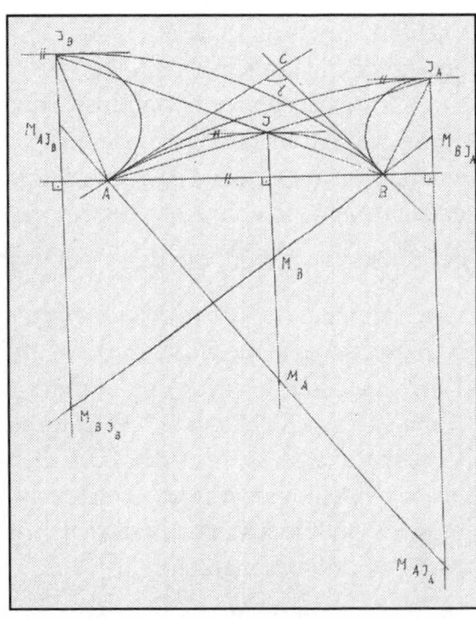

Bild 14: Korbbogenverknüpfung von zwei Linienelementen über die anliegenden Ankreismittelpunkte - die Verknüpfungsstellen bilden je einen Rückkehrpunkt der Kurve.

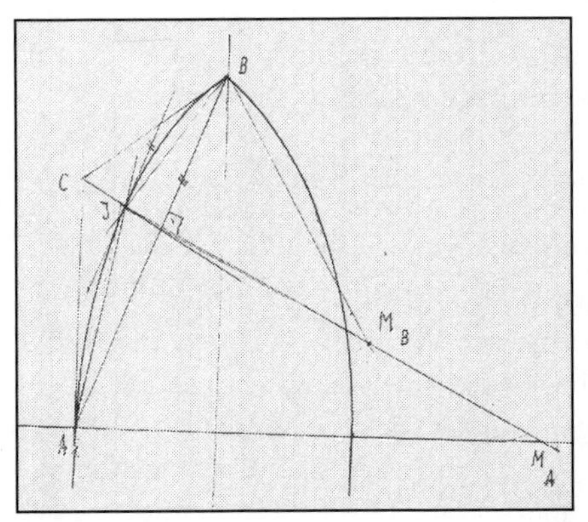

Bild 15: Vorgabe der Linienelemente für einen Bogen nach Art der Perpendikulargotik

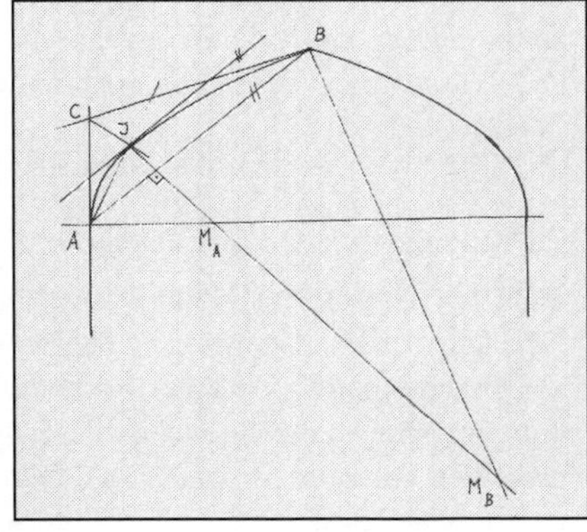

Bild 16: Vorgabe der Linienelemente für einen Bogen nach Art des Tudor - Style

Ein Gegenstück zur Perpendikulargotik hat in England seit der Thronbesteigung der Tudor (1485) weite Verbreitung gefunden, der sogenannte Tudor-style. Aus der Vorgabe der Linienelemente resultiert eine Verschiebung der stärkeren Krümmung nach unten. Anwendungen dieser Bogenkombination finden sich in den Universitätsbauten von Oxford und Cambridge sowie in Windsor Castle (vgl. Bild. 16).

Entwürfe der Profillinien der Hauben von Kirchtürmen zeugen gleichfalls von Anwendungen der Korbbogenkonstruktion. An der Haube der Münchner Frauenkirche ist dieser Ansatz mit zwei Linienelementen unverkennbar (vgl. Abb. 17).

Selbst beim Entwurf repräsentativer Bauwerke im Orient (Samarkand, Persien, Indien) sind solche Konstruktionsweisen besonders bei Portalen nachweisbar (vgl. Bild 18).

Brückenbauten aus früheren Jahrhunderten zeugen noch heute von der statischen Festigkeit des Korbbogens.

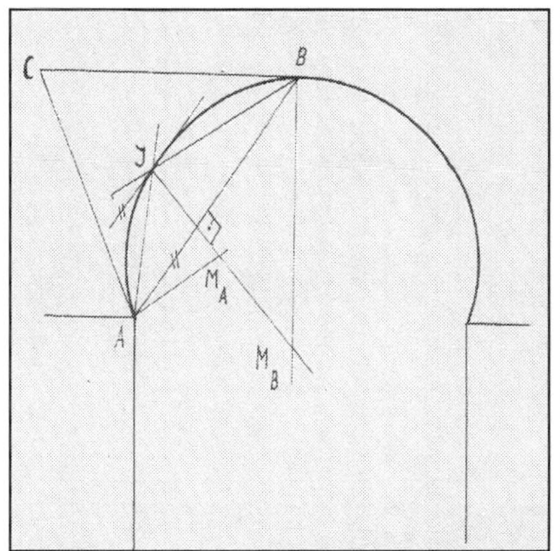

Bild 17: Vorgabe der Linienelemente nach Art der Profillinie einer Kirchturmhaube

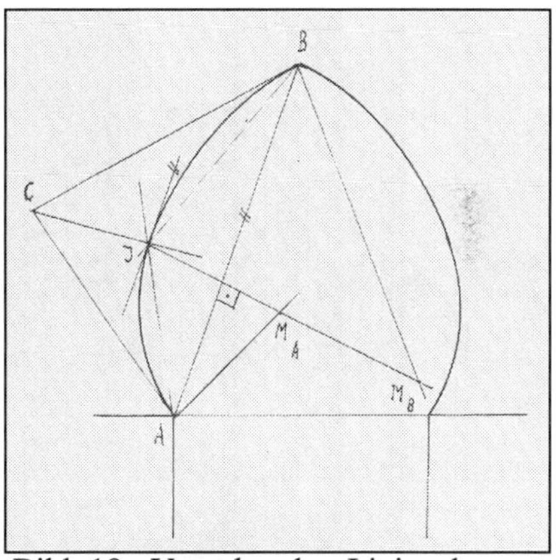

Bild 18: Vorgabe der Linienelemente für einen Bogen nach Art einer orientalischen Toreinfahrt

Bild 19: Umsetzung der Vorgaben von Bild 16 auf Schloß Windsor (15. Jahrhundert)

Bild 20: Umsetzung der Vorgaben nach Bild 15 auf Stützpfeiler einer gotischen Kirche in Frankreich (Perpendikulargotik)

Bild 21: Umsetzung der Vorgaben von Bild 9 auf ein Bauwerk der Renaissance (Gewandhaus in Braunschweig 17. Jahrhundert)

Bild 22: Umsetzung der Vorgaben von Bild 12 auf die Fensterkonstruktion eines im Jugendstil erbauten Wohnhauses in Riga (um 1900)

Bild 23: Umsetzung der Vorgaben von Bild 18 auf das Portal einer Moschee in Samarkand (14. Jahrhundert)

Detmar Beckman (ca. 1570 – nach 1622) Schreib- und Rechenmeister zu Dortmund

Richard Hergenhahn

Die Dortmunder Schreib- und Rechenschule

1543 wurde in Dortmund ein Gymnasium gegründet, eine gelehrte Schule, einzuordnen zwischen Lateinschule und Universität. Anfangs waren sieben Klassen eingerichtet (die 1571 auf sechs reduziert wurden), von der Oktava bis zur Tertia, die Secunda hieß „auditorium publicum", eine Prima gab es in der ersten Zeit noch nicht. In der Secunda wurde ausschließlich über Theologie, Philosophie, Philologie und Rechtswissenschaft vorgetragen. In den sechs darunter liegenden Klassen wurde in den sieben freien Künsten, sowie in der lateinischen und griechischen, später auch in der hebräischen Sprache unterrichtet. Eine solche Lehranstalt entsprach weitestgehend den Bildungswünschen der Dortmunder Bürger, was der starke Besuch der Schule nach ihrer Eröffnung bewies. Aber auch viele Eltern schienen wenig Sinn im Erwerb einer gelehrten Bildung durch ihre Söhne zu sehen. Sie schickten sie statt in den „gelehrten Unterricht" in eine Kaufmanns- oder Handwerkslehre. [Vgl. Sollbach, S. 20, 21, 25.] Die Rücksicht auf eine solche „praktische" Ausbildung der Bürgerskinder schien nun auch die eine oder andere Stadtverwaltung veranlasst zu haben, selbst einen Schreib- und Rechenlehrer anzustellen und zu besolden, so dass neben den privaten auch öffentliche Schulen entstanden. Nach dem Ratsprotokoll vom 28. Januar 1610 wurde den Scholaren des Dortmunder Gymnasiums der Auftrag erteilt, „sich nach einem Rechenmeister umzuhören und womöglich Gallicam linguam dabey zu profitieren". [Vgl. Esser, S. 68.]
Auf Detmar Beckman fiel die Wahl, wobei sich die hiermit verbundene Hoffnung nicht erfüllte, in Personalunion einen Französisch-Lehrer zu finden. Das Geschehen in Dortmund bezeugt die „Ordnungh der Schreib- und Rechenschulen, darauff auch, weil sie vom wolachtbaren Rath acceptirt, M (agister) Detmar Beck-

man beaidet sol werden“ aus dem Jahre 1614. (Stadtarchiv Dortmund, Bestand 2 Nr. 63/10.) [Siehe Bild 1.]

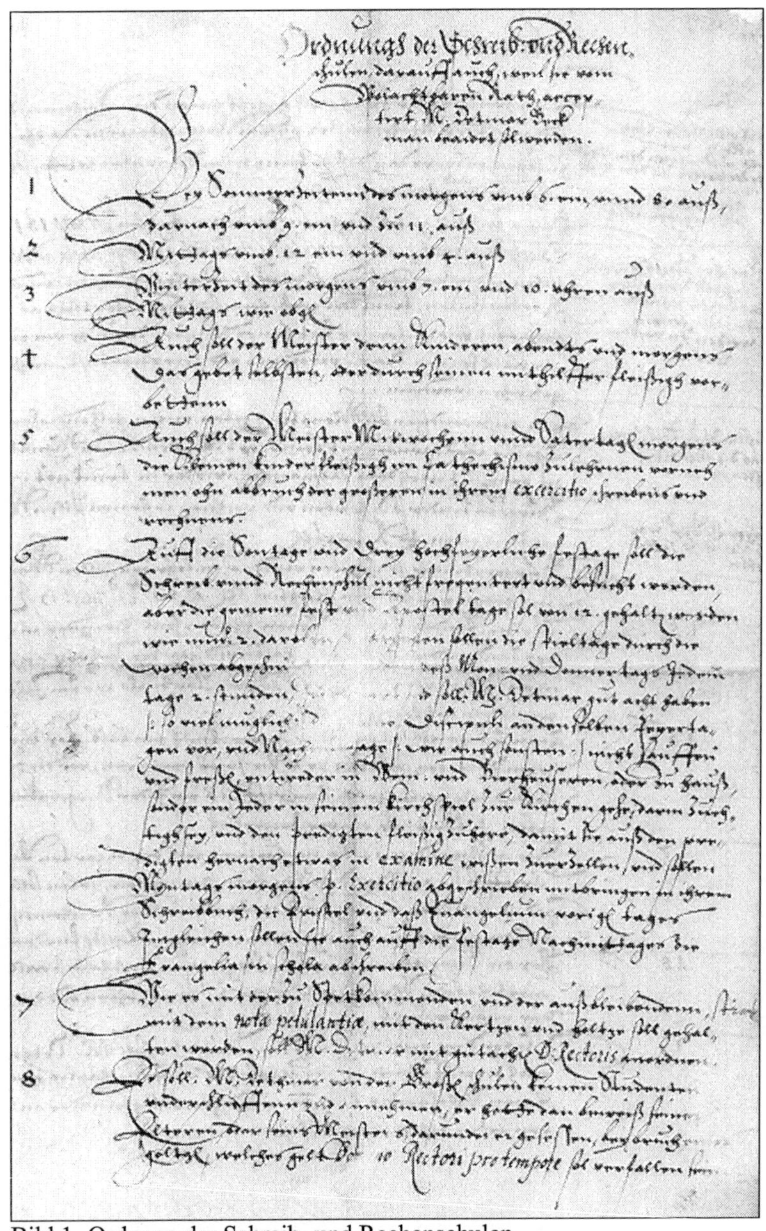

Bild 1 Ordnung der Schreib- und Rechenschulen.
Seite 1. Stadtarchiv Dortmund, Bestand 2 Nr. 63/10

Mit dieser Ordnung richtete der Rat der Stadt eine Schreib- und Rechenschule mit Anbindung an das Gymnasium ein, d. h. sie war dem Rektor der „Hohen Schule" unterstellt. Zugleich wurden alle ähnlichen Schulen im Raum Dortmund abgeschafft [Pkt. 11].
Am 24. Oktober 1614 leistete Beckman den Eid auf die nunmehr geltende Ordnung, mit der ihm seine Pflichten aufgezeigt aber auch etliche Rechte eingeräumt wurden. Ungewohnt und doch nicht unüblich ist dabei die Verpflichtung zur Katechese. Mittwochs und Samstags sollte mit den kleinen Schülern fleißig im Katechismus gelernt werden [Pkt. 5]. Der Rechenmeister war verpflichtet, so viel als möglich darauf zu achten, dass von den Schülern an den Sonn- und Feiertagen ein jeder in seinem Kirchspiel zur Kirche geht und den Predigten fleißig zuhört [Pkt. 6]. Zum Beginn und Ende des Unterrichtes war ein Gebet zur Pflicht erhoben [Pkt. 4].
Kein einziges Wort dagegen ist in der Ordnung über den fachbezogenen Unterricht zu finden. Hier wurde offensichtlich dem Schreib- und Rechenmeister die alleinige Kompetenz zuerkannt. Allerdings durfte er keinen Studenten des Gymnasiums annehmen und unterweisen. Bei Nichtbefolgung wurde sogar eine Strafe angedroht [Pkt. 8].
Das Schuljahr begann und endete mit dem Michaelistag, dem 29. September [Pkt. 10]. Unterrichtet wurde im Sommer von 06.00 – 08.00, 09.00 – 11.00 und 12.00 – 04.00 Uhr, im Winter von 07.00 – 10.00 Uhr, nachmittags wie im Sommer [Pkt. 1 - 3]. Die Schulgebühren waren gestaffelt. Auswärtige zahlten monatlich einen holländischen Taler (= 40 Schilling), Bürgerkinder dagegen einen halben Reichstaler (= 24 Schilling), die nur Schreiben und Lesen lernen wollten einen halben schlechten Taler á 26 Schilling, somit 13 Schilling [Pkt. 12 - 14].
Neben den Einnahmen durch die Schüler erhielt der Rechenmeister 12 Reichstaler am Michaelistag als zusätzliches Gehalt [Pkt. 19]. Wie die anderen Meister an der Großen Schule wurde auch er von „der Bürgerlichen beschwerdenn" (Leistungen und Abgaben) befreit [Pkt. 20]. Zudem erhielt er ein Gartengrundstück zur Eigennutzung, vor der Ostenpforte liegend, ohne Pacht hierfür zahlen zu müssen [Pkt. 21].
Der Rat der Stadt hatte die Macht, dem Rechenmeister aufzusagen (zu kündigen), jedoch konnte er von seiner Seite aus den Vertrag nicht lösen, es sei denn, weniger als zehn Schüler kamen nur noch zum Schreib- und Rechenunterricht [Pkt. 9], eine Situation, die in einer Stadt von immerhin 6.000 - 7.000 Einwohnern (1618) [Keyser, S. 110] bei der gleichzeitigen Monopolstellung der Schule nie eintreten konnte. Gemäß Pkt. 24 der Ordnung war zunächst ein 6-Jahresvertrag vorgesehen.

Biographie des Rechenmeisters Detmar Beckman

Zur Biographie Detmar Beckmans gibt es wenig zu berichten. Er verfasste zwei Rechenbücher 1601 [1] und 1622 [2]. Dem ersten Buch ist aus dem Vorwort (1600 geschrieben) der folgende Text entnommen: „Ich ein Burger nun in funff. jar gewohnt vnd Schreib vnd Rechenschul fleissig vnd trewlich gehalten ..."

(Blatt A 7). Somit war Beckman bereits seit 1595 als Schreib- und Rechenmeister in Dortmund tätig, hatte im Jahr 1614 eine ca. 19-jährige Berufserfahrung, die für die Entscheidung des Stadtrates mit ausschlaggebend gewesen sein dürfte. Sein im Jahr 1601 erschienenes erstes Rechenbuch prädestinierte ihn zusätzlich für die ihm zu übertragende Aufgabe. So hatte Beckman dieses Buch bereits unter den Schutz und Schirm der „Edlen / Ehrenvesten / Erbaren / Achtbaren / Hochgelerten / Fuersichtigen vñ Wolweisen Herrn Buergermeistern vnnd Rhat / der Loeblichen Statt Dortmund" gestellt (Blatt A 2).
Als Beckman sich anschickte, sein zweites Buch herauszugeben, hatte er seinen Sechsjahresvertrag erfüllt. An eine Auflösung konnte von beiden Seiten kaum jemand gelegen sein. Beckman widmet sein zweites Buch den Bürgermeistern und dem Rat der Stadt in Dankbarkeit für die etlichen Jahre, die sie ihn als Schreib- und Rechenmeister auf- und angenommen und ihn „jaehrlichs / zu steur (s)meiner Haußhaltung / großguenstiglich begabet vnnd verehret" hätten, und er trägt ihnen erneut die Schirmherrschaft an (Blatt Avj^{v} u. Avij). Die Bindung zum Gymnasium hin ist offensichtlich ungetrübt geblieben. Die Geleitworte zum zweiten Buch von Seiten des Rektors (wie bereits im ersten Buch), des Prorektors und des späteren Rektors (jetzt noch Professor in Gießen) deuten auf ein großes Wohlwollen hin, das dem Schreib- und Rechenmeister entgegengebracht wurde.
In seinem Schlusswort kündigt Beckman noch ein drittes Buch an: „So sol meiner zusag nach / da der liebe Gott hinferner gesundheit verleihen wird / mit einem andern gar Kunstreichen Arithmetischen Werck gedienet werden." Ein drittes Buch konnte jedoch bisher nicht gefunden werden. Die Zeit nach 1622 war auch für Dortmund vom Untergang gezeichnet. Bereits 1624 wütete hier erneut die Pest. Auch der 30-jährige Krieg hinterließ mit Belagerungen, Besatzungen, Einquartierungen mit teilweise Freikäufen, die ungeheure Geldsummen erforderten, schlimme Spuren. Die Bevölkerungszahl sank von den oben genannten 6 – 7.000 Einwohnern bis um 1650 auf 2.000. [Vgl. Keyser, S. 108 - 117]
Es ist fraglich, ob und wie Beckman diese schwere Zeit durchstand. Ob er persönlich zum Opfer all der Wirren dieser unglückseligen Zeit wurde? Die Frage kann heute nicht beantwortet werden.

Beckmans Rechenbücher 1601 [1] und 1622 [2]

Die beiden Rechenbücher sind inhaltlich identisch, wobei nur wenige Exempel aus dem ersten in das zweite Buch übernommen wurden, dabei die Anzahl noch erweitert werden konnte.
„Wann dann nun ein getrewer Schulhalter eine gute Schatzkammer / darauß er die Praecepta nemen vnd lehren könne / haben muß / damit er seinen anbefohlnen Discipulis vnd Lehr Juengern / ein gewiß Exercitium vnd methodum der instruction halben / habe vnd behalte." (Rechenbuch 1622, Blatt Av^{v})
Diesen Worten entsprechend, basieren die Rechenbücher auf dem im Unterricht gebotenen Stoff, der in schriftlicher Form sinnvoll geordnet wiederum als Methodik für ein richtiges, geschicktes Unterrichten diente. Somit vermitteln die Bücher authentisch den damals in der Rechenschule gebrachten Lehrstoff.

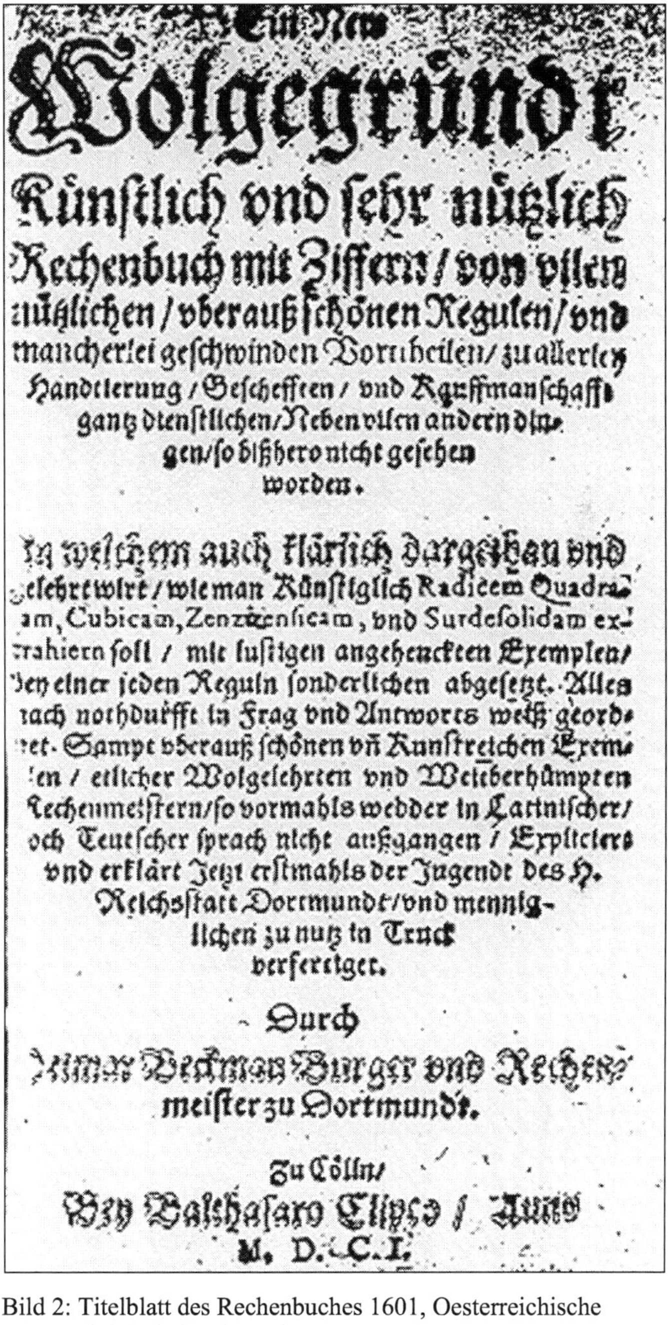

Ein New
Wolgegründt
Künstlich vnd sehr nützlich
Rechenbuch mit Ziffern / von vilen
nützlichen / vberauß schönen Regulen / vnd
mancherlei geschwinden Vortheilen / zu allerley
Handtierung / Geschefften / vnd Kauffmanschafft
gantz dienstlichen / Neben vilen andern dingen / so bißhero nicht geschen
worden.

In welchem auch klärlich dargethan vnd
gelehrt wirt / wie man Künstiglich Radicem Quadratam, Cubicam, Zenzizensicam, vnd Surdesolidam extrahiern soll / mit lustigen angehenckten Exemplen /
bey einer jeden Reguln sonderlichen abgesetzt. Alles
nach nothdurfft in Frag vnd Antworts weiß geordnet. Sampt vberauß schönen vñ Kunstreichen Exemplen / etlicher Wolgelehrten vnd Weitberhümpten
Rechenmeistern / so vormahls wedder in Latinischer /
noch Teutscher sprach nicht außgangen / Expliciert
vnd erklärt Jetzt erstmahls der Jugendt des H.
Reichsstatt Dortmundt / vnd mennig-
lichen zu nutz in Truck
verfertigt.

Durch
Hilmar Beckman Burger vnd Rechenmeister zu Dortmundt.

Zu Cölln /
Bey Balthasaro Clipeo / Anno
M. D. C. I.

Bild 2: Titelblatt des Rechenbuches 1601, Oesterreichische Nationalbibliothek Wien, Sign. 72. M. 32 +

Ein New Kunstreich

Rechenbuch/

von schönen außerle-
senen nützlichen Exempeln/ zu allerley Kauffmans Handlungen/ hochdienst: vnd gebreuchlich/
Neben vielen andern Dingen so bißhero nicht
gesehen worden.

Darinnen auch klärlich dargethan vnd gelehret
wird/ wie man Radicem Quadratam vnd
Cubicam extrahieren soll.

Deßgleichen alle Coss: vnd Polygonal Exempla Herrn Gottschalck Müllinghausen/ Imgleichen
die 14. Polygonal Exempla so in meinem Anno 1601. gedruckten Rechenbuch/ zum Beschluß hingesetzt/ So wol auch
Herrn Sebastiani Curtij vberauß Kunstreiche Wort-
rechnung/ Sampt andern mehr/ gar
deutlich explicirt.

Vnd dann zum Beschluß etliche wunderbahre/ new-
erfundene Kunstreiche Fragen/ so von vielen dieser Kunst
Wolgelärten/ auffzulösen vnmüglich geacht/ beygefügt: Dergleichen vorhin in keiner Sprach gesehen worden. Jetzt erstmals der Jugend/ des H. Reichs Freyer Stadt Dort-
mund/ vnd allen Liebhabern dieser Kunst
in Druck verfertiget/
Durch

Detmar Beckman Bürger vnd verordneten
Schreib: vnd Rechenmeister daselbst.

Zu Dortmund/ durch Andreas Wechtern/ In
Verlegung des Authoris/ Anno 1622.

Bild 3: Titelblatt des Rechenbuches 1622, Niedersächsische Landesbibliothek, Hannover, Sign. NM – A 63

Beide Bücher entsprechen konzeptionell etlichen der damals erschienenen Drucke. Was sie allerdings davon unterscheidet, ist die Anreicherung mit Dortmunder Lokalkolorit. So kommt das alte Wirtshaus „Zum gueldenen Pott“ wieder zu Ehren, und es geht hervor, dass man in Dortmund auch das Unnaisch (in Unna gebraute) Bier nicht verschmähte. Viele vorkommenden Orte und Städte sind in der Nähe Dortmunds angesiedelt, es fehlen allerdings auch nicht die großen Handelszentren wie Amsterdam, Brügge bis Venedig, war doch Dortmund zu dieser Zeit noch immer dem Handel zugetan. Auch lässt das Buch die damals in Dortmund noch stark heimisch gewesene Textilerzeugung erkennen. So sehr es in Dortmund und Umgebung Anklang gefunden haben dürfte, so müsste andererseits ein begrenztes Absatzgebiet vermutet werden. Beckman berichtet jedoch, wie bald sein erstes Buch vergriffen war, obwohl es in großer Anzahl gedruckt wurde, und er somit auch „weit abgesessenen Kunstliebenden hätte abrathen“ müssen („wie ungern ichs gethan“). (Buch [2] Blatt Av[v]).
Der von Beckman geordnete und pädagogisch aufbereitete Lehrstoff ist mit einer Fülle von Exempeln ergänzt. Sein Fundus gestattete ihm offensichtlich aus dem Vollen zu schöpfen. Die Instruktionen beließ er nahezu unverändert in der textlichen Fassung des ersten Buches, waren sie bereits dort auch schon gut verständlich formuliert.
Beckman bemerkt ausdrücklich, dass „Denn Arithmetica nit allein mit dem kauffhandell umgehet / oder der Kauffleut Regel ist / wie sie etliche dar allein vnwissentlich verhaltē“ (Buch [1] Blatt A4[v]). Und doch sind beide Bücher stark auf diesen Berufsstand hin konzipiert. Dabei konnte trotz der vielfältigen Exempel nicht für jeden im Alltag möglichen Fall eine Lösung aufgezeigt werden. Doch bestand anhand der breitgefächerten Beispiele die Möglichkeit, hieraus eine abzuleiten.
Anhand der vielen Exempel wird dem heutigen Betrachter ein Eindruck von dem relativ vielfältigen Warenangebot vermittelt. Jetzt aber dem Reiz eines Preisvergleiches verschiedener Artikel auf Grund der immerhin 21 Jahre auseinanderliegenden Bücher zu folgen, wäre falsch. Es war die Zeit einer katastrophalen Geldentwertung, in der Beckman sein zweites Rechenbuch abfasste. Das Buch einem „aktuellen“ Stand anzupassen, war schier unmöglich, dreht es sich bei den meisten Exempeln eben um die „Muentz“. Beckman ignorierte die dramatische Geldentwertung und handelte dabei (sicher unbewusst) richtig, denn noch im Jahr 1622 endete auch die „Kipper- und Wipperzeit“ und die Münzherren prägten ab Ende des Jahres wieder vollwertige Kleinmünzen. Trotz des weiter andauernden Krieges mit seinem riesigen Geldbedarf blieb das Geldwesen in Deutschland vorerst von Münzverschlechterungen verschont. 1630 gingen nach der Dortmunder Währung 52 Stüber oder Schillinge auf den Reichstaler. [Berghaus, S. 32/33]. Jeder Schilling oder Stüber enthielt wie zuvor 12 Pfennige. Beckman rechnet im Buch [2] den Reichstaler in Dortmund mit 48 Schillingen, den Schilling mit 12 Pfennigen. Somit blieb er mit seiner Resolvierung gut im Trend. Sein Rechenbuch konnte auf keinen Fall jetzt als veraltet abgetan werden.
Auf Grund der Augsburger Reichsmünzordnung von 1566 folgte 1571 die Entschließung, dass im Niederrheinisch-Westfälischen Kreis nur noch in Köln, Aachen, Münster und Emden geprägt werden durfte. Das bedeutete für Dortmund

Inhaltsangabe

Titel der Kapitel aus Buch [2]	Kapitel-Nr. [1] a)	Kapitel-Nr. [2] a)	Blatt-Nr. [1] b)	Blatt-Nr. [2] b)	Seitenzahl (fiktiv) [1] c)	Seitenzahl (fiktiv) [2] d)	Exempel [1]	Exempel [2]
Algorithmus in gantzen zahln	1	1	C	B	1 – 20	(1 – 25)		
Numerirn	(1.1)	(1.1)	C	B^{v}	1 – 4	(2 – 5)		
Addirn oder Summirn	(1.2)	(1.2)	C2^{v}	Biij	4 – 5	(5 – 8)	5	4
Subtrahirn	(1.3)	(1.3)	C3	Biiij^{v}	5 – 8	(8 – 12)	8	13
Multiplicirn	(1.4)	(1.4)	C4^{v}	Bvij	8 – 15	(13 – 19)	8	16
Diuidirn	(1.5)	(1.5)	C8	Cij	15 – 20	(19 – 25)	5	16
Regula Progressionis	2	2	D2^{v}	Cv^{v}	20 – 31	(26 – 41)		
Arithmetische Progression	(2.1)	(2.1)	D3	Cv^{v}	21 – 26	(26 – 37)	7	12
Geometrische Progression	(2.2)	(2.2)	D5^{v}	Diij	26 – 31	(37 – 41)	2	3
Regula De Tri in gantzen zahln	3	3	D8^{v}	Dv	32 – 49	(41 - 68)	76	120
Algorithmus in gebrochnen zahln	4	4.(1)	F	Fiij	49 – 71	(69 – 83)	26	34
Regula De Tri in gebrochnen zahln	6	(4.2)	G6^{v}	Gij	76 – 88	(83 – 98)	55	67
Von besondern vortheil vnd behendigkeit	7	5	H5	H^{v}	89 – 98	(98 – 103)	21	11
Etliche schoene vnd lustige Auffgaben	5	-	G4^{v}	-	72 – 76	-	18	-
Von mancherley Muentz vnd Gewicht	-	6	J^{v}	Hiiij	98 – 101	(103 – 107)	13	21
Von Tara auff vnd in den Centner	8	7	J3	Hvj	101 – 105	(107 – 112)	13	14
Regula Fusti	9	8	J5	J	105 – 108	(113 – 119)	8	12
Regula Conversa	10	9	J6^{v}	Jiiij	108 – 111	(119 – 123)	10	14
Regula Quinq; mit schonen Exempeln	11	10	J8	Jvj	111 – 120	(123 – 136)	17	28
Zinß-Rechnung	12	11	K4^{v}	Kiiij^{v}	120 – (124)	(136 – 147)	11	25
Wechsel Rechnung	13	12	K6^{v}	Lij^{v}	(124 – 139)	(148 – 160)	35	41
Regula Inventionis	14	13	L6	Lviij^{v}	(139 – 141)	(160 – 163)	8	8
Von Gewin vnd Verlust	15	14	L7	Mij	(141 – 156)	(163 – 187)	55	69
Rechnung vber Landt	16	15	M7	Nvj^{v}	(157 – 168)	(188 – 204)	13	20
Gesellschafft Rechnung (einfach)	17.(1)	16.(1)	N4^{v}	Ovij	(168 – 186)	(205 – 223)	29	33
Von zweyfachen Gesellschafften	17.(2)	(16.2)	O6	Pviij^{v}	(187 – 203)	(224 – 248)	26	44
Rechnung von Factoreyen	18	17	P6	Rv	(203 – 209)	(249 – 257)	12	15
Von Schiffsparten	19	18	Q	S	(209 – 211)	(257 – 262)	3	7
Stich Rechnung	20	19	Q2	Siij^{v}	(211 – 233)	(262 – 279)	39	36
Regula Alligationis	21	20	R5	Tiiij^{v}	(233 – 252)	(280 – 293)	25	19
Regula Cesis oder Virginum	22	21	S6^{v}	Viij	(252 – 255)	(293 – 296)	3	6
Regula Plus & Minus	23	22	S8	Vv	(255 – 257)	(297 – 300)	3	9
Regula Ambulationis	24	23	T	Vvij	(257 – 261)	(301 – 307)	8	15
Regula Falsi	28	24	Y3	Xij^{v}	(309 – 323)	(308 – 321)	19	19
Extractio Radicum	25	25	T3^{v}	Y^{v}	(262 – 305)	(322 – 330)	73	4

Anhang der beiden Bücher:

Buch [1]	Blatt-Nr.	Seite	Exempel	Buch [2]	Blatt-Nr.	Seite	Exempel
26. Beide Cossische Exempla Simonis Iacobi vom Gewinn vnd Verlust.	Y	(305 – 307)	2	26. Die kunstreiche Coss vnd Polygonal Exempla Herrn Muellinghausen.	Yvj.	(331 – 358)	24
27. Rudolphi Katten Kunstriche Wortrechnüg.	Y2	(307 – 309)	1	27. Ein Kunstreich Coss: vnd Polygonalisch Exempel / so mir H. Muellinghauß ohne Facit auffzulösen zugeschickt / weitleufftig explicirt.	Aaiij^{v}	(358 – 362)	1
28. Regula Falsi.	s. o.	s. o.	s. o.	28. Herrn Sebastiani Curtij / vberauß kunstreiche Wortrechnung / gar deutlich erklaert.	Aav^{v}	(362 – 373)	1
29. Die 15. kunstreiche Polygonalische Exempla Vveberi explicirt / mit andern dergleichen schonen Exemplen zum Beschluß hindan gesett.	Z2 Z6^{v}	(323 – 332) (332 – 342)	15 15	29. Meine 14. Polygonal Exempla / gar deutlich explicirt.	Bbiij	(373 – 387)	14
Tabellen: Münzen, Gewicht, Maß	Aa3^{v}	(342 – 343)		30. Herrn Johan Webers Cubicossische Exempel.	Ccij	(387)	1
Schlusswort	Aa4^{v}	(344 – 345)		31. Herrn Dieterichn Lindenij Cubicossische Exempel.	Ccij^{v}	(388)	1
Korrekturen	Aa5^{v}	(346 – 347)		32. Zum beschluß 42. Kunstreiche Exempla hinan geordnet.	Cciij	(389 – 414)	42
				Schlusswort	Ddviij	(415 – 416)	

Anmerkungen zum Inhaltsverzeichnis

a) Die in runde Klammern gesetzten Nummern sind fiktiv. Sie sollen die Unterteilung einzelner Kapitel verdeutlichen, wie sie aus dem Inhaltsverzeichnis des Originals nicht hervorgeht.

b) Nennung des ersten Blattes, auf dem der Abdruck des jeweiligen Kapitels beginnt.

c) In dem Buch [1] sind die Seiten bereits mit Ziffernzahlen gekennzeichnet, beginnend mit dem Hauptteil (Blatt C). Bis zur Seite 123 ist die Zählung korrekt durchgeführt, dann folgt statt S. 124 bereits S. 126, hiernach differieren die Seitenzahlen um „+2“ bis zur S. 162 (richtig S. 160), jetzt wird die Nummerierung nahezu chaotisch. In Anlehnung an die ebenfalls vorhandene Blatt-Bezeichnung konnte die Seitenzählung korrigiert werden, um die jetzt fiktiven, dafür aber richtigen Seitenzahlen zu benennen (Eintrag ist mit runden Klammern versehen).

d) Die Seitenzahlen sind fiktiv, im Original werden die Blätter lagenweise gezählt.

die Unterbrechung seiner Münztätigkeit für 65 (!) Jahre. Die Stadt hätte ihre Münzen in einer dieser vier Münzstätten prägen lassen müssen. Man hat darauf verzichtet, so dass für die nächste Zeit allein fremdes Geld umlief. [Berghaus, S. 31, Abschnitt 5].
Hinzu kam noch die Vielfalt bei den Maßen und Gewichten. „Jedes Ländchen hat sein Quentchen". Auch wurde bei weitem nicht mit „gleicher Elle" gemessen und das „gerüttelte Maß", z. B. ein Scheffel differierte von Ort zu Ort. Diese Problematik ging Beckman mit einem hierauf abgestimmten Lehrstoff an, um eine praxisnahe Orientierung zu vermitteln, die beim Überwinden aller Widrigkeiten helfen konnte. Er begann bei jedem Kapitel mit einfachen Exempeln und steigerte dann den Schwierigkeitsgrad.

Exempel 9 und 10 aus dem Kapitel „Rechnung vber Landt" (15).
Buch [2] Blatt Qj^{v} und Qij (Seite 194 und 195):

9. Item einer kaufft zu Leipzig $21\frac{1}{2}$. ce. Zin/gibt für 1. ce. $28\frac{1}{3}$. fl. gibt von 1. ce. Fuhrlohn biß gen Dortmündt $2\frac{2}{3}$. fl. Mischt alda darunter 6. ce. 12. ℔. Bley / Dortmündisch gewicht/den ce. ad $5\frac{1}{4}$. th. verkaufft daselbst wiederumb das ℔. von dem gemischten Zin/ für 8. ß. Item 15. Batzen thun ein fl. der 13. einen th. machen/110 ℔. zu Leipzig/thun 108. ℔. Dortm. Ist nun die frag / wieviel gewunnen: Facit 116. th. 10. ß. 10. pf. gewunnen.

1 —— 31 —— $21\frac{1}{2}$. ce. Facit $666\frac{1}{2}$. fl.

Nun verwechsel die fl. in th. steht also.

13 —— 15 —— $666\frac{1}{2}$ Facit 769. th. 1. ß.

Nun verwechsel das Gewicht / Merck aber / weil 1. ce. Leipziger gewicht/(als 110. ℔.) thut 108. ℔. welchs 1. ce. Dortmünds ist/ohne noth zuverwechseln/da aber ℔. bey verhanden weren/so müsten dieselb verwechselt werden. Addir demnach die 6. ce. 12. ℔. Bley zu den $21\frac{1}{2}$. ce. Zin / das Collect als 27. ce. 66. ℔. ist vermischt Zin. Nun rechne für erst was das Bley kost / das kommende Facit addir zu 769. thal. 1. ß. kommen 801. thal. 3. ß. 2. pf. behalt/vnd ist die außgabe. Rechne endlich wieviel der gemischte Zin an gelde thut / das ℔. ad 8. ß. kommen 917. thal. 14. ß. hirvon subt. die außgabe/was restirt ist gewunnen.

10. Item/ einer kaufft zu Leipzig $21\frac{1}{2}$. ce. Zin/ den ce. vmb $28\frac{1}{3}$. fl. gibt vom ce zu führen / biß gen Dortmündt $2\frac{2}{3}$. fl. Mischt alda darunter etliche ce. Bley/Dortmünds gewicht/den ce. ad $5\frac{1}{4}$ th. verkaufft den gemischten Zin widerumb / vnnd löset in Summa 917. thal. 14. ß. Befindt endlich in rechnung/daß er gewunnen hab 116. thal. 10 ß. 10. pf. wieviel ist des Bleyes gewesen? Facit 6. ce. 12. ℔. Dortmünds. Halt dich mit dem Gewicht vnnd Müntz/wie bey vorigem Exempel.

Beckman addiert die 6 Zentner 12 Pfund Blei Dortmunder Gewicht (1 Z. = 108 Pfd.) zu den 21 ½ Zentner Zinn Leipziger Gewicht (1 Z. = 110 Pfd.) ohne diese in Dortmunder Gewicht umzuwandeln. Offensichtlich wurden geringfügige Differenzen ignoriert. Für den Händler bedeutete das keinen Schaden, konnte er sogar 43 Pfund mehr verkaufen. Anmerkung:
1 Taler = 26 Schilling.

Im Exempel 10 lässt Beckman jetzt vom Gewinn ausgehend den Anteil Blei errechnen. Eine solche Variante bringt er des Öfteren.
Fallweise zeigt Beckman auch, wie das Exempel alternativ „nach rechter art der Reguln Coß" gelöst werden kann:

Exempel 5 aus dem Kapitel „Regula Ambulationis“ (23), Buch [2] Blatt Vvij^{v} und Vviij (S. 302/303):

5. Item/jhrer 2. reisen von Dortmünd/ gen Leipzig/der erste geht alle tage 5. meilen/der ander, aber ist wegen einer gethanen Reise noch müde/ also: daß er den ersten tag nicht weiter zu gehen vermag/als 1. den andern 2. den dritten tag 3. meilen/ vnd also fort. Nun ist die frage/in wie viel tagen sie zusammen kommen? Facit 9. tage/ vnd in der 45. meil.

Machs also: duplir 5. werden 10. von dem Product subtrahir 1. rest 9. so viel seyn der tage. Nun multiplicir 9. mit 5. kommen 45. meilen die begert waren.

(1. Reisender = A, 2. Reisender = B)
Die von B in x Tagen zurückgelegte Strecke rechnet Beckman, „nach Art einer Arithmetischen Progression“ $(x + 1) \cdot \frac{1}{2} x$ und setzt sie dem von A in der gleichen Zeit zurückgelegten Weg $5 \cdot x$ gleich:
$(x + 1) \cdot \frac{1}{2} x = 5x$; $x^2 + x = 10x$; $x = 9$ (Tage)

Oder also nach rechter art der
Regula Coss:
Setz A. habe gewandert 1. Radix tage/steht also:
1 —— 5 —— 1 ℞. Facit 5. ℞. meil.
B. aber hat gewandert 1. ℞. tage/eben so viel meil hat er auch am letzten tage gegangen/da sie beyeinander kommen seyn/nach art einer Arithmetischen Progression/ dieselb zu suchen/thu jhm also: addir 1. als die erste meil. zu 1. ℞. kompt 1. ℞. + 1. multiplicir mit dem halben theil der Städte als ½. ℞. kompt 1. $\frac{ℨ. + 1. ℞.}{2}$ ist gleich so viel meil/ als 5. ℞. so A gegangen/nun multiplic. 5. ℞. mit dem Nenner 2. werden 10. ℞. vnd sein gleich 1. ℨ. + 1. ℞. Nun subt: auff beyden seiten 1. ℞. steht also nach auffhebung der Cossischen zeichen. 1. ℞. ist gleich 9. vnd so viel seyn der tage. Merck bey dieser operation/daß die erste Lehr (als da 5. duplirt von dem Product 1. subtrahirt ist worden) auß dieser Cossischen operation genommen ist.

Mit Recht verwahrt sich Beckman in Schlusswort seines ersten Buches gegen jegliche Verdächtigung des Plagiats: „Ob vielleicht jemandt / verachtlicherweise wolte sagen Ich hette anderer Rechens Meister Exempla bey einäder geflicket / .... / derselbige durchlese diß Buch / So wirdt er keine frembde auffgaben finden / dann nur allein etliche weinige herrliche vnnd nicht liechtlich auffzuloesen Exempla Auff bitt etlicher Leuth welches dir auch ohne zweiffel wirst gefallen lassen.“
Und dabei nennt Beckman stets den Namen des Meisters, dessen Exempel er in seinem Buch veröffentlicht. Somit stellt er indirekt Persönlichkeiten aus seinem Kollegenkreis vor, mit denen er kontaktierte oder von denen ihm zumindest deren Publikationen geläufig waren: Conrad Hennenberg, Georg Hulßhoff, Simon Jacob (kein Zeitgenosse Beckmans), Rudolph Katten, Sebastian Kurz, Theodor Linden, Johann Meinertzhagen von Cölln, Gotschalk Muellinghausen von Schwelm, Peter Roth, Johannis Weber.
Faulhaber erwähnt Beckman auf dem Blatt (Ciij) in seinem Büchlein [3] aus dem Jahr 1618 und weist auf dessen Buch [1], Blatt 123 hin. Beckman hatte sich ebenso wie Faulhaber mit Zinsproblemen beschäftigt. Ein Schriftverkehr zwischen den beiden Rechenmeistern ist jedoch nicht nachweisbar[1].

Mit Stolz weist Beckman auf seine Polygonalischen Exempel hin, die er in beiden Büchern bringt, wobei er bewusst auf eine Einführung verzichtet: „So achte ichs vnd halte es für gewiß / daß es dem Kunstverstendigen weiniger als nichts / gefallen wuerde / solches vorzumahlen / weil ohne das jhme selbst besser kuendig / als ichs mit der Feder darthun kan.“

---

[1] Freundliche Mitteilung von Herrn Dr. Kurt Hawlitschek in Ulm, für die ich ihm herzlich danke.

Exempel 1 Buch [2] Blatt Bbiij und Bbiij^{v}, (S. 373/374):

Item/mach mir 856. zu einer Quadratzal/ wann ich die Wurtzel darauß extrahir/ davon 9. subtrahire/den Rest in 14. dividire/daß mir ein Zal komme/ wenn ich dieselbe dreymal setze/ laß eine darunter seyn ein Trigonal/ die andern zwey Pronicwurtzeln/vnd setz darnach/noch ein Zal/die vmb ein grösser/ vnd ein quadratwurtzel sey. Wenn ich nun auß ermeldten wurtzeln such ihr trigonal: pronic: vnnd quadratwurtzeln/ sie zusamen addir/daß 856. widerumb kommen. Ist nun die frag/was es für zalen seyn? Facit das quadrat 47961. trigonalzal ist 120. ein jede pronicsal ist 240.

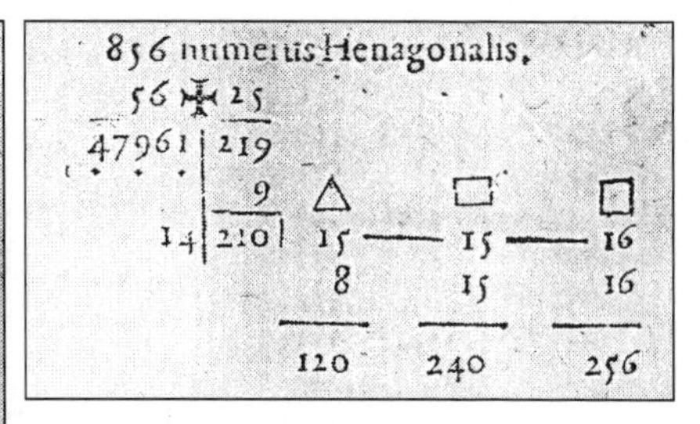

Numerus Henagonalis (p) = 856
(856 ist eine Polygonalzahl „p“ des Neunecks.)
Gesucht werden soll die Wurzel „r“. Mit der gefundenen Wurzel „r“ sind die Polygonalzahlen für ein Dreieck, ein Quadrat und die Pronick-Zahl zu ermitteln. Die Summe der Zahlen, wobei die Pronick-Zahl zweimal gezählt wird, soll wiederum 856 betragen.
Nach dem obigen Schema rechnet Beckman wie folgt:

1. Rechengang $\underline{856 \cdot 56} + 25 = 47961$
2. Rechengang $\sqrt{47961} = 219$
3. Rechengang $219 - 9 = 210$
4. Rechengang $210 : 14 = 15$ (Wurzelzahl)

Ist wie hier die Polygonalzahl gegeben und es soll hieraus die Wurzel (Anzahl der Glieder) ermittelt werden, ist nach folgender Gleichung zu rechnen [vgl. Kluegel]:

$$r = \frac{(m-4) + \sqrt{p \cdot (m+m-4) \cdot 4 + (m-4)^2}}{2 \cdot (m-2)}$$

m = Anzahl der Ecken
(beim Neuneck = 9)

$$r = \frac{(9-4) + \sqrt{856 \cdot (9+9-4) \cdot 4 + (9-4)^2}}{2 \cdot (9-2)} = 16$$

Beckman rechnet aber (siehe oben):

$$r = \frac{\sqrt{p \cdot (m+m-4) \cdot 4 + (m-4)^2} - m}{2 \cdot (m-2)}$$

$$r = \frac{\sqrt{856 \cdot (9+9-4) \cdot 4 + (9-4)^2} - 9}{2 \cdot (9-2)}$$

$$= \frac{\sqrt{856 \cdot 56 + 25} - 9}{14} = 15$$

Er lässt gegenüber dem korrekten Ansatz im Zähler „m – 4“ entfallen und fügt dafür am Ende „- m“ ein und erreicht hiermit die Minderung der Wurzelzahl um 1, somit von 16 auf 15. Mit diesem „Trick“ macht er sein Exempel „passend“.

Die Summe der mit der Wurzelzahl 16 errechneten Polygonalzahlen für Dreieck und Quadrat plus der doppelten Pronick-Zahl ergäbe niemals 856:

$$p\ (\text{Dreieck}) + 2 \cdot p\ (\text{Pronick}) + p\ (\text{Quadrat})$$

$$= \tfrac{1}{2} \cdot (r^2 + r) + 2 \cdot (r^2 + r) + r^2 \quad [\text{vergl. Kluegel}]$$

$$= \tfrac{1}{2} \cdot (16^2 + 16) + 2 \cdot (16^2 + 16) + 16^2$$

$$136 + 2 \cdot 272 + 256 = 936\ (\text{statt } 856)$$

So rechnete Beckman mit $r = 15$ und $r = 16$ wie folgt:

$$\tfrac{1}{2} \cdot (15^2 + 15) + 2 \cdot (15^2 + 15) + 16^2$$

$$= 120 + 2 \cdot 240 + 256 = 856$$

(siehe in seinem obigen Schema)

Wie für viele Rechenmeister, so bildeten Kenntnisse über den Aufbau der Polygonalzahlen auch für Beckman eine besondere Attraktion.

Beckman erklärt bei fast allen Exempeln den Lösungsweg, macht somit seine beiden Kompendien zu hervorragend aufbereiteten Lehrbüchern.

Arithmetik im Gymnasium

So wie durch Beckmans Bücher ein Einblick in den Unterricht der Schreib- und Rechenschule gegeben wird, ist in einem jetzt (wieder)entdeckten, in lateinischer Sprache verfassten, Büchlein [4] der Stoff aufgezeigt, der den Dortmunder Gymnasiasten in Arithmetik vermittelt wurde. Das Büchlein wurde 1549 von Melchior Soter gedruckt, dessen Offizin speziell von dem Gründungsrektor des Gymnasiums eingerichtet wurde, um die erforderlichen Lehrmittel preiswert zu erstellen. Es handelt sich um den Nachdruck eines bereits 1542 in Köln erschienenen Büchleins [Smith, S. 212/213]. Auf den 41 Textseiten werden Nummerieren (Kapitel I – IV), Addieren (Kap. V), Subtrahieren (Kap. VI), Multiplizieren (Kap. VII), Dividieren (Kap. VIII), arithmetische und geometrische Progression (Kap. IX), Regula Mercatorum seu de tribus und Bruchrechnen behandelt. Das auf die Praxis ausgerichtete kaufmännische Rechnen in all seiner Vielfalt wird nur gestreift. Mit wenigen Beispielen werden Umrechnungen innerhalb der Münzsystems gezeigt.
Das Büchlein vermittelt den innerhalb der Artes liberales gegebenen Arithmetik-Unterricht.

Bibliographie

[1] Beckman, Detmar

Titel:
Ein New ‖ Wolgegruendt ‖ Kuenstlich vnd sehr nuetzlich Rechenbuch mit Ziffern | von vilen ‖ nuetzlichen | vberauß schoenen Regulen | vnd ‖ mancherlei geschwinden Vortheilen | zu allerley ‖ Handtierung | Gescheфften | vnd Kauffmanschafft ‖ gantz dienstlichen | Neben vilen andern din= ‖ gen | so bißhero nicht gesehen ‖ worden.
... Jetzt erstmahls der Jugendt des H. ‖ Reichsstatt Dortmundt | vnd mennig- ‖ lichen zu nutz in Truck ‖ verfertiget. ‖ Durch ‖ Detmar Beckman. Burger vnd Rechen= ‖ meister zu Dortmundt. ‖ Zu Coelln | ‖ Bey Balthasaro Clipeo | Anno ‖ M. D. C. I. (1601)

Standorte:
- British Library London, Sign. 530. a. 18 (1)
- Oesterreichische Nationalbibliothek Wien, Sign. 72. M. 32 + (Herr Prof. Dr. Wolfgang Kaunzner hat diesen Standort in Erfahrung gebracht und ihn mir freundlicherweise mitgeteilt, wofür ich mich ganz besonders bedanke. In keiner der einschlägigen Bibliographien wird die Nationalbibliothek Wien genannt).

Literatur:
- Ars Mercatoria, Band 2: 1600 – 1700, Paderborn 1993, S. 61, II / B 15.1
- British Museum, General Catalogue of printed books, London 1965, Band 13, Sp. 893

[2] Beckman, Detmar

Titel:
Ein New Kunstreich ‖ Rechenbuch | ‖ von schoenen außerle= ‖ senen nuetzlichen Exempeln | zu allerley Kauff= ‖ mans Handlungen | hochdienst: vnd gebreuchlich | ‖ Neben vielen andern Dingen so bißhero nicht ‖ gesehen worden.
... Jetzt erst = ‖ mals der Jugend / des H. Reichs Freyer Stadt Dort = ‖ muend / vnd allen Liebhabern dieser Kunst ‖ in Druck verfertigt / ‖ Durch ‖ Detmar Beckman Buerger vnd verordneten ‖ Schreib: vnd Rechenmeister darselbst. ‖ Zu Dortmuend / durch Andreas Wechtern / In ‖ Verlegung des Authoris / Anno 1622.

Standorte:
- Stadt- und Landesbibliothek Dortmund, Sign. Ht 733
- Niedersächsische Landesbibliothek Hannover, Sign. Nm – A 63

Literatur:
- Ars Mercatoria, Band 2: 1600 – 1700, Paderborn 1993, S. 61, II/B 15.2
- Wülfrath, Karl, Von den Frühdrucken bis 1666, Teil 1, Bibliotheca Marchia, Münster 1936, S. 399, 5. Andreas Wechter (Vigilius), Nr. 1251 (1622)

[3] Faulhaber, Johann

Titel:
Warhafftige vnd Gruendliche Solution oder ‖ Auffloeßung einer Hochwichtigen Frag. ‖ Wie mann die Fristen | welche ‖ ohne Interesse | auffgewisse Ziel vnd Zeit hinauß ‖ zu bezahlen verfallen | wann manns auff einmahl vorher mit ‖ Abzug eines gewissen percento, einfachen Interesse deß Jars ‖ anticipirt oder Baar vor ein bezahlt | Abrechnen solle | das nit ‖ Interesse auff Interesse unvermerckt ‖ darunder einschleiche. ‖ Dem gemeinen Nutzen .... In offnen Truck publiziert. ‖ Durch: ‖ Johannem Faulhabern | bestelten Rechenmeister ‖ vnnd Modisten | Inn Ulm. ‖ Gedruckt zu Ulm | durch ‖ Johann Meder | im Jahr ‖ M DC XVIII. (1618)

Standort: - Stadtbibliothek Ulm
Literatur: - Schneider, Ivo. Johannes Faulhaber 1580 – 1635, Rechenmeister in einer Welt des Umbruchs. Basel, Boston, Berlin 1993 (Vita mathematica, Band 7), S. 164 ff., 8.2 Ein Zinsproblem

[4] [Anonymous]

Titel:
B REVIS ‖ Arithme ‖ tices Intro - ‖ ductio ex Variis ‖ Authoribus con - ‖ cinnata. Tremoniae excud. Melch. Soter. ‖ Anno M. D. XLIX. (1549)

Standorte[2]: - Universitäts- und Landesbibliothek Münster, Sign. M + 2 300 (Rara Magazin)
- Lippische Landesbibliothek Detmold, Sign. Th 1041 d

Literatur: - Smith, David Eugene, Rara Arithmetica, Boston und London 1908, S. 213

[2] Die Standorte hat Herr Prof. Ulrich Reich, Bretten im Internet (Hochschulzentrum NRW, Köln) ausfindig gemacht [VD 16: Fehlanzeige] und mir freundlicherweise mitgeteilt, wofür ich ihm herzlich danke.

Literatur-Nachweis:

Berghaus	=	Berghaus, Peter Münzgeschichte der Stadt Dortmund, Dortmund 1958
Esser	=	Esser, Helmut Michael Potier, Lektor der französischen Sprache an der Hohen Schule zu Dortmund und Alchemist. In: Beiträge zur Geschichte Dortmunds und der Grafschaft Mark Bd. 69, 1974
Keyser	=	Deutsches Städtebuch, Bd. III, Nordwest-Deutschland II Westfalen Westfälisches Städtebuch Herausgegeben von Dr. Erich Keyser, Stuttgart 1954
Kluegel	=	Kluegel, Georg Simon Mathematisches Wörterbuch Erste Abtheilung Die reine Mathematik Dritter Theil von K – P Leipzig 1808
Smith	=	Smith, David Eugene Rara Arithmetica Boston und London 1908
Sollbach	=	Sollbach, Gerhard E. Die Einrichtung des Gymnasiums in Dortmund 1543 – Schulpolitik zwischen Humanismus und Reformation. In: Dobbelmann, Hanswalter und Jochen Löher (Hrg.) Eine gemeine Schule für die Jugend. 450 Jahre Stadtgymnasium Dortmund Band 2, 1993
VD 16	=	Verzeichnis der im deutschen Sprachbereich erschienenen Drucke des XVI. Jahrhunderts

Dr. Johann Remmelin (1583-1632), Arzt und Arithmetiker

Kurt Hawlitschek

Lebensweg

Johann Remmelin wurde am 28.7.1583 als Sohn des Bortenwirkers Hans Ludwig Remmelin (+1617) und der Elisabeth geb. Marchthaler in Ulm geboren, besuchte die Ulmer Lateinschule und war auch Schüler des Mathematikers Johann Faulhaber, mit dem ihn eine lebenslange Freundschaft verband. Als Student der Philosophie und der Medizin in Tübingen hat er Faulhabers Erstlingswerk *Arithmetischer Cubiccossischer Lustgarten* 1604 „durch den Truckh befürdert" und dafür eine lateinische Vorrede geschrieben. Remmelin wurde 1604 in Tübingen Magister, ging dann nach Basel, wo er 1607 in Philosophie und in Medizin promovierte.[1]

Im gleichen Jahr heiratete er Rosine Rieber und nach deren frühem Tod 1609 Elisabeth Veesenbeck, Tochter des Ulmer Superintendenten D. Johann Veesenbeck (1548-1612).

Remmelins wissenschaftliches Interesse an der Mathematik war von Anfang an mit der Nebentätigkeit als Übersetzer von Faulhabers Schriften ins Latein verbunden. Er erwies sich aber auch als vielseitiger, eigenwilliger Schriftsteller, als Verleger und am Ende seines Lebens notgedrungen auch als Buchhändler.

Zusammen mit Faulhaber wurde er 1611 wegen des Druckes etlicher mathematischer „Inventa" vor das Ulmer Pfarrkirchenbaupflegamt geladen. Sie mussten sich verpflichten, Exemplare jeweils dem Amt zur Revision vorzulegen. Aber schon 1612 wurde der Buchdrucker Johann Meder wieder angewiesen, er solle Remmelin und Faulhaber mitteilen, dass er ohne amtliche Genehmigung nichts drucken dürfe.

Als Arzt verwickelte sich Remmelin mit seinen Ulmer Kollegen in vielerlei Streitigkeiten und ging deshalb 1614 als Stadtphysikus nach Schorndorf. Am 22.3.1614 übersandte er von dort ein Exemplar seines *Catoptron micricosmicon* an den befreundeten Rechenmeister Sebastian Kurz nach Nürnberg. Diese anato-

[1] K. Hawlitschek, Johann Faulhaber 1580-1635. Eine Blütezeit der mathematischen Wissenschaften in Ulm, 1995, S.204-215.

mischen Tafeln, die in vielen Auflagen in Augsburg, Ulm, Frankfurt, Leipzig, in Holland und England herauskamen, zeichnen sich dadurch aus, dass sich die Abbildungen der Organe so aufeinanderlegen lassen, wie sie im Körper vorkommen.
Im gleichen Jahr hatte Remmelin die Wortrechnung des Ulmer Rechenmeisters Johann Krafft (+1620) aufgelöst und Fehler, die er darin gefunden hatte, angeprangert. Erbost schrieb Krafft in ein Exemplar von Remmelins Auflösung: „Der dies gemacht ist ein Schelm und Dieb und alle, die daran geholfen, sein auch Schelmen und Dieb“. Krafft legte dieses Exemplar in einen Buchladen zum öffentlichen Verkauf und verursachte dadurch heftige Auseinandersetzungen mit seinen Kontrahenten vor dem Rat der Stadt Ulm, die sich bis in das Jahr 1620 hinzogen.
Enttäuscht von seiner Vaterstadt schrieb Remmelin am 20.2.1616 an Kurz: „Bey den Ulmern am wenigsten Danckh zu finden, in massen ich als selbiger gnugsam kundig“. Gleichzeitig meldete er, dass er kommende Ostern sich zu Aalen nieder zu lassen willens sei. Sein Aufenthalt in diesem neuen Wirkungsort war nicht von Dauer, denn 1619 war er bereits wieder „bestellter Physikus“ in Schorndorf, von wo aus er ein Exemplar seiner „newen Anatomiam“ nach Nürnberg schickte.
Recht häufig besuchte Remmelin auf einem eigenen Pferd seine Heimatstadt Ulm, sei es, um seine Angehörigen wiederzusehen, seinen kranken Bruder zu behandeln, oder bei Faulhaber einzukehren. Um für sich und seine Familie das Bürgerrecht in Ulm zu erhalten, war Remmelin 1620 sogar bereit, im Streit mit dem Rechenmeister Johann Krafft einzulenken. Er und seine Brüder mussten sich allerdings verpflichten, ihre Schulden in Höhe von 70 Gulden zu erstatten und die ausstehenden Steuern zu bezahlen.
Als sich Remmelin 1621 in Ulm um die „vacierende Seeldoctorstelle“ bewarb, erhielt er die ziemlich barsche Antwort, „dass ein Ers. Rath die zwo brachen Doctorstellen allbereit wider anderwerts ersetzt habe“. Ebenso wenig Erfolg hatte Remmelin 1623 mit seiner „Supplication umb die dem Collegio Medico vacierende Stell“ in Ulm.
Wie vielseitig Dr. Remmelin als wissenschaftlicher Schriftsteller war, geht aus einem Brief vom 17.4.1628 an Kurz hervor. Er wollte in Nürnberg ein hebräisches Lexikon drucken lassen mit lateinischer und deutscher Version.
Seit Oktober 1628 war Dr. Remmelin mit seiner Haushaltung in Augsburg ansässig und als bestellter Medikus tätig.
In seinem Schreiben vom 1.1.1630 an Faulhaber berichtet Dr. Remmelin über folgende Aufgabe:
„Item etliche Quadrat Zahlen zwischen welchen allemal eine fehlt, wie auch gleichviele Cubic Zahlen thuen zusammen addirt 21 230.“ Wieviele Quadrat- und Kubikzahlen sind es?
Die Lösung, für Faulhaber sicher keine Neuigkeit, gewinnt Remmelin in der Form

$$S = (4n^3 - n)/3 + 2n^4 - n^2$$

S = 21 230 ergibt n = 10.

Dr. Johann Remmelin

Dr. Remmelin befasste sich zu dieser Zeit auch mit Logarithmen, „daraus ich alle multiplikation und division durch addition und subtraction verrichte".
Am 28.7.1630 berichtete er schweren Herzens von der Behinderung der evangelischen Glaubensausübung in Augsburg für ihn und seine Kinder. Er habe zwar noch das Bürgerrecht in Ulm, aber dort seien so viele Mediziner, dass er sich lieber unter Wölfe begeben möchte, als nach Ulm. Deshalb fragte er bei Sebastian Kurz an, ob vielleicht in Nürnberg oder Umgebung eine Stelle für einen Arzt oder Apotheker frei wäre. Dieser verzweifelte Versuch blieb erfolglos, und am 30.11.1630 schrieb Faulhaber an Kurz: „Doctor Remmelin wohnt alhie".
Da er seinen Beruf als Arzt nicht ausüben konnte, wirkte Dr. Remmelin in seinen beiden letzten Lebensjahren als Verleger und Buchhändler, u.a. für Faulhabers Druckschriften. Dessen *Academia Algebrae* wurde 1631 in Augsburg gedruckt bei Johann Ulrich Schönigk, „in Verlag Johann Remmelins, Kunst- und Buchhändlers, Bürgers daselbst".
Faulhabers *Mathematische Andeutung der Ewigkeit* wurde 1631 in Ulm bei Jona Saur gedruckt „in Verlag Johann Remmelins, Buch- und Kunsthändlers, Bürgers daselbst".
Aus dem letzten Schreiben Remmelins vom 20.6.1632 an Kurz erfahren wir, dass Remmelin auch bei der Verlegung des 2. und 3. Teils von Faulhabers *Ingenieurs-Schul* behilflich sein wollte: „Villeicht gibt Gott Genad, dass es bald geschehen mag. Sonsten hab ich wider ein häuslich Anwesen in Augspurg, will nechste Tag mein Weib und 3 Kinder von Ulm wider abhollen lassen. Wohne an dem hinder Graben nahend dem Rathaus".
Vier Monate später, am 24.10.1632, schrieb Faulhaber an Kurz: „Herr Doctor Remmelin seeliger . . ."

Werksverzeichnis

Das folgende Verzeichnis der Druckschriften von Dr. Johann Remmelin, die zum Teil nicht mehr zugänglich sind, richtet sich nach L. F. Ofterdingers Zusammenstellung.[2]

Speculum mathematicum novum . . . , prius germanicae aeditum Auctore J. Faulhaber, latine conversum per Remmelinum, Ph. et Med. Doctorem, Ulmae 1612.
Übersetzung von Faulhabers *Newer Mathematischer Kunstspiegel* von 1612.

Magia arcana coelestis sive cabalisticus . . . , latine conversum per J. Remmelin, Nürnberg 1613.
Übersetzung von Faulhabers *Himmlische gehaime Magia . . . vom Gog und Magog,* Nürnberg 1613.

Numerus figuratus . . . , Ulm 1614.

[2] L. F. Ofterdinger, Beiträge zur Geschichte der Mathematik in Ulm bis zur Mitte des XVII. Jahrhunderts, Programm des Königl. Gymnasiums in Ulm, 1867, S.5-6.

Es handelt sich um die erste eigene mathematische Abhandlung Johann Remmelins.
Schon im Titel bezieht sich der Autor auf die Kunst Faulhabers, mit der dieser die biblischen Zahlen deutete. Seinen Namen verbirgt er in einem *Grammatologismus,* einer Wortrechnung, die er seiner Schrift anhängt. Remmelin definiert die figurierten Zahlen auf zweifache Weise: als geometrische Figurationen und als arithmetische Progressionen. Er erkennt, dass die gesamte Kunst der figurierten Zahlen in seiner Tabelle der Binomialkoeffizienten enthalten ist, die er als *Inexhaustae Scientiae tabula secretissima Arithmetices Arcana pandens* auf der letzten Seite angibt. Neben den Zahlenreihen (numeri figurati absoluti) nennt Remmelin jeweils auch die cossischen Formeln (numeri figurati cossici).
Mit Hilfe seiner Tabelle findet Remmelin (S.13) für die Zahl 666 alle 7 möglichen Figurationen, d.h. ganzzahlige Werte für k, n, d bei vorgegebenem z in

$$z = \binom{n+k-1}{k+1} \cdot d + \binom{n+k-1}{k} = g(k,n,d)$$

und ergänzt die Darstellung von Faulhabers Geheimniszahlen durch Pyramidalzahlen :

$666 = g(2,3,165)$; $1290 = g(2,3,321)$; $1335 = g(2,5,66)$;
$1260 = g(2,4,125)$; $1600 = g(2,4,159)$; $1000 = g(2,4,99)$;
Es fehlt bei ihm allerdings $1200 = g(2,4,229)$.

Bereits zu diesem Zeitpunkt wäre Remmelin in der Lage gewesen, Faulhaber darauf aufmerksam zu machen, dass die Eigenschaft, eine Pyramidalzahl zu sein, nichts besonderes ist.
Die Beziehung

$$\binom{n+k}{k+1} = \frac{n+k}{k+1} \cdot \binom{n+k-1}{k}$$

war Remmelin (S.16) durchaus vertraut. Tropfke[3] schreibt dieses Multiplikationsgesetz dem Fermat (1636) zu, zu unrecht, wie wir nun wissen.

Mysterium Arithmeticum . . . , illuminatissimis laudatissimisque Fraternitatis Rosae crucis Famae Viris humiliter & syncere dicata, 1615.
Der Autor dieser den Rosenkreuzern gewidmeten Schrift bleibt anonym. Sie wird oft irrtümlich Faulhaber zugeschrieben, ist nach Form und Inhalt aber unzweifelhaft Dr. Remmelin zuzuordnen.

[3] Johannes Tropfke, Geschichte der Elementar-Mathematik, Band 5, S.39, Berlin und Leipzig 1924.

MYSTERIUM ARITHMETICUM,

Sive,

Cabalaſtica & Philoſophica Inventio, nova admiranda & ardua,

QUA NUMERI RATIONE ET METHODO COMPUTENTUR,

MORTALIBUS à MUNDI PRIMORDIO ABDITA, ET AD FINEM non ſine ſingulari omnipotentis Dei proviſione revelata.

Cum

Illuminatiſſimis laudatiſſimisq;

Fraternitatis Roſeæ crucis Famæ Viris humiliter & ſyncerè dicata.

Tùm,

Pijs omnibus & ſingulis Chriſtianis fideliter & planè propalata.

Apocalyp. 13. ꝟ. ulti.

Hic eſt Sapientia, qui habet intellectum computet Numerum Beſtiæ. Numerus enim Hominis eſt & numerum ejus 666.

Anno Chriſti Salvatoris noſtri,

M DC XV.

Titelblatt des den Rosenkreuzern 1615 gewidmeten Mysterium Arithmeticum von Dr. Johann Remmelin

Remmelin lässt bei seiner verallgemeinerten Definition figurierter Zahlen auch negatives d zu:

	1	1
	-1	0
d = -2	-3	-3
	-5	-8
	-7	-15
		-25

$$\binom{6}{3}\cdot(-2)+\binom{6}{2}=-40+15=-25$$

Sein Sohn Johannes Ludwig definierte 1627 figurierte Zahlen auch mit rationalen d.

Sphyngis Victor, d.i. Entdeckung J. Faulhabers Himmlischen geheimen Magie, Kempten 1619.
Remmelin gibt die Auflösung einer von Faulhaber im *Gog und Magog* durch Verschlüsselung des Alphabets vorgegebenen Wortrechnung:
„Gog und Magog ein hoher Regent in Europa kompt aus Japhets Geschlecht“.

Adyta Numeri reclusa, Das ist Eröffnung grosser Geheimnussen in vnendlicher addition der Polygonal vnd darvon erwachsenden Cörperlichen Zahlen, vorgestellt in zweyen Wortrechnungen, Kempten 1619.
Außer den beiden Wortrechnungen enthält diese Schrift ein magisches Quadrat aller ungeraden Zahlen von 1 bis 1153.

Sphyngis Victoris Triumphi splendide ab eius victore triumphante adornati, REMORA, Kempten 1619.
Neben der Auflösung scharfsinniger Wortrechnungen enthält diese Druckschrift Tabellen, in denen die Summen

$$\sum_{\nu}^{n} \nu^4 \qquad \sum_{\nu}^{n} \nu^5$$

und deren Mehrfachsummen als Reihen mit Binomialkoeffizienten dargestellt sind:

	24	-12	2	1	1	1
	24	12	14	15	16	17
d = 24	24	36	50	65	81	98
	24	60	110	175	256	354
	24	84	194	369	625	979

$$\sum_{\nu}^{n} \nu^4 = 1+\binom{n-1}{1}+\binom{n}{2}+\binom{n+1}{3}\cdot 2-\binom{n+2}{4}\cdot 12+\binom{n+3}{5}\cdot 24$$

$$\sum_{r}^{n}\sum_{\mu}^{r}\mu^{4}=1+\binom{n-1}{1}+\binom{n}{2}+\binom{n+1}{3}+\binom{n+2}{4}\cdot 2-\binom{n+3}{5}\cdot 12+\binom{n+4}{6}\cdot 24$$

Die Zahlenfolgen, von denen hierbei auszugehen ist, fand Remmelin wohl hintenherum durch Differenzenbildung. Dieses Differenzenverfahren verwendete später auch Charles Babbage, um mit seiner Differenzenmaschine (1832) Polynome und damit auch näherungsweise Logarithmen oder trigonometrische Funktionen zu berechnen.
Der Ansatz von Remmelin lässt sich verallgemeinern und weiterführen. Potenzsummen $\sum_{\nu}^{n}\nu^{r}$ beliebigen Grades r lassen sich als Reihen mit Binomialkoeffizienten darstellen.[4]

Remora sublatae, Triumphi, de Sphyngis victore splendide adornati, Periculum, Das ist Johannis Remmelini D. gestellter Anhang vnd Bericht auff Herrn Johann Bentzen . . .gründtliche Aufflösung, Stuttgart 1619.

Animadversio in Herrn J. Benzen manuductionem ad numerum Geometricum, Augsburg 1622.

Structura tabularum quadratum, Augsburg 1627.
Druckschrift über magische Quadrate.

Georg Galgenmayers Unterricht und Gebrauch des Circuls, Schregmäss, Lineals usw., vermehrt durch J. Remmelin, Augsburg 1624,
weitere Auflagen z.B. 1633, 4. Auflage 1655.

Catoptron microcosmicon, Augsburg 1614, 1619.
Anatomisches Tafelwerk.

Kleiner Weltspiegel, d.i. Abbildung göttlicher Schöpfung an des Menschen Leib, mit beigesetzter schriftlicher Erklärung in lateinischer Sprache, aus dem Lateinischen übersetzt,
Ulm 1632 (1639, 1661, 1721, 1744).

---

[4] Jörg Meyer, Potenzsummen, in: MNU Jahrgang 46, Heft 3, 1993.

Valentin Daniel Bokel (1640 – 1707/08) – seit 1673 Schreib- und Rechenmeister in der alten Stadt Magdeburg

Christian Schubert

1. Vorbemerkungen

Die Beschäftigung des Verfassers mit V. D. BOKEL geht auf eine Mitte Mai 2001 durch den damaligen Leiter des Adam-Ries-Museums in Annaberg-Buchholz, Herrn P. ROCHHAUS, gegebene Anregung zurück. Diese ist dankenswerterweise mit dem Hinweis auf V. D. BOKELs Wirken als Schreib- und Rechenmeister in Magdeburg und die Nennung seines Rechenbuches bei H. GROSSE (1901) verbunden gewesen. Die Lage seines Wohnorts im Weichbild dieser Stadt hat es dem Verfasser ermöglicht, von Anfang Juli bis Anfang September 2001 intensiv zu Leben und Werk von V. D. BOKEL zu recherchieren.[1]
Durch den Zweiten Weltkrieg sind bedeutende Verluste an Magdeburger Archivalien zu beklagen, die für dauerhaft verbleibende Lücken in der Rekonstruktion des BOKELschen Lebensweges verantwortlich zu machen sind. Ungeachtet des trotz allem erfreulichen Ergebnisses der Recherche besitzen die nachfolgenden Ausführungen verständlicherweise noch den Charakter einer vorläufigen Mitteilung.

---

[1] Die Erhebungen sind zunächst im Stadtarchiv Magdeburg, unterstützt von dessen Leiterin, Frau I. BUCHHOLZ, und insbesondere ihrer Stellvertreterin, Frau Dr. M. BALLERSTÄDT, sowie in der ev.-luth. Kirchenbuchstelle der Altstadt Magdeburg unter Mithilfe von Frau A. BURCHARDT erfolgt. Überdies hat Frau H. SCHLOSSER von der Zweigbibliothek der Universitäts- und Landesbibliothek Sachsen-Anhalt im Fachbereich Mathematik und Informatik der Martin-Luther Universität Halle-Wittenberg die Standorte des BOKELschen Rechenbuches ermittelt. Den genannten Damen ist der Verfasser für das gezeigte Engagement sehr verbunden.
Schließlich verdankt der Verfasser Herrn Pfarrer i. R. CH. SCHRÖTER die erfolgreiche Durchsicht der Quedlinburger Kirchenbücher. Diese erst hat es dem Verfasser ermöglicht, im Stadtarchiv Braunschweig, wo sich die Fotokopien aller Braunschweiger Kirchenbücher befinden, gezielt nach der Herkunft V. D. BOKELs zu suchen.

2. V. D. BOKEL in der Literatur und Standorte seines Rechenbuches

Den bislang einzigen Hinweis auf V. D. BOKEL in der kommentierenden Literatur verdanken wir dem Hallenser Gymnasiallehrer H. GROSSE. Dieser hat in seiner 1901 erschienenen Schrift „Historische Rechenbücher des 16. und 17. Jahrhunderts und die Entwicklung ihrer Grundgedanken bis zur Neuzeit“ einen maßgebenden Abriß zur Geschichte der Methodik des Rechenunterrichts gegeben. V. D. BOKEL widerfährt bei GROSSE die Ehre, in einer Fußnote auf S. 76 mit dem Titel seines 1700 in zweiter Auflage herausgekommenen Rechenbuches allein deshalb erwähnt zu werden, weil er auf S. 251 ein – in der ersten Auflage von 1679 nicht enthaltenes - Rechenexempel ohne Angabe der Quelle übernommen hat. Dem kenntnisreichen GROSSE war aufgefallen, daß sich dieses Exempel in A. NEUDÖRFFERs aus Neudeck bereits im Jahre 1616 veröffentlichtem Rechenbuch findet. Wenn GROSSEs Auffassung zur Zitierkultur im ausgehenden 17. Jh. auch als überzogen gelten mag, so hat sie doch einen wertvollen Orientierungspunkt zur Erforschung von Leben und Werk V. D. BOKELs geliefert. In diesem Zusammenhang muß GROSSEs Angabe des Erscheinungsjahrs der ersten Auflage – 1679 – in ebendieser Fußnote besonders hervorgehoben werden, weil im Vorwort zur zweiten Auflage des BOKELschen Rechenbuches ein Hinweis auf diese Jahreszahl fehlt. Diese erste Auflage ist offensichtlich in der Literatur noch nicht kommentiert worden, weil andernfalls aus der dort enthaltenen Zuschrift bekannt sein müßte, daß V. D. BOKEL vor 1673, d.h. bis zu seiner Annahme durch den Rat der alten Stadt Magdeburg schon „eine gute Zeit zu Quedlinburg“ als Schreib(- und Rechen)meister gewirkt hat. In diese Richtung deutet auch eine briefl. Mitt. von Frau H. SCHLOSSER (30.08.01), wonach das noch in Bearbeitung befindliche VD 17 bislang lediglich den Titel der 2. Auflage von 1700 (Standort Halle/S) enthält.

Von den ermittelten Standorten des BOKELschen Rechenbuchs besitzen die in Schwerin und Halle/S ein besonderes Interesse. Das in der Landesbibliothek Mecklenburg-Vorpommern in Schwerin befindliche Exemplar der ersten Auflage (Sign. Qb I2 448 7) ist mit zehn weiteren Rechenbüchern aus Halle (1625), Hamburg (1649), Nürnberg (1658), Danzig (1663, 1669), Rostock (1670), Leipzig (1695), Hannover/Wolfenbüttel (1705), Görlitz (1708) und Ulm (1708) zusammengebunden. Der im Vorsatz eingedruckte Stempel „Mecklenburgische Landesbibliothek zu Schwerin“ läßt keinen Rückschluß auf den Veranlasser der Pergamenteinbindung zu. Dagegen ist die Herkunft des in der Hauptbibliothek der Universitäts- und Landesbibliothek Sachsen-Anhalt in Halle/S stehenden Exemplars der zweiten Auflage (Sign. AB 118 623 (2)) klar. Es entstammt der „Gräfl. Stolb. Bibliothek zu Rossla“ und ist offensichtlich erst nach 1901 in den halleschen Bestand gelangt, weil sich GROSSE auf das Exemplar im einstigen Schulmuseum in Berlin bezieht.

3. Zum Lebensweg von V. D. BOKEL

Schon recht weitgehend konnten die genealogische Hauptdaten (Geburt/Taufe, Trauung(en), Tod/Begräbnis) V. D. BOKELs geklärt werden. Im Taufbuch von St. Martini zu Braunschweig findet sich auf S. 219 unter dem 9. Febr. 1640 folgender Eintrag: *„Valentin Daniel, Hanß Boklems, E. E. Raths Soldaten alhier filio, von Steinhusen gebürtig. Gefattern: D. Valentin Möller, Dekany S. Blasii, Valentin Daniel Degetmeyer und Maria, Hanß Stangen Tochter auf der Newenstraßen.“.*
Im Traubuch der Marktkirche St. Benedicti zu Quedlinburg ist auf S. 122 unter Nr. 10 des Jahrgangs 1666 zu lesen: *„Valentin Daniel Bokel von Braunschweig, Schreibmeister alhier, und Jgfr. Margarethe, Christian Otten, Bürgers und Rathsschenken alhier Tochter cop. den 25. Septembr.“.*
V. D. BOKEL dürfte seine Bestallung zum Schreib(- und Rechen)meister durch den Rat der Stadt Quedlinburg nur wenig vor 1666 erhalten haben, denn zum Zeitpunkt der Trauung ist er reichlich 26 ½ Jahre alt. Unklar ist noch, bei wem er seine Ausbildung erhalten und auf Grund welcher Reputation er seine Anstellung in Quedlinburg gefunden hat. Gemäß der Zuschrift in der ersten Auflage seines Rechenbuchs hat sich V. D. BOKEL *„derselben (Rechen-)Kunst von Jugend auf ergeben und es mit der Hülfe GOttes so weit gebracht, daß (er) ... zu Quedlinburg eine gute Zeit ... die Jugend in Arithmeticis ... glükklich und mit gutem Nutzen informiret ...“.*
Diese Quedlinburger Tätigkeit wird durch einen Eintrag in der Magdeburger Kämmerei-Rechnung für 1673 bestätigt (Rep. 13 AI. 35, Bl. 160): *„Valentin Daniel Bokel, Schreibmeister in Quedlinburg zur discretion wegen des Einem E. Hochw. Rathe dedicirten und geschriebenen Calendarii perpetui, den 8. Oct. 4 Thlr“* verehrt. Das Datum dieser Zuwendung ist wohl buchungstechnisch bedingt, denn V. D. BOKELs Annahme als Schreib- und Rechenmeister bzw. Arithm(eticus) durch den Rat der alten Stadt Magdeburg muß gemäß der auf den 30. Juni 1679 datierten o.a. Zuschrift „beynahe Sechstehalb Jahre“ zuvor, d.h. Anfang (wahrscheinlich im Januar) 1673 erfolgt sein. Unter Berücksichtigung des Datum von Traueintrag und Zuschrift läßt sich die „gute Zeit zu Quedlinburg“ auf mindestens sieben Jahre ansetzen.
Die Magdeburger Betallungsurkunde V. D. BOKELs ist im gegenwärtigen Bestand des Stadtarchivs Magdeburg nicht nachweisbar. Der erste amtliche Hinweis auf seine Anstellung an der Magdeburger Stadtschule findet sich in der Kämmerei-Rechnung für 1678. Dort heißt es unter der Rubrik „Ausgabe wegen Salarirung der Schul-Collegen“ (Rep. 13 AI. 39, Bl. 114): *„Valentin Daniel Bökeln, Schreib- und Rechenm., ist auf sein Supplicatum vom 11. Aug. 1677 verwilligt, acht Thaler jährl. zur Beysteuer der Hausmiethe zu geben, daß er bekommen d. 28. Septembr. dieses Jahr“.*
Auch das Gesuch, auf das sich dieser Eintrag bezieht, ist im gegenwärtigen Bestand des Stadtarchivs Magdeburg nicht nachweisbar.
Der Zweite Weltkrieg führte zum bedauerlichen Verlust der Magdeburger altstädtischen ev.-luth. Kirchenbücher und Register von St. Katharinen, St. Petri und St. Jacobi. In den Kirchenbüchern von St. Ulrich und Levin sowie in den

Registern von Heiliggeist und St. Johannis ist es gelungen, vier mit V. D. BOKEL in der Altstadt Magdeburg lebende direkte Nachkommen, nämlich die beiden 1667 und 1673 in Quedlinburg geborenen Söhne HEINRICH JUSTUS (gest. 1701) und MARTIN BARTHOLOMÄUS sowie die in Magdeburg 1679 bzw. 1686 geborenen Kinder DOROTHEA ELISABETH und BALTHASAR DANIEL (gest. 1694) zu ermitteln. Die genealogische Stellung eines wohl 1702 ... 07 in Magdeburg geborenen VALENTIN DANIEL (gest. vor 1760), eines späteren Klemperermeisters, der im Bürgerrolleneintrag vom 4. Okt. 1732 als eines „Bürgers Sohn“ bezeichnet wird (Rep. 13 AV. 5, Bl. 199), ist unklar, er könnte jeden der beiden ältesten Söhne, als auch den Rechenmeister selbst zum Vater haben. Die Bürgerrolle des in Betracht kommenden Abschnitts von 1671 bis 1692 ist im Bestand des Stadtarchivs Magdeburg leider nicht mehr vorhanden. Ebenso fehlt das Proklamationsregister des Zeitraums 1684 bis 1727, das über eine vielleicht zweite, nach 1683 in Magdeburg geschlossene Ehe V. D. BOKELs Aufschluß geben könnte.
Gesichert ist hingegen, daß V.D. BOKEL Ende 1707/Anfang 1708 als „E. E. Raths Schreibmeister“ in der alten Stadt Magdeburg gestorben ist. Dieses dokumentieren die Magdeburger Kämmerei-Rechnungen für 1707 und 1708: Am 14. Sept. 1707 wird V. D. BOKEL die Hausmiete für das 2. Halbjahr ausgezahlt (Rep. 13 AI. 65, Bl. 188) und am 7. April 1708 erhält V. D. BOKELs nachgelaßne Witwe einen Viermonats-Abschlag von 5 Talern auf die jährliche Hausmiete (Rep. 13 AI. 66, Bl. 175). Die Tatsache, daß der Rat der alten Stadt Magdeburg bereits am 31. Aug. 1707 JOHANN CHRISTOPH BÖTTGER als Schreibmeister zu den gleichen Bedingungen wie V. D. BOKEL annimmt (Rep. 13 AI. 65, Bl. 175), könnte in einer Erkrankung V. D. BOKELs begründet gewesen sein. V. D. BOKEL hat ein Lebensalter von fast 67 Jahren erreicht.

4. Die Wirkungsstätte V. D. BOKELs in Magdeburg

V. D. BOKEL ist von 1673 bis zu seinem Tode mehr als 35 Jahre an der dem Rat der alten Stadt Magdeburg unterstehenden Stadtschule tätig gewesen. Allerdings fehlt wie gesagt in den bruchstückhaft überkommenen Archivalien ein Dokument, das seine Bestallung ausweist. Die vorhandenen „Acta Schreib- und Rechenmeister betreffend“ (Rep. AI. S 254) erfassen erst den Zeitraum 1731 bis 1796.
Damit avanciert die Rubrik „Ausgabe wegen Salarierung der Schul-Collegen“ in den Magdeburger Kämmerei-Rechnungen für die Jahre 1678 bis 1708 – unter Ausschluß der verlorengegangenen Jahrgänge 1677, 1684, 1690 und 1699 – zur wichtigsten Quelle für den Nachweis des BOKELschen Wirkens an der Magdeburger Stadtschule. Nach Bewilligung seines Supplicatums wurden V. D. BOKEL von 1678 bis 1686 jährlich 8 Taler, von 1687 bis Mitte 1691 jährlich 12 Taler und von da an bis 1707 jährlich 15 Taler „Beysteuer der Hausmiethe“ von der Stadtkämmerei ausgezahlt.
Nirgends existiert ein Anhaltspunkt dafür, daß V. D. BOKEL ein von der Kämmerei gezahltes Salär bezogen hätte, wie es für den Rektor und die meisten der

acht Klassenlehrer aktenkundig ist. Darauf weist auch das Fehlen seines Namens in der o.a. Rubrik der Kämmerei-Rechnungen für die Jahre 1673 bis 1676 hin. Hätte er ein Salär vom Schulvorsteher (Scholarchen) aus den Schulgeldeinkünften erhalten, wäre dieses dort in den Kämmerei-Rechnungen ebenfalls vermerkt gewesen. V. D. BOKEL hat offenbar einer üblichen, allerdings autorisierten Praxis folgend die „Discipuln" privatim, d.h. gegen Kasse im (Schön-)Schreiben und praktischen Rechnen in Ergänzung zum gymnasialen Unterricht unterwiesen.
Die Magdeburger Stadtschule, 1524 als evangelisch-lutherische Lateinschule gegründet, ist seit 1529 im 1224 erbauten Franziskaner- oder Barfüßerkloster untergebracht gewesen. Dieser Gebäudekomplex an der Großen Schulstraße (= Nordfront der heutigen Julius-Bremer-Straße) westlich des Nordabschnitts des Breiten Wegs und östlich der im Verlauf noch existierenden Marstallstraße (= Max-Otten-Straße) hatte den großen Stadtbrand von 1631 überdauert. Obwohl schon 1634 wiedereröffnet, ist die Stadtschule erst 1638 nach Erreichen einer genügenden Schülerzahl wieder in das Barfüßerkloster überführt worden, wo sie dann bis 1798 verblieben ist (VINCENTI 1925, S. 26 f.).
Der Unterricht an der Stadtschule ist seit dem Herbst 1659 auf der Grundlage der am 7. Juni 1659 vom Rat der alten Stadt Magdeburg angenommenen „Designatio lectiorum et legum pro scholae magdeburgense" (Rep. AI. S 40 1, Bl. 21 – 36) erteilt worden. Die von E. NEUBAUER (1916) zusammengestellte Bibliographie Magdeburger Schulprogramme zeigt, daß die Schulordnung von 1659 nicht gedruckt worden ist. Wohl maßgeblich beeinflußt von Bürgermeister OTTO VON GUERICKE (1646 – 1676) ist sie schon 1658 ausgearbeitet und am 4. Jan. 1659 dem Rat der Stadt vorgelegt worden. Der Lehrplanteil dieser Schulordnung überrascht durch ein ausgewogenes Verhältnis zwischen der Arithmetik und den „klassischen Fächern" wie Latein, Griechisch, Theologie, Deutscher Kateschismus, Philosophie u.a. Die Arithmetik erscheint als Lehrfach von der Septima bis zur Prima, genaue Stoffverteilung und Stundenplan inbegriffen. Es werden durchschnittlich pro Klasse zwei Wochenstunden Arithmetik gegeben, wobei auf die Sexta sogar vier Wochenstunden entfallen.
1675 eröffnet das Domkapitel eine erneuerte Lateinische Schule mit zunächst drei Klassen, um einer vermeintlich zu weltlichen Orientierung der Stadtschule entgegenzuwirken. Solches veranlaßt den Rat der Altstadt zur Erweiterung des Lehrstoffs (u.a. Geographie und Hebräisch) und zur Aufstockung des Lehrkörpers der Stadtschule. So wird die achte Klasse eingeführt und am 2. Aug. 1679 mit ERASMUS ANDREAS Sohn ein zweiter Schreib- und Rechenmeister angenommen (Rep. 13 AI. 40, Bl. 127; 41, Bl. 99), der aber schon im Frühjahr 1681 nach Leipzig auszieht (Rep. 13 AI. 42, Bl. 112).
Der seit 1692 als Lehrer der Septima tätige HENNING HOHNSTEIN, der ein jährliches Salär von 50 Talern von der Stadtkämmerei für den öffentlichen Unterricht bezieht, wird sowohl als „Calcographus" (Rep. 13 AI. 51, 53, 54), als auch als „G(ymnasii) Coll(ega) et Arithm(eticus)" (Rep. AI S 40, 1, Bl. 99 c) benannt. Nach seinem Tod im Jahre 1705 wird JOHANN CHRISTOPH HIRSE Nachfolger zu gleichen Bedingungen (Rep. 13 AI. 63, Bl. 159). Von Interesse ist zudem, daß V. D. BOKEL bis 1687 als Schreib- und Rechenmeister, danach aber nurmehr als Schreibmeister in den Kämmerei-Rechnungen geführt wird. Auf den

Arithmetisches

Lust und Nutz-Gärtlein/

Darinnen

Die edle Rechen-Kunst

auf das beste und gründlichste ge-
pflantzet/in gewisse Beetlein geordnet/und
mit allerhand Exempeln/ so in täglicher Haushaltung und mancherley Kaufmannschaften üb- und gebräuchlich
sind;

Nebst der Kunstreichen Practica,
und andern lustigen Zugaben/
als Blümlein gezieret und
geschmükket ist;

Dergestalt / daß Sie jederman / der nur ein
wenig Verstand hat/ohne sonderbahre Müh
und Unterricht finden und fassen
kan;

Der lieben Jugend und Handels-Bedienten
zum Besten
Durch öffentlichen Drukk fürgestellet
Von

Valentin Daniel Bokel/

Der alten Stadt Magdeburg Schreib-
und Rechenmeister.

Braunschweig/
Gedrukkt und verlegt durch Christoff-Friederich
Zilligern/ im Jahr 1679.

Titelblatt der 1. Auflage des Rechenbuches

ersten Blick scheint die endgültige Unterwerfung der bis zum Vertrag von Kloster Berge (28. Mai 1666) de facto reichsfreien Stadt Magdeburg unter eine churbrandenburgische Obrigkeit im Jahre 1681 auf V. D. BOKELs Stellung innerhalb des Schul-Collegiums keine Auswirkungen gehabt zu haben.

5. Das Rechenbuch des V. D. BOKEL

V. D. BOKEL hat etwa sechseinhalb Jahre nach seiner Annahme als Schreib- und Rechenmeister durch den Rat der alten Stadt Magdeburg ein Rechenbuch im Oktavformat veröffentlicht. Dazu findet sich in der Kämmerei-Rechnung des Jahres 1679 unter der Rubrik „Ausgabe wegen allerhand Praesenten und Verehrungen" folgender Eintrag (Rep. 13 AI. 40, Bl. 266): *„Valentino Bokeln, hiesigem Schreib- und Rechenmeister zur discretion wegen des Einem Ehrb. Hochw. Rathe dedicirten Rechenbuchs, den 22. Novembr. 4 Thlr."* zugewendet. Dieses Rechenbuch trägt den Titel „Arithmetisches Lust- und Nutz-Gärtlein, darinnen die edle Rechen-Kunst auf das beste und gründlichste gepflantzet, in gewisse Beetlein geordnet, und mit allerhand Exempeln, so in täglicher Haushaltung und mancherley Kaufmannschaften üb- und gebräuchlich sind ...". Dem Fachtext von 243 Seiten ist die schon mehrfach angeführte, acht Seiten umfassende „Zuschrifft an Bürgermeister, Syndici und Raht der alten und berühmten Stadt Magdeburg und ... der Löbl. beyden Städte Quedlinburg" sowie ein zweiseitiges Vorwort „An den Leser" voran- und ein „Inhalt dieses Buches" von einer Seite nachgestellt. Aus der Zuschrift geht außer dem bereits Gesagten hervor, daß V. D. BOKEL mit der Sammlung der Rechenexempel schon während seines Wirkens in Quedlinburg begonnen hat. Dieses Rechenbuch wird 1679, obwohl zur gleichen Zeit in Magdeburg die seit 1670 arbeitende Offizin von JOHANN DANIEL MÜLLER als Ratsdruckerei in hohem Ansehen steht, in Braunschweig bei CHRISTOPH FRIEDRICH ZILLIGER gedruckt und verlegt.
Aus den Angaben, die sich in J. BENZINGs 1982 in zweiter Auflage erschienenen Kompendium „Die Buchdrucker des 16. und 17. Jahrhunderts im deutschen Sprachgebiet" auf S. 61 f. und 309 ff. finden, läßt sich ein interessanter Zusammenhang erkennen. Der seit 1647 im Druckereigewerbe tätige CH. F. ZILLIGER (gest. 1693) ist braunschweig-lüneburgischer Hofbuchdrucker. Er vereinigt bis 1681 in seiner Hand sämtliche auf seinen Schwiegervater ANDREAS DUNCKER den Älteren (gest. 1629) zurückgehenden Braunschweiger Druckereien. A. DUNCKER d. Ä., der 1603 auf Veranlassung des Rates der Stadt Braunschweig sein Hauptgeschäft von Magdeburg nach Braunschweig verlegt hatte, ist der Schwiegersohn und Erbe des Magdeburger Druckers WOLFGANG KIRCHNER (gest. 1593), dessen Großvater mütterlicherseits MICHAEL LOTTER (gest. nach 1556) Ende 1528 mit seiner Offizin von Wittenberg nach Magdeburg übergesiedelt war. J. D. MÜLLER (gest. 1726) ist seinerseits über die mütterliche Linie Urenkel und letztlich Erbe des in Magdeburg verbliebenen Nebengeschäfts von A. DUNCKER d. Ä.

21 Jahre nach der ersten erscheint 1700 die zweite Auflage des BOKELschen Rechenbuches. Sein Titel lautet jetzt: „Neu- vermehrt- und verbessertes Arithmetisches Lust- und Nutz-Gärtlein, darinnen die edle Rechen-Kunst aufs best- und gründlichste gepflantzet, ...“. Es ist nunmehr gedruckt und verlegt durch C. F. ZILLIGERs sel. nachgelaßne Erben. Darunter sind seine Witwe aus zweiter Ehe,

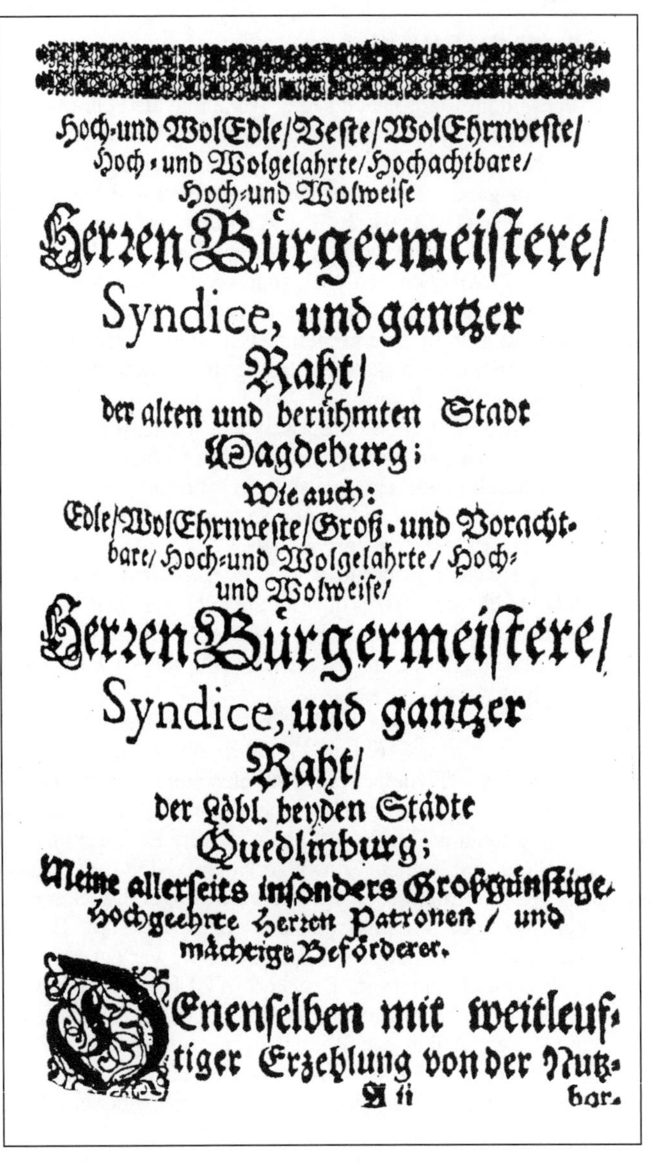

Hoch-und WolEdle/Veste/WolEhrnveste/
Hoch- und Wolgelahrte/Hochachtbare/
Hoch-und Wolweise
Herren Bürgermeistere/
Syndice, und gantzer
Raht/
der alten und berühmten Stadt
Magdeburg;
Wie auch:
Edle/WolEhrnveste/Groß- und Vorachtbare/ Hoch-und Wolgelahrte/ Hoch- und Wolweise/
Herren Bürgermeistere/
Syndice, und gantzer
Raht/
der Löbl. beyden Städte
Quedlinburg;
Meine allerseits insonders Großgünstige, hochgeehrte Herren Patronen / und mächtige Beförderer.

Denenselben mit weitleuftiger Erzehlung von der Nutzbar-
A ii

Erste Seite der Zuschrift in der 1. Auflage des Rechenbuches

Neu- vermehrt- und verbessertes
Arithmetisches
Lust= und Nutz=
Gärtlein/
Darinnen
Die edle Rechen = Kunst auffs best- und gründlichste gepflantzet / in gewisse Beetlein geordnet / und mit allerhand Exempeln / so in täglicher Haushaltung und mancherley Kauffmannschafften üb- und gebräuchlich /
Nebst der Kunstreichen Practica, und andern lustigen Zugaben / als Blümlein gezieret und geschmücket;
Dergestalt / daß sie jederman / der nur ein wenig Verstand hat / ohne sonderbahre Müh und Unterricht finden und fassen kan;
Der lieben Jugend und Handels = Bedienten zum Besten
Durch öffentlichen Druck fürgestellet
Von
Valentin-Daniel Bokel,
Der alten Stadt Magdeburg Schreib- und Rechenmeister.
Mit Hochfürstl. Braunschw. Lüneb. Freyheit.

Braunschweig /
Zum andern mahl gedruckt und verlegt
Durch C. F. Zilligers sehl. nachgel. Erben / 1700.

Titelseite der 2. Auflage des Rechenbuches

sein Stiefsohn KASPAR GRUBER aus erster Ehe und sein leiblicher Sohn JOHANN GEORG ZILLIGER zu verstehen, welch letzterer die Offizin 1709 übernimmt (BENZING 1982, S. 61 f.). Dem Fachtext von 264 Seiten ist lediglich ein zweiseitiges Vorwort „Vielgeehrter Leser“ voran- und wiederum ein Inhaltsverzeichnis von einer Seite nebst eineinhalb Seiten Errata nachgestellt. Bemerkenswert ist der Zusatz auf dem Titelblatt „Mit Hochfürstl. Braunschw. Lüneb. Freyheit“.
Die Inhaltsverzeichnisse der beiden Auflagen des BOKELschen Rechenbuches sind identisch. Es erscheinen darin aber nicht die sieben Seiten, welche zu Beginn des Fachtextes die „Resolvirung der Müntz, Maß und Gewicht“ betreffen. Die Erweiterung des Umfangs des Fachtextes der zweiten gegenüber der ersten Auflage um 22 Seiten entfällt auf sechs der 30 Kapitel. Es sind dieses Kap. 7 (Zehrungs-Rechnung) mit neun Seiten, Kap. 15 (Regula Quinque Conversa) mit einer Seite, Kap. 17 (Rabatt- oder Abzugs-Rechnung) mit drei Seiten, Kap. 25 (Regula Coecis oder Virginum) mit zwei Seiten, Kap. 26 (Regula Falsi oder Positionum) mit vier Seiten und schließlich Kap. 28 (Extractio Radicis Quadratae) mit drei Seiten. Die von A. NEUDÖRFFER übernommene Aufgabe ist die Nr. 22 in Kap. 27 (Beschluß-Exempel).
V. D. BOKEL beendet sein Rechenbuch mit den schönen Satz: „Diß sey vor die Anfahenden gnug“.

6. Ausblick

Aus den vorstehenden Darlegungen ergeben sich für den Verfasser drei Schwerpunkte der künftigen Forschung zu Leben und Werk von V. D. BOKEL:
- Recherche zum Lehrmeister bzw. zur Ausbildung,
- Recherche zur Bestallung und zur speziellen Tätigkeit als Schreib(- und Rechen)meister in Quedlinburg,
- textkritische Analyse des BOKELschen Rechenbuches.

Im Ergebnis dessen und seiner Synthese mit dem hier Dargelegten sollte es wohl möglich sein, ein umfassendes Bild von V. D. BOKEL zu zeichnen.

Literatur (ohne archivalische Quellen)

BENZING, J. (1982): Die Buchdruckerdes 16. und 17. Jahrhunderts im deutschen Sprachgebiet. – Harrassowitz, Wiesbaden 1982.

CAMERER, L. & FISCHER, U. (1985): Der Buchdruck in der Stadt Braunschweig vor 1671. – In: Stadtarchiv u. Stadtbibliothek Braunschweig, Kleine Schriften 13 (1985).

GROSSE, H. (1910): Historische Rechenbücher des 16. und 17. Jahrhunderts und die Entwicklung ihrer Grundgedanken bis zur Neuzeit. – Dürr, Leipzig 1901 (Neudruck: Sändig, Wiesbaden 1965).

NEUBAUER, E. (1916): Die Programme der Schulen Magdeburgs vor 1800. – In: Geschichtsblatt f. Stadt u. Land Magdeburg, 49./50. (1914/15), S. 195 – 212.

STADTARCHIV MAGDEBURG (1993). Quellen zur Familiengeschichtsforschung und zu Otto von Guerick im Stadtarchiv Magdeburg.

VINCENTI, A. VON (1925): Geschichte der Stadtbibliothek zu Magdeburg 1525 – 1925. – Peters, Magdeburg 1925.

Zu den Rechenmeistern im sächsischen Erzgebirge während des 17. und 18. Jahrhunderts am Beispiel der Städte Annaberg, Johanngeorgenstadt und Schneeberg

Peter Rochhaus

1. Zur allgemeinen beruflichen Situation der Rechenmeister im Erzgebirge während des 17. und 18. Jahrhunderts

Mit dem Tod von Abraham und Jacob Ries im Jahre 1604 ging die 80jährige Wirkungszeit dieser bedeutenden Rechenmeisterfamilie in Sachsen und dem Erzgebirge, die mit der Übersiedlung von Adam Ries von Erfurt nach Annaberg im Jahre 1523 begann, unwiderruflich zu Ende. Selbst Heinrich Ries, sein im Rechenwesen herausragendster Enkel, vermochte dem nicht entgegenzuwirken. Er starb 1609 mit gerade 43 Jahren in Leipzig.[1] Auch in Lucas Brunn, Abraham Ries′ bestem Schüler, der sich zudem bei Johann Faulhaber in Ulm im Rechenmeisterdienst vervollkommnete, übte diesen Beruf in seiner letztlichen Wahlheimat Dresden nicht aus.[2]
Zudem hatten sich auch im Erzgebirge die gesellschaftlichen und wirtschaftlichen Bedingungen für die Existenz von Rechenmeistern grundlegend verändert. Zum einen war der Silbererzbergbau um die Mitte des 16. Jahrhunderts durch die Edelmetallimporte Spaniens aus deren überseeischen Besitzungen in eine deutliche Krise geraten, zum anderen wirkten sich die zwischen 1604 und 1731 in großen Bergstädten wie Annaberg oder Schneeberg zu verzeichnenden Brände verheerend auf die wirtschaftliche Entwicklung und damit auf das örtliche Rechenmeisterwesen aus. Auch historisch einschneidende Ereignisse wie der 30jährige Krieg im 17. Jahrhundert bzw. der Siebenjährige Krieg im 18. Jahrhundert, ent-

[1] Roch, W., Die Kinder des Rechenmeisters Adam Ries, in: Familie und Geschichte. Hefte für Familienforschung im sächsisch-thüringischen Raum, Bd. 1 (1992) Heft 1-3, 9 ff.

[2] Ebenda, S. 15 ff.

zogen auch den Rechenmeistern wenn nicht ganz, so doch zumindest über längere Zeiträume die Existenz, weil die Bergwerke ruhten, ihre Schüler dem Unterricht fernblieben.

Es gab ungeachtet dessen während des 17. und 18. Jahrhunderts auch berufliche Hochzeiten für die Rechenmeister im Erzgebirge. Vor allen Dingen die Förderung des Kobalderzes und deren Verarbeitung zu Grundstoffen im Metall- und Porzellangewerbe in Sachsen verschaffte den in den Bergbauzentren Annaberg, Johanngeorgenstadt und Schneeberg wirkenden Rechenmeistern neue Verdienstmöglichkeiten, waren doch schon zu Zeiten von Adam Ries Vertreter ihres Standes in der Bergverwaltung des Landes unter Ausnutzung ihrer allgemeinen mathematischen Kenntnisse und Fähigkeiten in der Buchhaltung integriert. Allein im Schneeberger Bergrevier förderte man in den Jahren zwischen 1650 und 1700 rund 320000 Zentner an Kobalderz.[3] Diese Seite ihres Broterwerbs wurde schließlich zu Beginn des 18. Jahrhunderts immer wichtiger. Auch in der kommunalen Verwaltung sind ab dieser Zeit nun wieder häufiger Rechenmeister anzutreffen, denn das Schule halten, einst ihre ursprüngliche Profession, wurde ihnen mehr und mehr aus der Hand genommen. Ebenso wie andere deutsche Länder ging jetzt auch Sachsen daran das allgemeine Schulwesen zu reformieren. Bereit 1724 erließ man eine Schulordnung, die die Einrichtung sogenannter „Sommerschulen" im Lande vorschrieb.[4] Für die weitere Entwicklung des Rechenmeisterwesens in Sachsen und dem Erzgebirge als viel wesentlicher sollte sich jedoch die Schulordnung von 1773 erweisen. Sie bestimmte zum ersten Mal an allen Schulen des Landes das Rechnen zum Pflichtfach.[5] Zwar hatte es auch hierzulande in der Vergangenheit nicht an Versuchen gefehlt das Rechnen als Unterrichtsfach an den kommunalen Schulen des Erzgebirges einzuführen - an der Annaberger Lateinschule etwa im Jahre 1561 - doch kam man im Allgemeinen über den Ansatz nicht hinaus.[6] Auf diese Weise kam den Rechenmeistern weiter eine Schlüsselposition im sächsisch-erzgebirgischen Schulwesen zu.

Zu Beginn des 19. Jahrhunderts ging jedoch die Zeit der Rechenmeister in Sachsen und dem Erzgebirge ihrem Ende entgegen. Auf schulischer Ebene griff das Volksschulgesetz von 1835,[7] nachdem man bereits alle sächsischen Kinder zum Besuch der Volksschule verpflichtet hatte.[8] Man errichtete mehr und mehr zentral gelegene Gebäude - in Annaberg im Jahre 1837 die Bürgerschule hinter der Pfarrkirche „Sankt Annen" - in denen alle Bereiche elementaren Unterrichts im Lesen, Schreiben und R e c h n e n zusammengefasst wurden. Deren Lehrkörper rekrutierte sich jedoch nicht handwerklich ausgebildeten Schulmeistern, sondern setzte sich fortan aus Absolventen der überall im Lande ab 1778 entstehenden

[3] Melzer, C., Schneebergische Stadt- und Berg-Chronic, Schneeberg 1716, Ausgabe Stuttgart 1995.

[4] Naumann, Günter, Sächsische Geschichte in Daten, München 1998[3], S. 132.

[5] Ebenda, S. 166.

[6] Bartusch, P., Die Annaberger Lateinschule zur Zeit der ersten Blüte der Stadt und ihrer Schule im XVI. Jahrhundert, Annaberg, 1897, S. 132.

[7] Naumann, Günter, a.a.O., S. 199.

[8] Ebenda, S. 173.

Lehrerbildungsanstalten zusammen.[9] Für das Montanwesen Sachsens übernahm ab 1765 die Bergakademie in Freiberg die Ausbildung des Nachwuchses. Nicht nur das Ingenieurcorps, sondern ebenso die Beamten der Bergverwaltung und des bergmännischen Vermessungswesens, Berufe die einstmals eine Domäne für viele Rechenmeister bildeten, kamen jetzt aus Freiberg allein.[10] Im Zusammenhang mit der Umgestaltung der kommunalen und landesherrlichen Finanzverwaltung in Sachsen und dem Erzgebirge rückten auch hier Schritt für Schritt die Absolventen der Fürstenschulen und der Universität an die Stelle der Rechenmeister.

2. Zum Rechenmeisterwesen in Annaberg nach 1604

In Annaberg trat am Anfang des 17. Jahrhunderts – wie es vielleicht zu erwarten gewesen wäre – keine Stagnation im Rechenmeisterwesen ein. Und das, obwohl der Tod von Abraham und Jacob Ries, die beide im Jahre 1604 gestorben waren, eine unübersehbare Lücke hinterließ und sich das wirtschaftliche Leben der Stadt denkbar schlecht zeigte. Die Einwohnerzahl Annabergs war zu dieser Zeit im Vergleich zum Jahre 1540 um die Hälfte gesunken, lag bei etwa 5000 Personen. Auch der Ertrag der Bergwerke im Revier umfasste nur noch einen Bruchteil der Erzförderung während seiner ersten Blütezeit zwischen 1492 und 1530. Bis 1565 sank die Ausbeute der Annaberger Gruben unter 10.000 Gulden. Am Ende des Jahrhunderts ging sie sogar gegen Null.[11] Letztlich verschärfte sich die allgemeine politische Lage im „Heiligen Römischen Reich deutscher Nation“: Alles lief auf einen Krieg hinaus.

Ungeachtet dessen muss in Annaberg ein den Umständen entsprechendes Schulleben vorhanden gewesen sein. In ihren Chroniken der Stadt Annaberg schreiben (GEORG ARNOLD) und (JOHANN FRIEDLIEB STÜBEL) im Rückblick auf die erste Hälfte 17. Jahrhundert übereinstimmend: „Außer der Lateinschule gibt es auch deutsche und Rechenschulen, wo die Knaben, die im Handel gebraucht werden, rechnen und schreiben lernen.“[12] Auch die Protokolle über die in Annaberg zwischen 1617 und 1624 durchgeführten Schulvisitationen belegen dies.[13]

In diese Zeit fällt die Belehnung des Schreib- und Rechenmeisters Johannes Dehne mit dem nachgelassenen Haus des Münzmeisters Caspar Funcke in Annaberg. Die Belehnung wird am 11. Mai des Jahres 1621 vollzogen.[14] Dehne darf

[9] Ebenda, S. 167. Bereits im Jahre 1778 war in Dresden-Friedrichstadt erstmals in Deutschland eine solche Bildungseinrichtung entstanden, der zwischen 1794 und 1817 für Sachsen weitere in Weißenfels, Freiberg, Plauen und Bautzen folgten.

[10] Ebenda, S. 164.

[11] Klapper, Lothar, der Altbergbau, in: Aufbruch mit Tradition. Festschrift zum 500-jährigen Jubiläum der Gründung der Stadt Annaberg 1496-1996, Annaberg-Buchholz 1996, S. 26.

[12] Vgl. die Annaberger Chroniken von Georg Arnold und Johann Friedlieb Stübel, S. 81 und S. 57.

[13] Sächsisches Hauptstaatsarchiv Dresden, Loc. 2005/1 und 2051/1: Visitationen des Oberkonsitoriums Dresden.

[14] Roch, W., Erzgebirgische Familienkartei, Johannes Dehne, Bd. Fre-Fu, Bl. Funcke III, Adam-Ries-Bibliothek Annaberg-Buchholz, Sig. 6.1/12. Vgl. StadtA Annaberg-Buchholz, 21. Häuserlehnbuch, Bl. 267b.

267.

Johannes Oeser Rechenmeister und
Caspar Fünckhens sel. Erben als
1. Rachel Ursel Meinert weib
2. Maria Zacharias Heintzen witib,
ihr Curator Thobias Eckstein
3. J. Barbara ihr vormund Salomon
Schübardt, und
4. Daniel Fünckh zu Caden, deß vormund Adam Zirkum.

Freytags post Rogationum den 11. May Ao 1621. hat der herr Richter Ernst Lengenauer, Hr Johann Oeser Rechenmeistern, ein Hauß im 3. Viertel fol. 5. mit aller gerechtigkeit erblichen verliehen, welches er von obgenanten Caspar Fünckhens Erben und vormündern vor und umb fünffhundert und achtzig gulden hauptsumma erkaufft, und zum Leykauff neunzig gulden zugeben versprochen; daran ihm aber achtzig und dreyßig gulden ist ein jahrlangk gegen verzinsung, mit E. E. Rechts bewilligung gelassen, die dem ausländischen Paul Osterlandt gehören, mehr sind zwantzig gulden 5 ß 6 d auff gehaltenen Commissionschutz bezahlt, und der Nebrotten Brunnengerb [illegible] E. Raths bewilligung zween gulden erfolget; die übrigen drey und dreyßig gulden 15 ß 6 d sind gerichtlich deponirt, so auch dem Paul Osterlandt gehörig. Voll und viel Kauffsum Crucis dieses 1621. Jahrs, zur nachzahlung dreyzehen gulden, und also forthan jährlichen biß zu endlicher bezahlung erlegen. Schöppen laut 20. lehenb. fol 174. von den Kinder, stelligen Tagzeitgeldern nachmals:

53 fl 11 ß 9 d Paul Osterlandtern, dann
57 fl 3 ß — in 50 Jahren in Gericht gefunden allhier.
15 fl — — Zacharias Resten Erben.
5 fl 14 ß Hr Thomas Reissigen, Bürgermeistern,
5 fl 3 ß Hr Hanß von Kalben Erben,
6 fl 5 ß Hr Barthel Schüßlern Erben,
25 fl 15 ß Hr Jobst Dryfortern alten Schöppen, und
5 fl 8 ß 4 d Kirche Paul Osterlanders Kinder stellige Zins [illegible] an den 8 fl 20 ß 9 d auff 5 Jahr bey Caspar Fünckhens leben von 36 fl auffgelaufen gerechnet, daran aber 3 fl 12 ß 5 d laut vorgelegter [illegible] unterschiedlicher [illegible], unter Jacob Beyers eigener handt, bezahlt worden, der Regimer und Nebrotten Brunnengerb [illegible].

Die

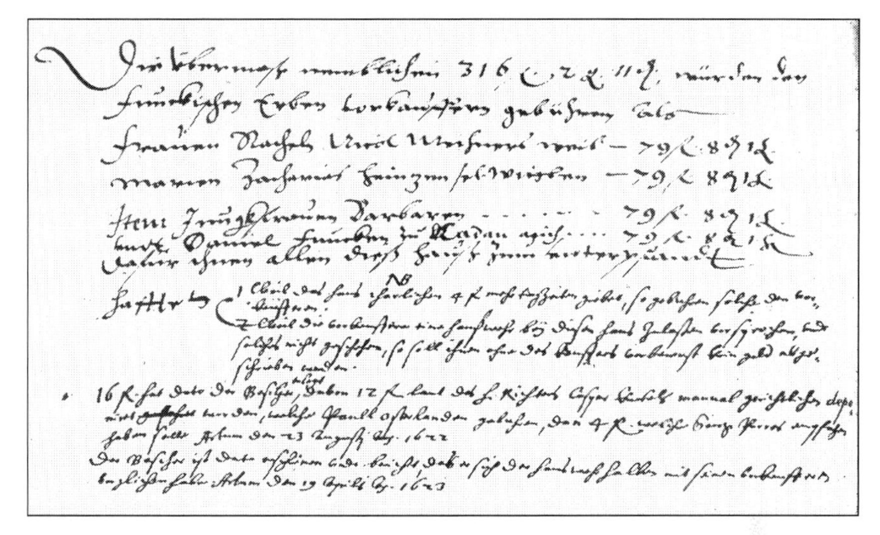

Abbildungen: Hausbelehnung für den Rechenmeister Johannes Dehne in Annaberg vom 11. Mai 1621. Stadtarchiv Annaberg-Buchholz, HLB Nr. 21, Bl. 267b.

---

als Annabergs wichtigster Rechenmeister in den ersten Jahrzehnten des 17. Jahrhunderts gelten. Während Johannes Dehne im Zusammenhang mit der Annaberger Schulvisitation von 1624 noch genannt wird, ist 1673 keine Rede mehr von ihm.[15] In der zweiten Hälfte des 17. Jahrhunderts litt auch die Annaberger Kommune und damit ebenso das Schulwesen unter den Folgen des 30jährigen Krieges. Außerdem war im Jahre 1664 die Stadt Annaberg durch einen Brand verheert worden, der an den Schulgebäuden der Stadt großen Schaden angerichtet hatte. Leider weiß man im Moment noch recht wenig über Johannes Dehne. Es ist weder etwas über die Schülerzahlen in seiner Schule, noch über die Lehrinhalte und -methoden bekannt, derer er sich bediente.

Im Annaberg des 18. Jahrhunderts wird mit dem wirtschaftlichen Wiederaufstieg der Stadt im Zusammenhang mit der Blaufarbengewinnung und der Seidenbandmanufaktur wieder eine stattliche Anzahl von Rechenmeistern vor Ort tätig. Vor allem Salomon Großer und David Träger entfalteten im Verlaufe des Jahrhunderts eine reiche Tätigkeit in der Stadt. Beide, Großer und Träger, wurden in den ersten Jahrzehnten des 18. Jahrhunderts in Annaberg geboren. Salomon Großer wirkte gleichzeitig als Stuhlschreiber, Schreib- und Rechenmeister sowie Schulhalter.[16] Darüber hinaus ist im Zusammenhang mit seiner Person im Kirchenarchiv der Gemeinde Crottendorf für das Jahr 1732 die Geburt einer Tochter vermerkt.[17] 1740 machte sich Salomon Großer mit seiner Familie in Annaberg sess-

---

[15] Vgl. Fußnote 13 und Loc. 1979/1-4 im Sächsischen Hauptstaatsarchiv Dresden, Schulvisitation von 1673.

[16] StadtA Annaberg-Buchholz, 3. Viertelsbuch des Großen Viertels.

[17] Schreiber, Johannes: Pfarramt Crottendorf, Bestand 1731/54.

haft, er erwarb das Haus Große Kirchgasse 15. Die letzte Nachricht über Salomon Großer ist für das Jahr 1746 festzuhalten.[18]
David Träger durchlief einen ähnlichen beruflichen Werdegang wie Großer. Nur scheinen die Einnahmen aus dem Betrieb einer Schreib- und Rechenschule nicht für den Lebensunterhalt ausgereicht zu haben, da Konkurrent Salomon Großer zur gleichen Zeit in Annaberg lebte und wirkte. Vermutlich deshalb verdingte sich Träger zusätzlich als Stadtmusikant und bekleidete ab 1758 das Amt eines städtischen Schreib- und Rechenmeisters.[19] David Träger starb im Jahre 1775. Er war der letzte offizielle Annaberger Rechenmeister.
Ein weiterer Annaberger Rechenmeister des 18. Jahrhunderts war Benjamin Grill, der jedoch, zumindest mit seiner Bestallung zum „Copiste des Rates zu Annaberg“ im Jahre 1729, vordergründig als Schreibmeister wirkte.[20]
Eine Ausnahmestellung unter den Annaberger Rechenmeistern nimmt Ernst Struntz ein. Er wurde um die Mitte des 18. Jahrhunderts geboren und wirkte, außer in Annaberg, vornehmlich in der Messestadt Leipzig. Struntz ist der einzige der Annaberger Rechenmeister nach 1600, ausgenommen Isaak Ries, der ein Rechenbuch veröffentlichte.[21] Es erschien in erster Auflage im Jahre 1697. Seinen engen Beziehungen nach Annaberg geschuldet widmete Ernst Struntz sein Rechenbuch, über das (H. GROSSE, 1901) schreibt, „„...den Rats- und Kauffhern zu St. Annebergk“.[22]

3. Über die in Johanngegorgenstadt während des 17. und 18. Jahrhunderts wirkenden Rechenmeister

Johanngeorgenstadt nimmt eine Sonderstellung unter den Städten im sächsischen Erzgebirge ein. Die Kommune wurde erst im Jahre 1654 von böhmischen Exulanten mit ausdrücklichem Wohlwollen Kurfürst Georg I. von Sachsen gegründet. Nach den modernsten Gesichtspunkten errichtet, besaß Johanngeorgenstadt von Anbeginn an eine deutsche Stadtschule. Der Rat der Stadt Johanngeorgenstadt, in der immer zwei städtische deutsche Schulmeister tätig waren, ließ am Anfang zunächst im „Krinitzschen Haus“, das auch den Schulmeistern als Wohnung diente, öffentlichen Unterricht halten.
Nebenher agierten in der Stadt auch selbstständige Schreib- und Rechenmeister als Schulhalter.
Insgesamt lebten und wirkten in Johanngeorgenstadt allein in den Jahren zwischen 1655 und 1728 acht deutsche Schul- und Rechenmeister. Im Falle von Sa-

---

[18] Vgl. wieder: StadtA Annaberg-Buchholz, 3. Viertelsbuch des Großen Viertels.
[19] Vgl. StadtA Annaberg-Buchholz, Bestand 1758.
[20] Melzer, C., Historische Beschreibung des St. Catharinenberges im Buchholz, Annaberg 1928/30, S. 203. StadtA Annaberg-Buchholz, Loc. II4d.
[21] Hoock, J. (Hrsg.), Ars Mercatoria. Eine analytische Bibliographie, Bd. 2, 1600-1700, Paderborn 1993, S. 516 f., II/S.43.1-4.
[22] Grosse, H., Historische Rechenbücher des 16. Und 17. Jahrhunderts, Halle/Saale 1901, S. 84.

muel und Georg Friedrich Reinheckel arbeiteten sogar mehrere Generationen einer Familie im Beruf.
Als erster bestallter Rechenmeister von Johanngeorgenstadt darf Johann Georgius angesehen werden. Er wurde in der böhmischen Stadt Platten geboren, vermutlich in den Jahren um 1630/35. Die Bestallung zum Schul- und Rechenmeister der Stadt Johanngeorgenstadt erfolgte am 13. Juli 1655.[23]
Interessant ist auch die Person des Schulmeisters Albin Oeser. Geboren im Jahre 1643 in Crottendorf in der Nähe von Annaberg, starb er im Herbst 1719 in Johanngeorgenstadt.[24] Oeser wirkte zunächst als selbständiger privilegierte Schul- und Rechenmeister, bevor 1688 als Baccalaureus an die deutsche Schule der Stadt Johanngeorgenstadt berufen wurde.[25]
Desweiteren agierte mit Johann Enoch Schildbach ein weiterer deutscher Schul- und Rechenmeister vor Ort. Zunächst wird er jedoch als Johanngeorgenstädter Berggeschworener fassbar, zu dem man ihn 1688 bestellte. Im Jahre 1712 schließlich eröffnete Schildbach eine eigene Schreib- und Rechenschule, bevor er ab 1718 noch als Kirchner an der Stadtkirche von Johanngeorgenstadt zu wirken begann.[26]
Der dritte wichtige deutsche Schul- und Rechenmeister in Johanngeorgenstadt verbindet sich mit dem Namen Andreas Claus. Claus siedelte ab 1654 als böhmischer Exulant - er stammte aus Platten - in der Bergstadt von Kurfürst Georg I. Gnaden. Im Sommer des gleichen Jahres bestellte man ihn zum Stadtschreiber von Johanngeorgenstadt.[27] Wahrscheinlich aufgrund seiner guten Dienste wurde Claus mehrfach im Amt bestätigt.[28] Noch im fortgeschrittenen Alter[29] eröffnete Andreas Claus in Konkurrenz zu Johann Enoch Schildbach eine Schreib- und Rechenschule.[30] Er starb nach 1722 in Johanngeorgenstadt.

4. Über die Schneeberger Rechenmeister des 17. und 18. Jahrhunderts

Obgleich der Brand von 1719 für die Entwicklung Schneebergs einen herben Rückschlag bedeutete, hatte die Stadt schon Jahrzehnte zuvor begonnen ehemalige Bergbauzentren wie etwa Annaberg demographisch und wirtschaftlich zu überflügeln. Neben dem Bergbau auf Kobald stieg Schneeberg vor allem zum

---

[23] Clauß, Herbert (Hrsg.), Das Erzgebirge, Frankfurt/M. 1967, S. 56. Engelschall, 1728, S. 55.
[24] Albin Oeser starb am 27. Oktober 1710 in Johanngeorgenstadt.
[25] Engelschall, 1728, S. 57 f., S. 64. Roch, W., Oeser, Albin, in: Erzgebirgische Familienkartei, Bd. O, Bl. XIIa, Annaberg-Buchholz, Adam-Ries-Bibliothek, Sign. 6.1/34.
[26] Engelschall, J., C., Beschreibung der Exulaten- und Bergstadt Johanngeorgenstadt, Leipzig 1728S. 60 und 65. Melzer, 1719, S. 458.
[27] Die Bestallung von Andreas Claus zum Johanngeorgenstädter Stadtschreiber erfolgte am 24. Juli 1654.
[28] Engelschall, J., C., 1728, S. 59 f
[29] Geht man davon aus, dass Claus bei Amtsantritt Anfang Zwanzig war, dürfte er um 1633/34 geboren sein.
[30] Engelschall, J., C., 1728,S. 89, 94.

Hauptort des Klöppelspitzenhandels und -verlages im Erzgebirge des 17. und 18. Jahrhunderts auf.[31] Aufgrund dessen wollte man sich anscheinend verstärkt der Dienste von Rechenmeistern versichern. Aber schon in den Jahrhunderten zu vor gab es in Schneeberg Rechenmeister, die jedoch, anders als Adam Ries in Annaberg, nicht in den Vordergrund getreten sind. Deshalb blieb wohl die Existenz von Nicolaus Gaulnhofer über lange Zeit verborgen. Zwar wusste (WILLY ROCH) im Band „N“ seiner „Erzgebirgischen Familienkartei“ einige wenige Dinge über ihn zu notieren, doch lebte Gaulnhofer nicht im historischen Bewusstsein der Stadt Schneeberg.[32] Roch vermerkte zumindest seine Tätigkeit als Gewerk und Richter. Als einzigem Schneeberger Rechenmeister des 16. Jahrhunderts wendete sich (CHRISTIAN MELZER, 1716) Andreas Reinhard, der von 1571 bis 1613 lebte, zu.[33] Er vermerkte über ihn, dass er neben seinem Organistenamt „...Sonsten (...) zugleich Notar Publ. und ein guter Rechenmeister gewesen sei“, was er (Melzer, P.R.), „...aus einer uff das Buchhalten gerichteten Zehenden Rechnung“ ersehen habe.[34] Erst viel später – im Jahre 1996 – sollte man sich wieder in Gestalt des Hamburger Mathematikhistorikers (BERND ELSNER) der Person Andreas Reinhards und seinem Rechenbuch von 1599 widmen.[35]

Aber auch im Zusammenhang mit den Schneeberger Rechenmeistern des 17. Jahrhunderts gibt der sonst so verlässliche Christian Melzer aus verschiedendsten Gründen keinen vollständigen Überblick. So würdigte er zum Beispiel Christian Heber und Johann Lorenz in seiner Chronik von 1719 mit keinem Wort. Erst (G. KALLBACH, 1994) hielt sie in seinen „Familientabellen des Amtes Schwarzenberg und der Stadt Buchholz“ fest.[36] Balthasar Buroner und Andreas Leichsenring kamen lange nach dem Abschluss von Melzers „Schneeberger Chronic“ in den Beruf – sie wirkten um die Mitte des 18. Jahrhunderts – konnten somit nicht im Mittelpunkt seines Interesses stehen. Ungeachtet dessen arbeiteten weder Buroner noch Leichsenring nicht mehr vordergründig als Rechenmeister im herkömmlichen Sinne, sondern stellen beide ihre mathematischen Kenntnisse und Fähigkeiten in der Profession eines Faktors in den Dienst der Schneeberger Montanwirtschaft, so dass sie kaum noch eine herausragende Stellung im gesellschaftlichen Leben der Stadt einnahmen.[37]

Wesentlich größere Bedeutung maß (CHRISTIAN MELZER, 1716) der Person von Esaia Jahn als dem Stammvater einer schon lange eingesessenen Schneeber-

[31] Blechschmidt, M., Walther, K., Silbernes Erzgebirge, Chemnitz 1999[3], S.228 f.

[32] Roch, W., Nicolaus Gaulnhofer. Erzgebirgische Familienkartei, Bd. N, Bl. Neumann V., Adam-Ries-Bibliothek Annaberg-Buchholz, Sign. 6.1./33.

[33] Melzer, C., 1716, S. 336.

[34] Derselbe, S. 336.

[35] Elsner, B., Andreas Reinhard, in: Schriften des Adam-Ries-Bundes, Bd. 7, Rechenmeister und Cossisten der frühen Neuzeit, Annaberg-Buchholz 1996, S. 211 ff.

[36] Kallbach, G., Familientabellen des Amtes Schwarzenberg und der Stadt Buchholz, Leipzig 1994, Kat.-Nr. 1933/1a und 2553.

[37] Vgl. bei Buroner, Ars Mercatoria, 1993, S. 93, II/53.1-2. Für Andreas Leichsenring herauszuziehen: Roch, W., Erzgebirgische Familienkartei, Bd. Lei-Li, Bl. Leichsenring I, Adam-Ries-Bibliothek Annaberg-Buchholz, Sign. 6.1/27.

ger Familie zu.[38] Das gilt aber auch für Johann Wolff „der“, nach Meinung von (CHRISTIAN MELZER, 1716), „ein wohlgeübter Schreib- und Rechenmeister war und zugleich studiret hatte“.[39]
Beide Schreib- und Rechenmeister lebten und wirkten in den Jahrzehnten vor 1716 in Schneeberg.
Traditionell nahmen alle genannten Schneeberger Rechenmeister neben ihrer eigentlichen Aufgabe, die Rechenkunst allgemein zu lehren und zu verbreiten, zahlreiche Ämter in der Verwaltung des Bergreviers wahr. Das hatte neben den mathematischen Kenntnissen und Fähhigkeiten der Rechenmeistern, deren man sich in der Bergverwaltung zu versichern gedachte, auch rein Extenzielle Gründe, denn zumeist standen hinter der Person eines Rechenmeister vielköpfige Familien, die es zu ernähren galt. Deshalb richteten schon Gaulnhofer und Reinhard ihr Tätigkeitsfeld auf den Bergbau aus. Auch das Wirken von Christian Heber war vom Bergbau bestimmt. Geboren um 1630, machte er in den 80er und 90er Jahren des 17. Jahrhunderts eine steile Karriere in der Schneeberger Bergverwaltung. Nachdem er 1686 zum Vice-Bergmeister bestellt worden war, stieg er im Jahre 1691 zum Bergmeister auf.[40] Christian Heber starb am 21. Juni 1705 in Schneeberg.

5. Resümeé

Auch während des 17. und 18. Jahrhunderts hatte sich in einer Vielzahl von Städten im sächsischen Erzgebirge ein lebendiges Rechenmeisterwesen entfaltet. Weder Kriege, Brände noch Zeiten wirtschaftlicher Krisen vermochten daran grundlegend etwas zu verändern. Sicher ist das zahlenmäßige Aufkommen an Rechenmeistern im Erzgebirge mit dem zum Beispiel von Lübeck oder Nürnberg zur gleichen Zeit nicht zu vergleichen. Dafür stand die Bergbauregion des sächsischen Erzgebirges nicht mehr im wirtschaftlichen Mittelpunkt des „Heiligen Römischen Reiches deutscher Nation, wie es zu Lebzeiten von Adam Ries der Fall gewesen war. Und selbst da wirkten etwa in Annaberg nicht mehr als vier Rechenmeister zugleich.
Neben dem Unterhalt von Rechenschulen, engagierten sich fast alle Rechenmeister in den untersuchten Städten Annaberg, Johanngeorgenstadt und Schneeberg in der örtlichen Kommunalverwaltung oder landesherrlichen Verwaltung des Bergwesens.
In der Vermittlung von mathematischen Kenntnissen scheinen sich fast ausnahmslos alle im erzgebirgischen Raum tätigen Rechenmeister bis zum Ende des 16. Jahrhunderts der von Adam Ries herausgegebenen Rechenbücher bedient zu haben. Erst 1599 wartete der Schneeberger Rechenmeister Andreas Reinhard mit einer eigenen Veröffentlichung mit dem Titel „Drei Register Arithmetischer ahnfeng zu Practic Reguliret vnd inn Rein verfasset...“ auf, das in erster und auch

---

[38] Melzer, C., 1716, S. 528.
[39] Ebenda, S. 617.
[40] Melzer, C., a.a.O., S. 452.

in zweiter Auflage in Leipzig erschien. Seinem Beispiel folgten dann im 18. Jahrhundert Balthasar Buroner und der Annaberg verbundene Ernst Struntz.
Bislang liegen für das erzgebirgische Rechenmeisterwesen des 17. und 18. Jahrhunderts erst für Annaberg, Johanngeorgenstadt und Schneeberg detaillierte Recherchееrgebnisse vor. Für Freiberg etwa oder Marienberg stehen solche Unternehmungen zum Thema noch aus. Es ist jedoch anzunehmen, dass man hier ähnliche Resultate zu erzielen vermag, die dazu angetan sind diesen einstmals für die gesellschaftliche und wirtschaftliche Entwicklung Europas so wichtigen Berufszweig auch im Zusammenhang mit dem Erzgebirge weiter aus dem Dunkel der Geschichte zu heben.

Die Handschrift Dresden, C 80, als Quelle der Mathematikgeschichte

Menso Folkerts

Die Handschrift, die in der Sächsischen Landesbibliothek Dresden unter der Signatur C 80 aufbewahrt wird, gehört zu den bedeutendsten Textzeugen zur Mathematik in Deutschland im 15. Jahrhundert. Sie hat schon im 19. Jahrhundert die Aufmerksamkeit von historisch interessierten Mathematikern auf sich gezogen, die bald erkannten, daß diese Handschrift eine zentrale Stellung für die Entwicklung der Algebra im 15. Jahrhundert in Deutschland einnimmt.
Der Leipziger Mathematikprofessor Moritz Wilhelm Drobisch hatte in einer Schrift aus dem Jahre 1840 die Aufmerksamkeit auf Johannes Widmann gelenkt, der in den 1480er Jahren an der Universität Leipzig Mathematik unterrichtete; in Widmanns Rechenbuch (1489) finden sich das Plus- und das Minuszeichen erstmals im Druck. Im Jahre 1855 machte der Annaberger Gymnasiallehrer Bruno Berlet auf die algebraische Schrift, die sog. "Coß", von Adam Ries aufmerksam, in der Ries verschiedene Symbole für die Potenzen der Unbekannten benutzte. In der Folgezeit begann man, die Entstehung der algebraischen Symbolik im 15. Jahrhundert näher zu erforschen. Dies geschah insbesondere durch Hermann Emil Wappler, der als Oberlehrer am Gymnasium in Zwickau unterrichtete. Wappler beschäftigte sich intensiv mit der Dresdner Handschrift C 80. Er erkannte, daß sich in ihr Notizen von Widmanns Hand befinden, und veröffentlichte über diesen Codex in den Jahren 1887 bis 1900 vier größere Arbeiten, in denen er wichtige Texte aus dem C 80 edierte. Das Zwickauer Schulprogramm von 1887 enthielt Wapplers Ausgabe der sog. "Lateinischen Algebra" mit Belegen dafür, daß Widmann 1486 nach dieser Schrift die erste Universitätsvorlesung in Deutschland gehalten hat, die ganz der Algebra gewidmet war. Im Jahre 1900 veröffentlichte Wappler einen noch früheren Vorlesungstext, der ebenfalls im Codex C 80 überliefert wird, nämlich die Vorlesung, die Gottfried Wolack im Sommer 1468 an der Universität Erfurt hielt und die sich auch mit Algebra beschäftigte. Wapplers Aufsätze aus den Jahren 1890 und 1899 informieren über weitere Abschnitte in der Handschrift C 80 und vor allem über Zusätze von Widmanns Hand. Dabei konnte Wappler zeigen, daß einige arithmetische Schriften, die zwischen 1490 und 1495 in Leipzig anonym gedruckt wurden, sich in ganz ähnlicher Form auch von Widmanns Hand im C 80 befinden, so daß es sehr wahrscheinlich ist, daß Widmann sie verfaßte.

Ausgehend von Wapplers Arbeiten, haben sich im 20. Jahrhundert weitere Mathematikhistoriker mit dem C 80 beschäftigt. An erster Stelle sind hier Kurt Vogel und Wolfgang Kaunzner zu nennen. Vogel, der intensiv die Mathematik im süddeutsch-österreichischen Raum untersucht hat, edierte u.a. die im C 80 vorhandene "Deutsche Algebra" aus dem Jahre 1481 (Vogel 1981). Er betreute auch die Dissertation von W. Kaunzner über Johannes Widmann aus dem Jahre 1954, die in stark überarbeiteter Form 1968 erschien (Kaunzner 1968). Kaunzner geht in seiner Arbeit wesentlich auf die Handschrift C 80 ein, die er 1954 in München und später in Regensburg über einen längeren Zeitraum benutzen konnte. Er edierte zahlreiche Texte aus dem C 80 ganz oder teilweise, insbesondere solche von Widmanns Hand, und wies auf Paralleltexte (vor allem in den Handschriften Dresden, C 80m, und Leipzig, UB, Hs. 1470) hin; ferner machte er auf einige Bemerkungen von Adam Ries, die sich ebenfalls im C 80 befinden, aufmerksam. Aus der jüngsten Zeit ist schließlich noch die Dissertation von Barbara Gärtner über Widmanns Rechenbuch (Gärtner 2000) zu erwähnen, in der die Handschrift C 80 ebenfalls eine große Rolle spielt.
Insbesondere durch die Arbeiten von Wappler, Vogel und Kaunzner wissen wir, welche Bedeutung der C 80 in den 1480er Jahren für den Mathematikunterricht an der Universität Leipzig hatte und welche Randbemerkungen und längeren Zusätze von Widmann selbst stammen. Wir wissen auch, daß diese Handschrift ein wichtiges Dokument für die algebraische Symbolik ist, die in der zweiten Hälfte des 15. Jahrhunderts in Süddeutschland entwickelt und auch von Widmann benutzt wurde; er verwendet in den Teilen des C 80, die er selbst schrieb, die sog. "cossistischen" Symbole für die Potenzen der Unbekannten und für die Wurzeln. Über die Geschichte der "Deutschen Coß" hat W. Kaunzner viele Publikationen verfaßt. Er hat auch darauf hingewiesen, daß Adam Ries den Codex C 80 während seines Aufenthalts in Erfurt benutzen konnte und daß er von ihm in vielfacher Hinsicht bei der Abfassung seiner "Coß" profitierte.
Über die Bedeutung des C 80 für die Entwicklung der Algebra in Deutschland in der Zeit zwischen 1480 und 1525 ist also alles Wesentliche bekannt. Weniger bekannt ist jedoch, daß die Handschrift C 80 viel mehr ist als nur eine Quelle für die Algebra um 1500. Erstaunlicherweise gibt es nämlich noch keine detaillierte und zuverlässige Beschreibung des Inhalts dieser Handschrift: Die Inhaltsangabe im Katalog der Dresdner Handschriften (Schnorr von Carolsfeld 1882, S.196-198) ist völlig unzureichend. Etwas zuverlässiger sind die Informationen, die L. C. Karpinski im Vorwort seiner Ausgabe der lateinischen Übersetzung von al-Ḫwārizmīs "Algebra" gab (Karpinski 1930, S.53-55). Die ausführlichste Beschreibung des Inhalts stammt von W. Kaunzner (Kaunzner 1968, S.27-39), jedoch legte er den Schwerpunkt seiner Betrachtungen auf die Texte, die mit Widmann in Zusammenhang stehen. Daher schien es sinnvoll, im Anhang 1 den Inhalt der Handschrift nach dem gegenwärtigen mathematikhistorischen Kenntnisstand relativ ausführlich aufzulisten und dabei auch die relevanten Editionen der einzelnen Texte anzugeben. Diese Beschreibung beruht auf Autopsie; zusätzlich wurden die Spezialaufnahmen der Handschrift herangezogen, die im Jahre 1998 an der Fach-

hochschule Köln (Fachbereich Restaurierung und Konservierung von Kunst- und Kulturgut) unter Federführung von Prof. Dr. Robert Fuchs angefertigt wurden[1]. Bekanntlich erlitt die Handschrift C 80 im Jahre 1945 schwere Schäden: Sie war, zusammen mit den anderen wertvollsten Werken der Sächsischen Landesbibliothek, im Tiefkeller des Japanischen Palais ausgelagert worden. Bei der Bombardierung Dresdens am 2. März 1945 wurde das Palais zerstört, der Keller blieb aber äußerlich unversehrt. Erst nach zwei Wochen entdeckte man, daß die Seitenwände Risse bekommen hatten und durch sie Grund- und Elbwasser eingedrungen und der Raum überflutet war. Durch das Wasser sind große Teile des Texts und insbesondere viele der Zusätze und Randbemerkungen stark verblaßt. Mit Hilfe der in Köln entwickelten Technik konnten viele dieser Partien verstärkt und dadurch besser lesbar gemacht werden.

Im folgenden möchte ich mich darauf beschränken, auf die wichtigsten Texte hinzuweisen, die sich im C 80 befinden. Doch zuvor einige Mutmaßungen über seine Herkunft und Entstehungszeit.

Die Handschrift besteht heute aus 423 Blättern, von denen 131 unbeschrieben sind. Die moderne Paginierung ist nicht immer korrekt: einige Blätter wurden nicht gezählt[2]; ein ursprünglich loses Blatt (f.226) wurde an der falschen Stelle eingeklebt. Mindestens zwei Blätter wurden ausgerissen oder ausgeschnitten[3]; an zwei Stellen sind kleine, unfoliierte, Blätter eingebunden[4]. Der Codex wurde vermutlich aus verschiedenen Teilen zusammengebunden. Nähere Angaben sind allerdings gegenwärtig nicht möglich, da die Bindung sehr eng ist, so daß die einzelnen Lagen nicht erkennbar sind; es wäre sehr wünschenswert, den Codex neu zu binden und bei dieser Gelegenheit die Lagenformel zu bestimmen.

Ein großer Teil der Blätter enthält Wasserzeichen[5], wobei mindestens acht verschiedene Wasserzeichenpapiere benutzt wurden. Die Wasserzeichen deuten auf oberitalienischen bzw. süddeutschen Ursprung des Papiers; Belege für die Verwendung dieser Wasserzeichenpapiere gibt es aus den Jahren 1473-1494[6]. An der Abfassung der Handschrift waren mehrere Schreiber beteiligt. Es bedarf noch einer näheren Untersuchung, wie viele Personen es waren; allein auf den 11 Blättern von f.258 bis f.268 lassen sich fünf Hände feststellen. Wenn man von Widmanns Einträgen absieht, so sind die jüngsten datierbaren Texte in der Handschrift die "Deutsche Algebra" aus dem Jahre 1481 und die Exzerpte aus der "Arithmomachia" von John Shirwood, die 1482 in Rom gedruckt wurde. All dies deutet darauf hin, daß der Hauptteil der Handschrift in den 70er oder frühen 80er Jahren des 15. Jahrhunderts in Süd- oder Mitteldeutschland aufgezeichnet wurde. Schon wenig später hat Widmann sie durch Zusätze, Kommentare und sonstige

---

[1] Siehe hierzu den Bericht von R. Gebhardt in diesem Band.

[2] Sie sind in der Beschreibung im Anhang 1 in runde Klammern gesetzt.

[3] Zwischen f.72 und 73 sowie zwischen f.87 und 88.

[4] Nach f.11 und f.78.

[5] Siehe die Auflistung der einzelnen Wasserzeichen im Anhang 2.

[6] Die Nachweise, die auf dem Wasserzeichenkatalog von Piccard beruhen, sind ebenfalls in Anhang 2 aufgeführt.

Anmerkungen erweitert. Wir wissen nicht, wann der Codex nach Dresden kam. Er muß sich jedenfalls 1755 in der Kurfürstlichen Bibliothek befunden haben, weil er in dem ungedruckten Handschriftenverzeichnis von Carl August Scheureck aus diesem Jahre erwähnt wird[7].

Der Codex C 80 ist eine Sammelhandschrift, die viele der wichtigsten mittelalterlichen Schriften zur Arithmetik und Algebra enthält[8]. Vorhanden sind Texte, die direkt in der griechisch-römischen Tradition stehen, und andere, die erst entstanden, nachdem im 12. Jahrhundert Texte aus dem Arabischen ins Lateinische übersetzt worden waren. Zunächst zu Schriften, die vor der Übersetzungstätigkeit verfaßt wurden. Zu ihnen gehört Boethius' "Arithmetik" (f.24r-71v), das mittelalterliche Standardlehrbuch zur Zahlentheorie; auf den Haupttext folgen auf f.72r-83r zahlreiche Ergänzungen, die im einzelnen noch analysiert werden müssen. An Boethius' "Arithmetik" lehnt sich die "Arithmetica speculativa" an, die Johannes de Muris um 1323/24 schrieb (C 80, f.11r-19r) und die als Universitätslehrbuch benutzt wurde[9]. Auf Boethius' "Arithmetik" beruht auch die "Rithmimachie", ein Zahlenkampfspiel, das zu Beginn des 11. Jahrhunderts in Süddeutschland entwickelt wurde und in der Folgezeit stark verbreitet war. Der C 80 enthält auf f.258r-268v drei verschiedene Fassungen dieses Spiels[10]; der Text einer dieser Versionen ist sehr eng mit dem in zwei etwas älteren Handschriften aus Erfurt verwandt, so daß man vermuten kann, daß sie für diesen Teil des C 80 die Quelle bildeten[11]. Der C 80 enthält auch mehrere Schriften über das Rechnen auf dem Gerbertschen Abakus (f.136v-142v): das Werk von Gerbert selbst mit einem offenbar sonst nicht bekannten Kommentar; Auszüge aus Herigers Schrift und einen anonymen Kommentar über das Bruchrechnen mit Hilfe des Abakus. Noch interessanter ist eine andere Schrift mit dem merkwürdigen Titel "Liber De Sarracenico et De limitibus et cetera" und dem Untertitel "Prelibacio de Abacis. Latino. Arabico. Sarracenico et De Limitibus" (f.154r-157r), die meines Wissens nur im C 80 überliefert wird und bisher völlig unbeachtet blieb. Sie informiert über den Aufbau des "Gerbertschen" Abakus und über das Rechnen auf ihm, insbesondere über Multiplikationen und Divisionen, behandelt daneben aber auch das schriftliche Rechnen mit Hilfe der indisch-arabischen Ziffern und geht in diesem Zusammenhang auf die ostarabischen Ziffernformen ein; vorhanden ist auch eine Multiplikationstabelle mit diesen Ziffern. – In der Tradition der Römer stehen auch zwei recht bekannte Gedichte in Hexametern: von Rem(i)us Favinus

---

7 *Catalogus manuscriptorum Bibliothecae Electoralis*, dort unter der Nummer 261[t]; siehe Schnorr von Carolsfeld 1882, S.VI.

8 Für das Folgende siehe die ausführliche Beschreibung im Anhang 1. Dort sind auch die maßgeblichen Editionen der betreffenden Texte angegeben.

9 Sie scheint vor allem in mitteldeutschen Universitäten und in Krakau benutzt worden zu sein: in Krakau gibt es 8 Handschriften, in Erfurt drei (Ea F 395, Q 344, Q 386) und in Leipzig sowie in Wien jeweils zwei Handschriften dieses Textes.

10 Den sog. "Regensburger Anonymus", die Thomas Bradwardine zugeschriebene Version und die Fassung von John Shirwood.

11 Ps.Bradwardine: C 80, f.267v-268v; Erfurt, Ea Q 2, f.37vr, 1rv; Q 325, f.45r-46v.

über Maße und Gewichte (f.142v-144r) sowie ein anonymer Text über den Zahlenwert der römischen Buchstaben, den Widmann nachgetragen hat (f.1r).
Seit dem 12. Jahrhundert wurden durch die Übersetzungen auch die neuen indisch-arabischen Ziffern im Westen bekannt. Um das Rechnen mit ihnen zu verstehen, fertigte man Tabellen an, die den Wert jeder Ziffer an jeder Dezimalstelle anzeigten. Eine solche Tabelle mit dazugehörigen Merkversen finden wir auf f.1r des C 80. Direkt darunter stehen Verse, mit deren Hilfe man die Formen der Ziffern lernen konnte; sie beginnen mit: "Vnum dat finger brucke duo significabit" ("Die Eins bezeichnet der 'Finger', die 'Brücke' die Zwei"); diese Verse waren im deutschsprachigen Bereich im 15. Jahrhundert recht verbreitet. Wer Einzelheiten über die Zahlenschreibweise und das Rechnen mit den neuen Ziffern lernen wollte, konnte einen der zahlreichen Texte studieren, die – in Anlehnung an den arabischen Autor al-Ḫwārizmī – als "Algorismus" bezeichnet wurden. Im C 80 sind zwei derartige Schriften vorhanden: der besonders verbreitete "Algorismus" des Johannes de Sacrobosco aus dem 13. Jahrhundert (f.226vr, 1v-5v) und der noch im 12. Jahrhundert entstandene "Liber Alchorismi", der direkt auf der arithmetische Schrift al-Ḫwārizmīs beruht (f.129r-134r).
Besonders stark vertreten sind im C 80 Texte zur Bruchrechnung. Es gibt eine (bisher unedierte) Schrift über die Sexagesimalbrüche (f.157v-166r), außerdem Johannes de Muris' Anleitungen zum Gebrauch von Multiplikationstafeln im Sexagesimalsystem aus dem Jahre 1321, in denen es um Multiplikation, Division und Wurzelziehen geht (f.167r-169r), und die darauf beruhende Schrift des Johannes von Gmunden aus dem Jahre 1433 (f.169v-171v; unediert). Über das Rechnen mit gewöhnlichen Brüchen ist die verbreitete Abhandlung des Joh. de Lineriis vorhanden ("Algorismus de minutiis", f.280r-285v), ferner ein ähnlich strukturierter unedierter Traktat (f.286r-287r) sowie zwei weitere wohl nur hier überlieferte anonyme Abhandlungen, von denen eine zu Unrecht Jordanus Nemorarius zugeschrieben wurde (f.177r-181r, f.182r-185v)[12].
Ein besonders wichtiges Teilgebiet innerhalb der Arithmetik war in Antike und Mittelalter die Proportionenlehre. Schon die Pythagoreer hatten die verschiedenen Arten der Verhältnisse, die zwischen ganzen Zahlen bestehen können, klassifiziert und eine Proportionenlehre für natürliche Zahlen aufgebaut; sie hat ihren Niederschlag in Buch 7 von Euklids "Elementen" gefunden. Eine neue Proportionenlehre, die auf beliebige Größen angewandt werden kann, geht auf Eudoxos zurück und bildet den Inhalt von Buch 5 der "Elemente". Diese Theorien waren seit den Übersetzungen aus dem Arabischen auch in Westeuropa bekannt und veranlaßten zahlreiche Abhandlungen über die Lehre von den Verhältnissen. Neue Impulse entstanden in der Scholastik in Verbindung mit Bemühungen, ein quantitatives Gesetz über den Zusammenhang zwischen Geschwindigkeit, bewegender Kraft und Widerstand zu ermitteln. Thomas Bradwardine verfaßte im Jahre 1328 den "Tractatus proportionum", in dem er eine exponentielle Beziehung zwischen den drei Größen annahm. Dies machte es erforderlich, jetzt

[12] Siehe hierzu Thomson 1974.

auch "halbe" und andere zusammengesetzte Verhältnisse zu betrachten, d.h., gebrochene Exponenten zuzulassen und Regeln über das Rechnen mit ihnen aufzustellen. Die bedeutendsten Schriften in diesem Zusammenhang sind der "Algorismus proportionum" und "De proportionibus proportionum" von Nicole Oresme. Diese beiden Arbeiten und weitere damit zusammenhängende Schriften sind im Codex C 80 vorhanden[13]. Dort existiert auch eine abgekürzte Fassung von Bradwardines "Tractatus proportionum", die recht verbreitet war (f.217v-219v). Eine weitere wichtige Schrift über die Proportionenlehre ist Jordanus Nemorarius' "De proportionibus". Sie beschäftigt sich vor allem mit den 18 möglichen Formen der zusammengesetzten Verhältnisse, die beim Transversalensatz vorkommen können; im C 80 steht sie auf f.245rv. Noch zwei weitere längere Arbeiten zur Proportionenlehre sind vorhanden: eine relativ elementare Schrift, die bisher unediert ist (auf f.191r-195r), und der "Algorithmus de duplici differentia" (291v-292r), der sich mit der Gleichheit von Verhältnissen gemäß Buch 5 der "Elemente" beschäftigt.
Die meisten Texte, die sich im letzten Drittel des C 80 befinden, haben mit Algebra zu tun. Zwei wichtige algebraische Schriften, die aus dem Arabischen übersetzt wurden, sind vorhanden: die "Algebra" von al-Ḫwārizmī in der Übersetzung von Robert von Chester (f.340r-348v; 301r) und der "Liber augmenti et diminutionis", der die Lösung von Gleichungen mit Hilfe des doppelten falschen Ansatzes zum Thema hat (f.397v-407r). Im 13. Jahrhundert verfaßte Jordanus Nemorarius seine Schrift "De numeris datis", die als "Hochschullehrbuch der abstrakten Algebra" angesehen werden kann; eine revidierte Fassung dieses Werks befindet sich im C 80 (f.316r-323v). Auf den beiden algebraischen Schriften des al-Ḫwārizmī und Jordanus beruhen zwei Texte im C 80, die noch näher untersucht werden müssen (f.304r-315r; f.324r-325r). Der C 80 enthält auch verschiedene Exzerpte aus dem mathematischen Hauptwerk des Johannes de Muris, dem "Quadripartitum numerorum", das dieser 1343 vollendete und das sich überwiegend mit Arithmetik und Algebra beschäftigt. Diese Auszüge stammen von Widmanns Hand; sie tragen die Überschriften: "Semiliber Algabre siue Algorithmus de Multiplicatione et diuisione" (f.315r), "De Additione Additorum et diminutorum" (f.315r) und "De Additis et Diminutis Algorithmus" (f.325v-326r). Zu den wohlbekannten algebraischen Texten im C 80, die im 15. Jahrhundert entstanden, gehören Wolacks Vorlesung aus dem Jahre 1468 (f.301v-303r), die "Lateinische Algebra" (f.350r-364v), die "Deutsche Algebra" von 1481 (f.368r-378v) und der "Algorithmus de additis et diminutis", der das Rechnen mit Aggregaten behandelt und für das Auftreten des Minuszeichens wichtig ist (f.288rv). Die Lösung einfacher algebraischer Aufgaben wird auch im "Algorithmus de Applicatis" (f.293rv) gelehrt; ihm folgen im C 80 zahlreiche Aufgaben (f.294r-301r), von denen Ries eine größere Anzahl in seine "Coß" übernahm. Ein

[13] f.201r-206r: Oresme, "Algorismus proportionum"; f.234r-244r: Oresme, "De proportionibus proportionum". Noch näher zu untersuchen sind die Texte auf f.206r-217r, die sich ebenfalls mit Proportionen und Proportionalität beschäftigen.

anderer Komplex mit Aufgaben zur Mischungsrechnung (f.409r-417r) muß noch näher untersucht werden. Schließlich sei noch auf eine sonst unbekannte und unedierte Algebra-Schrift hingewiesen, die den Titel "Cautele Magistri campani" trägt (f.366rv); sie benutzt intensiv die Symbolik der Cossisten. Speziell die algebraischen Schriften im C 80 wurden von Widmann intensiv studiert, wie seine zahlreichen Bemerkungen und sonstigen Zusätze zeigen.

Anders als zur Arithmetik und Algebra, enthält der Codex C 80 fast keine Schriften zur Geometrie. Vorhanden ist auf f.7r ein kurzer, bisher unbeachteter, Text über die Volumenbestimmung von Fässern und anderen Körpern. Auf f.195v-197r findet man die "Practica geometriae" des Dominicus de Clavasio aus dem Jahre 1346, bezeichnenderweise aber nur den theoretischen ersten Teil. Drei weitere Traktate, die von Gerhard von Cremona aus dem Arabischen übersetzt wurden, behandeln Vermessungsprobleme[14]. Wie in allen anderen Codices, in denen diese Texte vorhanden sind, werden sie auch im C 80 gemeinsam mit dem "Liber augmenti et diminutionis" überliefert.

Die Texte, die im C 80 vorhanden sind, umfassen also das gesamte Spektrum der mittelalterlichen Arithmetik und Algebra; kaum vertreten sind demgegenüber die Geometrie und deren Anwendungen. Wir finden Texte, die vor der Übersetzungstätigkeit entstanden (z.B. Boethius, Abakus- und Rithmimachietraktate), aber auch Übersetzungen aus dem Arabischen und darauf aufbauende weiterführende Arbeiten. Die Schreiber bzw. Auftraggeber der Handschrift waren besonders interessiert an Bruchrechnung, Proportionenlehre und Algebra; bei den Proportionen-Traktaten sind die wissenschaftlich bedeutendsten Arbeiten der Zeit vorhanden. Die Handschrift ist also ein beeindruckendes Dokument zur mittelalterlichen Wissenschaft.

Die hier vorgebrachten Bemerkungen müssen als vorläufig gelten: zu viele Fragen sind noch offen. Die wichtigsten ungeklärten Probleme sind:

- Wurde der Codex aus verschiedenen Teilen zusammengestellt, oder hat er einen gemeinsamen Ursprung? Um Klarheit zu schaffen, müßte man hier zunächst die Lagen bestimmen, aus denen die Handschrift besteht.
- Wie viele Schreiber waren an der Abfassung beteiligt?
- Welche Vorlagen benutzten sie für die Erstellung ihrer Texte? Hier müßte man bei jedem einzelnen Text die Lesart im C 80 mit den Lesarten der übrigen Handschriften vergleichen. Für die Rithmimachie-Texte und für die Wolack-Vorlesung ist die Verbindung zu Erfurt gesichert.
- Wurde die Mehrzahl der Texte schon vor Widmann und unabhängig von ihm aufgeschrieben, oder war er selbst an der Entstehung der Handschrift beteiligt? Die Tatsache, daß einige der Texte, die nicht von ihm geschrieben wurden, erst nach 1480 eingetragen werden konnten (z.B. Shirwoods Rithmimachie-Text und die "Deutsche Algebra"), deutet auf die zweite Annahme hin.

---

[14] Abū Bakr, "Liber mensurationum" (f.385r-396r); "Liber Saydi Abuothmi" (f.396rv); "Liber Aderameti" (f.396v-397v).

- Schließlich gibt es im C 80 eine Reihe von Texten, die bisher nicht beachtet wurden. Sie sollten ediert und analysiert werden.

Die Erforschung des C 80 ist also – trotz der zahlreichen verdienstvollen Arbeiten – noch lange nicht abgeschlossen; viel muß noch getan werden. Möge dieser Aufsatz dazu anregen, diese Arbeit in Angriff zu nehmen!

Anhang 1: Inhalt der Handschrift Dresden, C 80

Angegeben sind bei jedem Text, soweit lesbar, Textanfang (Inc.) und Textende (Expl.) sowie (in spitzen Klammern) die Edition des gesamten Textes (Ed.) bzw. von Teilen (Teiled.). Texte, die von Widmann geschrieben wurden, sind durch vorgesetztes **(W)** gekennzeichnet.

423 Blätter. Foliierung: (-1), (0), 1-9, 11-20, (20a), 21-408, 408a, 409-417, (418)-(420). Zusätzlich sind zwei unfoliierte kleine Blätter eingebunden: nach f.11 ein Streifen mit Anmerkungen von Widmann und nach f.78 ein Blatt, auf dem noch zwei Halbkreise sichtbar sind. Blattgröße: 309 x 211 mm.

f.(-1)rv: leer
f.(0)r: leer
f.(0)v: **(W)** Notizen Widmanns, u.a. Vorlesungsanzeigen.

a) Vorrede an den Leser. Inc.: *Nihil* (?) *ad hoc opusculum perficiendum Iucundissime lector* ... Expl.: ... *Ne alijs doctissimis Viris materiam ridendi preripiam.* <Unediert.>
b) Einleitung zur Abhandlung über Regula falsi. Inc.: *Pythagoram Samium virum summe apud grecos auctoritatis scientiam numerorum* ... Expl.: ... *in sequentibus luce clarius apparebit.* <Ed.: Wappler 1890, S.149; Gärtner 2000, S.570.>
c) Ankündigung einer Veranstaltung zum Linienrechnen. Inc.: *Satis persuasum Vobis esse arbitror Ingenui adolescentes* ... Expl.: ... *ut qui has plene norit nihil opus sit ut alias artis regulas requirat.* <Ed.: Wappler 1887, S.9; Gärtner 2000, S.570.>
d) Ankündigung einer Veranstaltung über Algebra. Inc.: *Satis superque satis Adolescentes Ingenui prioribus nostris editionibus communia* ... Expl.: ... *Ideo hodie M. et cetera resumere incipiet Aporismata Algobre.* <Ed.: Wappler 1890, S.167f.>
e) Ankündigung einer Veranstaltung über Arithmetik. Inc.: *Mathematicas sciencias toto orbe terrarum totque seculis celeberrimas Doctissimus omnium Aristoteles* ... Expl.: ... *atque ob id dignissimas inprimisque expetendas asseruit.* <Ed.: Wappler 1887, S.10; Wappler 1890, S.168, Anm.; Gärtner 2000, S.571.>

f.1r:

a) Tabelle über die Bedeutung der 9 Ziffern im Stellenwertsystem. Vorangestellt sind 6 Verse. Inc.: *Nota* (?) *versus de Numeratore. Primus vnum. 2. decem dat .3. centum* ... Expl.: ... *Decima millesies designat milia mille.*

b) Merkverse über die Ziffernformen. Inc.: *Vnum dat finger brucke duo significabit* ... <Ed.: Kaunzner 1968, S.27. Siehe Walther, Nr.19670.> Dazu gehört wohl die daneben stehende Tafel, bei der die einander entsprechenden arabischen und römischen Zahlen übereinander stehen.

c) 10 Verse über die Zahlenschreibweise mit römischen Ziffern. Inc.: *I monos .V. quinos x. denos dupla vigenos* ... Expl.: ... *Auget in tantum quantum mayor numerus habet.* <Ed.: Wappler 1890, S.152. Siehe Walther, Nr.8629.>

d) (Rand:) **(W)** 23 Verse über den Zahlenwert der Buchstaben. Inc.: *Possidet A numero quingentos ordine recto* ... Expl.: *Vltima zeta canit finem bis mille tenebit.* <Ed.: Friedlein 1869, S.21, Anm. Siehe Walther, Nr.14298.>

f) (Rand:) Umwandlung von Maßen. Inc.: *7 1/2 ellen macht eyn Ruth* ... <Ed.: Kaunzner 1968, S.27.>

g) (unten:) weitere kleine Notizen von anderer Hand.

f.1v-5v: Johannes de Sacrobosco, "Algorismus vulgaris" (Fortsetzung von f.226vr). Inc.: *<A>ddicio est numeri ad numerum vel numerorum ad numeros aggregacio* ... Expl.: ... *Et hec de Radicum extractione sufficiunt tam in numeris Cubicis quam Quadratis.* <Ed.: Pedersen 1983, S.178, Z.1 - 201, Z.558.> Mit vielen Interlinear- und Randglossen. Randbemerkungen von Widmann auf f.2v, 4r, 5v <Ed.: Kaunzner 1968, S.27f.; Teiled.: Wappler 1899.>

f.5v: **(W)** Über das Auffinden der mittleren Proportionalen. Inc.: *Item de Invencione mediorum proportionalium in Quadratis et Cubicis* ... Expl.: ... *sicut patet in figura.*

Darunter Aufgabe der Unterhaltungsmathematik. Inc.: *Item quidam habuit pueros* ... Expl.: ... *secundum regulam primam Alga.*

f.6r: "Stammbaum" der Zahlen mit ihrer Einteilung und weiteren Texten. Fast unlesbar. Inc.: *Numerus est unitatum collectio* ...

f.6v: **(W)** Über das Ausführen der vier Grundrechenarten. Inc.: *Mercatores addere Volentes scribunt numerum addendum sub eo* ... Expl.: ... *Et est quociens 12.* <Teiled.: Kaunzner 1968, S.28f.> Danach "Regula pulcerima" von "Magister Goswini Kempig."

f.7r: Geometrischer Text (Über die Inhaltsbestimmung von Fässern). Inc.: *Cum Metire volueris* ...

f.7v-9v: Regeln und Beispiele zur Unterhaltungsmathematik und zum kaufmännischen Rechnen. Inc.: *Nota Si in arithmeticis* ... Unter anderem:

f.7v: Bestimmung des Lebensalters. Inc.: *Item fili mi si vixisses tantum* ...

f.8r: Über Addition und Subtraktion. Inc.: *Schacori Algorithmus Incipit fauste. Addicio dicitur componere vel summare* ... Expl.: ... *5 a 10 non possunt et loca* <Ed.: Kaunzner 1968, S.161f. Siehe Kaunzner 1968, S.102-105.>

f.8v: *Quidam emit* 3^{s} *pannos pro 30 regalibus et 7 solidis* ... (dazu Überschriften von Widmann am Rand).

f.8v: **(W)** *Numerum denariorum diminutum adice numero denariorum proposito* ... <Ed.: Kaunzner 1968, S.29.>

f.9r-v: Über die Regula falsi. Inc.: *Sciendum de regula Nucleum que secundum philosophos regula dicitur augmentacionis et diminucionis* ... Expl.: ... *Et patebit numerus verus qui fuit ignotus et quesitus.* <Ed.: Wappler 1890, S.150.> Danach Anwendung der Regel anhand von zwei Aufgaben mit Auflösungen. Inc.: *Exemplum primi ABC sunt 3s institutores volentes simul emere navem* ... Expl.: ... *et sic deficiunt 20 etc.* <Teiled.: Kaunzner 1968, S.30.> Mit Randbemerkungen von Widmann.

f.9v: 4 Aufgaben der Unterhaltungsmathematik. Inc.: *Enigma. Posito quod quis velit experiri industriam filiorum suorum* ... Expl.: ... *poteris dare tappas uel cultellos et sunt* (?) *9* (?).

f.10 existiert nicht

f.11r-16r, 17r-19r: Johannes de Muris, "Arithmetica speculativa". Inc.: *NVmerus est duplex scilicet mathematicus* ... Expl.: ... *Et tantum de arithmetica communi Magistri Johannis Muris extracta ex arithmetica bohecy quam boecius transtulit de greco in latinum Ex arithmetica Nicomaci patre* (?) *aristotelis qui Nicomatus arithmeticam in greco composuit.* <Ed.: Busard 1971b. Siehe Wappler 1890, S.156, Anm.2.> Mit Randbemerkungen von Widmann. Am Rand von f.13r und 17v Notizen von Adam Ries.

f.16v, 19v-23v: leer

f.24r-71v: Boethius, "Arithmetik". Inc.: *(D)Omino patricio Simacho Boetius In dandis et accipiendisque muneribus* ... Expl.: ... *Huius autem descripcionis exemplar adiecimus.* <Ed.: Friedlein 1867; Guillaumin 1995. Siehe Wappler 1890, S.156, Anm.2.> Keine Randbemerkungen vorhanden.

f.72r-83r: Arithmetische Texte von einer späteren Hand als das Vorhergehende, die offenbar mit Boethius' "Arithmetik" zusammenhängen. Fast unlesbar. Nach Schnorr von Carolsfeld 1882, S.197: "Eratosthenis cribrum; de numero pariter pari; de solidis; excerpta ex Boecio". Inc.: *Magnitudinis Alia sunt manencia motisque carencia ut terra* ...

f.83v-128v: leer

f.129r-134r: "Liber Alchorismi", unvollständig. Inc.: *Incipiunt Regule de Algorismo Prologus. (Q)Visquis in 4 Matheseos disciplinis efficacius uult proficere* ... Expl.: ... *et impossibile est per maiorem uel equalem aliquem numerum posse diuidi etc.* <Ed.: Allard 1992, S.62,5 - 124,12-13. Siehe Wappler 1890, S.158, Anm.2.> Mit Randbemerkung auf f.134r.

f.134v: leer

f.135r-136r: **(W)** Abhandlung über die Sexagesimalrechnung. Inc.: *Sequitur de phisicis. (C)Irculus obliquus qui signifer nuncupatur diuiditur in 6 Signa phisica* ... Expl.: ... *Et sic est finis in die Lune: 88 post crucis.* Von Widmann im Jahre 1488 geschrieben <Teiled.: Wappler 1890, S.159-161. Siehe Wappler 1890, S.159.>

f.136v-142v: Verschiedene Texte zum Abakus.

f.136v: Darstellung einer Division auf dem Abakus.

C X I S

C X I S

Diuidendum Diuidendum

Diuisores Diuisores

I I viii I I

Sme differa Differencie Sme dra viii Differencie

Prima Medietas

I vi pma medies Asses

vi

II Asses

2a Medietas

Secunda Medietas ·II·

iii

Tercia Medietas ·II·

Tercia Medietas

I 8

Quarta Medietas

Hoc est remanens

viiii

Vndecimus et deunce sel ablatis de 12 et Dodrãte remanet

Denoiat Dextas Denoiat

VI·II·I·I· VI·II·I·I·

f.137r-138v: Gerbert, "Regulae de numerorum abaci rationibus", mit Kommentar vor allem zur Zahlenschreibweise und zu den Ziffernformen. Inc.: *Vis amicicie pene impossibilia redigit ad possibilia* ... Expl.: ... *denominaciones mittunt ad extremos digitos.* <Ed. des Haupttextes: Bubnov 1899, S.6,3-22,13. Kommentar vermutlich unediert.>

f.138v: Kommentar zu Gerberts Schrift über das Rechnen auf dem Abakus. Inc.: *Expeditum est in* 4to *c. huius voluminis* ... Expl.: ... *quod patenter declarant subiecti divisores.* <Ed.: Bubnov 1899, S.224,17-225,26.>

f.138v: Exzerpte aus Herigers Schrift. Inc.: *Singularis quemcumque multiplicat* ... Expl.: ... *quartabit ad partes.* <Ed.: Bubnov 1899, S.224,17-225,26.>

f.139r-142v: "Incertus de minutiis". Inc.: *Racio de multiplicacionis similitudine in minucijs. Cum passione contraria* ... Expl.: ... *bis dragma sicilicus.* <Ed.: Bubnov 1899, S.228,14-244,8.>

f.142v-144r: Remius Favinus, "Carmen de ponderibus". Inc.: *Pondera postremis* (!) *Veterum memorata libellis* ... Expl.: ... *Argentum argento liquidis cum mergitur Vndis.* <Ed.: Hultsch 1866, S.88, Z.1 - 97, Z.155. Siehe Walther, Nr.14226; Schaller/Könsgen, Nr.12104.>

f.144v-153v: leer

f.154r-157r: Text über das Rechnen auf dem Abakus. Inc.: *Incipit Liber De Sarracenico et De limitibus et cetera. Prelibacio de Abacis. Latino. Arabico. Sarracenico et De Limitibus. (Q)Voniam ad Raciones quasdam presentis libelli necessarius est maximeque vberrimus vsus tabule quam abacum dicunt...* Expl.: ... *inter se coniunctas eidem addere opportet.* Enthält auch Abschnitte über das schriftliche Rechnen nach Art der Araber (*De abaci sarracenici multiplicacione*, mit Wiedergabe der ostarabischen Ziffern auf f.156v). <Unediert.>

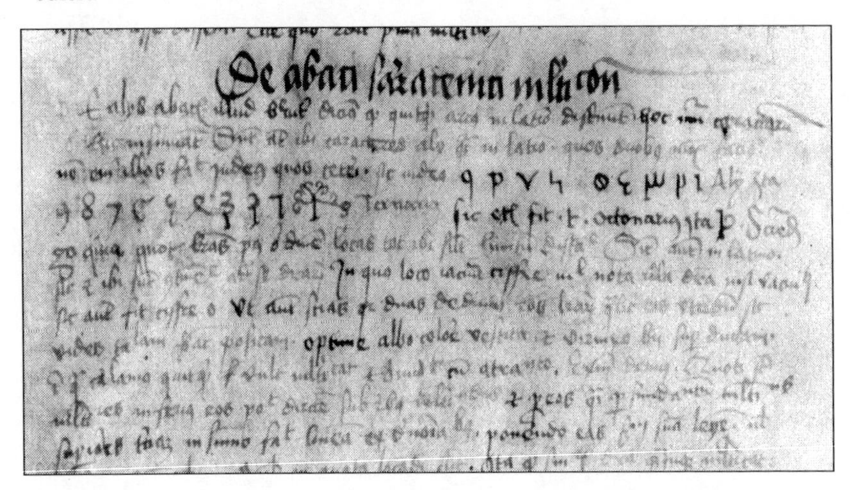

Unten auf f.157r eine dreieckige Multiplikationstafel mit ostarabischen Ziffern. Daneben ein Dreieck mit hebräischen Buchstaben, u.a. die Zahlenfolge für "Jahwe". Darunter in hebräischen Buchstaben der deutsche Satz: "alles das du machst nach dem ganzen kwadrat das machstu machen nach dem triangel und ist gerecht". <Ed.: Kaunzner 1968, S.31. Siehe Gärtner 2000, S.518.>

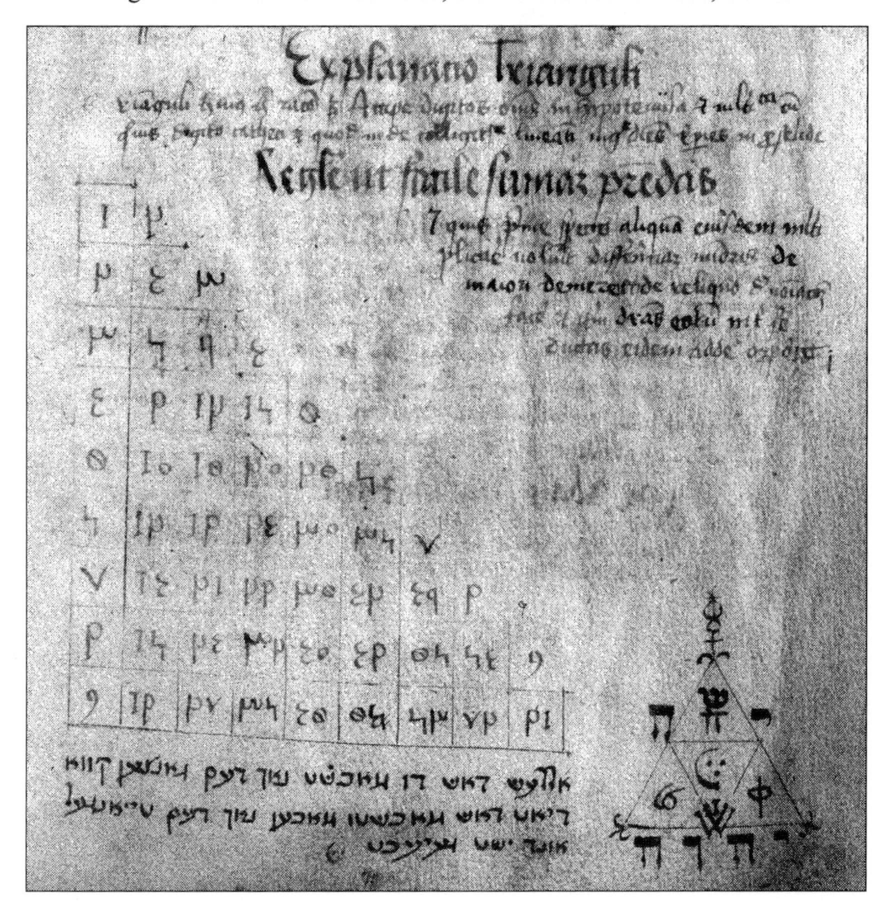

f.157v-166r: Über das Rechnen mit Sexagesimalbrüchen, in 14 Kapiteln. Behandelt: Addition, Duplation, Subtraktion, Mediation, Multiplikation, Division, Wurzelziehen. Inc.: *De Diuersitate fraccionum Capitulum Primum. (Q)Voniam in precedentibus frequenter contingit* ... Expl.: ... *Et hec de computacione fraccionum sufficiant. Laus deo.* Mit Randbemerkungen von Widmann. <Unediert. Siehe Wappler 1890, S.161, Anm.2.>

f.166v: leer

f.167r-169r: Johannes de Muris, "Canones tabule tabularum" (Anleitungen zum Gebrauch von Multiplikationstafeln im Sexagesimalsystem, entstanden 1321. Behandelt Multiplikation, Division und Wurzelziehen.). Inc.: *Incipit Canon Magistri Johannis de Muris super tabula tabularum que dicitur proporcionum. (S)I quis per hanc tabulam tabularum* ... Expl.: ... *et que fuerint bene dicta propter amore sciencie solemniter exaltare.* <Unediert. Siehe Thorndike 1934, S.298, Anm.20.> Mit Randbemerkung auf f.168v. Siehe auch f.176r.

f.169v-171v: Johannes von Gmunden, Canon zur Sexagesimaltafel (1433). Enthält 16 Regeln. Inc.: *Canon tabule partis proportionalis que dicitur tabula tabularum editus per Venerabilem virum Magistrum Johannem de Gmundis Anno christi 1433 currente in vigilia pasce. (A)D intelligendum vtilitates quas consequi possumus ex tabula tabularum alio nomine tabula proporcionum nuncupata* ... Expl.: ... *Et hec de vtilitatibus tabule tabularum dicta sufficiant.* Auf f.169v ist unten Platz für die Tafel freigeblieben mit der Bemerkung: *Hanc tabulam quere in libro <...> fo. 44.* <Unediert. Weitere Handschrift z.B. Wien, ÖNB, 5151, f.156r.> Wenige Randbemerkungen.

f.171v-172r: **(W)** Über das Wurzelziehen mit Hilfe der Sexagesimaltafel. Inc.: *Pro Radicum extractione* 4^{torum} *numerorum ex tabula proportionali Notandum quod ultima fractio seu minucia semper a numero pari denominari debet et tunc computande sunt figure fractionum et integrorum si qua fuerint an si<n>t pares uel impares* ... Expl.: ... *et proveniunt 81/105.* <Unediert.>

f.172v-175v: leer

f.176r: 8 Zeilen zur "tabula tabularum". Sie bilden offenbar den Anschluß an das Ende von f.167v. Inc.: *in directo est reperto 16* ... Expl.: ... *et exibit numerus quociens in capite tabule supra scriptus.*

f.176v: leer

f.177r-181r: Text über das Bruchrechnen. Inc.: *DEi omnipotentis gloriosi et sublimis sancto Spiritu Inuocato sine quo nullum rite fundatur exordium* ... Expl.: ... *gaudium obtinere alme meritis redemptoris Amen.* <Unediert. Siehe Wappler 1890, S.161, Anm.2, und Thomson 1974, S.164f.>

f.181v: leer

f.182r-185v: **(W)** Bruchalgorismus, zu Unrecht Jordanus zugeschrieben. Inc.: *(M)Inutiam siue fractionem nihil aliud dicimus quam partem consideratam in respectu partis ad totum* ... Expl.: ... *et sic deinceps. Explicit* 2us *liber de* M^{ys} *Jordani.* <Unediert. Die Angaben bei Eneström 1913/14, S.41-45, sind korrigiert bei Thomson 1974, S.164f.>

f.186r-190v: leer

f.191r-195r: Über Proportionen. Inc.: *Quid sit proporcio capitulum primum. (P)Roporcio est habitudo penes excessum vel equalitatem* ... Expl.: ... *et hec de proporcionibus sufficiant etc.* <Unediert. Siehe München, Clm 26639, f.52r-56r.> Auf f.191r-193r Randbemerkungen von Widmann. <Siehe Wappler 1890, S.162-164.> Unten auf f.195r: Multiplikationstafel, mit danebenstehendem Text. Inc.: *Sciendum si in superiori linea huius tabule inspiciende* ...

f.195v-197r: Dominicus de Clavasio, "Practica geometriae" (nur der theoretische Teil; die „Suppositio quarta“ ist umgearbeitet). Inc.: *(Q)Vantitatem aliquam mensurare. Est invenire quociens in ea aliqua famosa quantitas reperitur* ... Expl.: ... *coniuncto duorum multiplicancium.* <Ed.: Busard 1965, S.524-530.>

f.197v: leer bis auf eine kleine Tafel (*producti*, *multiplicandus*, *multiplicatus*) und eine zweizeilige Notiz über den "Campanischen Hasen" (*Campana lepus*).

f.198r-200v: leer

f.201r-206r: Nicole Oresme, "Algorismus proportionum". Inc.: *(U)Na medietas sic scribitur 1/2. Vna tripla sic 1/3. Et due tercie sic 2/3* ... Expl.: ... *ut patet in figura Exagoni huius tractatus.* <Ed.: Curtze 1868, S.13-30>. Mit Randbemerkungen von Widmann. <Siehe Wappler 1890, S.164f., Anm.2.>

f.206r-217r: verschiedene, im einzelnen noch zu identifizierende Texte über Proportionen und Proportionalität. Inc.: *Proporcionem mayoris inequalitatis dividere est inter terminos eius medium assignare* ... Expl.: ... *in proporcione sesquiquarta quod est propositum.* Auf f.208r-212r ein zusammenhängender algebraischer Text mit Aufgaben, bei denen eine gegebene Zahl in Summanden zerlegt wird, die bestimmten Bedingungen genügen. Inc.: *Quis est numerus qui duplatus ductus in medietatem cum medietate* (?) *in se faciat 20* ... (Ähnliche Probleme stehen auch auf f.294r.)

f.217v-219v: Bearbeitung von Thomas Bradwardine, "Tractatus proportionum". Inc.: *Amis* (statt: *Omnis*) *proporcio uel est communiter dicta vel proprie dicta* ... Expl.: ... *Quod illa conclusio sit impossibilis.* <Ed.: Clagett 1959, S.481-494. Siehe Wappler 1890, S.165, Anm.>

f.220r-225v: leer

f.226v, r: Ursprünglich loses Einzelblatt, das später eingeklebt wurde. Es enthält den Anfang von Johannes de Sacrobosco, "Algorismus vulgaris"; die Fortsetzung steht auf f.1v. Inc.: *(O)Mnia que a primeua rerum origine processerunt* ... Expl.: ... *vt in legendo consuetum ordinem servantes mayorem numerum minori preponamus.* <Ed.: Pedersen 1983, S.174, Z.1 - 177, Z.74.> Mit zahlreichen Glossen und Randbemerkungen von Widmann; u.a. unten auf f.226v längere Ausführungen mit Hinweis auf Euklid. <Siehe Wappler 1890, S.155-158, mit Teiled.>

f.227r-233v: leer

f.234r-244r: Nicole Oresme, "De proportionibus proportionum". Inc.: *Incipit liber proporcionum. (O)Mnis racionalis opinio de velocitate motuum* ... Expl.: ... *manifestatur quoque veritas et falsitas destruatur Hic ergo quartum finitur.* <Ed.: Grant 1966, S.134, Z.1 - 308, Z.614. Siehe Wappler 1890, S.165, Anm.> Mit wenigen Randbemerkungen.

f.244v: leer

f.245rv: Jordanus Nemorarius, "De proportionibus". Inc.: *(P)roporcio est rei ad rem determinata secundum quantitatem habitudo* ... Expl.: ... *ut omnes pariter fiant 36, etc.* <Ed.: Busard 1971a, 205-213. Siehe Wappler 1890, S.165, Anm.>

f.246r-257v: leer

f.258r-268v: verschiedene Texte zur Rithmimachie, von mindestens fünf Händen geschrieben (siehe Borst 1986, S.290f.). Vorhanden sind:

f.258r-260r: Rithmimachie, Text des "Regensburger Anonymus" mit Anhang c. Inc.: *Regule super rithmachiam Quinque genera inequalitatis ex equalitate procedunt manifestum est* ... Expl. (f.259v): ... *cadit piramis 190 cum omnibus coherentibus.* Inc. (Anhang): *Exposicio specierum proportionis in richimachia* ... Expl. (Anhang): ... *Si quis hec plane viderit Rithmimachiam scire valebit.* <Ed.: Borst 1986, S.384-394, 401f.>

f.260rv: **(W)** Ergänzungen zum vorigen Text: Berechnungen und Zeichnung des Spielplans. Inc.: *Multiplicationes Δ parium contra impares*

f.261r-265r: Exzerpte aus der "Arithmomachia" von John Shirwood (gedruckt Rom 1482), mit Ergänzungen. Inc.: *Restat autem iam vltima de vincendi triumphandique modo dicatur* ... Expl.: ... *una cum principe capiatur oportet sequitur restat.* <Zu Shirwood siehe Borst 1986, S.27f.>

Auf f.264r befindet sich eine Additionstafel bis 361 + 361 und auf f.264v eine andere bis 289 + 289 (für die Kopfzahlen der Spielsteine bei der Rithmimachie).

f.265v-266r: weitere Ergänzungen

f.266rv: Erläuterungen der drei Mittel; Anmerkungen von Widmann dazu

f.267r: leer

f.267v-268v: Text des Pseudo-Bradwardine, mit Spielplan. Inc.: *Alia declaracio in ludum rithmachie. Quinque genera inequalitatis* ... Expl. (f.268r): ... *Has itaque victorias seu armonias studiosi lectoris ingenio relinquimus assignandas.* Danach Abbildung des Spielplans (nur die Zahlen). Auf f.268v: Abbildung der Pyramiden und der Zahlen mit den zwischen ihnen bestehenden Proportionen. <Unediert. Zum Text siehe Borst 1986, S.230-232.>

f.269r-279v: leer

f.280r-285v: Johannes de Lineriis, "Algorismus de minutiis". Inc.: *(M)Odum representacionis minuciarum vulgarium et phisicarum proponere. Quia in fraccionibus duo numeri sunt necessarij* ... Expl.: ... *tamen non posui plures quia ista ad propositum nostrum sufficiunt. Minuciarum Algorithmus Explicit.* <Ed.: Busard 1968b, S.21-36.> Auf f.280r und 285r Randnotizen von Widmann <Ed.: Wappler 1890, S.165f. Siehe Wappler 1890, S.162, Anm.>

f.285v: **(W)** Bestimmung des größten gemeinsamen Teilers und Bemerkungen zu den Brüchen (mit den römischen Bruchzeichen). Inc.: *Regula Boecy vtilissima. Si quis numeros contra se primos duobus propositis numeris cuperet cognoscere* ... Expl.: ... *Scrupulus. Obulus. Bissiliqua. Cerates. Siliqua. Calcus.* <Ed.: Kaunzner 1968, S.151, nach Leipzig 1470, f.534v.>

f.286r-287r: Bruchtraktat mit derselben Struktur wie der Text des Johannes de Lineriis. Inc.: *(M)Inucia est fraccio integra et scribitur quelibet minucia duabus signis virga interiecta ad denotandum quod sit fraccio* ... Expl.: ... *Multiplicare non aliud quam multiplicacionis aliquem numerum ad alium addere.* <Unediert.>

f.287r: **(W)** Über das Rechnen mit vierten Wurzeln. Inc.: *Quadratorum de 4^{tis} in Rationalibus et Surdis quam foeliciter Incipit Algorithmus. Additio. In Additione quadratorum de quadratis* ... Expl.: ... *ostendit propositum.* <Ed.: Kaunzner 1968, S.157f. Siehe hierzu Kaunzner 1968, S.100f.>

f.287v: Zusätze von Widmann.

(W) Aufgabe über den Kauf eines Stoffes, dessen Gesamtmaß zu bestimmen ist. Inc.: *Regula de Tela. Quidam Volens emere Telam certe quantitatis* ... Expl.: ... *quod fuit propositum.* <Ed.: Kaunzner 1968, S.153f. Siehe hierzu Kaunzner 1968, S.99.>

(W) Erweiterung von Brüchen mit Hilfe des Dreisatzes. Inc.: *Regula Camby. In omni casu minucias propositas* ... Expl.: ... *quia fructifera et utilis est.* <Ed.: Kaunzner 1968, S.151, nach Leipzig 1470, f.534v.>

(W) Regel über den Summenwert einer geometrischen Reihe. Inc.: *Regula Kempiges Gosuini. Regula ad faciliter querendam numerum duplando progressiue* ... Expl.: ... *secundum Regulam detri.* <Ed.: Kaunzner 1968, S.152, nach Leipzig 1470, f.535r.>

(W) Bemerkungen zur Bruchrechnung. Inc.: *Item Cum tibi occurrit aliqua fractio quam ultra minorare non poteris* ... Expl.: ... *surgunt in .27. quocientem.*

f.288rv: "Algorithmus de additis et diminutis" (Regeln über das Rechnen mit Aggregaten der Form ax ± b). Inc.: *Algorithmus de additis et diminutis. In additis et diminutis vtimur hys quinque signis* ... Expl.: ... *Explicit Algorithmus de additis et diminutis.* Von Widmann mit Erläuterungen zum Text und mit Beispielen versehen. <Ed.: Kaunzner 1968, S.113-120. Siehe hierzu Kaunzner 1968, S.92f.>

f.289r: **(W)** Rechenbeispiele zum "Algorithmus de additis et diminutis". Inc.: *Exempla Additionis* ... <Teiled.: Kaunzner 1968, S.121.>

f.289v: "Ars radicum Surdarum" (Über das Zusammenfassen von Wurzelausdrücken). Inc.: *Ars radicum Surdarum. (Q)Via radices surde nequiunt propter sui irrationabilitatem simul addi uel inuicem duci* ... Expl.: ... *prouenit .de 7/5 etc.* <Ed.: Kaunzner 1968, S.127-130. Siehe hierzu Kaunzner 1968, S.94f.>

Am Rand: **(W)** Beispiele zum vorgenannten Algorithmus. <Ed.: Kaunzner 1968, S.130f.>

f.290r: **(W)** Erläuterung zu Beispielen auf f.289v. Inc.: *Additionis Exempla* ... Expl.: ... *et sic de 3/4 etc.* <Ed.: Kaunzner 1968, S.131f.>

f.290v-291r: "Algorithmus de Datis" (Zerlegung einer Zahl in Summanden, die einer vorgegebenen Bedingung genügen). Inc.: *Algorithmus de Datis. (N)Ota omnis differentia numerorum duorum habetur* ... Expl.: ... *eciam videbuntur proporciones et habitudines numerorum.* <Ed.: Kaunzner 1968, S.139-142. Siehe hierzu Kaunzner 1968, S.97.> Mit Randbemerkungen von Widmann.

f.291r: **(W)** "Radicum Cubicarum Algorithmus" (Über das Rechnen mit kubischen Irrationalitäten). Inc.: *Radicum Cubicarum Algorithmus Incipit. Additio. In addicione* ... Expl.: ... *Et radix cubica numeri exeuntis erit quesitum.* <Ed.: Kaunzner 1968, S.155f., nach Dresden, C 80m, f.30r-31r. Siehe hierzu Kaunzner 1968, S.100.>

f.291v-292r: "Algorithmus de duplici differentia" (Über Fragen, die mit der Gleichheit von Proportionen [gemäß Euklid V] zusammenhängen). Inc.: *Algorithmus de duplici differentia. (C)Vm fuerint quatuor numeri proporcionales et coniunctum ex differentys extremalibus* ... Expl.: ... *Sed c d sunt anguli abscisionis.* <Ed.: Kaunzner 1968, S.143-147. Siehe hierzu Kaunzner 1968, S.98.>

f.292v: "Algorithmus de Surdis" (Über das Rechnen mit Wurzelausdrücken). Stimmt großenteils überein mit "Ars radicum Surdarum" (f.289v). Am Rand Beispiele von Widmann. Inc.: *Algorithmus de Surdis. (I)N hoc enim algorismo quelibet quantitas vnius et eiusdem denominacionis esse debet* ... Expl.: ...

radicis Cubici prepone 4 puncta. <Ed.: Kaunzner 1968, S.132f. Siehe hierzu Wappler 1887, S.32, und Kaunzner 1968, S.95f.>

f.293rv: "Algorithmus de Applicatis" (Lösung einfacher algebraischer Gleichungen). Inc.: *De Addicione. (Q)Vis est numerus cui si additur* ... Expl.: ... *facit 125 quod fuit propositum. Finis huius algorithmi.* <Ed.: Kaunzner 1968, S.135-139. Siehe hierzu Kaunzner 1968, S.96f.> Danach folgt:

f.293v: Ergänzender Abschnitt "Multiplicatio", von Widmanns Hand.

f.294r-301r: Aufgaben. Inc.: *Quis est numerus cui si addetur 6 et ab eo quod proveniet subtrahetur 16 relinquitur 30* ... Expl.: ... *quod fuit clarificandum.* <Abdruck einiger Aufgaben in Wappler 1887, S.7-9.> Übersetzungen aus diesem Text finden sich in Adam Ries' "Coß". (Zu Ries' Aufgaben siehe Berlet 1892, S.48ff., und Kaunzner 1968, S.35.)

f.301r: **(W)** Ende von al-Ḫwārizmīs "Algebra" (d.h. Fortsetzung von f.340r-348v). Inc.: *Item Res omnis venalis et omnia quae ipsis attinent* ... Expl.: ... *ex omnibus quae hijs attinent agendum est.* <Ed.: Wappler 1900, S.55f.; Kaunzner 1968, S.158-160; Hughes 1989, S.64-66,16.>

f.301v-303r: Vorlesung von Gottfried Wolack, gehalten in Erfurt im Sommersemester 1468. Inc.: *Incipit Regula proporcionum cum suis. Prima regula dicitur de tri apud italos* ... Expl.: ... *Hec Erfordie A magistro Gotfrido wolack de Bercka informata anno 1468 currente in estate pro 3/4 vnius floreni renensis qui tunc fuerunt 30 noui grossi et Anno immediate precedenti informata fuerunt pro floreno renensi.* <Ed.: Wappler 1900, S.47-54>. Am Rande Notizen von Widmann.

f.303v: Zahlenerraten. Inc.: *Ad inveniendum alique locum in campo scolarum fac sic* ... Expl.: ... *ducatur insequens quadrate et factum est.* <Unediert.>

Danach folgt eine Aufstellung der Anzahl der Körner auf dem Schachbrett (gemäß der Schachbrettaufgabe); ausgefüllt nur bis zum 41. Feld.

Danach **(W)**: Text zur Schachbrettaufgabe. Inc.: *Ludus Scackorum habet 64 campos* ...

f.304r-315r: Zusammenstellung überwiegend algebraischer Texte aus verschiedenen Quellen. Die Texte müssen noch im einzelnen analysiert werden. Es gibt Ähnlichkeiten zu C 80m, f.1r-5r. Der Anfang ist identisch mit al-Ḫwārizmī, "Algebra", in der Übersetzung von Robert von Chester. Inc.: *(I)N nomine dei pij et misericordis amen. dixit magumeth laus deo creatori* ... <Ed. des Anfangs: Hughes 1989, S.29,4-19.> Benutzt wurden ferner:

Jordanus Nemorarius, "De numeris datis" (z.T. zitiert nach Buch und Proposition, z.B. auf f.309v)

Johannes de Muris, "Quadripartitum numerorum" (f.315r).

Der Text auf f.305v: "De Probis" ist ediert in Kaunzner 1968, S.147-150; siehe hierzu Kaunzner 1968, S.98.

Mit einigen Bemerkungen Widmanns am Rande (siehe Kaunzner 1968, S.36). Es folgen unmittelbar:

f.315r: **(W)** Auszüge aus Johannes de Muris, "Quadripartitum numerorum", unter den Titeln "Semiliber Algabre siue Algorithmus de Multiplicatione et diuisione" und "De Additione Additorum et diminutorum". <Ed.: L'Huillier 1990, S.341 bzw. 342.>

f.315v: leer

f.316r-323v: Jordanus Nemorarius, "De numeris datis" (revidierte Fassung). Inc.: *NVmerus datus est cuius quantitas nota est* ... Expl.: ... *cuius latus Cubicum scilicet 6 est radix Et sic est finis huius.* <Ed.: Hughes 1981, S.57-122.> Auf f.316r Bemerkung von Ries (siehe Kaunzner 1968, S.36).

f.324r-325r: Algebraische Stücke, ähnlich wie auf f.304r-315r. Inc.: *Si quotlibet numeri ad unum proporcionem habuerint datam* ... Expl.: ... *eciam leuis ac laudabilis.* <Unediert.>

f.325v-326r: **(W)** Auszug aus Johannes de Muris, "Quadripartitum numerorum", unter dem Titel "De Additis et Diminutis Algorithmus". Inc.: *De additis et Diminutis Algorithmus. Consequenter dictis necessarium reputo* ... Expl.: ... *Ideo in hoc volo ponere finem dictis.* <Ed.: L'Huillier 1990, S.253-263. Teiled.: Wappler 1887, S.31f. Ed. eines Teils des Paralleltexts in Dresden, C 80m, f.39r: Kaunzner 1968, S.125f.>

f.326v-339v: leer

f.340r-348v: al-Ḫwārizmī, "Algebra", übersetzt von Robert von Chester. Inc.: *IN nomine dei pij misericordis Incipit liber instauracionis et opposicionis numeri* ... Expl.: ... *id multiplicatum reperies.* <Ed.: Hughes 1989, S.29-63.> Fortsetzung auf f.301r.

f.349r: **(W)** Über die fünf regulären Körper, die Klassifikation der Irrationalitäten nach Euklid X und andere Klassifikationen (von Linie, Strecken usw.). Inc.: *Item Quinque sunt Corpora regularia* ... <Teiled.: Kaunzner 1968, S.36.>

f.349v: **(W)** Beispiele zum Rechnen mit Wurzeln. Inc.: *Item .11 – 1 duc in se primo ut 11 in 11* ... Expl.: ... *sic similiter fac in alijs.* <Teiled.: Kaunzner 1968, S.36.>

f.349v: Ankündigung von Widmanns Algebra-Vorlesung. Inc.: *Et si satis superque satis Adolescentes Ingenui* ... Expl.: ... *pro hora atque loco conuenienti cum audeturis concordabit etc.* <Ed.: Wappler 1887, S.10; Gärtner 2000, S.571.>

Danach weitere Rechnungen, vorwiegend von Widmanns Hand.

f.350r-364v: "Lateinische Algebra", mit Ergänzungen von Widmann. Inc.: *Pro regularum Algabre cognicione est primo notandum* ... Expl.: ... *et tantum de istis.* <Ed.: Wappler 1887, S.11-30.>

Am Rand hat Widmann zahlreiche Aufgaben nachgetragen; 35 von ihnen hat Ries in seine "Coß" übernommen. <Teiled.: Wappler 1887, S.5-7, und Wappler 1899, S.540-554.>

f.365r-365v: Aufgaben zur Algebra. Inc.: *Pro adequacione precium propositarum nota* ... Danach:

f.365r-v: Inc.: *Regula de tempore. Quidam dominus convenit cum suo mercenario sub tali pacto* ... Expl.: ... *habet ergo 18 pedes et alia patebunt.*

Danach auf f.365v: **(W)** *Data quod phalanga sit uel hasta cuius medietas sit in aere 3ª pars in aqua et residuum in terra* ...

Danach eine weitere Aufgabe. Inc.: *Proposito aliquo numero qui secundum suas partes aggregabas ...*

f.366rv: Algebraische Abhandlung. Inc.: *Incipiunt cautele Magistri campani ex libro de Algebra siue de Cossa et Censu. Est* ʒ *de quo fuit dempta* $\overline{3}$ $\overline{R}$ *et remanent 8 ...* Expl.: *... que est 58 et* 4^{or} *none.* <Unediert.>

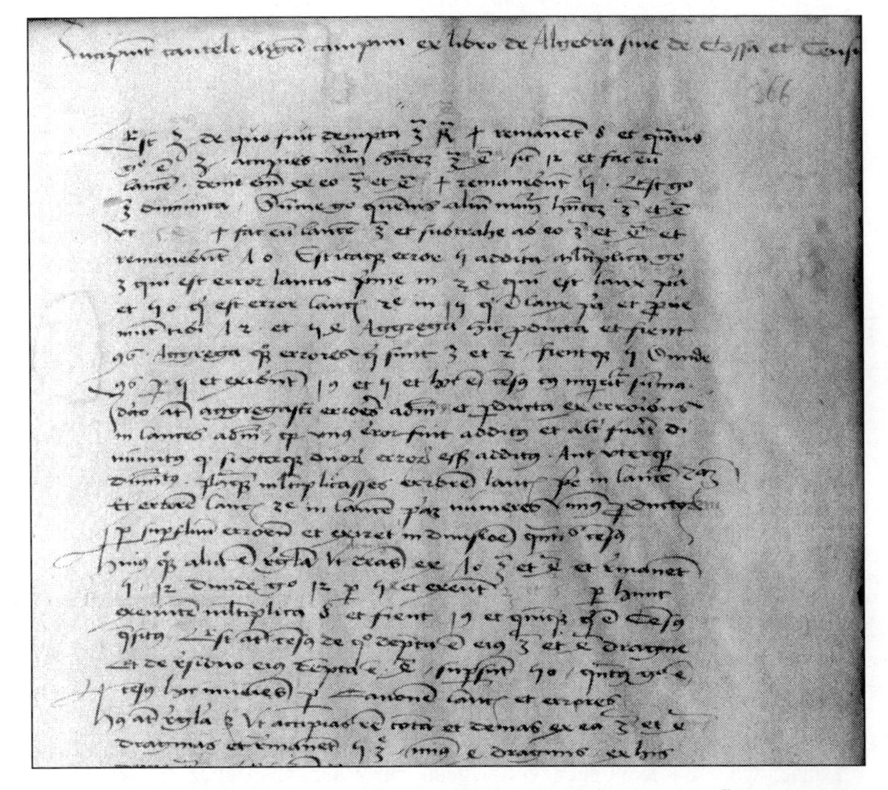

Danach auf f.366v-367v Zusätze von Widmanns Hand mit den Überschriften: *Capitulum de Additione, Capitulum de Duplatione, Capitulum de Duplatione et Additione.* Expl.: *... Et finis Cautele Magistri Campani ex libro de Algebra siue de Coza et Censu.*

f.368r-378v: "Deutsche Algebra" aus dem Jahr 1481. Inc.: *Meysterliche kunst. Dassz ist meysterlich zcu wysszenn ...* Expl: *... factum 81 altera post exaltacionem crucis.* <Ed.: Vogel 1981. Siehe Wappler 1887, S.3-5, und Wappler 1899, S.539f.>

Darunter auf f.378v: *Pondera Apotece in extrinseco. Sic proferuntur Sic scribuntur Theutunice ...* <Ed.: Kaunzner 1968, S.38.>

f.378v, Rand: **(W)** *Nota. Item beatus* (?) *Augustus* (?) *in libro suo scriptum* (?) *Ita erat: Decies Decem faciunt centum ...* <Ed.: Kaunzner 1968, S.37f.>

f.379r: **(W)** Algebraische Notiz. Inc.: *Vera Residua Regula. Item numerus qui propositis numeris diuisus datos numeros residuat invenire ...* <Teiled.: Kaunzner 1968, S.38.>

f.379v: Über den Zahlenwert der Buchstaben. Inc.: *A 500, B 300, C 100 ...* (wie auf f.1r).

Daneben **(W)**: Namen der Irrationalitäten und Beispiele dafür. Inc.: *Binomium, Residuum, Bimediale ...* (mit ihren Unterteilungen).

f.380r-v: **(W)** Verschiedene Probleme der Unterhaltungsmathematik. Inc.: *Diuisio. Item Diuisi 20 fl in homines nescio quot ...* <Teiled.: Kaunzner 1968, S.38.>

f.381r-384v: leer

f.385r-396r: Abū Bakr, "Liber mensurationum". Inc.: *Quadripartitum numerorum. (C)Vm aliquis tibi dixerit est quadratum equilaterum et orthogonium ...* Expl.: ... *Et hec eius forma.* <Ed.: Busard 1968a, S.86-124. Siehe Wappler 1887, S.2.> Mit Randbemerkungen.

f.396rv: "Liber Saydi Abuothmi". Inc.: *(S)Cias quod sciencia figurarum superficialium et corporearum est ...* Expl.: ... *Hec ergo sunt ea que in omni contingunt quadrato.* <Ed.: Busard 1969, S.169-171.>

f.396v-397v: "Liber Aderameti". Inc.: *(S)cias quod aree cuiusque quadrati ortogonij ...* Expl.: ... *Quod enim provenerit erit area illius corporis.* <Ed.: Busard 1969, S.171-174.>

f.397v-407r: "Liber augmenti et diminutionis". Inc. und Expl. unleserlich. <Ed.: Libri 1838, S.304-371.>

f.407v-408v, 408a rv: leer

f.409r-417r: verschiedene Probleme, vor allem Mischungsrechnungen (noch näher zu untersuchen). Die Beispiele sind von Widmann korrigiert bzw. numeriert.

f.(418)r-(420)r: leer

Anhang 2: Liste der Wasserzeichen

Angegeben sind die Nummern der Blätter, auf denen sich Wasserzeichen befinden. Bei den Nummern in Piccards Wasserzeichen-Verzeichnis sind die von Piccard genannten Angaben zu Herkunft und Datierungsbelegen der jeweiligen Wasserzeichenpapiere in Klammern hinzugefügt.

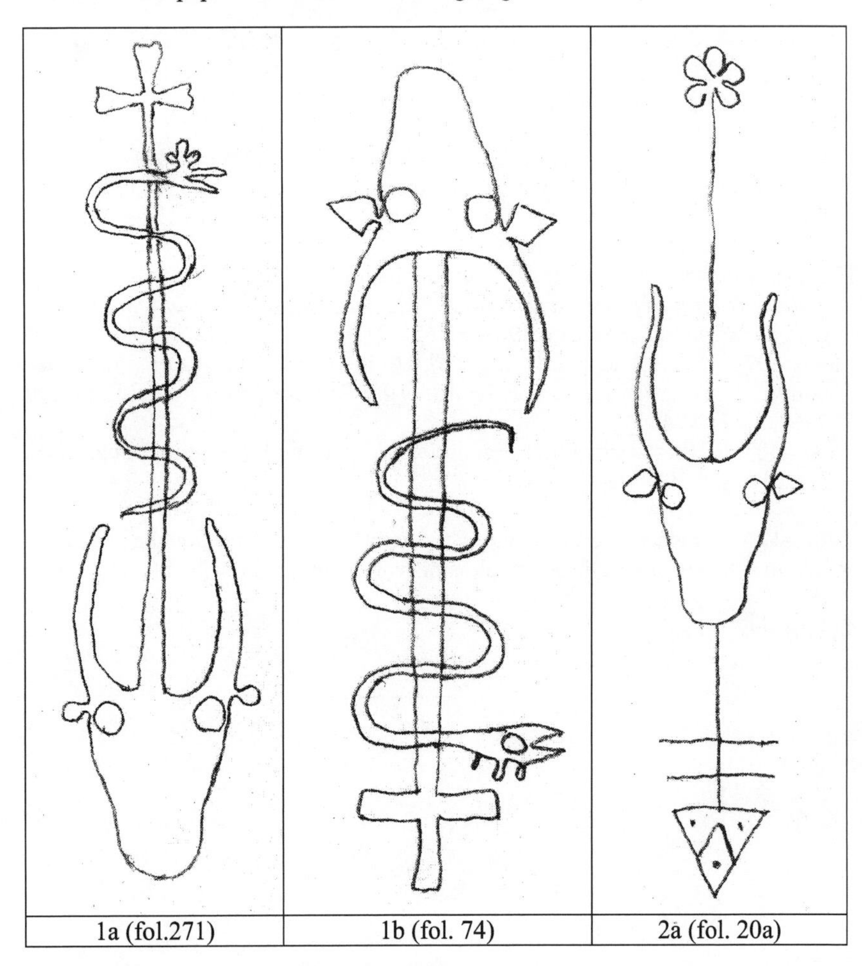

1a (fol.271)	1b (fol. 74)	2a (fol. 20a)

Wasserzeichen 1a, 1b: Ochsenkopf mit Schlange. Siehe Piccard, Ochsenkopf-Wasserzeichen, XVI 233 (Königsberg/Pr.; 1489-90), bzw. XVI 168 (Coburg; 1486-88)

Fol. (-1), (0), 2, 5, 6, 8, 9, 22, 70, 72, 74, 75, 78, 93-95, 98, 100, 101, 105, 106, 109, 111, 113, 114, 118, 119, 121, 122, 125, 128, 144-146, 150-152, 177, 179, 180, 183, 184, 187, 199, 200, 225, 227-229, 247, 249, 252, 253, 255, 257, 270, 271, 274, 276, 277, 308, 310, 329, 330, 333, 335, 336, 339, 350-352, 356-358

Wasserzeichen 2a, 2b: Ochsenkopf mit einkonturiger Stange mit Blume, mit Beizeichen. Siehe Piccard, Ochsenkopf-Wasserzeichen, XII 781-828 (Südtirol, Süddeutschland; um 1485-88), bzw. XII 742 (Nürnberg, Windsheim; 1487-89)
Fol. 12-15, 20, (20a), 87-92, 153, 384, 388-390, 394-396, 411, (419)

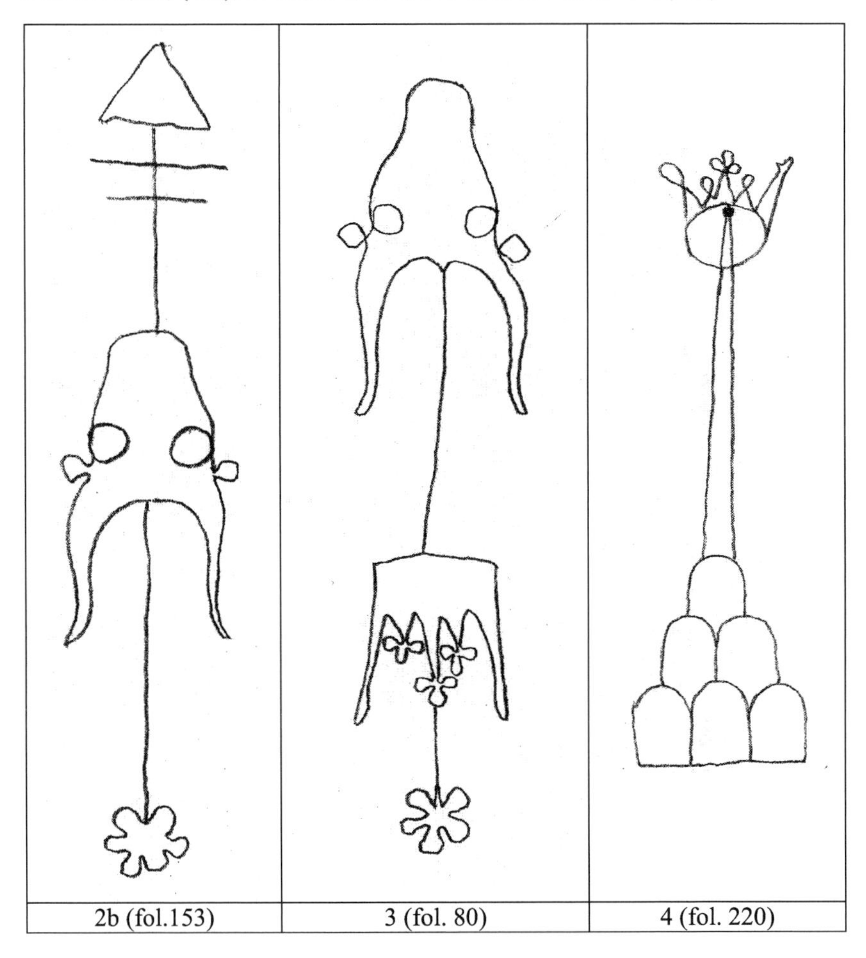

2b (fol.153) | 3 (fol. 80) | 4 (fol. 220)

Wasserzeichen 3: Ochsenkopf mit Krone und Blume. Siehe Piccard, Ochsenkopf-Wasserzeichen, XV 227 (Feldkirch, Innsbruck, Nördlingen; 1491-94)
Fol. 38, 40, 42-45, 48, 49, 52, 53, 56, 57, 59, 60, 64-66, 69, 80, 343, 345, 347-349

Wasserzeichen 4: Dreiberg mit Krone. Siehe Piccard, Wasserzeichen Dreiberg, VIII 2672 (Brescia; 1473)
Fol. 26, 29, 30, 32, 33, 214, 215, 218, 220, 221, 224, 259, 261-263, 267, 305-307, 315

Wasserzeichen 5: Dreiberg mit Kreuz und Sprossen. Siehe Piccard, Wasserzeichen Dreiberg, VIII 2663-2664 (Bamberg, Bozen, Dresden, Innsbruck, Dinkelsbühl; 1488-90)
Fol. 191, 193, 194, 197, 201-205, 207, 412, 415, 416

Wasserzeichen 6: Dreiberg mit Kreuz ohne Sprossen. Siehe Piccard, Wasserzeichen Dreiberg, VIII 2651-2656 (zumeist Südtirol; um 1482-86)
Fol. 280, 281, 283, 284, 286, 289, 292-294, 300, 316-318, 320, 322, 324, 362, 366, 368, 370-372, 398, 399, 402, 404, 406, 407

Wasserzeichen 7: Krone mit zweikonturigem Bügel mit Perlen, ohne Beizeichen. Siehe Piccard, Kronen-Wasserzeichen, XII 32 (Oberitalienisch; 1488-1491)
Fol. 132, 133, 135, 138-140, 155, 160-163, 165, 168, 170, 172, 174, 234-236, 240-242, 269, 296, 297

Wasserzeichen 8: Waage. Siehe Piccard, Wasserzeichen Waage, V 140 (Brescia; 1476)
Fol. 167, 376, 377, 379, 382, 383

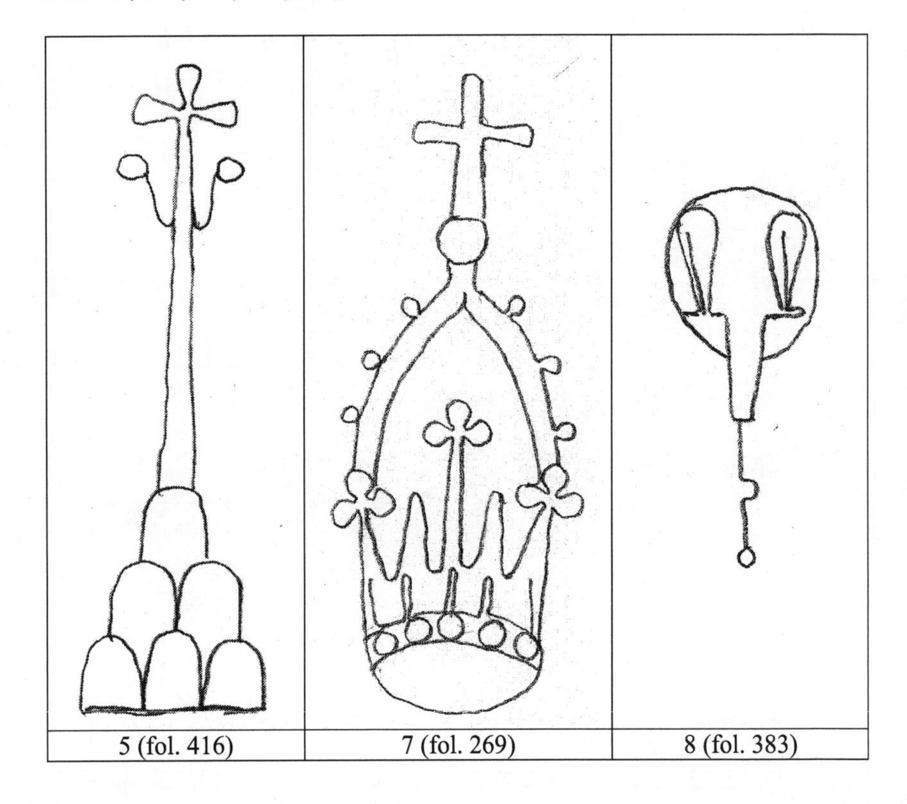

5 (fol. 416)	7 (fol. 269)	8 (fol. 383)

Literatur:

Allard, André: Muḥammad ibn Mūsā al-Khwārizmī. Le Calcul Indien (Algorismus). Histoire des textes, édition critique, traduction et commentaire des plus anciennes versions latines remaniées du XIIe siècle. Paris / Namur 1992.

Berlet, Bruno: Adam Riese, sein Leben, seine Rechenbücher und seine Art zu rechnen. Die Coß von Adam Riese. Leipzig, Frankfurt/M. 1892.

Borst, Arno: Das mittelalterliche Zahlenkampfspiel. Heidelberg 1986.

Bubnov, Nicolaus: Gerberti postea Silvestri II papae Opera Mathematica. Berlin 1899.

Busard, H. L. L.: The Practica Geometriae of Dominicus de Clavasio. In: Archive for History of Exact Sciences 2, 1965, 520-575.

---: L'Algèbre au moyen âge: Le "Liber mensurationum" d'Abû Bekr. In: Journal des savants (Avril-Juin, 1968), 65-124.

---: Het rekenen met breuken in de middeleeuwen, in het bijzonder bij Johannes de Lineriis. In: Mededelingen van de Koninklijke Vlaamse Academie voor Wetenschappen, Letteren en Schone Kunsten van België. Klasse der Wetenschappen, Jaargang 30, nr.7. Brüssel 1968.

---: Die Vermessungstraktate Liber Saydi Abuothmi und Liber Aderameti. In: Janus 56, 1969, 161-174.

---: Die Traktate De Proportionibus von Jordanus Nemorarius und Campanus. In: Centaurus 15, 1971, 193-227.

---: Die "Arithmetica speculativa" des Johannes de Muris. In: Scientiarum Historia 13, 1971, 103-132.

Clagett, Marshall: The Science of Mechanics in the Middle Ages. Vol. 1. Madison / London 1959.

Curtze, Maximilian: Der Algorismus Proportionum des Nicolaus Oresme. Zum ersten Male nach der Lesart der Handschrift R.4°.2. der Königlichen Gymnasial-Bibliothek zu Thorn herausgegeben. Berlin 1868.

Drobisch, Moritz Wilhelm: De Ioannis Widmanni Egerani compendio arithmeticae mercatorum scientiae mathematicae saeculi XV. simul atque artis typographicae Lipsiensis insigni monumento. Leipzig 1840.

Eneström, Gustaf: Das Bruchrechnen des Jordanus Nemorarius. In: Bibliotheca Mathematica, 3. Folge, 14, 1913/14, 41-54.

Friedlein, Gottfried (Hrsg.): Boetii de institutione arithmetica libri duo, de institutione musica libri quinque. Accedit geometria quae fertur Boetii. Leipzig 1867.

---: Die Zahlzeichen und das elementare Rechnen der Griechen und Römer und des christlichen Abendlandes vom 7. bis 13. Jahrhundert. Erlangen 1869.

Gärtner, Barbara: Johannes Widmanns "Behende vnd hubsche Rechenung". Die Textsorte `Rechenbuch' in der Frühen Neuzeit. Tübingen 2000.

Grant, Edward: Nicole Oresme, De proportionibus proportionum and Ad pauca respicientes. Edited with Introductions, English Translations, and Critical Notes. Madison, Milwaukee, London 1966.

Guillaumin, Jean-Yves (Hrsg.): Boèce. Institution arithmétique. Paris 1995.

Hughes, Barnabas B.: Jordanus de Nemore, De numeris datis. A Critical Edition and Translation. Berkeley, Los Angeles, London 1981.

---: Robert of Chester's Latin Translation of al Khwārizmī`s Al-Jabr. A New Critical Edition. Stuttgart 1989.
L'Huillier, Ghislaine: Quadripartitum numerorum de Jean de Murs. Introduction et édition critique. Genève, Paris 1990.
Hultsch, Friedrich (Hrsg.): Metrologicorum scriptorum reliquiae. Volumen II. Leipzig 1866.
Karpinski, Louis C.: Robert of Chester's Latin translation of the Algebra of al-Khowarizmi. In: L. C. Karpinski / J. G. Winter: Contributions to the History of Science. Ann Arbor 1930, S.1-164.
Kaunzner, Wolfgang: Über Johannes Widmann von Eger. Ein Beitrag zur Geschichte der Rechenkunst im ausgehenden Mittelalter. München 1968. (Veröffentlichungen des Forschungsinstituts des Deutschen Museums für die Geschichte der Naturwissenschaften und der Technik, Reihe C, Nr.7.)
Libri, Guillaume: Histoire des sciences mathématiques en Italie. Bd. 1. Paris 1838.
Pedersen, Fridericus Saaby (Hrsg.): Petri Philomenae de Dacia et Petri de S. Audomaro opera quadrivialia. Pars I: Opera Petri Philomenae. Kopenhagen 1983.
Piccard, Gerhard: Die Kronen-Wasserzeichen. Stuttgart 1961.
---: Die Ochsenkopf-Wasserzeichen. Stuttgart 1966.
---: Wasserzeichen Waage. Stuttgart 1978.
---: Wasserzeichen Dreiberg. Teil 2. Stuttgart 1996.
Schaller, Dieter; Könsgen, Ewald: Initia carminum Latinorum saeculo undecimo antiquiorum, Göttingen 1977.
Schnorr von Carolsfeld, Franz: Katalog der Handschriften der Königl. Öffentlichen Bibliothek zu Dresden. Erster Band. Leipzig 1882.
Thomson, Ron B.: Jordanus de Nemore and the University of Toulouse. In: The British Journal for the History of Science 7, 1974, 163-165.
Thorndike, Lynn: A History of Magic and Experimental Science. Band 3. New York, London 1934.
Vogel, Kurt: Die erste deutsche Algebra aus dem Jahre 1481. Nach einer Handschrift aus C 80 Dresdensis herausgegeben und erläutert. München 1981. (Bayerische Akademie der Wissenschaften, Mathematisch-naturwissenschaftliche Klasse, Abhandlungen, Neue Folge, Heft 160.)
Walther, Hans: Initia carminum ac versuum medii aevi posterioris Latinorum. Göttingen 1959. (= Carmina medii aevi posterioris Latina, I.)
Wappler, Hermann Emil: Zur Geschichte der deutschen Algebra im 15. Jahrhundert. Programm Gymnasium Zwickau 1887. 32 S.
--: Beitrag zur Geschichte der Mathematik. In: Abhandlungen zur Geschichte der Mathematik, 5. Heft. Leipzig 1890, S.147-168.
--: Zur Geschichte der deutschen Algebra. In: Abhandlungen zur Geschichte der Mathematik, 9. Heft. Leipzig 1899, S.537-554.
--: Zur Geschichte der Mathematik im 15. Jahrhundert. In: Zeitschrift für Mathematik und Physik, Historisch-litterarische Abteilung, 45, 1900, 47-56.

Sichtbarmachung, Digitalisierung und Bearbeitung von Blättern der Handschrift Dresden C80

Rainer Gebhardt

Zum Kolloquium „Rechenmeister und Cossisten der frühen Neuzeit“[1] 1996 in Annaberg-Buchholz wurde möglich, die auf Initiative des Adam-Ries-Bundes e.V. restaurierte Coß von Adam Ries zu besichtigen. Bei dieser Gelegenheit lenkte Herr Prof. Wolfgang Kaunzner erneut die Aufmerksamkeit auf eine andere Handschrift, die zu diesem Zeitpunkt in einem weitaus schlechteren Zustand war und heute noch ist – die Handschrift Mscr. Dresden C80 der Sächsischen Landesbibliothek Dresden (SLB). Über Bedeutung und Umfang dieser Handschrift hat Prof. Menso Folkerts in seinem Beitrag[2] ausführlich berichtet. Ich möchte hier lediglich über die Bemühungen und Aktivitäten berichten, um diese wertvolle Handschrift zu erhalten.

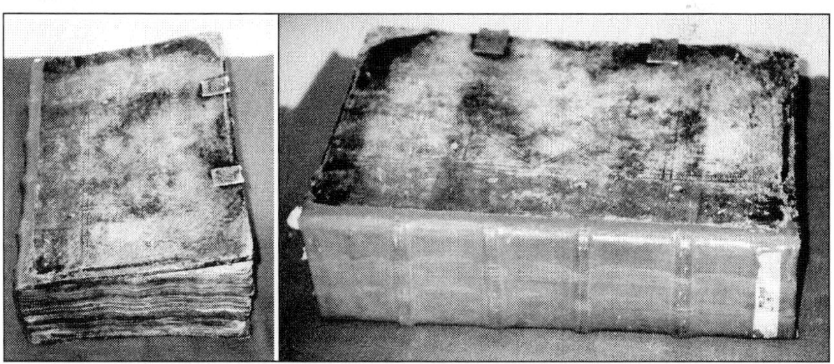

Abb. 1: Die Handschrift Dresden C80 im März 1998 in Köln

[1] Siehe „Rechenmeister und Cossisten der frühen Neuzeit“, Band 7 der Schriften des Adam-Ries-Bundes, Annaberg-Buchholz 1996

[2] Vergl. S. 353ff. Menso Folkerts: Die Handschrift Dresden, C 80, als Quelle der Mathematikgeschichte

In Vorbereitung des Kolloquiums 1996 hatte Herr Prof. Wolfgang Kaunzner gemeinsam mit mir die Handschrift wiederholt in Augenschein genommen und den unverändert schlechten Zustand feststellen müssen.

In seinem Beitrag zu Johannes Widmann[3] wurden die Seiten 288^r und 294^v abgebildet. Nach mehreren Telefonaten mit dem damaligen Leiter der SLB Herrn Dr. Mühlner bat ich in einem Brief vom 3.10.1996 die Handschrift C80 auf Grund ihrer außerordentlichen Bedeutung zu restaurieren und zu sichern, wobei ich die moralische und finanzielle Unterstützung des Adam-Ries-Bundes anbot. Mit Schreiben vom 10.10.96 wurde mir mitgeteilt, dass eine Verschlechterung des Zustandes von C80 nicht festzustellen sei. Es solle jedoch ein Gutachten in Auftrag gegeben werden, welches feststellen solle, ob und welche restauratorischen und konservatorischen Maßnahmen erforderlich sind und welche Ergebnisse damit erzielt werden könnten.

Nach telefonischen Rückfragen meinerseits im ersten Halbjahr 1997 musste festgestellt werden, dass dieses Gutachten offenbar nicht in Auftrag gegeben wurde.

Ich trug daher am 22.6.1997 das Anliegen, insbesondere die Sichtbarmachung der durch das Elbwasser verblassten Stellen erneut schriftlich an die SLB heran. Das Gutachten wurde nun in kürzester Zeit erstellt und mit Schreiben vom 17.7.1997 an den Adam-Ries-Bund übermittelt. Da es den Zustand der Handschrift umfassend beschreibt, soll es hier vollständig wiedergegeben werden (Abb. 2-4). Als hoffnungsvoll war dabei die angedeuteten Möglichkeit zur Sichtbarmachung der verblassten Seiten anzusehen.

Erste Kontakte mit potentiellen Geldgebern und Sponsoren zu Unterstützung des von der SLB vorgeschlagenen Weges, wie z.B. dem Ministerium des Inneren, waren jedoch nicht erfolgreich.

Da sich Herr Prof. Robert Fuchs vom Fachbereich Restaurierung und Konservierung von Schriftgut an der Fachhochschule Köln (FHK) bereit erklärt hatte, die Sichtbarmachung durch spezielle Beleuchtung kostenlos durchzuführen bzw. zu unterstützen, wollten wir versuchen, das Vorhaben auch ohne die notwendigen finanziellen Mittel in Angriff zu nehmen. Durch ein E-Mail vom 18.11.1997 von Prof. Fuchs wurde die Möglichkeit der kostenlosen Nutzung der Gerätetechnik in Köln unter Anleitung seiner Mitarbeiter bestätigt. Ende 1997 waren die Verhandlungen mit der SLB und der FHK so weit fortgeschritten, dass der Adam-Ries-Bund sich bereit erklärte, die notwendigen Kosten für Transport und Versicherung der C80 nach Köln und zurück zu übernehmen. Herr Prof. Kaunzner und Herr Prof. Folkerts hatten sich ebenfalls bereit erklärt, im März 1998 die entsprechenden Untersuchungen in Köln vorzunehmen. Zur Vorbereitung der Arbeiten und Auswahl der wichtigsten Seiten untersuchte Prof. Kaunzner im Februar 1998 die Handschrift nochmals in Dresden. Nach verschiedenen Gesprächen in der SLB wurde die Handschrift C80 auf 200.000,- DM versichert und am 12.3.1998 nach Köln und am 10.4.1998 wieder zurück nach Dresden transportiert.

---

[3] Wolfgang Kaunzner: Johannes Widmann, Cossist und Verfasser des ersten großen deutschen Rechenbuches, S. 37-51 in „Rechenmeister und Cossisten der frühen Neuzeit“, Band 7 der Schriften des Adam-Ries-Bundes, Annaberg-Buchholz 1996

Sächsische Landesbibliothek –
Staats- und Universitätsbibliothek Dresden

Sächsische Landesbibliothek – Staats- und Universitätsbibliothek Dresden
01054 Dresden

Dezernat
Sondersammlungen
Handschriftenabteilung

Adam-Ries-Bund e.V.
Herrn Dr. Rainer Gebhardt
Postfach 100 102
09441 Annaberg Buchholz

Bearb.: Dr.Tr./Lo
Aktenz.:
Tel. 0351/8130157
Fax 0351/8130200
e-mail:

17.07.1997

Gutachten zur Restaurierung von Mscr. Dresd. C 80

Objektbeschreibung

Holzdeckelband; Ganzlederband (weißer Schweinslederbezug mit Blinddruck-Dekor), ohne Kapital; geheftet auf vier erhabene Bünde; zwei Schließenpaare am Vorderschnitt.
Buchblock besteht aus insgesamt 417 gezählten und sieben ungezählten Blatt Papier (mit Vorsatz und eingehängten Blatteilen).

Schadensbeschreibung

1. Einband:
Die Holzdeckel sind unterschiedlich stark verzogen. An der Lederdecke (ehemals weißes Schweinsleder mit Blindprägung) sind zu einem früheren Zeitpunkt bereits verschiedene Reparaturen durchgeführt worden: ein Rückenunterzug aus Kalbleder, Ecken und teilweise Kanten aus Pergament. Das Originalleder weist starke Abschürfungen und Fehlstellen auf; der ergänzte Rücken ist ebenfalls an einigen Stellen abgeschabt, die Ecken sind durchgestoßen.
Von zwei Schließenpaaren fehlen die Haken und Riemen und an den Ösen einige Messingstifte.

2. Buchblock:
Der Buchblock weist mechanische Schäden und vor allem starke Wasserschäden auf. Die Schrift ist unterschiedlich stark ausgewaschen. Es haben sich zahlreiche Wasserränder z.T. mit flächig eingeschwemmtem Schmutz gebildet. Materialverluste am Vorderschnitt, Risse und Löcher in den Blättern (teilweise mit Seidenpapier überklebt) und Schäden im Falzbereich (dadurch lose Blätter) sind im gesamten Buchblock zu finden.
Die Numerierung ist z.T. nur noch schwach erkennbar bzw. bereits nachgeschrieben.
Das im Handschriftenkatalog als leer beschriebene Blatt 10 fehlt an der betreffenden Stelle und wurde dafür (evtl. bei einer Reparatur) nach Blatt 20 eingeheftet.

-2-

Abb. 2: Gutachten zur Restaurierung der C80 (Seite 1)

-2-

Zwischen den Blättern 11/12 und 78/79 ist jeweils ein kleinformatiges, beschriftetes Blatt eingehängt.
Dem Blatte 1 ist ein stark zerstörtes, mehrfach repariertes, beschriftetes Blatt vorgeklebt.
Die Lesbarkeit der Schrift schwankt im gesamten Buchblock zwischen gut lesbar und unleserlich und wurde für vorliegende Beschreibung Blatt für Blatt begutachtet. Demnach enthält die Sammelhandschrift derzeit 129 unleserliche, 89 stark verblaßte und 106 leicht verblaßte (z.T. nur Marginalien) Seiten.
Offensichtlich sind die einzelnen Handschriften mit Schreibstoffen recht unterschiedlicher Zusammensetzung geschrieben worden.
Das Schadensbild läßt vermuten, daß die Schreibstoffe einen hohen Rußanteil enthalten. Der für die Einwirkung von Feuchtigkeit auf Eisengallustinten charakteristische Tintenfraß ist bei C 80 nicht festzustellen. Leider besteht in der Restaurierungswerkstatt der SLUB nicht die Möglichkeit, Tinten zu analysieren. Im allgemeinen werden Untersuchungen dieser Art nur im Rahmen von Forschungsvorhaben in zentralen Einrichtungen vorgenommen.
Dafür, daß sich der Zustand von C 80 seit 1950 laufend verschlechtert hat, gibt es keine objektiven Anhaltspunkte - auch nicht beim Vergleich einer zum jetzigen Zeitpunkt angefertigten Kopie mit den Abbildungen in der von Prof. Kaunzner verfaßten Schrift zum Thema "Johannes Widmann von Eger", die uns als Kopie vorliegt.

Überlegungen zum Sichtbarmachen der verblaßten Schrift

Das chemische "Verstärken" von Tinten durch den Restaurator ist abzulehnen, da irreversible Umwandlungen erfolgen.
Es gibt jedoch physikalische Verfahren, die inzwischen erfolgreich und zerstörungsfrei angewendet werden. So ist es möglich, mit Hilfe der Bandpaßfilter-Reflektographie in definierten Wellenlängen des sichtbaren bzw. infraroten Lichtes ausgewaschene oder durch Schmutz verunklarte Schriften als Bilder aufzuzeichnen bzw. zu digitalisieren und dadurch auf einem Bildschirm wieder lesbar sowie durch digitale Speicherung der Forschung wieder zugänglich zu machen

Die Fachhochschule Köln / Fachrichtung Restaurierung und Konservierung von Schriftgut, Graphik und Buchmalerei verfügt über geeignete Geräte für diese zerstörungsfreie Methode.
Am 11.07.1997 hatte ich Gelegenheit, dem Leiter dieses Studienzweiges, Herrn Prof. Fuchs, die Handschrift C 80 vorzulegen und ihn nach seinen Empfehlungen hinsichtlich des Sichtbarmachens der verblaßten Schriften zu fragen. Herr Prof. Fuchs empfiehlt als effektivste Variante, einen Experten und Kenner von C 80 (Herrn Prof. Kaunzner?) mit dem Objekt nach Köln kommen zu lassen, um im Institut kostenlos mit Hilfe der dort vorhandenen Technik den Text zu lesen und evtl. Notizen zu fertigen. Möglich wäre auch das Ausdrucken der analysierten Schriften. Dies jedoch dann als Fremdauftrag zu einem Preis von ca. 20,00 DM pro Seite.

-3-

Abb. 3: Gutachten zur Restaurierung der C80 (Seite 2)

-3-

<u>Untersuchung der Wasserzeichen</u>

Die Untersuchung der Wasserzeichen müßte im Zuge einer Restaurierung der Handschrift nach der Zerlegung des Buchblockes erfolgen. Dabei wäre in der Restaurierungswerkstatt der SLUB lediglich das Kopieren der Wasserzeichen auf dem Leuchttisch möglich. Eine genaue Bestimmung, deren Ergebnis Rückschlüsse auf die Schreiber zulassen könnte, müßte dann von Experten übernommen werden. Die Einschätzung des Kostenaufwandes hierfür ist mir nicht möglich.

<u>Vorschlag zur Restaurierung von Mscr. Dresd. **C 80**</u>

Buchblock aus dem Einbande lösen; Blätter trocken reinigen; Überklebungen lösen; nach Vorproben zur Löslichkeit der Tinten evtl. mit alkoholischer Pufferlösung neutralisieren; klassisch stabilisieren; Buchblock zusammenstellen und heften und in alter Bindetechnik binden;
Originallederbezug durch farblich angepaßtes Schweinsleder ergänzen (Rücken, Ecken, Kanten);
Holzdeckel wegen der Verwerfung evtl. neu fertigen;
Ergänzung der Schließen;
Anfertigung eines Schutzbehälters;
Dokumentation der Restaurierung

Der Restaurierungsaufwand wird auf ca. 225 Arbeitsstunden geschätzt. Das Kopieren der Wasserzeichen würde den Arbeitsaufwand noch um einige Stunden erhöhen.
Die Gesamtkosten der Restaurierung können sich auf 15.000,00 DM bis 18.000,00 DM belaufen (je nach Stundensatz des Restaurators).

Die Konservierung der Handschrift zur Stabilisierung des jetzigen Zustandes kann meines Erachtens lediglich in klimatischer günstiger Aufbewahrung in einem entsprechenden Schutzbehältnis und dem Nichtbenutzen des Objektes bestehen.

Dresden, 16.07.1997

A. Trautmann

Dr. Antje Trautmann

Leiter Restaurierung

Abb. 4: Gutachten zur Restaurierung der C80 (Seite 3)

Untersuchungen der C80 in Köln

Nach Ankunft der C80 in der FHK reiste Herr Prof. Kaunzner vom 19.-20.3.1998 nach Köln um verschiedene Aufnahmen unter Anleitung von Prof. Fuchs und seiner Mitarbeiter durchzuführen. Die ersten Versuche mit verschiedenen Lichtarten waren sehr erfolgversprechend. In Abb. 5 sind auf der linken Seite die Beleuchtungseinrichtungen, oben die Kamera und im Hintergrund der Monitor zu Kontrolle des ausgewählten Bereiches zu sehen. Das Buch ist unter der Kamera so zu justieren, dass im Kontrollmonitor der gewünschte Ausschnitt sichtbar wird. Die durch spezielles Licht bestrahlten Seiten konnten nach Meinung der Betrachter die verblasste Schrift wieder sichtbar werden lassen. Ein Problem stellte das Abspeichern der Seiten dar, um die sichtbar gemachte Schrift dauerhaft reproduzierbar zu erhalten. Dabei gab es folgende Beschränkung: der abzubildende Ausschnitt ist nur 7,62 x 5,68 cm groß. Dies hatte zur Folge, dass jede Seite von C80 in 8 Teilabschnitte aufgeteilt werden musste, um eine reproduzierbare Abbildung gesamten Seite zu ermöglichen. Diese Vorgehensweise konnte jedoch nur von einigen wichtigen Seiten durchgeführt. Eine durchgängige Aufnahme aller Seiten in 8 Teilen erschien als ein zeitlich und auch speichertechnisch nicht zu lösendes Problem. Deshalb sollten die besonders interessanten und kritischen (verblassten) Seiten in 4 Teilaufnahmen realisiert werden. Sinnvoll erschien es auch, einige der Randbemerkungen und -abbildungen separat aufzunehmen.

Abb. 5: Prof. Dr. Wolfgang Kaunzner bei der Untersuchung der C80 vom 16.-20.3.1998 in der Fachhochschule Köln

Wie sich später herausstellte, war das unter der dem speziellen Licht erzeugte Ergebnis - die Schrift leuchtet in der Farbe des bestrahlten Lichtes - nicht vollständig reproduzierbar abspeicherbar. Die verwendete Kamera lieferte digitale Aufnahme mit 256 dpi mit 768 x 572 Bildpunkten in schwarz-weiß, d.h. der leuchtende Effekt ist in den Aufnahmen nicht vollständig reproduzierbar.
Nach meinem Besuch am 18.3.97 und dem Besuch von Prof. Folkerts am 22. und 23.3.97 in Köln und Absprachen mit Prof. Fuchs wurde auf der Grundlage der von Prof. Kaunzner durchgeführten Probeaufnahmen und der Kürze der zur Verfügung stehenden Zeit folgende weitere Vorgehensweise festgelegt:

- Aufnahme aller Seite von C80 in speziellen Normal-, Gelb- und Blaulicht als Farbdia im Format 6x4 cm. (Aus Zeitgründen wurde auf Dias in Gelb- und Blaulicht verzichtet)
- Aufnahme von ausgewählten Seiten in vier Teilaufnahmen

Kosten für einen Praktikanten der FHK und das notwendige Filmmaterial wurden durch Vermittlung von Prof. Folkerts durch die Kurt-Vogel-Stiftung in München getragen. Die entwickelten Dias wurden direkt nach München zum Vergleich mit dem dort vorhandenen Film der C80 geschickt. Die Übertragung der digitalen Aufnahmen erfolgte per Internet und ZIP-Datenträger nach Chemnitz zur weiteren Bearbeitung. Um die durchgeführten Arbeiten entsprechend zu würdigen

Abb. 6: Prof. Dr. Robert Fuchs (vorn), Prof. Dr. Wolfgang Kaunzner (links) und Dr. Rainer Gebhardt bei der Begutachtung und Auswahl der zu untersuchenden Seiten am 18.3.1998 in Köln

und gleichzeitig Herrn Prof. Fuchs und seinen Mitarbeitern zu danken, sollte in der Bild-Zeitung vom 27.3.98 ein exklusiver Artikel bundesweit erscheinen, der die durchgeführten Arbeiten würdigt und gleichzeitig auf die notwendige Restaurierung der C80 hinweist. Durch eine Indiskretion der Pressestelle der FHK wurde diese Nachricht am 26.3.98 nachmittags von dpa weltweit verbreitet, so dass der Beitrag leider nicht in der geplanten Weise exklusiv erscheinen konnte. Dafür war die Resonanz im Kölner Express, dem Kölner Stadtanzeiger, und der Kölnischen Rundschau entsprechend groß. Weitere Artikel, wie in den Dresdner Neusten Nachrichten am 11.12.1998, folgten. Erfreulich ist, dass es nach Aussage von Prof. Fuchs noch nie eine so große Resonanz auf Arbeiten in seinem Fachbereicht gegeben. Es sollte dies als Dank für die umfangreiche Unterstützung durch Prof. Fuchs und seine Mitarbeiter gewertet werden.

Kölner Wissenschaftler retten kostbare Schrift von Adam Riese

Von NICK SEELIGER

Köln – **Braunfleckiger Einband, vergilbte Blätter, 30 x 22 Zentimeter groß – eine typisch mittelalterliche Schrift. Doch zwischen den Buchdeckeln verbirgt sich eine Sensation.**

Dieses Werk enthält bisher unbekannte Notizen des deutschen Rechenmeisters Adam Ries (1492 – 1559, im Volksmund „Riese"), die dieser an den Rand gekritzelt hat. Bis heute waren sie nicht lesbar – die Seiten zu stark beschädigt. Kölner Experten retten sie.

Mit anderen wertvollen Schriften wurde das Mathematik-Buch (geschrieben um 1480) während des 2. Weltkriegs unter dem japanischen Palais in Dresden eingelagert. Doch der Bunker, durch Sprengung teilweise zerstört, lief mit Elbwasser voll. Eine Woche lag die Schrift in der Brühe, viele Seiten (insgesamt 834) wurden leergewaschen. Nach dem Krieg lag es beschädigt im Archiv der Sächsischen Landesbibliothek. Erst jetzt regte der Adam-Ries-Bund eine Restaurierung und Untersuchung an.

Seit 14 Tagen entziffert nun Professor Robert Fuchs, Spezialist für Buch-Restaurierung an der Fachhochschule Köln, die lateinischen und deutschen Texte. Mit einem speziellen Filter-Verfahren (basiert auf Polizeitechnik) werden selbst die augenscheinlich leeren Seiten lesbar. Unter seiner Spezialkamera (UV-bis Infrarotlicht) entdeckte der Wissenschaftler gezeichnete Rechenbretter, Multiplikationstabellen.

Der Versicherungswert des Buches liegt bei nur 200.000 Mark. „Es ist unbezahlbar", meint jedoch Mathe-Historiker Professor Menso Folkerts (Uni MÜnchen): „Es berührt mich sehr, dieses Buch zu sehen, mit dem Ries in seiner Erfurter Zeit arbeitete, darin schrieb."

Folkerts kam von München nach Köln: **„Eine Sensation. Hier sind erstmals Plus- und Minus-Zeichen zu finden, Algebra überhaupt. Es ist die wichtigste Schrift dieser Zeit. Darauf baut die moderne Mathematik.** Dieses Buch war mit Sicherheit Grundlage seiner späteren Werke!" Nach der Restaurierung kommt das Buch zurück nach Dresden.

Vorsichtig halten sie den Schatz in der Hand: die Professoren Robert Fuchs und Meso Folkerts mit dem mittelalterlichen Adam Riese Buch. Foto: DIETER BABBEL

Abb. 7: Artikel vom 27.3.1998 in der Bild-Zeitung Köln mit einem Bild von Prof. Fuchs (links) und Prof. Folkerts.

Bearbeitung der digitalen Aufnahmen

Die Übertragung der Daten nach Chemnitz erwies sich ziemlich kompliziert, da einige Datensätze fehlerhaft kopiert wurden, oder nicht lesbar waren. Nach Grobsichtung und Sortierung der Datensätze wurden diese auf 2 CD gebrannt: die Blätter bis f. 199 auf CD1 und ab f. 200 auf CD2. Je ein Satz befindet sich in der Bibliothek des Adam-Ries-Bundes, der SLB und im Institut für Geschichte der Naturwissenschaften in München.

Insgesamt wurden 2454 Dateien mit einem Umfang von 928Mbyte digitalisiert. Folgende Seiten wurden in 4 Aufnahmen digitalisiert[4]:

0v, 1r, 1v - 5v, 6r, 6v, 7r, 7v - 9v, 11r(10r)[4] - 19r, 20v[5], 24r - 71v, 72r - 83v, 129r - 134r, 135r - 136r, 136v - 142v, 143r - 144r[6], 154r[7] - 157r, 157v - 166r, 167r - 169r, 169v - 171r, 171v - 172r[8], 176r[9], 177r - 181r, 182r - 185v[10], 191r - 195r, 195v - 197r, 197v[11], 201r - 206r, 206r - 217r, 217v - 219v[12], 226r, 226v, 234r - 244r[13], 245r, 245v, 258r - 268v, 280r - 285v, 286r - 287r, 287v, 288r - 290r, 290v 301r, 301v - 303v, 304r - 306v, 307v, 308v, 309v, 310v, 211v, 312v, 347v - 348v, 349r - 349v, 352v - 357r, 360v, 379r, 397r - 397v, 400r - 407r, 407v[14], 409r - 417r.

Zur besseren Sichtbarkeit der Randbereiche wurden einige Seiten in 8 Teilaufnahmen realisiert. Dies sind:

0v, 1r, 4r,4v, 6r, 11r, 11v, 12r, 12v, 13r, 13v, 14r, 14v, 15r, 15v, 16r, 17r, 20v, 72r, 72v, 73r, 73v, 74r, 74v, 75r, 75v, 76r, 76v, 77r, 77v, 78r, 78v, 79r, 79v, 80r, 80v, 81r, 81v, 82r, 82v, 83r, 136r, 142v, 143v, 177r, 177v, 178r, 178v, 179r, 179v, 180r, 181r, 182r, 183r, 184r, 212v, 226r, 2226v, 234r, 266v, 267v, 268r, 268v, 291r, 298r, 303r, 304r, 305r, 305v, 306r, 306v, 347v, 348v, 349r, 349v, 352v, 353r, 353v, 354r, 354v, 355r, 355v, 356v, 356v, 357r, 379r, 379v.

---

[4] Die hier angegebene Nummerierung wurde in Anlehnung an die von Prof. Folkerts benutzt (vergl. S.353ff dieser Ausgabe). Da die Vergabe der Zahlen in Köln aber fortlaufend erfolgte, kann es in einigen Fällen zu Verschiebungen kommen. So ist ein Blatt 10 bei den digitalisierten Bilder vorhanden, obwohl dieses im Original nicht existiert. Offensichtlich wurde bei den Aufnahmen fortlaufend nummeriert, d.h. es handelt sich um Blatt 11. Weitere Verschiebungen konnten bisher nicht festgestellt werden.

[5] Durch Beleuchtung in Köln konnten auf Blatt 20 Konturen sichtbar gemacht werden. Ein Text ist aber nicht eindeutig zu erkennen und zu identifizieren, war aber offensichtlich einmal vorhanden.

[6] Bei der auf der CD1 gespeicherten Datei f144v_d1 handelt es sich um die obere Ecke von Blatt 142v.

[7] Von f. 155r ist nur der linke obere Teil unter f155r_d1 gespeichert, die restlichen 3 Teile sind unter 156r_2 bis 156r_4 gespeichert, dadurch fehlt f. 156r.

[8] Es sind zwei Teilaufnahmen von f. 172r vorhanden, da nur die obere Hälfte beschrieben ist.

[9] Nur zwei Teilaufnahmen, da nur 8 Zeilen.

[10] Von f. 185v nur obere Hälfte beschrieben, daher nur zwei Teilaufnahmen.

[11] Kleine Tafel in 2 Teilaufnahmen.

[12] f 219v nur oben beschrieben, daher nur zwei Teilaufnahmen.

[13] Von f. 237v ist nur eine Teilaufnahme vorhanden.

[14] Die zwei Dateien mit der Bezeichnung 407v sind Teil von f. 409v. Seite 407v ist nicht beschrieben.

Die Daten wurden im originalen TIF-Format ohne Bearbeitung auf die CD's gespeichert. Damit kann eine Bearbeitung individuell vom jeweiligen Benutzer an den originalen Daten durchgeführt werden.
Am Beispiel von f. 4r sieht man den Unterschied in der Auflösung und Ausschnittsgröße zwischen 4 Teilen in Abb. 8 links und 8 Teilen in Abb. 8 rechts.
Eine Zusammensetzung der Teilaufnahmen erweist sich als sehr zeitaufwendig und teilweise schwierig. Bei der Analyse der Aufnahmen zeigt sich jedoch, dass die gespeicherten schwarz-weiß Bilder mit der relativ geringen Anzahl von Bildpunkten und den kleinen Bildausschnitten nicht immer die erwartete Information beinhalten. Bei gut erhaltenen Seiten und normaler Schrift kann eine Vergrößerung von Ausschnitten zu noch relativ gut lesbaren Texten führen (vergl. Abb. 9).

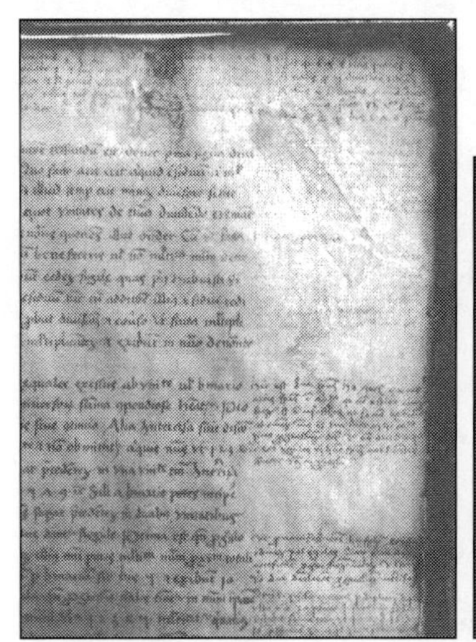

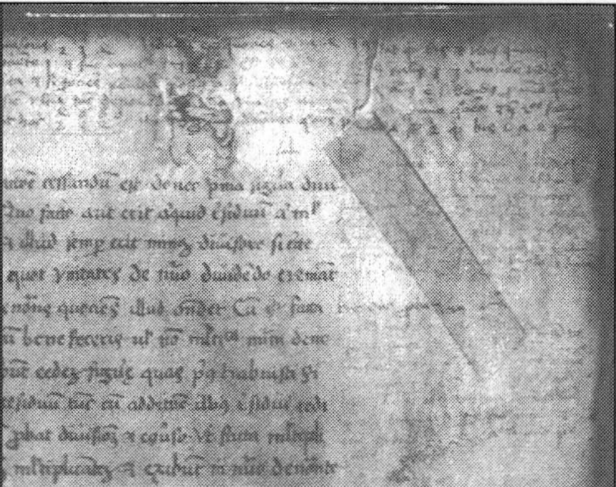

Abb. 8: Teilaufnahme von f. 4r in unterschiedlicher Auflösung.

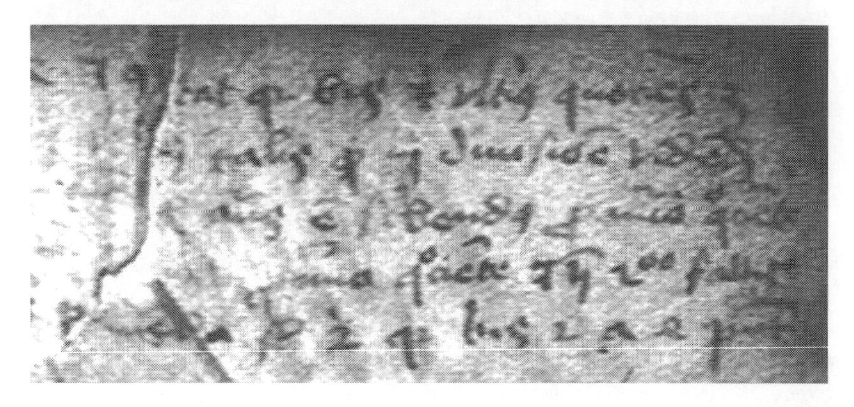

Abb. 9: Ausschnitt von f. 4r rechts oben.

Digitalisierung der hergestellten Farbdias

Da die digitalen Aufnahmen für die direkte Ausgabe auf einen Drucker nur bedingt geeignet sind, wurde untersucht, die hergestellten Dias digital auszuwerten, um einen Ausdruck zu ermöglichen. Erste Versuche, mit einem herkömmlichen Scanner und Durchlichtaufsatz dieses Vorhaben zu bewältigen, führten nicht zum Ziel. Für die Digitalisierung machte sich ein Spezialscanner für Dias in einer hohen Auflösung notwendig. Mit *punkt191* konnte in Chemnitz eine Agentur gefunden werden, die einen derartigen Scanner und auch die Möglichkeiten für eine Speicherung der anfallenden enormen Datenmengen besitzt. Es wurden erste Versuche durchgeführt, die Dias in der Größe 4,92x3,22 cm mit einer Auflösung von 3200dpi zu scannen, die Ergebnisse waren sehr erfolgversprechend (Abbildung 10). Es entstehen Bilder im Format 6196x4062 Pixel. Diese Auflösung eröffnet die Möglichkeit durch entsprechende Grafikprogramme mit den erhaltenen Pixel Bilder in der Größe 52,46x34,39 cm bei 300dpi oder 26,23x17,2 cm bei 600dpi zu erhalten. Wichtig war es dabei, dass die Dias in ein geeignetes Farbprofil konvertiert wurden. Nach Verhandlungen konnte der Preis für das Scannen der Dias zwar gesenkt werden, aber für die gesamte C80 lag der veranschlagte Preis bei ca. 35.000,- DM. Die Suche nach Sponsoren verlief 1999 nicht erfolgreich. Jedoch konnte für das Jahr 2000 beim Kulturraum Erzgebirge ein Antrag auf Förderung in Höhe von 8000,- DM für dieses Vorhabens gestellt werden. Damit konnten ca. 50% der Dias von C80 eingescannt und auf CD gebrannt werden. Eine Cofinanzierung in gleicher Höhe wurde durch Spenden und Eigenmittel des Adam-Ries-Bundes erbracht. Der Kulturraum Erzgebirge war es auch, der im Jahr 2001 nochmals 8000,- DM Förderung bereitstellte, damit alle Dias digitalisiert werden konnten. Der Eigenanteil in Höhe von 2000,- DM wurde durch eine private Zuwendung realisiert. Der verbleibende finanzielle Rest wurde freundlicherweise durch die Kurt-Vogel-Stiftung in München aufgebracht.
Das Ergebnis der Arbeiten: 567 Seiten auf insgesamt 73 CD´s.
Die Abspeicherung der Daten erfolgte unbearbeitet in Farbe im TIF-Format. Eine Datei hat die Größe von ca. 68 - 74 MB. Somit sind pro CD nur 7 bzw. 8 Bilder abgespeichert. Tabelle 1 zeigt eine Übersicht der Seiten (Spalte 1) und die Zuordnungen zu den CD´s (Spalte 2). Was auf den ersten Blick in der Bezeichnung verwirrend erscheint, soll kurz erklärt werden. Zu Beginn wurden 28 CD´s nach der vorgegebenen Wichtigkeit der Seiteninhalte erstellt, diese erhielten die Bezeichnung C80/Umschlag und C80/CD 1 bis C80/CD 27. Auf diesen CD´s befinden sich Seiten aus unterschiedlichen Bereichen von C80. Danach wurde mit einem systematischen Aufarbeiten begonnen und die CD´s mit einer dreistelligen Nummer C80/CD 0-0-1 usw. nummeriert. Dabei bezeichnen die ersten zwei Ziffern den Bereich der Seiten und die letzte Ziffer eine fortlaufende Nummer. Auf der C80/CD 1-3-1 sind somit Bilder ab Blatt 130. Ein vollständiger Satz mit je 73 CD´s liegt in der Bibliothek des Adam-Ries-Bundes und im Institut für Geschichte der Naturwissenschaften in München. Eine Ausleihe von einzelnen CD´s ist über den Adam-Ries-Bund e.V. möglich.

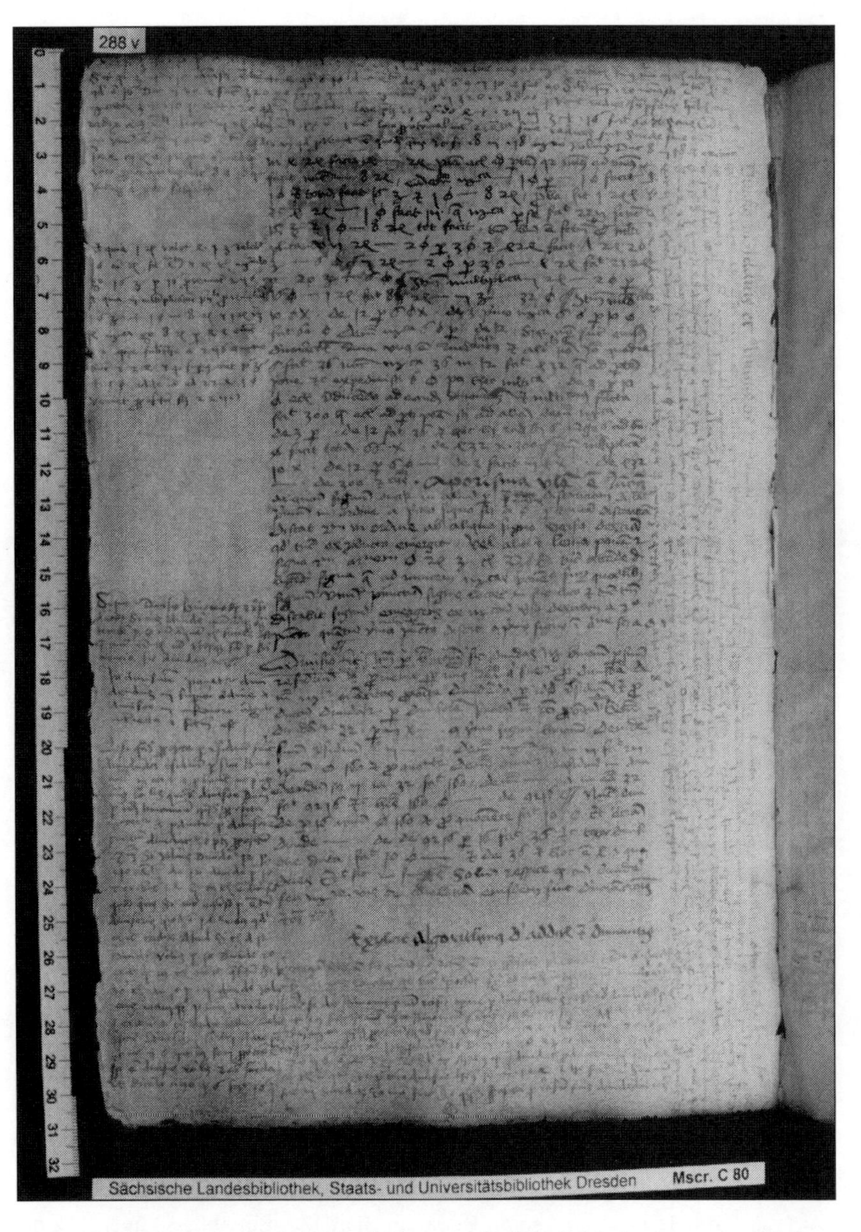

Abb. 10: Probeausdruck der Seite 288v, um die Möglichkeiten zu testen, Seiten mit vielen Randbemerkungen in möglichst guter Qualität zu erhalten. (Bem.: die Seite ist im Original gut lesbar)

Tabelle 1: Zuordnung der Seiten von C80 zu den CD-Bezeichnungen

Seite	CD-Dia	CD
000v	CD 1	1
000v	CD 0-0-1	1
000v-neu	CD 0-0-1	1
001un.(141r)	CD 0-0-1	1
001r	CD 1	1
001v	CD 0-0-1	1
001v	CD 1	1
002r	CD 0-0-1	1
002v	CD 0-0-1	1
002v	CD 1	1
003r	CD 0-0-1	1
003v	CD 0-0-1	1
003v	CD 1	1
004r	CD 0-0-2	1
004v	CD 0-0-2	1
004v	CD 1	1
005r	CD 0-0-2	1
005v	CD 0-0-2	1
005v	CD 1	1
006r	CD 0-0-2	1
006v	CD 0-0-2	1
007r	CD 0-0-2	1
007v	CD 0-0-2	1
007v	CD 1	1
008r	CD 0-0-2	1
008v	CD 0-0-3	1
009r	CD 0-0-3	1
009v	CD 0-0-3	1
010r	CD 0-1-1	1
011r	CD 0-1-1	1
011v	CD 0-1-1	1
012ra	CD 0-1-1	1
012rb	CD 0-1-1	1
012v	CD 0-1-1	1
013r	CD 0-1-1	1
013v	CD 0-1-1	1
014r	CD 0-1-2	1
014v	CD 0-1-2	1
015r	CD 0-1-2	1
015v	CD 0-1-2	1
016r	CD 0-1-2	1
017r	CD 0-1-2	1
017v	CD 0-1-2	1
018r	CD 0-1-2	1
018v	CD 0-1-2	1
019r	CD 0-0-3	1
024r	CD 0-2-1	1
024v	CD 0-2-1	1
025r	CD 0-2-1	1
025v	CD 0-2-1	1
026r	CD 0-2-1	1
026v	CD 0-2-1	1
027r	CD 0-2-1	1
027v	CD 0-2-1	1
028v	CD 0-3-3	2
029r	CD 0-3-3	2
029v	CD 0-3-3	2
030r	CD 0-3-1	1
030v	CD 0-3-1	1
031r	CD 0-3-1	1
031v	CD 0-3-1	1
032r	CD 0-3-1	1
032v	CD 0-3-1	1
033r	CD 0-3-1	1
033v	CD 0-3-1	1
034r	CD 0-3-2	1
034v	CD 0-3-2	1
035r	CD 0-3-2	1
035v	CD 0-3-2	1
036r	CD 0-3-2	1
036v	CD 0-3-2	1
037r	CD 0-3-2	1
037v	CD 0-3-2	1
038r	CD 0-3-3	2
038v	CD 0-3-3	2
039r	CD 0-4-0	2
039v	CD 0-4-0	2
040r	CD 0-4-0	2
040v	CD 0-4-0	2
041r	CD 0-4-0	2
041v	CD 0-4-0	2
042r	CD 0-4-0	2
042v	CD 0-4-0	2
043r	CD 0-4-0	2
043v	CD 0-4-1	2
044r	CD 0-4-1	2
044v	CD 0-4-1	2
045r	CD 0-4-1	2
045v	CD 0-4-1	2
046r	CD 0-4-1	2
046v	CD 0-4-1	2
047r	CD 0-4-1	2
047v	CD 0-4-1	2
048r	CD 0-4-2	2
048v	CD 0-4-2	2
049r	CD 0-4-2	2
049v	CD 0-4-2	2
050r	CD 0-4-2	2
050v	CD 0-4-2	2
051r	CD 0-4-2	2
051v	CD 0-4-2	2
052r	CD 0-5-0	2
052v	CD 0-5-0	2
053r	CD 0-5-0	2
053v	CD 0-5-0	2
054r	CD 0-5-0	2
054v	CD 0-5-0	2
055r	CD 0-5-0	2
055v	CD 0-5-0	2
056r	CD 0-5-1	2
056v	CD 0-5-1	2
057r	CD 0-5-1	2
057v	CD 0-5-1	2
058r	CD 0-5-1	2
058v	CD 0-5-1	2
059r	CD 0-5-1	2
059v	CD 0-5-1	2
060r	CD 0-6-0	2
060v	CD 0-6-0	2
061r	CD 0-6-0	2
061v	CD 0-6-0	2
062r	CD 0-6-0	2
062v	CD 0-6-0	2
063r	CD 0-6-0	2
063v	CD 0-6-0	2
064r	CD 0-6-1	2
064v	CD 0-6-1	2
065r	CD 0-6-1	2
065v	CD 0-6-1	2
066r	CD 0-6-1	2
066v	CD 0-6-1	2
067r	CD 0-6-1	2
067v	CD 0-6-1	2
068r	CD 0-6-1	2
068v	CD 0-6-2	2
069r	CD 0-6-2	2
069v	CD 0-6-2	2
070r	CD 0-6-2	2
070v	CD 0-6-2	2
071r	CD 0-6-2	2
071v	CD 0-6-2	2

Seite	CD-Dia	CD
072v	CD 0-6-2	2
073r	CD 0-3-3	2
073r-1	CD 0-3-3	2
073v	CD 0-3-3	2
129r	CD 1-8-2	3
129r	CD 1-2-4	2
129v	CD 1-8-2	3
130r	CD 1-3-1	2
130r	CD 1-2-4	2
130v	CD 1-3-1	2
131r	CD 1-2-4	2
131r	CD 1-3-1	2
131v	CD 1-3-1	2
132r	CD 1-3-1	2
132v	CD 1-3-1	2
133r	CD 1-3-1	2
133v	CD 1-2-4	2
134r	CD 1-2-4	2
134r	CD 1-3-1	2
135r	CD 1-2-4	2
135r	CD 1-3-2	2
135v	CD 1-2-4	2
136r	CD 1-3-2	2
136v	CD 1-2-4	2
137r	CD 1-3-2	2
137v	CD 1-3-3	2
138r	CD 1-3-2	2
138v	CD 1-3-3	2
139r	CD 1-3-2	2
139v	CD 1-3-3	2
140r	CD 1-3-2	2
140v	CD 1-3-3	2
141r	CD 1-3-2	2
141r (001un.)	CD 0-0-1	1
141v	CD 1-3-3	2
142r	CD 1-3-3	2
142v	CD 1-3-3	2
143r	CD 1-4-2	3
143v	CD 1-4-2	3
144r	CD 1-4-2	3
154r	CD 1-4-2	3
154v	CD 1-4-2	3
155r	CD 1-4-2	3
155v	CD 1-4-2	3
156r	CD 1-5-2	3
156v	CD 1-5-2	3
157r	CD 1-5-2	3
157v	CD 1-5-2	3

Seite	CD-Dia	CD
158r	CD 1-5-2	3
158v	CD 1-5-2	3
159r	CD 1-5-2	3
160r	CD 1-6-1	3
160v	CD 1-6-1	3
161r	CD 1-6-1	3
161v	CD 1-6-1	3
162r	CD 1-6-1	3
162v	CD 1-6-1	3
163r	CD 1-6-1	3
163v	CD 1-6-1	3
164r	CD 1-6-2	3
164v	CD 1-6-2	3
165r	CD 1-6-2	3
165v	CD 1-6-2	3
166r	CD 1-6-2	3
166v	CD 1-6-2	3
167r	CD 1-6-2	3
167v	CD 1-6-2	3
168r	CD 1-6-3	3
168v	CD 1-6-3	3
169r	CD 1-6-3	3
169v	CD 1-6-3	3
170r	CD 1-6-3	3
170v	CD 1-6-3	3
171r	CD 1-6-3	3
171v	CD 1-6-3	3
172r	CD 1-7-1	3
176r	CD 1-7-1	3
177r	CD 1-7-1	3
177v	CD 1-7-1	3
178r	CD 1-7-1	3
178v	CD 1-7-1	3
179r	CD 1-7-1	3
180r	CD 1-8-1	3
180v	CD 1-8-1	3
181r	CD 1-8-1	3
181v	CD 1-8-1	3
182r	CD 1-8-1	3
182v	CD 1-8-1	3
182v	CD 1-8-2	3
183r	CD 1-8-1	3
183v	CD 1-8-1	3
184r	CD 1-8-2	3
184v	CD 1-8-2	3
185r	CD 1-8-2	3
185v	CD 1-8-2	3
191r	CD 1-9-1	3

Seite	CD-Dia	CD
191v	CD 1-9-1	3
192r	CD 1-9-2	3
192v	CD 1-9-2	3
193r	CD 1-9-2	3
193v	CD 1-9-2	3
194r	CD 1-9-2	3
194v	CD 1-9-2	3
195r	CD 1-9-2	3
195v	CD 1-9-2	3
196-1v	CD 1-9-1	3
196r	CD 1-9-1	3
196v	CD 1-9-1	3
197r	CD 1-9-1	3
197v	CD 1-9-1	3
201r	CD 2-0-1	3
201v	CD 2-0-1	3
202r	CD 2-0-1	3
202v	CD 2-0-1	3
203r	CD 2-0-1	3
203v	CD 2-0-1	3
204r	CD 2-0-1	3
204v	CD 2-0-1	3
205r	CD 2-0-1	3
205v	CD 2-0-2	4
206r	CD 2-0-2	4
206v	CD 2-0-2	4
207r	CD 2-0-2	4
207v	CD 2-0-2	4
208r	CD 2-0-2	4
208v	CD 2-0-2	4
209r	CD 2-0-2	4
209v	CD 2-0-2	4
210r	CD 2-1-1	4
210v	CD 2-1-1	4
211r	CD 2-1-1	4
211v	CD 2-1-1	4
212r	CD 2-1-1	4
212v	CD 2-1-1	4
213r	CD 2-1-1	4
213v	CD 2-1-1	4
214r	CD 2-1-1	4
215r	CD 2-1-2	4
215v	CD 2-1-2	4
216r	CD 2-1-2	4
216v	CD 2-1-2	4
217r	CD 2-1-2	4
217v	CD 2-1-2	4
218r	CD 2-2	4

Seite	CD-Dia	CD
218r-neu	CD 2-2	4
218v	CD 2-2	4
219r	CD 2-2	4
219v	CD 2-2	4
225v	CD 2-2	4
226r	CD 2-1-2	4
226r	CD 2	4
234r	CD 2-3	4
234v	CD 2-3	4
235r	CD 2-3	4
235v	CD 2-3	4
236r	CD 2-3	4
236v	CD 2-3	4
237r	CD 2-3	4
237v	CD 2-3	4
238r	CD 2-4	4
238v	CD 2-4	4
239r	CD 2-4	4
239v	CD 2-4	4
240r	CD 2-4	4
240v	CD 2-4	4
241r	CD 2-4	4
241v	CD 2-4	4
242-1v	CD 2-1-2	4
242r	CD 2-5	4
242v	CD 2-1-2	4
242v	CD 2-2	4
243r	CD 2-5	4
243v	CD 2-5	4
244r	CD 2-5	4
245r	CD 2-5	4
245v	CD 2-5	4
258r	CD 2-5	4
258v	CD 2-5	4
259r	CD 2-6	4
259v	CD 2-6	4
260v	CD 2-6	4
261r	CD 2-6	4
261v	CD 2-6	4
262r	CD 2-6	4
262v	CD 2-6	4
263r	CD 2-7	4
263v	CD 2-7	4
264r	CD 2-7	4
264v	CD 2-7	4
265r	CD 2-7	4
265v	CD 2-7	4
266r	CD 2-7	4

Seite	CD-Dia	CD
266v	CD 2-7	4
268r	CD 2-8	5
268v	CD 2-8	5
280r	CD 2-8	5
280v	CD 2-8	5
281r	CD 2-8	5
281v	CD 2-8	5
282r	CD 2-8	5
282v	CD 2	4
283r	CD 2-8	5
283v	CD 2	4
284r	CD 3-1-1	5
284v	CD 2	4
285r	CD 3-1-1	5
285v	CD 2	4
286r	CD Ums.	7
286v	CD 2	4
287r	CD Ums.	7
287v	CD 2	4
288r	CD 3	5
288v	CD 3	5
289r	CD 3	5
289v	CD 3	5
290r	CD 3	5
290v	CD 3	5
291r	CD 3	5
291v	CD 4	5
292r	CD 4	5
292v	CD 4	5
293r	CD 4	5
293v	CD 4	5
294r	CD 4	5
294v	CD 4	5
295r	CD 5	5
295v	CD 5	5
296r	CD 5	5
297r	CD 5	5
297v	CD 5	5
298r	CD 5	5
298v	CD 5	5
299r	CD 6	5
299v	CD 6	5
300r	CD 6	5
300v	CD 6	5
301r	CD 3-1-1	5
301r	CD 6	5
301v	CD 6	5
302r	CD 6	5

Seite	CD-Dia	CD
302v	CD 6	5
303r	CD 7	5
303v	CD 7	5
304r	CD 7	5
304v	CD 7	5
305r	CD 7	5
305v	CD 7	5
306r	CD 7	5
306v	CD 7	5
307r	CD 8	5
307v	CD 8	5
308r	CD 8	5
308v	CD 8	5
309r	CD 8	5
309v	CD 8	5
310r	CD 8	5
310v	CD 8	5
311r	CD 9	6
312r	CD 9	6
312v	CD 9	6
313r	CD 9	6
313v	CD 9	6
314r	CD 9	6
314v	CD 9	6
315r	CD 9	6
315r-1	CD 10	6
315v	CD 10	6
316r	CD 10	6
316v	CD 10	6
317r	CD 10	6
317v	CD 10	6
318r	CD 10	6
318v	CD 10	6
319r	CD 11	6
319v	CD 11	6
320r	CD 11	6
320v	CD 11	6
321r	CD 11	6
321v	CD 11	6
322r	CD 11	6
322v	CD 11	6
323r	CD 12	6
323v	CD 12	6
324r	CD 12	6
324v	CD 12	6
325-1v	CD 3-1-1	5
325r	CD 12	6
325v	CD 12	6

Seite	CD-Dia	CD
326r	CD 12	6
340r/327r	CD 13	6
340v	CD 13	6
341r	CD 13	6
341v	CD 13	6
342r	CD 13	6
342v	CD 13	6
343r	CD 13	6
343v	CD 13	6
344r	CD 14	6
344v	CD 14	6
345r	CD 14	6
345v	CD 14	6
346r	CD 14	6
346v	CD 14	6
347r	CD 14	6
347v	CD 14	6
348r	CD 15	6
348v	CD 15	6
349r	CD 15	6
349v	CD 15	6
350r	CD 15	6
350v	CD 15	6
351r	CD 15	6
351v	CD 15	6
352r	CD 16	6
352v	CD 16	6
353r	CD 16	6
353v	CD 16	6
354r	CD 16	6
354v	CD 16	6
355r	CD 16	6
355v	CD 16	6
356r	CD 17	6
356v	CD 17	6
357r	CD 17	6
357v	CD 17	6
358r	CD 17	6
358v	CD 17	6
359r	CD 17	6
359v	CD 17	6
360r	CD 18	6
360v	CD 18	6
361r	CD 18	6
361v	CD 18	6
362r	CD 18	6
362v	CD 18	6
363r	CD 18	6

Seite	CD-Dia	CD
363v	CD 18	6
364r	CD 19	6
364v	CD 19	6
365r	CD 19	6
365v	CD 19	6
366r	CD 19	6
366v	CD 19	6
367r	CD 19	6
367v	CD 19	6
368r	CD 20	7
368v	CD 20	7
369r	CD 20	7
369v	CD 20	7
370r	CD 20	7
370v	CD 20	7
371r	CD 20	7
371v	CD 20	7
372r	CD 21	7
372v	CD 21	7
373r	CD 21	7
373v	CD 21	7
374r	CD 21	7
374v	CD 21	7
375r	CD 21	7
375v	CD 21	7
376r	CD 22	7
376v	CD 22	7
377r	CD 22	7
377v	CD 22	7
378r	CD 22	7
378v	CD 22	7
379r	CD 22	7
379v	CD 22	7
380r	CD 23	7
380v	CD 23	7
385r	CD 23	7
385v	CD 23	7
386v	CD 23	7
387r	CD 23	7
387v	CD 23	7
388-1v	CD 3-1-1	5
388v	CD 26	7
389r	CD 24	7
389r-neu	CD 3-1-1	5
389v	CD 24	7
390r	CD 24	7
390v	CD 24	7
391r-1	CD 24	7

Seite	CD-Dia	CD
391r-2	CD 24	7
391v	CD 24	7
392r	CD 24	7
392v	CD 24	7
393r	CD 26	7
393v	CD 26	7
394r unsch.	CD 26	7
394v	CD 26	7
395r uns.	CD 26	7
395v	CD 26	7
396r	CD 26	7
396v	CD 26	7
397r	CD 27	7
397v unsch.	CD 27	7
398r	CD 27	7
398v unsch.	CD 27	7
399r	CD 27	7
399v	CD 27	7
400r unsch.	CD 27	7
400v	CD 27	7
401r unsch.	CD 3-1-1	5
401v	CD 3-1-1	5
402v	CD 3-1-1	5
403r	CD 4-0-1	5
404r	CD 4-0-1	5
404v	CD 4-0-1	5
405r	CD 4-0-1	5
405v	CD 4-0-1	5
406r	CD 4-0-1	5
406v	CD 4-0-1	5
407r	CD 4-0-1	5
409r	CD 4-0-1	5
409v	CD 4-0-1	5
410r	CD 4-1-1	5
410v	CD 4-1-1	5
411r	CD 4-1-1	5
411v	CD 4-1-1	5
412r	CD 4-1-1	5
412v	CD 4-1-1	5
413r	CD 4-1-1	5
413v	CD 4-1-1	5
414r	CD 4-1-2	5
414v	CD 4-1-2	5
415r	CD 4-1-2	5
415v	CD 4-1-2	5
416r	CD 4-1-2	5
416v	CD 4-1-2	5
417r	CD 4-1-2	5

Die Bearbeitung und Handhabung der aus den Dias erzeugten Bilder ist sehr schwierig und nur mit entsprechender PC-Technik sowie geeigneter Grafikprogramme möglich. Aus diesem Grund wurden Möglichkeiten gesucht, die Daten weiter zu komprimieren und einer breiteren Nutzung handhabbar zugänglich zu machen. Durch die Unterstützung der Fakultät Mathematik an der Technischen Universität Chemnitz wurde es möglich, einen Studenten mit der Konvertierung der Daten zu beauftragen. Nach Einlesen der Daten vom Ursprungsdatenträger erfolgte eine Drehung um 90°. Der nicht beschriebene Rand wurde abgeschnitten, die Seitennummer eingefügt und die Auflösung auf 600dpi eingestellt. Gleichzeitig erfolgte eine Tonwertangleichung, teilweise Aufhellung (Gradation) und Abspeicherung im JPG-Format. Eine Datei hat jetzt eine Größe von 8-14 Mbyte. Die gesamte C80 ist damit auf 7 CD´s verfügbar. Ein kompletter Satz wird zum Kolloquium an die SLB übergeben. Weitere Kopien befinden sich in Annaberg und München. Der Übersichtlichkeit halber sind auf den 7 CD´s Unterverzeichnisse angelegt, die mit der CD-Bezeichnung der „Urdaten" aus Tabelle 1 übereinstimmen. Folgende Seiten sind teilweise nicht verwendbar: 322r, 341v, 342v, 356r und 357r.
Abbildungen 11 und 12 zeigen den Unterschied zwischen dem eingescannten (unbearbeiteten) und dem bearbeiteten (komprimierten) Bild von f. 0v. Im Vergleich dazu zeigt Abbildung 13 das linke obere Detail von f. 0v, wie es in Köln in 8 Teilen aufgenommen wurde. Zu bemerken ist, dass Abb. 11 und 12 farbig sind, hier aber nur in schwarz-weiß wiedergegeben werden.
Tabelle 2 gibt eine Übersicht der bearbeiteten und komprimierten Bilder. Die Zuordnung zu den Seiten erfolgte in der 3.Spalte von Tabelle 1 (ab S. 391).

Tabelle 2: Inhalt der Komprimierten C80- Datenträger

C80-1	CD 1, CD 0-0-1, CD 0-0-2, CD 0-0-3, CD 0-1-1, CD 0-1-2, CD 0-2-1, CD 0-3-1, CD 0-3-2
C80-2	CD 0-3-3, CD 0-4-0, CD 0-4-1, CD 0-4-2, CD 0-5-0, CD 0-5-1, CD 0-6-0, CD 0-6-1, CD 0-6-2, CD 1-2-4, CD 1-3-1, CD 1-3-2, CD 1-3-3,
C80-3	CD 1-4-2, CD 1-5-2, CD 1-6-1, CD 1-6-2, CD 1-6-3, CD 1-7-1, CD 1-8-1, CD 1-8-2, CD 1-9-1, CD 1-9-2, CD 2-0-1,
C80-4	CD 2, CD 2-0-2, CD 2-1-1, CD 2-1-2, CD 2-2, CD 2-3, CD 2-4, CD 2-5, CD 2-6, CD 2-7
C80-5	CD 2-8, CD 3, CD 3-1-1, CD 4, CD 4-0-1, CD 4-1-1, CD 4-1-2, CD 5, CD 6, CD 7, CD 8
C80-6	CD 9, CD 10, CD 11, CD 12, CD 13, CD 14, CD 15, CD 16, CD 17, CD 18, CD 19,
C80-7	CD 20, CD 21, CD 22, CD 23, CD 24, CD 26, CD 27, CD Umschlag

Abb. 11: Unbearbeiteter Ausdruck des eingescannten Dias von f. 0v.

Abb.12 : Bearbeitete Seite f. 0v

Zusammenfassung

Dank der Hilfe zahlreicher Sponsoren liegt die Handschrift Dresden C80 nun in digitalisierter Form vor. Dabei ist allen Beteiligten klar, dass die eigentliche Arbeit – die Auswertung der unedierten Texte – noch durchzuführen ist.
Folgende Vorgehensweise kann vorgeschlagen werden:

1. Sichtung der Texte auf Basis der bearbeiteten Bilder
2. Ergänzung der Untersuchungen durch Detailaufnahmen, die in Köln aufgenommen wurden
3. Nutzung der eingescannten Dias und eigene grafische Bearbeitung.

Nach meine Meinung ist die Anwendung der 3. Möglichkeit nur dann notwendig, wenn es sich um verblasste Seiten im Original handelt und sich aus den anderen Bildern keine befriedigenden Ergebnisse zu erzielen ließen.
Sollten die gesamten Untersuchungen nach 1-3 nicht zum Ziel führen, kann das Original der C80 in der SLB zu Rate gezogen werden. Ich glaube jedoch, dass dies nur in ganz seltenen Fällen notwendig sein wird.
Damit wäre das Ziel erreicht, die Handschrift Dresden C80 zu schonen. Gleichzeitig wäre der Weg frei für die Sächsische Landesbibliothek Dresden, die längst notwendigen Restaurierungs- und Erhaltungsarbeiten durchzuführen, um ein Werk von außerordentlicher Bedeutung für die Mathematikgeschichte Mitteleuropas weiter zu erhalten.

Abb. 13: Detailaufnahme von f. 0v unter Spezziallicht in Köln.

Dresdens ältester mathematischer Druck?

Stefan Deschauer

In der Ratsschulbibliothek Zwickau findet sich in einem umfangreichen Konvolut ein Rechenbüchlein (8°, Titel s. Abb., a i - b vii = 15 Blatt = 29 Seiten), das offenbar bislang keine weitere Beachtung gefunden hat. Der Mikrofiche weist es unter der Signatur 8.XXX.V.20/53 als anonymes Werk aus, das 1532 bei WOLFGANG STÖCKEL in Dresden gedruckt wurde (Kolophon s. Abb.). Tatsächlich ist der Titel des Büchleins, abgesehen von geringfügigen Abänderungen der Schreibweise, mit dem der beiden Auflagen (1521, 1523) des Rechenbuchs von CONRAD FEME(N) identisch – vgl. [4, S. 116] –, und darüber hinaus beinhaltet das Zwickauer Buch einen kompletten Nachdruck von FEME(N) sowie einen „Anhang". Auf Blatt b v findet sich nur der Abschlußtext (nicht der Kolophon) der FEME(N)-Bücher: *Gedicht und volbracht / durch Conradum Femen gemacht. Er gehet zu Roda aus vnd eyn / vnd lesst yderman das sein.* (Vgl. [4, S. 115, 120].)

Ein Vergleich von STÖCKELs FEME(N)-Druck mit dem von MATTHES MALER 1521 und 1523 in Erfurt besorgten Drucken zeigt eine sehr weitgehende Übereinstimmung. Sprachlich hat STÖCKEL behutsam modernisiert (Ingwer statt Imber, Leinwat statt Leinbat, Kanne statt Kandel) und die Reimform gelegentlich um einer besseren Verständlichkeit willen durchbrochen. Der inhaltliche Aufbau ist identisch, STÖCKEL gliedert die Sinnabschnitte besser, einmal auch durch eine eigene Überschrift.

Die Schreibweise der Zahlen variiert etwas: STÖCKEL tendiert zur subtraktiven Darstellung der römischen Zahlen (z. B. bei der Einmaleinstafel), aber auch Wort-Zahl-Mischformen, etwa *hundert xxxi* (a vij) kommen vor. Inhaltlich läßt sich lediglich ein Unterschied bei der Reihe der Gulden feststellen, die in Groschen und Heller umgerechnet werden (a vjv - a vij): Sie endet mit 9 statt mit 10 Gulden. Ansonsten hat STÖCKEL die Zahlen von FEME(N) – einschließlich der verdruckten – „sorgfältig" übernommen; ein weiterer Zahlendruckfehler geht auf sein eigenes Konto.

Der Anhang besteht zunächst aus 6 Aufgaben (b vv - b vjv), die STÖCKEL wörtlich dem 1. RIESschen Rechenbuch entnommen hat, ohne die Quelle zu nennen. Aus dem Kapitel *Volgen exempel wie man das multiplicirn gebrauchen soll*

Ein gutt New
Rechenbuch
lein iſt erdacht
Vnnd iſt nach der
ſchlechten zal ge=
macht.
Als hie geſchriben
ſtehet
Szo man hundert
nacheinander zelt.

M D XXXij.

53

stammen die ersten 3 Aufgaben [3, B ij - B ijv] sowie die fünfte und die letzte [3, B iijv]. In der 5. Aufgabe sind die Anzahl der Arbeiter und der Tage unbeschadet des Ergebnisses vertauscht. Die 4. Aufgabe [3, B vij - B vijv] ist im Kapitel *Teyler auff zu heben* zu finden.
Allerdings hat STÖCKEL RIESens arabische Zahlen durchweg durch römische ersetzt. (Oder bezieht er sich auf eine der beiden nicht mehr nachweisbaren Auflagen des RIES-Buchs, in der möglicherweise römische Zahlen verwendet wurden?)
Abschließend folgt noch eine der Zeit um das Abfassungsjahr dringend geschuldete Innovation: eine Tafel der „latinischen" (d. h. italienischen) Ziffern, allerdings ohne jede Erläuterung. Die aus der Reihe fallende Zahl 120 soll wohl weitere Zehnerschritte andeuten.
WOLFGANG STÖCKEL (* um 1473, † 1541) erwarb 1490 in Erfurt den Grad eines Baccalaureus. Um 1495 wirkte er als Drucker in Leipzig und ging 1526 als einer der ersten Drucker nach Dresden. Hier verlegte er ganz überwiegend antireformatorische Schriften. Auffallend ist, daß beide für das Rechenbüchlein konstitutiven Quellen aus dem berühmten Erfurter Druckhaus MATTHES MALER stammen, das aber erst seit 1511 existierte, also nach STÖCKELs Erfurter Zeit.
STÖCKELs Büchlein ist derzeit in keiner anderen Bibliothek nachweisbar. Ein älteres mathematisches Werk aus Dresden, wo der Buchdruck erst 1524 begann, dürfte es kaum gegeben haben.

Item Einer hat xvij arbeyter xiij tag vñ gibt einem des tages xv pfennig / wie vil macht es. Thue ym also / setz wie hie / xiij.xvij.xv. lege auff xiij arbeyter / multiplicir mit xvij tagen / werden ij. hundert xxi. Die multiplicir fort mit xv pfennige Mach pfennig zu groschen / vnd groschen zu floren / komen xiij flo.iij.gro.iij.pf.

Itẽ einer hat v.wochen ix. arbeyter vnd gibt einem des tages xiiij pfennige / wieuil macht es. Thue im also / lege auff v.wochen / mach draus tage / multiplicir mit vij. werden xxxv. die multiplicir mit ix.arbeytern / werden iij hundert xv / multiplicir mit xiiij pfen. mach pfennige zu groschen / dornach gro.zu floren facit xvij flo.x.gro.vi.pfen.

Volgen die latinischen ziffer.

Die zal der ziffern.

2	3	4	5	6	7
9	10	11	12	13	14
16	17	18	19	20	21
23	24	25	26	27	28
30	31	32	33	34	35
37	38	39	40	41	42
44	45	46	47	48	49
51	52	53	54	55	56
58	59	60	61	62	63
65	66	67	68	69	70
72	73	74	75	76	77
79	80	81	82	83	84
86	87	88	89	90	91
93	94	95	96	97	98
100	101	102	103	104	105
107	108	109	110	120	tc.

Gedrugkt zu Dreßden durch Wolffgang Stöckel 1532

Die letzten beiden der sechs Ries-Aufgaben, „latinische" Ziffern und Kolophon

Literatur

[1] Aurich, Frank: Später Beginn. Die Anfänge des Buchdrucks in Dresden – Eine Ausstellung im Buchmuseum der SLUB. In: SLUB-Kurier 2001/1, S. 15 f.

[2] Benzing, Josef: Die Buchdrucker des 16. und 17. Jahrhunderts im deutschen Sprachgebiet. Wiesbaden 19822

[3] Deschauer, Stefan (Hrsg.): Das 1. Rechenbuch von Adam Ries. Nachdruck der 2. Auflage Erfurt 1525 ... Algorismus Heft 6. München 1992

[4] Deschauer, Stefan: Eyn gut new rechen buchlein von Conrad Feme(n). In: Rechenbücher und mathematische Texte der frühen Neuzeit (Schriften des Adam-Ries-Bundes Annaberg-Buchholz, Band 11). Annaberg-Buchholz 1999, S. 115-120

Nachtrag zu Das Rechenbuch des Johann Eisenhut von 1538[1]

Rudolf Haller

Die Diskussion ergab, dass das »Segelschiff« kein Segelschiff ist, sondern eine Tasche, in der Wechsel etc. aufbewahrt wurden.
HEINRICH STEINER hat den Holzschnitt schon früher für andere Titelblätter verwendet, und zwar 1526 für

> JOHANNES WIDMAN VON EGER:
> Behennde vnnd hübsche Rechenũg auff allen Kauffmanschafften

und 1528 für

> ADAM RIES: Rechnung auff der Linien vñ Federn / auff allerley handtierung gemacht / durch Adam Rysen. Zum andernmal vbersehen / vnd gemert. 1528

ferner 1534 für einen Nachdruck dieses Werkes von ADAM RIES, für den das Titelblatt und einige Seiten neu hergestellt wurden, nämlich

> Rechnung auff der Linien vñ federn / auf allerley handtierung gemacht / durch Adam Rysen. Zum andernmal vbersehen / vnd gemert. M. D. XXXIIII

Bei all diesen Titelblättern ist der Holzschnitt noch vollständig. Beim Titelblatt von EISENHUTs Rechenbuch wurde er verkürzt: Das Fenster hat zwei Reihen von Butzenscheiben verloren.

STEFAN DESCHAUER verdanke ich die Mitteilung, dass die Universitätsbibliothek Leipzig ein weiteres Exemplar des Rechenbuchs von EISENHUT besitzt: Signatur Math. 859.

[1] Tagungsband zum Wissenschaftlichen Kolloquium "Rechenbücher und Mathematische Texte der Frühen Neuzeit" anläßlich des 440. Todestages des Rechenmeisters Adam Ries vom 16.–18. April 1999 in der Berg- und Adam-Ries-Stadt Annaberg-Buchholz / Rainer Gebhardt (Hrsg.). – Annaberg-Buchholz : Adam-Ries-Bund, 1999 (Schriften des Adam-Ries-Bundes Annaberg-Buchholz; Band 11)

Autorenadressen:

Prof. Dr. Markus A. Denzel
Georg-August-Universität Göttingen
Institut für Wirtschafts- und
Sozialgeschichte
Platz der Göttinger Sieben 5
37073 Göttingen

Prof. Dr. Stefan Deschauer
Technische Universität Dresden
Didaktik der Mathematik
01062 Dresden

Prof. Dr. Menso Folkerts
Institut für Geschichte der
Naturwissenschaften
80306 München

Dr. Rainer Gebhardt
Untere Bergstraße 2a
09224 Chemnitz OT Grüna

Dr. Armin Gerl
Birkenstraße 19
93049 Regensburg

Prof. Dr. Detlef Gronau
Institut für Mathematik
Universität Graz
Heinrichgasse 36
A-8010 Graz

Dr. Harald Gropp
Mühlingstraße 19
69121 Heidelberg

OStD a.D. Rudolf Haller
Nederlinger Str. 32a
80638 München

Dr. Kurt Hawlitschek
Mendelstraße 8
89081 Ulm

Dr. Martin Hellmann
Seminar für Lateinische Philologie
des Mittelalters und der Neuzeit
Seminarstr. 3
69117 Heidelberg

Dipl.-Ing. Richard Hergenhahn,
Erlenweg 21
59423 Unna

Prof. Dr. Wolfgang Kaunzner
Zollerstr. 9
93053 Regensburg

Prof. Ph.D. David A. King
Johann Wolfgang Goethe-Universität
Institut der Geschichte der
Naturwissenschaften
Postfach 11932
60054 Frankfurt am Main

OStD i.R. Jürgen Kühl
Rosenweg 7
22967 Tremsbüttel

Prof. Dr. Andreas Kühne
Lehrstuhl für Geschichte der
Naturwissenschaften
Ludwig-Maximilians-Universität-
München
Postfach
80306 München

Dr. Paul C. Martin
Säntisstr. 42
CH 8304 Wallisellen

Prof. Ulrich Reich
Kurpfalzstraße 14
75015 Bretten

Dipl. phil. Peter Rochhaus
Bärensteiner Str. 1
09456 Annaberg-Buchholz

Dr. Karl Röttel
Kilian-Leib-Straße 137
85072 Eichstädt

Prof. Dr. sc. phil. Bernd Rüdiger
Regenbogen 20
04207 Leipzig – Lausen

Dr. Barbara Schmidt-Thieme
Stephanienstraße 36
76133 Karlsruhe

Prof. Dr. Ivo Schneider
Universität der Bundeswehr München
85577 Neubiberg

Dr. habil. Eberhard Schröder
Büttemerweg 26
69493 Hirschberg

Dipl. geol. Christian Schubert
Hainholzstr. 6
39175 Biederitz

Jana Škvorová
Bělohorská 173
CZ 169 00 Praha 6,

Prof. Jens Ulff-Moller
Lyngtoften 16
DK-2300 Lyngby

Herr Manfred Weidauer
Frohndorfer Strasse 22
99610 Sömmerda

Personenregister

Ortsregister

Sachwortregister

Besuchen Sie die Einrichtungen des Adam-Ries-Hauses, Johannisgasse 23, 09456 Annaberg-Buchholz:

- **Adam-Ries-Museum:** 9,00-16,00 Uhr (Montag geschlossen)
- **Annaberger Rechenschule:** auf Anmeldung
- **Adam-Ries-Bibliothek:** auf Anmeldung
- **Genealogisches Kabinett:** auf Anmeldung

Adam-Ries-Bund e.V.
PSF 100 102
09441 Annaberg-Buchholz

Tel: (03733) 42 90 86
Fax: (03733) 42 90 87
Internet: www.adam-ries-bund.de